调香术

PERFUMERY

第三版

林翔云 ◎编著

化学工业出版社

·北京·

本书是当代调香理论与实践的专著。书中较为详细地介绍了中外调香历史、近年来国内外有关评香和调香的新理论，特别是作者创立的“香料香精三值理论”、“自然界气味ABC关系图表”、“香气共振理论”和“混沌调香理论”；结合市场经济专辟的“经济调香术”——即如何用最廉价的香料调配最有价值的香精；从调香实际出发，讲解香料香精专用的气相色谱、液相色谱、质谱、电子鼻技术及利用电子计算机进行仿香与创香工作。书中有大量珍贵、实用的香精配方和4000多种香料的理化、感官数据，使得本书同时作为从事香料、香精及用香行业技术人员不可不备的工具书和参考书。书中理论深入浅出，既可作为香料香精专业教材和精细化工、日用品制造、食品加工、饲料加工、烟草加工等专业的主要或辅助教材，也可供具有中、高等文化水平的读者自学使用。

图书在版编目（CIP）数据

调香术/林翔云编著.—3版.—北京：化学工业出版社，2013.9(2025.3重印)
ISBN 978-7-122-18014-8

Ⅰ.①调… Ⅱ.①林… Ⅲ.①香料-调制-研究 Ⅳ.①TQ65

中国版本图书馆CIP数据核字（2013）第165573号

责任编辑：夏叶清　　文字编辑：翁靖一
责任校对：顾淑云　　装帧设计：韩　飞

出版发行：化学工业出版社（北京市东城区青年湖南街13号　邮政编码100011）
印　　装：涿州市般润文化传播有限公司
787mm×1092mm　1/16　印张30½　字数820千字　2025年3月北京第3版第11次印刷

购书咨询：010-64518888　　售后服务：010-64518899
网　　址：http://www.cip.com.cn
凡购买本书，如有缺损质量问题，本社销售中心负责调换。

定　　价：118.00元

第三版前言

2006年，原国家劳动人事部正式批准设立“调香师”职称，《调香术》目前作为“调香师”高级、中级、初级职称考试唯一的教材，成为每一个香料工作者和对香料、香精、加香产品感兴趣的人们必备的工具书，拥有者与日俱增。为了培养更多优秀的、卓越的调香师，应出版社和热心读者们的要求，加上著者一年多的辛勤劳动，《调香术》第三版终于得已出版。

人力资源与社会保障部的计划是几年内在全国培养大约50000个不同级别的调香师，按照这个思路，有人估算一下，“理想”的“金字塔”应该是：初级调香师45000个，调香师4500个，高级调香师500个——目前美国知名的调香师也是500个左右。实际上，中国真正需要的是这数百个有创新能力的高级调香师，其他的初级调香师、调香师是他们的助手，主要工作是仿配一些常用的“技术含量不高”（没有创新）的香精、做加香实验和组织评香，他们也要学习调香术，就像我们每一个人都必须经过小学、中学阶段才能进入大学学习一样。

优秀的调香师既是科学家、工程师，更是艺术家、社会活动家，他们的艺术作品——香精和加香产品应当满足普通民众和“贵族”们的物质与精神文化需求，以潜移默化、寓教于乐、“声东击西”的特殊方式对人的思想感情进行一次又一次的审美教育，净化和丰富人的精神世界，增强人们的精神力量。作为艺术家，调香师对社会发展所起的实际推动作用越大、积极性越高、技术先进性越强，对人类精神文化活动的贡献越大，其存在价值也就越高。调香师用万千种香料奇妙的组合和各种各样的加香方式创造出具有美学价值和其他社会功能的加香产品，记录下同时代人们的思想、情感、愿望和理想以及丰富多彩的生活方式。所以，不同时代的加香产品就是那个时代精神文明和物质文明的具体体现。同其他艺术家一样，调香师的作用也是“发觉过去，展示现在，畅想和引领未来”。

居于此论，更重要的是时代快速的发展、世界香料香精行业和加香产业日新月异的进步，这次再版的内容增加了：中外调香史记，早期的评香和调香理论，香料香精的固相微萃取和顶空分析法，电子鼻参与评香和仿香，香气分维的拓展分析，全自动智能调香机的设计等。根据出版社的意见，“剪切”下前两版内容中部分色谱图表和数据表，它们有的将被收入著者另外编写的《精油色谱指纹图表》中，敬请期待。

相对于本书第二版来说，第三版篇幅更加紧凑，理论方面的内容则更加丰富、开拓，让读者视野更加广阔，走在这个“香味世纪”的最前列。

此次再版前收到国内外读者大量来信来电，其中有独到见解的、中肯的、热情洋溢的意见和建议都被尽量采纳于本书中，使得再版增色不少，在此谨向这些读者致谢！

两次再版书中“常用香料三值表”里的数据改动得都比较多，改动后的数据均由各地调香师们提出来的意见综合而成，尽量做到客观、“公正”，应用时更切合实际，让这些数据发挥的作用更大一些。读者在使用这些数据时（包括应对各种考试）请以本书第三版为准。由于数据庞大，由丁玲同志将其制成随书赠送的光盘，以飨读者。

著者
2013年5月于厦门

第二版前言

第一版前言

国外有一种说法：一个国家或者一个民族的文明程度与他们人均使用香料香精的量成正比。专业人士会说，这句话里的“香料”二字可以去掉，因为在绝大多数情况下，香料是不直接使用的——需要把它们调配成“香精”。“调香”就是把香料调配成香精的技艺，在我国只有几十年的历史，在国外历史也不算长。

随便到书店看看，有关香料的书籍不少——这几年几乎每年都出新书，与我国十几年来香料生产的数量“成正比”。这些香料书里或多或少也会提到“香精”，有的还列出一些香精配方，但专门论述调香的书却难以寻觅，除了上海轻工业专科学校编写的讲义《调香术》（内部资料）之外，书店里买得到的只有张承曾、汪清如1985年编写的《日用调香术》一本；国外也是有关香料的书多，调香专业的书极少，近年来译成中文出版的只有美国D. P. 阿诺尼丝著的《调香笔记——花香油和花香精》一书，内容有限。国内数万名香料工作者以及数量更多的用香技术人员迫切希望看到一本新的介绍这十几年来调香理论与实践的专业书，以适应迅速增长和变化着的香料香精工业，与国外“技术接轨”。

作为一名专职调香师，笔者有幸经常与国内外著名调香师一起探讨如何把目前还是“经验第一”的调香技艺从感性认识提高到理性认识，把这些知识同20世纪建立起来并将在21世纪更加蓬勃发展的各门前沿科学（如量子力学、混沌学、心理学等）结合起来，希望像光学、声学一样，“气味学”也成为一门独立的学科。为了唤起民众，扩大这支队伍，笔者利用各种报纸杂志，发表了大量有关香料香精的科普文章，并把它们汇编成书——《闻香说味》出版；在有关的专业杂志上发表了一系列论文，逐渐建立了一套比较完整的调香理论（即“三值理论”），可以让初学者一进入调香这个领域就有“数”与“量”的概念，从而对“调香术”有了更多的科学思想；对现在已经是“靠鼻子吃饭的人”来说，原来丰富的调香经验现在又多了一条线索可以把它们串联起来。掌握了这套理论以后，今后对每一次的调香活动都会更加充满信心、思路更加清晰、动手更快，对自己调出来的香精能否接受市场的考验更有把握。

气相色谱法无疑应当是调香师最有力的工具，可惜书店里有关气相色谱法的书几乎都是“纯理论”的，唯一一本有些实践经验介绍的是《白酒气相色谱分析疑难问答》，同调香有点关系。笔者只好把自己长时间摸索的一套较为切实可用的“色谱条件”和一些常用的“谱图”奉献出来，期望读者能触类旁通，以点带面，自己建立一套“利用气相色谱仿香与创香”的实用方法。

电脑技术发展之快令人目不暇接，笔者深知难以预料今后电脑还会给人们带来什么变革，因此本书只能简要地介绍目前电脑技术在调香方面的应用情况，对不远的将来作了一点预测。结论（“电脑永远成不了艺术家”）是笔者的观点，相信这句话能经得起历史的考验。

估计读者书架上已有张承曾、汪清如合著的《日用调香术》和阿诺尼丝的《调香笔记——花香油和花香精》，因此这两本书中的任何内容都不再出现在本书中，读者全面掌握这两本书中的知识以后再阅读本书，将会有更多的启发和心得。

编著者

2000年10月

第二版前言

我闻故我思

笛卡儿有句名言“我思故我在”，调香师会联想到“我闻故我思”——闻到“前所未闻”的香味时，就有“仿香”和“创香”的冲动，想在实验室里把它再现出来，或者创作一个“更好”的香气让世人共享。希望在香精领域里“干一番大事业”的年轻人刚刚进入这个行业的时候，更是充满着这种欲望，希望有朝一日调出一个“划时代”的香精作品出来，“一鸣而天下知”。可是一次次地试验、一次次地失败，有的人“急流勇退”了，有的人想起“拜师”，想起“入学”，或者买来“天书”自学，期望像“鲁班学艺”一样，把所有的“模具”拆了重装，熟练了自然也就成了“大家”。

可惜的是，靠书本培养不出调香师，学校也培养不出调香师，即便有了硕士、博士头衔也不行——这样说肯定伤了不少人的心，但现实就是这样残酷——学校里只是教给你一些基础的香料香精知识，真正可用来指导调香的理论至今几乎是“一片空白”，国外也是如此。学习调香如同学习中医一样，学校培养不出老百姓认可的“中医师”。高明的中医师是在丰富的临床经验中获得真知，他的随机应变、因人而异、因时而化、因地制宜的个性化、他的“望闻问切”、他的“辨证施治”等学问是他的弟子们花一辈子的努力也不一定学得到的。相对来说西医要“简单”多了——从医学院毕业出来就可以“开业”看病，老百姓不会因为他的年轻、“经验不多”而“不敬”。现代人的浮躁使得德高望重的、真正的中医师越来越少，后继乏人，究其原因就是“学校培养不出中医师”。调香师也是这样。

世间一切带有艺术的技术都是个人的亲身感悟和实实在在的体验，难以明明白白地传授给他人。能传授的只是知识或者技术层面的东西。而智慧与悟性是难以“言传”的。然而最有价值、最需要传承的恰恰是这种不好传承的东西，它是生命力之所在、万物真谛之所在。比如绘画、构图、造形、渲染皆易学，而笔墨之外的“神韵”则不是可以学得来的。书法、雕刻、作曲、戏剧、舞蹈、摄影、文学创作等无不如此。

庄子曰：“斋以静心，以天合天”，以道合道、自然而然是道家的做事原则。在《齐物论》中，庄子把声音之美分为“人籁”、“地籁”、“天籁”三种。“人籁则比竹是已”，即箫管之类，属下等；“地籁则众口是已”，即风吹口穴之声，属中等；“天籁”则“吹万不同，而使其自已也。”即决然自生的自然之声，为上等。在《天运》中，庄子还论述了“天籁”的特点：“听之不闻其声，视之不见其形，充满天地，苞裹六极。”如果我们把上述文字中的“籁”、“声”改为“芳”，那么香味之美也可分为“人芳”、“地芳”和“天芳”三种，“人芳”即人造的香气，“地芳”即人工提取的“精油”香气，“天芳”才是真正的大自然香气，人力很难达到这种“嗅之不闻其芳”、“听之不闻其声，视之不见其形，充满天地，苞裹六极”的程度，但人类的活动就是为了“逐步达到”这种境界，否则还要“调香师”们做什么呢？

“以天合天”的原意是“掌握事物的自然规律，利用其规律把事情做好，可以达到最高水准（所谓‘合乎天’）”。调香也是这样，如果充分了解各种香料的理化指标、香气特点和各香料之间相互作用的可能性（即配伍性），了解各种常用香精和世界各地新开发的香型特征，善于应用自己的鼻子和所有对调香有帮助的仪器，加上长时间的“仿香”和“创香”实践，又能不断地从大自然中捕捉“灵感”，调出来的香精便能从“人芳”、“地芳”逐步提高到“天芳”的水平。这便是“以芳合芳”、“以天合天”。

拙著《调香术》出版目的是为了让读者通过不断地学习、实践“逐步达到”所谓“天芳”的境界。第一版问世后，有许多读者来信、来电表示阅读此书受益良多，每次翻看都觉得真的是“开卷有益”，对自己的调香能力有“极大的促进”。一位在国内知名度甚高的香精制造厂调香室主任曾对笔者说：“我们公司的调香师们每次讨论时都会讲到香气的吸引子；一提到香精的‘成本’，立即会冒出‘两高一低’、‘两低一高’这句话，我看我们对‘混沌理论’和‘三值理论’的理解可能比你还要‘深刻’。”其实这正是作者的期望——一个新的理论，就是要不断地在实践中检验、充实，尽量达到“完善”，它的价值才能充分体现出来。也有读者希望本书再版时内容更丰富些，理论也可以更深一层，让国内整体调香水平进步更快一些。为此，笔者又尽了最大的努力，这一版《调香术》中三值、气味ABC表里“常用香料”的品种已增加到4000多个，几乎囊括了目前国内外调香师们“手头”上所有的包括最近几年来使用的新香料，并把它们全部收进由厦门牡丹香化实业有限公司编制的调香软件中。这样，读者随便一个香精配方都可以通过本书里的数据加上电脑或者手工计算把它的“三值”和“气味ABC”标示出来；或者反过来读者要调配一个香精，也可以利用电脑或本书的数据表很快地查出可以用哪一些香料、用量大概需要多少，并通过计算“预测”调出的香精大概能达到什么样的“水平”。

此次再版的内容增加了各种常用香料的“香气特点”和应用知识、加香实验和评香、仿香与创香等章节，尤其是“调香理论基础”一章内容增加了不少，“香气的分维”一节算是初步建立了一个气味的数学模型，为“气味学”的创建打下了基础，有兴趣的读者可以在此基础上作进一步的研究和探讨。本书的篇幅比第一版增加了一倍，相信它带给读者有益的知识将不是简单的“乘以2”而已。

林君如、葛淑英、何丽洪、周艳香、戴玲玲、张文璋、童迎春、林凌龙、江崇基、赵娟、简冬梅、肖莉、刘晖、骆菊青等同志参与了此次再版资料和数据的校对、验证等工作，在此一并致谢！

编著者

2007年10月于厦门

目　录

绪论　调香师的艺术修养 …… 1
第一章　中外调香史记 …… 3
第二章　常用单体香料的香气特征与应用 …… 18
第一节　萜烯类及其衍生物 …… 18
一、蒎烯 …… 18
二、月桂烯 …… 20
三、苧烯 …… 21
四、石竹烯 …… 22
五、长叶烯 …… 22
六、桉叶油素 …… 23
第二节　醇类 …… 23
一、叶醇 …… 23
二、苯乙醇 …… 24
三、桂醇 …… 25
四、香茅醇、玫瑰醇、香叶醇与橙花醇 …… 26
五、芳樟醇 …… 28
六、二氢月桂烯醇 …… 29
七、松油醇 …… 30
八、四氢芳樟醇 …… 31
九、橙花叔醇 …… 31
第三节　醚类 …… 32
一、二苯醚与甲基二苯醚 …… 32
二、乙位萘甲醚与乙位萘乙醚 …… 33
三、对甲酚甲醚 …… 34
四、玫瑰醚 …… 35
五、龙涎醚与降龙涎醚 …… 36
第四节　酚类及其衍生物 …… 37
一、丁香酚与异丁香酚 …… 37
二、麦芽酚与乙基麦芽酚 …… 38
三、麝香草酚 …… 39
第五节　醛类 …… 39
一、脂肪醛 …… 39
二、甲位戊基桂醛与甲位己基桂醛 …… 41
三、羟基香茅醛、铃兰醛、新铃兰醛与兔耳草醛 …… 42
四、香兰素与乙基香兰素 …… 43
五、洋茉莉醛与新洋茉莉醛 …… 45
六、女贞醛 …… 46
七、柑青醛 …… 47
八、苯甲醛 …… 47
九、苯乙醛 …… 48
第六节　酮类 …… 49
一、对甲基苯乙酮 …… 49
二、紫罗兰酮类 …… 50
三、覆盆子酮 …… 51
四、突厥酮类 …… 52
五、甲基柏木酮与龙涎酮 …… 53
第七节　缩醛缩酮类 …… 55
一、苯乙醛二甲缩醛 …… 55
二、苹果酯 …… 55
三、风信子素 …… 56
第八节　酸类 …… 57
一、草莓酸 …… 57
二、苯乙酸 …… 58
第九节　酯类 …… 59
一、乙酸苄酯 …… 59
二、乙酸苯乙酯 …… 60
三、乙酸香茅酯、乙酸香叶酯、乙酸橙花酯与乙酸玫瑰酯 …… 60
四、乙酸芳樟酯 …… 61
五、乙酸松油酯 …… 63
六、乙酸异龙脑酯 …… 64
七、乙酸对叔丁基环己酯 …… 65
八、乙酸异壬酯 …… 66
九、水杨酸丁酯与水杨酸戊酯类 …… 66
十、二氢茉莉酮酸甲酯 …… 67
十一、苯甲酸苄酯与水杨酸苄酯 …… 69
十二、苯乙酸苯乙酯 …… 69
十三、乙酸叶酯 …… 70
第十节　内酯类 …… 73
一、丙位壬内酯 …… 73
二、丙位十一内酯 …… 74
三、丁位癸内酯 …… 74
四、香豆素 …… 75

第十一节　合成檀香………………………… 75
一、合成檀香 803 ………………………… 76
二、合成檀香 208 ………………………… 76
三、“爪哇檀香” ………………………… 77
四、合成檀香 210 ………………………… 78
五、黑檀醇……………………………… 78
六、特木倍醇…………………………… 78
七、聚檀香醇…………………………… 78
八、超级檀香醇………………………… 79
九、檀香醚……………………………… 79
十、芬美檀香…………………………… 79
十一、万索尔檀香……………………… 80
第十二节　人造麝香…………………………… 81
一、葵子麝香、二甲苯麝香与酮麝香…… 81
二、佳乐麝香、吐纳麝香与莎莉麝香…… 83
三、大环麝香麝香 105、麝香 T 与十五内酯…………………………………… 84
第十三节　含氮、含硫与杂环化合物……… 85
一、吲哚………………………………… 85
二、异丁基喹啉………………………… 86
三、邻氨基苯甲酸甲酯………………… 87
四、柠檬腈……………………………… 88
五、二丁基硫醚………………………… 88
六、呋喃酮……………………………… 89
七、吡嗪类食用香料…………………… 90
八、噻唑类食用香料…………………… 91
第三章　天然香料的香气特征与应用 …… 93
第一节　动物香料…………………………… 93
一、麝香………………………………… 93
二、麝鼠香……………………………… 96
三、灵猫香……………………………… 98
四、龙涎香……………………………… 98
五、海狸香……………………………… 99
六、水解鱼浸膏 ……………………… 100
第二节　植物香料 ………………………… 101
一、茉莉花浸膏与净油 ……………… 101
二、玫瑰花浸膏与净油 ……………… 102
三、墨红浸膏与净油 ………………… 102
四、桂花浸膏与净油 ………………… 103
五、树兰花浸膏与树兰叶油 ………… 104
六、赖百当浸膏与净油 ……………… 104
七、鸢尾浸膏与净油 ………………… 105
八、玉兰花油与玉兰叶油 …………… 106
九、玳玳花油与玳玳叶油 …………… 107
十、依兰依兰油与卡南加油 ………… 108
十一、薰衣草油 ……………………… 109
十二、香紫苏油与紫苏油 …………… 111
十三、香叶油 ………………………… 112
十四、丁香油与丁香罗勒油 ………… 113
十五、甜橙油与除萜甜橙油 ………… 113
十六、柠檬油与柠檬叶油 …………… 114
十七、香柠檬油 ……………………… 115
十八、山苍子油 ……………………… 116
十九、桉叶油 ………………………… 117
二十、茶树油 ………………………… 118
二十一、松节油 ……………………… 119
二十二、芳樟叶油 …………………… 120
二十三、香茅油 ……………………… 121
二十四、柠檬桉油 …………………… 122
二十五、檀香油 ……………………… 123
二十六、柏木油 ……………………… 124
二十七、广藿香油 …………………… 125
二十八、香根油 ……………………… 126
二十九、甘松油 ……………………… 127
三十、亚洲薄荷油与椒样薄荷油 …… 127
三十一、留兰香油 …………………… 128
三十二、橡苔浸膏与橡苔净油 ……… 129
三十三、安息香浸膏 ………………… 130
三十四、芳樟叶浸膏与樟木脂素 …… 131
三十五、沉香和沉香油 ……………… 133
第三节　美拉德反应产物 ………………… 134
一、美拉德反应机理 ………………… 134
二、美拉德反应的影响因素 ………… 135
三、肉类香味形成的机理 …………… 136
四、美拉德反应的应用 ……………… 137
第四节　微生物发酵产物 ………………… 143
一、微生物发酵生产烟用香料的生物学基础 ………………………………… 147
二、微生物发酵生产烟用香料方法实例及加香实验 ……………………………… 147
第五节　“自然反应”产物………………… 148
第四章　评香与调香理论基础 ………… 152
第一节　早期的评香与调香理论 ………… 153
第二节　香料香精的三值 ………………… 158
一、香比强值 ………………………… 160
二、黄金分割法 ……………………… 162
三、头香、体香、基香的再认识 …… 164
四、留香值 …………………………… 165
五、香品值 …………………………… 175
六、香料香精实用价值的综合评价 …… 178

第三节　香气表达词语和气味 ABC ……… 181
第四节　混沌数学、分形与调香 ………… 188
第五节　香气的分维 …………………… 193
第六节　香气共振理论 ………………… 199
第七节　香料、香精与香水的“陈化” … 203
第五章　日用香精及其应用 ……………… 209
第一节　日用香精常用香型 …………… 211
一、花香香精 ……………………… 211
二、果香香精 ……………………… 220
三、木香香精 ……………………… 225
四、青香香精 ……………………… 228
五、药香香精 ……………………… 232
六、动物香香精 …………………… 235
七、醛香香精 ……………………… 238
八、复合型香精 …………………… 239
九、幻想型香精 …………………… 240
第二节　环境用香精 ………………… 250
一、空气清新剂香精 ……………… 250
二、蜡烛香精 ……………………… 257
三、熏香香精 ……………………… 259
四、动物驱避剂 …………………… 262
第三节　香水香精 …………………… 275
一、女用香水香精 ………………… 276
二、男用香水香精 ………………… 279
第四节　化妆品香精 ………………… 280
第五节　洗涤剂香精 ………………… 283
第六节　芳香疗法香精 ……………… 285
一、健康、亚健康与抑郁症 ……… 285
二、常用的芳香疗法精油 ………… 289
三、精油疗效表 …………………… 294
四、配制精油 ……………………… 294
五、正确认识精油 ………………… 301
六、复配精油 ……………………… 312
七、精油的使用方法 ……………… 318
八、精油直接用于日用品的加香 ……… 319
第七节　香精的再混合 ……………… 322
第八节　微胶囊香精 ………………… 324
一、微胶囊香精简介 ……………… 324
二、微胶囊香精的制作 …………… 325
三、微胶囊香精的应用 …………… 327
第六章　食用香基和调味料 ……………… 329
第一节　食用香基常用香型 …………… 333
一、水果香型 ……………………… 333
二、坚果香型 ……………………… 336
三、熟肉香型 ……………………… 336
四、乳香型 ………………………… 338
五、辛香型 ………………………… 339
六、凉香型 ………………………… 340
七、菜香型 ………………………… 340
八、花香型 ………………………… 341
九、其他香型 ……………………… 341
第二节　食用香基的应用 ……………… 342
一、配制食用香精 ………………… 342
二、用作或配制日化香精 ………… 343
三、其他用途 ……………………… 344
第三节　调味料 ……………………… 345
第七章　酒用香精 ……………………… 348
第一节　酒的制造和分类 ……………… 348
第二节　酒的勾兑 …………………… 350
第三节　酒用香精的调配 ……………… 351
一、白酒用香精 …………………… 352
二、仿洋酒香精 …………………… 352
第四节　酒用香精配方 ……………… 353
第八章　牙膏漱口液香精及其应用 ……… 359
第九章　饲料香精及其应用 ……………… 363
第一节　饲料香精的作用机理 ………… 363
第二节　饲料香精的种类及添加方法 …… 364
一、饲料香精的产品特性 ………… 364
二、微胶囊香精的产品特性 ……… 364
三、甜味剂的产品特性 …………… 365
四、饲料香精的添加方法 ………… 365
第三节　饲料香精的功能 ……………… 365
一、饲料香精对动物食欲和生产性能的影响 ……… 365
二、饲料香精对饲料异味和调整饲料配方的影响 ……… 366
三、饲料香精对动物采食行为和诱食的影响 ……… 366
四、饲料香精促进动物消化腺的发育和养分的消化吸收 ……… 367
五、饲料香精对缓解动物应激的影响 … 367
六、饲料香精对饲粮商品性的影响 …… 367
七、天然饲料香精有望解决抗生素的滥用问题 ……… 367
第四节　饲料香精对不同动物的影响 …… 368
一、猪用饲料香精 ………………… 368
二、牛用饲料香精 ………………… 369
三、其他家畜用饲料香精 ………… 370
四、鸡用饲料香精 ………………… 370
五、鱼用饲料香味剂 ……………… 371

六、宠物饲料香味剂 …………………… 372
七、其他动物用饲料香精 ……………… 372
第五节　饲料香味剂配伍 ……………… 373
第六节　饲料加香的实验方法 ………… 373
一、并列实验法 ……………………… 373
二、反转实验法 ……………………… 373
三、单一投放实验法 ………………… 373
第七节　饲料香精中香料的研究方法 …… 374
第八节　饲料香精的研究概况 ………… 374
第九节　饲料香精配方 ………………… 374
第十节　饲料香精的防腐、抗氧化作用 … 377
第十章　烟用香精及其应用 ………………… 379
第一节　吸烟与健康 …………………… 380
第二节　影响卷烟焦油产生量的因素 …… 381
第三节　烟草加香 ……………………… 383
一、花香型香料 ……………………… 387
二、非花香型香料 …………………… 388
第四节　烟用香精配方示例 …………… 393
第十一章　经济调香术 ……………………… 399
第一节　天然香料与合成香料 ………… 399
第二节　国产香料与进口香料 ………… 401
第三节　香料下脚料的利用 …………… 402
第四节　溶剂的选用 …………………… 403
第五节　巧用香气强度大的香料 ……… 404
第六节　自制一部分香料和溶剂 ……… 405
第七节　电脑帮你算细账 ……………… 408
第八节　关注香料行情 ………………… 408
第九节　大胆使用新型香料 …………… 409
第十节　“两高一低”与“两低一高”香料 ………………………………… 410
第十二章　日用品加香实验与评香……… 412
第一节　日用品制造厂的加香实验室 …… 412
第二节　香精厂的加香实验室 ………… 413
第三节　感官分析 ……………………… 414
第四节　人的嗅觉 ……………………… 415
第五节　现代评香组织 ………………… 416
一、嗅觉的基本规律 ………………… 417
二、评香的类型 ……………………… 417
三、评香员的选择与培训 …………… 417
四、评香实验环境 …………………… 419
五、评香分析常用方法 ……………… 420
六、电子鼻评香 ……………………… 421
七、其他加香产品的评香 …………… 424
第十三章　仿香与创香 ……………………… 426
第一节　气相色谱条件 ………………… 427
第二节　气相色谱分析取样方法和初步仿香 ……………………………… 429
第三节　天然香料色谱图 ……………… 430
第四节　固相微萃取与顶空分析法 …… 432
第五节　天然香料和外来香精的剖析 …… 437
第六节　气相色谱双柱定性法仿香 …… 444
第七节　气质联机仿香 ………………… 448
第八节　高效液相色谱法协助仿香 …… 452
第九节　在仿香基础上创香 …………… 454
第十节　创香和香精取名 ……………… 457
第十一节　仿香与反仿香 ……………… 460
第十四章　电脑调香 ………………………… 462
第一节　调香软件 ……………………… 462
第二节　自动试配装置 ………………… 464
第三节　与“电子鼻”等结合仿香 ……… 467
第四节　电脑创香 ……………………… 472
参考文献 ……………………………………… 473

绪论　调香师的艺术修养

20世纪50年代，美苏两国争夺太空优势的竞争达到白热化的程度。当时的美国，无论是人员、财政、技术装备还是基础理论等方面都大大地超过前苏联，然而出人意料的事还是发生了：前苏联科学家加加林第一个实现了人类上太空遨游的梦想！

美国官方与民间在惊愕之余，组织大批人马着手研究这个不可思议的事实。经过二十几年的研讨、论证，结论是：地大物博、有着深厚文化历史沉积的前苏联各民族科技人员的“艺术素质”是立国仅一百多年、“岛国文化”浓厚的美利坚合众国的科技人员所无法比拟的！美国政府痛定思痛，终于在1995年由克林顿总统宣布在校学生的“艺术修养”分应占各门功课总分的30%～40%！

医学界认为人类大脑的左半部（左脑）主要“负责”逻辑推理一类的工作，是一个人“自己的大脑”；而大脑的右半部分（右脑）则“负责”艺术的、宏观的思维，是“祖先的大脑”。前者基本上是后天的，主要靠出生以后的不断学习、提高；后者则基本上是“先天的”，它延续了祖祖辈辈的思维，特别是“保留了其中的精华部分”，但也有个使用问题——有人善于使用，有人不善于使用或使用不上，通过不断的艺术训练可以提高使用效率。举个看下棋的例子：一般的棋手看别人下棋时要计算双方得失，重视“战术”性的东西，可以说是用左脑“看”下棋；而“大师”级棋手则“看一下形状”就基本上能断定谁占优势，重视的是“战略”性的东西，也就是看“势”，是用右脑“看”下棋。这从一个方面解释了为什么艺术能“陶冶”人的“情操”，为什么有众多的科学家、工程师在紧张的科研工作之余还乐于弹琴、画画，喜欢书法艺术，有的“造诣”还挺高的呢！

人所共知调香是科学技术和艺术的结合，在调配高级香水、空气清新剂、化妆品香精时，“艺术”二字占有更大的分量，同音乐家、画家一样，调香师的艺术修养决定了他的作品达到的境界。

王安石诗云：“成如容易却艰辛。”黑格尔也认为“……一个有教养的人的风度，他所言所行都极简单自然，自由自在，但他并非从开始就有这种简单自由，而是修养成熟之后才达到这种炉火纯青。”又说：“……各种艺术类型，作为整体来看，形成一种进化过程，即由象征型经过古典型然后达到浪漫型的发展过程……艺术作品全部都是精神产品，像自然界产品那样，不可能一步就达到完美，而是要经过开始、进展、完成和终结，要经过抽苗、开花和枯谢。”

西方国家和我国的艺术本质论有一定的差异，开始时二者均处于自身对世界艺术掌握方式的同一认识起跑线上，都曾经认为艺术是一种技术或技艺，“起跑”以后就分道扬镳了：前者先奔着客体“跑”去，后者则先奔着主体“跑”去；进入近现代以后又相互移位转向自己的对立面而去；到了现代，则开始了逐渐接近并相互会合的趋势。换句话说，西方的艺术本质论经历了一个从再现论（模仿）到表现论（情感）再到二者趋向统一的历史发展过程；我国的艺术本质论则经历了一个从表现论到再现论再到二者统一的历史发展过程。从文学、美术、音乐等方面都可看出中西方对于艺术本质论这个分而又合的过程的认识，而从调香历史来看也是如此。不管过去的情况如何，现今的世界趋势是二者的统一，也就是说，艺术应是“自然的再现”和人类“高级情感”的有机的统一。近20年来，全球每年评选出的“十大名牌香水”或“世界前十名畅销香水”莫不如是。调香师一方面应善于观察自然，从自然中捕捉灵感；另一方面又必须把握时代的脉搏，走在时代的前头。把自己关在调香室中“闭门造车”是调不出好作品的。

阿恩海姆把人的知觉看作是一种对客观刺激物进行大幅度改造、积极组织或建构知觉“完形”整体的能力，无论是艺术家的视觉组织，还是艺术家的整个心灵，都不是某种机械地复制现实的装置，更不能把艺术家对客观事物的再现看作是对这些客观事物偶然性表象所进行的照相式录制（或手写），“视觉不是对元素的机械复制，而是对有意义的整体结构式样的把握”，视觉形象“是对现实的一种创造性把握，它把握到的形象是含有丰富的想象性、创造性、敏锐性的美的形象”。将这几段话里的“视觉”二字改为“嗅觉”用在调香艺术中是再恰当不过的（用在观看一个名牌香水的气相色谱图时则“视觉”、“嗅觉”皆恰到好处）。

斯托洛维奇把艺术价值概括为四个方面：评价、教育、游戏及符号；十四种功能：娱乐、享乐、补偿、净化、劝导、评价、预测、认识、启蒙、教育、使人社会化、社会组织、交际、启迪等。调香师的作品——各种香精（特别是香水香精）的艺术价值也一样。

在本书中作者一再强调调香作品同市场的有机结合，还专辟了“经济调香术”一章，甚至提出调香时应“把算盘挂在脖子上”，这是否“抹杀”调香作品的“艺术性”呢？非也！须知在市场经济辐射一切的现实条件下，承认艺术市场的存在，就不能不承认艺术商品性的存在，科学地认同艺术的商品性，不是对艺术的亵渎和贬低，而是对艺术所具有的客观属性的正视和尊重。这些“大理论”还是留给经济学家们去研究吧，我们在这里只要列举几个实例就足够了：唐伯虎以卖画为荣，自诩“闲来自写青山卖，不使人间造孽钱”；郑板桥曾公开标出“润格”现钱出卖书画；清末民初的黄宾虹、齐白石都曾正式规定自己的书画“润例”……他们都不曾因为“熏了铜臭”而降格，且还对当时的书画艺术起到了明显的促进作用。

话还要说回来，凡是可以称作艺术品的东西，在剥离了它的五光十色的商品性“所指”的情况下，总可以窥见其占主导地位的不无可取的意识形态“所指”。否则，艺术将不成其为艺术，只能降低到杂耍的水平。

本书在这里讲了些许对待“艺术”的观点，只是想借此呼吁读者不要只是“为调香而调香”，除了多读书、多实验充实自己的科技知识以外，注意提高自己的艺术修养水平是极其重要的。特别是在调配香水香精这种“艺术性”远高于“科学性”和“技术性”的“高级活动”时更是如此。

第一章　中外调香史记

把两种或者两种以上的香料混合起来就是一个“香精”，因此，有意识地把两种或者两种以上的香料混合在一起的行为就是“调香”，专门做这种“调香”工作的人员叫做“调香人员”，其中佼佼者被人称为“调香师”，最高明的就叫做“调香大师”了。

古代有没有调香师或调香大师呢？答案是：有！

远古时代的人类在自然界里寻找、认识、“研究”食物和药物的同时，已经注意到“香料”也就是那些带有香味的“东西”，把它们当作美好的“物品”，在使用这些香料的时候，发现两种或者两种以上的香料混合在一起时香味变了，或者变得更加美好，或者变劣，于是在以后的工作中就有意识地进行这种“调香作业”，按一定的分量把几种香料混合起来使用。最早又最有名的例子当推古埃及人著名的熏香“基弗衣”（也有人译为“基福”），它的香气可令人镇静，并有催眠作用，不仅作为熏香可在室内焚烧，也可用来使身体或衣物沾上香气。“基弗衣”的成分不是固定的，随着时代或制造人而异。

我国的春秋时期“中原”一带可供使用的香木香草种类还不多，主要有兰（泽兰，并非春兰）、蕙（蕙兰）、椒（椒树）、桂（桂树）、萧（艾蒿）、郁（郁金）、芷（白芷）、茅（香茅）等。那时对香木香草的使用方法已非常丰富，不仅已有焚烧（艾蒿）、佩带（兰），还有煮汤（兰、蕙），熬膏（兰膏），并以香料（郁金）入酒。诗经、尚书、左传、周记、山海经等都有许多这方面的记述。如周礼所记：“剪氏掌除蠹物，以攻攻之，以莽草熏之，凡庶虫之事。”那时的人们不仅对这些香木香草取之用之，而且歌之咏之，托之寓之。如屈原离骚中就有很多精彩的咏叹：“杂申椒与菌桂兮，岂维纫夫蕙茝”，“畦留夷与揭车兮，杂杜衡与芳芷”，“扈江离与辟芷兮，纫秋兰以为佩”，“朝饮木兰之坠露兮，夕餐秋菊之落英”，“户服艾以盈要兮，谓幽兰其不可佩”，“何昔日之芳草兮，今直为此萧艾也”，“椒专佞以慢慆兮，榝又欲充夫佩帏”。屈原身上常带的“香囊”就是一个个专门配制的“香精”（天然香料混合物），当然也需要一定的调香技术了。

到秦汉时期，国家统一，疆域扩大，南方湿热地区出产的香料逐渐进入“中土”。随着“陆上丝绸之路”和“海上丝绸之路”的活跃，南亚及欧洲的许多香料也通过新疆、西藏、云南、广东、福建传入中国。檀香、沉香、龙脑（冰片）、乳香、甲香、鸡舌香（丁香）等在汉代都已成为王公贵族的炉中佳品。道家思想在汉代的盛行以及佛教传入中国，也在一定程度上推动了这一时期香文化的发展。这个时期的“调香工作”，除了烹调用料之外，主要是“熏香”的配制。

古代中国人的“熏香”，最初并不都是用香丸、香饼等“合香”的香品。在先秦两汉时期，人们还不大懂得研究香方来“合香”，大多是直接选用香草、香木片、香木块等，但熏香的道理是相似的，都是用木炭等燃料熏焚。从考古文物得知，我国至少在战国时期就已经有了制作精良的熏炉了。

直接使用单一香料，其香味与养生之功能都得不到最好的发挥，而且许多香料例如作为熏香品使用的檀香，其实并不适于单独使用，古人已十分清楚的讲到“檀香单焚，裸烧易气浮上造，久之使神不能安。”这种单一香品只是汉代之前原始的用香方法。在西汉前期，已常采用“混烧多种香药”的方法调配香气，如长沙马王堆一号墓（约公元前160年）就发现了混盛多种香药（辛夷、高良姜等）的陶熏炉。这种“混烧香药”可以算是早期的调香技术了。在西汉中期，岭南地区还用“多穴熏炉”调配香气，例如南越王墓曾出土四穴连体熏炉，形如四个方炉相结，可同时焚烧四种香药。

葛洪的抱朴子内篇提到炼制“药金”、“药银”时需焚香，“常烧五香，香不绝”（五香：青木香、白芷、桃皮、柏叶、零陵香），身带“好生麝香”及麝香、青木香等制作的香丸。

在汉武帝之前，熏香已在贵族阶层广泛流行起来，而且有了专门用于熏香的熏炉。熏香在南方两广地区尤为盛行，甚至还传到了东南亚，在印尼苏门答腊就曾发现了刻着西汉“初元四年”字样的陶熏炉。

随着香料品种的增多，人们不仅可以选择自己喜爱的香品，而且已开始研究各种香料的作用与特点，并利用多种香料的配伍调合制造出特有的香气。于是，出现了“香方”的概念。“香”的含义也随之发生了衍变，不再像过去那样仅指“单一香料”，而主要是指“由多种香料依香方调和而成的香品”，也就是后来所称的“合香”（现在叫做“香精”）。从单品香料演变到多种香料的复合使用，这是一个重要的发展。

东汉时期建宁宫中香的香方就显示了汉代的这一用香特点。

汉建宁宫中香：黄熟香四斤，白附子二两，丁香皮五两，藿香叶四两，零陵香四两，白芷四两，乳香一两，檀香四两，生结香四两，甘松五两，茅香一斤，沉香二两，苏合油二两，枣五两，研为细末，炼密和匀，窖月余作丸，或饼爇之。

可以看出，到东汉时，不仅香料的品种已非常丰富，而且香的配方也十分考究，与中药的配制有异曲同工之妙。

事实上，中国古代使用的“香”是以“合香”为主的，所谓“合香”指的是多种“香药”配制的“香丸”、“香粉”、“香膏”等，常有特定配方。将多种香药合为一体，类似“合药”，说明它与中药使用的发展过程是一样的。大多数香药都要经过“炮制”才能用于制香，“炮制”方法有蒸、煮、浸、炒、炮等，也常使用酒、茶、蜂蜜、梨汁、米泔等各种辅料。如陶弘景的肘后备急方里有“六味熏衣香”配方：沉香一两，麝香一两，苏合香一两半，丁香二两，甲香一两（酒洗、蜜涂、微炙），白胶香一两。右六味药捣，沉香令碎如大豆粒，丁香亦捣，余香讫，蜜丸烧之。若熏衣加艾纳香半两佳。

孙思邈千金要方所记“熏衣香”方就有五首，其方一（香丸，熏烧）：“零陵香、丁香、青桂皮、青木香……各二两，沉水香五两……麝香半两，右十八味为末，蜜二升半煮，肥枣四十枚令烂熟，以手痛搦，令烂如粥，以生布绞去滓，用和香，干湿如捺麨，捣五百杵成丸，蜜封七日乃用之。”

直接放在衣物中的“裛衣香”方也有三首，其方一（香粉）：以“丁子香一两，苜蓿香二两……藿香、零陵香各四两”捣碾，加入泽兰叶，粗筛，“用之极美”。

涂傅之香：此类香的种类很多。一种是傅身香粉，一般是把香料捣碎，罗为末，以生绢袋盛之，浴罢傅身。一种是用来傅面的和粉香。有调色如桃花的十和香粉，还有利汗红粉香，调粉如肉色，涂身体香肌利汗。一种是香身丸，据载是“把香料研成细末，炼蜜成剂，杵千下，丸如弹子大，噙化一丸，便觉口香五日，身香十日，衣香十五日，他人皆闻得香，又治遍身炽气、恶气及口齿气。”还有一种拂手香，用阿胶化成糊，加入香末，放于木臼中，捣三五百下，捏成饼子，穿一个孔，用彩线悬挂于胸前。

古代口脂与现在的口红一样，是用蜡做的，而且非常精致，它的制作工序是非常复杂的，所以不可能自己做。《莺莺传》里张生去长安之后，给莺莺送了几件礼物，其中就有

"口脂五寸"。口脂不光是女人用或者作为装饰使用，在冬天还可以起到护唇的作用，所以还有一种肉色的口脂，男性也要用的。但有一个特点，就是都特别香，掺杂大量的香料。唐代口红配方有12种香料——这当然要有高超的调香技术了。

古代熏香制作时使用的香料有：杜衡、月麟香、甘松、苏合、安息、郁金、捺多、和罗、丁香、沉香、檀香、麝香、乌沉香、白脑香、白芷、独活、甘松、三柰、藿香、藁本、高良姜、茴香、木香、母丁香、细辛、大黄、乳香、伽南香、水安息、玫瑰瓣、龙涎等。

就唐代主要香料或香材品种言，沉香出天竺诸国；没香出波斯国及拂林国；丁香生东海及昆仑国；紫真檀出昆仑盘盘国；降真香生南海山中及大秦国；薰陆香出天竺者色白，出单于者绿色；没药是波斯松脂；安息香生南海波斯国；苏合香来自西域及昆仑；龙脑香出婆律国等——外来香料在唐朝香料市场上占据了重要的地位。

香料或香材也是外国政府向唐朝"进贡"的重要物品，据官修史书不完全统计，天竺、乌苌、耨陀洹、伽毗、林邑、诃陵等国都曾向唐朝"贡献"香料，涉及的种类主要有郁金香、龙脑香、婆律膏、沉香、黑沉香等。古书里有时将外国贡献的香料径称作"异香"，即在唐朝境内稀见的香料，而外来的香料也被赋予了种种神秘的特性。

古代熏香分类：根据外形特征可分为原态香材、线香、盘香、塔香、香丸、香粉、香篆、香膏、涂香、香汤、香囊、香枕等。

原态香材——香料经过清洗、干燥、分割等简单的加工制作而成。原态香材能保留香料的部分原始外观特征，如檀香木片、沉香木块等。

线香——常见的直线形的熏香，还可细分为竖直燃烧的"立香"，横倒燃烧的"卧香"，带竹木芯的"竹签香"等。

盘香——又称"环香"，螺旋形盘绕的熏香，可挂起，或用支架托起熏烧，有些小型的盘香也可以直接平放在香炉里使用。

塔香——又称"香塔"，圆锥形的香，可放在香炉中直接熏烧。

香丸——豆粒大小的丸状的香。香粉——又称"末香"，为粉末状的香。

香篆——又称"香篆"、"印香"、"百刻香"，用模具将香粉压制成特定的（"连笔"的）图案或文字，点燃之后可顺序燃尽。

膏香——又称"香膏"，研磨成膏状的香。

涂香——又称"涂敷香"，涂在身上或衣服上的香粉、香膏等。

香汤——又称"香水"，以香料浸泡或煎煮的水。

香囊——又称"香包"，装填香料的丝袋，有丝线可挂于颈下的称为"佩香"。

香枕——装填香料的枕头，可安神养生。

焚香所用的香大多依据"香方"，择沉香、青木、苏合、鸡舌、兰、蕙、芷、蒿等原态香药经过炮制、研磨、熏蒸等方法，合成更为精致的香丸、香饼、香膏等，这个工艺过程便是"合香"。《陈氏香谱》（相传为宋人陈敬著）中有记载说："杏花香"方炼制成的香丸"如弹子大"，"开元帐中衙香"是"丸如大豆"，"雪中春信"方是"炼蜜和饼如棋子大，或脱花样"。棋子大小的香饼还要脱出花样，的确精致，耐人把玩。

唐后用于熏香的旁通香图（表1-1）更是把调香技术艺术化了。

表1-1　旁通香图

项目	文苑	新料	笑兰	清远	锦囊	醒心	凝和
四和	沉香2.1两		檀香3钱		脑子1钱	藿香1分	麝香1分
凝香	檀香0.5两	降真0.5两	栈香0.5两	茅香0.5两	零陵香0.5两	麝香6钱	丁香0.5两

续表

项目	文苑	新料	笑兰	清远	锦囊	醒心	凝和
百花	栈香1分		沉香1分		麝香1钱	脑香1钱	檀香1.5两
碎琼	甘松1分	檀香0.5两	降香0.5两	生结香3分	木香0.5两	栈香1两	甲香1钱
云英	玄参1两	甘松0.5两	麝香1钱	沉香1分	檀香0.5两	沉香0.5两	结香1钱
宝篆	丁皮1分	白芷0.5两	脑子1钱	麝香1钱	藿香1分	脑子1钱	甘草1分
清真	麝香1分	茅香4两	甲香0.5两	檀香0.5两	丁香0.5钱		脑子1钱

1张图容纳了14个配方，多么精巧！

熏香是“借助炭火之力让香丸、香饼散发香味”。明人高濂《遵生八笺》中列举了“焚香七要”，是为：香炉、香盒、炉灰、香炭墼、隔火砂片、灵灰、匙箸。其中最要紧的细节是“香炭墼”和“隔火砂片”。“炭墼”是用炭末捣制成的块状燃料，先把它烧透，放在香炉中，再用特制的细香灰把炭墼掩盖起来，并在香灰中戳些孔眼，以便炭墼可以接触空气而持续燃烧。然后，在香灰上放瓷、云母、银叶、砂片等薄而硬的“隔火片”，操作者便是将那香丸“添”在这隔火片上，借着灰下炭墼的微火熏烤，慢慢将香味散发出来，达到“味幽香馥，可久不散”的效果。

魏晋隋唐时，合香盛行，这时，熏香的风气扩展到全社会各个阶层，加上文人士大夫们的推动，使得合香、品香成为相当优雅的生活方式。稍加留意，这个时期的大量诗词文章中可以见到知识分子们借香咏怀的情思。到宋朝以后，独立燃烧的合香开始流行，比如印香、塔香，不过即使是这样的香品也是要平展在特制的香灰上燃烧，才见品味。这个时期也出现了线香。宋人使用的可燃烧的香品，包括线香，俱是来自依香方用香草、香药精心炮制成的香膏、香泥。

兰、蕙、芷、蒿等香草是中原人最早采用的芳香植物，汉代开辟了丝绸之路后，原产自非洲和西域地区的各种香药进入中国，生长于边陲的香药也顺便来到中原。诸如龙脑香、青木香、乳香、降真香这些香药的异域芬芳大不同于中原地区人们常用的香草，它们征服了中国人的心，古代中国人的香氛生活也愈加丰富。汇集了中原的、边陲的、域外的香草、香药，古代的中国人就会变着方子炮制香味。《陈氏香谱》中有此一方：“沉香一两、苏合香。右以香投油，封浸百日……入蔷薇水更佳。”其中“苏合香”产自土耳其、埃及、印度等地，是最早进入中国的“异域”香药之一。它是一种香树脂，为半透明状的浓稠膏油。方子的意思是将沉香投放到苏合香油中浸泡，密封一百天，然后将泡过的沉香取出，直接作为香品熏。这是一种比较简单的“合香”，让香油的气息浸入沉香，把两种名贵香药的香芬融合在一起，获得新的香型。

方中最后所说“入蔷薇水更佳”，这“蔷薇水”就是阿拉伯玫瑰“香水”（现在叫做“玫瑰花纯露”）。将沉香浸泡在“香水”中，真是典型的“中西合璧”，方中言效果“更佳”，想来会合成一种相当美妙的香型。阿拉伯“香水”是在晚唐、五代时期传入中国的，它的神奇花香迅速取代了进口芳香油苏合香的地位，成为中国贵族阶层的奢侈消费品。只不过它太奢侈了，进口数量有限，价格昂贵，想大量使用不那么方便。于是，古代中国人开始仿制“香水”。从古代香谱中我们可以看到，宋人的尝试是大量的，可惜最终结果却令人遗憾，他们始终没有彻底掌握蒸馏精油的方法，制不成“香水”。

苏东坡也是一个历史上著名的“合香”高手，保留至今的“东坡闻思”香方相传为苏东坡传世的名香之一，其原料是：旃檀、元参、丁香、香附子、降真香、豆蔻、茅香等。苏东坡一生喜茶爱香，无论是在朝为官还是流放贬官，一刻也没离开过香。他对香有深入的理论研究，

“闻思香”是苏轼任杭州知府时制作的名香，其香如其文，韵深意长。

苏东坡和黄鲁直烧香二首：

四句烧香偈子，
随香遍满东南。
不是闻思所及，
且令鼻观先参。
万卷明窗小字，
眼花只有斓斑。
一炷烟消火冷，
半生身老心闲。

被贬到海南岛的苏东坡还情系沉香，他在《沉香山子子赋》中咏道：“金坚玉润，鹤骨龙筋，膏液内足”。他还作诗抨击乱砍沉香的行为：“沉香作庭燎，甲煎纷相如。岂若注微火，萦烟袅清歌。贪人无饥饱，胡椒亦求多。朱刘两狂子，陨坠如风花。本欲竭泽渔，奈此明年何?”

明代文学家屠龙曾就苏轼合香和品香的境界作总结道：“和香者，和其性也；品香，品自性也。自性立则命安，性命和则慧生，智慧生则九衢尘里任逍遥。”如此不凡之境界，真是品香品到极致了。

像苏东坡这样爱香，在宋代并非个案。徐铉、黄庭坚、陆游、范成大、杨万里、陈与义等名人都是合香的高手。如黄庭坚行草书《制婴方》至今仍被收藏于台北故宫博物院，见图1-1。

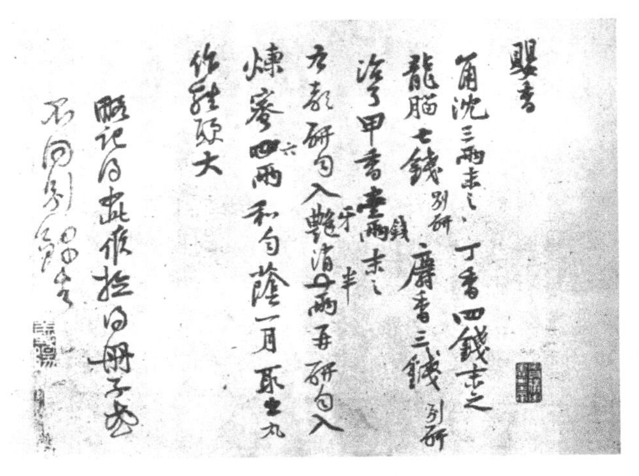

图1-1　制婴香方帖

释文：婴香，角沉三两末之，丁香四钱末之，龙脑七钱别研，麝香三钱别研，治了甲香壹钱末之，右都研匀。入牙消半两，再研匀。入炼蜜六两，和匀。荫一月取出，丸作鸡头大。略记得如此，候检得册子，或不同，别录去。此药方字迹有涂改，第四行：治了甲香半两涂改为壹两，两旁注一钱字。第五行：入艳消一两，艳字旁注牙字，一涂改为半字。第六行：炼蜜四两，四字涂改为六字。涂改的部分主要是合香中香药的分量。

明代以前的古人多喜欢用丁香、檀香、麝香等用于改善墨的气味。宋代苏易简《文房四谱》中记南朝梁代冀公制墨的配方是“松烟二两，丁香、麝香、干漆各少许，以胶水漫作挺，火烟上熏之，一月可使”。宋代文人张遇“以油烟、麝香、樟脑、金箔制墨，状如钱子，因以闻名”，“吴叔大以桐油、胶、碎金、麝香为料，捣一万杵，而使墨光似漆，坚致如玉，因以扬名”(《墨志》)。穆孝天的《安徽文房四宝》中记载金章宗的书房用品很精致，其中有用苏合香油点烟制墨的癖好，可谓穷幽极盛矣。《清异录》也载“韩熙载当心翰墨四方胶煤多不如意，延歙匠朱逢于书馆制墨供用，名麝香月，又名元中子。”《李孝美墨谱》载欧阳通每书其墨必古松之烟末以麝香方下笔。

医用之香早在汉代就有了，例如名医华佗就曾用丁香、百部等药物制成香囊，悬挂在居室内，用来预防“传尸疰病”，即肺结核病。

明代医家李时珍的《本草纲目》中记载用“线香”入药。书中说：“今人合香之法甚多，惟线香可入疮科用。其料加减不等，大抵多用白芷、独活、甘松、三柰、丁香、藿香、藁本、高良姜、茴香、连翘、大黄、黄芩、黄柏之类，为末，以榆皮面作糊和剂。”李时珍用线香“熏诸疮癣”，方法是点灯置桶中，燃香以鼻吸烟咽下。

清代著名医学家赵学敏《本草纲目拾遗》中所附载的曹府特制的“藏香方”，由沉香、檀香、木香、母丁香、细辛、大黄、乳香、伽南香、水安息、玫瑰瓣、冰片等20余气味芳香的中药研成细末后，用榆面、火硝、老醇酒调和制成香饼。赵氏称藏香有开关窍、透痘疹、愈疟疾、催生产、治气秘等医疗保健的作用，其言不虚。因为制作藏香所用的原料本身就是一些芳香类的植物中药，用其燃烧后产生的气味，来除秽杀菌、祛病养生。

香作为医药之用，有香药、香茶。《香乘》载有九种方子：丁香煎圆，木香饼子，豆蔻香身丸，透体麝脐带，独醒香、经御龙麝香茶，孩儿香茶，还有另外两种香茶。

中国古代香方例：

伴月：沉香、白檀、郁金、丁香、旃檀、降真、麝香木等。伴月香是一款影响久远的历史名香，香品配伍严谨，更注重香药的炮制与和合。香气、香性清幽淡雅，芳泽溢远，留香持久。相传伴月香是由宋代文学家、书法家徐铉制成。徐铉，广陵人，仕南唐，历任中书舍人、翰林学士、吏部尚书。归宋后，为散骑尝侍。铉文思敏速，精小篆，传世作品有摹秦李斯《峄山刻石》等。铉性喜香，每遇月夜，露坐中庭，焚香一炷，澄心伴月……他把自己制作的这种香称为“伴月”。

宣和御制香：沉香、金颜香、背阴草、龙脑、朱砂、丁香、安息香、檀香木等。本品为宋徽宗赵佶钦定香方。据记载徽宗在朝事和书画之余，常到御香房亲制此香。并常以此香赏赐近臣，为宣和年间众朝臣邀赏之佳品。

宣和御前香：沉香、龙涎香、排草香、花露、唵叭香等。亦为赵佶所定，气息典雅而品性温蕴，是徽宗的日常专用香，理政上朝、宴客起居、吟诗作画皆用之，以正气清心，益智养生。

花蕊夫人衙香：元参、松仁、香附子、丁香、沉香、乳香等。花蕊夫人为五代后蜀皇帝孟昶之贵妃，现有宫词百首、香方数则存世。“花蕊夫人衙香”是夫人所制供官衙等政务场所使用的香。夫人深谙香理，亦信奉佛教，故所配之香，既有佛家庄严气象，又不失宫廷香的华贵气息。

灵虚香：丁香、灵香草、降真、灵水等。灵虚香香品高雅，淡而溢远。

愈疾香：元参、甘松、柏子、大黄、沉檀、苏和香、鸡舌香等。是一款久远的历史名香，以养生祛疾为主要目的。古方注：“常烧此香弱疾可除。”

旃檀微烟贡香：原料旃檀香、唐香、马蹄香、苏合香等。旃檀香自古为香中珍品，尤其深得佛家之推崇。既用于香汤浴佛，也多制成礼佛的熏香。香气高贵蕴藉，馥郁中透出甘甜，烟气稀微。

清神香方：木香（半两、生切、蜜浸）、降香一两、白檀一两、白芷一两，将药碾为细末，用大丁香二个槌碎，水一杯，煎汁；浮萍香一掬，择洗净，去须，研碎裂汁，同丁香和匀，伴诸香，使匀入臼，杵数百下为度，捻作饼子阴干。

玉华香方：沉香四两，速香黑色者四两，檀香四两，乳香二两，木香一两，丁香一两，郎台六钱，奄叭香三两，麝香三钱，冰片三钱，广排草三两（以交趾出产的为妙），苏合油五两，大黄五钱，官桂五钱，黄烟（即金颜香）二两，广陵香一两（用叶），把上列香料研为粉末，加进合油调和均匀，再加炼好的蜜拌和成湿泥状，最后装进瓷瓶，用锡盖加蜡密封瓶口，烧用时一次取二分。

聚仙香：黄檀香一斤，排草十二两，沉、速香各六两，丁香四两，乳香四两，研末郎台三两，黄烟六两，另外研末合油八两，麝香二两，橄榄一斤，白芨面十二两，蜜一斤，以上成分研成细末作香骨，先和上竹心子，作为香的第一层，趁料湿又滚一层药；檀香二斤，排草八两，沉、速香各半斤，将以上三料研为末，滚成第二层，于是制成了香，用纱筛后将湿香晾干。

沉速香方：沉、速香五斤，檀香一斤，黄烟四两，乳香二两，奄叭香三两，麝香五线，合油六两，白芨面八两，蜜一斤八两，和成滚棍即制成。

黄香饼方：沉、速香六两，檀香三两，丁香一两，木香一两，黄烟二两，乳香一两，郎台一两，奄叭三两，苏合油二两，麝香三线，冰片一钱，白芨面八两，蜜四两，将以上成分拌和成药剂，用印模制成饼状。

印香方：黄熟香五斤，速香一斤，香附子、黑香、藿香、零陵香、檀香、白芷各一两，柏香二斤，芸香一两，甘松八两，乳香一两，沉香二两，丁香一两，馥香四两，生香四两，焰硝五分，以上各料一块研为末，放到香印模中，模印成形后就可以焚烧了。

春香方：沉香四两，檀香六两，结香、藿香、零陵香、甘松各四两，茅香各四两，丁香一两，甲香五钱，麝香、冰片各一钱，以上各料用炼蜜拌为湿膏，装进瓷瓶密封，就可以烧了。

撒兰香方：沉香三两五钱，冰片二钱四分，檀香一钱，龙涎五分，排草须二钱，奄叭五分，撒乐兰一线，麝香五分，合油一钱，甘麻油二分，榆面六钱，蔷薇露四两，用印模制成饼烧，很好。

芙蓉香方：沉香一两五钱，檀香一两二钱，片速五钱，排草二两，奄叭二分，零陵香蓉二分，乳香一分，三柰一分，撒乐兰一分，橄榄油一分，榆面八钱，硝一线，拌和后用印模成饼烧或者散烧。

龙楼香方：沉香一两二钱，檀香一两二钱，片速五钱，排草二两，奄叭二分，片脑二线五分，金银香二分，丁香一钱，三柰二钱四分，官桂三分，郎台三分，芸香三分，甘麻油五分，橄榄油五分，甘松五分，藿香五分，撒乐兰五分，零陵香一钱，樟脑一钱，降香二分，白豆蔻二分，大黄一钱，乳香三分，硝一钱，榆面一两二钱，用印模制成饼烧。散烧去掉榆面用蜜拌和。

香料炮制方法举例：

① 制檀香　檀香一斤（片）用好酒两升，以慢火煮干，略炒制汤熟即可；

② 制碳香　檀香（片）蜡茶清浸一夜，控出焙干，以密酒拌令匀再浸一夜，慢火炙干；

③ 制沉香　沉香破碎，以绢袋装，悬于铫子当中，勿令着底，米水浸，慢火煮，水尽再添，一日为好。完成后晾干即可。现在制香者多生用沉香，所以达不到效果。

中国加工利用香酒的历史可以远溯至夏商时期。历史文献记载与出土的文物证明，早在4000年前的夏朝我国先民已掌握酿酒技术。先民们在掌握酿酒技术的同时，学会了利用芳香植物制作香酒，他们发现香酒不仅气味芳香，而且对人体有益。

香酒风味香甜独特，具有治病养生的功能，从古至今都是人们祭祀祖先神明、相互馈赠、用作养生的珍品。归纳中国古代制作香酒的方式，或是将单一香料浸入酒中，或是将多种香料按比例混合在一起浸入酒中，或是用香料制为香曲再制为香酒，或是将香料与酒存入在一起窨香。

《商书说命》中提到的“用蘖（麦芽）做成的甜酒叫醴，用秬（黑黍）和郁金香草做成的香酒叫鬯”是我国关于香酒制作的最早记载。“鬯”是由郁金（一种可以食用的芳香植物）与黑黍酿造而成的一种色黄而香的酒，该酒是商周时期用作敬神和赏赐的珍品。

随着人们对芳香植物认识的增加，人工栽培芳香植物品种的增多，除了郁金香以外，桂、白芷、菖蒲、菊花、牛膝、花椒等芳香植物都逐渐被古人添加到制作香酒的过程中。

到了宋代以后，豆蔻、阿魏、乳香等可制为香酒的香料大量传入中国，芫荽酒、茉莉酒、豆蔻酒、木香酒等香酒纷纷出现，并且开始走进普通百姓的生活。

宋诩《竹屿山房杂部》和高濂《遵生八笺》是明代两部典型的记载起居生活文献。《竹屿山房杂部》“酒制”记载了包括菖蒲酒、希莶酒在内的15种用单一香料制成的香酒，在该卷最后还录有包括杏仁烧酒和长春酒在内的用多种香料制成的香酒。杏仁烧酒用了包括艾、芝麻、薄荷叶、小茴香在内的近10种香料，长春酒用了包括当归、川芎在内的24种香料。

国外也有各种香料加入酒中制成“药酒”的传统，如“金酒”，即杜松酒，有利尿作用，是世界五大烈性酒之一。金酒具有芳芬诱人的香气，无色透明之液体，味道清新爽口，可单独饮用，也可调配鸡尾酒，并且是调配鸡尾酒中唯一不可缺少的酒种，用大麦、黑麦、谷物、杜松子、荽子、豆蔻、甘草、橙皮等为原料，经粉碎、糖化、发酵、蒸馏、调配而成。

在欧洲，公元12世纪十字军在侵征塞浦路斯时回一种名为“素心兰”的香水（Eau de Chypre），“Chypre”是法文对Chyprusd（塞浦路斯）的称呼，当时有一种形似鸟身的锭剂，燃烧时可散发出优美的香气，用岩蔷薇（塞浦路斯生产岩蔷薇）、苏合香、菖蒲与黄蓍胶模制而成，后来又加入了橡苔，这就是“素心兰”香型的来源。

1370年最古老的香水即“匈牙利水”问世，这也是用乙醇提取芳香物质的最早尝试。开始时，可能只是从迷迭香一个品种蒸馏而制得，其后则含有薰衣草和甘牛至等。这时的调香比以前原始的用纯粹的天然香料植物来调香前进了一大步，已有辛香、花香、果香、木香等精油和其他香料植物精油、香膏等供调香者使用，香气或香韵也渐趋复杂。

在14世纪末至15世纪初期，布鲁史维（Hieronymus Brunschwyg）写了第一本有关蒸馏法的书目，这本书也成为后世人们所引用的参考书籍。由于当时蒸馏所得的香精油实在有限，因此在这本厚达1000多页的书中只介绍薰衣草油、松香油、欧洲刺柏油及迷迭香油。

到了16世纪，精油的使用范围已有长足的进展。

1643年在路易十四（Louis-Dieudonné）的授权下修订了1190年法兰西国王菲利普·奥古斯特颁布法拉西香料宪章，并规定：一个已经学习4年的学徒，必须在完成3年的跟班生涯后，才能获许选择与一位法国主调香师共事。

1670年马里谢尔都蒙（Marechaled Aumont）创造成含香的粉，叫做“La Poudre a la Marechale”，闻名两个世纪之久。这也视为一种新的香精配方的典范。17世纪中发现不但使用了天然植物精油于调香，而且还应用了天然动物香料。

公元1690年，意大利理发师费弥尼在获得300多年前（1370年）的“匈牙利水”配方，增用了意大利产的苦橙花油、香柠檬油、甜橙油等，创造了一种甚受欢迎的盥洗用水，并传给他的后代法利那。

1708年，伦敦调香师查尔斯·李利（Charles Lilie）制成了一种含香的鼻烟，含有“龙涎香、橙花、麝香、灵猫香和紫罗兰”综合性的香气。

1719年，法利那迁居德国科隆市，就把他制造的盥洗水定名为“科隆水”，中译名又叫“古龙水”。法利那在法国巴黎设立分公司销售“古龙水”，大受欢迎，至今“古龙水”盛销不衰，风靡世界。

在调香界人士看来，“古龙”代表一种香型，它是以柑橘类的清甜新鲜香气配以橙花、迷迭香、薰衣草香而成，具有明显的新鲜清爽令人有舒适愉快的青清气息。1863年英国潘哈里贡用甜橙油4英两、柠檬油4英两、香柠檬油4英两、迷迭香油2英两加入到6加仑的葡萄酒酒精中搅拌均匀、储存一定时间后，蒸馏，馏出的醇液中加入橙花油3英两、苦橙花油1英两，搅匀后过滤分装就是古龙水了。

欧洲的男士们特别喜欢古龙水的香气，他们喜欢在洗澡后往身上喷洒这种清新爽快价格又不太高的“香水”，因此早期的古龙水被人们看作是“男用香水”。

经典的“古龙”香型至今没有太大的变化，但在香料品种的应用上有所扩大，增用了橙叶油、玳玳花油和玳玳叶油、防臭木油、香紫苏油、百里香油、香橼油、柠檬叶油、白柠檬油以及具有柑橘、橙花、迷迭香香气的各种合成香料，同时加入了安息香香树脂等作为定香剂。早期的古龙水是不加定香剂的，所以不能留香。

近百年来古龙香型在配方上已有不少衍变，基本香韵仍以柑橘属鲜果青香为主，辅以橙花的鲜韵，再增用辛香、豆香、琥珀香、动物香和其他花香等，如俄罗斯古龙、英国式古龙、琥珀古龙、含羞花古龙、三叶草古龙、百花古龙等。

1780年英国雅德利（Yardley）公司出产的“薰衣草水”以薰衣草清花香韵和柑橘类果香韵（主要是香柠檬）为主，辅以龙涎香或其他动物香韵，也是作为男士盥洗用香水的香型。

美国的“佛罗里达水”在我国被译为“花露水”，其香型介于“古龙型”与“薰衣草水型”之间，香气特征也是具有新鲜爽快、令人清醒的感觉，以青滋香、果香与辛香为主，辅以清、甜花韵，并以少量动物香为基香组成。

中国大陆花露水源起于清光绪34年（1908年）的明星花露水，最早的诞生地在风情万种的十里洋场——上海。当时颇具盛名的上海中西大药房董事长周邦俊先生，研发出一种盛装在绿色玻璃瓶的花露水。那时候市面上的花露水都是难以洗净的黄色，而周邦俊研制出的花露水即使沾染在白色衣服上亦能轻松洗净，因此推出后受到极大的欢迎。由于能够当上明星是多少女孩的亮丽梦想，于是他将这瓶透明绿色的香水取名为“明星花露水”，并且将Logo设计为一个拉著舞衣裙摆款款答礼的女孩，主攻女性市场。很快地，这瓶装载著美丽梦想与优雅芬芳的花露水席卷上海，一跃而成知名的国产香水。负责生产明星花露水的化妆品部门也因此从中西药房中独立出来，成为明星化工股份有限公司，不久周邦俊将经营权交给当时才20岁的女儿周文玑，同时挂牌上市，成为当时上海股市中炙手可热的“当红炸子鸡”。

“明星花露水”香精的调配是中国调香师的一个杰作，只可惜现在已经不知道是谁第一个调出了这个“玫瑰麝香型”的香精并成功地用于配制花露水，只知道当时在中国要配制美国“花露水”香精或4711古龙水都是很困难的，因为中国甚至整个亚洲都不出产薰衣草、苦橙和香柠檬，也就没有薰衣草油、苦橙花油和香柠檬油，其他主要原料也难以配齐，而“玫瑰麝香型”香精的原料在中国都不缺。后来出现的其他牌号花露水也都采用“玫瑰麝香型”，主要原因也是原料易得。由于玫瑰和麝香是熏香品的最主要香型，千百年来中国特殊的熏香文化也可能是这种香型在中国畅销不衰的一个原因。一百多年的流行大大超过了世界排名第一的香奈儿五号香水，其销售量至今也是名列世界第一。

日用香精的调配，香水香精是“领导一切”的——一个香水的推销成功，在几年内这个香水的香型便会被用于各种日用品的加香上。一部日用香精的调香史，实际上就是香水香精的调香史。

在18世纪以前，调香师只能全部采用天然的动植物香料，模仿各种天然花果香型调配香水与香精，这个时期的创作风格属于“自然派”。

合成香料问世以后，调香师开始利用天然香料和合成香料调配香精，不仅可以调配出各种花果的香气，还能表现出阳光绚丽、鲜花怒放的意境来，形成所谓的“真实派”。1886 年鲍尔·巴奎首先用合成香料水杨酸戊酯调配出“粹弗尔·因卡涅特”香水；1889 年又用香豆素制成“皇家馥奇”香水；同年杰奎斯·桂兰创作了东方香型的“杰奇”香水；1900 年法兰可意斯·柯蒂创作了“罗丝·杰奎美诺特”香水，都博得好评。

兹后曾一度出现“印象派”，其创作是从自身形象出发建立创作主题。合成香料紫罗兰酮问世，法国娄治与夏莱公司于 1902 年利用这种新型的香料配制出“维拉·维欧列特”香水取得很大的成功；1905 年法兰可意斯·柯蒂同样也是以紫罗兰酮为主要香料配制的“路利贡”(也译为“路利亚”) 香水又创佳绩，至今仍有人怀念它的优雅迷人的香韵；1912 年“黑水仙”香水以其明显的带有动物香的花香——水仙花香改变了人们长期以来沉迷于玫瑰花与茉莉花为香水主要花香的格局。

第一次世界大战以后，调香师不但从大自然中捕捉形象，而且用调香艺术表现事件、记忆和感情等，形成了新的“表现派”创作风格。1921 年“香耐尔五号”用超越同时代眼光的醛香战胜了数百年来的“花香香水世界”；同年“夜巴黎”香水也初露头角，让欧洲的少男少女们着迷了一阵；但 1935 年上市的“宙伊”(JOY) 香水又是以玫瑰花和茉莉花香为主要香韵。1932 年“我回来”香水、1935 年“惊奇”香水、1944 年“我的印记”香水以及同年推出的“响马”香水都以大胆、新奇的取名吸引了大批崇拜者，当然它们也表达了各自的香气主题思想，适应各个时期女人们的兴趣和话题。

1947 年流行一时的“迪奥小姐”香水后来衍变成了一种香皂的香型——力士香，现在要是还有人使用这种香水的话，周围的人们一定认为她刚刚用力士香皂洗过头发或洗澡过。

1950 年以前的香水工业基本上以欧洲的法国为中心，消费对象是极少数高贵阶层，属于奢侈品。1950 年以后发生了变化，首先是美国香料工业崛起，它们注重于应用和大规模的生产，因而加香产品种类大大扩展；其次，新产品的研制推销费用增加了，少数贵族阶层的消费已无法支持这种大规模的生产成果，因此香料工业转而面向广大的中产阶级人士为主要消费对象；其三，电视在平民阶层普及以后，利用电视广告优势的香水制造商活跃起来，美国的雅芳公司和麦克斯·华克多公司也趁势以合理的价格跨进了大众市场。

1952 年，美国伊斯蒂·劳登公司的“优肤豆”高级香水开始挑战近百年来法国香水垄断全世界的局面，这个香气浓馥而又与众不同的香水以东方香型为主题，在当时调香界是一个创举。到了 20 世纪 60 年代，又出现所谓“幻想型”香水，似乎是“表现派”和“真实派”相结合的产物。打开香水瓶所散发出的香气，仿佛是一幅春光明媚、花果满园的绝妙画卷，其中著名的有“吻妹”、“红门”、“毒品”、“梦丹娜”、“鸦片”、“砂丘”等。

1960 年马歇尔·罗莎推出“罗查斯女士”香水，属于现代百花香型。接着，帕可·拉班奴的“卡兰德”香水、耶尔美斯的“卡里哲”香水、格烈的“卡玻查”香水等也紧随其后推销成功。

20 世纪 70 年代有名的香水作品有“香奈儿 19 号”、“奥列滋”、“及芬斯 3 号”等。这期间，男用香水也迅速发展起来，而且发展得更快，著名的有“保哲龙”、“马莎”、“大陆”等。由于女性的解放，要求在社会上独立，与男子享有平等的权利，许多女性以使用男用香水为时髦，使得本来“泾渭分明”的男女专用香水概念又模糊起来，所谓“中性香水”也在广告中出现了。

接着美国又连续推出了“诺锐尔”、“豪斯敦”等高级香水向欧洲香水市场进攻，特别是 1973 年“查理”香水最为成功。成功的秘诀在于“查理”香水抓住当时年青一代的心理，以其豪放、泼辣、刺激及浓馥的香气主题赢得了市场。

1979年，“安耐斯·安耐斯”香水再次将白玫瑰、铃兰、茉莉、夜来香、栀子花、紫罗兰、康乃馨、水仙等花香巧妙地配合在一起形成令人难忘的优雅的花香韵调，从此掀起了“白花型香韵”为中心的一股影响世界调香界的新潮流。

20世纪60年代诞生的合成香料二氢茉莉酮酸甲酯在80年代大发异彩，几乎所有的调香师都试图在自己调配的香精里面大量使用这个全新的香料，市面上所有的日化香精都含有超量的二氢茉莉酮酸甲酯，全世界的日用化学品里全都可以测出这个新的香料出来。香料界人士称80年代是“二氢茉莉酮酸甲酯年代”并非夸张。如果我们把合成香料开始使用之前的时代称为“古香水时代”，合成香料使用之后的时代成为“新香水时代”的话，那么，二氢茉莉酮酸甲酯进入香水之后我们就走进了“新新香水时代”，这个时代的香水特色是“清新、淡雅”，与二氢茉莉酮酸甲酯的大量使用有直接的关系。

20世纪80年代“巴黎士”香水、“可可”香水均一举成名，“伊莎替斯”、“巴罗马”、“毕加索”、“费滋”、“波义神”（英文 Poison“毒物”的译音）、“苏菲亚”、“波雄”、“妙体肤”（“美丽”）都曾经流行一时。其中最有名的是“波义神（毒物）”香水，它以其前所未有的独特香韵、大胆的取名、破记录的广告宣传费（1.5亿法郎）震动了整个香水世界，1985年问世，当年就荣登世界十大香水的冠军宝座。

20世纪80年代男用香水比较著名的有“少华格”、“阿查罗”、“帕可·雷万涅”、“阿玛妮”、“阿拉密斯”、“鸦片”香水等，其中最引人注目的是“鸦片”香水异乎寻常的成功，有点像女用香水波义神一样，独特的取名也许是它们成功的一个重要因素。“鸦片”香水的香韵也是近年来最为流行的东方香型。

此后，其他国家特别是日本也研制了不少香型独特的、堪称同时代最优秀的香水作品，意图共享这个利润丰厚的市场份额，例如日本的三宅一生与西班牙的调香师阿尔贝特·莫瑞拉斯（Alberto Morillas）、包装设计师马特秀·功汉里尔（Matthieu Lehanneur）两位艺术家携手合作推出的“一生之水”，当年即在香水奥斯卡的盛会上夺得女用香水最佳包装奖，还分别在纽约、巴黎等地获得各项大奖。但这些香水都摆脱不了昙花一现的命运，法国香水仍然雄踞全球之上。

20世纪90年代女用香水的香韵又有了一些变化，先是“保哲龙”香水以花香、龙涎香而又明显地带有香荚兰豆香气为主题，香水瓶子采用戒指式样并镶有人造宝石使得香水显出精致、华贵、不俗；“卡玻汀”香水则以青香为头香，素心兰、花香、木香、粉香协调地形成一股具有天然风韵的花香——青香香型独树一帜；“丹妮”香水则具有更强烈的青香、花香和大自然气息；“伊斯卡帕”香水是美国科林公司1991年推出的，特点是头香中用新鲜海洋气息、甜瓜香气同清花香协调在一起形成强烈的现代香型；重新包装并在香气中作了变动的“吻妹”更加具有现代化气息，更加光彩照人，其香型仍是强烈的青香-花香，同1947年推出的“吻妹”香水一脉相承。

同时代的男用香水有“格罗伯”，其香气主要由柑橘香、木香、田园香和青香组成，既有经典的男性香水特点，又具有现代的男性香水风韵；“贵诗男人”则由东方香、柑橘香、辛香和龙涎香组成，既具有男性刚强的气质，又有现代感和性感；“大陆”（译音“兰德”）香水头香新鲜自然、体香丰富厚实、底香浓郁留长，赋予现代感和男性气魄；“巴莎”香水仍保持了经典而传统的风格，香气丰富而优美；“1881”香水强调古典与现代的结合，给人以耳目一新之感，其香韵有一种清爽的“回归大自然”的感受。

近年来的调香作品趋向于“表现派”和“真实派”相结合，如许多新的青香型作品是以大自然的青香为创作主题，调配出一种如同自然界晨曦中散发出的清新鲜幽气息，使人嗅闻后宛如置身于雨后放晴百草葱茏的如诗如画的美妙景色之中。

世纪之交的2000年，香料界、服装界和新闻界人士达成共识，合力出击，打造了一个精彩的“薰衣草年”，这一年全世界到处可以闻到薰衣草迷人的芳香，到处都是“紫色的海洋”，以薰衣草为主旋律的芳香疗法、芳香养生大行其道。单花单草的香气重新流行，但又不能简单的用“复古”两个字来形容这股思潮。调香师们不得不放下身段，再一次走进大自然去嗅闻各种青草鲜花的天然气息，回到实验室里把这些香味一个一个再现出来，迎合“一切回归大自然”的世界潮流。

新世纪的香水，澄澈清亮、乍浓犹淡，如细水长流，具有遥远神秘的东方韵味，清新、淡雅、梦幻的轮回之音，若有若无的幽香，空气中暗香浮动等“新概念”不断冒出，调香师们为了满足这些特定的要求，创作更加大胆、自由，各种新型香料也更多地用在这些作品之中。

一个全新香型香料的出现，往往带来一次调香的“变革”和进步，古今中外都是这样——在古代，东方国家的一些香料传到西方，很快就影响了西方人的“口味”；阿拉伯人把西方国家使用的香料运到东方各国销售后，“远东”地区的人们也是热情欢迎，并把这些香料用于各种调香场合中。到了现代，每一个新型合成香料成功地推向市场后，都有可能在几年内出现一系列新香型的香水，改变人们的用香习惯。早期出现的每一个合成香料如水杨酸戊酯、香豆素、紫罗兰酮等都曾带动了一系列香精的开发成功；现代的二氢茉莉酮酸甲酯也作为“领军人物”在所有的日化香精里潇洒自如；二氢月桂烯醇在香料界里引起过轰动效应，至今仍是调香师开发新型香精的首选；在玫瑰花的微量香气成分里发现并在实验室里合成出来的突厥酮类和玫瑰醚等，都让全世界的调香师们兴奋了好几年。

在中国，1853年上海创办的老德记药行、1898年创办的华美药房、1921年成立的鉴臣香精洋行最早经营进口香料香精生意。1912年，方逸仙筹建的化学工业社以及范和甫开设的大陆化妆品厂一开始也是直接进口香精使用，后来采用购买一部分香料加在进口的香精或香基里成为具有自己风格的香精，直至全部用香料调配香精，从此中国开始有了“调香”这个职业，也有了自己的调香师。

叶心农三兄弟于1924年创立了百里化学厂，从天然芳香植物里提取天然精油，并从中分离出了一些常用的单体香料用于调配香精，叶心农凭着曾学过的医道经验，以中西医配方的技艺，结合国外资料，独创了“叶氏调香术”。

李润田1932年买下了原鉴臣洋行的牌号，专门经营香料香精，又用重金聘请波兰人那格儿（C. S. Nagel）为调香师，那格儿在中国培养了不少调香人才，其中有戴子莹、汪清如、汪清源、吴敬德、林蕃荣等，他们和叶家兄弟及从沪江大学毕业后一直在中国化学工业社从事调香工作的朱曾徵被老一辈人亲切地称为“三个半调香师”。上海人早期说的“两个半鼻子”一般认为指的是叶氏三兄弟（叶心农、叶如愚、叶宗涛）、汪家三兄弟（汪清如、汪清源、汪清华）和戴子莹。他们都对中国的调香事业做出了巨大的贡献。

在食用香精方面，我国古代用于食物加香的“五香粉”（茴香、花椒、干姜、桂皮、丁香、豆蔻、山奈、砂仁、陈皮、胡椒、甘草等其中的4～7种为主要香料配制而成）和“十三香”（花椒、大茴香各5份，桂皮、山奈、良姜、白芷各2份，陈皮、草蔻、胡椒、草果、紫蔻、砂仁、肉蔻、丁香、小茴香、木香、干姜等各1份合在一起，不要求全部具备，一般用十几种香料即可）也是调香的杰作。

流传至今的卤味香料方（以质量计）：千里香7，香叶3，白芷20，草果9.25，桂枝15，烟桂15，毕波5，香籽12，三奈18，红蔻12，甘草2，丁香5，山楂10，八角23，陈皮12，白蔻7，良姜10，草寇18，玉果8，积壳12，茴香18，香砂仁20。

另一方也流传甚广：草蔻20g，白芷30～40g，枳壳10g，丁香9g，三奈8g，八角25g，香籽8g，五加皮6g，茴香8g，千里香10g，毛桃5g，山楂10g，草果10g，烟桂13g，红蔻4g，香茅草5g，陈皮5g，木香8～10g，香果6g，白蔻4g，香沙仁20g，良姜8～10g，甘草5g，筚拨10g，香叶5g，当归5～10g，玉果15g，甘菘5g。

国外也有类似的做法，如汉堡鸡用的香料方（以质量计）：胡椒5，肉豆蔻7，多香果12，小茴香2，紫苏5，大蒜3，肉桂6，葱5，丁子香25，黑胡椒10，百里香5，辣椒6，姜6，月桂3。

法国的“四香料”是在丁香、肉桂、肉豆蔻三种香辛料的基础上加入辣椒或干姜，按一定的比例混合后碾磨成粉末即成。

“日本七味”，即七味粉，是日本料理一种以辣椒为主材料的调味料，由七种不同颜色的调味料如川椒、红辣椒、陈皮、芝麻、芥菜子、大麻子、紫苏、海苔、生姜和罂粟籽（选七种，也可以用到八九种）以一定比例混合碾磨成粉末而成的。这种调味料的正确名称其实是七味唐辛子，而在江户时代，也有称之为七色唐辛子或七种唐辛子。不同牌子的七味粉的成分可能有所不同，所带来的风味也不同。通常七味粉都用于乌冬或荞麦面的调味。七味粉对于食物的调味不大。

流行全世界的“咖喱粉”——“咖喱”其实不是一种香料的名称，在咖喱的发源地印度并没有咖喱粉或咖喱块的说法。咖喱对印度人来说，就是“把许多香料混合在一起煮”的意思，有可能是由数种甚至数十种香料所组成。组成咖喱的香料包括红辣椒、姜、丁香、肉桂、茴香、小茴香、肉豆蔻、芫荽子、芥末、鼠尾草、黑胡椒以及咖喱的主色——姜黄粉等。由这些香料所混合而成的统称为咖喱粉，这些香料均各自拥有独特袭人的香气与味道，有的辛辣有的芳香，交揉在一起，不管是搭配肉类、海鲜或蔬菜，将其融合而绽放出似是冲突又彼此协调的多样层次与口感，是为咖喱最令人为之迷醉倾倒的所在。也因此，每个家庭依其口味和喜好所调出来的咖喱都不一样，新加坡咖喱温和清香、泰国咖喱鲜香无比、印度咖喱辣度强烈兼浓郁、马来西亚咖喱清香平和、斯里兰卡咖喱香浓异常……

厦门“沙茶面”用的调味料“沙茶辣”——“沙茶”是马来语的译音，一说“沙爹”，源出东南亚。它是用芝麻、葱蒜、各种香草、花生油、虾和辣椒等制成的调味品，因有辣味故称“沙茶辣”。陈有香是沙茶辣引进厦门的传带人之一，他自幼在马来西亚学制沙茶辣，十载寒暑学得技艺，并潜心钻研，改进技术革新，回国后在厦门开设“陈有香调味社”，专售沙茶辣。他把原料由原来的十几种，增加到二十多种，产品除酱体型外，还创制粉体型，既保持原来的风味，又便于储藏和携带。

“药膳”发源于我国传统的饮食和中医食疗文化，是在中医药学、烹饪学和营养学理论指导下，严格按照配方，将中药与某些具有药用价值的食物相配伍，采用我国独特的饮食烹调技术和现代科学方法制作而成的具有一定色、香、味、形的美味食品。它“寓医于食”，既将药物作为食物，又将食物赋以药用，药借食力，食助药威，二者相辅相成，相得益彰；既具有较高的营养价值，又可防病治病、保健强身、延年益寿。

在“药膳”一词出现之前，中国的古代典籍中，已出现了有关制作和应用药膳的记载。《周礼》中记载了“食医”。食医主要掌理调配周天子的“六食”、“六饮”、“六膳”、“百馐”、“百酱”的滋味、温凉和分量。食医所从事的工作与现代营养医生的工作类似，同时书中还涉及了其他一些有关食疗的内容。《周礼·天官》中还记载了疾医主张用“五味、五谷、五药养其病”。疡医则主张“以酸养骨，以辛养筋，以咸养脉，以苦养气，以甘养肉，以滑养窍”等。这些主张已经是很成熟的食疗原则。这些记载表明，中国早在西周时代就有了丰富的药膳知识，并出现了从事药膳制作和应用的专职人员（食品调香师）。

成书于战国时期的《黄帝内经》载有：“天食人以五气，地食人以五味”、“五味入口、藏于肠胃”，“毒药攻邪，五谷为养，五果为助，五畜为益，五蔬为充，气味合而服之，以补精益气”。

秦汉时期药膳有了进一步的发展。东汉末年成书的《神农本草经》集前人的研究载药365种，其中大枣、人参、枸杞、五味子、地黄、薏苡仁、茯苓、沙参、生姜、当归、杏仁、乌梅、核桃、莲子、龙眼、百合、附子等，都是具有药性的食物，常作为配制药膳的原料。

由于中药汤剂多有苦味，故民间有“良药苦口”之说。有些人，特别是儿童多畏其苦而拒绝服药。而药膳使用的多为药、食两用之品，由药物、食物和调料三部分组成，既保持了药物的疗效且有食品的色、香、味等特性；即使加入了部分药材，由于注意到药物性味的选择，并通过与食物的调配及精细的烹调，仍可制成美味可口的药膳，故谓“良药可口，服食方便”。

宋代平民百姓食用香药食品渐成风气。蜀人制作香药饼子：“蜀人以榅桲切去顶，剜去心，纳檀香、沉香末，并麝（香）少许。覆所切之顶，线缚蒸烂。取出俟冷，研如泥。入脑子少许，和匀，作小饼烧之，香味不减龙涎（香）。”广州人爱吃香药槟榔：“加丁香、桂花、三赖子诸香药，谓之香药槟榔……”。

相传华人初到南洋群岛创业时，生活条件很差，由于不适应湿热的气候，不少人因此患上风湿病。为了治病趋寒，先贤们用了各种药材，包括当归、枸杞、党参等来煮药，因忌讳而将药称为“茶”。有人偶然将猪骨放入“茶汤”里，没想到这“茶汤”喝起来十分香浓美味，风味独特。后来，人们特地调整煮“茶”的配料，经过不断改进，就成为了本地著名的美食之一——“肉骨茶”。后来，当地的中医师们把闽南及潮汕一带的饮茶加以改良，并且使用当地出产的胡椒，加上当归、川芎、肉桂、甘草等材料配置成肉骨茶包，让工人们在早上出门工作前，炖煮排骨及配上白米饭或油饭，来增加体力，应付工作，在那个时候，肉骨茶属于穷人家的食物。虽然肉骨茶名为“茶”，却是一道猪肉药材汤，汤料却完全没有茶叶的成分，反而是以猪肉和猪骨，混合中药及香料，如当归、枸杞、玉竹、党参、桂皮、牛七、熟地、西洋参、甘草、川芎、八角、茴香、桂香、丁香、大蒜及胡椒，熬煮多个小时的浓汤。“肉骨”是采用猪的肋排（俗称排骨）；而“茶”则是一道排骨药材汤。

在家里自己制作“肉骨茶”的配方是：猪排骨500g、油菜心6棵、干香菇8朵、大蒜瓣10粒、桂皮1根、丁香3粒、白胡椒粒1茶匙（5g）、枸杞2茶匙（10g）、八角2粒、甘草3g、陈皮2片、桂圆干2个、老抽（酱油）10mL、盐1茶匙（5g）。

“巧克力”是用可可粉、可可脂、白糖、牛奶（现代大部分还要加香兰素或香荚兰豆粉）加热搅拌而成，色香味形质俱佳，也是食物调香的佳作。它含有超过300种已知的单体香料物质。一百多年来，科学家们对这些物质进行逐一分析与实验，在此过程中不断地发现和证明巧克力的各种成分对人体的药理作用，并试图全部用合成的单体香料配制出惟妙惟肖的巧克力香精。

1885年，美国佐治亚州的约翰·彭伯顿（Dr. John. Stith. Pemberton）发明了深色的糖浆称为彭伯顿法国酒可卡（Pemberton's French Wine Coka），那一年政府发出禁酒令，因此彭伯顿想要发明无酒精的“可卡”——一种让所有需要补充营养的人喜欢喝的饮料。第2年的5月8日，他配好了一个具有提神、镇静和减轻头痛作用的饮料，加入糖浆和水，然后加上冰块，他尝了尝，味道好极了，不过在倒第2杯时，助手一不小心加入了苏打水（二氧化碳＋水）这回味道更好了，合伙人罗宾逊（Frank M. Robinson）从糖浆的两种成分激发出灵感，这两种成分就是古柯（Coca）的叶子和可拉（Kola）的果实，罗宾逊为了整齐划一，将Kola的K改C，然后在两个词中间加一横，于是Coca-Cola便诞生了。

“可乐香”是人类巧夺天工创造的一种食用香型，一般认为它是用古柯的叶子和中国的桂油、甘草、桂皮等中药材料制作的，2000年欧洲食品科学研究院透露，可口可乐中的“神秘物质”包括野豌豆、生姜、含羞草、橘子树叶、古柯叶等的提炼物。而调香师却用白柠檬油、

柠檬油、甜橙油、菊苣浸膏、香荚兰豆酊、肉桂油、肉豆蔻酊、姜油、芫荽子油、松油等配制“可口可乐香精”。

现代食用香精的调配主要依赖于仪器分析的发展，“艺术”所占的分量有限，早先配制各种食用水果香精使用了大量的酯类香料，后来发现有一些微量的甚至是“痕迹量”的香料成分更是某些水果香气的“灵魂”，如桃子香精的配制，原先用乙酸戊酯、丁酸乙酯、丁酸戊酯、丙位十一内酯（桃醛）、香兰素等为主要原料，不管怎么调配都没有天然桃子那种特殊的香韵，后来有人分析水蜜桃香气的微量成分，发现了一些含硫、含氮和杂环化合物，在这些桃子香精里面加入极少量的这些单体香料，香气才真正的“惟妙惟肖”了。

“咸味香精”是现代人为了适应快节奏工作和生活而大量食用“快餐”食品才开始出现并走俏的，在配制咸味香精时需要用到一个极其重要的化学变化——美拉德反应，是由法国化学家美拉德（L. C. Maillard）在1912年提出的。这是一种自然界普遍存在的非酶褐变现象，调香师们将它应用于食品香精生产应用之中，该技术在制作各种熟食类如五谷、肉类、海鲜等香精以及烟草香精中有非常好的应用。所形成的香精具天然肉类香精的逼真效果，是目前用单体香料调配的技术无法比拟的。美拉德反应技术在香精领域中的应用打破了传统的香精调配和生产工艺的范畴，是一全新的香精香料生产应用技术。但是，调香师们还是锲而不舍地辛勤工作着，目标是调配香精“不使用美拉德反应也要达到逼真的程度”。这块“硬骨头”足够让有机合成专家们和调香师们“啃”上几百年了。

200多年的实践说明，完全用人工合成方法制造出来的自然界里不曾有过的香料难以获得今日民众的一致支持，即使有多年的动物实验和其他各方面的证据也不能确定其长期使用的安全性，加上现代人对生态、环境异乎寻常的关注，香料工作者目前倾向于寻找“天然物质”——向自然界索取更多的香料品种。世界十大香料公司奇华顿、IFF、芬美意、德之馨、高砂等近年来都派出大量的科技人员到偏远的山区、原始森林、海岛等地考察、访问当地“土著”、少数民族使用各种天然香料的情形，采集样本分析、实验，力图通过现代的育种、育苗、种植和采收、提取方法得到这些新的香料，在实验室里合成“天然等同物”加以利用。预计今后几十年内，大量新的香料还会“井喷”出来，届时，全世界的调香师们更加可以放开手脚、为所欲为地大干一番了。

第二章　常用单体香料的香气特征与应用

在所有介绍香料香精的书籍里，有大量的内容叙述各种香料的原料来源或制备方法、生产情况、理化性质（分子式、分子量、密度、折射率、闪点、熔点、沸点、溶解性等）、主要成分、安全管理、主要用途等，占了很大的篇幅，本书不再重复这些内容，也不想面面俱到都讲，只是举一部分重要的例子加以说明，重点在于介绍这些常用香料在调香时的一些特点，结合用这些香料调配香精的实例，让读者通过例子对香料有更直接、深入的了解，起到举一反三的作用。有些以前使用量大的香料，现在由于 IFRA（国际日用香料香精协会）"实践法规"的限制，用量已大大减少或已不用，本书就少提到或不讲解了。读者如需要各种香料的详细信息，可参阅本书作者主编、由化学工业出版社 2007 年出版的《香料香精辞典》一书。

合成香料虽然只有短短 100 多年的历史，但发展速度非常快，而且品种繁多，常用的合成香料列在一张纸上，就令人看得眼花缭乱。全世界各大香料公司不遗余力地开发了数目巨大的新型香料，但能够经得起严格的"安全测试"的品种并不多，再加上"市场检验"优胜劣汰的结果，留下来的就更少了。不单如此，原来调香师已经用了几十年的"老品种"现在经过反复的安全评价，又有一些淘汰出局，所以目前合成香料在"品种"和"数量"方面算是比较"稳定"的。

按照目前香料界的习惯分类法，"合成香料"并不一定全是"用化学方法制造的香料"，而是包括了那些从天然香料中提取出来的香料单体。这样，"合成香料"中的一部分就有两个来源：一个是用石油、煤焦油、天然气、目前还包括松节油、苎烯、甜橙油、杂醇油、各种油脂等与酸、碱等"化学物质"通过各种化学反应生成的；一个是从比较廉价的天然香料通过精馏、结晶等"物理方法"提取出来的（所谓"单体香料"）。二者价格有时相差很大，"质量"倒不一定有这么大的差别，但商人们还是要给它们区分清楚。因此，前一个就叫做"化学合成×××"，后一个叫做"天然提取×××"。近年来由于"一切回归大自然"的呼声一浪高过一浪，有关如何鉴定"天然"与"合成"香料的论文也大量出现在各种文献中。对调香师来说，最关心的是它们的香气好不好、适合不适合用于所调的香精中，不管它来源于"化学的"还是"天然的"，但有时又不得不屈服于消费者"崇尚天然"的要求而全部采用"天然提取×××"配制。

第一节　萜烯类及其衍生物

一、蒎烯

蒎烯是单萜烯，有两种异构体。

(1) α-蒎烯（α-pinene）——松节油的最主要成分。无色透明液体。具有松萜特有的气味。

密度 0.8582g/cm³。沸点 156℃。折射率 1.4658(20℃)。有左旋、右旋和消旋等式。不溶于水，溶于乙醇、乙醚等有机溶剂，易溶于松香。用作漆、蜡等的溶剂和制莰烯、水合萜二醇、松油醇、松油脂、松油醚、龙脑、合成樟脑、合成树脂等原料。

(2) β-蒎烯 (β-pinene)——松节油的次主要成分。无色透明液体。也具有松萜特有的香气，与 α-蒎烯稍有差别。密度 0.8654g/cm³。沸点 164℃。折射率 1.4739(20℃)。与 α-蒎烯一起可用作溶剂等。分离后用作制合成树脂、芳樟醇等的原料。

α-蒎烯和 β-蒎烯可由松节油在减压下分馏而制得。

调香师对蒎烯一点也不陌生，但在以前所有“公开”的香精配方里却很少出现蒎烯的名字。这是一个很奇怪的现象。究其原因可能是蒎烯太“贱”了——容易得到，价格低廉，留香不长，香气“一般”等。由于几乎所有天然精油里都或多或少地含有 α-蒎烯和 β-蒎烯，调香师可能是为了仿配某种天然精油，“不得不”加入一些蒎烯“试试”，发现了它们的“特殊价值”，才重新认识到蒎烯在调香作业中的重要性。

近年来，大量的科学家致力于“植物精气”(植物的器官或组织在自然状态下释放出的气态有机物) 的研究，大力推荐“森林浴”、“森林医院”、“森林疗法”等，推崇“芬多精”(phythoncidere，意为植物的杀菌素) 对人的益处。已有的资料表明，几乎所有植物的“植物精气”或“芬多精”成分里排在第一位的都是 α-蒎烯或 β-蒎烯。有人对植物精气里各种萜类化合物对人的生理功效进行了研究，确认蒎烯对人有镇静、降血压、祛痰、利尿、抗肿瘤、抗风湿、抗炎、抗组胺、抗菌、止泻、驱虫、杀虫、强壮、麻痹等功效。因此可以肯定，今后各种空气清新剂会有更多的产品打着“森林浴”、“芬多精”旗号，其中的香气成分主要会是 α-蒎烯或 β-蒎烯。

虽然有时候可以直接用松节油代替 α-蒎烯和 β-蒎烯用于调香，但毕竟 α-蒎烯、β-蒎烯和松节油的香气还是有差别的，试看下面的香精配方（质量份，全书配方单位均为质量份）例子。

配制波罗尼亚精油

α-蒎烯	10	纯种芳樟叶油	3	石竹烯	3
β-蒎烯	10	茉莉酮酸甲酯	6	香叶醇	3
苎烯	2	β-紫罗兰酮	20	辛醛	0.1
癸酸乙酯	1	乙酸十二酯	10	壬醛	0.2
桉叶油	10	水杨酸戊酯	3	十一醛	0.1
柏木油	10	长叶烯	3	二氢茉莉酮酸甲酯	5.6

蜡梅香精

α-蒎烯	2	龙脑	1	苯乙醇	10
苎烯	1	松油醇	12	檀香 803	5
莰烯	1	水杨酸乙酯	2	二氢茉莉酮酸甲酯	5
芳樟醇	15	乙酸苄酯	12	苯甲酸苄酯	5
乙酸异龙脑酯	2	香叶醇	15	铃兰醛	12

金合欢香精

α-蒎烯	6	水杨酸甲酯	5	对甲酚	1
β-蒎烯	3	松油醇	7	间甲酚	1
月桂烯	4	香叶醇	9	乙酸丁香酚酯	2
苎烯	5	香茅醇	7	大茴香醛	3
莰烯	4	乙酸香叶酯	4	紫罗兰酮	10

纯种芳樟叶油	10	苄醇	5	乙酸苄酯	6
苯甲醛	7	甲基丁香酚	1		

马尾松植物精气香精

α-蒎烯	80	松油烯	1	苎烯	1
β-蒎烯	6	石竹烯	1	水芹烯	2
莰烯	3	长叶烯	1		
月桂烯	3	枞油烯	2		

松"芬多精"香精

α-蒎烯	46	松油醇	5	龙脑	1
β-蒎烯	10	乙酸龙脑酯	5	柏木油	10
月桂烯	10	桉叶油素	2		
桧烯	10	樟脑	1		

樟"芬多精"香精

α-蒎烯	30	纯种芳樟叶油	10	樟脑	11
β-蒎烯	6	松油醇	3	龙脑	1
苎烯	5	乙酰化芳樟叶油	2	肉桂烯	5
月桂烯	10	乙酸龙脑酯	5		
桧烯	10	桉叶油素	2		

二、月桂烯

月桂烯有时也被称为"香叶烯"，本身具有令人愉快的香气，并且还有一个"本领"——适当加入就能使"全部用人造香料调配的香精"产生"天然感"，价格又极其低廉，可惜长期以来没有受到调香师的重视——在以前的香精配方里很少出现它的影子。随着"回归大自然"的呼声，调香师们在大量配制"人造精油"时又注意到它了，原来它在自然界到处可见！在天然精油里，含月桂烯最多的是黄柏果油（92%）、黄栌叶油（52%）和柔布枯油（43%），其次是日本黄檗果油、香脂云杉油、香脂冷杉油、加拿大铁杉油、香紫苏油、马鞭草油、蛇麻油、松节油等，也存在于枫茅、柏木、艾蒿类、橙子和柠檬等中。

月桂烯很容易用松节油制造：利用松节油中的乙位蒎烯在高温下裂解，再通过精馏就可得到。在用松节油合成许多重要的香料（如芳樟醇、香叶醇、橙花醇、二氢月桂烯醇、新铃兰醛、柑青醛、甜橙醛、薄荷脑等）过程中，月桂烯是重要的中间体。

同其他单萜烯（蒎烯、苎烯、莰烯、松油烯、水芹烯等）一样，月桂烯的沸点低（171.5℃），常温下蒸气压高（1650μmHg，25℃），所以香气一瞬即逝，是头香香料里属于留香时间最短的一类，在配制香精时即使多加定香剂也不能让它们挥发速率减慢下来，最好是在配制成香精后计算一下头香、体香、基香三组香料的"全蒸气压"，再适当调整香精配方令三组香料的"全蒸气压"达到"共振"（见本书第四章第四节），这样可以使得配方里的所有香料同步挥发，保持该香精的"一团香气"在储存和使用期间基本不变。

下面是使用月桂烯调配的香精例子。

松林清新剂香精

月桂烯	20	二氢月桂烯醇	5	铃兰醛	4

松节油	20	松油醇	20	柏木油	20
乙酸异龙脑酯	10	女贞醛	1		

杜松香精

月桂烯	10	长叶烯	15	柏木油	30
松节油	15	乙酸异龙脑酯	10	松油醇	20

药草香香精

月桂烯	25	乙酸异龙脑酯	8	麝香草酚	5
乙酸松油酯	30	芳樟叶油	20	乙酸三环癸烯酯	20
二氢月桂烯醇	5	香豆素	4	合计	125
乙酸苄酯	8	二苯醚	25		

三、苎烯

苎烯又叫柠檬烯、柠烯、白千层烯、香芹烯、二聚戊烯、1,8-萜二烯等，具有令人愉快的柠檬香气，存在于300多种精油中。在所有的柑橘油（甜橙油、柠檬油、香柠檬油、红柑油、柚油、橘油等各种柑橘皮油和肉油）里，苎烯是最主要的成分，有的高达95%，在各种“除萜”精油工艺中，萜烯作为副产品被大量生产出来。全世界每年生产的柑橘类产品达5600万吨，理论上可副产“天然苎烯”3.2万吨，但通常只生产1万多吨供应市场。这种苎烯有旋光性，绝大多数是右旋的。来自松节油与合成樟脑时副产的苎烯不具旋光性，一般称为“双戊烯”，实际上是以双戊烯为主的多种环萜烯的混合物，所以香气要差得多。苎烯不溶于水，去油脱污能力很强。

下面是使用苎烯配制的香精例子。

柠檬清新剂香精

苎烯	60	山苍子油	10	苯乙酸苯乙酯	5
甜橙油	20	二氢月桂烯醇	5		

清幽香精

苎烯	10	二氢茉莉酮酸甲酯	5	混合醛	1
洋茉莉醛	9	香豆素	5	紫罗兰酮	5
芳樟醇	28	柏木油	7	玫瑰醇	8
乙酸芳樟酯	10	铃兰醛	3	合计	110
甜橙油	10	甲基柏木酮	6		
乙酸苄酯	12	乙酸苏合香酯	1		

古龙水香精

苎烯	10	橙叶油	16	香兰素	2
柠檬油	7	薰衣草油	5	麝香T	5
白柠檬油	1	乙酸芳樟酯	60	铃兰醛	8
甜橙油	8	乙酸松油酯	34	丁香油	2
香柠檬油	14	柠檬醛	1	橙花素	2
桉叶油	1	香叶油	3	合计	200

乙酸异龙脑酯	1	苯乙醇	20

四、石竹烯

石竹烯主要指乙位石竹烯，存在于60多种植物精油中，商品石竹烯基本上都是从丁（子）香油中提取出来的，因此也叫“丁香烯”。石竹烯的香气介乎松节油与丁（子）香油之间，在日用香精里适量加入，可赋予“天然的”香气，近年来逐渐受到重视。

石竹烯的沸点较高，留香时间较长，在调配“富有大自然气息”的香精时，除了适当加入月桂烯、苎烯等“自然”头香香料以外，通常还要加入石竹烯让配出来的香精在体香和基香也有“自然”气息，但加入量要控制好，不要让它过于暴露。在配制诸如“森林香”、“松木”等木香香精时，用量可以多些。

下面是一个使用石竹烯较多的香精例子，供参考。

森林清新剂香精

石竹烯	20	柏木油	20	合成檀香803	10
松节油	10	乙酸异龙脑酯	20		
甜橙油	10	合成檀香208	10		

新鲜木香香精

石竹烯	25	香叶油	2	甲基柏木醚	10
香柠檬油	30	香紫苏油	2	香兰素	1
二氢月桂烯醇	15	香豆素	2	合计	160
甜橙油	3	异长叶烷酮	30		
二氢茉莉酮酸甲酯	10	甲基柏木酮	30		

五、长叶烯

与石竹烯相似，长叶烯也是一种沸点较高、有一定留香能力的萜烯香料。精馏松节油在“后段”就可以获得数量不少的长叶烯，而长叶烯的香气也接近于松节油、稍微带点柏木油的木香，所以一般香精里如果用到松节油的话，基本上都可以换成长叶烯，以增加留香值。

用长叶烯可以合成许多常用的香料，如异长叶烷酮、乙酸长叶酯、乙酸异长叶烯酯、乙酰基长叶烯等，近年来也经常出现在一些环境用香精的配方里，调香师也是看准它能赋予香精“自然气息”这一点，但加入量不宜过多，以免香气太过“生硬”。

下面是两个长叶烯使用量较多的香精配方（质量份，全书配方单位为质量份）例子。

松林百花清新剂香精

长叶烯	30	甲位己基桂醛	8	檀香208	5
乙酸龙脑酯	10	苯乙醇	8	柏木油	5
乙酸异龙脑酯	10	芳樟醇	10		
乙酸苄酯	10	玫瑰醇	4		

松 山 香 精

乙酸异龙脑酯	32	苯乙酸	4	十醛	1
二甲苯麝香	6	水仙醇	20	二氢月桂烯醇	4
酮麝香	4	苯甲酸	5	长叶烯	5

柏木油	6	松油醇	13

六、桉叶油素

香料工业上提到的桉叶油素一般指1,8-桉叶油素，简称桉叶素，它的异构体——1,4-桉叶油素较为少见，自然界里存在量也较少，本书中提到的桉叶油素除了特别指出的以外，也都是指1,8-桉叶油素。

桉叶油素在自然界里也是普遍存在的，在“蓝桉油”里有时含量高达80%(一般为60%左右)；在“桉叶油素型”樟叶油（简称“樟桉叶油”或“桉樟叶油”）里，含量也高达60%；在用樟脑油提取樟脑留下的“白油”里，桉叶油素也高达40%以上——这三种都是提取桉叶油素的原料。

桉叶油素有很好的杀菌防腐作用，在医药上有广泛的用途，众所周知的万金油、清凉油、风油精、白花油等，桉叶油素都是主要成分之一，当今更是大量用于各种芳香疗法用品中。欧美各国畅销的各种牙膏里，经常可以闻到桉叶油素的香气，但在我国，带桉叶油素香气的牙膏却不大受欢迎，销路有限。

下面是两个使用桉叶油素的香精配方例子。

桉树油牙膏香精

桉叶油素	30	薄荷素油	30
薄荷脑	30	留兰香油	10

薰衣草清新剂香精

桉叶油素	10	乙酸芳樟酯	40	杂薰衣草油	10
乙酸异龙脑酯	5	纯种芳樟叶油	30	安息香膏	5

第二节　醇　　类

一、叶醇

在当今“一切回归大自然”的思潮冲击之下，叶醇以它清爽的绿叶清香博得了世人的喜爱，特别是千百年来对茶叶的香气有着执著爱好的国人对叶醇的香味更是倍爱有加。所有的叶醇酯类香料都是用叶醇为原料生产的，都带有绿叶清香，但制造成本高，影响了调香师使用它们的积极性。

叶醇的香气虽好，但沸点低，留香不长。因此，最好把它与苯甲酸叶酯、水杨酸叶酯等沸点高一些的叶醇酯类一起使用以克服这个缺点。许多花香、果香、草香香精里只要加入少量的叶醇及其酯类，便能改善头香。由于叶醇挥发极快，在配制香精时，刚刚加入的叶醇强烈地掩盖了其他香料的香气，造成“假头香”，而在放置了一段时间以后香气变化太大，其他沸点较低的香料也有这种情形。有经验的调香师为了保险起见，不得不多加一些，这也是叶醇虽然香气强度很大，但使用量却也不少的一个原因。

下面是几个以叶醇香气为主的香精配方例子。

茶叶香清新剂香精

叶醇	5	苯甲酸叶酯	2	水杨酸叶酯	2

芳樟醇	20	二氢茉莉酮酸甲酯	10	苯甲酸苄酯	5
香叶醇	20	橙花叔醇	10	水杨酸苄酯	5
苯乙醇	11	甲位己基桂醛	10		

桂花香精

桃醛	4	乙酸苯乙酯	2	芳樟醇	9
丙位癸内酯	3	香叶醇	7	芳樟醇氧化物	11
二氧乙位紫罗兰酮	16	乙酸苄酯	2	10%九醛	6
乙位紫罗兰酮	35	松油醇	2	叶醇	3

时新香精

苯甲酸甲酯	12	水杨酸甲酯	9	甜橙油	20
苯甲酸乙酯	12	白柠檬油	3	十醛	1
苯乙酸丁酯	2	缬草油	1	甲基壬基乙醛	1
格蓬酯	2	10%乙酸对甲酚酯	2	香柠檬油(配制)	48
榄青酮	1	桂酸乙酯	2	异丁基喹啉	1
香柠檬醛	2	麝香草酚	2	橡苔浸膏	12
格蓬浸膏	1	橙花酮	1	乙酸苏合香酯	7
杭白菊浸膏	2	二氢月桂烯醇	5	十八醛	10
甲酸香叶酯	3	玫瑰醇	20	叶醇	20
乙酸香茅酯	2	檀香208	5	合计	300
丙酸三环癸烯酯	4	花萼油	50		
壬酸乙酯	7	赛柿油	30		

二、苯乙醇

苯乙醇是一种非常廉价的、香气淡弱的香料，在香精里不是主香原料，但用量很大，早期的调香师经常在调好的一个香精里再加些苯乙醇“凑”成100%，带有很大的随意性。苯乙醇还有一个令调香师喜爱的特性：对各种香料都有良好的互溶性。当调香师发现调好的香精浑浊、分层或沉淀时，加入适量的苯乙醇通常就可以变澄清透明（松油醇也有这个“本领”，但会影响香气）。因此，几乎在所有的日用品香精里都可以测出一定量的苯乙醇来。本书著者创造的“三值理论”里把苯乙醇的香比强值定为10，其他香料都是与苯乙醇相比较得出的，原因也在于苯乙醇的普遍存在和同各种香料良好的相溶性（可以把一种香料与一定比例的苯乙醇混合溶解在一起嗅闻香气从而估计该香料的香比强值）。

苯乙醇是玫瑰花油的主要成分之一，更是蒸馏玫瑰花时副产的“玫瑰水”的第一成分，因此，配制玫瑰香精肯定少不了它。在配制茉莉香精时，苯乙醇能够使甲位戊基桂醛和甲位己基桂醛的“化学气息”减轻，所以苯乙醇也是茉莉香精配制的“必用成分”。由于玫瑰和茉莉是所有的日用香精里面少不了的香气组分，苯乙醇的重要性也就不言而喻了。

苯乙醇在常温时香气淡弱，在温度比较高的时候就不弱了，这个特性使得它可以大量用于熏香香精的配制上。较为低档的熏香香精使用大量的香料下脚料和硝基麝香（特别是二甲苯麝香），苯乙醇是这些下脚料与硝基麝香良好的溶剂，一举两得，相得益彰。

兹举几例说明。

玫瑰麝香熏香香精

苯乙醇	30	玫瑰醇	20	苯乙酸	4

香叶油	4	紫罗兰酮底油	2	酮麝香脚子	7
檀香 803	6	香叶醇底油	3	麝香 105 下脚	5
乙酸对叔丁基环己酯	6	二甲苯麝香脚子	13		

玫瑰香精

香叶醇	10	芳樟醇	2	壬酸乙酯	1
苯乙醇	48	丁香酚	1	松油醇	2
玫瑰醇	18	苯乙醛二甲缩醛	1	香柠檬醛	1
桂醇	2	癸醇	1	天然香叶油	2
甲酸香叶酯	2	乙酸苯乙酯	2	10%玫瑰醚	1
乙酸香茅酯	3	10%十一烯醛	1	山萩油	2

粉麝香精

香叶醇	6	二苯醚	3	酮麝香	4
甜橙油	2	结晶玫瑰	2	檀香 803	1
乙酸松油酯	4	松油醇	5	铃兰醛	5
洋茉莉醛	4	香豆素	2	丁香酚	1
甲酸香叶酯	1	广藿香油	2	香兰素	2
乙酸香茅酯	1	柏木油	3	芸香浸膏	2
芳樟醇	1	紫罗兰酮	3	10%十醛	1
乙酸芳樟酯	3	水杨酸戊酯	3	苄醇	6
乙酸苄酯	2	二甲苯麝香	2	甲位戊基桂醛	2
玫瑰醇	6	橡苔浸膏	2	香柠檬醛	1
苯乙醇	13	葵子麝香	4	乙酸柏木酯	1

三、桂醇

桂醇又称“肉桂醇”，具有类似风信子的膏甜香气，香气较为淡而沉闷，是醇类香料里留香比较久的一种。调香时需要“桂甜”就要用到它，因此，各种花香（如茉莉、玫瑰、铃兰、紫丁香、夜来香、香石竹、“葵花”等）香精里都有它的“影子”，凡是带“甜香”的香精也免不了用它。忍冬花（俗称金银花）香精里可用到30%。在早期的香水香精配方里，使用较多的香膏、香树脂，如苏合香膏、安息香膏、秘鲁香膏、吐鲁香膏等作为定香剂，现今已少用，一些“仿古”的香精可以加些桂醇使得“尾香”（基香）带有这些香膏的气息。

桂醇比较稳定，也较耐碱，所以也较多地用在肥皂、香皂和其他洗涤剂的香精里面。下面是桂醇用得较多的几个香精例子。

风信子香精

乙酸苄酯	18	10%吲哚	2	风信子素	2
苄醇	23	苯甲酸苄酯	6	叶醇	1
苯乙醇	14	苯乙酸苯乙酯	2	乙酸苯乙酯	2
桂醇	16	水杨酸苄酯	1	苯乙醛二甲缩醛	10
丁香油	2	甜橙油	1		

金银花香精

桂醇	30	乙酸苄酯	10	苯乙醇	20

芳香醚	10	纯种芳樟叶油	10	松油醇	10
水仙醇	10				

金银花香精

松油醇	15	玫瑰醇	10	洋茉莉醛	4
桂醇	30	芳樟醇	7	乙酸苄酯	16
甲位戊基桂醛	3	苯乙醇	10	邻氨基苯甲酸甲酯	5

玫瑰花香精

苯乙醇	35	紫罗兰酮	3	10%玫瑰醚	2
香叶醇	24	甲基柏木酮	3	香叶油	2
香茅醇	10	柏木油	4	苯乙醛二甲缩醛	1
赖百当浸膏	1	10%甲基壬基乙醛	2	丁香油	1
桂醇	3	10%乙位突厥酮	3	香兰素	6

这个香精的香气相当宜人，接近天然玫瑰花的香味。

四、香茅醇、玫瑰醇、香叶醇与橙花醇

这四个醇都是配制玫瑰香精的最重要原料，香气也比较接近，市售的香茅醇里面往往有一定比例的香叶醇，而香叶醇里面也几乎都含有不少的香茅醇，橙花醇也经常在这两个香料里面存在。商品玫瑰醇不一定就是“香茅醇的左旋异构体”，而常常是香茅醇与香叶醇一定比例的混合物，有时甚至是香茅醇、香叶醇、橙花醇的混合体。不过这都“无伤大雅”，只要“混合香气”能固定，作为一种商品它仍然可以得到肯定，这是香料行业里的一大特色。

一般认为，香叶醇较“甜”，但带有一点“土腥气”；香茅醇有点“青气”而显得稍“生硬”；橙花醇则带着橙花的特异清香。这三种醇按一定的比例混合在一起刚好互补不足，加上苯乙醇就组成了天然玫瑰花的甜美香气。当然，配制玫瑰花香精时除了用这四个醇为主香原料外，还要加入少量其他“修饰”香料，必要时还得加些“定香剂”，因为这四个醇留香时间都不长。常用的定香剂有结晶玫瑰、桂醇、苯乙酸苯乙酯、乙酸柏木酯等，高级香水香精可用玫瑰花浸膏或墨红浸膏。这些材料也是上述四种醇单独使用时的定香剂。

在皂用香精的配制时，香叶醇有一个非常重要的作用，它能够让加在肥皂里易变色的香精稳定而不易造成变色。例如，有一个皂用香精配方里有葵子麝香、洋茉莉醛和香豆素，实践证明它不能用于白色香皂，因为变色很严重，加入适量的香叶醇后，基本上就不会引起变色了，用它配制的白色香皂放置两年以上观察，色泽还是令人满意的。

香叶醇以前（现在台湾还有）曾被称为牻牛儿苗醇或牻牛儿醇，香叶醛和香叶酸被称为牻牛儿醛和牻牛儿酸；香茅醇被称为雄刈萱油醇，香茅醛被称为雄刈萱油醛。目前已经不用这些过时的名称了。

下面是使用这四种醇为主配制的香精实例。

玫 瑰 香 精

结晶玫瑰	4	香叶醇	20	10%玫瑰醚	2
苯乙醇	46	香茅醇	15	10%乙位突厥酮	2
乙酸苯乙酯	5	二苯醚	5	芳樟醇	1

春花香精

10%十二醛	3	龙涎酮	8	甲基紫罗兰酮	20
大茴香醛	3	乙酸邻叔丁基环己酯	12	铃兰醛	4
玫瑰醇	44	苯乙醇	42	合计	200
麝香 105	10	乙酸苏合香酯	2		
甲位己基桂醛	42	丙酸三环癸烯酯	10		

这个香精香气清醇高雅，闻之如置身百花齐放的环境中。

玫瑰花香精

香叶醇	40	50%赖百当浸膏	4	10%十一烯醛	1
苯乙醇	25	10%乙位突厥酮	4	香叶油	4
甲基紫罗兰酮	15	10%玫瑰醚	2	乙酸香叶酯	5

清果香香精

玫瑰醇	15	乙酸香茅酯	2	紫罗兰酮	5
铃兰醛	10	柠檬醛	1	水杨酸苄酯	8
芳樟醇	6	香柠檬醛	1	苹果酯	4
乙酸芳樟酯	10	10%甲基壬基乙醛	2	橙花酮	1
乙酸苄酯	6	甜橙油	4	玳玳花油	1
茉莉素	2	乙酸松油酯	6	乙酸柏木酯	8
甲酸香叶酯	3	邻氨基苯甲酸甲酯	5		

果花香香精

丙位癸内酯	10	乙酸芳樟酯	3	柠檬腈	2
二甲苯麝香	8	芳樟醇	6	赛维它	2
檀香 803	6	二氢月桂烯醇	3	乙酸苏合香酯	1
苯甲酸苄酯	5	甜橙油	16	10%乙位突厥酮	3
二氢茉莉酮酸甲酯	4	苯乙醇	8	玫瑰醇	10
羟基香茅醛	3	乙酸苄酯	10		

“花丛”香精

水杨酸甲酯	1	香叶醇	2	苯乙醛二甲缩醛	5
新洋茉莉醛	1	乙酸芳樟酯	2	橙花醇	8
乙酸苏合香酯	1	芳樟醇	2	香茅醇	10
对甲酚甲醚	1	乙酸香叶酯	3	乙酸苄酯	26
吲哚	2	二氢茉莉酮酸甲酯	10	铃兰醛	26

铃兰香精

香茅腈	1	苯乙醇	40	丁香酚	2
二氢月桂烯醇	6	四氢芳樟醇	12	紫罗兰酮	2
香茅醇	40	乙酸香茅酯	4	甲基柏木酮	12
橙花醇	20	苯乙酸甲酯	4	素凝香	12
香叶醇	20	苯乙醛二甲缩醛	4	铃兰醛	20

兔耳草醛	1	合计	200

五、芳樟醇

在全世界每年排出的最常用和用量最大的香料中，芳樟醇几乎年年排在首位——没有一瓶香水里面不含芳樟醇，没有一块香皂不用芳樟醇的。这并不奇怪，因为差不多所有的天然植物香料里面都有芳樟醇的“影子”——从99%到痕迹量的存在。含量较大的有芳樟叶油、芳樟木油、伽罗木油、玫瑰木油、芫荽子油、白兰叶油、薰衣草油、玳玳叶油、香柠檬油、香紫苏油及众多的花（茉莉花、玫瑰花、玳玳花、橙花、依兰依兰花等）油。在绿茶的香成分里，芳樟醇也排在第一位。当今人们崇尚大自然，芳樟醇的香气大行其道。诚然，在香精里面检测出芳樟醇，并不代表调香师在里面加入了单体芳樟醇，经常是由于香精里面有天然香料，芳樟醇本来就是这些天然香料的一个成分。

芳樟醇本身的香气颇佳，沸点又比较低，在朴却的香料分类法里，芳樟醇属于“头香香料”，当调香师试配一个香精的过程中觉得它“沉闷”、“不透发”时，第一个想到的是“加点芳樟醇”，所以每一个调香师的架子上，芳樟醇都是排在显要位置上的。

芳樟醇曾被称为“沉香油萜醇”、里那醇，现已不用这些名称。

下面举几个芳樟醇用量较大的香精例子。

玉兰香精

10%吲哚	10	甲位己基桂醛	10	乙酸二甲基苄基原酯	5
芳樟醇	20	乙酸苄酯	15	乙酸苏合香酯	1
己酸烯丙酯	1	铃兰醛	10	异丁香酚	3
丁酸乙酯	1	苯乙醛二甲缩醛	3	邻氨基苯甲酸甲酯	4
乙酸戊酯	1	乙酸芳樟酯	3	苯乙醇	3
甜橙油	2	乙酸桂酯	3	肉桂醇	5

清果香香精

甜橙油	20	苯乙醇	10	兔耳草醛	2
乙酸二甲基苄基原酯	4	柠檬腈	2	苯甲酸苄酯	10
芳樟醇	18	水杨酸丁酯	11	甲位戊基桂醛	5
二氢月桂烯醇	2	二氢茉莉酮酸甲酯	4	乙酸苄酯	12

栀子花香精

洋茉莉醛	4	十八醛	2	松油醇	4
二氢茉莉酮酸甲酯	6	紫罗兰酮	8	铃兰醛	10
乙酸苄酯	20	丁香油	2	水杨酸戊酯	2
玫瑰醇	10	甲位己基桂醛	5	苯乙醇	10
乙酸苏合香酯	2	芳樟醇	15		

这个香精的香味比较和谐宜人，与天然栀子花的香气非常接近。

白兰香精

己酸烯丙酯	5	乙酸丁酯	1	桂醇	3
甲酸香叶酯	1	乙酸苄酯	18	丁香油	3
乙酸香茅酯	1	甲位戊基桂醛	8	乙酸松油酯	5

苯乙醛二甲缩醛	5	素凝香	8	10%吲哚	2
芳樟醇	8	丁酸乙酯	2	苹果酯	2
二氢月桂烯醇	3	橙花素	2	乙酸戊酯	1
松油醇	5	乙酸邻叔丁基环己酯	1	格蓬酯	1
苯乙醇	2	水杨酸苄酯	5		
茉莉酯	3	玫瑰醇	5		

鲜花茉莉香精

吲哚	4	芳樟醇	10	乙酸苏合香酯	1
乙酸苄酯	25	乙酸芳樟酯	10	苄醇	10
甲位戊基桂醛	5	甜橙油	3	水杨酸苄酯	2
苯乙醇	10	乙酸松油酯	10	橙花素	2
苯乙酸乙酯	4	邻氨基苯甲酸甲酯	4		

铃兰花香精

铃兰醛	40	乙酸苄酯	10	香叶醇	5
芳樟醇	30	甲位己基桂醛	10	乙酸玫瑰酯	5

六、二氢月桂烯醇

二氢月桂烯醇是现代相当成功的合成香料之一，20 年来销售量几乎直线上升，看其发展势头大有凌驾于所有萜烯类香料之上的可能！这应“归功于”它的香比强值大、香气符合现代人的嗜好、价格（一降再降）相当低廉的缘故，但更重要的还在于调香师们不遗余力地“发掘”它的潜力，使之成为现代香料工业一颗耀眼的明星。

在二氢月桂烯醇刚刚上市的时候，大部分调香师还没有注意到它，因为直接嗅闻这个香料的香气并不好，不“自然”，许多调香师把它丢到一边去。可是很快地，有人发现了它的重要价值——①香气强度大；②“削去”它的“尖锐气息”以后便可闻到不错的花香味，隐约还可闻出古龙香气来；③有许多香气强度大的香料与它配伍后组成新的令人愉悦的香味。市场上开始出现以二氢月桂烯醇的香气为主的各种新香型香精，价格低廉，引起所有调香师的注意。同其他行业一样，调香师自古以来就有“我也来”（me too）一个的“传统”，于是不久，日用品香精就充满二氢月桂烯醇的气息了。

可以“削去”二氢月桂烯醇的“尖锐气息”并同它组成和谐香味的香料有：对甲基苯乙酮，柠檬醛，香柠檬醛，红橘酯，柠檬腈，香茅腈，甜橙油，柠檬油，女贞醛，芳樟醇，乙酸苏合香酯，花青醛，乙酸龙脑酯，乙酸异龙脑酯，薄荷油，格蓬酯，叶醇，乙酸叶酯等。这些香料其中一或几个同二氢月桂烯醇按一定的比例混合就能“抱成一团”，形成一股有特色的和谐的香气，也就是混沌数学中所谓的“奇怪吸引子”，再由这股“香味团”配成各种新的香型香精。

清果香香精

水杨酸苄酯	7	甲位己基桂醛	1	甲基柏木醚	7
檀香 803	2	苯甲酸苄酯	7	橡苔浸膏	2
龙涎酯	1	素凝香	2	10%桃醛	1
10%十二醛	10	广藿香油	3	檀香 208	3
甲基柏木酮	5	龙涎酮	5	甲基紫罗兰酮	10

乙基香兰素	2	芳樟醇	4	香柠檬醛	5
香豆素	2	二氢月桂烯醇	14	合计	117
乙酸芳樟酯	4	甜橙油	12		
玫瑰醇	6	柠檬腈	2		

青瓜香精

西瓜醛	1	芳樟醇	10	柑青醛	20
柠檬叶油	10	二氢茉莉酮酸甲酯	10	二氢月桂烯醇	10
兔耳草醛	19	乙酸苄酯	10	1%顺-6-壬烯醇	10

海洋香精

二氢月桂烯醇	2	柏木油	4	松油醇	10
乙酸芳樟酯	5	乙酸苄酯	8	乙酸三环癸烯酯	1
香叶醇	2	二氢茉莉酮酸甲酯	2	素凝香	4
乙酸香茅酯	2	兔耳草醛	2	70%佳乐麝香	4
玫瑰醇	2	二甲苯麝香	4	酮麝香	8
香豆素	2	乙酸异龙脑酯	2	甲基二苯醚	4
水杨酸丁酯	3	香茅腈	2	柑青醛	1
水仙醇	3	乙酸对叔丁基环己酯	2	甲位己基桂醛	6
檀香 208	2	乙酸松油酯	5	苯乙醇	3
檀香 803	3	甲基壬基乙醛	1	榄青酮	1

七、松油醇

松油醇有三种异构体，调香常用的松油醇三种异构体均存在，以 α-松油醇为主，虽然这种"香料级松油醇"香气"格调"不高，但价格非常低廉，所以也是调香师比较乐于使用的大宗香料之一。除了调配低档的紫丁香香精可以使用大量的松油醇作为主香成分外，其他香精加入松油醇的目的往往是为了降低成本。

同苯乙醇一样，松油醇也是各种香料极好的溶剂——每当配制的香精显得浑浊、分层甚至有沉淀时，加些松油醇便能"起死回生"，使香精变澄清、透明、稳定下来。

廉价的香精做气相色谱分析时，常看到松油醇的"大峰"，说明使用了多量的松油醇。松油醇的香气"格调"不高，留香期短，调香师常用二氢月桂烯醇、对甲基苯乙酮、甲位己基桂醛、甲位戊基桂醛、茉莉素、橙花素、二苯醚、乙酸邻叔丁基环己酯等香比强值大的香料对它的香气进行"修饰"，并克服它留香期短的缺点。调香师的"巧手"有时能用极大量的松油醇调成香气宜人的、留香持久的香精出来，就像高明的烹调师能用价格低廉的材料（如豆腐、白菜之类）做出众口交赞的菜肴一样。

含羞草香精

对甲基苯乙酮	10	异丁香酚	2	50%苯乙醛	1
大茴香醛	5	甲位己基桂醛	2	乙酸对叔丁基环己酯	10
松油醇	40	依兰依兰油	2	九醛	1
芳樟醇	25	乙酸苄酯	2		

休闲香精

洋茉莉醛	4	芳樟醇	5	乙酸芳樟酯	8

甜橙油	3	乙酸香叶酯	3	玫瑰醇	14
乙酸苄酯	14	松油醇	12	莎莉麝香	5
血柏木油	4	苯乙醇	7	檀香208	2
铃兰醛	2	“混合醛”	1	丁香油	5
甲基柏木酮	6	紫罗兰酮	5		

上表和本书所有配方中的“混合醛”系九醛、十醛、十一醛、十一烯醛、十二醛、甲基壬基乙醛等的混合物（各占10%～20%），配合得当的话，这个香精的香气接近“香奈尔5号”。

百花香粉香精

芳樟醇	9	玫瑰醇	15	赖百当浸膏	10
紫罗兰酮	3	配制茉莉油	10	苯乙醇	2
松油醇	8	香豆素	5	杭白菊浸膏	1
乙酸苯乙酯	8	葵子麝香	4	乙酸苄酯	10
羟基香茅醛	5	配制玫瑰油	10		

八、四氢芳樟醇

即3,7-二甲基辛-3-醇，具有新鲜的橙香、乡土气味、花香，比芳樟醇更具有新鲜气息。主要用作花香型修饰剂，如“深谷百合”、“薰衣草油”、“玫瑰”、“百合”和“忍冬花”香精的配制等。能增加头香，在功能性香料中能增加稳定性（即使在漂白剂中）。用于美容用品、肥皂、洗烫用品、家居护理品中。

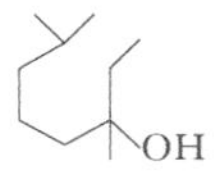

下面是两个使用四氢芳樟醇配制的香精例子：

薰衣草香精

四氢芳樟醇	5	石竹烯	5	龙涎酮	3
芳樟醇	25	香叶醇	1	玫瑰醇	2
乙酸芳樟酯	25	茴香醇	3	香豆素	2
桉叶油	2	松油醇	1	桂醇	1
樟脑	2	柏木油	2	乙酸对叔丁基环己酯	2
龙脑	1	乙酸苄酯	1	乙酸邻叔丁基环己酯	1
乙酸异龙脑酯	1	甲位己基桂醛	1	铃兰醛	2
异长叶烯	2	异长叶烷酮	5	正薰衣草油	5

深山百合香精

四氢芳樟醇	4.0	香叶醇	2.0	龙涎酮	5.0
芳樟醇	10.0	异丁香酚	5.0	甲位己基桂醛	2.5
乙酸芳樟酯	11.0	苯乙醇	6.0	香兰素	0.5
铃兰醛	16.0	水杨酸丁酯	10.0	乙酸对叔丁基环己酯	4.0
羟基香茅醛	8.5	松油醇	2.0	乙酸邻叔丁基环己酯	1.0
香茅醇	5.5	异长叶烷酮	6.0	依兰依兰油	1.0

九、橙花叔醇

3,7,11-三甲基-1,6,10-十二碳三烯-3-醇，具有弱的甜清柔美的橙花香气，带有像玫瑰、铃兰和苹果花的气息。香气持久。与橙花醇比较，橙花醇甜而清鲜，橙花叔醇干甜而少清，微带木香。留香持久，有一定的协调性能和定香作用。其右旋体存在于橙花油、甜橙油、依兰油、檀香油、秘鲁香脂等中。用于配制玫瑰型、紫丁香型等香精。除人工合成外，还大量存在于卡鲁瓦油中，小量存在于橙花、橙叶、甜橙、依兰等精油。右旋体可由橙花油等分出。内消旋体可由香叶基氯经一系列反应合成。

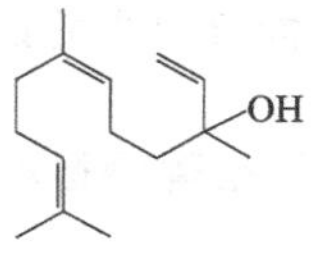

橙花叔醇顺式体

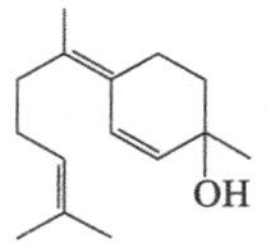

橙花叔醇反式体

下面是两个使用橙花叔醇配制的香精例子：

玫 瑰 香 精

橙花叔醇	5.0	乙位突厥酮	0.1	龙涎酮	3.0
芳樟醇	5.0	十一醛	0.2	结晶玫瑰	2.0
香叶醇	19.0	丁香油	1.0	香兰素	0.3
香茅醇	22.0	松油醇	1.0	桂醇	1.0
橙花醇	12.0	柏木油	2.0	乙酸对叔丁基环己酯	5.0
乙酸香叶酯	4.2	乙酸苄酯	1.0	乙酸邻叔丁基环己酯	3.0
乙酸香茅酯	3.0	甲位己基桂醛	1.0	铃兰醛	2.0
玫瑰醚	0.2	异长叶烷酮	5.0	苯乙酸苯乙酯	2.0

橙 花 香 精

橙花叔醇	14.0	香茅醇	1.5	龙涎酮	2.0
橙花醇	10.0	香叶醇	2.0	乙酸苄酯	2.0
橙花酮	2.0	异丁香酚	1.0	甲位己基桂醛	0.5
乙位萘乙醚	2.0	苯乙醇	6.0	香豆素	0.5
芳樟醇	10.0	玳玳叶油	8.0	乙酸对叔丁基环己酯	1.0
乙酸芳樟酯	21.0	玳玳花油	2.0	乙酸邻叔丁基环己酯	1.0
铃兰醛	4.0	松油醇	2.0	依兰依兰油	1.0
羟基香茅醛	1.5	异长叶烷酮	2.0	邻氨基苯甲酸甲酯	3.0

第三节　醚　　类

一、二苯醚与甲基二苯醚

二苯醚和甲基二苯醚都是常用的廉价的合成香料，属于同一路香气，有人把它们归入“玫瑰花”之类，有人却认为应该归到“草香”类香料里面。两个香料的香气强度都较大，留香中等，但香气都较“粗糙”，用量大时难以调得圆和。在调配低档香精时可以用得多些。二苯醚在冬天会结晶（熔点27℃左右），配制前先要把它熔化，比较麻烦，所以有的调香师喜欢用甲基二苯醚。

在配制比较精致的玫瑰花香精时，二苯醚和甲基二苯醚的使用量要谨慎掌握，不要让“草香”暴露。在配制洗衣皂和蜡烛香精时，这两个香料既可以单独、也可以混合在一起大量使用，特别是配制香茅香精时，由于香茅醛的香气强度大，足以“掩盖”这两个“醚”的“化学气息”，而它们留香较好的优点也可弥补香茅醛留香差的缺点。

玫瑰香精

玫瑰醇	14	乙酸苄酯	6	水仙醇	13
苯乙醇	40	二苯醚	17		
结晶玫瑰	5	松油醇	5		

香茅香精

柠檬桉油	20	松油醇	10	乙酸苄酯	15
二苯醚	15	酮麝香脚子	25	水仙醇	15

二、乙位萘甲醚与乙位萘乙醚

这两个“醚”都是具有粗糙的橙花香气但同时又带有草香的合成香料，可以用于调配橙花香精，也可用来调配低档的茉莉花和古龙香精。乙位萘甲醚在各种香料中的溶解性较差，但香比强值较大，用量宜少不宜多，而乙位萘乙醚在各种香料中的溶解性则要好得多，香气较为淡雅，可以多用一些。

由于古龙水在20世纪下半叶又风行起来，连女士们也趋之若鹜，带动了古龙香气在各种日用品中的普遍应用，橙花香气是古龙香型的重要组成部分，而天然橙花油价格昂贵，所以用廉价的乙位萘甲醚和乙位萘乙醚配制的“人造橙花油”便大行其道，在许多对香气质量要求不太高的场合得到应用。

柠檬香精

十醛	1	苯乙酸丁酯	1	甲酸香叶酯	1
甜橙油	54	乙位萘乙醚	6	乙酸香茅酯	1
香柠檬醛	2	邻氨基苯甲酸甲酯	2	二氢月桂烯醇	1
柠檬醛	1	玫瑰醇	1	白柠檬油	1
松油醇头子	10	乙酸苄酯	5	山苍子油	4
乙酸丁酯	2	甲位戊基桂醛	1	乙酸松油酯	6

橙花香精

乙位萘乙醚	10	乙酸苯乙酯	1	玫瑰醇	3
橙花酮	5	芳樟醇	20	甜橙油	5
乙酸苄酯	5	苯乙醇	3	10%十醛	3
乙酸芳樟酯	10	松油醇	2	羟基香茅醛	5
乙酸香叶酯	3	乙酸松油酯	20	苯乙酸	5

茉莉香精

原料	用量
乙位萘甲醚	3
吲哚	4
肉桂醇	50
橙叶油	2
乙酸苄酯	70
丁酸苄酯	1
苄醇	2
依兰依兰油	2
桂皮油	1
甲酸香叶酯	3
乙酸香茅酯	3
邻氨基苯甲酸甲酯	25
配制茉莉油	17
玫瑰醇	5
配制玫瑰油	3
苯甲酸苄酯	3
芳樟醇	3
乙酸对甲酚酯	3
合计	200

三、对甲酚甲醚

对甲酚甲醚存在于依兰、卡南加等为数不多的天然精油中。浓度高时气味尖刺，有动物皮的臭味；浓度淡的时候有似依兰、卡南加、风信子的花香，香气强但不持久。用于大花茉莉、依兰、水仙、风信子等花香型日用香精，偶尔用于坚果型食用香精。自己配制依兰依兰油和卡南加油一定要用到对甲酚甲醚，否则就没有这两种油的特征香气，用量也较大。在配制其他香精时，对甲酚甲醚的用量一般很少，但有时可起到“画龙点睛”的作用，不可忽视它的存在——在一个带花香的香精里面加入少量对甲酚甲醚，香气就有相当大的变化，当别人用气相色谱法或气质联机法仿配这个香精的时候，由于对甲酚甲醚的量很少，它的“峰”往往“躲”在一些“杂碎峰”里不被发觉，造成仿香的困难。不过通常在香精里面闻到或者测到的对甲酚甲醚大多是来自于天然或配制的依兰依兰油和卡南加油，目前的调香师还“不太会”使用单体对甲酚甲醚。

在香料工业里，对甲酚甲醚不单直接用于调配香精，也是合成大茴香醛等香料的原料。

下面是两个“特地”加了对甲酚甲醚的香精，虽然加入量都不大，但不可不用，读者有兴趣的话可以把它们和故意不加对甲酚甲醚的香精对比，闻一闻香气的差别。

水仙花香精

原料	用量
对甲酚甲醚	1
吲哚	0.1
桂醇	6
桂醛	0.5
乙酸苄酯	17
丁酸苄酯	1
苄醇	2
松油醇	17.3
乙酸苯乙酯	3
苯乙醛二甲缩醛	8
异丁香酚	1
香叶醇	2
乙酸苏合香酯	1
羟基香茅醛	8
橙花素	4
苯甲酸苄酯	3
芳樟醇	16
乙酸对甲酚酯	0.1
苯乙酸对甲酚酯	2
苯乙醇	3
甲位己基桂醛	2
桂酸桂酯	2

花海香精

原料	用量
对甲酚甲醚	0.2
吲哚	0.1
甲基壬基乙醛	0.3
十二醛	0.3
丙位十一内酯	0.3
玫瑰醚	0.1
异丁基喹啉	0.1
乙位突厥酮	0.4
香叶油	0.4
乙酸苄酯	18
檀香 208	1
檀香 803	2
覆盆子酮	1
香叶醇	12
香茅醇	10
苯乙酸苯乙酯	1
结晶玫瑰	1
佳乐麝香	5
香兰素	0.3
吐纳麝香	2
二氢茉莉酮酸甲酯	2
乙酸苯乙酯	0.1
甲位己基桂醛	21
橙花素	0.2

四氢芳樟醇	0.3	桂醇	0.3	苯乙醇	2
乙酸松油酯	0.3	合成橡苔	0.4	橡苔浸膏	0.3
邻氨基苯甲酸甲酯	0.3	赖百当净油	0.3	乙酸玫瑰酯	1
广藿香油	1	乙酸苏合香酯	0.4	香豆素	0.3
异甲基紫罗兰酮	1.5	水杨酸戊酯	0.6	苯乙酸香叶酯	1
香根油	0.3	格蓬浸膏	0.2	水杨酸苄酯	10
甲基柏木酮	0.6	格蓬酯	0.1		

四、玫瑰醚

玫瑰醚存在于世界各地产的玫瑰油、香叶油和其他多种植物花、果、枝叶的精油中。在某些酒类甚至昆虫分泌物中也有它的存在。在自然界中有（—）-(4*R*)-顺式体和（—）-(4*R*)-反式体存在，以顺式体为主。香料用玫瑰醚有很强烈的花香，稀释时有玫瑰和青香的香韵，顺式体香气细腻，左旋体有更甜的花香、浓的青香并还伴有一些辛香。工业品有左旋、右旋和消旋三种异构体存在。以香茅醇为原料，经光敏氧化得相应的氢过氧化物，还原后再环化取得。“高顺式玫瑰醚”有天然的花香，清新、轻柔的天然玫瑰香气，新鲜的香叶香气以及香叶草（天竺葵）的香味。主要用于配制玫瑰型和香叶型香精，用量在0.01%～0.2%。少量用于荔枝、西番莲果、黑醋栗等食用香精。

玫瑰醚虽然被发现得比较晚，在玫瑰花油里含量从0.1%到1.0%，比香叶醇、香茅醇、橙花醇、苯乙醇少多了，但却被调香师公认是玫瑰花和香叶草里对香气“贡献”最大的成分之一——在一个“百花”香型的香精里面，可能用了百分之几十的香叶醇、香茅醇、橙花醇和苯乙醇，还是闻不出多少玫瑰花香，此时加入一点点玫瑰醚，玫瑰花香就显露出来了。正因为玫瑰醚的香气强烈，所以在一般的香精配方里它的用量较少，但千万不可忽视它的存在。

下面是带玫瑰醚的香精例子。

玫瑰香精

玫瑰醚	0.4	乙酸苄酯	1	纯种芳樟叶油	5
香茅醇	14	乙酸对叔丁基环己酯	5	丁香油	1.5
香叶醇	30	乙酸邻叔丁基环己酯	1	苯乙酸苯乙酯	3
橙花醇	10	二苯醚	1	佳乐麝香	2
苯乙醇	20	乙位突厥酮	0.1		
结晶玫瑰	1	紫罗兰酮	5		

山旮旯香精

玫瑰醚	0.2	异丁香酚	0.5	黑香豆浸膏	1.5
香茅醇	4	大茴香醛	2.5	含羞花净油	1
香叶醇	3	苯乙酮	0.2	香紫苏油	1.5
甜橙油	3.5	苯乙醛	0.5	赖百当净油	1.5
香兰素	2	大花茉莉净油	1	海狸香膏	0.2
甲位异甲基紫罗兰酮	12	树兰浸膏	2	灵猫香膏	0.1
香豆素	2	玳玳花油	1	檀香208	1.5
鸢尾净油	1	玳玳叶油	2	麝香105	5
紫罗兰叶净油	0.2	依兰依兰油	2	山萩油	2
洋茉莉醛	0.5	香根油	1.5	香叶油	1
丁香油	2	橡苔浸膏	2.5	晚香玉净油	2

金合欢净油	1	环十五酮	4	二苯醚	0.2
香荚兰豆浸膏	1.5	吐纳麝香	2	苯乙醇	9.8
香柠檬油	4	水杨酸苄酯	10		
十五内酯	4	甲基壬基乙醛	0.1		

食用荔枝香精

玫瑰醚	1.2	异丁酸桂酯	0.6	柠檬醛	0.1
香茅醇	4	异丁酸香叶酯	0.3	丁酸乙酯	0.5
香叶醇	3	异丁酸苯乙酯	0.2	二甲基硫醚	0.4
橙花醇	6	异丁酸橙花酯	0.5	乙基麦芽酚	17.5
乙酸玫瑰酯	1	乙酸苄酯	4	香兰素	0.1
乙酸香叶酯	0.5	纯种芳樟叶油	1.5	苯甲醇	55
乙酸二氢葛缕酯	1.2	乙酸芳樟酯	0.5		
薄荷脑	0.4	柠檬油	1.5		

五、龙涎醚与降龙涎醚

龙涎醚和降龙涎醚都是龙涎香里主要的香气成分，是抹香鲸肠胃病理分泌物三萜化合物龙涎素的自氧化或光氧化物。所谓“龙涎香效应”就是它们带来的（一个香精里面只要含有少量龙涎香，这个香精的香气自始至终都可以感觉到龙涎香气的存在，而且留香持久，“龙涎香效应”可大大提高香精的扩散作用），降龙涎醚也存在于香紫苏油中。合成的龙涎醚和降龙涎醚都属于“天然等同香料”，同天然龙涎醚和降龙涎醚的性质完全一样。降龙涎醚在国内早期被称为“404 定香剂”。

龙涎醚具有强烈的龙涎香气，还有柔和的木香香气。降龙涎醚具有龙涎干香香气，并有松木、柏木样的木香，以及青香和茶叶香韵。它们都可用于覆盆子、黑莓、笃斯越橘和茶风味等香精中，也用于高级香水及化妆品的香精中，对人体无刺激，适合于皮肤、头发和织物的加香，如肥皂、爽身粉、膏霜及香波等的加香及定香，运用在洗发液、香皂和清洁剂中也有不俗的表现。龙涎醚和降龙涎醚的香味、扩散性、稳定性、独特性和“任性”使得这种配方有着一种与众不同的特征。

左旋降龙涎醚是一种颇具效力的动物型的龙涎香，其特征香气同龙涎呋喃相似，它的香气非常扩散，有点浊香，并伴随香根草样、鸢尾草的香气。虽然一开始会感觉到降龙涎醚的扩散性没有龙涎醚以及龙涎呋喃那样强，但它涵盖了比上述产品更丰富的香气特征。这是一种龙涎、木香、温暖而饱满的动物香和广藿香油的特征。降龙涎醚的气味在经过几个小时后会演变成为一种相对丰满并且更为复杂的气味。龙涎醚 DL 含有至少 50%的龙涎醚和其他一些杂质峰，因而可以称得上是龙涎香家族中与龙涎香产品最没有直接联系的一员。它的木香特征应该特别归功于组成它的其他杂质峰的存在，被描述为木香、柏木香。它那温暖和丰富的香韵是木香、柏木、香根草并伴有一点赖百当的感觉。

相对来说，降龙涎醚可以较大量地使用，尽管在配方中龙涎香的特征十分清晰，但是它保持了优雅和协调其他原料的优点，还可提供一种“粉香”的特征。加入量较大时，仍能给配方带来幽雅、柔软、丰厚的龙涎香气。高含量地使用降龙涎醚能增加配方的留香时间和“龙涎香效应”，并保留原有风格，这对用于皮肤、头发和衣物的最终产品来说是相当宝贵的。

龙 涎 香 精

降龙涎醚	8.3	龙涎醚	10	甲基柏木醚	10

异长叶烷酮	10	檀香803	5	香根油	1
甲基柏木酮	5	香紫苏油	2	橡苔浸膏	1
吐纳麝香	5	甲基吲哚	0.7	赖百当净油	27
麝香T	3	香兰素	2		
佳乐麝香	5	甲基紫罗兰酮	5		

龙虎香精

降龙涎醚	7.5	橡苔浸膏	1.5	檀香803	4
香紫苏油	1.5	玫瑰油	3	吐纳麝香	4.5
香兰素	3	赖百当净油	7.5	佳乐麝香	3
6-甲基四氢喹啉	1.5	广藿香油	0.5	香豆素	3
6-甲基喹啉	1.5	海狸香酊(3%)	4.5	安息香膏	3
紫罗兰酮	6	乙酸柏木酯	15	秘鲁香膏	4
紫罗兰醛	1.5	异长叶烷酮	15	龙涎酮	24.7
柏木油	0.5	灵猫香膏	0.3	合计	200
甲基柏木酮	15	乙酸琥珀酯	6		
甲基柏木醚	22.5	苯乙醇	40		

第四节　酚类及其衍生物

一、丁香酚与异丁香酚

丁香酚、甲基丁香酚、乙酰基丁香酚和异丁香酚、甲基异丁香酚、苄基异丁香酚、乙酰基异丁香酚都是同一路香气的香料，相对来说，异丁香酚衍生物的香气更“雅致”一些，也更耐热一些，留香期更长一些。它们的香气都像康乃馨花的香味，因此，都可以用来配制康乃馨花香精，从而进入配制“百花”香精的行列中。“酚”是容易生成染料的中间体，化学上比较活泼，因此，这些酚类香料都易于变色，不适合用来配制对色泽有要求的香精。即使少量应用，配出的香精和加香产品都要进行架试、较长时间的观察确定没有问题了才能“推出”。

酚类香料都有杀菌和抑菌作用，因此，一个香精的配方里面如果有较多的酚类香料，该香精也便具有杀菌和抑菌的功能，这一点对于内墙涂料、地毯、纸制品、纺织品、橡胶、塑料、干花与人造花、胶黏剂、凝胶型空气清新剂、皮革、各种包装物等日用品的加香是有重要意义的。

有的调香师喜欢在调配香精时用丁香油代替丁香酚，这在“创香”实验时是比较“聪明”的做法，因为用了一个天然的丁香油，等于带进了一系列香料（在气相色谱图上表现为一大堆“杂碎峰”），如果调的香精销售成功，别人要仿香就增加了难度，但丁香酚与丁香油的香气是有差别的，前者香气较“清灵”，后者香气“浊”一些。

异丁香酚有个特点：易腐蚀塑料、树脂、橡胶、合成纤维等高分子化合物，连装着异丁香酚的瓶子也经常因为瓶盖粘得紧紧的旋不开，配制日用品香精如果用到异丁香酚时要记得这一点，并提请做加香实验的人注意，否则等到用香厂家大量购买使用时出了大问题就糟了。

康乃馨香精

丁香酚	45	玫瑰醇	10	异丁香酚	7

水杨酸戊酯	10	香叶油(天然)	5	秘鲁香膏	10
桂皮油	3	甲基紫罗兰酮	5		
薄荷脑(合成)	2	二甲苯麝香	3		

水仙花香精

玳玳叶油	15	松油醇	60	配制玫瑰油	6
异丁香酚	20	芳樟醇	40	玳玳花油	1
芳樟叶油	14	大茴香醛	20	合计	214
对甲酚甲醚	1	50%苯乙醛	28		
乙酸对甲酚酯	5	晚香玉香基	4		

乙酸对甲酚酯的“臭味”在本香精中被巧妙地“掩盖”住，因此，这个香精的整体香气和谐自然舒适，较接近天然栀子花的香味。

罂粟花香精

桂醇	1	丁香酚	8	甲位己基桂醛	3
洋茉莉醛	2	紫罗兰酮	5	大茴香醛	1
香豆素	3	苯乙酸乙酯	1	广藿香油	1
水杨酸丁酯	4	甜橙油	3	水杨酸苄酯	12
水杨酸戊酯	10	乙酸苄酯	6	酮麝香	4
玫瑰醇	6	铃兰醛	5	依兰依兰油	2
香柠檬油	4	苄醇	10		
玳玳叶油	1	苯乙醇	8		

二、麦芽酚与乙基麦芽酚

麦芽酚和乙基麦芽酚的香气都是甜的焦糖香味，还带有菠萝和草莓的“甜香”。后者比前者的香气强5～6倍，而价格相差不大，因此，工业上使用的主要是后者。在几乎所有的食品香精中都要用到乙基麦芽酚，因为它有“增强香气”和“增加甜味”的双重作用，所以受到调香师的特别重视。

在香水和化妆品香精里很少用到麦芽酚和乙基麦芽酚，因为它们“太甜”而且容易变色，但在其他日用品香精里，乙基麦芽酚还是经常要用到的，因为大部分的“可食性香味”香精特别是水果香精配制时都要用乙基麦芽酚，而水果香是各种日用品加香的“首选”香型。价格低廉也是一个因素：乙基麦芽酚的单价从几年前每千克600多元（人民币）跌到现在的每千克100多元，而它的综合分高达400，调香师觉得使用它非常“合算”。

水果香香精

丁酸戊酯	35	乙酸香茅酯	4	水杨酸丁酯	6
苯乙醛二甲缩醛	1	香兰素	4	乙基麦芽酚	6
柠檬腈	2	十六醛	2	乙酸邻叔丁基环己酯	4
苯乙酸乙酯	8	水杨酸戊酯	6	苹果酯	17
甲酸香叶酯	4	桃醛	1		

菠 萝 香 精

乙基麦芽酚	3	呋喃酮	1	庚酸烯丙酯	14
菠萝酯	5	己酸烯丙酯	10	庚酸乙酯	10

己酸乙酯	15	素凝香	4	苯甲酸苄酯	10
丁酸戊酯	5	苯乙酸苯乙酯	10	丁酸乙酯	13

三、麝香草酚

麝香草酚是香料，也是重要的杀菌剂，既可杀灭细菌又可杀灭真菌，杀菌力比苯酚还强，而且毒性小。对龋齿腔有防腐、局部麻醉作用，医学上用于口腔、咽喉的消毒杀菌，皮肤癣菌病、放射菌病及耳炎，有消炎、止痛、止痒等作用。能促进气管纤毛运动，有利于气管黏液的分泌，易起祛痰作用，故可用于治疗气管炎、百日咳等。因此，用麝香草酚配制牙膏、漱口液香精是非常适宜的，但用量不可太大，否则“药味”太浓，消费者不能接受。麝香草酚还有很强的杀螨和杀原头蚴作用，亦可用作驱蛔虫剂。用麝香草酚配制的饲料香味素可杀灭动物体内的有害细菌、寄生虫类，还有一定的促生长作用（类似抗生素），一举三得。麝香草酚的香气是带甜味的辛香，只有在低浓度时人和动物才能接受。在含有较多麝香草酚的香精里，加入甜橙油、柠檬油、薄荷油等果香和草香香料可以让香气协调、宜人一些。

同其他酚类香料一样，麝香草酚也容易变色，在调配浅色产品使用的香精时要注意这一点。目前还没有找到让麝香草酚减轻变色的香料（就像香叶醇可以让洋茉莉醛变色慢一些一样），一般的抗氧化剂也无效。含有麝香草酚的香精应尽量置放在阴凉暗处，绝对不要接触铁类（铁桶、铁制的搅拌器等），以免加速氧化变色。

在配制熏香香精的时候，加入适量的麝香草酚可以使整体香气显得“沉重”、“有力”，具有中国传统熏香的韵调。熏香香精对色泽的要求不高，麝香草酚可以多用。

药香牙膏香精

麝香草酚	2	丁香油	2	甜橙油	4
椒样薄荷油	28	大茴香油	7	香柠檬油	2
薄荷脑	23	薰衣草油	2	玫瑰醇	2
留兰香油	24	乙酸芳樟酯	3	苯乙醇	1

黑檀熏香香精

麝香草酚	4	乙酸玫瑰酯	2	苯甲酸甲酯	1
二甲苯麝香	6	洋茉莉醛	6	芳樟醇	4
葵子麝香	8	桂醇	1	檀香 803	6
广藿香油	10	香叶醇	5	桂醛	2
柏木油	10	大茴香醛	3	杉木油	1
紫罗兰酮	13	玫瑰醇	13		
二苯醚	2	乙酸苄酯	3		

第五节　醛　　类

一、脂肪醛

日用香料里“脂肪醛”一般是指从戊醛到十三醛的直链和带点支链的“高碳醛”，使用得较多的有辛醛、壬醛、癸醛、十一醛、十二醛、十三醛、十一烯醛、甲基壬基乙醛等，这些脂肪醛都有明显的“脂蜡臭”，直接嗅闻之没有人会有好感，所以虽然这些脂肪醛很早就被合成出来，但调香师们一直不敢使用，偶尔在一些香精里面非常谨慎地加入一点点，也不敢让它们的气味暴露出来。直到“香奈儿 5 号”问世以后，“醛香”才在调香师的心目中树立了“地位”。

本书作者为了揭开“香奈儿 5 号”深受家庭主妇欢迎之谜，在“家庭气息”里面努力“寻找”，终于有了“线索”——在强烈的阳光下暴晒后的棉被、衣物散发出的香气就是“醛香”——暴晒后的棉絮香气成分以癸醛为主。

这些脂肪醛的香气除了“脂蜡臭”是共同的之外，分别也带着它们各自的特征气味——辛醛带柑橘香、壬醛带柑橘和其他果香、癸醛带柠檬香、十一醛和十一烯醛都带玫瑰香、十二醛带紫罗兰香、甲基壬基乙醛带龙涎香，在配制柑橘、柠檬、玫瑰、紫罗兰、龙涎等香精时，这些脂肪醛都可以适量加入以增强香气。

敢不敢较大量地使用脂肪醛类香料在当今已经成为考验一个调香师实际能力的“试金石”。

蔷薇花香精

甲基二苯醚	25	丁香油	4	山苍子油	3
乙酸对叔丁基环己酯	10	柏木油	6	苯乙醇	16
玫瑰醇	20	苯乙酸乙酯	2	松油醇	6
结晶玫瑰	4	乙酸苯乙酯	3	十一醛	1

玫瑰香精

玫瑰醇	20	乙酸香叶酯	3	10%玫瑰醚	2
苯乙醇	10	乙酸香茅酯	3	10%降龙涎醚	1
檀香 803	9	结晶玫瑰	4	10%十一烯醛	1
柏木油	5	酮麝香	4	香兰素	3
紫罗兰酮	3	70%佳乐麝香	8	香叶醇(合成)	9
桂醇	3	10%乙位突厥酮	2	香叶醇(天然)	10

“国际”香型香精

70%佳乐麝香	10	甲位戊基桂醛	6	香豆素	4
麝香 T	4	玫瑰醇	3	乙酸苄酯	3
吐纳麝香	6	二氢茉莉酮酸甲酯	2	水杨酸苄酯	2
铃兰醛	6	异丁香酚	1	乙酸对叔丁基环己酯	2
新铃兰醛	6	檀香 803	28	松油醇	2
二氢月桂烯醇	6	柑青醛	4	乙酸异龙脑酯	1
龙涎酮	5	乙酸松油酯	8	香茅腈	2
甲基柏木酮	10	柏木油	8	甲基壬基乙醛	1

醛香香水香精

柠檬油	2	10%十醛	5	香叶醇	10
甜橙油	1	10%十一醛	5	紫罗兰酮	10
香柠檬油	10	10%十二醛	5	安息香浸膏	4
玳玳花油	2	10%甲基壬基乙醛	5	赖百当净油	1
50%苯乙醛	1	乙酸芳樟酯	7	苏合香膏	1
纯种芳樟叶油	6	依兰依兰油	7	香根油	1
10%九醛	5	苯乙醇	10	兔耳草醛	7

檀香208	5	异丁香酚	2	玫瑰醇	3
檀香803	10	水杨酸苄酯	4	苯甲酸苄酯	10
水杨酸戊酯	2	10%十四醛	2	10%降龙涎醚	2
香豆素	1	70%佳乐麝香	12	合计	200
铃兰醛	12	配制茉莉油	30		

二、甲位戊基桂醛与甲位己基桂醛

化学家不是在自然界里找到、而完全是在实验室中发现并得以大规模生产应用的合成香料中，甲位戊基桂醛和甲位己基桂醛是最成功的例子。这两个香料完完全全是“人造”的，自然界里没有（当你用“气质联机”或其他方法检测一个“精油”或者香精时，如果确定样品中有甲位戊基桂醛或甲位己基桂醛，你就可以肯定这个“精油”或香精不是“全天然”的）。“发明”的动机是为了解决一种“下脚料”——蓖麻油裂解时副产的庚醛，希望利用它来合成一种有用的化合物，后来“发现”它与苯甲醛缩合形成的甲位戊基桂醛有茉莉花的香气。当然，又做了大量的实验证明它对人体健康、对环境各方面的“安全性”最终才在香料界有了“地位”。甲位己基桂醛则是在生产中用辛醛代替庚醛就得到了。现在由于从石油工业制得的辛醛价格也不高，使得甲位己基桂醛生产成本有时还低于甲位戊基桂醛，加上甲位己基桂醛的香气比甲位戊基桂醛稍微好一点，“细致”一点，留香期也更长一点，因此，调香师在两者价格不相上下时会倾向于用甲位己基桂醛。

这两个醛都能与邻氨基苯甲酸甲酯起“席夫反应”生成“茉莉素”，由于分子大了，留香期更长一些，香气也更接近天然茉莉花一些，但颜色深黄，着色力强（稀释以后是非常漂亮的橙黄色，在某些场合反而更招人喜爱），影响了它的使用范围。

在一个香精里先后加入甲位戊（或己）基桂醛和邻氨基苯甲酸甲酯，经过一段时间它们也会自己起反应产生“茉莉素”，由于同时有水产生，香精会变浑浊，此时只要加入一定量的苯乙醇就可以让香精重新变澄清、透明。苯乙醇也能“掩盖”部分甲位戊（或己）基桂醛的“化学气息”，起到“一箭双雕”的效果。

茉莉花香精

乙酸苄酯	40	乙酸二甲基苄基原酯	5	羟醛	10
丙酸苄酯	5	芳樟醇	5	苯甲酸苄酯	5
甲位己基桂醛	20	乙酸芳樟酯	5	水杨酸苄酯	5

茉 莉 香 精

乙酸苄酯	45	苯甲酸乙酯	1	苯甲酸苄酯	2
苯乙醇	7	水杨酸甲酯	1	苄醇	3
二甲苯麝香	5	水杨酸戊酯	2	丁酸苄酯	1
松油醇	5	邻氨基苯甲酸甲酯	2	乙位萘乙醚	2
10%乙酸对甲酚酯	1	芳樟醇	3	甲位戊基桂醛	11
甜橙油	3	水仙醇	4		
苯甲酸甲酯	1	水仙醚	1		

茉莉花香精

10%吲哚	5	甲位戊基桂醛	12	苯乙醇	15
乙酸苄酯	40	邻氨基苯甲酸甲酯	5	芳樟醇	10

苯甲酸苄酯	8	苄醇	5

三花香精

乙酸芳樟酯	8	香茅醇	7	苯乙醇	10
芳樟醇	10	桂醇	2	苯甲酸苄酯	6
甲位己基桂醛	8	羟基香茅醛	10	松油醇	5
二氢茉莉酮酸甲酯	5	铃兰醛	6	紫罗兰酮	4
香叶醇	10	丁香酚	2	乙酸苄酯	7

三、羟基香茅醛、铃兰醛、新铃兰醛与兔耳草醛

羟基香茅醛、铃兰醛、新铃兰醛和兔耳草醛都是“人造”的香料，自然界里没有，也都是难得的“全能性”香料——留香期长，香气强度又不低，加入一定的量时在头香里就能发挥作用，但现在IFRA对羟基香茅醛的使用量有限制，原来在各种香精里大量使用的羟基香茅醛正在慢慢被后三者取代。

这四种醛都是以铃兰花的香气为主，各自带着特征的香味，要互相代用也不容易。许多人（包括本书作者）刚接触这一组香料时，对它们的香气没有“反应”，或者觉得“很淡”，这是因为这一组香气在自然界里比较少，铃兰花很少有人熟悉，除了香水和化妆品以外，一般人难得闻到这类香气，当第一次闻到的时候，头脑里没有这种香味可供“对照”，就没有“反应”了。熟悉了这些香味以后，就会觉得它们的香气其实都是很强的，而且很容易分辨它们。自然界里有许多花如牡丹花、杜鹃花、紫荆花、荷花等大多数人们闻不出香味而调香师却闻得“津津有味”都是这个缘故。也说明人的嗅觉是可以改变以适应环境的。

与所有的醛类香料一样，这四个醛也都会与邻氨基苯甲酸甲酯反应生成色泽较深的化合物，羟基香茅醛的生成物叫做“橙花素”，可用来配制橙花香精和古龙水香精。

铃兰醛有一个缺点：暴露在空气中容易氧化变成固体，调香师和生产工人都有点“讨厌”它，这给新铃兰醛和兔耳草醛的应用多留出一些机会。

青兰香精

香叶油	2	异丁香酚	2	甲位己基桂醛	6
白兰叶油	6	橡苔浸膏	18	铃兰醛	8
玳玳叶油	4	甲基柏木醚	10	甲基壬基乙醛	1
二氢茉莉酮酸甲酯	24	格蓬酯	1	大茴香醛	2
香紫苏油	2	乙酸异龙脑酯	1	女贞醛	1
檀香 208	6	乙酸香根酯	2	羟基香茅醛	10
香柠檬油	4	乙酸芳樟酯	14	格蓬浸膏	3
吲哚	0.1	乙酸苄酯	4	赖百当浸膏	2
佳乐麝香	14	芳樟醇	6	榄青酮	3
吐纳麝香	4	苯乙醇	14.5	乙位萘乙醚	2
橙花素	1	玫瑰醇	6	甲基紫罗兰酮	8
叶青素	8	叶醇	0.4	合计	200

白牡丹香精

苯甲酸异戊酯	10	二氢茉莉酮酸甲酯	2	乙酸芳樟酯	10
甲位己基桂醛	20	乙酸苄酯	18	羟基香茅醛	10
铃兰醛	10	芳樟醇	10	白兰叶油	10

铃兰花香精

10%吲哚	2	二氢茉莉酮酸甲酯	7	洋茉莉醛	4
羟基香茅醛	14	甲位己基桂醛	2	异丁香酚	1
铃兰醛	25	10%十二醛	1	甲基紫罗兰酮	3
白兰叶油	6	二氢月桂烯醇	3	依兰依兰油	3
松油醇	6	10%辛炔酸甲酯	1	乙酸香茅酯	5
二甲基苄基原醇	10	乙酸苄酯	5	桂酸苯乙酯	2

木兰花香精

乙酸苯乙酯	4	柑青醛	1	乙酸香茅酯	1
山苍子油	2	松油醇	6	丁酸乙酯	2
玫瑰醇	10	芳樟醇	23	乙酸丁酯	1
乙酸苄酯	20	苯乙醇	60	格蓬酯	1
风信子素	1	甲位戊基桂醛	8	乙酸戊酯	1
丁香油	1	甜橙油	5	铃兰醛	10
香柠檬醛	2	甲酸香叶酯	1	合计	160

荷 花 香 精

芳樟醇	10	兔耳草醛	2	甲位戊基桂醛	4
松油醇	15	苯乙醇	10	乙酸苄酯	5
铃兰醛	5	玫瑰醇	3	紫罗兰酮	3
羟基香茅醛	3	乙酸芳樟酯	4	苯甲酸苄酯	36

果香桂花香精

桃醛	30	乙酸苄酯	5	玫瑰醇	20
苹果酯	40	乙酸邻叔丁基环己酯	2	乙酸苯乙酯	30
戊酸戊酯	10	兔耳草醛	8	乙酸香茅酯	10
紫罗兰酮	20	甲基紫罗兰酮	5	合计	200
甜橙油	5	芳樟醇	15		

四、香兰素与乙基香兰素

香兰素早期被叫做“香草醛”，还有另外一种香料——从天然香茅油里面提取出来的香茅醛曾经也被称为“香草醛”，以致经常发生误会，有一本几年前出版的香料“技术手册”里竟然声称用香兰素加氢还原可以制造出香茅醇来，成为香料界一大笑话。为了避免误会，“香草醛”这个词目前已经基本不用了。

香兰素和乙基香兰素都大量用于食品香精中，在日用品香精里也经常使用它们，如果不是存在易变色的缺点，它们理应用得更多、更大范围才对。这两个香料都被调香师称为“完美单体香料”，所谓“完美单体香料”是指一个单体香料就是一个完整的“香精”，其香气本身就“和谐”、“宜人”，香气强度不太低，留香好，可以直接当作香精用于食品或日用品加香。香兰素和乙基香兰素确实经常单独被用于某些食品（特别是饼干、面包之类）的加香，效果不错。诚然，调香师总是觉得根据不同的场合“稍微”用一点其他的香料调配一下肯定“会更好”。

乙基香兰素的香气比香兰素强3～4倍，但它还是“没有能力”像乙基麦芽酚（挤掉麦芽酚）那样把香兰素“开除出局”，除非乙基香兰素的价格再大幅度降下来。

在发达国家现在有一个倾向：人们宁愿花50～100倍的价钱购买“天然”的香兰素来用于食品加香，这实在令人匪夷所思，几乎所有的香料工作者都认为这是巨大的浪费！因为不管从哪一个角度（包括香气指标）看，合成与天然的香兰素都没有任何差别！最高兴的是那些香料贸易商们，不管怎么说，两个几乎一模一样的商品价格相差几十倍，这中间的“空隙”够它们“发挥”了。更让人哭笑不得的是，为了他们的利益，还要“陪上”多少优秀的科研人员用大量的精力来辨别所谓的“真假天然香兰素”。

香兰素在各种香料中的溶解性较差，用量多一点就溶解不了，乙基香兰素的溶解性稍微好一些，但也很有限，特别是配方中有较多的萜烯时溶解度更低。这在配制“水质”食品香精（以乙醇为溶剂）时不成问题，因为香兰素和乙基香兰素在乙醇里的溶解度较高，但在配制“油质”食品香精（以丙二醇、油脂为溶剂，香兰素和乙基香兰素在丙二醇和油脂中的溶解性都较差）与日用品香精时，问题有时候就很严重。所以虽然“香草”（香荚兰）香气受到世界各地人们的爱好和赞赏，在有些日用品里就是用不上，只因为香精不易配制。

香兰素和乙基香兰素都是易变色的香料，所以较少用于配制对色泽有要求的化妆品和香皂香精，用于配制其他日用品香精时，也要多做加香实验、架试和留样观察，有时与它们配伍的香料含一点点杂质都可能造成严重的变色事故！几乎每一个香精厂都吃过它们的“苦头”。

销往欧美各国的蜡烛中，带“香草”香味的很受欢迎，但蜡烛香精最难调的就是香草香味的，首先一点香兰素和乙基香兰素都难溶于石蜡，要先把香兰素和乙基香兰素溶于适当的溶剂里，由这溶剂把香兰素和乙基香兰素“带进”石蜡里，并不能真正溶解；其次是变色问题，不单香兰素和乙基香兰素要非常纯净、洁白，所用的溶剂也要非常纯净，石蜡也要高度精制的；还有第三点，在石蜡里面的香兰素和乙基香兰素不易扩散（因为并不是溶解在蜡里）挥发出来，所以还得加一些香气强度较大的、较易溶于石蜡的、香气与香兰素接近的香料来克服这个困难。

玫瑰香草香精

乙基香兰素	23	香叶醇	38	乙酸香茅酯	10
洋茉莉醛	13	芳樟醇	6	乙酸芳樟酯	5
苯乙醇	22	乙酸香叶酯	10	合计	127

香草香精（一）

香兰素	14	芳樟醇	10	铃兰醛	5
莎莉麝香	6	檀香 803	5	二氢茉莉酮酸甲酯	5
玫瑰醇	20	乙酸芳樟酯	10	橡苔浸膏	5
苯乙醇	15	甜橙油	5		

香草香精（二）

香兰素	10	邻二甲氧基苯	10	乙酸苄酯	2
乙基香兰素	8	苄醇	30		
香荚兰醇	20	苯乙醇	20		

奶油香精

苯甲酸苄酯	77	乙基香兰素	6	丁二酮	1
香兰素	6	对甲氧基苯乙酮	4	十八醛	1

乳酸乙酯	1	洋茉莉醛	1
双丁酯	2	乙基麦芽酚	1

巧克力香精

苯乙酸戊酯	66	苯甲酸苄酯	23
香兰素	10	三甲基吡嗪	1

五、洋茉莉醛与新洋茉莉醛

洋茉莉醛又叫“胡椒醛”，在许多介绍香料香精的书籍里，洋茉莉醛的香气被描述为所谓的“葵花”香气，其实洋茉莉醛的香味应是带茴香味的豆香香气，跟“花香”风马牛不相及。这个香料也较容易变色，尤其是“碰上”微量的吲哚也会变粉红色，需要注意。

以前有人把甲位戊基桂醛称做“茉莉醛”，所以一看到“洋茉莉醛”就以为它们是“一路香气”的，把它归到“花香香料”里去，这是很糟糕的做法。洋茉莉醛虽然可以适当加一些在金合欢、紫罗兰、香石竹、百合花香精里面，却偏偏不能加在茉莉花香精里，除了易于变色（因茉莉花香精大部分都含有吲哚或邻氨基苯甲酸甲酯）外，它的香气与茉莉花“格格不人”也是一个原因。

“葵花”香味在日用品里也很受欢迎，虽然不算花香。“仗”着洋茉莉醛强有力的体香和基香香气，“葵花”香在香皂、蜡烛、涂料、服装鞋帽、家具、塑料制品、橡胶制品、包装物等方面“大显身手”。

在香皂香精里，豆香香料是非常重要的，香豆素因为价廉，又没有变色之虞，成为“首选”，但香豆素的香气“太单调”，加入一些洋茉莉醛便有了一种“异国情调”（所谓的“洋味”），更能打动消费者的心。当洋茉莉醛加入量较多时，特别是有硝基麝香（葵子麝香、二甲苯麝香和酮麝香等）存在时，最好加些香叶醇可以让制造出来的香皂色泽稳定不易变色。

洋茉莉醛与紫罗兰酮、麝香类香料配伍可产生一种特殊的“洋味十足”的“粉香”香气，所以有人开玩笑说早期的香料工作者给这个香料命名时，“茉莉”二字是“错”的，而“洋”字可就叫对了。

新洋茉莉醛是用洋茉莉醛为原料，先同丙醛缩合，再选择催化加氢得到的。由于分子更大，留香时间更长，是目前合成香料里难得的留香相当“特久”的品种之一。它的香气已经基本脱离了洋茉莉醛的“框框”，带有青香、醛香和臭氧样香气，花香也不太明显，倒是令人觉得有青瓜的气息，而这种青香气息可以在香精里贯穿始终。在调配花香香精时，主要用于配制兔耳草花、紫丁香香精等，但调香师更多的是把它用在配制“海字号”（“海洋”、“海岸”、“海风”等）香精和其他“现代”幻想型香精里。近十几年来涌现的名牌香水都或多或少地带着新洋茉莉醛的气息。

“密林深处”香精

香兰素	4	苯乙醇	16	乙酸芳樟酯	5
乙基香兰素	15	苯乙酸苯乙酯	8	铃兰醛	9
邻苯二甲酸二乙酯	20	苯甲酸苄酯	5	二氢茉莉酮酸甲酯	5
洋茉莉醛	8	芳樟醇	5		

“海檬”香精

洋茉莉醛	8	酮麝香	4	二苯醚	4

柏木油	5	乙酸苄酯	8	乙酸松油酯	15
甲位戊基桂醛	1	水杨酸苄酯	2	甜橙油	30
邻氨基苯甲酸甲酯	1	山苍子油	4	水杨酸戊酯	1
二甲苯麝香	4	松油醇	9	水仙醇	4

粉甜香精

乙酸二甲基苄基原酯	44	70%佳乐麝香	14	甲基柏木酮	20
紫罗兰酮	10	苯乙醇	20	柏木油	10
洋茉莉醛	4	乙酸玫瑰酯	5	芳樟醇	10
香兰素	8	丁香油	5	合计	150

“葵花”香精

洋茉莉醛	40	玫瑰醇	2	松油醇	2
紫罗兰酮	5	乙酸苄酯	3	桂醛	3
香兰素	5	苯乙醇	22	茴香醇	5
香豆素	2	大茴香醛	3	香叶醇	2
苯甲醛	1	乙酸苯乙酯	5		

青山香精

新洋茉莉醛	4	苯乙酸苯乙酯	5	乙酸苄酯	11.6
新铃兰醛	5	甲基壬基乙醛	0.2	檀香 208	3
兔耳草醛	5	格蓬酯	0.2	檀香 803	5
洋茉莉醛	2	丁香酚甲醚	3	吐纳麝香	4
羟基香茅醛	5	二甲基苄基原醇	7	甲位戊基桂醛	5
紫罗兰酮	10	风信子素	2	柑青醛	2
香豆素	4	乙酸玫瑰酯	8	丙酸三环癸烯酯	4
格蓬浸膏	1	桂酸乙酯	2	桂醛	2

六、女贞醛

在所有的青香香料中，女贞醛恐怕是最“青”的了。一方面，它的香比强值大，在各种香精里加入一点点，“青”气就显露出来；再者，它的“青气”有特色，“青”得让人一闻到就好像看到绿色！在“香料分类”时，谁也不会把它放到“青香”香料以外的任何一组香料里去。

一般香精配制的时候如果要让它有点“青气”，只要加入一点点（0.1%～1.0%）女贞醛便能如愿以偿，再多加就要变成“青香”香精了。女贞醛的香气一暴露，就让人有“刺鼻”的感觉，这时最好加点其他的青香香料如柑青醛、叶醇、乙酸叶酯、水杨酸己酯、赛维它、叶青素、芳樟醇、榄青酮、苯乙醛、西瓜醛等让头香不会显得那么“刺鼻”，接下去再调“圆和”就不难了。

“雅量”香精

麝香草酚	2	白柠檬油	6	香茅腈	2
榄青酮	1	乙酸柏木酯	3	水仙醚	3
格蓬酯	1	10%异丁基喹啉	1	苯乙醛二甲缩醛	6
甲酸香叶酯	7	乙酸对甲酚酯	1	乙酸异龙脑酯	5
乙酸香茅酯	4	杭白菊浸膏	2	草莓酸乙酯	1

菠萝酸乙酯	1	女贞醛	1	乙酸芳樟酯	5
花萼油	34	芳樟醇	5	乙酸苄酯	9

“花草”香精

女贞醛	1	二氢月桂烯醇	2	二氢茉莉酮酸甲酯	3
乙位萘乙醚	3	乙酸丁酯	1	乙酸芳樟酯	7
杭白菊浸膏	1	甲位戊基桂醛	6	苯乙醇	1
甲酸香叶酯	2	玫瑰醇	6	丁香油	5
乙酸香茅酯	1	柑青醛	4	乙酸苄酯	5
乙酸苏合香酯	1	桂醛	1	柠檬腈	1
乙酸异龙脑酯	1	白柠檬油	1	香茅腈	1
壬酸乙酯	1	庚酸烯丙酯	1	香柠檬醛	1
苯甲酸甲酯	1	甜橙油	11	格蓬浸膏	1
苯甲酸乙酯	1	铃兰醛	3	叶醇	3
水杨酸甲酯	1	羟基香茅醛	3	乙酸叶酯	1
茉莉酯	1	十八醛	1	辛炔甲酯	1
邻氨基苯甲酸甲酯	2	纯种芳樟叶油	13		

七、柑青醛

柑青醛的香比强值也是较大的，但它不像女贞醛那样“尖刺”，而且还能把女贞醛的“尖刺”气息“削”掉一些。因此，凡是在香精里面用了女贞醛，几乎都会加入3～10倍量的柑青醛。柑青醛是许多青香香料的“和事佬”，在大部分带青气的香精里都有它的“影子”。在配制柑橘类香精时反而只能小心翼翼地加入一点点，多加了就会“变调”。

在当今“回归大自然”的热潮中，像柑青醛这种带有比较“自然”青香的香料肯定要受到调香师的“青睐”的，如果有一年统计数据表明柑青醛的世界贸易量下降了，就说明香料工业的“青香时代”快要结束了。

甘露香精

二环缩醛	10	玫瑰醇	10	甲基柏木酮	10
甲位己基桂醛	18	羟基香茅醛	10	女贞醛	1
乙酸苄酯	22	乙酸二甲基苄基原酯	10	柑青醛	9

青果香香精

柑青醛	5	茉莉素	2	邻氨基苯甲酸甲酯	5
女贞醛	0.5	甲酸香叶酯	3	紫罗兰酮	5
花青醛	1	乙酸香茅酯	2	水杨酸苄酯	8
玫瑰醇	10	柠檬醛	1	苹果酯	4
铃兰醛	10	香柠檬醛	1	橙花酮	1
芳樟醇	6	10%甲基壬基乙醛	2	玳玳花油	1
乙酸芳樟酯	10	甜橙油	4	乙酸柏木酯	6.5
乙酸苄酯	6	乙酸松油酯	6		

八、苯甲醛

在分析自然界各种有香的物质（花香、果香、膏香、木香甚至动物香）时，经常会发现苯甲醛的存在，但是调香师在调配除了几种水果香以外的各种香型香精时，却很少想到苯甲醛。在调香师的心目中，苯甲醛就是“苦杏仁油”，配制苦杏仁油当然要用苯甲醛（以前有用硝基苯，现已禁用），其他香精用苯甲醛就相当少了，因为苯甲醛的香气有点“怪”，与大多数香料都不“合群”，用量稍多一点就不圆和。要不是可口可乐公司每年用掉几十吨的话，苯甲醛的产量实在是“微不足道”的。而可口可乐为什么要用它，据说是当初使用的肉桂油里含有少量苯甲醛！这说明一个香料如果在一个畅销全世界的产品里用上的话，即使在这个产品里面的含量微乎其微，需求量也相当可观。

最近调香师们又热衷于配制各种“惟妙惟肖”的“天然精油”以满足“芳香疗法”、“芳香养生”的需要，苯甲醛在这些“配制精油”里有了新的“用武之地”，虽然在每一个配方里使用量都还是少得可怜，但毕竟“到处点缀”，总量还是可观的。苯甲醛的需求量能否“上台阶”就看这场世界性的“芳香疗法”热烧到多少度了。

生产苯甲醛的化学方法有多种，可以由氯化苄用铬酸钠或重铬酸钠作用而得，也可通过二氯甲苯在氢氧化钙或氢氧化锌的存在下水解制造，在三氯化铝和氯化氢存在下由苯与一氧化碳也可制得苯甲醛，这些方法都因制成品含氯化合物杂质而影响香气质量，所以现在工业上采用的已经不多，而倾向于由甲苯用空气（在催化剂存在下）直接氧化的方法制取。大规模生产时成本很低，因此这种“合成”的苯甲醛市场单价是相当便宜的。

虽然合成苯甲醛作为一种香料来说其全部质量指标（包括香气、毒性等）都不亚于天然苯甲醛，但发达国家还是有许多人愿意用上百倍的价钱购买天然苯甲醛。靠苦杏仁油制取量是太少了，现在有一种方法——从肉桂油中提取的桂醛“裂解”取得的苯甲醛也被调香师认作“天然苯甲醛”，我国的香料工作者用松节油合成苯甲酸及其酯类，再“裂解”制取的苯甲醛算不算“天然苯甲醛”还有待市场检验。

还有一种制取方法是“天然苯甲醛”，就是在自然界里寻找含苯甲醛较高的植物，大量种植采收提取。已有人找到一种“苦桃”的叶子油中发现含量很高的苯甲醛，台湾有一位教授也报道在台湾有一种“土肉桂”的叶子油里含苯甲醛高达50%～60%，相信不久的将来这种从树叶里得到的苯甲醛就会成为调香师配制“天然精油”的常用原料之一了。

杏仁香精

苯甲醛	55	壬酸乙酯	1	苯乙酸丁酯	4
桃醛	5	香豆素	5	水杨酸甲酯	1
丁酸戊酯	17	苯甲酸甲酯	1		
丁酸乙酯	10	苯甲酸乙酯	1		

桂杏香精

苯甲醛	5	戊酸乙酯	3	十六醛	10
桂醛	20	庚酸乙酯	2	苯甲酸乙酯	5
丁酸戊酯	25	桃醛	20	乙酸苄酯	10

九、苯乙醛

有浓郁的玉簪花香气，主要用于风信子、水仙、黄水仙、甜豆花、玫瑰花等配方中，少量用于其他花香型中，赋予青的头香，有提调香气的作用，如在白玫瑰、紫丁香、玉兰、茉莉等香型中，使其清香透发。在铃兰、兔耳草花、苹果花、桂花、刺莉等香型中，使其清香诱发。在铃兰、兔耳草花、苹果花、桂花、刺槐、紫罗兰、蜜香等香精也有提调香气的作用。也用于精韵百花型及其他香精中。

苯乙醛放置时容易聚合，所以一般都先把它与苯乙醇混合配制成50%苯乙醛溶液使用。在一个香精配方里如果看到含50%苯乙醛4%，就说明它含有苯乙醛2%，苯乙醇2%。

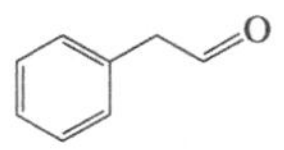

下面是用苯乙醛调配的两个香精配方例子：

风信子香精

50%苯乙醛(用苯乙醇稀释)	8.0	香叶醇	2.0	乙酸苄酯	22.0
苯乙二甲缩醛	3.0	异丁香酚	1.0	甲位己基桂醛	0.5
叶醇	1.0	苯乙醇	8.6	香豆素	0.5
丁香油	2.0	桂醇	18.0	水杨酸甲酯	0.2
芳樟醇	10.0	乙酸苯乙酯	2.0	乙酸叶酯	0.2
乙酸芳樟酯	4.0	松油醇	1.0	丁香酚甲醚	3.0
铃兰醛	1.0	乙酸桂酯	2.0	邻氨基苯甲酸甲酯	1.0
羟基香茅醛	1.5	龙涎酮	1.0	二氢茉莉酮酸甲酯	5.0
香茅醇	1.5				

水仙花香精

50%苯乙醛(用苯乙醇稀释)	6.0	香茅醇	1.5	甲位己基桂醛	2.5
乙酸苯乙酯	2.0	香叶醇	2.0	二氢茉莉酮酸甲酯	5.0
橙花叔醇	4.0	异丁香酚	1.0	香豆素	0.5
橙花醇	10.0	苯乙醇	6.0	乙酸对叔丁基环己酯	3.0
苯甲酸苄酯	4.0	玳玳叶油	4.0	乙酸邻叔丁基环己酯	1.0
水杨酸苄酯	2.0	玳玳花油	1.0	依兰依兰油	2.0
芳樟醇	10.0	松油醇	2.0	邻氨基苯甲酸甲酯	3.0
乙酸芳樟酯	2.0	异长叶烷酮	2.0	吲哚	2.0
铃兰醛	4.0	龙涎酮	2.0	苯乙酸对甲酚酯	2.0
羟基香茅醛	1.5	乙酸苄酯	12.0		

第六节　酮　　类

一、对甲基苯乙酮

对甲基苯乙酮的香气比较“粗糙”、强烈（香比强值相当大），调香师对它的用量非常小心，稍微多用一点点就难以调圆和，因为它的香气里面还隐隐约约有一点苦杏仁味，在调配含羞草花、山楂花、金合欢花这一类花香香精时可以多用一点，在其他香精里的用量一般都不超过1%，它可同二氢月桂烯醇组成香气和谐的“香气团”，此时它的用量可随二氢月桂烯醇的加大而跟着加大，往往也就超过1%了。

含羞草花香精

对甲基苯乙酮	10	纯种芳樟叶油	30	松油醇	13

大茴香醛	5	异丁香酚	2	苯甲酸苄酯	10
依兰依兰油	5	苯乙醇	10		
玳玳花油	5	香叶醇	10		

银合欢香精

对甲基苯乙酮	20	苯乙醛二甲缩醛	1	辛醇	2
芳樟醇	50	大茴香醛	5	依兰依兰油	13
异丁香酚	3	松油醇	80	合计	200
甲位戊基桂醛	1	含羞草油	25		

山楂花香精

大茴香醛	40	铃兰醛	8	洋茉莉醛	2
对甲基苯乙酮	3	松油醇	5	香叶醇	6
二氢月桂烯醇	2	苯乙醇	5	纯种芳樟叶油	4
桂醇	9	香豆素	3		
香茅醇	8	茴香醇	5		

二、紫罗兰酮类

紫罗兰酮是香料科学家比较得意的“杰作”之一。它是最“标准”的一种体香香料，香气持久性中等，在各种香精里面起着“承上启下”的作用。紫罗兰酮属于“甜味”香料，想要让一个香精“带点甜”或者增加“甜味”，只要加上一些紫罗兰酮就可以了。须知“甜味”是许多香精最吸引人之处，就像在食品里加糖的作用一样。

不知从什么时候开始，许多调香师都在讲“紫罗兰酮不宜与麝香类香料同用”，说是二者在一起香气会互相“抵消”，浪费宝贵的香料，更“妙”的说法是紫罗兰酮的“甜味”与麝香类香料的“苦味”“中和”了，好像化学里的酸碱“中和”一样。对这种说法，本书作者做了深入、细致的研究和“观察”，发现实际情况并非如此。紫罗兰酮与麝香类香料按一定的比例混合后，两种香味都没有“消失”，而是产生了高贵的“粉香”，这种完全是在“基香”阶段才显示出来的香气直接嗅闻刚刚配好的香精是感觉不出来的，因此才会被人以为两种香气都“消失”了。

甲位紫罗兰酮与乙位紫罗兰酮的香气有明显的差别，应根据不同的用途选用。甲基紫罗兰酮、异甲基紫罗兰酮、二氢乙位紫罗兰酮等的香气也都各有特色，尤其二氢乙位紫罗兰酮的香气在我国更受赞赏，被誉为“桂花王”，意即这个香料特别适合于配制桂花香精。国外调香师偏爱“丙位异甲基紫罗兰酮”，在各种日化香精的配方中经常看到它。事实上，只有配制高级的、香味“雅致”的香精才有必要这么认真地选用紫罗兰酮类香料，绝大多数日用品香精配制时使用的紫罗兰酮都是甲乙位体的混合物，只要香气固定就行了。

紫罗兰香精

芳樟醇	14	玫瑰醇	2	苯甲酸苄酯	5
苯乙醇	30	乙酸芳樟酯	16	辛炔酸甲酯	1
松油醇	7	丙位异甲基紫罗兰酮	15	柏木油	10

桂 花 香 精

桃醛	3	二氢乙位紫罗兰酮	40	丙位癸内酯	5

香叶醇	10	乙酸香茅酯	2	羟基香茅醛	2
乙酸苄酯	10	芳樟醇	8	二氢茉莉酮酸甲酯	3
洋茉莉醛	5	50%苯乙醛	1	乙酸苯乙酯	1
松油醇	7	橙花素	1	10%辛炔酸甲酯	2

粉香香精

桂酸苯乙酯	7	苯乙醇	30	洋茉莉醛	20
结晶玫瑰	4	乙酸苄酯	15	紫罗兰酮	30
麝香T	4	玫瑰醇	20	乙酸二甲基苄基原酯	10
麝香105	20	甲基柏木酮	10	合计	200
70%佳乐麝香	20	丁香油	10		

夏士莲香精

十一烯醛	4	紫罗兰酮	6	70%佳乐麝香	8
羟基香茅醛	5	丁香酚	16	芳樟醇	17
乙酸芳樟酯	21	兔耳草醛	7		
洋茉莉醛	8	甲基紫罗兰酮	8		

三、覆盆子酮

直接嗅闻覆盆子酮会觉得它好像带有甜味的麝香气，也有点像香兰素的气味，不太令人愉快。稀释后则有浓甜的浆果香，很像悬钩子、草莓等浆果的香气，细细闻之感到还有一点糖浆气味，带着些许的木香和花香香韵。现在已经大量用于配制食用香精，部分取代了乙基麦芽酚、香兰素和乙基香兰素，但它的价格较高，影响了它的发展。在配制日化香精时，覆盆子酮除了赋予香精浆果样香气以外，它还能与橡苔、粉香、膏香香料协调得很好，在檀香香精里面，它起的作用比香兰素好，而且更透发，更能增加香气强度。覆盆子酮与香兰素都是配制“现代香型”香精重要的“点缀剂”。

覆盆子食用香基

覆盆子酮	10	乙酸胡椒酯	10	甲基-3-戊烯酸乙酯	2
香兰素	0.1	丁二酮	0.2	草莓醛	30
乙基麦芽酚	2	乙酰乙酸乙酯	0.4	乙酸异戊酯	2
乙位紫罗兰酮	0.6	乙酸乙酯	0.2	乙酸丁酯	5.5
桂酸桂酯	4	十二酸乙酯	6	丁酸戊酯	5
丁酸乙酯	10	异戊酸乙酯	2	戊酸戊酯	10

花束香精

覆盆子酮	0.5	水杨酸苄酯	4	玳玳花油	0.5
香柠檬油	4	檀香208	2.5	卡南加油	3
甲基柏木醚	5	檀香803	2	桂醛	2.4
墨红净油	0.5	甜橙油	2	玫瑰醇	2
水杨酸异戊酯	0.5	佳乐麝香	4	玫瑰油	4
水杨酸己酯	1.5	白兰净油	0.2	丙位癸内酯	0.1
香豆素	3.5	灵猫净油	0.1	铃兰醛	2
格蓬浸膏	0.2	洋茉莉醛	3	香叶醇	1

甲基紫罗兰酮	2	甲基柏木酮	4	橙花醇	2
对甲基苯乙醛	1	龙涎酮	2	大茴香脑	0.5
羟基香茅醛	2	异丁基喹啉	0.1	女贞醛	0.1
苯乙醇	10.1	桂酸苄酯	2	香叶油	0.5
十一醛	0.5	赖百当净油	1	丁香油	0.1
吲哚	0.1	吐纳麝香	2	苯乙醛	2
邻氨基苯甲酸甲酯	1	吐鲁香膏	1	乙酸香叶酯	1
丙位壬内酯	0.5	乙基香兰素	0.2	乙位突厥酮	0.1
乙酸苄酯	6	香根油	1	环己基乙酸烯丙酯	0.2
二氢茉莉酮酸甲酯	4	广藿香油	1.5	纯种芳樟叶油	3

四、突厥酮类

玫瑰花的“甜香韵”是花香里面最吸引人的部分。早先的化学家们在玫瑰花油里测出了香茅醇、香叶醇、橙花醇、苯乙醇、乙酸香叶酯、乙酸香茅酯、乙酸橙花酯等成分加上后来发现的玫瑰醚等，调香师以为靠这些已知的香料成分就可以调配出“惟妙惟肖”的玫瑰花香香精了。可惜调了数十年，虽然也有几款玫瑰花香精堪称佳品，香气也“接近”天然玫瑰花香了，但只要随便拿一朵天然玫瑰花对照着嗅闻，连外行人都会说“没有天然玫瑰花那种令人怦然心跳的、动情的‘甜香韵’”。直到有人在保加利亚玫瑰花油里面发现一个全新的成分——乙位突厥酮，调香师对玫瑰花的“甜香韵”之谜才算有了正确的答案。

经过有机化学家和香料科技工作者二十几年的努力，现在市面上的突厥酮类香料已经有十几种，它们是：甲位突厥酮、乙位突厥酮、丙位突厥酮、丁位突厥酮、二氢突厥酮、甲位二氢突厥酮、异甲位二氢突厥酮、乙位二氢突厥酮、突厥烯酮、乙位突厥烯酮、反-2-突厥酮、异突厥酮等，这些突厥酮类香料的香气虽然都以甜蜜的玫瑰花香为主，但还是“各有千秋”的——乙位突厥酮带李子、圆柚、覆盆子、茶叶和烟草的香气；甲位突厥酮则带苹果香；丁位突厥酮比乙位突厥酮少一些李子香、比甲位突厥酮少一些苹果香，但它的“红玫瑰香”更重……这些细微的差别都只能由调香师自己反复嗅闻、比较、调配成香精再比较才能掌握，读者要是有兴趣的话，可以按下面的配方动手配几个看看。

玫瑰花香精

突厥酮	0.3	香茅醇	20	乙酸苯乙酯	1
玫瑰醚	0.3	苯乙醛二甲缩醛	2	乙酸香茅酯	2
柠檬醛	0.1	丁香油	1	乙酸香叶酯	2
十一醛	0.1	桂醇	2	橙花叔醇	5
玫瑰醇	25	芳樟醇	5	苯乙酸苯乙酯	2
香叶醇	22.2	苯乙醇	10		

其中的“突厥酮”分别用各种不同的突厥酮类试配，放置一段时间以后慢慢嗅闻，找出它们之间细微的香气差别，对突厥酮类香料的香气也就基本掌握了。

下面是用突厥酮类香料配制的一些香精例子。

玫瑰香水香精

突厥酮	0.2	依兰依兰油	3.5	二氢茉莉酮酸甲酯	5
玫瑰醇	12	玳玳叶油	2	铃兰醛	3.5
香茅醇	10	柠檬油	4	檀香 208	4
香叶醇	10	墨红净油	3	檀香 803	2

原料	用量
苯乙醇	4.6
桂醇	2
纯种芳樟叶油	2
山萩油	2
广藿香油	1.5
香叶油	8
茉莉净油	1
桂花净油	1
玫瑰腈	1.5
甲基紫罗兰酮	1
丁位癸内酯	0.1
佳乐麝香	3
紫罗兰酮	10
乙酸对叔丁基环己酯	2
乙酸邻叔丁基环己酯	1
灵猫香膏	0.1

“无我”香精

原料	用量
突厥酮	0.2
乙酸戊酯	0.1
甲基壬基乙醛	0.2
苯乙酸对甲酚酯	0.4
乙酸苄酯	12
兔耳草醛	2
铃兰醛	8
新铃兰醛	5
羟基香茅醛	4
玫瑰醇	12
苯乙醇	6.9
晚香玉净油	5
玳玳花油	1
墨红净油	2
赖百当净油	2
香柠檬油	10
红橘油	2
甜橙油	4
合成橡苔	2
异甲基紫罗兰酮	4
鸢尾酮	3
纯种芳樟叶油	17
草莓醛	0.6
丙位壬内酯	0.4
乙酸对甲酚酯	0.1
乙酰芳樟叶油	4
水杨酸己酯	3
茉莉净油	2
橡苔净油	2
广藿香油	2
柏木油	2
檀香 803	12
邻氨基苯甲酸甲酯	1
依兰依兰油	3
甲位己基桂醛	16
二氢茉莉酮	0.1
二氢茉莉酮酸甲酯	8
桂醇	8
丁香油	3
海狸净油	0.2
吐纳麝香	3
甲基柏木醚	6
檀香 208	3
香根油	2
吲哚	0.1
麝香 T	2
癸醛	0.1
异丁香酚甲醚	0.1
佳乐麝香	4
十一醛	0.1
甲基柏木酮	1
降龙涎醚	0.2
香豆素	4
香叶油	4
灵猫净油	0.2
合计	200

“中华”烟用香基

原料	用量
乙位突厥酮	1
乙基香兰素	3
乙基麦芽酚	4
洋茉莉醛	2
二甲基丁酸	3
甘松油	4
香紫苏油	5
胡芦巴内酯	1
芳樟叶酊	11.8
降龙涎醚	0.2
香兰素	2
紫罗兰酮	1
乙酸邻叔丁基环己酯	1
橙花叔醇	10
乙酸异丁香酚酯	5
山萩油	2
茶醇	2
茶香酮	2
苯乙酸	2
乙酸大茴香酯	1
甲基环戊烯醇酮	11
香豆素	3
苯乙酸苯乙酯	4
苯乙酸甲酯	4
苯乙醇	10
丁香油	5

五、甲基柏木酮与龙涎酮

甲基柏木酮和龙涎酮都是带龙涎香气的木香香料，相对来说，龙涎酮的香气更加“优雅”、“细腻”些，但也有人觉得甲基柏木酮的香气更有动物气息，所以每个调香师对它们的使用是不同的。国外的调香师在调配香水和化妆品香精时都喜欢加入较多量的龙涎酮，而国内的调香师使用甲基柏木酮多些，这可能与早期进口的龙涎酮价格太贵有关。

这两个酮的留香时间都很长，与各种花香、果香、木香、膏香香料的香气都非常协调，因此，现代的香水、化妆品香精无一例外都有它们的影子。在“东方型”香水香精配方里面，这两个香料的用量有时高达50%以上。调香师早就知道，当一个香精的配方里多用了二氢月桂烯醇、甲位己基桂醛、甲位戊基桂醛、二氢茉莉酮、女贞醛、格蓬酯等产生令人不快的刺激性气味时，这两个酮可以把不协调的气味“削”掉。甲基柏木酮与二氢月桂烯醇合在一起时便会产生一股带强烈木香的“现代古龙”香味，两个香料香气互补，相得益彰，恰到好处。

甲基柏木酮和龙涎酮也都有较弱的“龙涎香效应”——所有带龙涎香气的香料都有这种效应，包括甲基柏木醚、赖百当净油、异长叶烷酮以及属于麝香香料的葵子麝香、麝香103等。

龙涎香精

甲基柏木酮	30	甲基柏木醚	10	檀香803	5
龙涎酮	20	吐纳麝香	5	异长叶烷酮	5
赖百当净油	5	佳乐麝香	10		
降龙涎醚	5	香兰素	5		

素心兰香精

甲基柏木酮	5	甲基柏木醚	4	新铃兰醛	2
香叶油	2	降龙涎醚	0.2	羟基香茅醇	2
安息香膏	1.5	茉莉净油	1	异甲基紫罗兰酮	3
墨红浸膏	1	水杨酸苄酯	3	柠檬油	1
香豆素	1.5	铃兰醛	3	二甲基庚醇	0.5
赖百当净油	1	玳玳花油	1.5	苏合香醇	1.5
苯乙酸苯乙酯	1	桂酸桂酯	1.5	叶醇	0.1
灵猫净油	0.1	吲哚	0.1	十一醛	0.1
十五内酯	2	香柠檬油	2	十二醛	0.1
乙酸柏木酯	5	柠檬醛二甲缩醛	1	苯乙醇	0.5
麝香105	2	水杨酸叶酯	0.5	乙位突厥酮	0.1
洋茉莉醛	2	格蓬浸膏	0.5	香叶醇	2
橡苔浸膏	0.5	壬烯酸甲酯	0.1	丁香油	2
海狸净油	0.1	癸醛二甲缩醛	0.2	乙酸苄酯	6
吐纳麝香	1.5	覆盆子酮	0.1	乙酰芳樟叶油	14.1
佳乐麝香	2.5	玫瑰醇	4	纯种芳樟叶油	10
檀香803	1.5	玫瑰醚	0.1		
檀香208	1	甲位己基桂醛	1		

法林男用香水香精

龙涎酮	15	榄青酮	0.1	香根油	1.5
香柠檬油	6	铃兰醛	2	甲基柏木醚	3
红橘油	3	羟基香茅醛	1	橡苔浸膏	1
圆柚油	3	乙酸苄酯	3	合成橡苔	1
榄香脂油	0.5	松油醇	1.5	异丁基喹啉	0.1
玳玳叶油	1.5	甲位己基桂醛	2	薰衣草油	1.5
香叶油	0.5	乙酸芳樟酯	4	异丁香酚	2
二氢月桂烯醇	1	纯种芳樟叶油	1	丁香油	1
癸醛	0.1	玫瑰醇	5	佳乐麝香	4
壬二烯醛	0.1	二氢茉莉酮酸甲酯	5	十五内酯	1
辛炔羧酸甲酯	0.1	紫罗兰酮	4	水杨酸苄酯	2.5

叶醇	0.1	乙酸柏木酯	2.5	香兰素	0.5
甜瓜醛	0.1	广藿香油	1.5	水杨酸戊酯	2
女贞醛	0.1	檀香 208	1	吲哚	0.1
2-甲基壬烯酸甲酯	0.1	檀香 803	3	苯乙醇	11

第七节　缩醛缩酮类

一、苯乙醛二甲缩醛

苯乙醛二甲缩醛的香气同苯乙醛相差无几，但稳定性要好得多，留香期也较长，生产也比较容易（只要把苯乙醛和甲醇在酸性条件下缩合即成），因而得到较多的应用。在调配风信子、玫瑰、紫丁香花香精中用量较大，其他各种花香香精也可使用它作为“协调剂”，当然，配制“百花香”、“白花香”及各种以花香为主的“幻想型”香精也经常有它“表现”的机会，用途还算是比较广的。

旱金莲花香精

苯乙醛二甲缩醛	30	芳樟醇	8	香叶醇	14
二甲基庚醇	20	甲位己基桂醛	4	香茅醇	10
紫罗兰酮	12	香紫苏油	2		

风信子花香精

苯乙醇	38	兔耳草醛	1	乙酸苯乙酯	3
桂醇	15	苯甲酸乙酯	4	乙酸苄酯	8
水杨酸戊酯	10	丁香酚	4	芳樟醇	5
50%苯乙醛	3	格蓬浸膏	1	紫罗兰酮	3
苯乙醛二甲缩醛	3	风信子素	2		

紫丁香香精

苯乙醛二甲缩醛	3	对甲基苯乙酮	1	苯乙醇	14
桂醇	3	大茴香醛	3	乙酸苯乙酯	4
甲位戊基桂醛	7	松油醇	50	乙酸苄酯	15

二、苹果酯

苹果酯是“缩醛缩酮类”香料中最为成功的例子，其原料（乙酰乙酸乙酯和乙二醇）来源丰富易得，制作容易（两种原料在柠檬酸的存在下缩合即得），香气强烈而又宜人，留香持久，因而这个香料从一面世就得到调香师的青睐，在各种日用品的加香中起着举足轻重的作用。

在苹果酯问世前，调香师虽然也早就用一些简单的酯类香料调出惟妙惟肖的食品用苹果香精来，但这种香精用在日用品的加香方面却暴露出许多问题（其他食品香精直接用作日用品香精也有同样的问题，有的到现在还没有解决），最严重的是香气太“冲”，不持久，太“甜腻”，有了苹果酯以后，这些问题迎刃而解，“苹果香”也得以在日用品里立足，并且大放异彩，经久不衰。

用原来调配食品用苹果香精的酯类（丁酸戊酯、戊酸戊酯等）加上苹果酯可以配出各种名牌苹果香气的香精出来，但不用这些酯类而完全用调配化妆品常用的香料加上苹果酯配出的“青苹果”香型香精现在似乎更加受到欢迎。在全世界排名前25种“最常用”和“用量最大”的合成香料中有一种叫做“乙酸三甲基己酯”（又称“乙酸异壬酯”）的就是同苹果酯一起作为配制“青苹果”香精的主要原料。

在调配不是以苹果香为主的其他香型香精时，苹果酯的用量较少，因为它的香气强度较大，容易“喧宾夺主”。

青苹果香精

苹果酯	20	乙酸丁酯	10	戊酸戊酯	4
乙酸邻叔丁基环己酯	8	乙酸戊酯	4	异长叶烷酮	10
乙酸三环癸烯酯	20	格蓬酯	4	檀香208	2
二氢月桂烯醇	4	丁酸乙酯	1	乙酸异壬酯	24
乙酸苏合香酯	4	柠檬醛	1	苄醇	16
乙酸苄酯	24	十四醛	4	合计	160

苹果香波香精

乙酸邻叔丁基环己酯	5	苹果酯	15	芳樟醇	4
素凝香	10	甜橙油	4	松油醇	8
乙酸松油酯	9	玫瑰醇	10	乙酸戊酯	2
乙酸苄酯	13	水杨酸苄酯	5		
苯乙醇	10	苯甲醇	5		

苹 果 香 精

苹果酯	34	香兰素	5	二甲苯麝香	4
乙酸异壬酯	4	洋茉莉醛	4	檀香803	38
香豆素	5	柏木油	3	结晶玫瑰	3

苹果香香精

甲位己基桂醛	30	格蓬酯	2	素凝香	30
水杨酸己酯	30	乙酸邻叔丁基环己酯	35	苹果酯	40
水杨酸叶酯	2	十六醛	10	苯乙醇	50
10%女贞醛	4	乙酸苄酯	17	合计	250

三、风信子素

风信子素的化学名称是1-乙氧基-1-苯乙氧基乙烷，单从这个名称里是闻不到一点点香味的！它是乙醛和丙醛与苯乙醇的缩合产物，既不是醛也不是醇，是“缩醛”。国外类似的缩醛还有“风信子素-3”、“风信子醛”等，它们同风信子素一样，也都是带有强烈的风信子花香和铃兰花样的清甜香气，留香持久，在碱性介质中很稳定，也不变色，所以非常适合用来配制各种洗涤剂香精。相对来说，“风信子素-3”的香气更甜一些，也更接近风信子花的清甜香气；“风信子醛”的青气重一些。

风信子素适合用来配制风信子、铃兰、百合、紫丁香、栀子花等花香香精，能赋予香精清新花香，有增清、增强香气的作用，但用量不宜过多，太多了花香会被掩盖住。在配制青香型和“田园风光”类香型香精时可以多用一些。随着“回归自然”香型香精的大流行，风信子素的用量也是“与日俱增”。

风信子香精

风信子素	2	乙酸苄酯	8	格蓬浸膏	1
50%苯乙醛	3	兔耳草醛	1	水杨酸戊酯	10
苯乙醛二甲缩醛	3	纯种芳樟叶油	5	叶醇	1
乙酸苯乙酯	3	苯甲酸乙酯	4	水杨酸苄酯	2
苯乙醇	33	紫罗兰酮	3	苯乙酸苯乙酯	2
丁香酚	4	桂醇	15		

乡间香精

风信子素	5	檀香醚	1	麝香T	2
香柠檬油	2	檀香803	3	佳乐麝香	5
乙酸苄酯	5	香豆素	2	香根油	1
甜橙油	3	二苯甲烷	2	广藿香油	1
甲基柏木酮	3	乙酸松油酯	2	柏木油	2
乙酰异丁香酚	2	乙酸芳樟酯	5	卡南加油	2
大茴香醛	1	乙酸苏合香酯	1	大花茉莉净油	1
洋茉莉醛	3	水杨酸苄酯	5	玫瑰净油	1
甲基壬基乙醛	0.4	苯乙醇	5	香兰素	1
十一醛	0.5	龙涎酮	2	紫罗兰酮	5
吲哚	0.1	乙酸异龙脑酯	1	二苯甲酮	2
神农香菊油	1	纯种芳樟叶油	5	甲位己基桂醛	5
檀香208	2	桂酸乙酯	1	桉叶油	1
檀香210	1	吐纳麝香	2	素凝香	5

第八节　酸　　类

一、草莓酸

草莓酸直接嗅闻就已经是令人喜爱的草莓香气了，因此这个香料大量用于配制各种果香的食品香精，当然配制草莓香精更是少不了它，其甲酯和乙酯也都是同一路香气，用途也相近。现代食用草莓香精能够调配得与天然的草莓香气“惟妙惟肖”，得感谢有机合成化学家的努力制造出这么好的香料出来。

近年来日用品香精流行水果香型，草莓作为水果里面特别受到人们欢迎的一种，其香气自然也是大行其道。日用品用的草莓香精使用了大量的“草莓醛”（又称“十六醛”），因这个香料价格不高，香比强值大，而又留香持久，但有一点生硬的“化学气息”，此时加入适量的草莓酸或其酯类，便能使调出的香精香气自然舒适，惹人喜爱。

草莓香精

草莓酸乙酸	1	乙酸乙酯	5	丁酸乙酯	5
草莓酸	1	叶醇	1	乳酸乙酯	16
十六醛	20	乙酸异戊酯	2	乙酸苄酯	20

己酸乙酯	5	十四醛	2	芳樟醇	5
异戊酸乙酯	10	冰醋酸	2	桂酸乙酯	5

果香香精

草莓酸	5	乙酸己酯	5	丁酸苄酯	6
甜橙油	35	乙酸苄酯	5	庚酸乙酯	3
山苍子油	15	己酸烯丙酯	4	乙酸辛酯	3
兔耳草醛	10	乙酸松油酯	3	庚酸烯丙酯	6

二、苯乙酸

苯乙酸是价格非常低廉、留香又持久的香料之一，但它的香气不“清灵”，显得太“浊”一些，所以在配制大部分的香精时用量都不能太多，只有在配制熏香香精时可以多用——苯乙酸在熏燃时散发出来的香气还是不错的。

由于苯乙酸在水里有一定的溶解度，因此配制“水溶性香精”时它是“首选”，用苯乙酸、乙基麦芽酚、苯乙醇等水溶性较好的香料调成的“蜜甜”香精是难得的不用乳化剂就能溶解于水的香精之一，在许多日用品加香时可派上大用场，但在有碱性甚至弱碱性的水溶液里苯乙酸的香气散发不出来，这是苯乙酸很少在配制洗涤剂和漂白剂香精时被用到的主要原因。

茉莉香精

甲位己基桂醛	34	水杨酸戊酯	4	苯乙酸	5
二氢茉莉酮酸甲酯	10	苯乙醇	10	乙酸苄酯	14
苯甲酸苄酯	5	吲哚	1		
苯乙酸苯乙酯	5	苯甲醇	12		

“印度香”香精

苯乙酸	18	乙酸苏合香酯	5	松油醇	10
乙酸对甲酚酯	5	苯乙醇	2	水仙醚	10
吲哚	5	水仙醇	30		
十八醛	10	对甲酚甲醚	5		

果香香精

苯乙酸	12	乙酸丁酯	2	丙酸苄酯	5
丁酸苄酯	3	香柠檬醛	1	壬酸乙酯	1
乙酸苄酯	50	朗姆醚	1	丁酸乙酯	1
乙酸邻叔丁基环己酯	1	邻氨基苯甲酸甲酯	2		
甜橙油	20	庚酸烯丙酯	1		

“蜜甜”水溶性香精

苯乙酸	20	香叶醇	5	乙酸丁酯	3
苯乙醇	43	芳樟醇	5	洋茉莉醛	5
乙基麦芽酚	10	香兰素	2		
玫瑰醇	5	乙酸戊酯	2		

第九节　酯　　类

酯类香料是合成香料里最大的一组，单单链状脂肪酸与脂肪醇形成的“简单”酯类常用的就有几百个，加上芳香族、萜类化合物形成的酯类香料也有几百个，它们是自然界动植物、微生物产生的香气中最重要和含量最丰富的物质，至今已发现、深入研究的仍仅仅是其中的一部分而已。

低碳脂肪酸与脂肪醇形成的酯类化合物是配制各种水果香精的主要香料，许多以生产食用香精为主的香精厂都自己生产这些酯类降低成本，在配制日用品香精时虽然也有应用，有时还是非用不可的，但总的用量不大，本节中只介绍比较重要的几种酯类香料。

一、乙酸苄酯

乙酸苄酯是“大吨位”的香料产品之一，全世界年消耗量近1万吨，调香师大量使用它的原因是价格低廉、香气好（花香中带果香）、质量稳定、不变色、可与各种常用的香料相混溶甚至可以“帮助”溶解度不好的香料溶入香精中。乙酸苄酯的香气是茉莉花为主带苹果香，这两种香味都是日用品香精里最受欢迎的，难怪它“左右逢源”。

天然茉莉花精油含乙酸苄酯20%～30%。一般的茉莉花香精中，乙酸苄酯用量则高达30%～60%，再加些带茉莉花香的、留香较好的香料如甲位戊（己）基桂醛、二氢茉莉酮酸甲酯等即已组成了茉莉花“主香”，稍加修饰让它整体香气“连贯”、头尾一脉相传就是一个不错的香精了。

除了茉莉花香精以外，其他花香香精调配时也几乎必加乙酸苄酯，如铃兰花、紫丁香花、百合花、栀子花、水仙花、桂花、玉兰花等香精都含有较多的乙酸苄酯，而像玫瑰花这种“纯甜”的香精看起来好像与乙酸苄酯“无缘”，调香师却还是喜欢在调配玫瑰香精时加一点乙酸苄酯，因为玫瑰香精中大量的醇类香料都显得有点“呆滞”，不够透发，加点乙酸苄酯可以让香气“轻灵”一些、“活泼”一些，而且不会使人闻起来太过“甜腻”。

其他非花香香精调配时如果觉得“沉闷”、“没有生气”，也可以考虑加点乙酸苄酯增加头香强度，加入量以不改变整体香气为限。

茉莉花香精

乙酸苄酯	40	乙酸二甲基苄基原酯	5	铃兰醛	10
丙酸苄酯	5	芳樟醇	5	苯甲酸苄酯	5
甲位己基桂醛	20	乙酸芳樟酯	5	水杨酸苄酯	5

茉 莉 香 精

甲位己基桂醛	15	乙酸苄酯	40	松油醇	2
邻氨基苯甲酸甲酯	10	苄醇	5	苯乙醇	5
水仙醇	20	甜橙油	3		

百花玫瑰香精

乙酸玫瑰酯	30	二苯醚	16	花萼油	10

苯乙醇	20	乙酸苄酯	10
结晶玫瑰	4	铃兰醛	10

白兰香精

甲位戊基桂醛	15	素凝香	10	羟基香茅醛	5
邻氨基苯甲酸甲酯	15	二甲苯麝香	10	10%吲哚	5
乙酸苄酯	55	丁酸乙酯	2	合计	125
己酸烯丙酯	3	甜橙油	5		

二、乙酸苯乙酯

在香料工业中，乙酸苯乙酯的重要性远不如乙酸苄酯，在各种香精配方里出现的频率和总需求量都少得多，主要原因是乙酸苯乙酯的香气较为“逊色”——花香、果香都“不怎么样”，而价格虽然不高，但也比乙酸苄酯高一倍了。

在苯乙醇使用量大的香精里，适当加点乙酸苯乙酯可以让显得“沉闷”、“呆滞”的香气“活泼”起来，一如乙酸苄酯的作用，但乙酸苯乙酯的用量要控制好，多加了香气质量就不行，会变调。在栀子花、桂花香精里乙酸苯乙酯可以多用一点，因为这两个花香都有“桃子香”——乙酸苯乙酯带的“果香”就是“桃子香”。

高度稀释、淡弱的乙酸苯乙酯香气有“安神”、“镇定”、催眠的作用，这是“芳香疗法”研究取得的最新结果，通过脑波测试、小白鼠“活动性”实验等都证实了这一点，因此，乙酸苯乙酯今后有望在“芳香疗法”、“芳香养生”方面得到更多的应用。

白玫瑰香精

香茅油	7.5	结晶玫瑰	1	配制茉莉油	3
苯乙醇	45	玫瑰醇	6	桂醇	1.2
二苯醚	10	紫罗兰酮	0.6	柏木油	4
苯乙酸	12	乙酸苯乙酯	1.2	松油醇	1.8
十醛	0.6	芳樟醇	0.6	香兰素	1.8
玫瑰醚	0.1	檀香 803	2.4	50%苯乙醛	1.2

栀子花香精

乙酸苏合香酯	3	甲位戊基桂醛	7	邻氨基苯甲酸甲酯	3
十八醛	12	芳樟醇	8	丁香油	5
乙酸苄酯	25	十四醛	3	乙酸芳樟酯	4
铃兰醛	10	乙酸苯乙酯	12		
羟基香茅醛	4	松油醇	4		

桂花香精

十四醛	20	乙酸苄酯	35	乙酸玫瑰酯	9
乙酸苯乙酯	5	芳樟醇	10		
紫罗兰酮	20	叶醇	1		

三、乙酸香茅酯、乙酸香叶酯、乙酸橙花酯与乙酸玫瑰酯

这四个酯都是强烈的玫瑰香韵的香料，由于商品乙酸香茅酯总免不了带有一定量的乙酸香

叶酯和乙酸橙花酯，乙酸香叶酯也免不了带有不少的乙酸香茅酯和乙酸橙花酯，乙酸橙花酯也不可能“纯净”，大量的“杂质”就是乙酸香茅酯和乙酸香叶酯，而商品“乙酸玫瑰酯”基本上就是前三个酯的混合物，所以这四个酯在调香师的心目中差不多是“一回事”。当然，即使是市场上购买到的商品，香气还是有所差异的，乙酸香茅酯在以玫瑰花的甜蜜香味基础上带一点点水果味或“青气”；乙酸香叶酯的香气较“沉重”，是比较“正”的玫瑰花香味；乙酸橙花酯则带点橙花的香气。

在配制玫瑰和其他花香香精、各种“幻想型”香精时，加入这四个酯中的任何一个或几个，都可以让香精的“体香”更为“丰满”、“细腻”，起着“承上启下”的作用。如果单使用香茅醇、香叶醇、橙花醇、玫瑰醇、苯乙醇等，玫瑰的香气只能在“头香”中闻到，“体香”就是别的香气了。

把香茅油里面的香茅醛提取出来后留下的“母液”含有较多的香叶醇、较少的香茅醇，如果直接把香茅油里的香茅醛还原成香茅醇，得到的混合物则含有较多的香茅醇、较少的香叶醇，这两种“玫瑰醇”用醋酸酐“乙酰化”或者叫做“酯化”得到的产物都可以称为“乙酸玫瑰酯”，直接用于调香。商业上把它叫做“来自香茅油的乙酸玫瑰酯”以别于“来自香叶油的乙酸玫瑰酯”，一般认为后者香气较好、留香也较持久，所以价格也较高。

红玫瑰香精

玫瑰醇	40	柏木油	4	10%乙位突厥酮	4
苯乙醇	21	檀香 208	1	香兰素	4
结晶玫瑰	4	檀香 803	7	10%十一烯醛	1
乙酸香茅酯	4	柠檬醛	1	乙酸苄酯	2
乙酸香叶酯	4	10%玫瑰醚	2	10%降龙涎醚	1

玫瑰香精（一）

香叶醇	40	玫瑰醇	20	乙酸香茅酯	1
苯乙醇	21	芸香浸膏	6	乙酸橙花酯	5
山萩油	4	甲酸香叶酯	1	结晶玫瑰	2

玫瑰香精（二）

结晶玫瑰	8	乙酸玫瑰酯	5	苯乙醇	13
苯甲酸甲酯	5	香叶醇	15	二苯醚	10
二苯甲酮	12	乙酸对叔丁基环己酯	15	紫罗兰酮	2
乙酸香叶酯	5	柏木油	10		

四、乙酸芳樟酯

香柠檬油、薰衣草油是配制花露水、古龙水和各种香水时最常用、也是用量最大的天然香料，这两种精油都含有大量的乙酸芳樟酯，因此，在现代基本上以配制精油（特别是发现了香柠檬烯对皮肤的“光毒性”以后，调香师对天然香柠檬油的使用更加小心翼翼）为主时，乙酸芳樟酯更是“大放异彩”，几乎所有的日用化学品香精配制时都用到。乙酸芳樟酯成为仅次于乙酸苄酯的“大宗香料”之一（如果没有“价格因素”的话，乙酸芳樟酯用量肯定大于乙酸苄酯），年需求量高达 5000t 以上。

乙酸芳樟酯是属于直接嗅闻就显得令人愉快、舒适的单体香料之一，所以在调配几乎任何一种香味（包括青香、草香、花香、木香、膏香、壤香、药香等）的香精时，如果头香不好的话，都可以考虑加点乙酸芳樟酯试试让它香气变好。在“头香”香料里，乙酸芳樟酯的香气强度是比较大的，所以在配制香精时，刚刚加入的乙酸芳樟酯香气马上把其他香料的香气“盖住”，有时调香师会被它“迷惑”，以为香气已经不错，过了一段时间以后，或者沾在闻香纸上稍过一会儿，香气就改变，还得再调。要让乙酸芳樟酯的香气保留较久的话，还应加入一些天然薰衣草油或者香紫苏油，尤其是后者，可以把这一路香气一直维持到最后（基香部分）。

乙酸芳樟酯的生产并不难，用芳樟醇加醋酸酐“乙酰化”（酯化）就行了，问题是芳樟醇在酸性、温度高时容易“异构化”，所以这个“酯化反应”如果用硫酸作为催化剂的话，产物是个“大杂烩”，工业上采用“磷酸醋酐”（低温反应）或醋酸钾（高温反应）等作催化剂的办法来克服这个困难。

“纯种芳樟叶油”含芳樟醇已达95％以上，可以直接酯化制造乙酸芳樟酯，由于香气特别美好，生产者为了显示它的“高天然度”和有别于用合成芳樟醇制造的乙酸芳樟酯，在商业上把它叫做“乙酰化纯种芳樟叶油”，如同“乙酰化香根油”、“乙酰化玫瑰木油”一样。乙酰化纯种芳樟叶油和纯种芳樟叶油都可以大量用于“重整”各种精油甚至配制各种惟妙惟肖的“天然精油”，例如薰衣草油、香柠檬油、苦橙花油等。

薄荷薰衣草香精

薄荷素油	10	桉叶油	4	甜橙油	2
乙酸芳樟酯	40	黄樟油	2	山苍子油	5
乙酸异龙脑酯	4	丁香罗勒油	5	二氢月桂烯醇	2
香豆素	2	芳樟醇	10	乙酸松油酯	14

花容香精

二氢茉莉酮酸甲酯	10	檀香208	4	羟基香茅醛	5
龙涎酮	10	兔耳草醛	5	水杨酸戊酯	1
二氢月桂烯醇	2	玫瑰醇	5	水杨酸苄酯	5
芳樟醇	3	甲基壬基乙醛	1	甜橙油	10
乙酸芳樟酯	10	乙酸二甲基苄基原酯	5	乙酸苄酯	10
麝香T	6	甲位已基桂醛	8		

琥珀金香精

10％降龙涎醚	5	70％佳乐麝香	10	檀香208	2
龙涎酮	5	香兰素	6	香紫苏油	3
甲基柏木酮	25	乙酸芳樟酯	14	苯乙醇	15
麝香T	10	芳樟醇	5		

古龙香精

70％佳乐麝香	9	乙酰化纯种芳樟叶油	27	橙花酮	2
甜橙油	20	甲基柏木酮	4	檀香208	2
山苍子油	5	邻氨基苯甲酸甲酯	12	广藿香油	2
二氢月桂烯醇	2	黑檀醇	1	甲基壬基乙醛	1
香豆素	4	甲基柏木醚	9		

姜花香精

香料	用量	香料	用量	香料	用量
香茅腈	5	松油醇	30	香柠檬醛	3
柠檬腈	2	甜橙油	11	乙酸芳樟酯	16
叶醇	1	己酸烯丙酯	1	苯甲酸苄酯	10
乙酸叶酯	1	芳樟醇	20		

薰衣草香精

香料	用量	香料	用量	香料	用量
乙酸芳樟酯	25	芳樟醇	15	苯乙醇	48
乙酸松油酯	5	楠叶油	2	香紫苏浸膏	5

配制香柠檬油

香料	用量	香料	用量	香料	用量
乙酸芳樟酯	60	甜橙油	25	邻氨基苯甲酸甲酯	2
芳樟醇	6	乙酸松油酯	6	香柠檬醛	1

上面两例的配方中“乙酸芳樟酯”和“芳樟醇”如分别改用“乙酰化纯种芳樟叶油”和“纯种芳樟叶油”则更好。

五、乙酸松油酯

乙酸松油酯的香气接近于乙酸芳樟酯但“粗糙”得多，而留香倒是稍微持久一点。由于价格低廉，在许多大量使用乙酸芳樟酯的场合，适当用点乙酸松油酯代替乙酸芳樟酯可以降低成本，但不要代替太多，否则香气质量会下降。

低档的皂用香精和熏香香精可以大量使用乙酸松油酯，在现今“回归大自然”的热潮中，乙酸松油酯是配制“森林”气息“幻想型”香精的主要香料之一，用量也较大。

科龙香精

香料	用量	香料	用量	香料	用量
二氢月桂烯醇	14	芳樟醇	5	玫瑰醇	10
甲基柏木酮	20	甜橙油	12	柏木油	19
乙酸芳樟酯	5	山苍子油	5	乙酸松油酯	10

橘青香精

香料	用量	香料	用量	香料	用量
甜橙油	25	松油醇	4	牡丹腈	3
甲位己基桂醛	20	乙酸芳樟酯	6	柑青醛	3
二氢茉莉酮酸甲酯	10	柠檬醛	1	乙酸松油酯	10
芳樟醇	10	女贞醛	1		
铃兰醛	6	花青醛	1		

这个香精的香气相当持久，是“青香”香精中难得的一个好配方。

素心兰香精

香料	用量	香料	用量	香料	用量
广藿香油	2	香茅腈	2	香豆素	3
香根油	2	茴香腈	2	乙基香兰素	1
檀香 208	7	甜橙油	10	龙涎酮	1
香紫苏油	2	苯甲酸苄酯	10	酮麝香	4
乙酸苄酯	13	甲基柏木醚	2	70%佳乐麝香	6

乙位萘甲醚	2	铃兰醛	10	乙酸对叔丁基环己酯	3
甲位戊基桂醛	2	乙酸芳樟酯	5	橡苔浸膏	2
玫瑰醇	10	10%甲基壬基乙醛	2	邻苯二甲酸二乙酯	10
二苯醚	5	10%十醛	1	乙酸苏合香酯	2
苯乙醛二甲缩醛	1	乙酸松油酯	7	合计	140
紫罗兰酮	8	洋茉莉醛	3		

松林香精

乙酸松油酯	14	乙酸异龙脑酯	18	乙酸芳樟酯	10
月桂烯	10	四氢芳樟醇	4	松节油	10
石竹烯	31	四氢乙酸芳樟酯	3		

六、乙酸异龙脑酯

乙酸异龙脑酯的香气虽然比乙酸龙脑酯“稍逊一筹”，但它的价格低廉（与乙酸苄酯差不多），所以使用量远远超过乙酸龙脑酯。乙酸异龙脑酯与松节油、乙酸松油酯、松油醇、二氢月桂烯醇、柏木油等可以配制出成本非常低的“森林百花”幻想型香精，这种香型在最近以及今后一段时期都是挺受欢迎的，因为它满足了人们在家里、办公室里享受“森林浴”的欲望。

早期的调香师对樟脑、龙脑、桉叶油素、薄荷脑、乙酸龙脑酯、乙酸异龙脑酯这一类带“辛凉药香”的香料不敢放手使用，甚至在一些书籍中关于“香料品位”的讨论时把带“辛凉”气味的香料（主要是天然香料）“降级”，例如“薰衣草油”的品级是“香气香甜、不带辛凉气息者为上品”，含有较多桉叶油素、樟脑的“穗薰衣草油”和“杂薰衣草油”当然“品位”就低了。在调配高级香水、化妆品香精时几乎不用这些带“辛凉”香气的香料。这种看法正在悄悄地改变。用不了几年，高级香水香精里面就会有不少这一类“辛凉”香料了。

洗发水、沐浴液、香皂等人体用的洗涤剂原来加入的香精香型主要是“百花香”、“木香”、“醛香”和刚刚流行的香水香型，近来由于受到“精油沐浴”的影响，加上有人希望家里浴室、卫生间也要有“大自然”的气息，逐渐倾向于带点“青香”、“辛凉香”甚至“草药香”的“自然香型”，乙酸异龙脑酯开始大量进入这个领域。最近更有一种带强烈“森林气息”的香皂（使用的香精含多量的乙酸异龙脑酯，成本很低）畅销，人们把它放在卫生间里当“空气清新剂”用几个星期，到香气变淡时再作香皂使用。这种“一物两用”的新产品也是日用品创新的一种趋势。

药草香香精

甲酸香茅酯	40	香兰素	1	水杨酸戊酯	10
龙涎酮	2	乙酸异龙脑酯	12	桂醛	5
檀香 208	2	洋茉莉醛	3	丁香油	10
乙位萘乙醚	1	乙酸芳樟酯	1	广藿香油	5
桂酸乙酯	1	柠檬醛	2	桉叶油	5
紫罗兰酮	1	香柠檬醛	1	麦赛达	15
乙酸柏木酯	1	薄荷脑	3	乙酸松油酯	40
乙基香兰素	1	樟脑	2	二氢芳樟醇	6
香豆素	3	甜橙油	12	合计	200
十八醛	2	苄醇	13		

“国际香型”香精

二氢月桂烯醇	10	二甲苯麝香	8	乙酸异龙脑酯	10
甲基柏木酮	10	苯甲酸苄酯	2	柏木油	10
乙酸苄酯	4	松油醇	10	檀香 803	6
乙酸松油酯	10	玫瑰醇	10		
甜橙油	5	香豆素	5		

松林香精

乙酸异龙脑酯	50	兔耳草醛	1	乙酸苄酯	2
大茴香醛	5	乙酸松油酯	10	水杨酸戊酯	1
桉叶油	4	香豆素	4	松节油	10
乙酸苏合香酯	1	对甲基苯乙酮	1	松油醇	11

“密林”香精

二氢月桂烯醛	17	水仙醇	20	女贞醛	2
苯甲酸甲酯	10	乙酸苄酯	10	乙酸苏合香酯	1
乙酸异龙脑酯	24	松油醇	16		

七、乙酸对叔丁基环己酯

这个完全是“人造”的合成香料从一“出世”就颇受调香师的青睐，全靠着它那强有力的、在各种条件下都较为稳定的、留香较为持久的、符合现代调香需要的有特色的香气——这香气还不好形容，因为自然界里没有，只能说有点鸢尾油的香气（所以乙酸对叔丁基环己酯有人把它叫做“鸢尾酯”），更多的是像柏木油那种木香，而在香精里面却又“表现”出玫瑰的甜香，这几种香味都是调香师所喜爱的、常用的，虽然直接嗅闻乙酸对叔丁基环己酯感觉不太好、有点“生硬”，但它在各种香精里面却“如鱼得水”，把它优秀的一面发挥出来。甚至有的调香师偏爱它到几乎每一个香精都会用到它的程度。

在配制洗涤剂包括皂用香精时，乙酸对叔丁基环己酯的优点发挥到淋漓尽致的程度，它那有点“生硬”的木香味刚好抵消掉肥皂和高碳醇、高级脂肪酸的“油脂臭”和“蜡臭”、“碱味”，价格也刚好适中，所以现代的洗涤剂香精乙酸对叔丁基环己酯用量是很大的。

鸢尾香精

乙酸对叔丁基环己酯	39	玫瑰醇	1	大茴香醛	2
香根醇	5	莎莉麝香	4	桂醇	8
洋茉莉醛	8	紫罗兰酮	13		
10%香兰素	5	羟基香茅醛	15		

金玫瑰香精

二苯醚	2	麝香 105	4	芳樟醇	12
10%乙位突厥酮	12	甲位己基桂醛	30	乙酸对叔丁基环己酯	40
二甲基对苯二酚	1	水杨酸己酯	10	铃兰醛	2
乙酸环己基乙酯	4	配制茉莉油	8	异丁香酚	1
玫瑰醇	62	甲基紫罗兰酮	6	乙酸三环癸烯酯	6

合计	200

八、乙酸异壬酯

乙酸异壬酯学名是乙酸-3,5,5-三甲基己酯，这个原来知名度不高的香料近年来在“全世界最常用和用量最大的25种香料”中竟然榜上有名，究其原因，与“青苹果”香精前几年大流行有直接的关系。由于乙酸异壬酯价格低廉，香气强度大，虽然头香有点“冲”，但当它与其他强烈苹果香的香料如乙酸邻叔丁基环己酯、苹果酯等一起使用时，香气就好得多了，由于这一组香料的香气强度很大，可以加入较多的廉价香料如松油醇、乙酸苄酯等组成相当低成本的苹果香香精。

与二氢月桂烯醇正好相反，乙酸异壬酯虽然香比强值大，但它很容易与其他香气不怎么强的香料组成“一团”好闻的香基，通常在调配花香、果香等香精时如果头香有些“刺”，也可考虑加点乙酸异壬酯把头香调圆和。在这方面，乙酸异壬酯有点像乙酸芳樟酯，而它的香气接近于乙酸乙位十氢萘酯、乙酸诺卜酯和乙酸松油酯，这几个酯类香料都有薰衣草油的香气，该种香味这些年来正“方兴未艾”，前途看好。

苹果香精

乙酸戊酯	3	苹果酯	20	乙酸苏合香酯	1
戊酸戊酯	20	乙酸己酯	8	乙酸邻叔丁基环己酯	5
丁酸乙酯	5	乙酸异壬酯	10	松油醇	13
丁酸戊酯	5	乙酸苄酯	10		

青苹果香精

乙酸苄酯	20	乙酸异壬酯	15	苹果酯	28
松油醇	30	乙酸邻叔丁基环己酯	7		

青苹果香精

苹果酯	20	乙酸苄酯	24	十四醛	4
乙酸己酯	6	乙酸丁酯	10	戊酸戊酯	4
乙酸邻叔丁基环己酯	8	乙酸戊酯	4	异长叶烷酮	10
乙酸三环癸烯酯	20	格蓬酯	4	檀香208	2
二氢月桂烯醇	4	丁酸乙酯	1	乙酸异壬酯	34
乙酸苏合香酯	4	柠檬醛	1	合计	160

薰衣草香精

乙酸芳樟酯	25	芳樟叶油	15	香紫苏浸膏	5
乙酸松油酯	5	楠叶油	2		
乙酸异壬酯	10	苯乙醇	38		

九、水杨酸丁酯与水杨酸戊酯类

水杨酸丁酯、水杨酸异丁酯、水杨酸戊酯和水杨酸异戊酯的香气接近，都是所谓的“草兰”香气，留香期都较长，在国外用量很大，国内现在使用量也在增加中。

除了用于配制各种“草兰”、“兰花”香精以外，这几个酯类香料也常用于配制一些“草香”、“药香”和“辛香”的香精，由于它们都属于“后发制人”的香料，调香师如果不小心用得过多，往往在配好的香精放置一段时间以后才闻到不良气息，还得再调。所以善于使用这几个香料的都是“经验老到”的调香师。因为它们便宜，后期香气强度大，用得适当的话常常有意想不到的效果。

草兰香精

水杨酸异丁酯	35	配制茉莉油	2	香豆素	2
水杨酸异戊酯	30	羟基香茅醛	1	苯乙醛二甲缩醛	1
香柠檬油	10	依兰依兰油	7	70%佳乐麝香	1
配制玫瑰油	6	薰衣草油	5		

本书中所有“配制玫瑰油”统一配方如下：

玫瑰醇	50.0	乙酸玫瑰酯	5.0	乙酸对叔丁基环己酯	4.0
香叶醇	20.0	玫瑰醚	0.2	柏木油	3.0
苯乙醇	12.6	乙位突厥酮	0.2		
乙酸香叶酯	4.0	赖百当浸膏	1.0		

“花间”香精

薰衣草油	30	玫瑰醇	10	柑青醛	11
甲位戊基桂醛	30	纯种芳樟叶油	10	依兰依兰油	20
铃兰醛	10	乙酸芳樟酯	10	乙酸苄酯	30
二氢月桂烯醇	5	乙酸异龙脑酯	5	水杨酸戊酯	10
山苍子油	5	香茅腈	3	合计	200
甜橙油	10	女贞醛	1		

桂花香精

乙酸对叔丁基环己酯	10	桃醛	5	香叶醇	9
紫罗兰酮	18	水杨酸丁酯	5	苯乙醇	2
乙酸苄酯	4	苯乙酸苯乙酯	5	甲位己基桂醛	5
乙酸苯乙酯	5	水仙醇	15		
70%佳乐麝香	12	芳香醚	5		

风信子花香精

苯乙醇	38	兔耳草醛	1	乙酸苯乙酯	3
桂醇	15	苯甲酸乙酯	4	乙酸苄酯	8
水杨酸异戊酯	10	丁香酚	4	芳樟醇	5
50%苯乙醛	3	格蓬浸膏	1	紫罗兰酮	3
苯乙醛二甲缩醛	3	风信子素	2		

十、二氢茉莉酮酸甲酯

二氢茉莉酮酸甲酯是香料工作者与化学家合作在合成香料方面杰出的“作品”之一，一个单体香料几乎就是一个“完整”的香精——它那“淡雅”的清香可以说是“无可挑剔”，既不会太“冲”又不至于淡得要用“暗香”来形容，留香非常持久，而且从头到尾香气不变。在各种香精配方里，二氢茉莉酮酸甲酯则都默默地扮演着“配角”的角色，从不“出风头”，用量少到不足1%有时就足以让头香“平衡”、“和谐”、“宜人”，大到将近50%它也不“喧宾夺主”，因此，二氢茉莉酮酸甲酯不只是配制茉莉花香精的最重要原料，也不只是配制各种花香的主要原料，差不多所有香型的香精都可以用到它，难怪调香师们对它“疼爱有加”，把20世纪80年代叫做“二氢茉莉酮酸甲酯时代”。调香师们期望合成香料科学家多研制几个像二氢茉莉酮酸甲酯这样的好香料出来，可以让他们的艺术才华得以更充分的发挥。

稳定、不变色也是二氢茉莉酮酸甲酯的优点之一，有许多高级化妆品、香皂、用于特殊场合的日用品香精特别“看中”它这一优点，配制对色泽要求较高的香精时可以多多使用二氢茉莉酮酸甲酯。

不少调香师指出：二氢茉莉酮酸甲酯的香味为什么特别令女士们“着迷”的原因是——它与人类精液的香气非常接近。除此之外，在原始森林的一些“角落”里也经常可以闻到二氢茉莉酮酸甲酯的气味。这二者之间似乎又存在着某种联系……

现代的调香师喜欢“超量使用”某些香比强值大的香料，所谓“超量”的“量”是指早期的调香师们根据自己长期的调香经验告诉后人每一个香料在一般香精中的用量“上限”，超过这个“上限”，香气将难以调得“圆和”。比如“调配茉莉香精”时吲哚的用量“最高用量为2.0%”。“循规蹈矩”者不敢越“雷池”半步，但有些人——年轻人和“半路出家”者——偏不信这个“邪”，在许多香精配方中冲破这“上限”，甚至“超量”数倍。当然，一些香比强值大的香料用多了，要把它调“圆和”难度就大了。二氢茉莉酮酸甲酯在这方面表现得相当出色——几乎每个“超量使用”某种香料的香精都可以考虑用适量的二氢茉莉酮酸甲酯把它调“圆和”，别看它香气“淡弱”，却专门“削去”那些“带刺香料”的“毛刺”，使得整体香气“和谐”、“宜人”。请看下面几个香精配方例子。

高级茉莉香精

二氢茉莉酮酸甲酯	30	乙酸芳樟酯	4	10%十四醛	1
苯甲酸苄酯	10	苄醇	2	龙涎酮	6
乙酸苄酯	20	叶醇	1	檀香208	3
丙酸苄酯	3	水杨酸苄酯	5	70%佳乐麝香	12
丁酸苄酯	2	乙酸香叶酯	2	香紫苏油	10
苯甲酸叶酯	3	铃兰醛	3	合计	130
苯乙醇	2	兔耳草醛	2		
芳樟醇	8	10%甲基壬基乙醛	1		

茉莉鲜花香精

乙酸苄酯	39	甜橙油	3	橙花素	2
甲位戊基桂醛	5	邻氨基苯甲酸甲酯	4	二氢茉莉酮酸甲酯	6
苯乙醇	10	羟基香茅醛	5	吲哚	1
苯乙酸乙酯	4	乙酸苏合香酯	1	苯甲酸苄酯	13
芳樟醇	15	苄醇	20	合计	150
乙酸芳樟酯	20	水杨酸苄酯	2		

芬兰香精

二氢茉莉酮酸甲酯	15	乙基麦芽酚	2	乙酸芳樟酯	5
甜橙油	5	乙酸苏合香酯	1	水杨酸苄酯	3
己酸烯丙酯	2	柠檬腈	1	甲位戊基桂醛	2
芳樟醇	13	乙酸香叶酯	2	苯甲酸苄酯	20
苯乙醇	14	水杨酸丁酯	2	龙涎酮	6
乙酸苄酯	5	铃兰醛	2		

十一、苯甲酸苄酯与水杨酸苄酯

这两个香精配方中最常用的“定香剂”许多人认为几乎“无味”，闻不出什么香味来，但在调香师灵敏的嗅觉下，它们不单有香味，而且香气“有力”——因为它们留香持久，到“基香”阶段“后发制人”。初出茅庐的调香人员往往随意在香精中加入“一些”这一类香气“淡弱”的定香剂，不注意它们的“后劲”，待到调好以后沾在闻香纸上嗅闻到最后才“发现”问题。

为什么原来香气那么淡弱的香料到后来却变得“有力”起来？这正是“真正的”定香剂的“魅力”所在——苯甲酸苄酯和水杨酸苄酯都有一个“本领”（邻苯二甲酸二乙酯就没有这个“本领”，所以不是定香剂），就是能够在香精中所有的香料都在挥发时“拉住”（有的化学家认为应该是“络合”）一部分香料到最后才一起慢慢挥发（如果生成络合物的话挥发就更慢了），由于每一种定香剂“拉住”的香料都是有“选择性”的，所以香精中加入的定香剂不同，到“基香”阶段香气也大不一样。

事实上，苯甲酸苄酯和水杨酸苄酯各自的香气也是完全不一样的，苯甲酸苄酯有杏仁香脂样的香气，而水杨酸苄酯则除了有香脂香气外，还隐约有麝香样的动物香味。细细闻之，水杨酸苄酯的香气好一些。

杜鹃花香精

水杨酸苄酯	30	苯甲酸甲酯	1	芳樟醇	10
苯甲酸苄酯	20	苯甲酸乙酯	1	甜橙油	5
玫瑰醇	10	水杨酸甲酯	1	松油醇头子	2
羟基香茅醛	10	苯乙醇	10		

清鲜茉莉香精

10%甲基吲哚	10	水杨酸苄酯	10	芳樟醇	10
乙酸苄酯	40	甜橙油	3	合计	120
苯乙醇	20	苯乙酸乙酯	4		
苯甲酸苄酯	13	乙酸松油酯	10		

百花夜来香香精

水杨酸戊酯	5	70%佳乐麝香	5	苯乙酸	2
苯甲酸甲酯	1	苯乙醇	10	乙位萘甲醚	3
苯甲酸乙酯	1	乙酸苄酯	15	柏木油	6
二氢月桂烯醇	2	素凝香	4	苯甲酸苄酯	8
水杨酸甲酯	1	甜橙油	3	松油醇	10
乙酸苏合香酯	1	玫瑰醇	10	二氢月桂烯醇	2
十八醛	1	香豆素	2	乙酸松油酯	8

十二、苯乙酸苯乙酯

苯乙酸酯类香料都有蜜一样的甜香，苯乙酸苯乙酯也不例外，虽然香气淡弱一些，但在“基香”阶段它的“蜜甜香”还是有力的，这是苯乙酸苯乙酯经过长期的“沉寂”以后、近年来重新受到调香师“宠爱”的主要原因——自从 20 世纪 80 年代中“毒物”香水一炮打红以后，“蜜甜香”开始在一些日用品香精里“走红”，早期的“蜜甜香精”后段也像其他香水一样以麝香、龙涎香、木香等为主，现改用苯乙酸苯乙酯“唱主角”就能让配出的香精从头到尾一脉相承都是“甜甜蜜蜜”，更受欢迎。

同“味觉”一样，大多数人总是喜欢“甜蜜”一点的香气，果香是这样，花香也是这样，木香更是“甜一点”好，因此，在甜香的香精里，苯乙酸苯乙酯都可以作为基香的主要成分。

凤仙花香精

水杨酸甲酯	10	乙酸苄酯	10	玫瑰醇	6
羟基香茅醛	4	芳樟醇	10	苯乙醇	20
铃兰醛	6	苯乙酸苯乙酯	16		
洋茉莉醛	8	紫罗兰酮	10		

风信子香精

苯乙酸苯乙酯	10	桂醇	10	苯甲醇	15
乙酸苄酯	24	肉桂醛	1	铃兰醛	3
苯乙醇	8	乙酸桂酯	2	苯甲酸苄酯	5
叶醇	1	乙酸苯乙酯	2	风信子素	2
芳樟醇	2	二甲基苄基原醇	2	二氢茉莉酮酸甲酯	4
丁香油	6	苯乙醛二甲缩醛	3		

十三、乙酸叶酯

叶醇是调配绿叶香气最佳的香原料，它的低级脂肪酸酯类也都是有强烈青气的香料，乙酸叶酯是这些叶醇酯类中最常用也是青香气最强的，而且香气非常透发、扩散，留香时间虽然比叶醇长些，但也不长久，只能算“头香香料”。

乙酸叶酯的香气像未成熟香蕉皮的青果香，稀释后香气令人愉快，但直接嗅闻高浓度的乙酸叶酯感觉并不好，这是因为部分乙酸叶酯分解产生乙酸增加了它的刺激性。除了带点酸味外，乙酸叶酯的香气算是稳定的，在大部分配制好的香精和加香产品里面都“表现良好”，也不会变色。

从乙酸叶酯的香气我们可以估计它会经常用于配制食用香精中，事实也是这样，在配制香蕉、苹果、黄瓜、哈密瓜、青瓜等食用香精时，乙酸叶酯能增添它们的青果香气，但用量不大。现在反而是在配制日用香精时乙酸叶酯的用量越来越大了——带果香的“幻想型香精”当然要用到它，奇怪的是一些花香香精如铃兰、百合、水仙、茉莉等也要加一点乙酸叶酯让它们的花香更加新鲜、清雅，在“一切回归大自然”的呼声中，乙酸叶酯“表现”更加令人注目，它让“田园香型”、“森林香型”、“草原香型”、“海洋香型”等“现代派”香精带来更加新鲜和自然的青香。

乙酸叶酯还有一个“本事”，就是它能减轻女贞醛、二氢月桂烯醇、格蓬酯、辛炔羧酸甲酯等青香香料的尖刺气息，也就是说，当你调配一个香精用到女贞醛、二氢月桂烯醇、格蓬酯、辛炔羧酸甲酯等后觉得香气“太刺”时，你应该想到乙酸叶酯了。

我们还是来看看用乙酸叶酯调配的香精例子吧。

苹果食用香基

乙酸叶酯	8	乙酰乙酸乙酯	16	乙酸异戊酯	11
叶醇	5	反-2-己烯醛	16	2-甲基丁酸	8
乙酸	3.4	丙位癸内酯	1.6	丁酸乙酯	8

乙酸香叶酯	12	丁酸戊酯	4
乙酸乙酯	2	戊酸戊酯	5

青苹果香精

乙酸叶酯	2	水杨酸苄酯	5	丁酸戊酯	6
叶醇	1	丁酸苄酯	3	乙酸异壬酯	26
苹果酯	20	对甲基苯乙酮	3	异戊酸丁酯	18
丙酸苄酯	12	苯乙醛	4		

密 林 香 精

乙酸叶酯	1	香叶油	3	松油醇	6
女贞醛	0.2	纯种芳樟叶油	2	兔耳草醛	2
二氢月桂烯醇	0.8	香柠檬油	2	铃兰醛	1.6
癸醛	0.1	丁香油	1	新铃兰醛	2
甲基壬基乙醛	0.4	赖百当浸膏	1	香叶醇	4
格蓬酯	0.2	柠檬醛	1	乙酸苯乙酯	2
乙酸苏合香酯	1	柑青醛	1	水杨酸戊酯	3
二氢茉莉酮酸甲酯	5	十二酸乙酯	1	四氢芳樟醇	5
乙酸苄酯	5	橡苔浸膏	0.2	乙酸香叶酯	1
乙酸芳樟酯	4	橡苔素	0.5	苯乙醇	5
甲位己基桂醛	4	香豆素	3	丙酸苄酯	3
结晶玫瑰	2	丙酸三环癸烯酯	3	吐纳麝香	3
玳玳叶油	1	甲基柏木酮	4	麝香 T	2
玳玳花油	1	异长叶烷酮	3		
广藿香油	1	乙酸对叔丁基环己酯	8		

附 邻苯二甲酸二乙酯

邻苯二甲酸二乙酯不算香料，因为它没有香味，也不是定香剂，但作为廉价的香料溶剂，它的用量却非常大，超过任何一种合成香料。在 20 世纪 30～40 年代，邻苯二甲酸二乙酯甚至在德国等一些国家代替酒精作为香水的溶剂，用量也相当巨大。由于大部分固体香料在邻苯二甲酸二乙酯里溶解度都较大，所以在一个香精里面检测到邻苯二甲酸二乙酯时，不一定是调香师有意识加入的，有可能是随着某些香料进入香精里面的（我国生产的许多香料如佳乐麝香，通常也用邻苯二甲酸二乙酯稀释以便于应用）。当然也不排除“不法商人”为了降低成本任意加进太多的邻苯二甲酸二乙酯。一般香精加了一些邻苯二甲酸二乙酯，用鼻子闻不出来，化学分析也很费事，靠气相色谱仪才能较快地测出。这便给“不法商人”有机可乘。本书著者在国外就亲眼看到有人往我国生产的桶装“合成檀香 803”里面加邻苯二甲酸二乙酯，2 桶变成 3 桶，购买者靠“看”、“闻”是辨别不出来的。

近年来，邻苯二甲酸二乙酯有被滥用的趋势，调香师如果嫌一个香精调好的时候还太黏稠，就加些邻苯二甲酸二乙酯“稀释”；编写配方时不够 100 份也加邻苯二甲酸二乙酯“凑”成 100 份；为了“降低成本”（实际上是增加成本，因为邻苯二甲酸二乙酯完全没有香味，加进去白白浪费），也要加不少邻苯二甲酸二乙酯……以致现在所有的香水、化妆品里面都含有大量的这个化合物，引起消费者团体的警觉，怀疑这么多邻苯二甲酸二乙酯进入人体（虽然仅仅用于人体皮肤表面，还是免不了有少量被吸收）会不会有潜在的危险。现正在做大量的动物实验和观察、调查之中，不管结果如何，此事本来就不应该发生。

白檀香精

檀香 803	27	黑檀醇	5	十八醛	3
檀香 208	35	水杨酸戊酯	3	邻苯二甲酸二乙酯	30
乙基香兰素	8	乙酸香叶酯	3	合计	125
丁位癸内酯	2	甲基紫罗兰酮	3		
香兰素	3	甲基柏木酮	3		

香草百花香精

邻苯二甲酸二乙酯	20	苯乙醇	11	芳樟醇	5
香兰素	4	苯乙酸苯乙酯	2	乙酸芳樟酯	5
乙基香兰素	15	乙酸苄酯	3	乙酸对叔丁基环己酯	5
洋茉莉醛	8	甲位己基桂醛	3	铃兰醛	4
香豆素	5	苯甲酸苄酯	5	二氢茉莉酮酸甲酯	5

邻苯二甲酸酯类物质天然存在于植物中，植物的生长环境、生长期对该类物质在植物体内的富集有影响，如玫瑰花、桂花、玳玳花等。有些天然植物材料邻苯二甲酸酯类物质含量较高，有可能超过 60×10^{-6}，如茉莉、桂花、橙油、薄荷等在使用过程中要特别注意。天然香料由于植物生长环境带入等因素，富集时间长，邻苯二甲酸酯类物质含量比较高；合成香料里的邻苯二甲酸酯类物质含量一般是比较低的，但用乙醇作为原料的产品，含量也会有所增加；因为香精是由香料调配的，就导致香精也有一定的残留，原料邻苯二甲酸酯类物质含量高，香精的邻苯二甲酸酯类物质含量当然也会增加。

生产、储运、分装设备中的容器、管道等的材质如果是 PVC 等材料制成的，当溶液经过时，有可能将邻苯二甲酸酯类物质溶出。如甜橙油萜烯本底含邻苯二甲酸酯类物质仅为 0.26×10^{-6}，经过 PVC 管道浸泡 3h 后，检测值大于 2000×10^{-6}；酒精本底含邻苯二甲酸酯类物质仅为 0.2×10^{-6}，在聚乙烯（PE）管道存放 24h 后达到 2000×10^{-6}，48h 后达到 3200×10^{-6}。溶剂本身含有邻苯二甲酸酯类物质，或对该物质具备一定溶解性，有可能溶出该物质，如乙醇、水等。包装物本身含有邻苯二甲酸酯类物质，当香料香精产品储存其中，有可能将包装中含有的该类物质溶出，且随着时间的增加，含量也会增加。如含有高密度聚乙烯（HDPE）材质的包装桶，用酒精浸泡 2 天，酒精中邻苯二甲酸酯类物质检测值为 0.75×10^{-6}，3 天达到 1×10^{-6}。生产、储运的设备和包装物不使用 PVC 等材料，可以大大减少邻苯二甲酸酯类物质的污染。

在食品香精里人为地添加邻苯二甲酸酯类物质是非法行为，由于添加量较大，与正常生产过程产生的量值是有明显区别的。目前我国暂定食品香精里含邻苯二甲酸酯类物质不能超过 60×10^{-6}。《卫生部办公厅关于通报食品用香精香料适用邻苯二甲酸酯类物质最大残留物有关问题的函》（卫办监督函［2011］773 号）有关邻苯二甲酸酯类物质的内容如下：由于环境污染、包装材料迁移以及香精香料加工浓缩富集工艺等原因，食品用香精香料中邻苯二甲酸酯类物质可能超过规定的最大残留量，相关行业和企业应当采取有效措施，改进生产工艺，更新生产设备，尽可能降低食品用香精香料中邻苯二甲酸酯类物质残留量。对监督抽检食品用香精香料发现邻苯二甲酸酯类物质超过规定最大残留量的，应当进一步追查邻苯二甲酸酯类来源，属于人为添加的，应当依法予以查处。如系环境污染、包装材料迁移以及香精香料加工浓缩富集工艺等带入的，应当检测其邻苯二甲酸酯类物质总含量（以卫生部公布的《食品中可能违法添加的非食用物质和易滥用的食品添加剂名单（第六批）》共 17 种邻苯二甲酸酯类物质计算）。食品用香精香料中邻苯二甲酸酯类物质总含量不超过 60mg/kg 的，可以允许继续生产销售和使用。天然植物提取的单一品种食品添加剂可参照上述规定执行。

第十节　内　酯　类

一、丙位壬内酯

丙位壬内酯俗称椰子醛或十八醛，在调香师的“速记本”上又常被写成C18［相应的辛醛、壬醛、癸醛、十一醛、十二醛、十三醛、桃醛（即“桃醛”，不是十四碳醛）、十六醛（即“草莓醛”，不是十六碳醛）被记成C8、C9、C10、C11、C12、C13、C14、C16］，高效液相色谱分析时有一种常用的柱子也被记做C18，有时会搞错。从“椰子醛”这个称呼顾名思义就知它的香气应该像椰子，所以调配椰子香精当然少不了它，而在一种重要的花香——栀子花——香精里面，丙位壬内酯也几乎非用不可，事实上，丙位壬内酯加上一定量的乙酸苏合香酯便组成了栀子花的“主香”，再加些其他花香香料、修饰剂等调圆和便是一个“栀子花香精”了。

丙位壬内酯直接嗅闻之并不令人愉快，而有一股令人作呕的油脂臭，好在这股“臭味”容易被其他花香香气掩盖住，但有时“不小心”让它暴露出来就坏了。

丙位壬内酯也是配制奶香香精的主要原料之一，虽然奶香主要用在食品上，但由于小孩特别喜欢奶香，许多与小孩有关的日用品，如儿童玩具、文具、儿童服装、儿童用的纸制品等便可用奶香香精加香，进而连家庭里的家具、餐具、内墙涂料等都可以考虑加上奶香味，丙位壬内酯将随着“奶香”进入每一个家庭。顺便提一下，丙位壬内酯的安全性几乎无可置疑，天然的椰子香成分里就有它的存在，而合成品经大量的实验也肯定了它的“高安全度”。

椰子香精

原料	用量	原料	用量	原料	用量
十八醛	30	乙酸乙酯	1	乙基麦芽酚	1
香兰素	5	苯乙酸丁酯	2	苯乙醇	51
丁香油	3	冷橘子油	1		
乙基香兰素	5	热橘子油	1		

栀子花香精（一）

原料	用量	原料	用量	原料	用量
吲哚	2	乙酸苄酯	20	乙酸苯乙酯	4
乙酸苏合香酯	2	苯乙醇	21	乙酸芳樟酯	6
十八醛	5	芳樟醇	20		
甲位己基桂醛	10	铃兰醛	10		

栀子花香精（二）

原料	用量	原料	用量	原料	用量
甲位己基桂醛	20	檀香803	10	异丁香酚	4
邻氨基苯甲酸甲酯	8	檀香208	2	乙酸苄酯	8
十八醛	4	70%佳乐麝香	10	芳樟醇	5
铃兰醛	5	香豆素	6	乙酸芳樟酯	5
羟基香茅醛	5	洋茉莉醛	8		

一般的栀子花香精或多或少都有用到乙酸苏合香酯，而这个香精里面不加乙酸苏合香酯，香气却是“纯正”的栀子花香，令人闻之舒适愉快，留香也较持久（天然的栀子花香气成分中也不含乙酸苏合香酯）。

二、丙位十一内酯

丙位十一内酯俗称“桃醛”或“十四醛”，看到前一个俗名就好像“闻”到了桃子香，调配桃子香精自然少不了它。一般来说，水果香精总是让人觉得比较“轻飘”、不留香，桃子香精里面因为含有大量的丙位十一内酯而能留香持久，甚至在一些“现代派”的香水（如“毒物”香水等)、化妆品、香皂香精里作为基香的主要成分。

在调配花香香精时，丙位十一内酯也有所“作为”，它可以让花香里面带有一些宜人的果香香气，并且改变传统的基香香调。调配桂花香精则可以较大量地使用丙位十一内酯，它可以改善合成紫罗兰酮类香料的“化学气息”，让香气更加宜人、舒适，也更接近天然桂花香。

西番莲香精

邻氨基苯甲酸甲酯	10	庚酸烯丙酯	2	乙基麦芽酚	3
十六醛	20	庚酸乙酯	2	香兰素	5
丁酸乙酯	5	十四醛	20	乙酸戊酯	2
丁酸戊酯	5	甜橙油	5	苯乙酸	13
戊酸戊酯	5	乙酸苯乙酯	3		

桃香香精

十四醛	20	丁酸戊酯	8	乙酸戊酯	5
苄醇	46	丁酸乙酯	3	甜橙油	3
戊酸戊酯	10	乙酸乙酯	5		

桂花香精

丁酸乙酯	2	紫罗兰酮	30	二氢茉莉酮酸甲酯	5
十四醛	20	十六醛	12	辛炔酸甲酯	2
丁酸戊酯	2	乙酸苏合香酯	2	苹果酯	18
戊酸戊酯	4	乙酸邻叔丁基环己酯	2	合计	120
乙酸苄酯	20	乙酸叶酯	1		

三、丁位癸内酯

同丙位癸内酯一样，丁位癸内酯也具有强烈的奶香、坚果香和香甜的果香，但丁位癸内酯的奶香更“自然”、“纯正”一些，是天然奶油香的主要成分。丁位癸内酯主要用于调制食用香精，具体用于软饮料、冰淇淋、糖果、牛奶、奶制品、饼干、调味品和烘烤食品等，也是一种重要的高档饲料的添加剂，可以改善饲料风味，提高畜、禽快速成长。丁位癸内酯广泛运用于奶香、黄油和果味香精中，能产生天然的香气与口味，也能用于日化香精中以增加果香。和丁位十二内酯 1∶1 合用，能产生逼真的奶香效果。丁位癸内酯天然存在于多种食品中，是许多日化香精和食用香精配方中不可缺少的物质。合成的丁位癸内酯是“外消旋体”，没有旋光性。有旋光性、用于调香的丁位癸内酯有两种对映体——*R*-体和 *S*-体，在配方中使用有旋光的丁位癸内酯将给包括日化香精和食用香精在内的整个配方带来更加自然的香气，但价格昂贵。

炼奶香精

丁位癸内酯	22	丙位壬内酯	2	丙位十一内酯	2
丁位十一内酯	5	丙位癸内酯	3	5(6)-癸烯酸	20

牛奶内酯	20	洋茉莉醛	2	乙基香兰素	10
乙酸乙酯	1	对甲氧基苯乙酮	2	乙基麦芽酚	4.9
乙酸丁酯	1	癸酸乙酯	2	丁二酮	0.1
乙酸异戊酯	1	十二酸乙酯	2		

四、香豆素

香豆素是有机化学家最早合成、提供给香料界使用的“人造香料”之一，它那自然的干草和豆香香气，一定的留香和定香能力，与各种常用香料的协调性包括足够的溶解度、甚至稳定“漂亮”的结晶体都给初学调香的人士留下深刻的印象。可惜由于一些动物实验结果（虽然一直有争议）使得它离开原先被大量使用的食品领域，但在日用品香精里面，它仍是非常重要的组分。传统的香水、化妆品、香皂的香型如“馥奇”、“素心兰”等都要大量使用香豆素，没有香豆素就没有这些香型。

豆香在香皂香精里面占有非常重要的位置，它能够有效地掩盖各种动植物油脂和碱的臭味，但“三大豆香香料”——香兰素（包括乙基香兰素）、香豆素和洋茉莉醛里面只有香豆素加在肥皂里能稳定不变色，所以调香师在调配香皂香精时常常是几乎不假思索就把香豆素加进去，待到香豆素溶解完了再把它调圆和。

“深山”香精

兔耳草醛	4	水杨酸苄酯	5	玫瑰醇	10
十醛	1	甲位己基桂醛	3	紫罗兰酮	3
水杨酸戊酯	2	葵子麝香	6	卡南加油	10
香豆素	5	丁香油	5	异长叶烷酮	10
洋茉莉醛	8	松油醇	20	甲基柏木酮	8

柠檬香精

乙酸苄酯	12	苯甲酸苄酯	10	二氢月桂烯醇	10
水杨酸苄酯	6	香豆素	8	甜橙油	15
甲位戊基桂醛	22	山苍子油	17		

馥奇香精

香柠檬油	10	配制玫瑰油	5	龙涎酮	2
檀香 208	6	乙酸芳樟酯	17	酮麝香	5
檀香 803	4	纯种芳樟叶油	15	橙叶油	17
薰衣草油	17	香豆素	10	洋茉莉醛	10
广藿香油	7	香兰素	3	合计	140
乙酸对叔丁基环己酯	6	甲基柏木酮	6		

第十一节　合成檀香

天然檀香的主要成分为 α-檀香醇和 β-檀香醇，现已可人工合成，但合成品的制作成本很高。化学家们合成出多种具有檀香香气的代用品，如合成檀香 803、208、210、黑檀醇、爪哇檀香、特木倍醇等。

一、合成檀香 803

由于天然檀香严重匮乏，而檀香香气又是几乎所有香精里面少不了的，因此合成香料化学家从半个世纪前就开始研究天然檀香的香气成分与合成方法，至今虽然天然檀香的主成分“檀香醇”还是没有找到比较“经济”的合成路线，但有几个香气接近于天然檀香而生产又不太难的合成香料早已大批量制造出来并成功地用在香精配方里面代替天然檀香了。在我国最主要的合成檀香 803 和合成檀香 208 联合使用刚好“互补”不足——前者香气较接近于天然檀香，留香也较好，但香气淡弱；后者香气强度较大，留香则较差一些，香气较“生硬”。

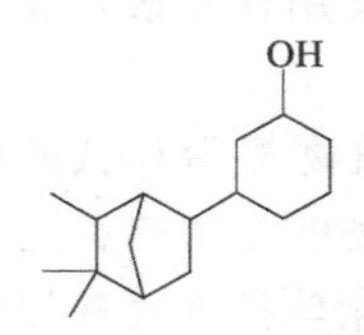

图 2-1 合成檀香 803 主成分的化学结构式

合成檀香 803 是个“大杂烩”，不是“单体香料”，里面只有不到 30％的成分在常温下能散发出檀香香味，其他成分是这些香料成分的“异构体”，基本上没有什么香味。但根据观察，这些“异构体”在加热、熏燃时也能散发出香味，而且香气还不错。所以合成檀香 803 最大的“用武之地”在于配制熏香香精，因为熏香香精把它 70％的“惰性成分”也“开发”出来利用了。有的卫生香、蚊香制造厂自己也懂得买合成檀香 803 直接加进“素香”里，但最好还是由香精厂把它配成完整的香精再加进卫生香或蚊香里面，让它发挥更大的作用。因为合成檀香 803 直接嗅闻时香气太淡弱，应该加一些香比强值较大的香料让它在常温下嗅闻香气也有一定的强度，而在高温下散发出更加宜人的香味出来。合成檀香 803 主要成分的化学结构式见图 2-1。

檀 香 香 精

檀香 208	25	苯乙酸对甲酚酯	1	香兰素	5
檀香 803	30	覆盆子酮	2	异长叶烷酮	40
血柏木油	35	乙基香兰素	2	合计	140

玫瑰檀香香精

苯乙醇	35	乙酸香叶酯	5	檀香 803	5
玫瑰醇	30	香柠檬油	10		
乙酸香茅酯	10	檀香 208	5		

罗 兰 香 精

芸香浸膏	16	甲位己基桂醛	14	乙位萘乙醚	8
麝香 T	10	苯乙酸苯乙酯	5	桂酸苯乙酯	8
香豆素	8	水杨酸苄酯	2	檀香 803	25
橙花素	26	苯甲酸苄酯	2	合计	160
茉莉素	20	十四醛	16		

这个香精留香相当持久，比较耐热，特别适合于卫生香、蚊香的加香。

二、合成檀香 208

与合成檀香 803 不同，合成檀香 208 是“单体香料”，可以制得“纯品”(在色谱图上显示一个漂亮的“峰”)。这个自然界并不存在的、完全是“人造”的合成香料虽然与天然檀香的香气差异较大，但可以同合成檀香 803 等木香香料调配成接近于天然檀香香味的香精出来，而这种“配制檀香油”的成本很低，所以能得到广泛的应用。

在绝大多数香水、化妆品和香皂香精里面加入一些天然檀香油，整体香气会令人觉得“高档”了许多，用合成檀香208代替天然檀香油也多少有这个“功效”，但合成檀香208留香较差一些，所以还得配合使用合成檀香803才能在基香阶段有檀香气息。

由于合成檀香208的香比强值较大，所以把它适量加入柏木油、乙酸柏木酯、异长叶烷酮等香气强度较低的木香香料中，便能调出香气宜人的木香香精用于各种日用品的加香上。木香香味在当今世界也相当“流行”，男女老少都喜欢。

檀香香精（一）

檀香803	50	鸢尾檀香	10	异长叶烷酮	20
檀香208	10	檀香醇	10		

檀香香精（二）

檀香208	28	乙酸芳樟酯	10	二氢月桂烯醇	2
甲基柏木酮	14	甜橙油	5	黑檀醇	2
玫瑰醇	12	芳樟醇	5	合计	107
异长叶烷酮	20	广藿香油	2		

佳木香香精

甲基柏木醚	20	二氢月桂烯醇	10	二苯醚	10
乙酸芳樟酯	40	芳樟醇	10	檀香208	10

三、“爪哇檀香”

“爪哇檀香”长期以来是奇华顿公司的内控原料，在2004年的世界香料协会上“解禁”。据说它的香气是“诺瓦檀香”的4倍，比“白雷曼檀香”强20倍，比“芬美檀香”更加有金属感，具有一种天然奶类香气的檀香香型，使人想起爪哇岛来的檀香油。这是一款同时具有醇和醛香气的檀香原料，特别具有天然感，并且有南印度檀香油那种奇妙而神秘的感觉。爪哇檀香的弥散性很好，而且头香更加强力而高质量，是目前最强力的“人造”檀香。

“爪哇檀香”能增加东方香型的配方中檀香的香气，几乎与任何香料配用都很适合，有着极好的稳定性，由于分子结构中不存在双键，所以能适应除漂白剂以外的任何用途。“爪哇檀香”留香非常持久。由于它的低水溶性及极低的阈值，在水洗测试中的强度是其他合成檀香的8～10倍。因此，洗涤剂香精里如果使用了一定量的“爪哇檀香”，洗过的物品便能长期带有令人舒适的檀香香味。

由于“爪哇檀香”目前价格较高，所以在配制一般的香精时它的用量都较少，其优美的檀香香气在后段能体现出来。

JAVANOL-{1-甲基-2-[1,2,2-三甲基双环(3,1,0)-3-己基]环丙基}甲醇非对称异构体。是新一代的合成檀香，具有空前的威力及留香性。它的香气是诺瓦檀香（nirvanol）的4倍，比白雷曼檀香（sandel myscore core，相当于我国的合成檀香803）强20倍。特别具有天然感，同时具有醇和醛的香气，因为它的醇醛二相性使它具有南印度檀香油那种伟大而神秘的感觉。

爪哇檀香能增加东方香型的配方中檀香的香气，几乎与任何香料配用都很适合，其化学结构式见图2-2。它与广藿香油、香根油、伍尔夫木油（woolfwood oil）及芬美檀香（firsantol，使其香气更加沉重及弥散）混用效果也很好。例如Calvin Klein的男用型真相香水，就是它梦

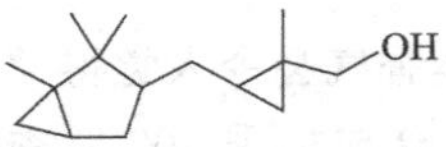

图 2-2 爪哇檀香化学结构式

幻般的混合了女贞醛（1%）、mettambratte、环十六烯酮、王朝酮、甲基柏木醚、阿道克醛、环格蓬酯、黄葵内酯、药香酮、甜瓜醛、烯丙基紫罗兰酮、康辛醛［2-甲基-3-(对甲氧苯基）丙醛］、海酮、小肉豆蔻和格蓬油、叶醇酯类、顺-3-己烯酸和佳乐麝香，这款香水真是绝配。

在 Carolina Herrera 的男用型“别致”（chic for men）香水中，这款奇幻型的香水是由爪哇檀香和甲基癸烯醇、甲基柏木醚、鲜草醛、甲位突厥酮、乙位突厥酮、聚檀香醇、吐纳麝香、新洋茉莉醛、黄癸内酯、环格蓬酯、加菲力士、开司米酮、乙位紫罗兰酮、鸢尾酮、香兰素、麝香酮、丁位麝香烯酮、万索尔檀香油、波旁香根油等香料组成的。

四、合成檀香 210

即 3-龙脑烯基-2-丁醇，5-(2,2,3-三甲基环戊-3-烯基)-3-甲基戊-2-醇，α,β-2,2,3-五甲基-3-环戊烯-1-丁醇。香气浓烈、透发且持久，能为香精配方带来饱满、温暖、天然的带甜香的檀香香气，同时香气极具扩张力和持久性，与黑檀醇混合使用可作为天然檀香木香气的有效替代品。合成檀香 210 化学结构式见图 2-3。

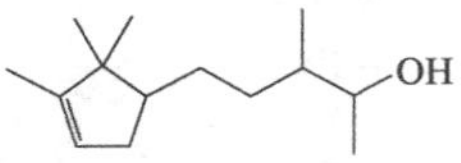

图 2-3 合成檀香 210 化学结构式

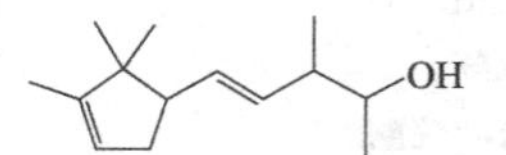

图 2-4 黑檀醇化学结构式

五、黑檀醇

即甲基环戊檀香烯醇，3-甲基-5-(2,2,3-三甲基-3-环戊烯-1-基）戊-4-烯-2-醇，其化学结构式见图 2-4。具有非常饱满而强烈的天然檀香香气，能为木香配方带来丰厚幽雅的感觉以及透发的檀香香气，适用于各种类型的配方，且留香持久。

六、特木倍醇

即赛木香醇，NORLIMBANOL，2,2,6-三甲基-甲位丙基环己基丙醇【商品含量 57%～70%（GC)】，强烈的木香香气，高透发性，带粉香，伴随龙涎琥珀香韵，具有一种类似于藿香的干燥木香，用于调配各类日化香精可突出花香香气和木香效果，其化学结构式见图 2-5。在品香纸上留香约 3 个月。可与覆盆子酮、广藿香以及各种木香和龙涎琥珀香型原料完美搭配。添加 0.1%的特木倍醇可以突出花香特征，添加更多时，例如 0.5%，其木香香韵则在配方中可自成一体，表现无遗；当用量达 1%或者更高时，能为男士香水和东方香油带来特征香气。所以在一般的香精配方中用量为 0.1%～1.0%。

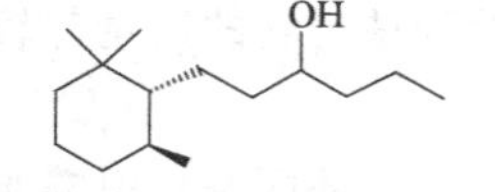

图 2-5 特木倍醇化学结构式

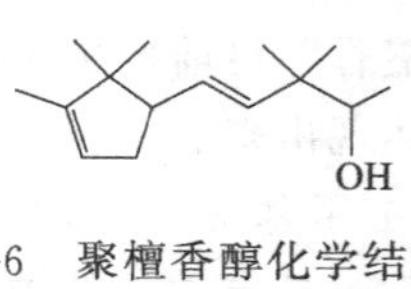

图 2-6 聚檀香醇化学结构式

通常用它的 10%溶液，除了长久留香的特性以外，还能给配方的头香和体香带来木香效果，在各种木香配方中都可以尝试，但是一定要注意添加量。

七、聚檀香醇

即 3,3-二甲基-5-(2,2,3-三甲基-3-环戊烯-1-基)4-戊烯-2-醇，一种丰富而弥散的檀香香型，品味华贵，香气强度巨大，是一个亲和性非常好的物质，能产生弥散的檀香效果，在它使用的香水中，一种真实的檀香特征香气能贯穿头香、体香和尾香，在闻香条上持续 1 周，其化学结构式见图 2-6。

八、超级檀香醇

即 nirvanol，诺瓦檀香，右旋 3,3-二甲基-5-(2,2,3-三甲基-3-环戊烯-1-基)4-戊烯-2-醇，带有优美而强烈、丰厚而弥散的檀香香气，伴着典型的奶香头香，留香非常好，在闻香条上可持续 3 周。用法与其他檀香相似，它的超群表现给人留下深刻印象，其化学结构式见图 2-7。

图 2-7　超级檀香醇化学结构式　　　　图 2-8　檀香醚化学结构式

聚檀香醇是诺瓦檀香的左旋异构体，它的香气比聚檀香醇更加丰富，体香更加强烈、更加精致并拥有一种幽雅的檀香气息，比普通的聚檀香醇更加弥散通透。虽然它们在质谱上体现相同，不过香气表现截然不同，就像左旋的香草醇和右旋的香草醇香气根本不是一回事一样，左旋香草醇的香气要好得多，而在诺瓦檀香这个例子中，刚好相反，右旋的产品更能为配方带来幽雅的效果。

九、檀香醚

即 7-甲氧基-3,7-二甲基辛-2-醇，强烈的檀香香气并带有其他木香、花香韵调，与天然檀香油的气味比较相似，其化学结构式见图 2-8。沾在闻香纸上可以留香时间 72h 以上。

用于需要表现高品质檀香特征的香精配方中，可与花香如玫瑰和铃兰香型配方很好融合，在木香和素心兰香型配方中能发挥出最大效用。具有优异的定香性能，能为整个配方起到圆润和调和的作用。在高档香精中也极具潜力，包括那些用于化妆品和洗漱品的香精配方。在用于香皂和清洁剂的香精配方中也表现良好。这个香料已在各种介质中测试过香气和颜色的相容性和稳定性，包括在气雾剂的使用中不会腐蚀喷嘴及阻塞阀门的测试，测试结果表明：该原料正常添加剂量中，可在以下日化产品中发挥有效作用如：精华露、香水、香水香氛喷雾、除汗剂、除臭剂（润肤露和喷雾）、化妆乳液和润肤露、爽身粉、香皂、洗发水、沐浴露、清洁剂以及衣物柔顺剂等。

十、芬美檀香

即 FIRSANTOL，结构式：2-甲基-4-(2,2,3-三甲基环戊-3-烯基)-戊-4-烯-1-醇，其化学结构式见图 2-9。

图 2-9　芬美檀香化学结构式　　　　图 2-10　万索尔檀香化学结构式

芬美檀香有一种弥散、年青、充沛和充满梦想的檀香香气，用闻香纸沾一点放在桌上，15 天后，可以让面积 70m² 的房子闻起来都是那种印度檀香木刻佛像的味道。它与八氢紫罗兰醇、芬美檀香、脂檀油、辛格酮、愈创木油、柏木琥珀、芸香油、聚檀香醇、没药、维吉尼亚柏木油和万索尔檀香油联用，创造了中东有史以来最好的一款男士香水（Mumtaz for men），如果在同样的配方基础再加上7%的海佛麝香（helvetolide）、2%的丁位麝香烯酮+8%的环十五烯内酯就构成了它女用版的核心配方 Mumtaz for lady。

十一、万索尔檀香

即芬美檀香醛，Mysoral，结构式：2-甲基-4-(2,2,3-三甲基环戊-3-烯基)-戊-4-烯-1-醛，其化学结构式见图2-10。

其为芬美檀香相应的醛，头香比芬美檀香更为强烈，它的香气是那种伴有微妙辛香特征的檀香香气，唤起对枯茗、甲位龙脑烯醛、对甲基苯甲醛、乳香的感觉。就像天然存在的顺式乙位檀香醇和顺式乙位檀香醛、甲位檀香醇和甲位檀香醛或反式乙位香柠檬醇和反式乙位香柠檬醛一样，万索尔檀香具有那种天然檀香油所具有的醛香。这个香料曾用于一款有名的女用的紫罗兰香水中，和它一起使用的还有海佛麝香、Coranol、开司米酮、粉胡椒、降龙涎醚、晚香玉净油、桂花净油、黑檀醇、甲位突厥酮、丁位突厥酮、麝香T、覆盆子酮、新洋茉莉醛、佳乐麝香、聚檀香醇、乙基芳樟醇、麝香酮、微量的乙基香兰素等。另一款具有复杂而完美创意的男用型氧气（oxygen for men）香水也用了万索尔檀香。这款香型主要包括万索尔檀香、octalinol、海佛麝香、织木油、乳香油、海酮、粉胡椒油、乙基芳樟醇、vulcanolide、甜瓜醛、榄香油及天然的琥珀缩醛。

万索尔檀香和乳香油混合在一起能创造出梦幻般的效果，万索尔檀香可以大大提升天然乳香的香气，实际上，80%阿曼乳香油只要加上20%的万索尔檀香就会产生奇妙的效果。

要配制高端的能吸引人们注意的檀香香精，最好的配合是万索尔檀香和瓜哇檀香，两种原料的混合使用将胜过其他任何一种檀香。

以上几种合成檀香都各有特色，调香师巧妙的配合使用可以成功地代替昂价的天然檀香油，而配制成本大大下降。其中合成檀香803是目前使用量最大的品种，虽然它的香气淡弱，但留香时间长，尤其是熏燃后香气强烈、透发，所以大量用于调配熏香香精。

下面是几个使用合成檀香配制的香精例子：

皂用檀香香精

合成檀香803	5	广藿香油	1	玫瑰醇	6
合成檀香208	4	香根油	1	香豆素	2
合成檀香210	15	柏木油	15	桂醇	2
黑檀醇	10	乙酸苄酯	2	乙酸对叔丁基环己酯	4
芬美檀香	5	甲位己基桂醛	2	乙酸邻叔丁基环己酯	2
特木倍醇	2	异长叶烷酮	5	铃兰醛	2
爪哇檀香	5	龙涎酮	6	吐纳麝香	2
檀香醚	2				

熏香用檀香香精

合成檀香803	15.0	黑檀醇	5.5	异长叶烷酮	11.0
万索尔檀香	5.0	特木倍醇	1.0	龙涎酮	11.0
聚檀香醇	1.0	爪哇檀香	5.0	玫瑰醇	7.5
超级檀香醇	1.0	广藿香油	2.0	香兰素	1.5
合成檀香208	6.0	香根油	5.0	乙酸对叔丁基环己酯	3.0
合成檀香210	8.5	柏木油	10.0	乙酸邻叔丁基环己酯	1.0

玫瑰檀香香精

香叶醇	20.0	聚檀香醇	2.0	香根油	1.0
香茅醇	10.0	超级檀香醇	2.0	柏木油	4.0
玫瑰醚	0.2	合成檀香 208	4.0	异长叶烷酮	2.0
乙位突厥酮	0.1	合成檀香 210	6.5	龙涎酮	3.0
香叶油	2.0	檀香醚	1.5	桂醇	2.0
薄荷素油	1.0	黑檀醇	5.0	香兰素	0.5
乙酸对叔丁基环己酯	8.0	特木倍醇	1.0	纯种芳樟叶油	3.0
乙酸邻叔丁基环己酯	1.0	爪哇檀香	3.0	乙酸香茅酯	2.0
铃兰醛	2.0	广藿香油	1.0	乙酸香叶酯	2.2
合成檀香 803	10.0				

洗涤剂用檀香香精

“爪哇檀香”	5	玫瑰醇	12	广藿香油	2
檀香 803	20	异长叶烷酮	10	二氢月桂烯醇	1
檀香 208	13	乙酸芳樟酯	5	黑檀醇	2
檀香 210	10	香根油	1		
甲基柏木酮	14	芳樟醇	5		

“东方美人”香精

“爪哇檀香”	1	铃兰醛	2	甲位己基桂醛	2
檀香 803	5	茉莉净油	1	二氢茉莉酮	0.1
檀香 208	3	玫瑰净油	1	松油醇	1
柏木油	2	晚香玉净油	1	吲哚	0.1
甲基柏木酮	5	桂花净油	1	乙位萘甲醚	0.5
龙涎酮	5	依兰依兰油	2	桂酸苄酯	1
水杨酸叶酯	0.1	丁香油	3	水杨酸苄酯	2
乙酸叶酯	0.1	灵猫净油	0.1	安息香膏	1
甜橙油	1	异丁基喹啉	0.1	甲基柏木醚	2
癸醛	0.1	香叶醇	2	香兰素	0.5
十一醛	0.5	玫瑰醇	2	吐纳麝香	2
甲基壬基乙醛	0.5	乙位突厥酮	0.1	佳乐麝香	4
丙位壬内酯	0.1	玫瑰醚	0.1	麝香 T	2
格蓬浸膏	1	异丁香酚	1	苯乙醛	2
格蓬酯	0.2	乙酸异戊酯	0.1	香豆素	3
邻氨基苯甲酸甲酯	1	覆盆子酮	0.3	洋茉莉醛	1
二氢茉莉酮酸甲酯	3	乙酸苄酯	6	异甲基紫罗兰酮	3
二氢月桂烯醇	1	苯乙醇	5	广藿香油	1
新铃兰醛	2	纯种芳樟叶油	5	香根油	1
羟基香茅醛	2	乙酸芳樟酯	4	香荚兰净油	0.4

第十二节　人 造 麝 香

一、葵子麝香、二甲苯麝香与酮麝香

这三个“硝基麝香”是化学家最早在实验室里合成出来带有麝香香味的化合物，用在各种香精配方里面已有上百年的历史了，现在因为有了香气更好、价格也不高、安全性高的其他类人造麝香，加上对这些硝基麝香长期以来安全性和环境污染的怀疑、生产时易爆炸等诸多原因，国外已基本不生产了，而我国还在生产使用，今后一段时期内它还不会“退出历史舞台”，所以本节还要对它们稍做介绍。

葵子麝香是三个硝基麝香中香气最好、曾经最受欢迎的人造麝香，却最早被发现对人体皮肤有“光毒性”危害，从十几年前的“限量使用”发展到现在IFRA宣布对它“禁用”；二甲苯麝香因为价格低廉曾被广泛和大量使用，现被发现在人体和动物体内有“积累现象”和对环境有污染而将“淡出江湖”；酮麝香的香气较接近于天然麝香，但香味淡弱，其销售价格较高，现与其他人造麝香比较已失去“优势”，用量越来越少。

三个硝基麝香加在香精里面都有“变色因素”，其中尤以葵子麝香为甚，二甲苯麝香次之，酮麝香稍好一些。在配制皂用香精时，最好加些香叶醇以防止变色。

在各种液体香料和溶剂里面，二甲苯麝香的溶解度最低，所以有的调香师“贪”它便宜想要多用一些，就会发现溶解不了的问题。酮麝香也较难溶解，葵子麝香的溶解性稍好一些。

这三种硝基麝香产品都是结晶体，生产时都会产生大量的“母液”，如不加以利用直接排出，将会严重污染环境。经过分析，这些“母液”都还含有不少的未能结晶出来的香料单体，但要直接作为配制与人体会有接触的日用品香精显然是不行的，以前曾经有一部分被用来配制皂用香精，现在也不允许了。卫生香与蚊香用的香精生产和使用时都不同人体直接接触，对色泽也不“讲究”，倒是利用这些香料下脚料的好“去处”，但要把这些下脚料调配成受欢迎的熏香香精也不是一件容易的事，因为下脚料本来香气就杂，要调得让人闻起来舒服、加在卫生香或蚊香里熏燃以后香气也要好，难度可想而知有多大。

麝香香精

葵子麝香	30	邻苯二甲酸二乙酯	119	香叶醇	10
苯乙酸	6	麝香T	10	合计	200
香豆素	5	70%佳乐麝香	20		

玫瑰麝香香精

二甲苯麝香	8	香豆素	4	苯乙醇	5
70%佳乐麝香	20	洋茉莉醛	17	辛醇	1
葵子麝香	5	丁香酚	6	异长叶烷酮	24
甲基柏木酮	3	香叶醇	8	合计	125
铃兰醛	10	香茅醇	4		
香叶基丙酮	3	阿弗曼酮	7		

檀香麝香香精

二甲苯麝香	4	檀香803	25	香根油	3
麝香T	10	次檀油	18	水杨酸戊酯	5
葵子麝香	8	香兰素	7	香豆素	4
檀香208	10	广藿香油	3	甘松油	3

这3个香精配方中都用了大量的葵子麝香，香气虽然甚好，但按照IFRA的规定，不能用于护肤护发品的加香中。

桂花香精

乙酸对叔丁基环己酯	10	二甲苯麝香脚子	13	芳香醚	5
丙位异甲基紫罗兰酮	10	水杨酸戊酯	5	芸香浸膏	9
乙酸苄酯	4	苯乙酸苯乙酯	5	苯乙醇	2
乙酸苯乙酯	5	麝香 105	10	甲位己基桂醛	5
酮麝香脚子	12	水仙醇	5		

这个香精的配方中用了大量的香料下脚料，只能用作熏香香精等不与人体接触的场合，以确保安全。

二、佳乐麝香、吐纳麝香与莎莉麝香

这几个“多环麝香”都是近年来较受欢迎的有麝香香味的合成香料，原先价格比硝基麝香高得多，现在有了“规模效益”，价格一降再降，有的（如佳乐麝香）甚至已降到低于硝基麝香的水平。由于（同硝基麝香比）它们的香气较为宜人，无变色之虞，安全度高，预计不久的将来就会“全面”取代硝基麝香，但“螳螂捕蝉，黄雀在后”，日后会不会被“大环麝香”取而代之则难以预料，毕竟天然麝香、灵猫香的主香成分都是“大环麝香”。

佳乐麝香是目前用量最大的多环麝香香料，这“归功于”它的香质好（香品值高）、在碱性介质中稳定、价格低廉，缺点是黏稠、使用不便，商品的佳乐麝香有50%、70%等规格，是加了无香溶剂（如邻苯二甲酸二乙酯）或香气淡弱的香料（如苯甲酸苄酯）稀释的产品。

吐纳麝香的香气也很受欢迎，在麝香的香味里带点木香味，调配木香香精时，使用它既可以增加木香香味，又有很协调的麝香味。在调配其他香精时，如需要木香又需要麝香香味的都应该想到使用吐纳麝香“一箭双雕”。

莎莉麝香的香气也是温和的麝香与木香，同吐纳麝香差不多，有的调香师更喜欢它，觉得它的香气更“雅致”一些。

妙华香精

异丁香酚	9	乙酸苄酯	10	叶醇	1
二氢茉莉酮酸甲酯	11	水杨酸苄酯	10	70%佳乐麝香	12
芳樟醇	10	铃兰醛	10	白兰叶油	7
乙酸芳樟酯	10	甲基柏木酮	10		

麝兰香精

水杨酸苄酯	10	甲基柏木酮	5	10%丙位癸内酯	2
苯甲酸叶酯	3	羟基香茅醛	24	玫瑰醇	6
10%乙位突厥酮	2	10%十四醛	3	苯乙醇	1
二氢茉莉酮酸甲酯	20	莎莉麝香	12		
甲基紫罗兰酮	10	檀香 208	2		

该香精不但香气宜人，留香也非常持久。

“飘扬”香精

莎莉麝香	12	甜橙油	5	苯乙醇	10
洋茉莉醛	8	苹果酯	18	乙酸苄酯	10
铃兰醛	5	玫瑰醇	10	薰衣草油	10

乙酸二甲基苄基原酯	10	榄青酮	2		

“国际香型”香精

吐纳麝香	16	异丁香酚	1	水杨酸苄酯	2
铃兰醛	12	檀香 803	32	乙酸对叔丁基环己酯	2
二氢月桂烯醇	6	柑青醛	4	松油醇	2
甲基柏木酮	15	乙酸松油酯	8	乙酸异龙脑酯	1
甲位戊基桂醛	6	柏木油	8	香茅腈	2
玫瑰醇	3	香豆素	4	甲基壬基乙醛	1
二氢茉莉酮酸甲酯	2	乙酸苄酯	3		

玫瑰麝香香精（一）

洋茉莉醛	16	铃兰醛	5	香叶醇	11
香豆素	4	丁香油	6	紫罗兰酮	5
水杨酸苄酯	12	玫瑰醇	13	合计	115
70%佳乐麝香	12	苯乙醇	20		
甲基柏木酮	3	柏木油	8		

玫瑰麝香香精（二）

香豆素	12	玫瑰醇	20	铃兰醛	7
莎莉麝香	10	甲基柏木酮	5	香叶醇	5
苯乙醇	30	紫罗兰酮	3	洋茉莉醛	8

三、大环麝香麝香 105、麝香 T 与十五内酯

麝香酮、灵猫酮和黄蜀葵酮都是天然的大环麝香，虽然化学家们早已在实验室里把它们合成出来并少量生产给调香师们试用，但直到现在还是没有找到“经济”的合成方法来大规模生产供应，不过化学家们已另外合成了好几个化学结构与它们相似、香气也接近的大环麝香给香料制造厂生产，调香师也早已对它们的性质“了如指掌”应用自如了。目前在实际调香时应用较多的有麝香 105、十五内酯和麝香 T。

麝香 105 香气强烈，虽带点令人讨厌的“油脂臭”，但“瑕不掩瑜”，在香精配方里稍加修饰就闻不出“油脂臭”了，高档香精里面多有它的“身影”。这个香料也常被用来作为香水、古龙水、花露水使用的酒精的“预陈化剂”——酒精里加入少量麝香 105 放置一段时间就可以去掉刺鼻的“酒精臭”，再用来配制香水等可以减少甚至不必“陈化”即可出售。

十五内酯除了具有浓郁的麝香香味之外还带点“甜”味，适合于配制带“甜”味的香精，如玫瑰香精、桂花香精等，其定香效果也相当出色。

麝香 T 在香精中不单赋予强烈的麝香香味，还能增强花香味，其香气接近于价格昂贵的麝香 105，较有“灵气”，在大部分中档香精里可代替麝香 105 以降低配制成本，同样较受调香师的青睐。

花麝香精

水杨酸苄酯	9	10%乙位突厥酮	2	二氢茉莉酮酸甲酯	20
10%降龙涎醚	2	10%丙位癸内酯	2	甲基紫罗兰酮	10
10%水杨酸叶酯	30	乙酸二甲基苄基原酯	3	龙涎酮	4

铃兰醛	20	10%十四醛	2	合计	123
羟基香茅醛	4	10%香兰素	1		
檀香208	2	麝香T	12		

麝香香精

酮麝香	4	甲基柏木酮	6	玫瑰醇	10
麝香105	1	苯甲酸苄酯	8	阿弗曼酯	5
麝香T	2	乙酸柏木酯	5	苯乙醇	5
70%佳乐麝香	16	铃兰醛	16	乙酸长叶酯	3
葵子麝香	2	异丁香酚	8		
龙涎酯	3	香豆素	6		

龙涎麝香香精

异长叶烷酮	30	酮麝香	10	10%降龙涎醚	5
70%佳乐麝香	14	水杨酸苄酯	5	龙涎酮	5
麝香T	24	甲基柏木醚	7		

酒精预陈化剂

麝香105	30	水杨酸苄酯	30	邻氨基苯甲酸甲酯	16
安息香膏	28	乙酸柏木酯	4	檀香208	30
格蓬浸膏	1	赖百当浸膏	2	格蓬酯	1
杭白菊浸膏	2	香兰素	17	甲酸香叶酯	5
玳玳花油	3	佳乐麝香	8	乙酸香茅酯	4
缬草油	1	芸香浸膏	18	合计	200

第十三节　含氮、含硫与杂环化合物

一、吲哚

吲哚是调香师经常用来说明“有许多香料浓时是‘臭’的，而稀释后就变‘香’了”的好例子，直接嗅闻吲哚确实可以说“臭不可闻”，没有人对它有好感，连调香师也如此——长期以来，调香师对它“敬而远之”，在调配茉莉花等花香香精时“不得不”用一点点，一般不超过0.5%，怕吲哚的“鸡粪臭”显露出来。但令人奇怪的是天然茉莉花的香气成分中，吲哚的含量竟高达5%～18%，而茉莉花的香味却受到全世界大多数人的喜爱！能不能学“上帝”那样“超量”使用吲哚呢？本书主编曾做了大量实验，在一些香精里面使用吲哚量高至10%左右，再用某些能“削”去吲哚“臭味”部分的香料，配出了令人闻之舒适、香气强度又非常大的花香与其他香味的香精，成功地推向市场。不过，吲哚的大量使用还有一个难以逾越的障碍，就是它容易变色，至今吲哚含量大的香精只能用于对色泽“不讲究”或者深颜色的场合。

新鲜茉莉香精

吲哚	2	丁香油	4	芳樟醇	9
乙酸苄酯	34	二氢茉莉酮酸甲酯	2	苄醇	2

苯乙醇	4	橙花素	5	玫瑰醇	7
苯甲酸苄酯	2	甲位戊基桂醛	10	紫罗兰酮	5
水杨酸苄酯	2	洋茉莉醛	11	叶醇	1

白兰香精

甲位戊基桂醛	15	己酸烯丙酯	3	甜橙油	5
邻氨基苯甲酸甲酯	15	乙酸苄酯	50	羟基香茅醛	5
10%吲哚	5	丁酸乙酯	2		

栀子花香精

吲哚	3	甲位己基桂醛	20	铃兰醛	10
乙酸苏合香酯	2	乙酸苄酯	30	乙酸苯乙酯	4
十八醛	5	芳樟醇(合成)	20	乙酸芳樟酯	6

茶香香精

吲哚	4	二氢茉莉酮酸甲酯	20	甲位己基桂醛	20
芳樟醇	20	甜橙油	4		
香叶醇	20	紫罗兰酮	12		

二、异丁基喹啉

不是从事香料行业的化学家们闻到异丁基喹啉的气味时，肯定要写下“有特殊的臭味”这几个字眼——他们绝不会想到有人会把它“拿”来作香料使用！异丁基喹啉没有花香，没有果香，只有强烈的皮革、木香和泥土香——但这也只是调香师的说法而已，一般人觉得它“臭不可闻”，闻过以后令人恶心，想要呕吐。调香师则认为异丁基喹啉“很有价值”，它的香气具有一种平滑、细致的木-香根-皮革特性，并带有琥珀和烟草样香气，用来“修饰”素心兰、馥奇、皮革香、木香和男用古龙水香型效果甚佳，还可以起到定香和弥散的作用——它既是“头香”香料，又是“体香”和“基香”香料，可圈可点。

异丁基喹啉的缺点是容易变色，但由于它在所有的香精里面用量都不多，所以这个缺点往往被忽略了。在配制用于“洁白色”日用品（雪花膏、护肤霜、香皂、涂料等）的香精时，这一点还是要注意的。

有人发现用檀香803、檀香208、檀香210、檀香醚、爪哇檀香等合成檀香香料配制檀香香精时，只要加入极少量的赖百当浸膏和异丁基喹啉就会产生优美、强烈的天然檀香木香气，由于这个发现，异丁基喹啉就与当前非常时髦的“东方香型”香精紧密地结合起来了——20世纪90年代至今几乎所有“东方香型”的香精都或多或少地用了异丁基喹啉。

新东方香精

异丁基喹啉	0.1	邻氨基苯甲酸甲酯	2	玫瑰净油	1
水杨酸叶酯	0.1	二氢茉莉酮酸甲酯	3	晚香玉净油	1.5
乙酸叶酯	0.1	二氢月桂烯醇	2	癸醛	0.1
叶醇	0.1	新铃兰醛	1.5	十一醛	0.5
甜橙油	1.2	铃兰醛	3	甲基壬基乙醛	0.5
丙位壬内酯	0.2	羟基香茅醛	2	玫瑰醇	4.4
格蓬浸膏	1.2	茉莉净油	1	乙位突厥酮	0.1

依兰依兰油	1.5	苯乙醇	2	苯乙醛	2
异丁香酚	1	丁香油	3	异甲基紫罗兰酮	3
乙酸异戊酯	0.1	檀香 208	1.5	广藿香油	1
覆盆子酮	0.3	檀香 803	3.5	降龙涎醚	0.1
乙酸苄酯	6	乙酸香根酯	0.5	海狸净油	0.1
纯种芳樟叶油	2	灵猫净油	0.1	赖百当净油	1
乙酰芳樟叶油	2	十五内酯	1.5	香兰素	1
甲位己基桂醛	4	佳乐麝香	14	甲基柏木醚	4
二氢茉莉酮	0.1	吐纳麝香	3	安息香膏	1
松油醇	1.5	香豆素	3	水杨酸苄酯	4
吲哚	0.1	香荚兰净油	1	桂酸苄酯	1
乙位萘甲醚	0.5	甲基柏木酮	4		

南亚风情香精

异丁基喹啉	0.2	香豆素	7	吐纳麝香	3
香根油	12	乙酸香根酯	10	麝香 T	3
广藿香油	1	檀香油	4.3	甲位己基桂醛	5
龙涎酮	3	乙基香兰素	1.5	乙酸苄酯	2
香柠檬油	14	桂醇	2	异甲基紫罗兰酮	20
甲基柏木酮	4	乙酸桂酯	3	玫瑰醇	5

三、邻氨基苯甲酸甲酯

在我国最早工业化生产合成香料屈指可数的几个品种中，邻氨基苯甲酸甲酯是其中的一个。这个香料原来用量较大，现在越来越少了，原因是“变色因素”，在化妆品、香皂、蜡烛等对色泽有要求的日用品香精上基本上已经不用，它的“橙花”香气现在已有许多代用品，综合性能比它更好，价格也相差不多。现在生产的邻氨基苯甲酸甲酯有不少是用于进一步制造各种“席夫基”（醛与胺的化合物）香料如“茉莉素”（甲位戊基桂醛与邻氨基苯甲酸甲酯合成）、“橙花素”（羟基香茅醛与邻氨基苯甲酸甲酯合成）等。

在香精配方里如果有醛的存在，加入邻氨基苯甲酸甲酯就会慢慢地与这些醛反应生成“席夫基”化合物，同时有少量的水作为“副产物”析出，本来澄清透明的香精溶液变浑浊甚至分层。加入适量的醇可以令其重新变澄清透明（苯乙醇、松油醇、芳樟醇等均可，其中以苯乙醇的效果最好）。

邻氨基苯甲酸甲酯也是一个“后发制人”的香料，刚加入香精里面时，它的香气不会马上“显露”出来，把香精放置一段时间后才能体会它的“后劲”。所以一般在配制香精时，如果用到邻氨基苯甲酸甲酯，只能靠经验掌握用量，初学者往往要“吃几堑”以后才能“长几智”，直到“摸清”它的“脾气”为止。

大花茉莉香精

芳樟醇	8	苄醇	2	吲哚	8
苯甲酸甲酯	1	甲位戊基桂醛	13	邻氨基苯甲酸甲酯	8
乙酸苄酯	33	丁香酚	3	苯甲酸苄酯	24

橙 花 香 精

邻氨基苯甲酸甲酯	5	乙位萘甲醚	2	乙位萘乙醚	5

橙花酮	5	芳樟醇	18	甜橙油	5
乙酸苄酯	5	苯乙醇	5.7	十醛	0.3
乙酸芳樟酯	10	松油醇	2	铃兰醛	3
乙酸香叶酯	3	乙酸松油酯	20	羟基香茅醛	2
乙酸苯乙酯	1	玫瑰醇	3	苯乙酸	5

四、柠檬腈

柠檬腈的香气与柠檬醛差不多，但香气强度更大，留香也更持久一些，在调配皂用香精时，用柠檬腈代替柠檬醛有明显的优越性——香气更透发，香质更好，稳定性高，在皂中不变色，因此，它同另外两个腈类香料——香茅腈和茴香腈都被大量用来配制各种皂用香精。

柠檬腈与二氢月桂烯醇、香柠檬醛、女贞醛、柑青醛、乙酸苏合香酯、叶青素、叶醇、乙酸叶酯等“青气”较重的香料可以调配成许多现代青香型的香精，迎合这个“回归大自然”的时代潮流。每个调香师都有自己研制的几个“青香”香基，这些香基或多或少都用了一些柠檬腈，这是因为在试调这些香基出现“尖刺”的不容易调圆和的气息时，加点柠檬腈或柑青醛往往能够“削去”尖锐气味使整体香气往“宜人”、“舒适”的方向发展。当柠檬腈“不得不”加入多量而香气还“不够圆和”时，再加点价格低廉的甜橙油基本上就行了。柠檬腈与甜橙油是天生的一对“好搭档”——它们组成的柠檬香气比天然柠檬油还要“动人”。

柠檬香精

甜橙油	40	柠檬腈	15	乙酸松油酯	10
柠檬油	10	苯甲酸苄酯	10		
二氢月桂烯醇	5	山苍子油	10		

芳兰香精

甜橙油	5	乙酸苏合香酯	1	水杨酸苄酯	3
己酸烯丙酯	2	柠檬腈	1	甲位戊基桂醛	2
芳樟醇	3	乙酸香叶酯	2	苯甲酸苄酯	20
苯乙醇	4	水杨酸丁酯	2	龙涎酮	6
乙酸苄酯	5	铃兰醛	2		
乙基麦芽酚	2	邻苯二甲酸二乙酯	40		

五、二丁基硫醚

二丁基硫醚的香气非常强烈，高度稀释以后有类似辛炔羧酸甲酯的香味，因此，在调配紫罗兰香精时，可以用它代替已被 IFRA“限用”的辛炔羧酸甲酯和庚炔羧酸甲酯，而香气更加自然。在调配其他青香型香精时，加极少量的二丁基硫醚常能收到意想不到的奇功，稍微“过量”会让香气“急转弯”变调，有时会有新的“发现”，为调香师开辟新香型增加一些途径。玫瑰、香叶和一些花香、果香香精里加入极少量的二丁基硫醚，能起到增加天然清气的作用。所以“现代”的日用香精也经常可以闻到它的特殊气息了。

紫罗兰香精

二丁基硫醚	0.1	香豆素	2	甲位已基桂醛	4
辛炔酸甲酯	0.9	橙花素	6	苯乙酸苯乙酯	5
紫罗兰酮	30	茉莉素	4	水杨酸苄酯	2

苯甲酸苄酯	2	乙位萘乙醚	8	檀香 803	5
十四醛	6	桂酸苯乙酯	8	乙酸苄酯	19

单瓣紫罗兰花香精

二丁基硫醚	0.1	洋茉莉醛	6	紫罗兰叶净油	2
庚炔酸甲酯	0.9	羟基香茅醛	4	配制茉莉油	12
甲基紫罗兰酮	40	香柠檬油	10	依兰依兰油	6
乙位紫罗兰酮	10	大茴香醛	4	异丁香酚苄醚	5

花 丛 香 精

二丁基硫醚	0.1	乙酸香叶酯	1	香茅醇	1
香柠檬油	2	新铃兰醛	2	玫瑰醇	2
柠檬油	1	铃兰醛	2	吲哚	0.1
玳玳花油	1	羟基香茅醛	1	赖百当净油	1
玳玳叶油	1	纯种芳樟叶油	2	大茴香醛	1
晚香玉净油	1	苯乙醇	10	丙位十一内酯	0.5
金合欢净油	1	玫瑰醚	0.1	乙酸异壬酯	1
玫瑰净油	1	松油醇	2	乙酸邻叔丁基环己酯	1
茉莉净油	1	乙酸苄酯	4	乙酸对叔丁基环己酯	2
丙位壬内酯	0.1	甲位己基桂醛	3	反-2-己烯醛	0.5
草莓醛	0.1	洋茉莉醛	2	甲基柏木酮	3
紫罗兰酮	5	佳乐麝香	2	十五内酯	2
香叶醇	14	吐纳麝香	2	水杨酸己酯	3
甲基柏木醚	3	麝香 T	2	苯甲酸苄酯	2
柏木油	2	檀香 208	2	桂皮油	0.4
香兰素	0.1	檀香 803	4	苯乙酸苯乙酯	1
水杨酸苄酯	4				

六、呋喃酮

即 4-羟基-2,5-二甲基-3(2H)-呋喃酮，又名菠萝酮、草莓酮。具有强烈的焙烤焦糖香味，特征香气为果香、焦香、焦糖和菠萝样香气，其化学结构式见图 2-11。香味阈值为 0.04×10^{-9} 就具有明显的增香修饰效果，因而广泛地用作食品、烟草、饮料的增香剂。天然品存在于草莓、燕麦、干酪、煮牛肉、啤酒、可可、咖啡、茶叶、芒果、荔枝、麦芽、鹅莓、葡萄、加热牛肉、菠萝等中，也微量存在于许多食品、烟草、饮料中，1965 年罗定（J. O. Rodin）等人在菠萝汁的乙醚萃取液中首次分离出来这个单体香料，并确定了其分子结构式。呋喃酮虽然广泛存在于天然产物中，但由于其含量很低，不能满足日常所需，现在食品行业所用的多为合成产品。

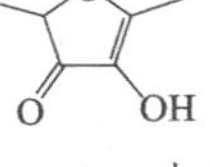

图 2-11　呋喃酮化学结构式

下面是用呋喃酮调配的两个食用香基配方例子：

草莓香精

呋喃酮	8.0	草莓酸乙酯	2.0	香兰素	3.0
草莓醛	13.0	乙基麦芽酚	11.0	异丁酸乙酯	24.0
草莓酸	2.0	覆盆子酮	2.0	异戊酸乙酯	11.0

丁酸戊酯	10.0	月桂酸乙酯	6.5	丙位十一内酯	4.0
乳酸乙酯	5.0	庚酸乙酯	2.5		

菠萝香精

呋喃酮	6.0	己酸烯丙酯	14.0	乙酸戊酯	4.0
乙基麦芽酚	4.0	庚酸烯丙酯	6.0	戊酸乙酯	6.0
菠萝酯	14.0	甜橙油	2.0	庚酸乙酯	2.5
菠萝乙酯	4.0	丁酸乙酯	33.0	丁酸戊酯	4.5

七、吡嗪类食用香料

吡嗪类食用香料主要包括吡嗪和它的烷基、烷氧基、酰基取代物，目前有FEMA号的吡嗪类化合物有44种，是含氮食用香料中最多的一类，这些化合物是：吡嗪、2-甲基吡嗪、2,3-二甲基吡嗪、2,5-二甲基吡嗪、2,6-二甲基吡嗪、2,3,5-三甲基吡嗪、2,3,5,6-四甲基吡嗪、2-乙基吡嗪、2-甲基-3-乙基吡嗪、2-甲基-5-乙基吡嗪、6-甲基-2-乙基吡嗪、3,5(6)-二甲基-2-乙基吡嗪、2,6-二甲基-3-乙基吡嗪、2,3-二乙基吡嗪、5-甲基-2,3-二乙基吡嗪、3-甲基-2,5-二乙基吡嗪、3-甲基-3,5-二乙基吡嗪、2-甲基-5-乙烯基吡嗪、异丙烯基吡嗪、2-丙基吡嗪、2-异丙基吡嗪、2-甲基-5-异丙基吡嗪、3-甲基-2-异丁基吡嗪、环己基甲基吡嗪、甲氧基吡嗪、3-甲基-2(5或6)-甲氧基吡嗪、2-乙基(或甲基)- 3(或5或6)-甲氧基吡嗪、3(5或6)-异丙基-2-甲氧基吡嗪、2-异丁基-3-甲氧基吡嗪、3-仲丁基-2-甲氧基吡嗪、2-甲基-3(5或6)-乙氧基吡嗪、2-甲基-3(5或6)-甲硫基吡嗪、2-甲基-3(5或6)-糠硫基吡嗪、乙酰基吡嗪、3-甲基-2-乙酰基吡嗪、3,5(或6)-二甲基-2-乙酰基吡嗪、3-乙基-2-乙酰基吡嗪、甲硫基吡嗪、2-巯甲基吡嗪、吡嗪乙硫醇、5H-5-甲基-6,7-二氢环戊并吡嗪、6,7-二氢-2,3-二甲基-5H-环戊吡嗪、5-甲基喹喔啉、5,6,7,8-四氢喹喔啉等。

吡嗪类香料一般具有坚果、焦糖、烘烤食品和烟草的气味，该类香料可用于调配咖啡、可可、花生、榛子、杏仁等食用香精和烟草香精。由于这些吡嗪类化合物的香比强值都非常大，从几百、几千到几万甚至几十万都有，在日用香精里加入微量或极微量，有时候可以起到增浓、变调、画龙点睛的作用，有兴趣的读者不妨一试。

吡嗪类香料现在也频繁地出现在日用香精的配方里，如2,3,5-三甲基吡嗪，这个香料主要用于配制食品香精，由于它具有“熟食性”的炒坚果香味，特别像炒花生的香味，这一类香味属于全人类最喜欢的几种香味之一，因而受到关注。有许多家庭用品、玩具、空气清新剂、包装品可以采用这种“熟食性”香气，不管男女老幼都可接受。

2,3,5-三甲基吡嗪与香兰素等香料还可配制成儿童们特别喜爱（其实不止是儿童）的巧克力香精，可以想象，带着巧克力香味的玩具、文具、鞋帽等都更能吸引小孩子的注意力，现代商业特别注重儿童们（我国已进入“独生子女社会”更应关注）的兴趣，这成为香兰素与吡嗪类香料大量进入日用品香精的主要原因。

2,3,5-三甲基吡嗪也是配制烟用香精的重要原料，众所周知，烟草香是男用香水和化妆品的主要香型之一，现在也有相当比例的女性喜欢。有些日用品用烟草香型香精赋香取得意想不到的成功，配制这些香精使用了不少的2,3,5-三甲基吡嗪。

下面是用吡嗪类香料调配的几个香精配方例子：

咖啡香精

2-甲基-3-乙基吡嗪	20.0	2,3-二甲基吡嗪	0.5	2-甲基-5-异丙基吡嗪	7.5

乙酰基吡嗪	10.0	硫代乙酸糠酯	3.0	2-羟基苯乙酮	4.0
2-甲基-3-甲硫基吡嗪	2.0	丙基糠基硫醚	1.0	4-乙基-2-甲氧基苯酚	2.5
2-异丙基吡嗪	1.0	2,6-二甲基-γ-硫代吡喃酮	4.0	4-乙基苯酚	0.5
乙基麦芽酚	1.0	2-甲氧基苯硫酚	5.0	吡啶	20.0
糠醛	2.0	甲基-2-羟基苯基硫醚	1.5	2-乙烯基苯丙呋喃	4.0
香兰素	3.0	3,4-二甲基苯酚	2.0	咖啡浸提物	5.5

牛肉香基

2-甲基吡嗪	5.0	四氢噻吩-3-酮	0.5	2-乙基呋喃	2.5
2,3-二甲基吡嗪	5.0	4-甲基-5-羟乙基噻唑	25.0	2-甲基-3-呋喃硫醇	1.0
2,3,5-三甲基吡嗪	5.0	2-乙酰基噻唑	2.5	2-甲基-3-甲硫基呋喃	1.0
2,5-二甲基-3-乙基吡嗪	5.0	3-甲硫基丙酸乙酯	2.5	甲基-2-甲基-3-呋喃基二硫	1.0
2-乙酰基吡嗪	5.0	3-巯基-2-丁醇	1.0	丙二醇	32.5
2-异丙烯基吡嗪	5.0	3-巯基-2-丁酮	0.5		

牛肉香基0.2份加牛肉酶解物美拉德反应产物99.8份搅拌均匀即为牛肉香精100份。

花生香精

香兰素	4	乙基麦芽酚	4	10%2,3,5-三甲基吡嗪	1
乙基香兰素	4	10%甲糠硫基吡嗪	1	苯乙醇	71
10%4-甲基-5-羟乙基噻唑	15				

巧克力香精

苯乙酸戊酯	66	苯甲酸苄酯	23
香兰素	10	三甲基吡嗪	1

后两个香精也用于日用品加香，但都有易变色之虞。

八、噻唑类食用香料

噻唑类食用香料主要包括噻唑和它的烷基、烷氧基、酰基取代物及其加成产物噻唑啉类化合物，目前有FEMA号的噻唑类化合物有24种，这些化合物是：噻唑、4-甲基噻唑、2,5-二甲基噻唑、4,5-二甲基噻唑、2,4,5-三甲基噻唑、4-甲基-2-异丙基噻唑、2-异丁基噻唑、2-仲丁基噻唑、4-甲基-2-乙基噻唑、4-甲基-5-乙烯基噻唑、2,4-二甲基-5-乙烯基噻唑、2-甲基-5-甲氧基噻唑、2-乙氧基噻唑、2-乙酰基噻唑、2,4-二甲基-5-乙酰基噻唑、4-甲基-2-丙酰基噻唑、4-甲基-5-羟乙基噻唑、4-甲基-5-噻唑乙醇乙酸酯、苯并噻唑、2-乙酰基-2-噻唑啉、2-丙酰基-2-噻唑啉、4,5-二甲基-2-乙基3-噻唑啉、4,5-二甲基-2-异丁基-3-噻唑啉、4,5-二甲基-2-仲丁基-3-噻唑啉等。

噻唑类香料具有坚果香、蔬菜香、焦香、烘烤食品香、肉香，广泛地用于调配坚果、肉、可可、巧克力、豆沙等食品香精和烟用香精。在日化香精里加入微量或极微量噻唑类混合物，有时会起到不可思议的特殊效果，值得一试。

下面是用噻唑类香料调配的两个食用香精配方例子：

花生香精

2,4-二甲基-5-乙酰基噻唑	2.0	2-甲基-5-甲氧基吡嗪	4.0	2,5-二甲基吡嗪	10.0
4-甲基-5-羟乙基噻唑	4.0	乙酰基吡咯	4.0	2-异丙基吡嗪	1.0

乙基麦芽酚	2.0	乙酸异戊酯	3.5	辛醛	1.2
N-甲基-2-乙酰基吡咯	2.0	5-乙酰基呋喃	0.8	己醛	0.8
乙基香兰素	10.0	苯乙酮	4.0	异戊醛	2.0
苯甲醛二甲硫醇缩醛	0.4	苯乙醛	1.2	愈创木酚	2.0
丙位壬内酯	6.0	苯甲醛	4.0	己醇	2.0
丙位辛内酯	2.0	5-甲基糠醛	2.0	苯甲醇	27.1
月桂酸丁酯	2.0				

猪肉香基

4-甲基-5-羟乙基噻唑	25.0	3-甲硫基丙醛	0.5	2-乙基呋喃	2.5
2-乙酰基噻唑	2.5	2-甲基四氢噻吩-3-酮	0.5	2-乙酰基呋喃	5.0
4-甲基-5-羟乙基噻唑	15.0	四氢噻吩-3-酮	0.5	呋喃酮	2.5
4-甲基-5-羟乙基噻唑乙酸酯	10.0	3-甲硫基丙酸乙酯	2.5	2-甲基-3-呋喃硫醇	1.0
2-甲基吡嗪	2.5	3-巯基-2-丁醇	1.0	2-甲基-3-甲硫基呋喃	1.0
2,3-二甲基吡嗪	2.5	3-巯基-2-丁酮	0.5	甲基-2-甲基-3-呋喃基二硫	1.0
2,3,5-三甲基吡嗪	5.0	2-戊基呋喃	2.5	丙二醇	14.0
2-甲基-3-丙烯基吡嗪	2.5				

猪肉香基0.2份加猪肉酶解物美拉德反应产物99.8份搅拌均匀即为猪肉香精100份。

第三章 天然香料的香气特征与应用

如果我们把人类看作是一个刚满30岁的年轻人，假设人类已有300万年历史，那么这个“人类”从出生一直到“昨天”都在使用天然香料，“今天早晨”才接触到“合成香料”。在合成香料问世之前的几千年里，所有的香精、混合香料、香制品都只能用天然香料配制，直至今日，天然香料并没有退出历史舞台，甚至在经历了一百多年与合成香料的激烈竞争后还“愈战愈强”，大有重新“称霸世界”的可能，这应“归功”于从20世纪80年代席卷全球至今仍在扩大的一场“回归大自然”热潮。事实上，即使在合成香料甚嚣尘上的一段时期，天然香料的使用量也是持续增长的，只是香料使用总量快速递增掩盖了这个现象而已。那个时候，天然香料的使用往往是因为它的“不可替代性”——有许多天然香料的香气用合成香料还调配不出来，调香师不得不还得用它；近年来天然香料的使用则主要不是这个原因，而是调香师迎合消费者“崇拜”天然物的一种“时尚”。也许两句中国话更能解释这个现象——无非是“三十年河东、三十年河西”，“风水轮流转”罢了。

配制日用品香精和食用香精使用的天然香料主要有5种：动物香料、植物香料、美拉德反应产物、微生物发酵产物和“自然反应”产物。

第一节 动物香料

在配制日用品香精时，可供使用的动物香料并不多，并且昂贵而不可多得，常见（有的现在也不常见了）的只有麝香、麝鼠香、灵猫香、龙涎香、海狸香5种。配制食用和饲料用香精可供使用的动物香料有：水解鱼浸膏、鱿鱼浸膏、牛肉膏、鱼露、虾油、虾萃取物、蟹萃取物、蟹酶解物、猪肉萃取物、羊肉酶解物、鸡肉萃取物等。

一、麝香

麝香是我国的著名特产之一。“西藏麝香”自古以来就是西方人士梦寐以求的天然宝物，我国古代四大对外通商渠道是北丝绸之路、南丝绸之路、海上丝绸之路和经过西藏的“麝香之路”，足以说明麝香在世人心目中的地位。

麝香在成熟雄性麝鹿（图3-1）下腹部皮层下的腺囊（图3-2）里生成，干燥后分泌物变为棕黑色的粒状固体，习称“麝香子”或“麝香豆”。

麝香的香气其实并不像人们传说的那么美好，即使在配成很稀的溶液时也是如此。调香师喜欢麝香的原因在于它的优秀的“定香性能”，还有它的所谓“动情感”——一个香精里面加入少量的天然动物香料，通常就会让人闻起来有一种愉悦、兴奋的感觉——这个长期以来困惑科学家们的现象目前有了新的解释：原来人类的鼻腔里面也有其他哺乳动物共有的能够接收信息素（“费洛蒙”）的“犁鼻器”，只是它已经退化到肉眼几乎看不到的程度，直到前几年

图 3-1 麝鹿

图片来源：www. lab. fws. gov/lab/am/GLOSS. HTM

图 3-2 麝香囊

才被“找”到。由于“费洛蒙”没有气味，难怪人们花了几十年的时间把用气相色谱法从天然麝香分析得到的几乎所有的香气成分再配成“惟妙惟肖”的麝香香精还是“骗”不了一般人的鼻子。

用气相色谱法分析天然麝香，可以得到几百个挥发性成分，以前香料工作者只注意那些有香气的成分，忽略了那些“对香气没有贡献的物质”。自从找到人类“犁鼻器”并确认人也与其他动物一样可以发送和接收“费洛蒙”以后，科学家们已开始在天然麝香的挥发性成分里寻找“费洛蒙”，希望能揭开这个长期以来困扰人们的天然香料“动情感”之谜。

天然麝香对香料工作者最大的“贡献”在于它启发了人们开发一系列合成香料——合成麝香的创造性工作。自从一百多年前鲍尔在实验室里合成出第一个具有麝香香气的物质——“鲍尔麝香”以来，科学家们对合成麝香香料的兴趣和实验就从未断过，合成麝香香料成为香料工业里面一支生机勃勃的、永不衰退的生力军。

天然麝香一般都是先配成“麝香酊”再用于香精配方中的。3%麝香酊的制法如下：

“麝香子”	3g	氢氧化钾	1g	95%乙醇	96g

按上述配方配好以后，密封储藏3个月以上，过滤备用。利用“活体取香”得到的香膏也可代替上述的“麝香子”制成“麝香酊”。麝香酊的气相色谱和液相色谱如图3-3、图3-4所示。

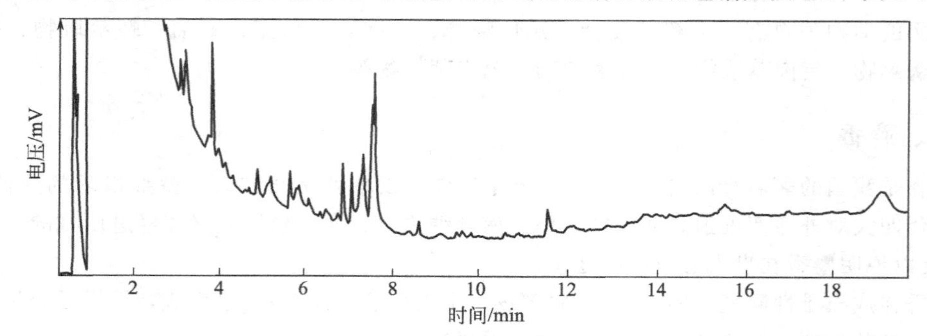

图 3-3 3%麝香酊的气相色谱

使用仪器类型 气相色谱：型号 GC112；柱类型 SE-30；柱规格 30m×0.25cm；载气类型 N_2；载气流量 2.00mL/min；进样量 0.1μL

检测器 FID；灵敏度 8；衰减 5；氢气 4.50mL/min；空气 6.40mL/min；温度 250℃

进样器 分流；分流比 2.0；尾吹 5.0mL/min；温度 250℃

柱温 程序升温；第1阶初始温度 100℃；初温保持时间 1min；升温速度 10℃/min；终止温度 230℃；终温保持时间 30min

实验内容简介 柱前压力，分流比1.80，100℃时0.100MPa(230℃，0.138MPa)；进样 0.1μL

分析结果表

峰号	保留时间/min	峰高	峰面积	含量	峰号	保留时间/min	峰高	峰面积	含量
1	0.668	1864.188	12886.500	0.3099	12	7.088	372.442	1551.636	0.0373
2	0.973	672085.000	4096461.750	98.5111	13	7.358	534.577	4632.016	0.1114
3	2.023	434.645	1434.750	0.0345	14	7.618	1139.077	9051.946	0.2177
4	2.428	1278.919	4101.350	0.0986	15	11.618	183.811	1307.281	0.0314
5	2.623	199.276	1540.199	0.0370	16	12.218	55.858	1202.127	0.0289
6	3.228	426.027	2190.412	0.0527	17	13.778	96.181	2282.299	0.0549
7	3.843	836.204	2765.540	0.0665	18	14.018	88.000	1391.431	0.0335
8	5.248	171.267	1772.620	0.0426	19	14.858	65.866	1853.981	0.0446
9	5.698	282.645	1144.835	0.0275	20	15.518	117.118	3014.971	0.0725
10	5.898	187.774	1963.539	0.0472	21	19.218	151.455	4241.000	0.1020
11	6.898	431.000	1586.400	0.0381	总计		681001.330	4158376.585	100.0000

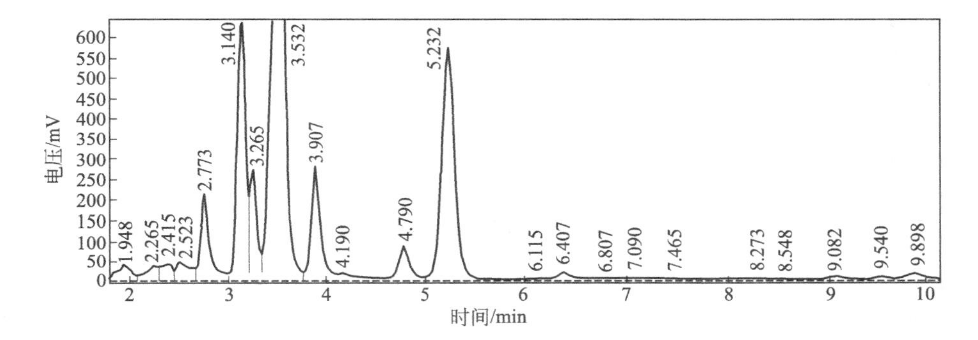

图 3-4 麝香酊的液相色谱

使用仪器类型 液相色谱；仪器型号 LC-10P；柱温 室温；柱型号 C18；

梯度方式 恒流；检测器 紫外；波长 210nm

实验内容简介 进样 1.0μL；流动相 甲醇-水 7∶3；流速 1.0mL/min；压力10.3～10.4MPa

分析结果表

峰号	保留时间/min	峰高	峰面积	含量	峰号	保留时间/min	峰高	峰面积	含量
1	0.140	295.452	1943.122	0.0076	14	5.232	562240.063	5136558.000	20.1218
2	1.565	1718.901	12057.590	0.0472	15	6.115	581.086	4396.800	0.0172
3	1.948	37976.922	422278.250	1.6542	16	6.407	13109.057	112320.000	0.4400
4	2.265	34956.727	311453.344	1.2201	17	6.807	312.308	2163.200	0.0085
5	2.415	39316.473	332668.625	1.3032	18	7.090	392.348	3944.417	0.0155
6	2.523	42767.457	446069.875	1.7474	19	7.465	2073.043	26589.846	0.1042
7	2.773	200809.031	1308835.500	5.1272	20	8.273	1340.556	13754.309	0.0539
8	3.140	621074.750	3855260.500	15.1025	21	8.548	399.407	3959.623	0.0155
9	3.265	258988.047	1352346.375	5.2976	22	9.082	7649.455	100100.320	0.3921
10	3.532	793130.938	9138731.000	35.7998	23	9.540	6981.455	93743.992	0.3672
11	3.907	272445.813	1868424.250	7.3193	24	9.898	14947.272	215573.266	0.8445
12	4.190	12883.992	162067.547	0.6349	总计		3002568.534	25527330.812	100.0000
13	4.790	76177.984	602091.063	2.3586					

兹举一使用“麝香酊”的配方例如下，供参考（本书中所有配方各组分之和除了有“合计”数据者以外均为100）。

麝香香水香精配方

3%麝香酊	20	酮麝香	16	二氢茉莉酮酸甲酯	10
70%佳乐麝香	15	水杨酸戊酯	3	苯甲酸苄酯	5
麝香T	10	吐纳麝香	10	水杨酸苄酯	5
麝香105	5	苯乙酸对甲酚酯	1		

这个香精可用于配制香水，也可用于配制高级化妆品。准备作为香水用的酒精在使用前几个月加入本配方配制的香精（0.1%～0.2%已够）即可起到“预陈化”作用，也就是说，用这个配方配制的香精是一个很好的香水用酒精“陈化剂”或称“预熟化剂”。

再举几个用麝香酊配制的香精例子。

琥珀香精

3%麝香酊	20	橡苔浸膏	2	乙酸苄酯	4
5%龙涎香酊	25	香兰素	4	香叶醇	5
10%安息香酊	30	赖百当浸膏	2		
5%灵猫香酊	5	麝香T	3		

这个香精特别适合于名片的加香用。

花香素心兰香水香精

3%麝香酊	10	茉莉净油	8	橡苔浸膏	2
10%十醛	3	玫瑰净油	6	合成橡苔素	4
10%十一醛	6	赖百当浸膏	2	广藿香油	12
香柠檬油	10	薰衣草油	10	苯乙醇	24
乙酸柏木酯	5	纯种芳樟叶油	4	10%十四醛	2
10%灵猫香膏	2	甲基紫罗兰酮	7	香兰素	2
羟基香茅醛	3	乙酸苏合香酯	4	香根油	3
铃兰醛	5	酮麝香	5	乙酸香根酯	8
新铃兰醛	5	玳玳叶油	3	依兰依兰油	1
紫罗兰酮	1	玳玳花油	3	合计	160

“路丝”化妆品香精

3%麝香酊	8	甲基柏木醚	2	玫瑰净油	2
玫瑰醇	40	麝香105	2	玳玳花油	3
莎莉麝香	8	70%佳乐麝香	4	苯乙醇	5
香兰素	7	10%十一醛	2	檀香803	3
乙位突厥酮	1	姜油	2		
龙涎酮	5	结晶玫瑰	6		

二、麝鼠香

由于麝香来源越来越少，并在许多国家已被明令禁用，但麝香对于配制香水和化妆品香精来说又是不可或缺的，人们不得不寻找其替代品。除了用化学法制取“合成麝香”以外，从其他动物寻找类似麝香的香料也是一条途径。麝鼠（图 3-5）活体取香就是其中较为成功的一例。

图 3-5 麝鼠

图片来源：www. cnmuskrat. com/html/canpin. htm

麝鼠原产北美，又称“美国麝香”，后传入欧洲，辗转传入我国。每只麝鼠每年通过活体取香可得麝鼠香 5g 左右。用石油醚提取麝鼠香可得到 37 种香料成分，主要是十二到二十八碳烯酸甲酯与乙酯、十五和十七环烷酮、十五和十七环烯酮、胆甾烷二烯等，用其他溶剂还可以从麝鼠香中分别得到胆甾-5-烯-3-醇、癸炔、庚到十一醛、十一碳烯醛、辛酸、壬酸等。

同麝香一样，麝鼠香也要先制成“麝鼠香酊”再用于香水与化妆品香精的配制上。5%麝鼠香酊的制法如下：

麝鼠香	5g	氢氧化钾	1.5g	95%乙醇	93.5g

按上述配方配好以后，密封储藏 3 个月以上，过滤备用。

下面举几例用麝鼠香酊配制的香水香精，供参考。

麝香香水香精

5%麝鼠香酊	15	麝香 105	5	水杨酸苄酯	10
龙涎香酊	10	酮麝香	10	安息香膏	10
佳乐麝香	10	玫瑰醇	10		
麝香 T	10	苯乙酸苄酯	10		

“园林”男用香水香精

5%麝鼠香酊	5	莎莉麝香	4	桂酸苯乙酯	2
薰衣草油	45	丁香油	2	水杨酸苄酯	4
檀香 208	6	玫瑰醇	8	檀香 803	6
香豆素	6	香兰素	6		
龙涎酮	4	广藿香油	2		

“鸦片”香水香精

5%麝鼠香酊	4	檀香 208	9	玫瑰醇	5
酮麝香	4	异丁香酚	5	乙酸香叶酯	1
香豆素	3	甲基紫罗兰酮	5	10%叶醇	1
甲基柏木酮	8	大茴香醛	1	香叶油	2
广藿香油	4	檀香 803	3	乙酸苄酯	2
乙酸香根酯	4	依兰依兰油	3	苯乙醇	1
70%佳乐麝香	8	白兰叶油	4	10%异甲基突厥酮	1
龙涎酮	6	香柠檬油	5	10%吲哚	1
铃兰醛	1	甜橙油	3	10%芹菜子油	1
赖百当浸膏	2	10%甲基壬基乙醛	2	10%十四醛	1

“三菱”化妆品香精

5%麝鼠香酊	5	龙涎酮	10	二氢茉莉酮酸甲酯	15

羟基香茅醛	4	苹果酯	10	香兰素	5
异丁香酚	10	甜橙油	5	甲位己基桂醛	5
玫瑰醇	10	莎莉麝香	5	新铃兰醛	6

三、灵猫香

“灵猫香”不管稀释到什么程度，给人的感觉都是“臭”的，几乎没有人会喜欢这种“香气”，但在许多香精的配方里，灵猫香却还是经常用到的，虽然它远不如麝香用得普遍，对灵猫香的科学研究也远远不及麝香。

我国杭州动物园驯养灵猫（图 3-6）并进行“活体取香”已取得成功并投入生产，价格适中，不仅可用于配制香水香精，在一些中档的日用香精中也已得到应用。

图 3-6　灵猫

图片来源：http：//www. zoologicalimports. com/pictures/mammals/africancivet. htm

百花香水香精配方

灵猫香膏	0.2	香紫苏油	2	紫罗兰酮	5
3%麝香酊	5	茉莉净油	2	铃兰醛	10
10%海狸香酊	10	玫瑰净油	2	香豆素	2
香柠檬油	10	檀香油	2	乙酸苄酯	10
纯种芳樟叶油	5	丁香油	2	苯乙醇	3
玳玳花油	3	甲位己基桂醛	3	龙涎酮	5
玳玳叶油	5	玫瑰醇	8.8	甲基柏木酮	5

茉莉花香水香精

灵猫香膏	1	丙酸苄酯	5	香豆素	1
乙酸苄酯	30	依兰依兰油	5	香兰素	1
甲位己基桂醛	10	小花茉莉净油	5	苯甲酸苄酯	3
芳樟醇	15	玳玳叶油	5	水杨酸苄酯	2
乙酸芳樟酯	5	二氢茉莉酮酸甲酯	10	3%麝香酊	2

四、龙涎香

龙涎香与麝香的香韵几乎是所有高级香水和化妆品必不可少的。天然龙涎香是所有香料中留香最久的——许多文学作品中把它描述为可“与日月共长久”，这是由于天然龙涎香所含的香料成分蒸气压都极低——挥发慢，而香气强度又极高——在非常低的浓度下就能被闻到。与其他动物香料不同的是，经过海水漂洗了几十年甚至几百年而后被人打捞起来的天然龙涎香已无任何腥膻臭味，它散发着淡淡的、宜人的、令人为之心动而又说不出所以然的高雅细致的“香水香气”，当然，直接从抹香鲸体内取出的龙涎香则带着强烈的令人厌恶的腥臭味，要靠香料工作者反复的洗涤、复杂的理化处理过程才能得到符合调香要求的“天然龙涎香”。

关于龙涎香的形成机理，过去有许多传说和猜想，现已基本弄清楚了：原来抹香鲸最喜欢吞吃章鱼、乌贼等动物，章鱼类动物体内坚硬的“角质”可以抵御胃酸的侵蚀，在抹香鲸的胃内消化不了——本书作者曾参与解剖2000年在厦门海域“老死”的一头抹香鲸，从鲸的四个胃里取出一百多对章鱼锋利的“角喙”——如直接排出体内的话，势必割伤肠道，在千万年的进化过程中，抹香鲸已经适应大量吞食章鱼类动物而无恙，它的胆囊大量分泌胆固醇进入胃内把这些“角喙”包裹住，然后慢慢排出——这就是为什么解剖抹香鲸时经常会在鲸的肠里找到“天然龙涎香”的原因。

天然龙涎香长久地浸泡在海水中，同时结合了氧气和阳光辐射，故而形成独特的气味。这是一种可以从多方面表达其复杂且微妙特征的香味，是一种融合了熏香、热带森林、泥土、樟脑、烟草、麝香和海洋的气息。在绝大多数情况下，龙涎香的气息能够立刻吸引那些从未领略其魅力的鼻子，其香气别具一格，很难用语言来描述：温暖的，动物香气，令人兴奋的和充满神秘感的。

在很久以前，龙涎香在香料中扮演着一个关键性的角色，龙涎香被用来估量其他财产的价值。早在《一千零一夜》诞生的时代，龙涎香是用于治疗头疼的效用就已被广泛认知；人们将它以熏香一样的方式燃烧，来享受其散发出的令人愉快的香气。在一些东亚国家的菜肴中甚至以其为佐料。而在我国，龙涎香被认为是最为有效的春药之一。

龙涎香最早以香料的形式被使用要追溯到公元前9世纪。阿拉伯人发现它对其他天然油类有定香的作用。而在公元14世纪，龙涎香成为与灵猫和麝香齐名的最具有价值的香料之一。它被当成一种酊剂使用。要使其完全散发香气需要几个月的成熟期，有时甚至要几年。世界上最具有价值的酊剂就是由龙涎香中灰色的而最具有价值的部分组成。也就是本文随后会加以命名的部分。白色部分没有任何香味，黑色部分没有太高的价值，只有中间的灰棕色部分将被用于一些香料产品上。

天然龙涎香同样也是先把它制成“龙涎香酊”再用来配制香精的。兹举例如下。

龙涎香水香精

5%龙涎香酊	20	龙涎酮	15	苯乙酸对甲酚酯	1
3%麝香酊	10	甲基柏木酮	10	水杨酸苄酯	4
降龙涎香醚	1	佳乐麝香	10	二甲基茉莉酮酸甲酯	10
甲基柏木醚	10	苯乙醇	9		

古龙水香精

5%龙涎香酊	5	玳玳花油	10	乙酸芳樟酯	10
香柠檬油	30	迷迭香油	10	安息香膏	5
柠檬油	20	薰衣草油	10		

五、海狸香

严格说来，“海狸香”应叫做“河狸香”才对，因为“海狸”并不生长在海里。从河狸的香囊里取出分泌物，用火烘干就是商品海狸香，所以海狸香总是带着明显的焦熏气味，这是海狸香与其他动物香料最大的不同之处。

我国直到现在还没有生产海狸香，这种香料全靠进口供应。海狸香价格较低，因此可以用于一些中档化妆品香精的配制，这些香精使用海狸香的目的也是为了让人闻起来有“动情感”。

同其他动物香料一样，海狸香也是先把它制成“海狸香酊”并“熟化”几个月再用于配制香精的。海狸香酊的制法如下。

海狸香	10g	氢氧化钾	1.5g	95%乙醇	88.5g

按上述配方配好以后，密封储藏3个月以上，过滤备用。

下面举一个用海狸香酊配制的香精例子。

白兰香水香精

海狸香酊	10	己酸烯丙酯	1	龙涎酮	5
龙涎香酊	5	乙酸异戊酯	1	铃兰醛	9
纯种芳樟叶油	20	乙酸苄酯	10	70%佳乐麝香	5
乙酸芳樟酯	10	苯乙醇	8	安息香膏	5
格蓬酯	1	二氢茉莉酮酸甲酯	10		

上例中“70%佳乐麝香”系用邻苯二甲酸二乙酯将佳乐麝香稀释至70%。本书中除非特别声明，配方中凡是出现“x%”者指的都是该香料用邻苯二甲酸二乙酯稀释的溶液。

“轻骑”香水香精

海狸香酊	10	水杨酸戊酯	5	东印度檀香油	5
薰衣草油	20	橡苔浸膏	5	香豆素	8
香柠檬油	20	广藿香油	1	迷迭香油	3
乙酸芳樟酯	15	香叶油	1	70%佳乐麝香	7

六、水解鱼浸膏

水解鱼浸膏是用海鱼为原料，经蒸煮、磨浆、压汁、浓缩制成的乳黄色或浅棕色液体，具有鱼腥味，无异味。在热水中易溶，能散发出鱼特有的香味。含有鱼全部的有效营养成分，是食品、调味品的增鲜剂和增香剂，添加后能赋予食品独特的醇和口感，是人类及动物的营养补偿剂和诱食剂。

理化指标：

浓度≥70(巴林)	蛋白质≥40%
灰分≤15%	pH5.0～7.0

下面是用水解鱼浸膏配制的香精例子。

鱼香食用香精

水解鱼浸膏	20.000	1,5-辛二烯-3-醇	0.050	1,4-二噻烷	0.002
鱼肉酶解物美拉德反应产物	79.600	2,6-二甲氧基苯酚	0.010	2-甲基-3-呋喃硫醇	0.001
		异戊醛	0.005	4-乙基愈创木酚	0.157
2-甲基庚醇	0.005	2-辛酮	0.005		
苄醇	0.015	2-乙酰基呋喃	0.150		

表中的“鱼肉酶解物美拉德反应产物”制法如下：取鱼肉酶解物180份、葡萄糖16份、甘氨酸4份、丙氨酸4份置于带有搅拌和加热装置的耐压反应锅里，在120℃反应40min，冷

后倾出包装即为“鱼肉酶解物美拉德反应产物”。

鱼腥香饲料香精

水解鱼浸膏	20.00	氨水	1.50	鱼粉	63.75
哌啶	6.50	吲哚	0.15		
三甲胺水溶液	6.00	尿素	2.00		

上述原料混合均匀后即为鱼腥香香味素，每吨猪饲料加入 0.5kg 即有明显的诱食效果。

第二节　植物香料

一、茉莉花浸膏与净油

在所有的“花香”里面，茉莉花（图 3-7）无疑是最重要的——几乎没有一个日用香精里不包含茉莉花香气的，每一瓶香水、每一块香皂、每一盒化妆品都可以嗅闻到茉莉花的香味。不仅如此，茉莉花香气对合成香料工业还有一个巨大的贡献：数以百计的花香香料是从茉莉花的香气成分里发现的或是化学家模仿茉莉花的香味制造出来的——茉莉花的香气是花香中最“丰富多彩”的，其中包含有“恰到好处”的动物香、青香、药香、果香等。直到今日，解剖茉莉花的香气成分仍然不断有新的发现。许多有价值的新香料最早都是在茉莉花油里面发现的。

图 3-7　茉莉花种植园照片

图片来源：www. bedoing. com/molihua

茉莉花有“大花”、“小花”之分，“大花”比“小花”小得多。小花茉莉的香气深受我国人民的喜爱，不单用于日用品的加香，还大量用于茶叶加香——茉莉花茶的生产量是没有任何一种加香茶叶可以同它相比的。福州盛产茉莉花茶，自古以来大量种植小花茉莉，自然也是小花茉莉浸膏和小花茉莉净油的主要出产地了。近年来，由于调香的需要，有些地区也种植大花茉莉，并开始提取大花茉莉浸膏和大花茉莉净油出售。

同其他鲜花浸膏的生产一样，茉莉花浸膏也是用一或数种有机溶剂浸取茉莉鲜花的香气成分后再蒸去溶剂而得到的。用二氧化碳超临界萃取法得到的浸膏香气更加优秀，也更接近天然鲜花的香气，现已工业化生产。

用纯净的酒精可以再从茉莉花浸膏里萃取出茉莉净油，更适合于日用香精的配制需要，因为茉莉花浸膏里面的蜡质不溶于酒精，会影响香精在许多领域里的应用。本书中所有的与下面列举的配方里，使用的茉莉花浸膏有条件时都可以用茉莉花净油代替，用量可以减少一半。

白花香水香精

茉莉花浸膏	4	乙酸苄酯	10	椰子醛	2
墨红浸膏	2	甲位己基桂醛	8	二氢茉莉酮酸甲酯	10
依兰依兰油	8	苯乙醇	10	龙涎酮	10
铃兰醛	10	乙酸苏合香酯	2	檀香 208	5

檀香803	10	水杨酸苄酯	9

百花香水香精

小花茉莉净油	5	乙酸苄酯	5	香兰素	2
玫瑰花净油	3	乙酸芳樟酯	10	洋茉莉醛	2
树兰花浸膏	2	苯乙醇	6	70%佳乐麝香	10
依兰依兰油	5	二氢茉莉酮酸甲酯	8	香紫苏油	1
玳玳花油	3	甲位己基桂醛	4	水杨酸异戊酯	3
香柠檬油	10	甲基紫罗兰酮	4	水杨酸苄酯	5
纯种芳樟叶油	10	香豆素	2		

二、玫瑰花浸膏与净油

玫瑰（图3-8）原产我国，现传遍全世界，对这种花及其香气最为推崇的是欧洲各界人士，由于民间普遍以玫瑰花作为爱情的象征，自然地玫瑰花的香气也成了香水的主香成分。保加利亚、土耳其、摩洛哥、俄罗斯等国都有大面积的玫瑰花种植基地，我国的山东、甘肃、新疆、四川、贵州和北京也都有一定面积的玫瑰花栽种地，品种不一，也有不少是从国外引种的优良品种，现已能提取浸膏和净油供应市场。

图3-8　玫瑰

图片来源：www. learndutch. org/postcard

同茉莉花油一样，玫瑰花油的成分也是相当复杂的，而且“层出不穷”——几乎每年都有新的发现。有相当多的“合成香料”是在玫瑰花油里发现再由化学家在实验室里制造出来的，除了早先发现并合成、大量生产使用的香叶醇、香茅醇、橙花醇、苯乙醇、乙酸香叶酯、乙酸香茅酯、乙酸橙花酯等外，近二十年来较重要的发现并工业制造、广为使用的有玫瑰醚、突厥酮等。

玫瑰浸膏和玫瑰净油的香气虽然较接近玫瑰花的香气，但如果拿着玫瑰鲜花来对照着嗅闻比较，差距还是很大的。用蒸馏法得到的玫瑰精油差距就更大了，因为有许多香料成分溶解在水里，所以蒸馏玫瑰花副产的“玫瑰水”也是宝贵的化妆品原料，也有人把它直接作为化妆水使用（所谓“玫瑰花香露”或“玫瑰花纯露”），也用于芳香疗法之中。

由于价格昂贵，玫瑰浸膏和玫瑰净油只是在配制香水香精与高档化妆品香精时才少量应用。在我国，使用得更多的是墨红浸膏和墨红净油。

下面是一个使用玫瑰油较多的香精例子。

玫瑰香水香精

玫瑰净油	5	紫罗兰酮	4	檀香803	10
苯乙醇	10	玫瑰醚	0.2	柏木油	5
香叶醇	30	乙位突厥酮	0.3	异长叶烷酮	5
香茅醇	20	冷磨姜油	1	灵猫香膏	0.1
苯乙醛二甲醇缩醛	0.9	结晶玫瑰	3.5	3%麝香酊	5

三、墨红浸膏与净油

墨红月季原产德国，其花香气酷似玫瑰，而得油率较高，因而成为我国玫瑰香料的代用品，浙江、江苏、河北、北京都有一定面积的栽培。墨红浸膏和净油价格都分别只有玫瑰浸膏和净油的一半左右，所以我国的调香师比较喜欢用它。实际上，在高、中档香水和化妆品香精里加入墨红浸膏或墨红净油与加入玫瑰浸膏或玫瑰净油的效果非常接近，而成本则降了许多。诚然，二者的香气还是有微妙的差别的，但这个差别并没有比不同品种玫瑰油的差别大。

下面是用墨红浸膏和墨红净油配制的香精例子。

佐伊香水香精

墨红浸膏	5	苯乙醇	10	3%麝香酊	5
茉莉浸膏	3	玫瑰醇	10	檀香 803	5
依兰依兰油	10	香叶醇	10	降龙涎香醚	0.2
乙酸苄酯	10	二氢茉莉酮酸甲酯	10	异长叶烷酮	4.8
甲位己基桂醛	10	龙涎酮	2	铃兰醛	5

东方美香精

墨红净油	4	橡苔净油	12	檀香油	10
香柠檬油	27	洋茉莉醛	10	依兰依兰油	19
香根油	12	吐纳麝香	4	吐鲁香树脂	4
香紫苏油	10	薰衣草油	23	圆叶当归根油	1
广藿香油	4	安息香浸膏	10	香兰素	9
丁香油	7	龙蒿油	4	合计	200
香豆素	10	麝香 T	4		
甲基紫罗兰酮	13	佳乐麝香	3		

四、桂花浸膏与净油

桂花是亚洲特有的、深受我国民众喜爱的香花。在欧美国家，由于大多数人不知桂花为何物，连调香师也以为桂花就是“木樨草花”，常常把桂花和木樨草花混为一谈。其实桂花虽也称木樨花，却不是木樨草花，与木樨草花的香气差别还是比较大的：桂花香气较甜美，而木樨草花的香气则偏青。

桂花在我国广西、安徽、江苏、浙江、福建、贵州、湖南等省均有栽培，广西、安徽与江苏产量最大，并有生产浸膏和净油供应各地调香的需要，部分出口。

由于桂花浸膏和净油的主香成分都是紫罗兰酮类，与各种花香、草香、木香都能协调，所以桂花浸膏和净油不仅用于调配桂花香精，在调配其他花香、草香、木香香精时也可使用。当然，由于价格不菲，它们也只能有限地用于比较高级的香水和化妆品香精中。下面举两个例子。

桂花香水香精

桂花净油	10	叶醇	1	乙酸苯乙酯	2
墨红浸膏	2	辛炔酸甲酯	0.4	羟基香茅醛	4
小花茉莉浸膏	1	乙酸苄酯	3.6	洋茉莉醛	4
二氢乙位紫罗兰酮	40	二氢茉莉酮酸甲酯	10	水杨酸苄酯	5
桃醛	4	香叶醇	5		
鸢尾浸膏	3	苯乙醇	5		

金合欢冷霜香精

原料	用量	原料	用量	原料	用量
桂花浸膏	4	大茴香醛	4	檀香 803	6
鸢尾浸膏	2	辛炔酸甲酯	0.5	苯乙醇	5
依兰依兰油	6	甲基苯乙酮	0.5	洋茉莉醛	4
香叶油	2	莳萝醛	0.2	甲位己基桂醛	3
山萩油	2	香豆素	1.8	异丁香酚	2
紫罗兰酮	18	乙酸苄酯	5	70%佳乐麝香	6
松油醇	8	芳樟醇	5	水杨酸苄酯	5
羟基香茅醛	8	檀香 208	2		

五、树兰花浸膏与树兰叶油

树兰是我国的特产，又称米兰，在闽南地区被称为“米仔兰”，其花清香带甜而有力持久、耐闻。我国南方各省均有栽培，但花的产量不高，只有福建漳州地区的树兰花开得特多，得油率也高，有生产一定量的树兰花浸膏和净油供调香使用。原来用有机溶剂提取的浸膏和净油颜色较深，香气与鲜花相比差距较大，如用超临界二氧化碳萃取，则色泽和香气都要好得多，更受欢迎。

树兰花浸膏较易溶于乙醇和其他香料之中，且具有极佳的定香性能，因而得到调香师的青睐。树兰叶油价廉，香气和定香性能都比不上树兰花浸膏，但在档次较低的香精里“表现”也不错，同样受到欢迎。这两种香料有一个最大的特色就是在类似茉莉花香和依兰依兰花香的基础上带强烈的茶叶青香，这在当今“回归大自然”的热潮中自然有“大显身手”的机会了。配制带茶叶香气的香精时，免不了要使用较多的叶醇和芳樟醇，这两个香料沸点都很低，不留香，加入适量的树兰花浸膏或树兰叶油就能克服之。

下面的例子可供参考。

清香护肤霜香精

原料	用量	原料	用量	原料	用量
树兰花浸膏	2	甲基紫罗兰酮	7	铃兰醛	5
树兰叶油	4	玳玳叶油	7	玫瑰醇	4
女贞醛	1	玳玳花油	2	香叶醇	4
叶醇	1	香紫苏油	2	苯乙醇	3
柠檬醛	2	香柠檬油	4	松油醇	3
纯种芳樟叶油	10	甜橙油	2	乙酸苄酯	3
薰衣草油	12	柠檬油	2	甲位己基桂醛	2
乙酸芳樟酯	14	依兰依兰油	2	乙酸香叶酯	2

六、赖百当浸膏与净油

赖百当浸膏学名应是岩蔷薇浸膏，“赖百当”是译音。赖百当净油可用赖百当浸膏提取得到，由于这种“净油”在常温下仍为半固体，须再加入无香溶剂（如邻苯二甲酸二乙酯等）溶解成为液体以便于使用，所以市售的“赖百当净油”香气强度并不比赖百当浸膏大，在一个香精的配方里如用赖百当净油代替赖百当浸膏时，用量不能减少，而配制成本却提高了。因此，在大部分场合，调香师还是乐于使用赖百当浸膏的。

这种产于植物的树脂却被调香师当作动物香的代表使用，虽然它们也有些花香、药草香，但主要是龙涎香和琥珀膏香。由于现今天然龙涎香和琥珀都不易得到，调香师在调配中档香精时，干脆就把赖百当浸膏和赖百当净油当作龙涎香使用，香气当然要差一些，但留香力却还是相当不错的。

我们来看几个例子。

龙涎玫瑰熏香香精

赖百当浸膏	20	酮麝香	6	苯乙醇	20
玫瑰醇	20	香兰素	12		
香叶醇	20	香紫苏油	2		

琥珀香涂料香精

赖百当净油	5	甜橙油	5	檀香 208	10
香根油	3	香柠檬油	15	葵子麝香	5
苏合香膏	3	香紫苏油	1	玫瑰醇	4
广藿香油	2	香兰素	5	苯甲酸苄酯	15
柏木油	5	香豆素	8	檀香 803	14

七、鸢尾浸膏与净油

在老一辈调香师的心目中，鸢尾浸膏及鸢尾净油是调配花香香精必不可少的原料之一，现今虽然已风光不再，调配高级香水和化妆品香精时还是常常用到它们。调香师只要在香精里用到紫罗兰酮类香料，总是“顺势”加入一点鸢尾浸膏或净油，以修饰紫罗兰香气。国人特别喜爱桂花香，因为调配时免不了使用大量的紫罗兰酮类香料，鸢尾浸膏及其净油便在这里有了一个固定的用场。而在国外，鸢尾浸膏及其净油主要是用于调配紫罗兰、金合欢和木樨草花香精或随着配制紫罗兰油、金合欢油和木樨草花油进入香精的。由于近年来价格不断上涨，年轻的调香师们宁愿避开它们不用而以合成的“鸢尾酮”代替之。诚然，合成“鸢尾酮”与鸢尾浸膏及其净油的香气还是有距离的，而且鸢尾浸膏及其净油优秀的定香能力也是老一辈调香师“舍不得”放弃它们的一个原因。通过分析，鸢尾浸膏及其净油含有大量的十四烷酸，因此，“配制鸢尾油”也加入了同样多的十四烷酸，但却发现在“定香能力”方面还是不能与鸢尾浸膏及其净油相比。看起来，天然香料的所谓“定香作用”，我们的认识还是远远不够的。

下面是几个使用鸢尾浸膏及其净油较多的香精例子。

紫罗兰香水香精

鸢尾浸膏	5	大茴香醛	5	檀香 803	3
小花茉莉浸膏	2	羟基香茅醛	2	丁香油	6
墨红浸膏	2	洋茉莉醛	3	依兰依兰油	6
甲基紫罗兰酮	40	10%十二醛	3	香柠檬油	5
乙酸苄酯	5	香豆素	2	灵猫香膏	1
甲位己基桂醛	5	香兰素	2		
辛炔酸甲酯	2	檀香 208	1		

桂花香水香精

鸢尾净油	4	墨红浸膏	2	丙位癸内酯	2
桂花浸膏	4	甲基紫罗兰酮	5	桃醛	3
小花茉莉浸膏	2	二氢乙位紫罗兰酮	45	乙酸苄酯	8

乙酸苯乙酯	4	苯乙醇	8	纯种芳樟叶油	3
松油醇	3	香叶醇	5	乙酸桂酯	2

八、玉兰花油与玉兰叶油

玉兰花（图3-9）又叫白兰、白兰花、白玉兰，因此，玉兰花油也叫白兰花油；同样，玉兰叶油也叫白兰叶油。玉兰花的香气是国人相当熟悉并且非常喜欢的一种花香。夏日傍晚，在福建、广东的沿海城市里，马路、街道两旁高大的玉兰树散发着迷人的芳香。老百姓家里一般不种玉兰树，迷信的说法是“玉兰树有鬼”，其实是因为玉兰树枝条很脆，怕小孩爬上去采花有危险，祖祖辈辈便有了这种传说，从这一点也说明玉兰花的香气连小孩都喜欢。福建有些地方还用玉兰花窨茶，虽然这种“玉兰花茶”的知名度没有“茉莉花茶”那么高，但有机会喝过它的人都忘不了它那特殊的迷人香韵。

图3-9　玉兰花照片

用玉兰花提取精油，蒸馏法得率约0.2%～0.3%，而有机溶剂萃取浸膏得率只有0.1%，萃取后的花渣可再用蒸馏法提取0.1%～0.2%的花油。花油价格昂贵，只能用于调配香水香精和高级化妆品香精。白兰叶油的价格就便宜多了，大概只相当于玉兰花油的十分之一左右，甚至还更低些。白兰叶油是公认的“高级芳樟醇香气”（在所有使用芳樟醇的配方里，只要用玉兰叶油取代部分芳樟醇，整个香精的香气就显得高贵多了），就因为它还带着玉兰花优雅的花香。

玉兰花的香气在南方各地广受欢迎，香料厂可以提供从天然玉兰花提取出来的“玉兰花油”，但香气与天然的玉兰花相去甚远，而且价格不菲，不可能直接用这种精油来给日用品加香，只能用它配制更加接近天然玉兰花香气的香精。

配制玉兰花油香精（一）

玉兰花油	10	乙酸芳樟酯	10	2-甲基丁酸乙酯	2
白兰叶油	30	白兰酯	2	二氢茉莉酮酸甲酯	10
依兰依兰油	10	新白兰酯	2	苯甲酸苄酯	3
纯种芳樟叶油	20	乙酸丁酯	1		

配制玉兰花油香精（二）

玉兰花油	10	白兰酯	2	苯甲酸苄酯	3
依兰依兰油	10	新白兰酯	1	叶醇	1
白兰叶油	30	乙酸丁酯	1	10%辛炔酸甲酯	1
纯种芳樟叶油	20	2-甲基丁酸乙酯	1		
乙酸芳樟酯	10	二氢茉莉酮酸甲酯	10		

玉兰花香水香精

玉兰花油	10	依兰依兰油	5	茉莉花净油	2

白兰叶油	30	铃兰醛	5	70%佳乐麝香	5
乙酸苄酯	5	苯甲酸苄酯	5	3%麝香酊	8
苯乙醇	3	水杨酸甲酯	5	10%降龙涎香醚	2
二氢茉莉酮酸甲酯	10	龙涎酮	5		

“花花公子”（playboy）香精

铃兰醛	20	白柠檬油	1	玳玳花油	2
龙涎酮	20	玫瑰醇	10	10%灵猫香膏	4
二氢茉莉酮酸甲酯	8	70%佳乐麝香	10	薄荷素油	2
莎莉麝香	6	白兰叶油	12		
甜橙油	3	玳玳叶油	2		

九、玳玳花油与玳玳叶油

在国外常用的天然香料里，苦橙花油和橙叶油占有重要的位置。我国没有这种资源，全靠进口供应，但国内有香型类似的玳玳花油与玳玳叶油，可以用玳玳花油和玳玳叶油配制出惟妙惟肖的苦橙花油和橙叶油。事实上，玳玳花油和玳玳叶油也没有必要全配成苦橙花油和橙叶油，现在国内的调香师已经在各种香精配方里面熟练地用上玳玳花油和玳玳叶油了，这两种油的需求量一直在增加。

由于欧美国家“古龙水”的销售量非常大，男士们几乎天天使用，而古龙水的配方里面苦橙花油和橙叶油占有很大的比例，因此，在男士们使用较多或者男女共用的“中性”日用品所用的香精里，玳玳花油和玳玳叶油的用量较大。

在调香师对各种花香的“归类”里，橙花比较接近于茉莉花香。因此，玳玳花油和玳玳叶油也常被用于调配成“配制茉莉花油”再用于各种香精里面。大家知道，茉莉花与玫瑰花的香气是调香师“永恒的主题”，玳玳花油和玳玳叶油使用量的不断增加也就不足为奇了。

下面是几个大量使用玳玳花油和玳玳叶油的香精例子。

古龙水香精

玳玳花油	10	甜橙油	5	乙酸芳樟酯	30
玳玳叶油	10	迷迭香油	2	橙花酮	2
香柠檬油	20	70%佳乐麝香	5	茉莉花净油	1
纯种芳樟叶油	5	香叶油	2		
薰衣草油	3	安息香膏	5		

配制茉莉花油

玳玳花油	5	甲位己基桂醛	10	二氢茉莉酮酸甲酯	10
玳玳叶油	20	吲哚	2	邻氨基苯甲酸甲酯	4
依兰依兰油	10	纯种芳樟叶油	10	苯乙醇	4
乙酸苄酯	20	乙酸芳樟酯	5		

金银花香精

乙酸苄酯	2	桂醇	32	玳玳花油	2
芳樟醇	20	洋茉莉醛	10	依兰依兰油	3
玫瑰醇	10	邻氨基苯甲酸甲酯	2	乙位萘乙醚	2

铃兰醛	15	十二腈	1	苯乙酸	1

山茶花香精

芳樟醇	30	玫瑰醇	8	羟基香茅醛	6
玳玳叶油	17	异丁香酚	3	葵子麝香	6
依兰依兰油	12	苯乙醛二甲缩醛	2	乙酸对叔丁基环己酯	4
配制茉莉油	11	水杨酸丁酯	1		

本书中所有香精使用的“配制茉莉油”配方统一如下：

配制茉莉油

玳玳叶油	20	纯种芳樟叶油	10	苯甲酸苄酯	2
乙酸苄酯	30	乙酸芳樟酯	10	水杨酸苄酯	4
甲位己基桂醛	10	吲哚	1		
二氢茉莉酮酸甲酯	10	苄醇	3		

十、依兰依兰油与卡南加油

依兰依兰油有时也简称依兰油。在常用的天然香料里，依兰依兰油与卡南加油的使用量是比较大的，这是由于这两种油的价格都比较低廉、而调香师对它们的“综合评价分数”却比较高的缘故。依兰依兰油具有宜人的花香，并带有一种特殊的动物香——一般认为花香里带有动物香是比较高级的。因此，配制各种花香香精都可以大量使用它，非花香（如醛香、木香、膏香、粉香）香精也可以适量使用。卡南加油（卡南加树与依兰依兰树是同品异型物）可以认为是香气较差一点、价格也较低的依兰依兰油，用在较低档香精的调配上。

依兰依兰和卡南加的原产地和目前大量生产地都是南洋群岛，我国福建、海南、广东、广西、云南早已引种成功，并进行“矮化”（依兰依兰和卡南加树在自然条件下可长到20～30m高，采花不易）培植、直接蒸馏和有机溶剂萃取、超临界二氧化碳萃取提油均得到令人满意的结果，但目前产量还不大，每年还要从印度尼西亚进口一定的数量以满足国内调香的需要。

下面是使用依兰依兰油和卡南加油较多的香精例子。

茉莉百花香精

依兰依兰油	10	香叶醇	5	纯种芳樟叶油	10
茉莉花净油	5	香茅醇	5	丁香油	3
甲位己基桂醛	10	苯乙醇	6	松油醇	3
乙酸苄酯	13	铃兰醛	5	檀香油	2
玳玳花油	3	二氢茉莉酮酸甲酯	8		
玳玳叶油	4	乙酸芳樟酯	8		

百 花 香 精

卡南加油	10	甜橙油	5	结晶玫瑰	4
香叶醇	6	乙酸苏合香酯	1	酮麝香	1
苯乙醇	2	10%苯甲酸甲酯	1	水杨酸异戊酯	4
芳樟醇	6	10%格蓬净油	1	二苯醚	1
丁香油	5	铃兰醛	5	乙酸松油酯	4
洋茉莉醛	2	甲基紫罗兰酮	5	柑青醛	1

大茴香醛	1	松油醇	3	10%十二醛	2
10%桃醛	1	兔耳草醛	3	香茅醇	2
乙酸芳樟酯	3	甲基柏木酮	1	桂醇	2
水杨酸苄酯	3	乙酸柏木酯	2	二甲基苯酮	2
异丁香酚	3	甲基壬基乙醛	0.5	二甲苯麝香	2
乙基香兰素	1	苯乙酸	0.5	香豆素	1
十一烯醛	1	乙酸桂酯	2		

配制茉莉净油

二氢茉莉酮酸甲酯	11	苯甲醇	5	橙花叔醇	5
吲哚	2	依兰依兰油	10	水杨酸甲酯	1
邻氨基苯甲酸甲酯	5	白兰叶油	10	丁香油	2
甲位己基桂醛	5	乙酸苯乙酯	2	玳玳叶油	10
苯甲酸苄酯	12	乙酸苄酯	20		

米兰花香精

甲位戊基桂醛	44	山萩油	20	香根油	2
香茅油	5	铃兰醛	5	乙酸对叔丁基环己酯	2
紫罗兰酮	20	卡南加油	2		

风信子香精

乙酸苄酯	30	苏合香膏	6.5	芳樟醇	3
苯乙醇	15	铃兰醛	10	紫罗兰酮	1
松油醇	10	50%苯乙醛	5	大茴香醛	0.5
依兰依兰油	2.5	桂醇	5	香兰素	0.5
香柠檬油	2	丁香酚	3		
水杨酸苄酯	3	玫瑰醇	3		

菊 花 香 精

松油醇	14	香叶油	9	黄樟油	3
卡南加油	20	薰衣草油	6	桂皮油	1
羟基香茅醛	20	香柠檬油	8	二甲苯麝香	2
丁香油	7	柏木油	4	芳樟醇	6

上例配方中“羟基香茅醛”用量超过IFRA规定，“黄樟油”现在也不许用于护肤护发品中，所以这个香精只能用于空气清新剂和熏香用品。

十一、薰衣草油

在香料工业里，薰衣草（图3-10）有3个主要品种：薰衣草、穗薰衣草和杂薰衣草，用它们的花穗蒸馏得到的精油分别叫做薰衣草油、穗薰衣草油和杂薰衣草油。薰衣草油香气是清甜的花香，最惹人喜爱，主要成分是乙酸芳樟酯（约60%）和芳樟醇，我国新疆大量种植的也是这个品种；穗薰衣草油则是清香带凉的药草香，主要成分是桉叶油素（约40%）、芳樟醇（约35%）和樟脑（约20%）；杂薰衣草是薰衣草和穗薰衣草的杂交品种，其油的香气也介乎薰衣草油与穗薰衣草油之间，由于单位产量较高，大量种植，价格也较低廉。

薰衣草不但香气美好，植株外形、颜色也非常漂亮，深受人们的喜爱，2000年甚至被它

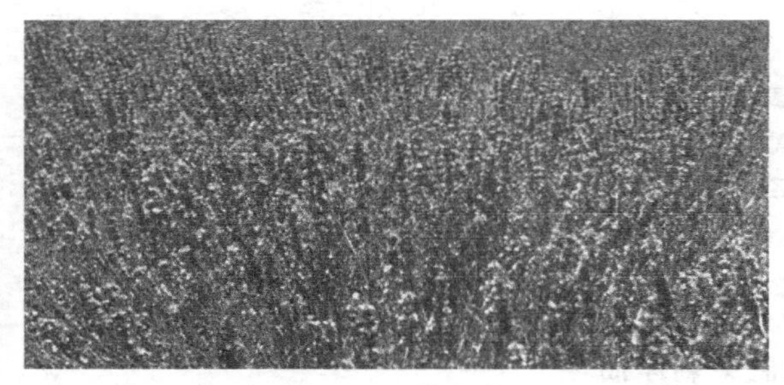

图 3-10　薰衣草

的爱好者们定为"世界薰衣草年"，那一年薰衣草和薰衣草油销售量大增，以致供不应求，时装也流行紫色（薰衣草花是紫色的），世人的眼睛和鼻子被紫色的薰衣草"熏陶"了一年。

薰衣草油是目前世界风靡的"芳香疗法"中一个极其重要的品种，对它的"功能"解释也是最混乱的，有的说它有"镇静作用"，有的又说它有"兴奋、提神作用"，正好相反！其实只要深入了解一下它的化学成分就可以解释了：薰衣草油的主要成分是乙酸芳樟酯，这个化合物对人来说是起镇静作用的；穗薰衣草油的主要成分是桉叶油素和樟脑，这两个化合物对人来说都是起清醒、兴奋作用的，所以效果刚好相反。而杂薰衣草油则不适合作"镇静"或者"提神"用剂，因为说不清它到底会起什么作用。

在调香术语里面，"薰衣草"代表一种重要的花香型，在欧美国家，单单用薰衣草油加酒精配制而成的"薰衣草水"非常流行，相当于我国的"花露水"。由于薰衣草油留香时间不长，配制成各种日化香精需要加入适量的"定香剂"，若是加入的"定香剂"香气强度不大，则还是薰衣草香味；如果加入较大量的香气强度大的"定香剂"，就有可能"变调"成为另一种香型了，例如加入大量的香豆素、橡苔浸膏等豆香香料，则成了"馥奇"香型。

下面的香精配方例子中，分别用到薰衣草油、穗薰衣草油、杂薰衣草油，要注意分清它们：

薰衣草水香精

薰衣草油	30	丁香油	5	乙酸玫瑰酯	3
香柠檬油	10	玳玳叶油	4	桂醛	2
柠檬油	10	檀香油	2	甲基紫罗兰酮	2
甜橙油	10	乙酸芳樟酯	10	70%佳乐麝香	2
香叶油	5	乙酸松油酯	4	香豆素	1

美国花露水香精

薰衣草油	25	玳玳叶油	5	纯种芳樟叶油	5
柠檬油	10	香叶油	5	檀香 208	1
香柠檬油	5	丁香油	5	檀香 803	2
甜橙油	15	乙酸芳樟酯	20	肉桂油	2

草香香精

对甲基苯乙酮	1	香叶油	20	广藿香油	2
水杨酸丁酯	20	大茴香醛	5	橡苔浸膏	3
苯乙酸异丁酯	5	杂薰衣草油	30	香豆素	3
香柠檬油	6	依兰依兰油	5		

"乡下"香精

乙酸长叶酯	20	铃兰醛	7	香叶醇	14

芳樟醇	6	檀香 208	3	穗薰衣草油	17
乙酸芳樟酯	7	甜橙油	3		
70%佳乐麝香	6	乙酸苄酯	17		

薰衣草香精

薰衣草油	10	乙酸芳樟酯	35	苯乙醇	10
甲酸香叶酯	2	纯种芳樟叶油	31		
乙酸香茅酯	2	水杨酸苄酯	10		

男用素心兰香水香精

10%十醛	1	10%异丁基喹啉	1	檀香 208	4
10%十一醛	1	茉莉酯	7	檀香 803	6
艾蒿油	3	50%赖百当净油	8	乙酸芳樟酯	10
50%安息香膏	4	薰衣草油	6	甲基紫罗兰酮	27
乙酸苄酯	3	柠檬油	6	甲基柏木酮	6
苯甲酸苄酯	6	乙酸柏木酯	14	乙酸苏合香酯	3
香柠檬油	8	丁香酚	3	酮麝香	6
甲基柏木醚	3	格蓬浸膏	1	橡苔浸膏	6
甲位己基桂醛	18	广藿香油	11	合计	172

园 林 香 精

薰衣草油	50	莎莉麝香	4	广藿香油	2
檀香 208	6	丁香油	2	桂酸苯乙酯	2
香豆素	6	玫瑰醇	8	水杨酸苄酯	4
龙涎酮	4	香兰素	6	檀香 803	6

十二、香紫苏油与紫苏油

香紫苏和紫苏不是一个品种，许多人知道中药里面有一种“紫苏”，以为香紫苏就是紫苏，待拿到香紫苏油一闻，才发现跟紫苏完全不一样。紫苏油又叫紫苏草油、红紫苏油，福建和广东也有少量生产，但很少用于调香，主要成分是紫苏醛（约 55%）和苧烯（约 25%），当今“芳香疗法”大行其道也许会有“大展身手”的机会——直接作为“香熏油”或配制“香熏油”的原料。

调香作业中常用的是香紫苏油。与薰衣草油相似，香紫苏油的主要成分也是乙酸芳樟酯和芳樟醇，但香紫苏油的香气却呈现龙涎琥珀一样“氤氲”、“深沉”的动物香，并且留香持久，调香师基本上是把它作为动物香料使用的——在各种日化香精里，加上适量的香紫苏油，就可闻出令人“动情”的龙涎香气来，而且让人觉得更有“天然感”。

有趣的是，香紫苏好像“注定”与龙涎“有缘”——从香紫苏植株中可提取一种叫做“香紫苏醇”的化合物，用它来合成价值很高的一种香料“降龙涎醚”比较容易，这也是香紫苏受到香料工作者重视的一个原因。

下面是以香紫苏油和紫苏油为主要原料的几个香精配方例子。

龙 涎 香 精

香紫苏油	8	赖百当净油	5	香柠檬油	15

甜橙油	5	广藿香油	2	安息香膏	10
柏木油	5	檀香油	6	玫瑰醇	5
香根油	3	香荚兰豆酊	10	70%佳乐麝香	10
苏合香膏	3	秘鲁香脂	8	香豆素	5

百花琥珀香精

香紫苏油	5	纯种芳樟叶油	5	檀香 208	5
麝香 105	5	香叶醇	5	檀香 803	5
麝香 T	5	甲位己基桂醛	5	乙酸柏木酯	5
赖百当净油	2	丁香油	5	紫罗兰酮	5
70%佳乐麝香	5	玳玳花油	5	安息香膏	5
水杨酸戊酯	3	乙酸苄酯	5	水杨酸苄酯	5
乙酸芳樟酯	10	苯乙醇	5		

感冒按摩精油

紫苏油	20	丁香油	10	肉桂油	5
薄荷油	20	樟脑	5	白矿油	20
桉叶油	10	冬青油	10		

十三、香叶油

香叶油的主要成分是香叶醇和香茅醇，这两个化合物也是玫瑰油的主要成分，因此，香叶油便成为配制玫瑰香精的重要原料，但是玫瑰油是甜美、雅致的香气，而香叶油却是带着强烈的、清凉的药草气息，这是因为它含有较大量草青气化合物的缘故，所以配制玫瑰香精时香叶油的加入量是有限的。如果把香叶醇从香叶油中提取出来再用于配制玫瑰香精，则可以用到50%甚至更多一些，来自香叶油的香叶醇香气非常好，远胜过从香茅油提取出来或合成的香叶醇，虽然它的“纯度”并不一定高。因为其“杂质”成分也都是配制玫瑰香精的原料，不需要过度“提纯”。

在用蒸馏法制取香叶油的过程中要注意“冷凝水”的回收（最好是让它回流到蒸馏罐中），因为香叶油的香气成分大部分是醇类，比较容易溶解于水，现在有人用它配制“化妆水”，效果很好，值得推广。

下面是用香叶油配制玫瑰香精的几个例子。

玫瑰香精（一）

香叶油	4	香茅醇	15	乙酸苯乙酯	2
玫瑰油	3	香叶醇	20	甲基紫罗兰酮	2
丁香油	1	玫瑰醇	20	苯乙醛二甲缩醛	2
山萩油	3	苯乙醇	20	10%壬醛	1
康涅克油	1	芳樟醇	5	癸醇	1

玫瑰香精（二）

苯乙醇	18	乙酸香茅酯	3	癸醇	1
玫瑰醇	18	芳樟醇	2	乙酸苯乙酯	2
桂醇	2	丁香酚	1	10%十一烯醛	1
甲酸香叶酯	2	苯乙醛二甲缩醛	1	壬酸乙酯	1

松油醇	2	香叶油	2	山萩油	2
香柠檬醛	1	10%玫瑰醚	1	合计	60

十四、丁香油与丁香罗勒油

在香料工业中，讲到“丁香油”大家都明白指的是“丁子香油”，不会是“紫丁香油”或“白丁香油”，因为只有“丁子香油”才有大量生产供应。几十年来这一行业的人们已经习惯于把它简化叫做“丁香油”而不会有任何问题，但外行人有时候还是不明白要多问几句。“丁香罗勒油”在产地也经常被简化叫做“丁香油”，这就更让外行人“丈二和尚——摸不着头脑”了。在本书中我们只把“丁子香油”称作“丁香油”。严格说来，“丁香油”还可分为“丁香叶油”和“丁香花蕾油”两种，后者的香气较好，用于配制较为高档的香精。平时我们讲“丁香油”主要指“丁香叶油”，如果是“花油”的话，应该叫“丁香花蕾油”别人才不会弄错。

丁香油和丁香罗勒油都含有大量的丁香酚，香气也都很有特色，既可以直接用来配制香精，也都可以用来提取丁香酚。丁香酚既可以直接用来调香，也可以再进一步加工成其他重要的香料（异丁香酚、丁香酚甲醚、甲基异丁香酚、乙酰基丁香酚、乙酰基异丁香酚、苄基异丁香酚、香兰素、乙基香兰素等）。从丁香油和丁香罗勒油中提取丁香酚是比较容易的，只要用强碱（氢氧化钠、氢氧化钾等）的水溶液就可以把丁香酚变成酚钠（或钾）盐溶解到水中，分出水溶液再加酸就可以提出较纯的丁香酚了。

丁香酚是容易变色的香料，因此丁香油和丁香罗勒油也是容易变色的，在配制香精时要注意这一点。

下面是直接使用丁香油和丁香罗勒油配制香精的几个例子。

白花香石竹香精

丁香油	45	苯乙醇	8	丁香酚甲醚	2
白兰叶油	5	水杨酸苄酯	6	乙酰基异丁香酚	2
玫瑰油	2	异丁香酚苄醚	4	苯乙醛二甲缩醛	2
小花茉莉净油	2	乙酸苄酯	4	桂酸苯乙酯	2
米兰浸膏	1	乙酸桂酯	4	洋茉莉醛	2
依兰依兰油	1	乙酸苯乙酯	3	二甲基苄基原醇	5

康乃馨香精

丁香油	40	苄醇	2	苯甲酸苄酯	21
芳樟醇	27	苯甲醛	2	水杨酸苄酯	3
松油醇	1	二氢茉莉酮酸甲酯	1		
叶醇	1	苯甲酸叶酯	2		

“霸王”香精

异长叶烷酮	40	丁香油	30	苯乙酸乙酯	5
甲基柏木酮	20	丁香罗勒油	10	芳樟醇	5
玫瑰醇	20	紫罗兰酮	30		
苯乙醇	20	乙酸苄酯	20		

十五、甜橙油与除萜甜橙油

甜橙油目前无疑是所有天然香料里产量和用量最大、最廉价的（有人还会提出松节油的产量更大，但松节油目前还很少直接用于调香，而主要用作合成其他香料的原料），年产量（2～3）万吨，今后也许只有芳樟叶油有可能与它争夺这个“冠军宝座”。美国和巴西盛产甜橙，甜橙油作为副产品大量供应全世界，通常单价每千克1美元左右，有时甚至低于0.5美元，从而发生把它作为燃料烧掉以维持“正常”价格的商业行为，令人扼腕。由于它的高质量和低价格，使得类似的产品——柑橘油几乎没有市场。许多柑橘类油如柠檬油、香柠檬油、圆柚油等都可以用廉价的甜橙油配制出来。

甜橙油含苎烯90%以上，留香时间很短，只能作为“头香香料”使用，但它的香气非常惹人喜爱，所以用途极广，既大量用于调配食品香精，也大量用于调配各种日用香精。

在日用香精的配方里，除了直接使用甜橙油外，还常常使用除萜甜橙油，这是因为甜橙油里大量的苎烯有时会给成品香精带来不利的影响——有些香料与苎烯相溶性不好，出现浑浊、沉淀现象；苎烯暴露在空气中容易氧化变质，香气和色泽易于变化，造成质量不稳定；甜橙油加入量大时计算留香值低，实际留香时间也不长……为了克服这些缺点，有的香料厂就专门生产“除萜甜橙油”出售，名为“3倍甜橙油”、“5倍甜橙油”、“10倍甜橙油”不一而足。实际上，“除萜甜橙油”的香气往往不如不除萜的好，所以所谓“3倍”、“5倍”、“10倍”是要打折扣的。

下面是使用甜橙油和“除萜甜橙油”配制的香精例子。

果香洗衣粉香精

甜橙油	20	乙酸苄酯	20	苯甲酸苄酯	5
山苍子油	5	二氢月桂烯醇	5	苯乙酸苯乙酯	5
己酸烯丙酯	5	芳樟醇	10	素凝香	5
苹果酯	10	乙酸芳樟酯	10		

新古龙水香精

除萜甜橙油	20	乙酸芳樟酯	30	安息香膏	5
柠檬醛	5	纯种芳樟叶油	15	酮麝香	5
二氢月桂烯醇	5	玳玳花油	15		

十六、柠檬油与柠檬叶油

欧美国家的人们特别喜欢柠檬油的香气，因此，在欧美国家流行的各种香水、古龙水里，以柠檬作为头香的为数不少。与甜橙油相比，柠檬油带有一种特殊的“苦气”，也许正是这股特殊的“苦气”吸引了众多的爱好者趋之若鹜，因此，“配制柠檬油”也应带有这股“苦气”，否则便与一般的柑橘油无异，失去它的特色。

天然柠檬油里含有一定量的柠檬醛（柠檬醛也是“苦气”的组成部分），这是对柠檬油香气“贡献”最大的化合物。含量最多的当然还是苎烯，同甜橙油一样，柠檬油也有“除萜柠檬油”或者叫做“*X*倍柠檬油”的商品出售。把苎烯去掉50%左右的“除萜柠檬油”（相当于“5倍”的柠檬油）特别适合于配制古龙水和美国式的花露水，因为古龙水和花露水的配制用的是75%～90%的酒精，这种含水较多的酒精只能有限地溶解萜烯。

柠檬叶油的香气与柠檬油差别较大，也不同于其他的柑橘油和柑橘叶油。令人感兴趣的是它竟然带有一种青瓜的香气，因此，柠檬叶油可以用来配制各种瓜香香精。对喜欢“标新立异”的调香师来说，柠檬叶油是创造“新奇”香气的难得的天然香料之一。

下面是用柠檬油、“除萜柠檬油”和柠檬叶油调配成的香精例子。

柠檬香精

柠檬油	20	白柠檬油	2	二氢茉莉酮酸甲酯	5
柠檬醛	10	苯乙醇	18	甲位戊基桂醛	3
甜橙油	30	苯乙酸苯乙酯	10	香柠檬醛	2

古龙水香精

香柠檬油	30	缬草油	1	麝香105	5
乙酸芳樟酯	10	甲酸香叶酯	3	檀香208	5
玳玳花油	5	乙酸香茅酯	5	铃兰醛	8
橙花酮	2	乙酸柏木酯	5	10%乙位突厥酮	2
香柠檬醛	2	安息香膏	4	白柠檬油	1
杭白菊浸膏	1	甲基柏木醚	7	柠檬油	4

果香香精

柠檬油	10	乙酸己酯	5	丁酸苄酯	6
甜橙油	30	乙酸苄酯	5	庚酸乙酯	3
山苍子油	15	己酸烯丙酯	4	乙酸辛酯	3
兔耳草醛	10	乙酸松油酯	3	庚酸烯丙酯	6

十七、香柠檬油

香柠檬油与柠檬油的香气有很大的不同，刚刚接触香料的人们常常被这两种精油的名称搞乱——以为多一个“香”字与少一个“香”字还不是一样。香柠檬油的香气以花香为主，果香反而不占“主导地位”了——香柠檬油的成分里面，苧烯含量较少，而以“标准花香”的乙酸芳樟酯为主要成分。香柠檬油的香味也几乎是“人见人爱”，很少有人不喜欢它，这就是在众多的香水香精配方里面经常看到香柠檬油的原因。

同柠檬油一样，调香师也经常使用“配制香柠檬油”，这一方面是为了降低成本，另一方面则是因为天然香柠檬油的香气经常有波动，色泽也不一致。每个调香师都有自己的配制香柠檬油配方，用惯了反而更得心应手，不必像使用天然香柠檬油那样“担惊受怕”。调香师对天然香柠檬油还有一怕——怕其中的香柠檬烯含量过高。IFRA规定在与皮肤接触的产品中，香柠檬烯的含量不得超过75×10^{-6}，假如你用的香柠檬油含香柠檬烯0.35%的话，那么它在香精里的用量就不能超过2%。为此，调香师要把每一批购进的香柠檬油都检测一下它的香柠檬烯含量才敢使用。其他柑橘类精油也多少含有一点香柠檬烯，也要检验合格才能用于调配日化香精。

天然香柠檬油和配制香柠檬油都被大量用于配制古龙水和“美国花露水”，在其他日用品香精里面也是极其重要的原料。虽然香柠檬油留香要比柠檬油好一些，但它仍是介乎“头香”与“体香”之间的香料，在配制香水和化妆品香精时，如果用了大量的香柠檬油，要让它“留香持久”便成了难题——“定香剂”加多了，香型会“变调”，天然的香紫苏油便是一个例子，香紫苏油的主要成分也是乙酸芳樟酯，只因含有较多的“定香剂”，就变成龙涎琥珀香型的香料了。

请看以香柠檬油为主要原料配制的几个香精例子。

少瓦兹香精

香柠檬油	65	山苍子油	6	广藿香油	2

留兰香油	1	甲基紫罗兰酮	2	丁香油	1
橡苔浸膏	2	乙酸苄酯	1	甲位己基桂醛	1
芳樟醇	16	乙酸辛酯	1	香豆素	2

防风根香精

香柠檬油	30	香根油	5	玳玳叶油	1
香兰素	16	广藿香油	2	羟基香茅醛	5
葵子麝香	4	酮麝香	2	甜橙油	2
洋茉莉醛	6	赖百当净油	4	苯甲酸苄酯	12
香豆素	10	香叶油	1		

古 龙 香 精

玳玳叶油	50	苯乙醇	10	香兰素	2
香柠檬油(配制)	20	3# 香叶油	12	50%赖百当净油	2
柠檬油	10	香紫苏油	2	安息香膏	8
甜橙油	16	甲基紫罗兰酮	2	苏合香浸膏	6
柠檬醛	2	茉莉浸膏	8	薄荷素油	3
玳玳花油	22	香根油	2	乙酸乙酯	3
3# 薰衣草油	6	檀香 208	2	酮麝香	6
麝香草酚	2	丁香油	4	合计	200

佛罗里达香精

茉莉浸膏(小花)	4	铃兰醛	32	龙涎酮	13
米兰浸膏	4	甲位己基桂醛	28	10%灵猫香膏	10
鸢尾油	2	玫瑰油	26	榄香酮	1
玳玳花油	2	甲基柏木醚	20	橡苔浸膏	6
香柠檬油	28	康乃馨醚	6	酮麝香	10
柠檬油	20	甲基壬基乙醛	6	香豆素	4
橙叶油	12	乙酸芳樟酯	20	佳乐麝香	20
香紫苏油	6	二氢月桂烯醇	2	赖百当浸膏	4
依兰依兰油	24	二氢茉莉酮酸甲酯	20	10%丁位癸内酯	2
白兰叶油	12	乙酸叶酯	1	10%十醛	2
香根油	3	茴香腈	2	合计	408
广藿香油	2	10%乙基麦芽酚	1		
甲基紫罗兰酮	52	10%女贞醛	1		

新鲜木香香精

		二氢茉莉酮酸甲酯	10	异长叶烷酮	30
香柠檬油	30	香叶油	2	甲基柏木酮	30
二氢月桂烯醇	15	香紫苏油	2	香兰素	1
甜橙油	3	香豆素	2	合计	125

十八、山苍子油

山苍子油是我国的特产香料油，虽然它含有较多的柠檬醛，但由于含有不少“香气不怎么令人喜欢”的成分，直接嗅闻之并不美好，因而较少出现在香精配方里，而是从中提取出高纯度的柠檬醛再用于配制香精。

其实用一定规格的山苍子油直接配制香精在许多场合下不但是可行的，而且还常奏奇功。通常讲的“香气不怎么令人喜欢”指的是那些带着辛辣气息、像生姜一样的成分，聪明的调香师就跟炒菜放生姜一样把这种有特色的香味利用起来，调出美妙、和谐的香精！例如调配仿天然玫瑰花香的玫瑰香精，一般要加少量的柠檬醛和少量的姜油，此时直接加山苍子油岂不更好！配制柠檬油，直接往甜橙油里面加山苍子油比加柠檬醛调出的成品香气更加自然、更加惹人喜爱。请看下面的香精例子。

玫瑰香精

香叶醇	24.0	乙酸苄酯	2.0	乙酸对叔丁基环己酯	5.0
香茅醇	20.0	结晶玫瑰	4.0	乙位突厥酮	0.3
苯乙醇	20.0	二苯甲酮	3.0	玫瑰醚	0.2
乙酸香叶酯	3.0	香叶油	3.0	玫瑰油	2.0
乙酸香茅酯	3.0	柏木油	2.5	山萩油	3.0
乙酸苯乙酯	2.0	紫罗兰酮	2.0	山苍子油	1.0

配制柠檬油

山苍子油	5.0	柠檬油	20.0	柠檬油萜	30.0
甜橙油	42.0	白柠檬油	3.0		

柠檬香精

甜橙油	50	甲位己基桂醛	13	乙酸芳樟酯	5
山苍子油	10	柑青醛	15	乙酸己酯	25
十醛	2	二氢月桂烯醇	5		

十九、桉叶油

在香料工业里，一般讲“桉叶油”都是指“蓝桉叶油”，只因“蓝桉叶油”含桉叶油素高，有大规模生产供应——我国云南就大量种植蓝桉以生产蓝桉叶油销售全世界。现在还有从“桉樟”——一种叶子的油里含大量桉叶油素的樟科植物——叶子得到的“桉樟叶油”（或叫“樟桉叶油”）和从提取天然樟脑得到的副产品“白樟油”分馏出来的“桉樟油”（国外称之为“中国桉叶油”），香气虽有差异，照样被调香师用于调配香精。

早期调香师较少把桉叶油用于调配日用品香精中，嫌它有“辛凉气息”、有“药味”，现在随着“回归大自然”的热潮，调香师发现桉叶油加入日用品香精中有助于增加“天然感”，才使被冷落几十年的桉叶油重新“焕发青春”。

直接把桉叶油加在香精里和加桉叶油素是不一样的，前面介绍过蓝桉叶油与桉樟叶油、桉樟油香气不一样，主要是因为“杂质”的不同，而这些“杂质”也赋予所配制的香精不同的“天然气息”。

看看下列香精配方你会从中“嗅到”它们的“天然气息”并理解调香师们的用心。

配制杂薰衣草油

蓝桉叶油	18	乙酸异龙脑酯	5	乙酸芳樟酯	20
樟脑	10	芳樟醇	35	香紫苏油	2

柏木油	3	松节油	2		
长叶烯	3	松油醇	2		

药草香香精

水杨酸戊酯	28	丁香油	18	甲基二苯醚	3
苯乙醇	4	麝香草酚	17	乙酸三环癸烯酯	3
桉叶油	7	樟脑油	20		

配制穗薰衣草油

桉樟叶油	50	龙脑	1	长叶烯	2
芳樟醇	25	松油醇	2	柏木油	2
乙酸芳樟酯	5	香叶醇	1		
樟脑	10	松节油	2		

迷迭香香精

桉叶油	40	芳樟叶油	5	松油醇头子	6
乙酸异龙脑酯	40	山苍子油	1		
玫瑰醇	6	甜橙油	2		

薰衣草香精

芳樟醇	16	白柏木油脚子	10	乙酸松油酯	9
苯乙醇	20	乙酸苄酯	4	乙酸异龙脑酯	3
乙酸芳樟酯	16	松油醇	5	芸香浸膏(固体)	3
二甲苯麝香	8	玫瑰醇	5	桉叶油	1

杂薰衣草香精

乙酸芳樟酯	30	桉叶油	5	山苍子油	5
芳樟醇	20	黄樟油	2	乙酸松油酯	5
乙酸异龙脑酯	6	丁香罗勒油	5	乙酸苄酯	10
香紫苏油	5	甜橙油	2	苯甲酸苄酯	5

二十、茶树油

茶树油是近年来天然精油里发展最快的一颗新星，原产澳大利亚，现我国和印度也有种植并提取精油，茶树油价格逐年下降，除了直接用于芳香疗法、配制各种护肤护发品和盥洗用品以外，调香师也开始把它用于某些特殊香精的配制。在日用品里加入用茶树油配制的香精具有双重作用：赋香与杀菌，但 IFRA 目前仍“由于缺乏足够的资料”而不允许茶树油用于与皮肤直接接触的产品中。

茶树油里面含有 30%～40%对孟烯-1-醇-4（俗称“松油醇-4”）、10%～20%1,8-桉叶油素，前者具有紫丁香的花香香气，而后者是清凉的草、药气味，直接嗅闻之并不美好，但由于现今“崇尚大自然”的结果，人们已经逐渐并开始适应、甚至喜爱这种“有自然感”的香味了。事实上，最早的古龙水使用了大量的迷迭香油，而迷迭香油就是属于“有自然感”香气的天然香料，至今仍然广受欢迎。对孟烯-1-醇-4 和桉叶油素都具有消炎、杀菌、净化空气的作用，因此，用茶树油配制的香精很适合作空气清新剂用。在香精里面加入比较多的茶树油时，要注意不让桉叶油素的清凉药草香气过分暴露。

下面是两个使用茶树油较多的香精配方。

古龙型空气清新剂香精（目前不能用于配制古龙水！）

茶树油	20	纯种芳樟叶油	10	橙花酮	1
香柠檬油	15	玳玳花油	10	檀香 208	2
薰衣草油	10	异长叶烷酮	5	70%佳乐麝香	2
乙酸芳樟酯	20	乙位萘乙醚	5		

“青木”香精

茶树油	10	柠檬油	11	苯乙醇	10
柏木油	30	羟基香茅醛	10	二甲苯麝香	9
甲位戊基桂醛	12	乙酸异龙脑酯	32	香茅腈	6
松油醇	14	乙酸苏合香酯	14	檀香 208	2
丁香酚	4	乙酸苄酯	10	合计	200
乙酸芳樟酯	8	芳樟醇	8		
薰衣草油	8	留兰香油	2		

“田野”复配精油

茶树油	20	纯种芳樟叶油	30	柠檬油	10
玳玳花油	10	依兰依兰油	20	香柠檬油	10

二十一、松节油

在大部分调香师的眼里，松节油好像“不属于香料”，只是作为生产多得不可胜数的“合成香料”的起始原料，在调配各种香精时，也很少想到使用松节油，但在分析各种天然香料时，却几乎每一次都要看到“甲位蒎烯”、“乙位蒎烯”，而这两个蒎烯就是松节油的主要成分。由此可见，在调配、仿配天然精油时，松节油是不能“忘掉”的。在当今“芳香疗法”盛行于世时，松节油更是配制各种“香熏油”的常用材料——须知中文“松节油”就已经明白告诉你它是能够“轻松关节的油”，这正是目前时髦的“推拿”、“按摩”广告上标榜的字眼。

几年前，日本有人通过实验证实蒎烯可以减轻人的疲劳。事实上，到原始森林去进行“森林浴”也是因为林间空气里含有大量蒎烯的缘故。人们自然会想到在家里、办公室里也能享受这种“蒎烯疗法”，最简单的是洒点松节油就行了。松节油的气味许多人不喜欢，而且它不留香，所以应该把它配成令人喜爱的、留香较久的香精再做成空气清新剂。

下面即是用松节油配制的香精例子。

杜松香精

松节油	15	乙酸异龙脑酯	10	松油醇	20
长叶烯	15	柏木油	40		

“松筋活络”精油

松节油	42	蓝桉叶油	5	水杨酸甲酯	2
樟脑	3	乙酸异龙脑酯	3	柏木油	3
龙脑	2	薄荷油	10	松针油	10

穗薰衣草油	20				

迷迭香香精

桉叶油	40	芳樟叶油	5	松节油	6
乙酸异龙脑酯	40	山苍子油	1		
玫瑰醇	6	甜橙油	2		

二十二、芳樟叶油

在全世界每年使用量最多的25种香料中，芳樟醇一直名列前茅，年用量高达10000t以上，而用于合成芳樟酯类香料、维生素A和E、β-胡萝卜素等使用的芳樟醇每年也要20000t以上，二者加起来每年超过3万吨。天然芳樟醇的资源有限，虽然含有芳樟醇的天然香料多得不计其数（这也是在几乎所有的日用香精里都能检测到它的缘故），但可用于从中提取芳樟醇或直接作为芳樟醇加进香精里的天然香料品种只有芳樟木油、芳樟叶油、白兰叶油、玫瑰木油、伽罗木油和芫荽子油等寥寥数种，其他天然香料如橙叶油、柠檬叶油、玳玳叶油、香柠檬薄荷油以及从茉莉花、玫瑰花、依兰依兰花、玉兰花、树兰花、薰衣草等各种花草提取出来的精油里面所含的芳樟醇则是以“次要成分”进入香精的。因此当今世界使用的芳樟醇百分之九十几来自“合成芳樟醇”。

从芳樟木油、芳樟叶油提取的芳樟醇是目前天然芳樟醇的主要来源之一，我国的台湾和福建两省从20世纪的20年代就已开始利用樟树的一个变种——芳樟的树干、树叶蒸馏制取芳樟木油和芳樟叶油并大量出口创汇，国外把这两种天然香料叫做“Ho oil”和“Ho leaf oil”，“Ho”是闽南话“芳”的近似发音。天然的芳樟树毕竟有限，经过将近一个世纪的滥采滥伐至今已所剩无几，人工大量种植芳樟早已排上日程。福建的闽西、闽北地区采用人工识别（鼻子嗅闻）的方法从杂樟树苗中筛选含芳樟醇较高的“芳樟”栽种进而提炼“芳樟叶油”也有二十几年的历史了。用这种办法可以得到芳樟醇含量60%以上的精油，个别厂家可以成批供应含芳樟醇70%的“芳樟叶油”，再用这种“芳樟叶油”精馏得到主成分95%以上的“天然芳樟醇”。由于樟叶油的成分里面除了芳樟醇以外，主要杂质是桉叶油素和樟脑，而这两种物质的沸点与芳樟醇非常接近，即使很“精密”的精馏也不容易把这两种杂质除干净，所以用这种方法得到的“天然芳樟醇”与“合成芳樟醇”的香气相比也好不到哪里去，成本也不低。

樟树和芳樟的一个特点是用种子繁殖时易发生化学变异——大约只有10%～20%能保持母本的特性。因此，即使你找到一株叶油含芳樟醇98%的“纯种芳樟”，用它的种子播种育苗，也只有少部分算是“芳樟”，其余仍是杂樟。看来只能用“无性繁殖”才能解决这个难题。厦门牡丹香化实业有限公司的科研人员在闽西山区找到几株含左旋芳樟醇高达98%以上、桉叶油素和樟脑含量均低于0.2%的优良品种，采用组织培养和嫩枝扦插相结合的方法大量育苗成功，目前已能供应“纯种芳樟叶油”用于调香了。在所有的日用香精（其实也包括食品香精、饲料香精和烟用香精）配方里，只要有用到芳樟醇的地方，全部改用这种“纯种芳樟叶油”，配出的香精香气质量都会有所提高。诚然，“纯天然”也是吸引调香师乐于使用的一个原因。

纯种芳樟叶油的香比强值比芳樟醇大得多，对各种日用品原料的异味尤其是冷烫液和染发剂的氨味有很好的遮蔽作用，又相当耐碱，可以大量使用在各种日用香精里。

兹举几个用纯种芳樟叶油配制的香精例子。

香皂用白兰香精

纯种芳樟叶油	50	二氢茉莉酮酸甲酯	10	乙酸戊酯	1

丁酸乙酯	1	甲位己基桂醛	10	水杨酸苄酯	2
己酸烯丙酯	2	乙酸苄酯	15	香豆素	3
格蓬酯	1	卡南加油	5		

花枝香精

甲位戊基桂醛	30	纯种芳樟叶油	10	柑青醛	11
铃兰醛	10	乙酸芳樟酯	10	花萼油	50
二氢月桂烯醇	5	乙酸异龙脑酯	5	乙酸苄酯	30
山苍子油	5	香茅腈	3	水杨酸戊酯	10
甜橙油	10	女贞醛	1	合计	200
玫瑰醇	10				

山花香精

纯种芳樟叶油	15	水杨酸戊酯	18	乙酸苄酯	8
70%佳乐麝香	4	香豆素	2	苯乙醇	8
甲位戊基桂醛	9	玫瑰醇	5	香叶醇	2
苯甲酸苄酯	13	松油醇	1	苄醇	15

二十三、香茅油

香料用的香茅（图 3-11）油主要有两个品种：爪哇种与斯里兰卡种。二者的主要成分都是香茅醛、香茅醇与香叶醇以及这两种醇的乙酸酯，爪哇种的含醛量和总醇量都比较高，因而种植量也大。我国目前是爪哇种香茅油的种植、出口与消费大国，印度尼西亚和越南产量也很大，但消费不多。

图 3-11　香茅

香茅油可直接提取香茅醛、香茅醇和香叶醇，也是这 3 种香料最主要的天然来源。一般爪哇种香茅油含香茅醛35%～40%、香茅醇 20%～25%、香叶醇 15%～20%、乙酸香茅酯和乙酸香叶酯约 5%。由于香茅醇与香叶醇的沸点较为接近，而且都是玫瑰花香气，所以天然的香茅醇总是含有不少的香叶醇，而天然的香叶醇也总是带着较多的香茅醇。直接用精馏法提取香茅醛留下的部分有人就把它当作“粗玫瑰醇”出售，可用于配制一些中低档的日用香精特别是熏香香精中。

将香茅醛还原可以得到香茅醇，许多香料厂直接以香茅油作原料用“高压加氢法”还原其中的香茅醛，由于“高压加氢法”免不了会生成少量的四氢香叶醇，使得产物香气不佳。厦门牡丹香化实业有限公司的科研人员在几年前找到了一种新的还原剂，这种还原剂能够像导弹一样专门还原香茅醛的“醛基”，而不与其他双键起作用，香茅油用这种方法还原后得到的产物（也被称为“玫瑰醇”）不含四氢香叶醇，香气甜润，充满天然玫瑰花香，可以直接用来配制各种日用香精（代替价格昂贵的玫瑰花油），也可以用它来提取质量优异的香茅醇与香叶醇。

厦门牡丹香化实业有限公司还利用变异育种的方法从爪哇种香茅草得到一株得油率（鲜草）0.8%、油中香叶醇含量高达 50%的新品种，现已大量繁殖栽种，预期几年以后市场上就会有这种“高醇香茅油”供应了。

几乎所有的人一闻到香茅油就会说“像洗衣皂的味道”，这是因为洗衣用肥皂从一开始工业化大量生产就与香茅油结缘，至今仍未改变。直接用香茅油作“肥皂香精”也是可以的，香茅油中的香茅醛香气强度大，能有效地掩盖各种油脂的腥膻臭味，但香茅油留香力较差，最好还是把它调配成专用的“皂用香精”使用效果更优。下面举一个例子。

洗衣皂香精

香茅油	70	二甲苯麝香	8	檀香 208	2
二苯醚	5	柏木油	10	檀香 803	5

香茅油也可以直接用来配制一些香气比较“粗糙”的日用香精特别是熏香用香精，兹举一例如下。

熏香用玫瑰香精

香茅油	5	二苯醚	5	檀香 803	5
香叶油	5	苯乙醇	20	柏木油	3
香茅醇	20	二甲苯麝香	5		
香叶醇	30	檀香 208	2		

在这个配方里，檀香 803 的用量不要再加大，以免“喧宾夺主”——虽然直接嗅闻之仍为玫瑰香气，但点燃以后变成浓烈的檀香气味了。

香茅油价格有时波动较大，甚至供应不上，此时如果柠檬桉油价格不太高的话，可以考虑用柠檬桉油配制，配方见下一节“柠檬桉油”。

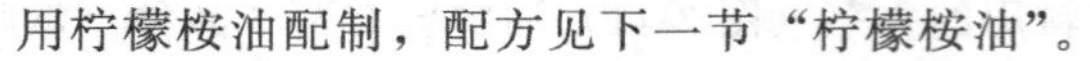

图 3-12 柠檬桉

二十四、柠檬桉油

柠檬桉油是与香茅油同一类香气的天然精油，二者都含有大量的香茅醛，前者香茅醛含量超过后者的两倍——70％～80％，甚至高达 90％。因此，如果仅仅为了得到香茅醛的话，种植柠檬桉油是更合算的。

柠檬桉（图 3-12）是一种生长在热带、亚热带的高大乔木（是目前世界上已知长得最高的植物），木材坚硬笔直，经济价值高，我国南方大量种植已将近一个世纪，利用这些作为绿化、木材使用的高大树木每年采收一些细枝叶蒸馏而得到的精油一直是我国柠檬桉油的主要来源。如果只是为了得到香料，则应采用“矮化密植”方式作业，以利于采收和提高精油产量。

从柠檬桉油提取香茅醛比香茅油更容易，得率也高得多。直接用柠檬桉油制取羟基香茅醛也已经在许多工厂实现。香茅醛还原可以得到香茅醇，柠檬桉油直接还原得到的“粗香茅醇”也可以用来配制一些对香气要求不太高的日用香精，这同香茅油都是相似的。请看下面的香精配方例子。

熏香用玫瑰香精

粗香茅醇	40	二苯醚	3	异长叶烷酮	5
合成香叶醇	20	二苯甲酮	2	丁香油	3
苯乙醇	7	柏木油	5	二甲苯麝香脚子	5

香叶醇底油	10				

用柠檬桉油配制香茅油的配方如下。

配制香茅油

柠檬桉油	40	香茅醇	20	柏木油	5
合成香叶醇	30	二苯醚	5		

当然，也可以用柠檬桉油直接配制洗衣皂香精，配方如下。

洗衣皂香精

柠檬桉油	35	二苯醚	10	檀香 208	2
合成香叶醇	15	柏木油	10	檀香 803	5
香茅醇	10	二甲苯麝香	8	长叶烯	5

二十五、檀香油

檀香油历来是调香师特别喜爱的天然香料之一，其香气柔和、透发、有力，留香持久，几乎各种日用品香精中只要加入少量檀香油就让人觉得“高档”了许多。遗憾的是由于世界资源太少，二十几年前印度突然宣布大幅度涨价后就再也没有回落过，调香师不得不寻找代用品，全世界的有机化学家也纷纷加入到分析、“解剖”、仿制檀香油和开发具有檀香香气的化合物，至今已有多个“合成檀香”香料问世并被调香师认可而得以应用。我国老一辈香料工作者也不遗余力地从国外引进并自己研制了“合成檀香”803、208、210、檀香醚等，再经过调香师的共同努力，用这些“合成檀香”配制出了香气与天然檀香油很接近的“人造檀香油”，基本可以满足各种日用品的加香要求。不过，调香师直至今日还是没能用现有的各种合成香料调配出“惟妙惟肖”的檀香油出来，同各种天然的动物香料一样，天然檀香油那种奇妙的“动情感”、“性感”（有人认为天然檀香油比天然麝香还“性感”）至今仍让科学家们伤透脑筋。

天然檀香油约含有90%的檀香醇，这个化合物至今还没能比较“经济”地大量合成出来供应市场，今后即使找到比较“廉价”的合成方法，也不能说“人造檀香油”已经“大功告成”，因为檀香醇的香气还不能代表天然檀香油的“精髓”，这正如各种柑橘油（柠檬油、甜橙油等）的情形一样——虽然各种柑橘油的主要成分都是苎烯，有的油苎烯含量超过90%，但苎烯的香气绝对代表不了各种柑橘油的香气。

在各种香精配方里，少量的檀香油就有“定香”作用，而多量的檀香油就能在体香甚至在头香中起作用，这个天然香料油好就好在它的香气自始至终“一脉相承”、“贯穿到底”。

高级檀香香精

东印度檀香油	10	广藿香油	3	玫瑰醇	10
檀香 208	10	香根油	3	异长叶烷酮	5
檀香醚	8	龙涎酮	5	甲基柏木醚	10
檀香 803	18	甲基柏木酮	8	佳乐麝香	10

素心兰香精

香豆素	4	铃兰醛	10	香茅腈	2
二甲苯麝香	4	乙酸松油酯	6	乙酸对叔丁基环己酯	5
洋茉莉醛	2	甲基柏木酮	5	橡苔浸膏	2

10%十醛	1	檀香208	2	乙酸苏合香酯	2
10%甲壬乙醛	2	东印度檀香油	3	乙酸芳樟酯	15
玫瑰醇	10	香根油	2	甜橙油	4
二苯醚	5	广藿香油	2		
乙酸苄酯	10	甲位戊基桂醛	2		

配制檀香油

东印度檀香油	30	檀香醚	6	香兰素	1
檀香208	30	异长叶烷酮	6		
檀香803	17	血柏木油(或柏木油)	10		

二十六、柏木油

在全世界寥寥可数的几种木香香料中，柏木油的重要性远远超过了檀香油，虽然它的香气比檀香油“差多了”，但这只是因为目前柏木油供应充足，价格低廉，檀香油则是“物以稀为贵”而已，相信以目前这样乱砍滥伐的情形发展下去，不必等太久，柏木油也会像檀香油一样成为“稀罕物”的——有“先知先觉”的香料工作者早已看到这一点，在实验室里合成了一系列具有天然柏木油香气的化合物，准备到柏木油枯竭时派上用场。

由于目前柏木油价格非常低廉，调香师使用起来也是“大手大脚”，有点随意性，“配制檀香油”是它“大显身手”的“好地方”；在日用化学品和熏香用品里使用量极大的“玫瑰檀香香精”里它也是“大出风头”，用量都在其他香料之上；就是在常用的玫瑰香精里，柏木油也经常被加入作为“定香剂”；在“东方香”型、木香型及许多“幻想”型香精中，柏木油的用量都是较大的。

不少地方的农民自已用“土法”制取柏木油，有的用直接火干馏取油，制得的柏木油焦味很重，除了偶尔用一点配制皮革香香精（这种香精需要一点烟熏味）可以直接使用外，其余的都要经过处理除去焦味——一般用碱洗就可以去焦味，因为产生焦味的化合物主要是一些酚类，酚可以溶解在碱水里。现在倾向于用“水煮”或水蒸气蒸馏法提油，但由于柏木油中的许多成分沸点较高，蒸馏时间要很长，而且提不“干净”，最好用“加压水蒸气蒸馏法”，这需要一定的投资，千万不要用未经有关部门检测合格的“土锅炉”和土“压力蒸馏罐”进行压力操作。

从柏木油中可以提取柏木脑和数量更多的柏木烯，这两个单体香料都是既可以直接用来调香，也是制取许多合成香料如乙酸柏木酯、甲基柏木醚、甲基柏木酮等的重要原料。提出柏木脑和柏木烯后留下的“素油”仍可以作为配制低档香精的原料。

所有柏木油中含有的香料成分及由它们衍生的化合物留香时间都比较长，都可以用作“定香剂”。

有一种柏木油颜色是鲜红的，习称“血柏木油”，其香气比较接近于檀香的香气，因而常被用来作为配制檀香油的主要原料，可惜现在资源已经枯竭，市场上难以见到了。

“海市”香精

70%佳乐麝香	14	松油醇	5	柏木油	5
乙酸二甲基苄基原酯	14	香叶醇	15	苯乙醇	10
铃兰醛	15	乙酸香叶酯	5	水杨酸戊酯	2
芳樟醇	10	乙酸苄酯	5		

檀香香精

名称	用量	名称	用量	名称	用量
香兰素	8	铃兰醛	3	松油醇	2
洋茉莉醛	2	结晶玫瑰	2	香豆素	1
玫瑰醇	8	檀香 208	22	乙酸对叔丁基环己酯	1
苯乙醇	8	檀香 803	20	二甲苯麝香	2
柏木油	5	麝香 105	2	香叶油	2
异长叶烷酮	6	乙酸松油酯	2		
楠叶油	2	甲基二苯醚	2		

玫瑰檀香香精

名称	用量	名称	用量	名称	用量
檀香 803	15	紫罗兰酮	1	香兰素	2
檀香 208	4	芳樟醇	3	苯乙醇	10
血柏木油	18	乙酸芳樟酯	1	乙酸苯乙酯	2
广藿香油	2	甜橙油	4	乙酸松油酯	4
玫瑰醇	11	松油醇	13	异长叶烷酮	3
二苯醚	2	二甲苯麝香	4	十一醛	1

木香香精

名称	用量	名称	用量	名称	用量
柏木油	20	香根油	3	香叶油	2
甲基柏木酮	30	甲基柏木醚	10	乙酸香叶酯	6
檀香 208	10	乙酸芳樟酯	10		
广藿香油	3	芳樟醇	6		

二十七、广藿香油

广藿香油是调香师特别喜爱的少数难得的“全能性”天然香料之一，所谓“全能性”是指有些香料既可以做基香香料，又可以做头香香料，当然也可以做体香香料了。按照朴却的香料分类理论，凡在闻香纸上留香超过 60 天的都可以被用来做“基香香料”，这些“基香香料”大部分香气强度不大，加入香精里面不大影响“头香”香气，广藿香油则不但留香时间大大超过 60 天，而香气强度又相当大，少量加进香精里面，它的香气在“头香”就可以明显地闻得到。类似的香料不多，大家较为熟悉的有檀香油、茉莉净油、赖百当净油、鸢尾净油、桂花净油、香紫苏油、香叶油、香根油、甘松油等屈指可数的几个，也都被调香师视为珍品。

广藿香虽是草本植物，但广藿香油却被调香师当作木香香料使用。不过，当使用量过大时，广藿香油的“药味”显出来却不太受欢迎——除非你本来就是要配制“药香香精”。须知广藿香与中药里的藿香不是同一个植物，二者香气完全不同。也不要把广藿香油拿来配制“藿香正气水”。

广藿香油是较为罕见的直到今日还没有合成代替物的一个特殊精油，也就是说现在市场上还没有全部用合成香料配制的广藿香油出售——组成广藿香油香气的几个主要化合物至今还没有“经济”的合成方法。这造成有时候种植广藿香的地区碰上天灾或者人祸减产时，广藿香油的价格会在短时间里飙升到天价。

我国现在已经是少数的出口广藿香油的国家之一，主要出产地在海南和广东两省，但产量波动较大，有时一年出 100 多吨，有时才几十吨。质量原来也不稳定，现在采用“分子蒸馏法”精制要好多了，有的厂家还可以根据用户的要求生产出特殊规格的广藿香油（颜色浅淡的、含醇量高的等）以杜绝进口。

檀香玫瑰香精

檀香醇	7	香根油	6	丁香罗勒油	3
檀香 803	7	广藿香油	4	桂皮油	3
檀香 208	20	异长叶烷酮	8	紫罗兰酮	5
檀香醚	5	二苯醚	5	柠檬油	2
柏木油	15	玫瑰醇	10		

木香香精

乙酸柏木酯	10	香柠檬油	20	乙酸对叔丁基环己酯	5
檀香 208	20	甲基紫罗兰酮	6	檀香 803	12
广藿香油	20	二氢茉莉酮酸甲酯	7		

东方花香香精

10%榄青酮	6	广藿香油	4	麝香 T	10
10%吲哚	6	紫罗兰酮	4	芳樟醇	12
菠萝酯	1	麝香 105	4	香柠檬酯	20
乙酸香茅酯	1	香兰素	5	二氢茉莉酮酸甲酯	20
女贞醛	1	水杨酸叶酯	6	水杨酸苄酯	20
香豆素	1	乙酸芳樟酯	8	甲位己基桂醛	28
10%覆盆子酮	1	异丁香酚	8	香根油	8
香叶醇	2	苯乙醇	10	黑檀醇	2
乙酸苄酯	2	甜橙油	10	合计	200

二十八、香根油

同广藿香油一样，香根油也是“全能性”的天然木香香料之一，但它的香气与广藿香油完全不同，广藿香油带着一种“干的药香”，而香根油则带着一种“甜润的壤香”，质量稍次的则有“土腥气”，二者结合倒是既“互补”又“相辅相成”，所以调香师经常同时使用它们，不偏不倚，相得益彰。

香根油的主要成分是香根醇，现在已有合成品供应，但香气还是与天然品差距较大。直接把香根油“乙酰化”（而不是提出香根醇再“酯化”）制得的产品叫做“乙酰化香根油”，在调香上也很有价值，但目前 IFRA 对香根油的“乙酰化”有一些具体的规定，不符合这些规定的不能用于调配日用化学品香精。

香根油和“乙酰化香根油”颜色都很深，这也是调香师不敢大量使用它们的一个主要原因，香料制造厂也曾经想方设法对它们进行“脱色”处理，颜色是变淡了，但香气也“变淡”了，看来有些深颜色的化合物也可能是香根油的主要香气成分。

馥奇香精

橡苔浸膏	0.75	广藿香油	3	二甲基对苯二酚	7
香根油	15	对甲基苯乙酮	1	洋茉莉醛	8
赖百当浸膏	5	麝香 105	7	大茴香醛	5

香豆素	5	海狸香膏	10	薰衣草油	18.25
香兰素	10	米兰浸膏	5		

檀香麝香香精

二甲苯麝香	12	大茴香醛	4	乙酸玫瑰酯	20
檀香 208	10	羟基香茅醛	4	丁香油	10
檀香 803	4	柠檬醛	2	麝香 T	10
广藿香油	8	玫瑰醇	4	苯乙醇	20
乙位萘乙醚	6	乙酸环己基乙酯	6	乙酸对叔丁基环己酯	20
丙酸三环癸烯酯	3	苯乙醛二甲缩醛	4	香根油	15
柏木油	18	二甲基苄基原醇	3	合计	200
香兰素	4	甘松油	3		
乙酸松油酯	3	甲基柏木酮	7		

二十九、甘松油

甘松油也属于木香香料之一，但甘松油的“药味”更明显，与甘松油同一路香气的缬草油就“划归”药香香料了。在配制木香香精时，甘松油的用量更要谨慎，否则将配成“药木香香精”。

物如其名，“甘味”也是甘松油香气的特色之一，在各种香精里面，加一点甘松油就如同在中药里加甘草一样，不过，中药里加甘草是让味觉有“甘味”，而香精里加甘松油则是让嗅觉有“甘味”。在配制药香香精时，加入甘松油（此时就可以多加了）会令人觉得闻起来“舒服”得多，因为人们对“药味”的畏惧在于“苦”（所谓“良药苦口”）——骗小孩子吃药要加糖也是这个道理。

甘松油是配制熏香香精的重要原料之一，因为甘松油在熏燃时散发出一种令人愉悦的香气，而“同一路香气”的缬草油熏燃时香气就差多了。

药草香香精

橡苔浸膏	4	二甲基苄基原醇	20	玫瑰醇	22
大茴香油	2	二甲苯麝香	4	乙酸邻叔丁基环己酯	4
乙酸松油酯	28	乙酸芳樟酯	6	香豆素	10
桉叶油	2	叶醇	4	10%芹菜子油	4
乙酸异龙脑酯	40	芳樟醇	8	甘松油	10
甲位己基桂醛	4	香柠檬油	14	合计	200
乙酸对叔丁基环己酯	6	薰衣草油	8		

檀麝香精

二甲苯麝香	4	檀香 803	25	香根油	3
麝香 T	10	柏木油	18	水杨酸戊酯	5
葵子麝香	8	香兰素	7	香豆素	4
檀香 208	10	广藿香油	3	甘松油	3

三十、亚洲薄荷油与椒样薄荷油

在国际香料市场上，有一组香料一直最为国人所自豪，这就是“薄荷”——包括薄荷原油、薄荷素油、天然薄荷脑，特别是后者，20 世纪 70 年来我国的“白熊牌”薄荷脑一直称霸世界，无人可以匹敌。虽然最近随着劳动力、土地价格等方面变化的影响，受到印度低价位产品的强力冲击，加上国内一些不法商人的“捣鬼”，信誉有一些受损，但只要国内香料界人士齐心协力，共同维护，总不至于看到这杆“大旗”被“西风”吹倒。

亚洲薄荷油与椒样薄荷油的香气有差别，直接嗅闻时后者比较“清爽”一些，但前者含薄荷脑高，可用来“提脑”，提取薄荷脑后副产的“薄荷素油”还含有不少薄荷脑，香气也较薄荷原油好一些，可直接用于配制许多日用品香精，也可以用来配制椒样薄荷油。

亚洲薄荷油原先大量直接用于配制万金油、风油精、祛风油、白花油等治疗小伤小病的“万用精油”，如今都已改为用提取出来的薄荷脑配制，这样质量更有保证。牙膏、漱口液、口香糖等也大量使用亚洲薄荷油和天然薄荷脑，市场量非常之大，而且每年都在增长。有的牙膏香精采用天然薄荷脑和椒样薄荷油为主配制，因为有不少人更喜欢椒样薄荷油的香气。椒样薄荷我国也已大量种植生产，现在不但不用进口，每年还出口不少。

烟草工业每年也使用不少薄荷脑和薄荷油，有一种主要是供应女人抽的More香烟就直接使用亚洲薄荷油加香，也很受欢迎。

薄荷脑和薄荷油作为现代“芳香疗法”中的主要成分起清醒作用，用途越来越广。有一年货源不足，加上一些不法商人的炒作，竟在短时间里价格暴涨了近10倍，造成许多大量使用薄荷脑和薄荷油的企业受损，也“造就”了印度与我国争夺这个市场的机会。

驱 风 油

薄荷脑	28	桉叶油	18	白矿油	18
水杨酸甲酯	16	香叶醇	3	乙酸已酯	1
樟脑	6	乙酸异龙脑酯	10		

薄荷留兰香牙膏香精

薄荷脑	20	香柠檬油	2	丁香酚	1
薄荷素油	20	柠檬油	5	乙酸薄荷酯	10
留兰香油	30	乙酸芳樟酯	5		
薰衣草油	3	大茴香脑	4		

薄荷牙膏香精

椒样薄荷油	38	柠檬油	3	香豆素	0.5
薄荷脑	10	甜橙油	2	香兰素	0.5
薄荷素油	20	肉桂油	1		
大茴香油	5	水杨酸甲酯	20		

三十一、留兰香油

留兰香油又叫绿薄荷油，说明它与薄荷“有缘”。的确，由于留兰香和薄荷是同科近缘植物，如果把二者种在一起，就很容易由于花粉混杂，造成杂交使品种退化。我国江苏、安徽、湖南等大面积种植薄荷与留兰香的地方就规定把这两种植物隔江而种，依靠宽阔的长江江面阻止花粉“乱交”，但仍然防不胜防，薄荷与留兰香专家辛辛苦苦培植的优良品种往往不过几年就退化了。

留兰香油的最主要用途在于配制牙膏和漱口液香精，虽然留兰香油并没有“清凉”感，但它与薄荷的香气非常协调，能起到相辅相成的作用，所以许多牙膏和漱口水香精喜欢采用“薄荷留兰香”香精。

除了牙膏、漱口水以外，其他日用品香精较少使用到留兰香油，最近由于“回归大自然”热潮，有人调出明显带有留兰香香气的“旷野”幻想型香精用于空气清新剂取得成功，留兰香油在这方面也许会开始有些“用武之地”。

留兰香牙膏香精

原料	用量	原料	用量	原料	用量
留兰香油	52	柠檬油	5	丁香油	2
薄荷脑	30	香叶油	0.5	乙基香兰素	0.5
薄荷素油	5	大茴香油	5		

薄荷留兰香牙膏香精

原料	用量	原料	用量	原料	用量
薄荷脑	40	大茴香油	5	丁香油	1
薄荷素油	20	柠檬油	3	苯乙醇	1
留兰香油	20	香柠檬油	3		
薰衣草油	5	乙酸芳樟酯	2		

旷野香精

原料	用量	原料	用量	原料	用量
留兰香油	6	檀香 803	5	水杨酸戊酯	10
薰衣草油	30	甲位己基桂醛	4	香紫苏油	5
柏木油	10	乙酸苄酯	5	二氢月桂烯醇	2
檀香 208	5	铃兰醛	10	纯种芳樟叶油	8

“山风”香精

原料	用量	原料	用量	原料	用量
留兰香油	5	10%异丁基喹啉	1	菠萝酸乙酯	1
麝香草酚	2	乙酸长叶酯	1	花萼油	29
榄青酮	1	杭白菊浸膏	2	女贞醛	1
格蓬酯	1	香茅腈	2	芳樟醇	5
甲酸香叶酯	7	水仙醚	3	乙酸芳樟酯	5
乙酸香茅酯	4	苯乙醛二甲缩醛	6	乙酸苄酯	9
白柠檬油	6	乙酸异龙脑酯	5		
乙酸柏木酯	3	草莓酸乙酯	1		

三十二、橡苔浸膏与橡苔净油

在早先配制“馥奇”香精和“素心兰”香精时，都要大量使用橡苔浸膏和橡苔净油，现在由于 IFRA“实践法规”对它用量的限制，加上“合成橡苔素”的工业化生产供应，还有他自身的一些缺点——有色泽、价格时常波动等，市场需求量正在减少。

橡苔浸膏和橡苔净油的留香时间都较长，有不错的定香作用，加在香精里面能起到一种“稳重”香气的作用，也就是使得原先显得“轻飘”的香气变得“厚实”、“浓郁”一些，橡苔浸膏和橡苔净油本身的香气是自然界的“苔藓”气味加上豆香、干草香，因此，要调制“自然气息”、“乡土气息”、“秋收”之类香精免不了使用它们。它们与香豆素、薰衣草油一起使用就组成了“馥奇”香型，再加上香柠檬油等就组成了“素心兰”香型，这两个都是香水和化妆品香精里极其重要的香型，橡苔浸膏和橡苔净油的重要性不言而喻。

橡苔浸膏和橡苔净油的颜色是墨绿色带点黄棕色，但有时绿色淡而黄棕色明显起来，这并不能说明是质量问题。橡苔净油是从橡苔浸膏提取出来的，杂质更少一些，所以在使用的时候可以少用一点，香气倒是没有太大的差别。

“合成橡苔素”的香气与橡苔浸膏、橡苔净油相比还是有差距的，所以调香师们把以前香精里面用的橡苔浸膏、橡苔净油改成“合成橡苔素”时还是持谨慎态度，不敢全部改掉，一般是按 IFRA“实践法规”执行（橡苔浸膏或橡苔净油用量不超过 3%），其余的用“合成橡苔素”补足。

松针香精

乙酸异龙脑酯	40	长叶烯	10	橡苔浸膏	3
松节油	10	乙酸松油酯	20		
松油醇	10	异长叶烷酮	7		

海山香精

乙酸芳樟酯	8	乙酸松油酯	7	乙酸苏合香酯	1
柑青醛	3	乙酸苄酯	4	格蓬浸膏	1
甲位戊基桂醛	12	芳樟叶油	8	格蓬酯	1
玫瑰醇	12	铃兰醛	6	杭白菊浸膏	1
二氢月桂烯醇	3	乙酸异龙脑酯	3	10%异丁基喹啉	1
薄荷素油	1	香茅腈	3	麝香草酚	1
香豆素	4	甲壬乙醛	3	合成橡苔素	2
水杨酸戊酯	1	榄青酮	1	橡苔浸膏	2
柏木油	3	广藿香油	1		
薄荷素油	1	乙酸三环癸烯酯	2		

素心兰香精

香柠檬油	5	苯乙醛二甲缩醛	1	洋茉莉醛	3
柠檬油	5	紫罗兰酮	8	香豆素	3
广藿香油	2	香茅腈	2	乙基香兰素	1
香根油	2	茴香腈	2	龙涎酮	1
檀香 803	2	甜橙油	5	麝香 T	4
檀香 208	5	苯甲酸苄酯	5	70%佳乐麝香	6
香紫苏油	2	甲基柏木醚	2	乙酸对叔丁基环己酯	3
乙酸苄酯	13	铃兰醛	10	橡苔浸膏	2
乙位萘甲醚	2	乙酸芳樟酯	5	乙酸苏合香酯	2
甲位戊基桂醛	2	10%甲壬乙醛	2	合计	130
玫瑰醇	10	10%十醛	1		
二苯醚	5	乙酸松油酯	7		

三十三、安息香浸膏

安息香浸膏有时又被称为安息香树脂，有人认为安息香树脂包含着一些不溶解于乙醇的杂质，安息香浸膏更“纯净”一些。在膏香香料里，安息香浸膏无疑是使用最多、调香师也最了解的品种，它的香气淡弱，颜色也较浅淡，加入香精里面一般既不大影响到整体的香味，又可增加留香时间，价格也较为低廉，可以“随意加入”。

“现代派”的调香师不太喜欢用天然膏香香料，认为它们的香气成分无非就是苯甲酸酯、水杨酸酯、桂酸酯类、香兰素等，用这些合成香料自己调配更方便，也更“安全”一些。其实天然膏香香料还是有各自的特色的，用各种合成香料配制还不能完全把它们的“自然气息”再现出来。安息香浸膏因为价格不贵，调香师不太认真调配它，果真“认真”的话，也很难调出让熟悉它的人辨认不出的程度。

苯甲酸苄酯是安息香浸膏的主要成分，有时含量高达80%，因此，在香精里加了安息香浸膏等于加了“天然苯甲酸苄酯”，在当今“回归大自然”、崇尚天然材料的时代，特别是配制“芳香疗法”精油时，安息香浸膏又有机会以“天然定香剂”的“身份”对几十年来被合成的苯甲酸苄酯“占据”的“奇耻大辱”报“一箭之仇”了。

东方香香精

安息香浸膏	10	纯种芳樟叶油	2	异甲基紫罗兰酮	3
水杨酸苄酯	3	芫荽子油	0.1	檀香208	1.5
玫瑰油	3	桂皮油	1	檀香803	4.5
香荚兰豆净油	2	春黄菊油	0.2	檀香木油	2
吐纳麝香	2	榄香脂油	0.5	乙位突厥酮	0.1
佳乐麝香	5	乙酰芳樟叶油	3	香根油	1.5
新铃兰醛	1.5	甜橙油	2	甲基柏木酮	6
羟基香茅醛	3	枯茗子油	0.3	龙涎酮	3
乙酸香叶酯	1.5	丁香酚	4	灵猫净油	0.1
玫瑰醚	0.1	黑胡椒油	0.5	香兰素	1
苯乙醇	1.3	铃兰醛	2.5	没药香膏	1
乙酸苄酯	2	大茴香脑	0.2	甲基柏木醚	3
含羞花净油	1	玫瑰醇	3	山萩油	1
甲位紫罗兰酮	1	香叶醇	4	香豆素	3
香柠檬油	4	乙酸苯乙酯	0.5	广藿香油	1
柠檬油	2	甲位己基桂醛	2	苯乙酸	0.1

法兰西香水香精

柠檬油	2	苯乙醇	20	异丁香酚	2
甜橙油	1	紫罗兰酮	10	水杨酸苄酯	4
香柠檬油	10	安息香浸膏	4	10%桃醛	2
玳玳花油	2	赖百当净油	1	葵子麝香	12
50%苯乙醛	1	芸香浸膏	1	配制茉莉油	30
芳樟醇	6	乙酸香根酯	1	玫瑰醇	3
10%十醛	10	兔耳草醛	7	苯甲酸苄酯	20
10%十一醛	10	檀香208	5	10%降龙涎醚	2
10%甲基壬基乙醛	5	水杨酸戊酯	2	合计	200
乙酸芳樟酯	7	香豆素	1		
依兰依兰油	7	羟基香茅醛	12		

三十四、芳樟叶浸膏与樟木脂素

芳樟叶浸膏的主要成分是左旋芳樟醇、萜烯、樟木脂素、黄酮、叶绿素、类胡萝卜素等，不含樟脑、桉叶油素和黄樟油素，有浓厚的中药芦荟和干燥芦荟叶子的青苦香，带有橡苔浸膏和树苔浸膏的膏香和青苔香，香气质量较高，比较雅致，可用于食品香精和日化香精的调配，尤其适合于配制烟用香精和熏香香精——芳樟叶浸膏含有一定量的单糖、氨基酸、有机酸等，在烟草和熏香品加热、熏燃时发生美拉德反应产生各种与烟香非常协调的香味成分，类胡萝卜素、樟木脂素、叶绿素和黄酮热解时分别产生紫罗兰酮类、内酯类、植醇类、酚类等香料物质，增加了一些更加美妙的香气。樟多酚、黄酮、类胡萝卜素等是强力的抗氧化剂，可以消除或减少烟草燃烧时产生的“自由基”，对人的健康起保护作用。

商品樟木脂素常温下是固体，可以完全溶解于各种香精中，不是很“纯净”的物质，仍然含有不少芳樟叶浸膏里的成分，香气与芳樟叶浸膏接近，也是带青香、苔香的膏香香料，熏燃时香气比芳樟叶浸膏好一些，其化学结构式见图 3-13。

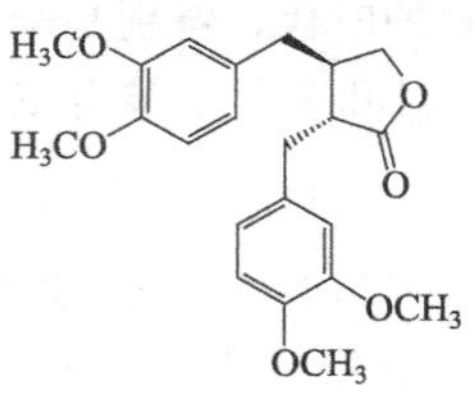

图 3-13　樟木脂素化学结构式

由于分子量比较大，纯度较高的樟木脂素，在常温下香气极淡，但加热时就会散发令人愉悦的青香气味。其实各种植物浸膏里面所含的木脂素、多酚、高碳酸及其酯类、二萜类、甾醇、生物碱、香豆素类物质都有可能在加热或熏燃时散发出香味（沉香的香气也是在加热或熏燃时散发出来），这个现象应该引起香料界人士尤其是调配熏香香精与烟用香精的调香师们注意，也许我们从中还可以找出相当多以前不曾留意的有用香料。

调香师在调配每一个日用香精时几乎都要考虑如何使用“定香剂”的问题，理想的定香剂应该同该香精的主题香气一致，才不会出现香味“断档”或“首尾不能衔接”现象，目前常用的定香剂以木香、花香、膏香、动物香、豆香、药香为主，青香的定香剂极少，所以非常宝贵。芳樟叶浸膏和樟木脂素是难得的优秀的带天然青香香气的定香剂。

下面是用芳樟叶浸膏和樟木脂素配制的香精例子：

绿地香精

芳樟叶浸膏	29	女贞醛	1	水杨酸异戊酯	22
芳樟醇	8	乙酸叶酯	1	甲位己基桂醛	20
香豆素	3	乙酸苏合香酯	2	柑青醛	4
乙酸芳樟酯	10				

素心兰熏香香精

芳樟叶浸膏	15	薰衣草油	6	香柠檬油	20
橡苔浸膏	5	麝香 T	4	香叶醇	8
香豆素	4	甲位己基桂醛	4	桂酸苯乙酯	5
铃兰醛	5	苯乙酸苯乙酯	2	檀香 803	5
紫罗兰酮	5	水杨酸苄酯	2	乙酸苄酯	6
香兰素	2	苯甲酸苄酯	2		

芳樟烟用香精

樟木脂素	10	红茶酊	14	苯乙醇	6
排草浸膏	5	胡卢巴酊	4	香叶醇	8
紫罗兰酮	8	可可粉酊	5	乙酸苯乙酯	2
丁位癸内酯	2	菊苣浸膏	5	木瓜酊	12
香兰素	2	香紫苏浸膏	2	独活酊	9
灵香草浸膏	6				

三十五、沉香和沉香油

双子叶植物瑞香科乔木植物沉香 Aquilaria agallocha（Lour.）Roxb 与白木香 A. sinensis（Lour.）Gilg 的树干在受到自然界的伤害（如雷击、风折、虫蛀等）或人为破坏以后在自我修复的过程中分泌出的油脂受到真菌的感染，所凝结成的分泌物就是沉香（图 3-14）。国产沉香（白木香）主产于海南、广东、广西，云南、福建也产；进口沉香（沉香）主产于印度尼西亚、马来西亚、越南等地。

图 3-14　沉香

图 3-15　沉香树

沉香树高约 30～40m，当沉香树的表面或内部形成伤口时，为了保护受伤的部位，树脂会聚集于伤口周围。当累积的树脂浓度达到一定的程度时，将此部分取下，便为可使用的沉香。然而，伤口并不是树脂凝聚的唯一原因，沉香树脂也会自然形成于树的内部及已腐朽的部位上。

采集后的沉香通常需要加工以去除木质部分，加工后的沉香多呈不规则块状、片状或盔状。一般长约 7～30cm，宽约 1～10cm，偶尔也可见到长度大于 1m 的珍品。沉香木质表面多凹凸不平，以黑褐色含树脂与黄白色不含树脂部分相间的斑纹组成，可见加工的刀痕。沉香折断面呈刺状，孔洞及凹窝部分多呈朽木状，判断沉香以身重结实、棕黑油润、无枯废白木、燃之有油渗出、香气浓郁者为佳。

沉香树脂的特征为质地坚硬、沉重，其味辛、苦。树脂极易燃，燃烧时可见到油在沸腾。在燃烧前树脂本身几乎没有香味。颜色依等级而分，依序为绿色、深绿色、微黄色、黄色、黑色。随树脂颜色的不同，燃烧时所释放出来的香味有所不同。

决定沉香等级的最重要标准为其树脂的含量。沉香树脂极为沉重，虽然原木的相对密度只为 0.4，当树脂的含量超出 25%时，任何形态的沉香（片、块、粉末）均会沉于水。沉香的名称正是来自于其沉于水的特质。

沉香形成通常需数十年的时间，树脂含量高者更需要数百年的时间，故自古以来沉香的供给远远赶不上需求。近年来由于人们对珍贵的沉香趋之若鹜，使得沉香供给几近枯竭。印度及不少东南亚国家业者尝试人工培植沉香树脂，但因上等沉香生产周期过长，还得待以时日。人工培育、种植 10～20 年的“沉香树”（图 3-15）只能生产出树脂含量极低的沉香（几乎不含任何树脂），需要人工凿洞、施“药”才能结香。事实上，我国南方早在宋代甚至更早时已经有“人造沉香”（不是合成香料）并作为商品出售了。

传统的沉香分级方法，常以同一产地之产品与水之相对密度而定之：沉于水者称为沉香，树脂含量超出 25%；半沉半浮者为栈香；浮于水者称为黄熟香。在韩国和日本，树脂含量超过25%的沉香才能作为药用，在中国则定为15%以上即可。

沉香的丙酮提取物经皂化蒸馏，得挥发油高的可达13%，油中含苄基丙酮、对甲氧基苄基丙酮等，残渣中有氢化桂皮酸、对甲氧基氢化桂皮酸等。价格高昂的天然沉香与较为廉价的"人造沉香"化学成分差别其实并不太大，二者直接嗅闻与熏燃以后散发的香气也都极其相似。经霉菌感染的沉香含沉香螺醇（Agaro-spirol)、沉香醇（Agarol)、沉香呋喃（Agarofuran)、二氢沉香呋喃、4-羟基二氢沉香呋喃、3,4-二羟基二氢沉香呋喃、去甲沉香呋喃酮（Nor-keto-aga- rofuran)；未经霉菌感染的沉香含硫及硫化合物、芹子烷（Selinane)、沉香醇等。

几百年来，虽然世界各国的香料工作者都在不遗余力地研究、探索、实验，沉香油的化学成分也基本清楚，但直到今日，市场上还没有"合成沉香"香料出售，也没有人能用现有的合成香料调配出香气与天然沉香油相近的香精出来。

沉香油可以长期保存质量不变，留香极为持久，是优秀的定香剂和香气提调剂（熏燃时）。主要用于配制高级熏香香精。下面是几个用沉香油配制的熏香香精例子：

龙檀沉麝香精

龙脑	10	黑檀香	10	麝香T	12
合成檀香803	18	沉香油	10	水杨酸异戊酯	12
合成檀香210	13	佳乐麝香	11	苯乙醇	4

玫瑰沉香香精

沉香油	19	香叶醇	10	乙酸对叔丁基环己酯	10
芳樟醇	4	香茅醇	11	乙酸邻叔丁基环己酯	12
苯乙醇	13	乙酸香叶酯	11	水杨酸戊酯	10

第三节　美拉德反应产物

美拉德反应是一种在自然界里非常普遍的非酶褐变现象，该技术在肉类香精及烟草香精中有非常好的应用，所形成的香精具有天然肉类和其他天然物质香味的逼真效果，有着全用合成香料调配目前还无法达到的效果。在香精生产中的应用国外研究比较多，国内研究应用目前还不多。美拉德反应技术在香精领域中的应用打破了传统的香精调配和生产工艺的范畴，是一全新的香精生产应用技术，值得大力研究和推广。

一、美拉德反应机理

1912年，法国化学家美拉德发现甘氨酸与葡萄糖混合加热时能形成褐色的物质。后来人们发现这类反应不仅影响食品的颜色，而且对其香味也有重要作用，并将此反应称为非酶褐变反应（nonenzimicbrowning)。1953年，Hodge对美拉德反应的机理提出了系统的解释，大致可以分为3个阶段。

1. 起始阶段

（1）席夫碱的生成（Shiffbase)　氨基酸与还原糖加热，氨基与羰基缩合生成席夫碱。

（2）*N*-取代糖基胺的生成　席夫碱经环化生成。

（3）阿姆德瑞化合物生成　*N*-取代糖基胺经阿姆德瑞重排形成阿姆德瑞化合物（1-氨基-

1-脱氧-2-酮糖)。

2. 中间阶段

在这个阶段，阿姆德瑞化合物通过3条路线进行反应。

(1) 酸性条件下 经1,2-烯醇化反应，生成羰基甲呋喃醛。

(2) 碱性条件下 经2,3-烯醇化反应，产生还原酮类和脱氢还原酮类，有利于阿姆德瑞重排产物形成脱氧化粒 (ideoxysome)，它是许多食品香味的前驱体。

(3) 斯特勒克聚解反应 继续进行裂解反应，形成含羰基和双羰基化合物，以进行最后阶段反应或与氨基进行斯特勒克分解反应，产生斯特勒克醛类。

3. 最终阶段

此阶段反应复杂，机制尚不清楚，中间阶段的产物与氨基化合物进行醛基-氨基反应，最终生成类黑精。美拉德反应产物除类黑精外，还有一系列中间体还原酮及挥发性杂环化合物，所以并非美拉德反应的产物都是呈香成分。

二、美拉德反应的影响因素

1. 糖氨基结构

还原糖是美拉德反应的主要物质，五碳糖褐变速度是六碳糖的10倍，还原性单糖中五碳糖褐变速率排序为：核糖＞阿拉伯糖＞木糖，六碳糖则为：半乳糖＞甘露糖＞葡萄糖。还原性双糖分子量大，反应速率慢。在羰基化合物中，α-乙烯醛褐变最慢，其次是α-双糖基化合物，酮类最慢。胺类褐变速度快于氨基酸。在氨基酸中，碱性氨基酸速率慢，氨基酸比蛋白质慢。

2. 温度

20～25℃氧化即可发生美拉德反应。一般每相差10℃，反应速率相差3～5倍。30℃以上速率加快，高于80℃时，反应速率受温度和氧气影响较小。

3. 水分

水分含量在10％～15％时，反应易发生，完全干燥的食品难以发生。

4. pH值

当pH值在3以上时，反应随着pH值的增加而加快。

5. 化合物

酸式亚硫酸盐抑制褐变，钙盐与氨基酸结合成不溶性化合物可抑制反应。

目前对于美拉德反应初级、中级阶段机理已经基本明确，但是终级阶段机理还不是很明确。以下用葡萄糖与胺反应说明美拉德反应整个过程。

(1) 初级阶段 还原糖与氨基化合物反应经历了羰氨缩合和分子重排过程。首先体系中游离氨基与游离羰基发生缩合生成不稳定的亚胺衍生物——席夫碱，它不稳定随即环化为*N*-葡萄糖基胺。*N*-葡萄糖基胺在酸的催化下经过阿姆德瑞分子重排生成果糖基胺 (1-氨基-1-脱氧-2-酮糖)。初级反应产物不会引起食品色泽和香味的变化，但其产物是不挥发性香味物质的前体成分。

(2) 中级阶段 此阶段反应可以通过3条途径进行。

① 第1条途径 在酸性条件下，果糖基胺进行1,2-烯醇化反应，再经过脱水、脱氨最后生成羟甲基糠醛。羟甲基糠醛的积累与褐变速率密切相关，羟甲基糠醛积累后不久就可发生褐变反应，因此可以用分光光度计测定羟甲基糠醛积累情况作为预测褐变速率的指标。

② 第2条途径　在碱性条件下，果糖基胺进行2,3-烯醇化反应，经过脱氨后生成还原酮类和二羰基化合物。还原酮类化学性质活泼，可进一步脱水再与胺类缩合，或者本身发生裂解成较小分子如二乙酰、乙酸、丙酮醛等。

③ 第3条途径　美拉德反应风味物质产生于此途径。在二羰基化合物的存在下，氨基酸发生脱羧、脱氨作用，成为少一个碳的醛，氨基转移到二羰基化合物上，这一反应为斯特勒克降解反应。这一反应生成的羰氨类化合物经过缩合，生成吡嗪类物质。

此阶段包括两类反应，即醇醛缩合：两分子醛自相缩合，进一步脱水生成更高级不饱和醛；生成类黑精的聚合反应：中级阶段生成产物（葡萄糖酮醛、3-DG、3,4-2 DG、HMF、还原酮类及不饱和亚胺类等）经过进一步缩合、聚合形成复杂的高分子色素。

(3) 反应的影响因素　从发生美拉德反应速率上看，糖的结构和种类不同导致反应发生的速率也不同。一般而言，醛的反应速率要大于酮，尤其是α、β-不饱和醛反应及α-双羰基化合物；五碳糖的反应速率大于六碳糖；单糖的反应速率要大于双糖；还原糖含量和褐变速率成正比关系。

常见的几种引起美拉德反应的氨基化合物中，发生反应速率的顺序为：胺＞氨基酸＞蛋白质。其中氨基酸常被用于发生美拉德反应。氨基酸的种类、结构不同会导致反应速率有很大的差别。比如：氨基酸中氨基在ε-位或末位则比α-位反应速率快；碱性氨基酸比酸性氨基酸反应速率快。

pH3～9范围内，随着pH上升，褐变反应速率上升；pH≤3，褐变反应程度较轻微。在偏酸性环境中，反应速率降低。因为在酸性条件下，*N*-葡萄糖胺容易被水解，而*N*-葡萄糖胺是Maillard特征风味形成的前体物质。铜与铁可促进褐变反应，其中三价铁的催化能力要大于二价铁。

在美拉德反应初期阶段就加入亚硫酸盐可有效抑制褐变反应的发生。主要原因是亚硫酸盐可以和还原糖发生加成反应后再与氨基化合物发生缩合，从而抑制了整个反应的进行。

在实际生产过程中，根据产品的需要，要对美拉德反应进行控制。基于以上分析我们可以总结出控制美拉德反应程度的措施。①除去一种反应物：可以用相应的酶类，比如葡萄糖转化酶，也可以加入钙盐使其与氨基酸结合成不溶性化合物。②降低反应温度或将pH调制偏酸性。③控制食品在低水分含量。④反应初期加入亚硫酸盐也可以有效地控制褐变反应的发生。

三、肉类香味形成的机理

1. 肉类香味的前体物质

生肉是没有香味的，只有在蒸馏和焙烤时才会有香味。在加热过程中，肉内各种组织成分间发生一系列复杂变化，产生了挥发性香味物质，目前有1000多种肉类挥发性成分被鉴定出来，主要包括：内酯化合物、吡嗪化合物、呋喃化合物和硫化物。大致研究表明形成这些香味的前体物质主要是水溶性的糖类和含氨基酸化合物以及磷脂和三甘酯等类脂物质。在加热过程中，瘦肉组织赋予肉类香味，而脂肪组织赋予肉制品特有风味，如果从各种肉中除去脂肪，则肉的香味是一致的，没有差别。

2. 美拉德反应与肉味化合物

并不是所有的美拉德反应都能形成肉味化合物，但在肉味化合物的形成过程中，美拉德反应起着很重要的作用。肉味化合物主要有*N*、*S*、*O*-杂环化合物和其他含硫成分，包括呋喃、吡咯、噻吩、咪唑、吡啶和环乙烯硫醚等低分子量前体物质。其中吡嗪是一些主要的挥发性物质。另外，在美拉德反应产物中，硫化物占有重要地位。若从加热肉类的挥发性成分中除去硫化物，则形成的肉香味几乎消失。

肉香味物质可以通过以下途径：

(1) 氨基酸类（半胱、胱氨酸类）通过美拉德和斯特勒克降解反应产生；

(2) 糖类、氨基酸类、脂类通过降解产生；

(3) 脂类（脂肪酸类）通过氧化、水解、脱水、脱羧产生；

(4) 硫胺、硫化氢、硫醇与其他组分反应产生；

(5) 核糖核苷酸类、核糖-5′-磷酸酯、甲基呋喃醇酮通过硫化氢反应产生。

可见，杂环化合物来源于一个复杂的反应体系，而肉类香气的形成过程中，美拉德反应对许多肉香味物质的形成起了重要作用。

3. 氨基酸种类对肉香味物质的影响

对牛肉加热前后浸出物中氨基酸组分分析，加热后有变化的主要是甘氨酸、丙氨酸、半胱氨酸、谷氨酸等，这些氨基酸在加热过程中与糖反应产生肉香味物质。吡嗪类是加热渗出物特别重要的一组挥发性成分，约占50%。另外从生成的重要挥发性肉味化合物结构分析，牛肉中含硫氨基酸、半胱氨酸和胱氨酸以及谷胱甘肽等是产生牛肉香气不可少的前体化合物。半胱氨酸产生强烈的肉香味，胱氨酸味道差，蛋氨酸产生土豆样风味，谷胱氨酸产生较好的肉味。当加热半胱氨酸与还原糖的混合物时，便得到一种刺激性的特征性气味，如有其他氨基酸混合物存在的话，可得到更完全和完美的风味，蛋白水解物对此很合适。

4. 还原糖对肉类香味物质的影响

对于反应来说，多糖是无效的，双糖主要指蔗糖和麦芽糖，其产生的风味差，单糖具有还原力，包括戊糖和己糖。研究表明，单糖中戊糖的反应性比己糖强，且戊糖中核糖反应性最强，其次是阿拉伯糖、木糖。由于葡萄糖和木糖廉价易得，反应性良好，所以常用葡萄糖和木糖作为美拉德反应的原料。

5. 环境因素对反应的影响

相对来说，通过美拉德反应制取牛肉香精需要较长的时间和较浓的反应溶液，而制取猪肉和鸡肉香精只需较短的加热时间和较稀的反应溶液、较低的反应温度。反应混合物 pH＜7（最好在2～6），反应效果较好；pH＞7时，由于反应速度较快而难以控制，且风味也较差。不同种类的氨基酸比不同种类的糖类对加热反应生成的香味特征更有显著影响。同种氨基酸与不同种类的糖产生的香气也不同。加热方式不同，如“煮”、“蒸”、“烧”等不同烹调方式，同样的反应物质可产生不同的香味。

四、美拉德反应的应用

从1960年开始，就有人研究利用各种单体香料经过调和生产肉类香精，但由于各种熟肉香型的特征十分复杂，这些调和香精很难达到与熟肉香味逼真的水平，所以对肉类香气前体物质的研究和利用受到人们的重视。利用前体物质制备肉味香精，主要是以糖类和含硫氨基酸如半胱氨酸为基础，通过加热时所发生的反应，包括脂肪酸的氧化、分解、糖和氨基酸热降解、羰氨反应及各种生成物的二次或三次反应等。所形成的肉味香精成分有数百种。以这些物质为基础，通过调和可制成具有不同特征的肉味香精。美拉德反应所形成的肉味香精无论从原料还是过程均可以视为天然，所得肉味香精可以视为天然香精。

美拉德反应自被发现以来，由于其在食品、医药领域中的重要影响，引起了各国化学家的兴趣。但由于食品的组分太复杂，要完全弄清楚美拉德反应的机理，仍是一件难事。为了研究美拉德反应的机理，人们通常用简单的几个原料，如某种氨基酸和糖类进行模拟反应，再研究反应的产物组成及生成途径。但至今人们只是对该反应产生低分子量物质的化学过程比较清楚，而对该反应产生的高分子聚合物的研究尚属空白。近三十年来，一些微量和超微量分析技术应用于食品化学领域的研究之中，如气相色谱、高压液相色谱、核磁共振谱、质谱以及气相色谱-质谱联用、气相色谱-红外光谱联用等，使美拉德反应化学的研究得到了极大发展。另外，食品化学家近年来将动力学模型引入对美拉德反应的研究中，运用这种方法的优点在于不需要考虑美拉德反应复杂的反应过程，而只需要研究反应物、产物的质量平衡以及特征中间体的生成与损失来建立动力学模型，从而预测反应的速率控制点。

目前对于美拉德反应的研究主要有以下几个方面：美拉德反应过程中新的特征中间体及终产物的分离与鉴定，进一步揭示美拉德反应的机理；在反应香味料的生产中如何控制反应条件，使反应中生成更多的特征香味成分及反应香味料稳定性的影响因素；研究美拉德反应中褐色色素、致癌杂环含氮化合物形成的动力学过程，为食品加工处理提供有效的控制点；美拉德反应产物对慢性糖尿病、心血管疾病以及癌症等的病理学研究以及其对食品安全性的影响。

1. 美拉德反应在食品添加剂中的应用

近年来，人们已用动、植物水解蛋白，酵母自溶产物为原料，制备出成本低、安全且更为逼真的、更接近天然风味的香味料，然而仅靠用美拉德反应产物作为香味料，其香味强度有时还是不够的，通常还需要添加某些可使食品具有特殊风味的极微量的所谓关键性化合物。如在肉类香味料中可加1-甲硫基乙硫醇等化合物，在鸡香味料中可加顺-4-癸烯醛和二甲基三硫等物质；在土豆香味料中可加2-烷基-3-甲氧基吡嗪等物质，在蘑菇香味料中可加1-辛烯-3-醇、环辛醇、苄醇等物质。如此调配出来的香味料不仅风味逼真，而且浓度高，作为食品添加剂只要添加少量到其他食品中即可明显增强食品香味。如将这些香味料加在汤粉料、面包、饼干中，或用于植物蛋白加香中，只要添加少量，就可获得满意的效果。

美拉德反应在色泽方面应用广泛，在酱油、豆酱等调味品中，褐色色素的形成也是因为美拉德反应，这种反应也称为非酶褐变反应。调味品经加工后会产生非常诱人的金黄色至深褐色，增强人们的食欲。在奶制品加工储藏中，由于美拉德反应可能生成棕褐色物质，但这种褐变却不是人们所期望的，而是食品厂家所要极力避免的。在食品香气风味中，例如某些具有特殊风味的食品香料，一般称之为热加工食品香料的烤面包、爆花生米、炒咖啡等所形成的香气物质，其形成的化学机理就是美拉德反应。在酱香型白酒生产过程中，美拉德反应所产生的糠醛类、酮醛类、二羰基化合物、吡喃类及吡嗪类化合物对酱香酒风格的形成起着决定性作用。美拉德反应在食品香精香料、肉类香精香料中应用也相当广泛。目前市场上销售的风味调味料，如火腿肠、小食品中应用的风味调味料，大多数是合成的原料复配成的。市场销售的牛肉味、鸡肉味、鱼味、猪肉味等风味调味料大多含动植物脂肪、大豆蛋白粉、糖、谷氨酸钠、盐、辛香料、酵母浸提物等，其中的动植物脂肪并没有转化。美拉德反应中，不存在动物脂肪；用动物脂肪的也在反应中将其转化为肽、胨及肉味物质，不以脂肪存在，所以美拉德反应制得的香料风味天然、自然、逼真，安全可靠，低脂、低热值，是人们保健的美食产品。另外，美拉德反应在酱油香精生产中也有应用。

2. 美拉德反应与食品营养的关系以及在食品中的控制

从营养学的观点来考虑，美拉德反应是不利的。因为氨基酸与糖在长期的加热过程中会使营养价值下降甚至会产生有毒物质。因此，利用美拉德反应赋予食品以整体的、愉快的、诱人的风味前提下，必须控制好反应条件，一般温度不超过180℃、时间不超过4h，注意增加某些活性添加剂。例如，在果蔬饮料的加工生产中，常常由于褐变而导致产品品质劣化，虽然果蔬褐变一般来说，主要原因是酶褐变，但对于水果中的柑橘类和蔬菜来说，由于含氮物质的量较高，也往往容易发生美拉德反应而导致褐变，生产中应注意当pH>3时，pH值越高，美拉德反应的速率越快，在果蔬饮料加工生产中，在保证正常口感的前提下，应尽可能降低pH值，来减轻美拉德反应的速度。当糖液浓度为30%～50%时，最适宜美拉德反应的进行，饮料生产中，原糖浆的浓度一般恰是这个浓度。在配料时，应避免将果蔬原汁直接加入原糖浆中。在面包生产中应充分利用美拉德反应，如在焦香糖果生产中要有效地控制美拉德反应，在果蔬饮料生产中应避免美拉德反应，这样才能得到高品质的食品。另外，应用美拉德反应，不添加任何化学试剂，在控制的条件下，使蛋白质、糖类发生碳氨缩合作用，生成蛋白质-糖类共价化合物。该化合物比原来蛋白质的功能性质得到极大的改善，无毒，且具有较强的乳化活力和较大的抵抗外界环境变化的能力，扩大了蛋白质在食品和医药方面的用途。而且美拉德反应的终产物——类黑精具有很强的抑制胰蛋白酶的作用。现已知道，胰蛋白酶在胰脏产生，若此酶被抑制，就会引起胰脏功能的昂进，促进胰岛素的分泌。含有类黑精的豆酱可作为促进胰岛素分泌的食品，有待用于糖尿病的预防和改善。

3. 美拉德反应产物其他作用

经大量研究表明，美拉德反应中间阶段产物与氨基化合物进行醛基-氨基反应最终生成类黑精。类黑精是引起食品非酶褐变的主要物质，在产生类黑精的同时，有系列的美拉德反应中间体——还原酮类物质及杂环类化合物生成，这类物质除能提供给食品特殊的气味外，还具有抗氧化、抗诱变等特性。在20世纪80年代以后，对于美拉德反应产物的抗氧化、抗诱变等特性方面的研究逐渐增多。随着科学技术的不断发展，食品工业中广泛应用的合成抗氧化剂是非常重要的，因此深入研究其抗氧化、抗诱变、消除活性氧等性能是近年来食品营养学和食品化学领域的热门。

美拉德反应在近几十年来一直是食品化学、食品工艺学、营养学、香料化学等领域的研究热点。因为美拉德反应是加工食品色泽和浓郁芳香的各种风味的主要来源，特别是对于一些传统的加工工艺过程如咖啡、可可豆的焙炒，饼干、面包的烘烤以及肉类食品的蒸煮。另外，美拉德反应对食品的营养价值也有重要的影响，既可能由于消耗了食品中的营养成分或降低了食品的可消化性而降低食品的营养价值，也可能在加工过程中生成抗氧化物质而增加其营养价值。对美拉德反应的机理进行深入的研究，有利于在食品储藏与加工的过程中，控制食品的色泽、香味的变化或使其反应向着有利于色泽、香味生成的方向进行，减少营养价值的损失，增加有益产物的积累，从而提高食品的品质。

美拉德反应产物是棕色的，反应物中羰基化合物包括醛、酮、还原糖，氨基化合物包括氨基酸、蛋白质、胺、肽。反应的结果使食品颜色加深并赋予食品一定的风味。比如：面包外皮的金黄色、红烧肉的褐色以及它们浓郁的香味很大程度上都是由于美拉德反应的结果。但是在反应过程中也会使食品中的蛋白质和氨基酸大量损失，如果控制不当，也可能产生有毒、有害物质。

4. 美拉德反应与食品色泽

美拉德反应赋予食品一定的深颜色，比如面包、咖啡、红茶、啤酒、糕点、酱油，对于这些食品，颜色的产生都是我们期望的，但有时美拉德反应的发生又是我们不期望的，比如乳品加工过程中，如果杀菌温度控制得不好，乳中的乳糖和酪蛋白会发生美拉德反应使乳呈现褐色，影响乳品的品质。美拉德反应产生的颜色对于食品而言，深浅一定要控制好，比如酱油的生产过程中应控制好加工温度，防止颜色过深。面包表皮的金黄色的控制，在和面过程中要控制好还原糖和氨基酸的添加量及焙烤温度，防止最后反应过度生成焦黑色。

通过控制原材料、温度及加工方法，可制备各种不同风味、香味的物质。比如：核糖分别与半胱氨酸及谷胱甘肽反应后会分别产生烤猪肉香味和烤牛肉香味。相同的反应物在不同的温度下反应后，产生的风味也不一样，比如：葡萄糖和缬氨酸在100～150℃及180℃温度条件下反应会分别产生烤面包香味和巧克力香味；木糖和酵母水解蛋白分在90℃及160℃反应会分别产生饼干香味和酱肉香味。加工方法不同，同种食物产生的香气也不同。比如：土豆经水煮可产生125种香气，而经烘烤可产生250种香气。大麦经水煮可产生75种香气，经烘烤可产生150种香气。

可见利用美拉德反应可以生产各种不同的香精。

目前国内已经研究出利用美拉德反应制备牛肉、鸡肉、鱼肉香料的生产工艺——有人利用鸡肉酶解物/酵母抽提物进行美拉德反应来产生肉香味化合物，利用鳙鱼的酶解产物、谷氨酸、葡萄糖、木糖、维生素B_1进行美拉德反应制备鱼味香料。美拉德反应对于酱香型白酒的风味贡献也很大。其中风味物质主要包括呋喃酮、吡喃酮、吡咯、噻吩、吡啶、吡嗪、吡咯等含氧、氮、硫的杂环化合物。

5. 抗氧化作用

美拉德反应的抗氧化活性是由Franzke和Iwainsky于1954年首次发现的，他们对加入甘氨酸-葡萄糖反应产物的人造奶油的氧化稳定性进行了相关报道。直到20世纪80年代，美拉德反应产物的抗氧化性才引起人们的重视，成为研究的热点。研究表明美拉德反应产物中的促黑激素释放素，还原酮，一些含N、S的杂环化合物具有一定的抗氧化活性，某些物质的抗氧化活性可以和合成抗氧化剂相媲美。Lingnert等人的研究发现在弱碱性（pH =7～9）条件下，组氨酸与木糖的美拉德反应产物表现出较高的氧化活性，Beckel、朱敏等人先后报道在弱酸性（pH =5～7）条件下，精氨酸与木糖的抗氧化活性最佳。也有人研究了木糖与甘氨酸、木糖与赖氨酸、木糖与色氨酸、二羟基丙酮与组氨酸、二羟基丙酮与色氨酸、壳聚糖和葡萄糖的氧化产物有很好的抗氧化作用，可见美拉德反应产物可以作为一种天然的抗氧化剂，但是目前对美拉德反应产物抗氧化活性的研究还不充分，对其中的抗氧化物质和抗氧化机理还有待人们进一步研究。

6. 美拉德反应在食品香精生产中的应用

许多肉香芳香化合物是由水溶性的氨基酸和碳水化合物在加热反应中，经过氧化脱羧、缩合和环化反应产生的含氨、氮和硫的杂环化合物，包括呋喃、呋喃酮、吡嗪、噻吩、噻唑、噻唑啉和环状多硫化合物，同时也生成硫化氢和氨。在杂环化合物中，尤其是含硫的化合物，是组成肉类香气、香味的主要成分，几种硫取代基的呋喃化合物具有肉类香气、香味，如3-硫醇基-2-甲基呋喃和3-硫醇基-2,5-二甲基呋喃。在一般呋喃化合物中，在乙位碳原子有硫原子的产品具有肉类香气、香味，而在甲位碳原子上存在硫原子的品种就有类似硫化氢的香气。另外，噻吩化合物具有煮肉的香气、香味。噻吩化合物由半胱氨酸、胱氨酸和葡萄糖、丙酮醛于125℃、pH=5.6、反应24h生成，如4-甲基-5-(α-羟乙基）噻唑，2-乙酰基-2-噻唑啉，12-乙酰基-5-丙基-2-噻唑啉。

将美拉德反应用于食品香精生产之中，我国还是近几年才开始的。在反应中，使用的氨基酸种类较多，有L-丙氨酸、L-精氨酸和它的盐酸盐、L-天冬氨酸、L-胱氨酸、L-半胱氨酸、L-谷氨酸、甘氨酸、L-组氨酸、L-亮氨酸、L-赖氨酸和它的盐酸盐、L-乌氨酸、L-蛋氨酸、L-苯丙氨酸、L-脯氨酸、L-丝氨酸、L-苏氨酸、L-色氨酸、L-酪氨酸、L-异亮氨酸等，它们在反应中能生成一定的香气物质。L-胱氨酸、L-半胱氨酸、牛黄酸、维生素B_1等均能产生肉类香气和香味。

（1）甘氨酸能产生焦糖香气、香味。

（2）L-丙氨酸能产生焦糖香气、香味。

(3) L-缬氨酸能产生巧克力香气、香味。

(4) L-亮氨酸能产生烤干酪香气、香味。

(5) L-异亮氨酸能产生烤干酪香气、香味。

(6) L-脯氨酸能产生面包香气、香味。

(7) L-蛋氨酸能产生土豆香气、香味。

(8) L-苯丙氨酸能产生刺激性香气、香味。

(9) L-酪氨酸能产生焦糖香气、香味。

(10) L-天冬氨酸能产生焦糖香气、香味。

(11) L-谷氨酸能产生奶油糖果香气、香味。

(12) L-组氨酸能产生玉米面包香气、香味。

(13) L-赖氨酸能产生面包香气、香味。

(14) L-精氨酸能产生烤蔗糖香气、香味。

在美拉德反应中，使用的糖类包括：葡萄糖、蔗糖、木糖醇、鼠李糖和多羟醇如山梨酸醇、丙三醇、丙二醇、1,3-丁二醇等。

7. 美拉德反应的操作要求

一般情况下，美拉德反应的温度不超过 180℃ ，一般约为 100～160℃。温度过低，反应缓慢，温度高，则反应迅速。所以可以按照生产条件，选择适当的温度。一般来说，反应温度和时间成反比。在反应过程中，需要不断搅拌，使反应物充分接触，并均匀受热，以保证反应的正常进行。有需要加入植物油时，最好将植物油先加入反应锅内，然后将溶有氨基酸和醇类的水在搅拌情况下慢慢加入。在反应过程中，由于在加热情况下，水会翻腾溢出，同时一部分芳香化合物也随之挥发，因此，锅顶必须装有使逸出的气体能充分冷却的冷凝器，而且采用较低的冷凝水会更好。总之，既要让其充分回流，又尽量能使芳香化合物的损失减少。由于美拉德反应比较复杂，终点的控制必须非常严格，达到反应终点时，反应产物要迅速冷却至室温，以免在较高温度下继续反应，引起香气、香味的变化，反应后的产品一般要求在 10℃下储存。美拉德反应使用的生产设备容量不宜太大，根据国外经验，一般以 200L 以下为宜，因为容量过大，易造成反应物接触不均、加热不均等现象，使反应后每批产品的香气、香味不一致。设备材质宜为不锈钢，锅内有夹套、不锈钢蛇管，用作加热和冷却之用。不锈钢搅拌器用框板式，转率为 60～120r/min。锅密闭，锅盖上设窥镜，加料口、抽样口，回流管连通不锈钢冷凝器，冷凝器通大气。操作时，必须严格控制温度，待反应结束前，停止搅拌，从锅底或锅盖抽样口处抽取反应的产品检验色泽、香气、香味等有关质量指标，确认质量符合要求后，立即冷却、停止反应。

食品香精多数还是按照天然食品的香气、香味特点，通过调香技艺，用香料配制而成。反应香料为配制的食品香精提供了一条新的途径。反应香料在国际上被认为是属于天然香料范畴，是一种混合物，或是以一定的原料、在反应条件下生成的产品，具有某些食品的特征香气与香味。目前，通过美拉德反应，可生成肉类、家禽类、海鲜类、焦糖等香气和香味，似真度较高。以我国现有的技术水平，还难以用现有的香料品种配制出上述这些香气或香味，因此，反应香料受到食品香精生产厂的高度重视。调香者有时会感到反应香料的浓度不够，或缺少某一部分香气、香味，因此，调香者往往再补加一些其他可食用的香料，以提高香料浓度和调整香气、香味，最后制得香精，供食品加工使用。近年来，由于分析仪器不断改进、分析手段大大提高，使食品中的少量甚至微量成分逐步被发现，研发人员进一步了解了食品中香气、香味的成分，又通过合成手段，开发了大量新的食品香料。科技人员经过努力，将这些新的食品香料配制到食品香精之中，就开发了新的香精，如鸡肉香精就完全采用香料配制而成。

反应香料是指为了突出食品香味的需要而制备的一种产品或一种混合物，它是由在食品工业中被允许使用的原料（这些原料或天然存在，或是在反应香料中特许使用）经反应而得。

用作生产反应香料的原料主要有以下几种。

(1) 蛋白质原料

① 含有蛋白质的食品（肉类、家禽类、蛋类、奶制品、海鲜类、蔬菜、果品、酵母和它们的萃取物）。

② 动物、植物、奶、酵母蛋白质。

③ 肽、氨基酸和它们的盐。

④ 上述原料的水解产物。

(2) 糖类原料

① 含糖类的食品（面类、蔬菜、果品以及它们的萃取物）。

② 单、双和多糖类（蔗糖、糊精淀粉和可食用胶等）。

③ 上述原料的水解产物。

(3) 脂肪原料

① 含有脂肪和油的食品。

② 从动物海洋生物或植物中提取的脂肪和油。

③ 加氢的、脂转移的，或者经分馏而得的脂肪和油。

④ 上述原料的水解产物。

(4) 其他原料　水、缓冲剂、药草和辛香料、肌苷酸及其盐、鸟苷酸及其盐、硫胺素及其盐、抗坏血酸及其盐、乳酸及其盐、柠檬酸及其盐、硫化氢及其盐、氨基酸酯、肌醇、二羟基丙酮、甘油等。

制作实例如下。

焦糖香基

葡萄糖浆	350g	炼奶	300g	蔗糖	260g
水	100g	L-赖氨酸盐酸盐	2g	乳清粉	28g

以上原料混合置于有搅拌和加热装置的反应锅里，在106℃搅拌40min，倾出反应物冷却包装，即为焦糖香基。

咖啡香基

葡萄糖	24g	精氨酸	35g	水	500g
麦芽糖	96g	赖氨酸	5g		
天冬氨酸	10g	甘油	1000g		

以上原料混合置于有搅拌和加热装置的耐压反应锅里，在1.18MPa压力、120℃下搅拌5h，倾出反应物冷却包装，即为咖啡香基。

牛肉香基

L-赖氨酸盐酸盐	544g	十六酸	35g	磷酸氢铵	211g
盐酸硫胺素	506g	谷氨酸	35g	磷酸	30g
无糖植物水解蛋白	1519g	氯化钾	44g	乳酸钙	18g
水	5005g	磷酸氢钾	35g		

以上原料混合置于有搅拌、加热和回流装置的耐压反应锅里，加热搅拌回流3h，冷却至

室温，用95%乙醇2000g搅拌均匀，倾出反应物包装，即为牛肉香基。

红烧牛肉香基

原料	用量	原料	用量	原料	用量
巯基乙酸	40g	大麦谷酛水解物(含水20%)	1150g	水	1050g
核糖	100g				
木糖	60g	奶油	720g		

以上原料混合置于有搅拌和加热装置的反应锅里，先调整pH到6.5，在100℃搅拌2h，倾出反应物，除去上层奶油，冷却包装，即为红烧牛肉香基。

猪肉香基（一）

原料	用量	原料	用量	原料	用量
脯氨酸	150g	蛋氨酸	30g	黄油	20g
半胱氨酸	125g	核糖	80g	甘油	2500g

以上原料混合置于有搅拌和加热装置的反应锅里，在120℃搅拌60min，倾出反应物冷却包装，即为猪肉香基。

猪肉香基（二）

原料	用量	原料	用量	原料	用量
猪肉酶解物	2800g	L-赖氨酸盐酸盐	40g	水	300g
酵母膏	80g	葡萄糖	30g		

以上原料混合置于有搅拌和加热装置的反应锅里，在100℃搅拌120min，倾出反应物冷却包装，即为猪肉香基。“羊肉香基”、“鱼肉香基”、“蟹肉香基”和“虾肉香基”也用同样的方法制作，只是原料中的“猪肉酶解物”分别改为“羊肉酶解物”、“鱼肉酶解物”、“蟹肉酶解物”和“虾肉酶解物”。

鸡肉香基

原料	用量	原料	用量	原料	用量
鸡肉酶解物	3600g	精氨酸	50g	木糖	510g
水解植物蛋白	2800g	丙氨酸	100g	桂皮粉	7g
酵母	2600g	甘氨酸	55g		
谷氨酸	60g	半胱氨酸	155g		

以上原料混合置于有搅拌和加热装置的耐压反应锅里，在130℃下搅拌40min，倾出反应物冷却包装，即为鸡肉香基。

上列各表中的分量适合于实验室小试，如把“g”改为“kg”就是工业上使用的配方了。调香师应该按照实际情况和实验的结果稍作加减、调整，不能把它们看作“教条”而不敢改动。因循守旧不是调香师的作风。

美拉德反应制作的“香基”可以直接作为香精使用，也可以再加入其他合成或天然香料中配制成香气较浓的香精。具体见第六章“食用香基及其应用”。

第四节　微生物发酵产物

微生物发酵产物其实人们是非常熟悉的，家庭厨房里酒、醋、酱油和各种酱、泡菜、腌菜、腐乳、奶酪、鱼露、虾油、豆豉、酒糟等的香味都是微生物发酵产物；以前农村“一家一猪”时代每个家庭都有一个装着全家人吃剩饭菜的大缸（作猪饲料），飘出来的气味就是微生物发酵产物；城乡垃圾散发出的“臭味”也是微生物发酵产物——千百种天然香料的混合气味。香料工作者自然而然会想到用微生物发酵来制造香料，但说得容易，做起来难，除了一些低级醇、低级醛、低级酮和低级碳酸类外，目前调香师大量使用的香料还极少能用微生物发酵制取，但微生物发酵产物毕竟也是天然香料，香料工作者仍然不遗余力地尝试用各种科学手段，力图在这个领域取得较大的突破，让调香师早日用上更多的这种“天然香料”。

目前利用微生物发酵方法已经实现大规模工业化生产的有机酸有：乳酸、柠檬酸、醋酸、葡糖酸、衣康酸、苹果酸以及各种氨基酸等。现以乳酸为例说明：糖类物质在厌氧条件下，由微生物作用而降解转变为乳酸的过程称为乳酸发酵。发酵性腌菜主要靠乳酸菌发酵，产生乳酸来抑制其他微生物活动，使蔬菜得以保存，同时也有食盐及其他香料的防腐作用。发酵性蔬菜在腌制过程中，除乳酸发酵外，还有酒精发酵、醋酸发酵等，生成的酸和醇结合，生成各种酯，使发酵性腌菜具有独特的风味。酸奶的发酵过程也类似。早在160多年前，人们就将麦芽或酸乳放入淀粉浆和牛乳中，任其自然发酵，然后逐渐中和而产出乳酸。1881年在美国实现了用微生物发酵法工业化生产乳酸。我国在1944年也已用微生物发酵法生产乳酸钙。乳酸钙用硫酸处理就可以得到乳酸了。

用微生物发酵法生产得到的有机酸有的可以直接作为香料使用，但更多的是它们的酯，如乳酸可以通过酯化得到乳酸乙酯、乳酸丁酯等，它们都是配制食用和日用香精重要的香原料。

虽然在乙醇发酵过程中副产的“杂醇油”和有机酸只有乙醇产量的百分之几，但由于乙醇发酵如今已经发展成为一个巨大的工业体系，在“能源危机”的今天，以乙醇代替石油作内燃机燃料已经排上能源工程师们的工作日程了，今后乙醇的产量将是现在的几十倍甚至几百倍，所以乙醇发酵的副产物也不容忽视。“杂醇油”里常见的香料和香料中间体有：甲醇、丙醇、丁醇、异丁醇、戊醇、2-甲基丁醇、异戊醇、己醇、3-甲基戊醇、庚醇、异丙醇、2-丁醇、2-戊醇、叔丁醇、叔戊醇、叔己醇、异戊醇、异戊醛、异戊酸、甲酸异戊酯、乙酸异戊酯、丙酸异戊酯、丁酸异戊酯、己酸异戊酯、庚酸异戊酯、苯乙酸异戊酯、水杨酸异戊酯、异戊酸异戊酯、异戊酸乙酯、异戊酸丁酯、异戊酸苯乙酯、异戊酸香叶酯、异戊酸甲酯、异戊酸丙酯、异戊酸异丙酯、异戊酸-2-甲酸丁酯、异戊酸己酯、异戊酸辛酯、异戊酸壬酯、异戊酸烯丙酯、异戊酸叶酯、异戊酸环己酯、异戊酸玫瑰酯、异戊酸芳樟酯、异戊酸橙花酯、异戊酸薄荷酯、异戊酸松油酯、异戊酸龙脑酯、异戊酸苄酯、异戊酸-3-苯基丙酯、异戊酸桂酯、异戊酸铵、异戊酸异龙脑酯、壬酸异戊酯、十二酸异戊酯、丙酮酸异戊酯、桂酸异戊酯、辛酸异戊酯等。这些物质从“杂醇油”里分离出来，有的直接可以作香料使用，有的再通过酯化或其他化学反应生产各种各样香料用来调配食用和日用香精。

国内有人提出用微生物技术从天然植物种子中生产内酯类香料，据说用100g胡芦巴子为基质，做1L发酵液，可生产出膏状芳香混合物60g，其中丙位内酯含量10～18g。该产品用于食品（例如饼干）和烟叶加香中，效果甚佳。

有人利用农副产品如玉米、豆饼等廉价原料，利用高抗产物阻遏的地衣芽孢工程菌株，应用酶工程、发酵工程和生化工程技术，先液体发酵，制备2,3-丁二酮发酵培养物；再常压蒸馏浓缩，馏出液加入氧化剂氧化，转入精馏塔精馏，控制回流比，得高纯度的单体香料2,3-丁二酮。

中国烟草总公司郑州烟草研究院研究人员利用蒸馏萃取装置、气相色谱仪和气相色谱/质谱联用仪对烤烟烟梗和叶片主要中性香味成分进行了分析，表明云南烟梗中含量较高的中性香味成分主要有苯甲醇、苯乙醛、β-苯乙醇等。

苯乙醇是芳香化合物中较为重要和应用广泛的一种可以食用的香料，因它具有柔和、愉快而持久的玫瑰香气而广泛用于各种食用香精、烟用香精和日用香精中。苯乙醇存在于许多天然的精油里，目前主要是通过有机合成或从天然物中萃取获得该产品。随着食品生物技术的飞速发展和人民生活水平的不断提高，特别是我国加入世界贸易组织，人们越来越重视食品的安全性，追求有机食品、生态食品、绿色食品已成为一种时尚，国内外食品生产研发人员也越来越倾向于使用天然食品添加剂。由此，通过微生物发酵法生产天然苯乙醇香料的工艺研究得到国内外业内人士的广泛关注与重视。

江苏食品职业技术学院生物工程系黄亚东等人经实验研究表明：苯乙醇具有玫瑰风味，是清酒和葡萄酒等酒精饮料中的重要风味化合物。利用啤酒酵母 *Saccharomyces cerevisiae* 生产风味物质的原理即为利用酶或微生物将前体物苯丙氨酸转化为食品风味苯乙醇香料。因为在啤酒酵母中芳香族氨基酸生物合成主要受 DAHP 合成酶、分支酸合成酶、分支酸变位酶、邻氨基苯甲酸合成酶、预苯酸脱水酶和预苯脱氢酶的调节，在啤酒酵母细胞中 L-苯丙氨酸形成苯乙醇的途径中，对于苯丙氨酸，α-酮酸脱氢酶起主要作用，所以利用啤酒酵母可衍生出多种天然风味物质、风味前体物质或风味增强剂，它与用传统的环氧乙烷与苯缩合精制得到的化学合成苯乙醇香料比较，具有香味柔和、天然纯正、健康安全不可比拟的优越性。

山东农业大学研究文献综述了国内外在烟叶人工发酵过程中几种增香途径及其研究进展，包括微生物、酶、糖和有机酸、美拉德反应产物及氨化等方法。研究表明：近年来微生物、酶因其投入量少，增香效果明显，微生物发酵生产天然香料和天然香精已成为世界上许多国家食品添加剂的研发热点。而烟草在芽孢杆菌、枯草杆菌、假单胞杆菌等微生物发酵过程中能产生苯甲醇和苯乙醇等天然玫瑰香味成分，用于烟叶发酵，增加烟叶香气不失为一种理想的方法。

国外学者对烟叶人工发酵早有大量研究，他们发现烤烟叶面微生物中，细菌占绝对优势，放线菌和霉菌较少。细菌中以芽孢杆菌属为优势菌群，霉菌中以曲霉为优势菌群。优良品种烤烟叶面微生物数量较大，种类较多。微生物是推动烟叶发酵、提高烟叶香气不可忽视的原因之一，这对国内外从事烟叶香气研究学者具有很大的吸引力。

对于微生物发酵法生产天然级苯乙醇香料工艺研究方面，近年来国外已成功研制出以苯丙氨酸、氟苯丙氨酸为原料，采用微生物啤酒酵母 *Saccharomyces cerevisiae* 或（和）克鲁维酵母 *Kluyveromyces sinensis* 发酵工艺转化来制取天然级苯乙醇的工艺方法。虽然此法不失为一种切实可行的天然级苯乙醇香料生产方法，但其原料成本太高，不适宜工业化生产，故人们也在寻找一种能替代苯丙氨酸、氟苯丙氨酸的廉价天然材料为微生物发酵法起始原料，最大程度上降低生产成本，满足食品香料添加剂工业生产的需求。

华宝香化科技发展（上海）有限公司经过多年的创新研发，成功完成了以烟草（含烟梗、烟末）为原料的微生物发酵法生产香料苯乙醇的新工艺，并于 2004 年 7 月 28 日获得了发明专利授权（ZL 专利号 02137575.5，授权公告号 CN1159447C）。该工艺包括利用农业副产物烟草作为生物转化的前体物，添加适当的培养基、选用合适的菌种（如产朊假丝酵母、酿酒酵母、中国克鲁维酵母中的一种），在一定的发酵工艺条件下进行发酵培养，降解了烟草中的木质素、果胶和多酚类化合物，并转化成苯乙醇，然后用萃取或离子交换树脂吸附分离的方法予以提纯。所得到的苯乙醇具有纯正的天然香味，可作为天然香料用于食品的加香。整个生产工艺简便，具有广泛的工业化发展前景，为农业副产物烟草找到了一条绿色环保的应用途径。

美国 SUBBIAH　VEN 公司 1999 年 7 月 6 日授权专利 US5919991 涉及一种发酵法生产苯

乙醇的方法，其以 L-苯丙氨酸为原料通过微生物啤酒酵母菌 *Saccharomyces cerevisiae* 和克鲁维酵母 *Kluyveromyces sinensis* 发酵培养和采用离子交换树脂吸附分离法来制取天然级苯乙醇香料。

德国 Bluemke Wilfried(GKSS-Forschungszentrum Geesthacht Gmbh)2001 年 11 月 28 日公开的欧洲专利 EP1158042 采用微生物菌株或酶催化剂等生物技术制取苯乙醇香料，其以 L-苯丙氨酸为原料，通过克鲁维酵母 *Kluyveromyces sinensis* 微生物发酵工艺生产天然级的苯乙醇香料。

日本 KAGOME 公司 1997 年 9 月公开的日本专利 JP9224650 涉及一种以米酒、氟苯丙氨酸为原料，通过含酒精饮料中的酿酒（啤酒）酵母 *Saccharomyces cerevisiae* 微生物发酵工艺来制取天然级 β-苯乙醇香料。

日本麒麟酿酒厂 2000 年初公开专利 JP2000041655 也涉及通过米酒改性，采用酿酒（啤酒）酵母 *Saccharomyces* 和去碳酸基酶联合作用的微生物发酵工艺来制取高纯度苯乙醇香料。

法国 PERNOD RICARD 在 1998 年公开专利 EP0822250 中提供了一种在发酵法生产苯乙醇过程厂中从其蒸馏残余中提取高纯度苯乙醇的方法。

综观上述有关微生物发酵法生产天然苯乙醇香料的国内外主要工艺技术，我们不难看到，目前国外一般都采用以苯丙氨酸、氟苯丙氨酸为原料，进行微生物发酵转化制取苯乙醇。虽然此法确实也不失为一种可行的天然苯乙醇香料生产方法，但由于这种方法所采用的苯丙氨酸、氟苯丙氨酸等原料价格昂贵，生产成本高，不宜实现规模化工业生产。因而国内企业通过创新研发，利用廉价天然的烟草废物资源材料为微生物发酵法起始原料，不仅为农副产品烟草的深加工开辟了一条工业途径，而且也为香料工业找到了一种安全可靠、有利于环保生态可持续发展的有用资源，从而最大程度上降低生产成本，有效改善生态环境，更好地满足食品香料添加剂工业生产需求。

20 世纪 60 年代，石油发酵开始应用于炼油工业，70 年代以来石油发酵已用于生产化工原料如反丁烯二酸、丙酮霉酸、乳酸、二吡啶碳酸、柠檬酸、α-酮戊二酸等，用阴沟假丝酵母突变菌株发酵生产 α,ω-十碳二酸，开拓了石油发酵生产长链二元酸的新途径。

麝香是名贵中药材，也是制备中成药的重要原料，也可做香料，价格昂贵。天然麝香中具有生理活性的主要有效成分是麝香酮。目前，保护野生动物成为全球共识，因此天然麝香不再允许使用。已经成功合成出多种长链二元酸并实现产业化的我国科学家正在酝酿借助微生物之力“合成”高级麝香。

长链二元酸是指碳链中含有 10 个以上碳原子的脂肪族二羧酸，是一类用途极其广泛的重要精细化工产品。用含有 11～18 个碳原子的长链二元酸可以合成具有不同香型的大环酮香料。尤其是用微生物发酵生产的十五碳二元酸为原料合成环十五酮和麝香酮时，合成步骤简单，成本大大降低。这种合成的麝香酮完全可以代替天然麝香配制中成药，在医药上将有广泛用途，对我国中医药走向世界具有十分重要的意义，但目前最主要的还是用于配制各种日用香精。

长链二元酸在自然界中并不存在，长期以来只能通过化学方法合成，但化学方法需要高温高压，严重污染环境，成本高而产量低。从 20 世纪 70 年代起，日本、中国、美国、德国等国科学家尝试用微生物发酵进行生产。最早的菌株应该是在油田附近的土壤或者炼油厂水沟里找到的，科学家在几十万株微生物菌株中一步步培育出“产”酸水平较高的几株菌种。在一种内含石油副产物——正烷烃的培养液中加入这些菌种，就能高效神奇地合成长链二元酸，进而可以制造出高级香料、高性能尼龙工程塑料、高级润滑油、高级油漆等。在实验室里，科学家一步步提高微生物发酵的“产”酸水平，每升培养液的“产”酸水平从数十克提高到200g以上，1.2～1.5kg正烷烃可以变成1kg二元酸，附加值大为提高。经过多年努力，我国微生物学家在长链二元酸生物发酵领域获得一系列突破，并成功实现产业化，我国也因此成为全世界长链二元酸生物发酵的生产和出口大国。

微生物发酵法生产香料并不一定都要分离出“单体香料”出来，有时候发酵后的“大杂烩”就可以直接使用。下面是一个例子。

加香加料是卷烟工艺中的关键环节，是完善产品风格的决定性因素和提高卷烟香气质量的有效手段之一。目前烟用香料按来源主要分为3类，即来自烟草本身的香料如烟草香精油、浸膏等，来自非烟草的天然植物香料如从各种植物的花、果实、根、茎、叶中提取的精油、浸膏、酊剂等，人工合成的香料如醇、醛、酮等单体香料。按香料生产方法的不同，主要分为两种，即采用各种分离手段直接从烟草或其他植物中提取的天然香料和采用化学反应合成的香料。目前，这两种方法在烟用香料生产中各具优点，并发挥着重要作用。然而这两种方法均存在其各自的局限性。对于某种植物香料，其香气组分及特征是恒定的，我们很难按照对香味的需要使植物产生具有另一种风味的香料，而且植物提取香料的开发由于可用植物资源的有限而存在局限性。对于化工合成香料，除香气单一外，由于受合成方法及条件的限制，很多优良香气成分尚不能人工合成，或成本太高。随着卷烟消费者对产品质量需求的不断提高以及烟用香料行业竞争的日益加剧，进一步开发新型香料及其生产技术已受到各香料公司和烟厂的广泛重视。鉴于以上原因，国内有人探讨了利用产香微生物发酵生产烟用香料的方法，以期找到一种经济、高效且可定向生产天然烟用香料的新途径，并开发出传统香料生产法所不能生产的新型烟用香料。

一、微生物发酵生产烟用香料的生物学基础

随着近代微生物发酵工程的迅猛发展，微生物已广泛应用在人类生活的各个方面，如各具风味的酱、醋、酸奶、面包等均是利用特定的微生物发酵作用生产出来的。由于微生物在增殖过程中可产生庞大的高活性酶系，如多糖水解酶类、蛋白酶类、纤维素酶类、酯化酶类、氧化还原酶类及裂合酶类等，在酶促作用、化学作用及微生物体内复杂代谢的协同作用下，便可使底物发生分解、降解、氧化、还原、聚合、偶联、转化等作用，形成复杂的低分子化合物，其中包括各种香味化合物，如醇类、醛类、酮类、酸类、酯类、酚类、呋喃类、吡嗪类、吡啶类和萜烯类等，这些香气物质无疑也是烟草的香气组分。微生物产生的香味物质是否适合于烟草香气特征取决于产香菌的种类、培养基的组成成分和配比以及发酵条件（温度、湿度、酸碱度、诱导物、供氧等）。通过选择特定的菌种、培养基和发酵条件，就可定向发酵生产出适合各种类种或香型卷烟加香的烟用香精香料。

二、微生物发酵生产烟用香料方法实例及加香实验

1. 材料

菌株：从烟叶上分离并纯化的1株产香菌

组成种类	比例(干重)
烟末	30%
烟秸秆、顶芽、腋芽	30%
豆粕(含蛋白质48%、脂肪1%、碳水化合物22%)	30%
其他	10%

2. 发酵方法

取配好的原料500g，粉碎后适当润水，于100℃蒸煮30min，冷却后接入产香菌，于30～60℃温度条件下发酵5天。然后将发酵产物于100℃加热回流30min灭菌，冷却后以乙醚（也

可用乙醇或正己烷等）为溶剂萃取发酵产物，萃取液经氮气流挥发除去乙醚后得40g香料，产率为8%。

该香料的性状如下。

(1) 色状　棕黄色树脂状物（以乙醚为萃取剂）或深棕色黏稠状膏体（以乙醇为萃取剂）。

(2) 香气　浓郁的果香、坚果香、焦糖香、烤香、酱香、草药香、烟草香。

(3) 溶解性　醇溶，部分水溶，可完全溶于50%～95%的乙醇溶液。

(4) 该香料加香实验及评吸结果　以85%乙醇为溶剂，按0.1%的量将TMF加入单料烟及成品卷烟中，平衡24h后进行评吸，结果表明：TMF与烟香协调，能显著提高卷烟香气质量，使烟气醇和而饱满，并能减轻杂气和刺激性，改善余味，可用于中、高档卷烟加香。

3. 产香微生物发酵生产烟用香料技术评价

研究表明，该法生产的香料不仅与烟香谐调，香气品质优良、风格独特，而且其生产工艺简便，易于推广，具有开发与应用价值。

(1) 香料的风格独特　产香微生物发酵产生的香料系由多组分构成，香气浓郁，集果香、坚果香、焦糖香、烤香、酱香、草药香、烟草香为一体，具有独特风格而又与烟香谐调，不仅能显著提高香气质量，使烟气醇和、细腻、饱满，而且能产生由化工合成香料及天然植物提取香料所不能达到的效果。将其应用于调香工艺，可有助于形成卷烟产品的独特风格，在卷烟新产品开发加香工艺中可发挥较大作用。

(2) 香料风格可定向调控　通过调节发酵原料组成、配比、菌种及发酵条件，同时采用各种提取、分离手段将产物分为不同的组分如酸性、中性组分，甚至某几种重要香气成分，则可以定向改变发酵香料的香气特征，以满足各类型卷烟的加香要求，形成定型的如清香型烤烟微生物合成香料、浓香型烤烟微生物合成香料、混合型卷烟微生物合成香料等；也可以根据不同品牌卷烟加香要求，开发出适合某种品牌卷烟的专用香料。

(3) 原料易得，成本低　所有富含淀粉、蛋白质、脂质、纤维素、香味前体物的植物，作物，有机化合物等均可作为原料选择对象，如烟草作物：低次烟叶、烟末、烟梗、烟茎、顶芽、侧芽、花蕾、种子；非烟草作物：豆类、禾谷类、花生饼、菜子饼、芝麻饼、椰子饼等；香料植物：芸香科、檀香科、唇形科、橄榄科等的根、茎、叶、花、果实；有机化合物：单糖、氨基酸、蛋白质、烟碱、类胡萝卜素、淀粉等。上述原料成本普遍较低，烟草原料中除低次烟叶、烟末、烟梗目前可用于生产薄片外，其他部分均未得到合理利用，如将其用于生产烟用香料，不仅能变废为宝，而且经济效益显著。

(4) 反应简捷，条件温和　原料按一定配方前处理并接种后，只需通过发酵过程，便可将原料转化为化工生产需多步反应才能完成的产品，且整个过程均可在较温和的温度、压力条件下进行，对设备条件要求不高，安全易行。

第五节　“自然反应”产物

本书作者做了一个实验：将纯种芳樟叶油10g加入天然乙酸（用酿造的白醋蒸馏得到）10g，密封两个月后自然成了一个香气非常好的食用香精，用来配制酒、醋、各种调味料、食品、饮料等都极适宜，也可以直接用作空气清新剂香精。兹将该产物通过“气质联机”分析得到的谱图和数据如图3-16所示，供参考。

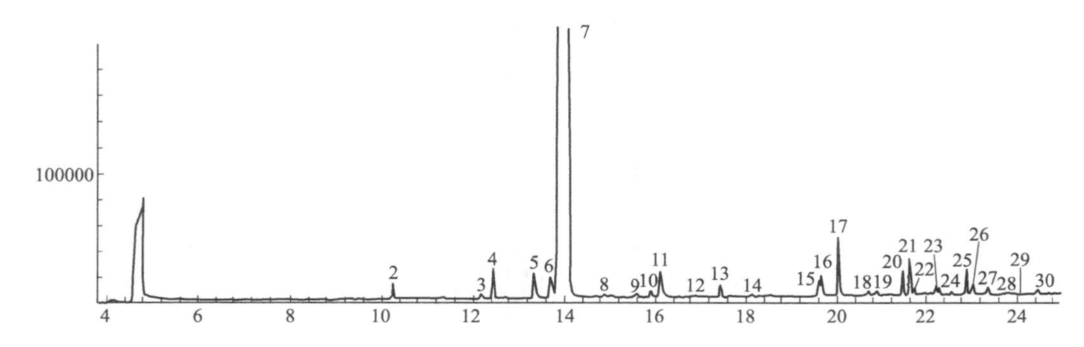

图3-16　天然芳樟乙酸自然反应产物色谱图（9409）

分析结果

峰　号	保留时间/min	峰　名	峰　高	峰面积	含量/%	峰类型
1	4.79	乙酸	65539	841923	9.48625	BB
2	10.26	蒎烯	12133	31787	0.35816	BB
3	12.18	间伞花烃	3858	11688	0.13169	BB
4	12.44	1,8-桉叶油素	22982	76596	0.86304	BB
5	13.37	氧化芳樟醇	18036	86498	0.9746	BB
6	13.73		14262	84410	0.95108	BB
7	14.11	芳樟醇	470724	6969865	78.53202	BB
8	14.92	顺式万寿菊酮	1929	8208	0.09248	BB
9	15.63	环氧芳醇	3426	25958	0.29248	BB
10	15.93	4-松油醇	5185	19536	0.22012	BB
11	16.16	松油醇	19788	92402	1.04113	BB
12	16.91	橙花叔醇	1566	7796	0.08784	BB
13	17.47	乙酸芳樟酯	9821	30536	0.34406	BB
14	18.14	氧化芳樟醇	1770	5936	0.06688	BB
15	19.62	乙酸松油酯	6632	13570	0.1529	BB
16	19.67	乙酸橙花酯	4172	7488	0.08437	BB
17	20.03	乙酸香叶酯	45741	162634	1.83246	BB
18	20.69	杜松醇	3684	11076	0.1248	BB
19	20.88	橙花叔醇	3464	17403	0.19609	BB
20	21.46	松香烯	18735	54312	0.61195	BB
21	21.64	石竹烯	24641	87601	0.98703	BB
22	21.72	香柠檬烯	4785	12333	0.13896	BB
23	22.21	松香烯	6588	17489	0.19706	BB
24	22.28	葎草烯	4421	10818	0.12189	BB
25	22.90	广藿香烯	19345	66135	0.74517	BB
26	23.05	瑟林烯	7770	29506	0.33245	BB
27	23.37	杜松烯	5586	15517	0.17484	BB
28	23.84	橙花叔醇	1326	4429	0.0499	BB
29	24.00	西柏烯	759	2241	0.02525	BB
30	24.47	斯巴醇	3777	14803	0.16679	BB

另取纯种芳樟叶油 40g 加入天然乙酸 10g，密封 3 个月后再加入天然乙酸 40g，再密封 3 个月做“气质联机”分析，得到的谱图和数据如图 3-17 所示。

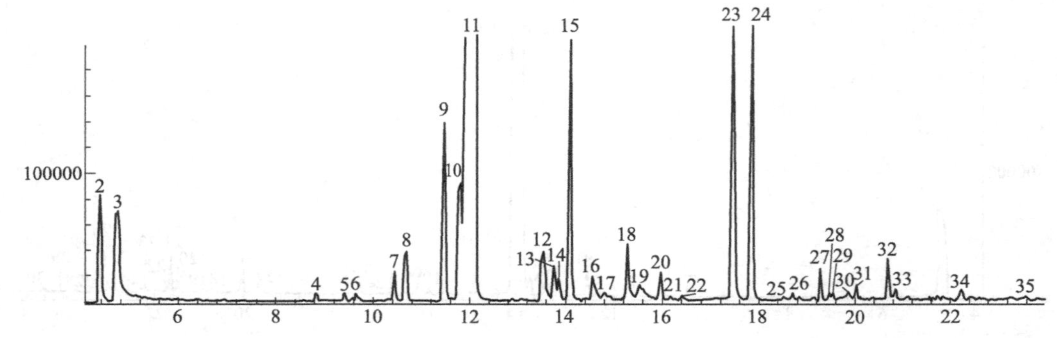

图 3-17　天然芳樟乙酸自然反应产物色谱图（9406）

分析结果

峰　号	保留时间/min	峰　名	峰　高	峰面积	含量/%	峰类型
1	4.33	羟基乙酸	30386	30528	0.21241	BB
2	4.37	乙醇	12695	13010	0.09052	BB
3	4.73	乙酸	69155	648598	4.51278	BB
4	8.81	蒎烯	6543	21856	0.15207	BB
5	9.40	二氢芳樟醇	6623	19093	0.13284	BB
6	9.66	月桂烯	5416	23050	0.16038	BB
7	10.42	邻伞花烃	21931	75618	0.52613	BB
8	10.67	1,8-桉叶油素	38728	206176	1.43452	BB
9	11.45	氧化芳樟醇	136580	676497	4.70689	BB
10	11.79		89783	630657	4.38795	BV
11	12.09	芳樟醇	517177	7715180	53.68024	VB
12	13.53	环氧芳樟醇	37142	263152	1.83094	BB
13	13.74	去氢芳樟醇	15917	73463	0.51114	BB
14	13.84	4-松油醇	11902	36180	0.25173	BB
15	14.07	松油醇	201061	809205	5.63024	BB
16	14.56	氧化芳樟醇	16513	92285	0.6421	BB
17	14.80	橙花叔醇	4383	16419	0.11424	BB
18	15.27	乙酸芳樟酯	42593	181362	1.26187	BB
19	15.52	8-羟基芳樟醇	9859	80247	0.55834	BB
20	15.96	氧化芳樟醇	20682	81047	0.5639	BB
21	16.16	乙酸龙脑酯	3035	9508	0.06615	BB
22	16.39	乙酸松油酯	4526	18298	0.12731	BB
23	17.45		211251	1115164	7.75902	BB
24	17.84	乙酸香叶酯	212384	1044531	7.26758	BB
25	18.51	玷玶烯	2935	9859	0.0686	BB
26	18.70	大根香叶烯 B	4915	23174	0.16124	BB
27	19.27	檀香烯	23919	81194	0.56493	BB
28	19.46	金合欢烯	4545	12733	0.08859	BB
29	19.53	香柠檬烯	3259	8932	0.06215	BB
30	19.86	氧化苧烯	4662	23612	0.16429	BB
31	20.02	檀香烯	11060	34863	0.24257	BB
32	20.69	瑟林烯	29305	100593	0.6999	BB
33	20.85		7481	22690	0.15787	BB
34	22.22	斯巴醇	9157	45234	0.31473	BB
35	23.58	大根香叶烯 D	3658	28540	0.19857	BB

上面两个谱图的数据中，乙酸的含量偏少，这是因为乙酸的“校正系数”较大，而我们只是用“百分归一法”计算，没有校正。

从这两个自然反应产物的图谱中可以看出，芳樟醇同乙酸混合后“自然反应”产生了许多新的香料物质，其中“产量”最大的是乙酸松油酯、乙酸香叶酯和乙酸芳樟酯（尤以9406最甚），它们都是芳樟醇和芳樟醇在酸性条件下异构化“变成”松油醇、香叶醇同乙酸酯化反应的产物，同时芳樟醇还通过氧化等反应产生了氧化芳樟醇、桉叶油素及各种萜烯和萜烯的衍生物，包括倍半萜烯和二萜化合物，这些产物大多分子量比芳樟醇大，留香时间也较长久，可以作为体香和基香成分，足以组成一个“完整”的香精配方了。“自然反应”后在适当的时间里香气令人愉悦，我们可以在这个时候令其停止反应（比如加碱中和去掉酸性、精馏回收未反应的乙酸和芳樟醇等），则得到一个“有用”的香精了。

这个实验给调香师带来一个全新的概念：也许我们有时候不必那么“麻烦”自己动手调配香精，只要把2个或2个以上会互相起反应的香料放在一起后“交给上帝”——让它们充分反应就会产生一个有意义的香精出来！可以想象，用天然芳樟叶油和其他天然有机酸如丁酸、乳酸、柠檬酸、苹果酸、酒石酸和各种氨基酸反应一段时间也会生成不同“风味”的香精，其他天然精油只要含有较大量的芳樟醇、苎烯、蒎烯等“活泼”香料，与天然有机酸也有可能“自然反应”产生我们期望的香精出来。

把这一类“自然反应”产物归入“天然香料”或“天然香精”估计没有人反对（从它们的色谱图中可以看出里面的成分都是天然香料单体，而且都是可以食用的香料），它们的安全性也不容置疑。这个“香精”通过精馏回收未反应的乙酸和芳樟醇（可再次混合在一起反应，与起始原料完全一样），得到的香料混合物或单体香料仍然是“天然级”的，根据它们的香气特点，可以直接用作食品香精或日用香精，也可作配制“天然香精”的香原料。

再看一个实验：在一个容量为2L的回流反应瓶里加入1250g水、180g天然柠檬酸、150g纯种芳樟叶油，加热到100℃（同时搅拌）保持3h，随后蒸馏出一种带有甜柠檬和丁香花香气的“精油”，其化学组成（质量份）如下：

月桂烯醇	1.5	橙花醇	2.8	顺乙位罗勒烯	1.2
二氢芳樟醇	0.5	香叶醇	9.8	6,7-环氧罗勒烯	0.6
乙位松油醇	0.8	反罗勒烯醇	1.6	反乙位罗勒烯	2.4
桧烯水合物	0.4	顺罗勒烯醇	3.5	氧化芳樟醇	0.6
甲位松油醇	34.1	玫瑰醚	5.0	异松油醇	2.8
3,7-二甲基-1-辛烯-3,7-二醇	0.9	月桂烯	1.4	芳樟醇	27.2
		苎烯	2.9		

这个“精油”香气甚好，可以作为一个“完整”的香精直接用来给食品、饮料或其他日用品加香，也可以作为一个“香基”用来配制食用或日用香精。

相信随着研究的深入，这种“天然香料”——“自然反应”产物会像美拉德反应产物一样不断地涌现出来，以满足各行各业人们对香料香精的需求。

第四章　评香与调香理论基础

“知难行易”，不管从事任何工作，只要先在理论上有了足够的认识，实施起来就不会太难。调香工作更是如此。

作曲、绘画、调香自古以来被公认为世界三大艺术。有关作曲、绘画的著作浩如烟海，各种学派、流派的理论多如繁星，令人目不暇接，世界各国都有自己的“理论大师”，有时意见不一还要争吵一番，甚至大动干戈，互相批判，以求真谛。相对来说，有关调香的理论则寥若晨星，无处寻觅。

其实每个调香师都有一套“调香理论”指导自己和助手、学生的调香与加香实验，并在实践中不断充实和修正他的这套“理论”，不断完善，没有终止。只是绝大多数调香师仅把这些“理论”藏在自己的调香笔记里，不愿意加以整理，公布于世，与人分享。早期欧洲各国的调香师无不如斯，他们只把自己的理论用口头和笔记的形式传授给后代。

在合成香料问世前，所谓的“调香理论”以现代人的观点来看，似为“粗糙”、“简单”，其实未必尽然。试看我国古代宫廷里使用的各种“香粉”（化妆、熏衣、做香包用）、“香末”（用各种有香花草、木粉、树脂等按一定的比例配制而成，用于熏香），日本香道（从我国唐朝的熏香文化传到日本演化而成）的“61 种名香”，埃及的“基福”、“香锭”，欧洲的“香鸢”以及后来进一步配制而成的“素心兰”香水和“古龙水”，调味料用的“五香粉”、“十三香”和“咖喱粉”等就知古代深谙此“道”（香道）者并不乏人。

所谓调香，就是将各种各样香的、臭的、难以说是香的还是臭的东西调配成令人闻之愉快的、大多数人喜欢的、可以在某种范围内使用的、更有价值的混合物。调香工作是一种增加（有时是极大地增加）物质价值的有意识的行为，是一种创造性、艺术性甚高的活动，但又不能把它完全同艺术家的工作划等号。调香工作是一门艺术，也是一门科学、一门技术。因此，调香理论也就介于艺术、科学、技术三者之间，并且三者互相贯穿，不能割离。单纯的化学家不管是研究有机化学、分析化学、生物化学还是物质结构，盯着一个个分子和原子的运动调不出香精来；化工工程师手持切割、连接各种“活性基团”的利剑和“焊合剂”，同样对调香束手无策；而将调香完全看成是艺术，可以随心所欲者，即使“调”出“旷世之作”，没有市场也是枉然。

研究色彩，可借助光学理论；研究音乐，可借助声学理论；可是研究香味，却发现“气味学”还未诞生。本书作者曾经提出，要建立“气味学”的话，势必包含“化学气味学”、“物理气味学”、“数学气味学”、“生理气味学”和“心理气味学”5 个学科。因此，符合科学的、能指导实践的调香理论应包括上述 5 个学科的内容，再加上艺术的、市场经济的基础理论并将它们有机地融合在一起。

本书的调香理论是作者数十年调香工作的经验总结和调香实践中的“思路”，国外调香界人士的新思想也介绍一二，希望读者阅后有所启发。

第一节　早期的评香与调香理论

理论者，有理有论也。有理（实践经验）无论（总结升华）即没有理论，无理有“论”（夸夸其谈，纸上谈兵）不算“理论”。古代的评香和调香事业，大多“有理无论”——众多的香味爱好者、评香师和调香师们有着丰富的评香经验和调香技术，却没有“理论依据”，或者没有文字记载保留下来，无从考据；少数“无理有论”者，纵然“阴阳五行”、“天人合一”、“五运六气”、“相生相克”等讲得头头是道、天花乱坠，却于实际评香与调香工作无补，我们在搜寻古代“香文化”资料见到时也都只能“忍痛割爱”，不想与之“理论”，本书中偶尔提到也只是“点到为止”，不多赘述，读者如有兴趣寻其源头，可以在本书末的“参考文献”里面找到一些蛛丝马迹。

国人深信“香药同源”，“药食同源”之说，在中国有文字记载的“评香”与“调香”理论除了史书的只言片语之外就是大量有关食物和医药的书籍了，很长一段时期中国香料的发展集中于具有食物配料性质的品种上，毕竟老百姓认同“民以食为天，食以味为先”这朴素的“真理”。植物香料加上厨师的手艺，产生出丰富多彩的色、香、味、形、质俱佳的食品，于是就有了“美食家”和“烹调师”，他们就是远古时期的食物评香师和食品调香师。

中国有确切证据的最早的“评香与调香大师”当推3600年前商代“贤相”伊挚（即伊尹），他根据实践经验总结出一套烹调理论，里面就包含着高明的调香技艺：“夫三群之虫，水居者腥，肉獾者臊，草食者膻。臭恶犹美，皆有所以。”美味的烹调：“凡味之本，水最为始。”烹饪的用火要适度，不得违背用火的道理：“五味三材，九沸九变，火为之纪，时疾时徐。灭腥去臊除膻，必以其胜，无失其理。”调味之事是很微妙的，要特别用心去掌握体会：“调和之事，必以甘酸苦辛咸。先后多少，其齐甚微，皆有自起。”烹饪的全过程集中于鼎中的变化，而鼎中的变化更是精妙而细微，语言难以表达，心中有数也更应悉心去领悟：“鼎中之变，精妙微纤，口弗能言，志弗能喻。若射御之微，阴阳之化，四时之数。”经过精心烹饪而成的美味之品，应该达到这样的高水平：“久而不弊，熟而不烂，甘而不哝，酸而不酷，咸而不减，辛而不烈，淡而不薄，肥而不腻。”

这些听起来好像是在讲述“美拉德反应”的全过程、如何品评熟食的气味和怎样调配“咸味香精”，但以味觉为主，嗅觉为辅，那时候不一定先配制成“香精”再加以使用，香精的“配方”是动态的。

伊尹甚至把治理国家这等“大事”同烹调相比——“治大国若烹小鲜”据说就是出自他和商汤的一席言语，老子在《道德经》里引用了这句话。用现在的话说，治大国就好像烹调小鱼，油盐酱醋料都要恰到好处，不能过头，也不能不到位。反过来说，烹调（调香的一种形式）就像治理一个大国一样，要调出一个让众人都满意的香味是很不容易的。

诗经（公元前770～前476年）里有“百卉”、“百谷”、“百蔬”、“百药”等词，记载了338种动植物，其中就有香料调味料，这些香料调味料混合使用的时候就需要“评香”和“调香”，也会有一些初步的“评香理论”和“调香理论”，只是我们现在找不到当时的文字记载。

孟子曰：“香为性，性之所欲，不可得而长寿”。他不仅喜香，而且阐述了香的道理，认为人们对香的喜爱是形而上的，是人本性的需求。

公元前104年的《神农本草经》载有的药物有365种，其中252种是香料植物或与香料有关。明朝李时珍所著《本草纲目》中已有专辑《芳香篇》，系统地叙述各种香料的来源、加工和应用情况，也有从“气味”入手进行评香和调香的简短论述，这些论述源自《神农本草经》

等一系列本草著作，源远流长。如“凡称气者，是香臭之气”、“四气则是香、臭、腥、臊。如蒜、阿魏、鲍鱼、汗袜，则其气臭；鸡、鱼、鸭、蛇，则其气腥；狐狸、白马茎、人中白，则其气臊；沉、檀、龙、麝，则其气香是也。”这与现时的香型分类法极其相似，如出一辙。

从使用调制香料的角度记述香料的文献，则有各种香谱、香录、香法、香事、香品等论著，比较著名的有洪刍撰写的《香谱》、陈敬的《香谱》、叶庭珪的《香录》和周嘉胄的《香乘》等。如洪刍对龙脑、麝香、白檀、苏合香、郁金香、丁香、兰香、迷迭香、芸香、甘松等81种香料的产地、性能、应用、典籍出处等，都有较详细的描述，在复方配料应用方面列出了21种日用化妆、食用香料的配方和简单的加工方法，这些都是生活实践经验的结晶。洪刍《香谱》中所举的一些合香调配组成总结并示例。这些合香法对现在的调香术仍有影响，仍旧具有一定的意义。

古代香料制作，首先要综合考虑该香的用途、香型、品位等因素，再根据这些基本的要求选择香料，按君、臣、佐、使进行配伍。只有君、臣、佐、使各适其位，才能使不同香料尽展其性。诸如衙香、信香、贡香、帷香以及疗病之香，各有其理，亦各有其法，但基本都是按五运六气、五行生克、天干地支的推演而确定君、臣、佐、使的用料。

例如，对于甲子、甲午年日常所用之香，按五运六气之理推算，是年为土运太过之年，少阴君火司天，阳明燥金在泉；从利于人体身心运化的角度看，宜用沉香主之，即沉香为君，少用燥气较大的檀香；再辅以片脑、大黄、丁香、菖蒲等以调和香料之性，从而达到合与天地而益与人。

一些特殊的香，不仅对用料、炮制、配伍有严格要求，而且其配料、和料、出香等过程须按节气、日期、时辰进行，才能达到特定的效果。如《灵虚香》，在制作上要求甲子日和料、丙子日研磨、戊子日和合、庚子日制香、壬子日封包窖藏，窖藏时要有寒水石为伴等，这些做法今日的香料工作者看起来都有点玄。但“选择香料，按君、臣、佐、使进行配伍”的做法却与当今调香师的实际工作方法“辨香，按主香香料、和合剂、修饰剂、定香剂的顺序加入香料”有异曲同工之妙。

长期的焚用香料风习，使中国古代对香料的认识和配用香料的技术不断地提高，这些知识有很大一部分来自印度与波斯。佛教文化的传入在这里起了很大的促进作用。佛经中多处提及香药，如《大智度论》、《大方广佛华严经》等。《大日经疏》中说“调和香水，以郁金、龙脑、旃檀等种种妙香。”

南北朝和隋代已经有了各种调和香料的香方。如杂香方、龙树菩萨和香方等。南北朝刘宋时期的文人范晔曾撰写一篇《和香方》，其序云“麝本多忌，过分必害，沉实易和，盈斤无伤。零藿惨虐，詹糖粘湿。甘松、苏合、安息、郁金、捺多和罗之属，并被珍于外国，无取于中土。又枣膏昏懞，甲馢浅俗，非惟无助于馨烈，乃当弥增于尤疾也。”这段序虽然是借物讽人，但也反映出时人对各种香料性能的了解。

南宋诗人杨万里有一首烧香诗，讲述他一次焚香的亲历：

诗人自炷古龙涎，
但令有香不见烟。
素馨欲开茉莉折，
低处龙麝和沉檀。

像当时的所有士大夫一样，杨万里把焚香当作最高雅的审美享受，对于“香道”也很娴熟，他在炉中焚炷了一枚“古龙涎”香饼——所谓“古龙涎”，在宋代实际是各类高档香料的一个通称。“素馨欲开茉莉折，低处龙麝和沉檀”，写出了宋代上等香料原料之奢侈，更写出了这些香料在香气层次上的丰富——素馨花构成了香芬的前调，中调是茉莉花香，尾调则以天然沉香、檀香为主打，但混合有少量龙脑、麝香。今日的调香师们宣传配制香水的“复合调性”，讲究头香、体香和基香的“合拍”，其实在中古时代——宋代的中国，对香的研究早已建立起高度发达与复杂、精致的体系了。

“古龙涎”香饼中蕴涵着不止一层的花香，这正是宋代制香业的一大特色、一个划时代的成就。在这个时代，茉莉、素馨等海外香花植物在广州一带广泛引植，南方地区原有的本土芳香花种如橙、橘、柚花等也得到开发，宋人便“更将花谱通香谱”，开始了把花香引入香料制品的实践。其中，最独特也是当时最流行的方式，则是把沉香、降真香等树脂香料与各种香花放在一起，密封在甑中，放入蒸锅，上火蒸：“凡是生香，蒸过为佳。四时，遇花之香者，皆次次蒸之。如梅花、瑞香、酴、密友、栀子、末利（茉莉）、木犀（桂花）及橙、橘花之类，皆可蒸。他日之，则群花之香毕备”。

树脂类香料用香花来蒸，不仅要蒸一次，而是要一年四季不停地上火蒸。凡是有香花开放的季节，就拿当令的花与这香料一起蒸上一回，这样一年坚持下来，频频蒸过的香料如果再入熏炉焚炷，就会散发出百花的芬芳。

从宋代文献与宋人的诗词作品可以知道，那时，“花蒸沉香”是最普遍的制香方法，素馨花恰恰是用以蒸香的主力，如程公许有和虞使君“撷素馨花遗张立，蒸沉香”四绝句之作；而在相传是宋人陈敬所作的《陈氏香谱》“南方花”一节中，茉莉花也被列为蒸香的花品之一。

一枚小小的“古龙涎”香饼，衬在银叶做的隔火片上，由炉中炭火微烤，便开始幽芳暗生。在复合的香气中，首先隐约可辨的是素馨花的气息，然后，似乎有茉莉花在房室中悄然开放。接着，是沉香、檀香的主调稳定地氤氲着，但是其中还有龙脑与麝香在暗暗助力。

宋代士大夫并不赞成当时整个社会对于名贵香料毫无节制地放纵消费，但也从来没有试图运用政治影响力去限制、禁止他人如此享受。士大夫阶层所采取的方式，是以身作则、就地取材，在熟悉的日常生活环境中寻找价廉、省便但风味不减的天然香料，用之取代原料昂贵、工艺复杂的名贵香品。《陈氏香谱》中就记载了一种用便宜材料取代贵重原料的办法：“或以旧竹辟，依上煮制，代降；采橘叶捣烂，代诸花，熏之。其香清，若春时晓行山径，所谓草木真天香，殆此之谓”——把旧竹篾片代替降真香，作为“香骨”；再找些橘树叶捣烂，一样可以起到香花的作用。把这两样原料按照“花蒸香”的方法炮制一番，旧竹篾片就能变成可供焚的香料，而且效果还特别的好，香气清新，有“草木真天香”之妙，让人一闻到，就感到如同身处在春天早晨的山道上。

在宋代，用气息鲜明而成本低廉的水果残渣制作便宜的低档香料，是制香业发达的一个原因。如当时上层社会士大夫流行一种名贵的“四和香”，是以沉香、檀香各一两，龙脑、麝香各一钱合在一起而成，制作成本是极高的。但民间也有一种“小四和”——把香橙皮、荔枝壳、甘蔗滓以及榠樝核或梨滓中的任一种，“等分，为末”，调和成丸，大约入炉后熏发的气息与“四和香”接近，所以得到了这个俏皮的名称。还有一种与“小四和”相近的制香方法：“以荔枝壳、甘蔗滓、干柏叶、黄连，和与焚。又或加松球、枣核。”成品居然叫做“山林穷四和香”，非常坦率。明末方以智物理小识中也记有大致相近的方子：“荔枝壳，甘蔗滓，干柏叶，黄楝头（即苦楝花），梨、枣核，任加松、枫毬。”把荔枝壳作为香料使用是闽南人的一大发明。如此而成的香品更是被文人们诙谐地命名为“穷六和”。

公元11世纪到17世纪，香料主宰着欧洲人的口味、财富与想象力，中世纪的烹饪呈现出新的着重点和创意，就是所有东西都必须加香料，而且要有浓浓的色泽。德国传教士发明了蒸馏技术，调香师们开始有了“高度浓缩的”香料——精油使用。在东方，中国人用樟树的各个部位蒸馏制造樟脑。在法国和某些欧洲国家，也曾盛行过脂肪冷吸法和油脂温浸法来提取那些用蒸馏法无法提取到的娇嫩香花的天然芬芳物质——香脂或香脂净油。挥发性溶剂浸提法出现后，上述这两种吸附方法很快便被溶剂浸提法所取代，香料从固态芳香植物的直接应用发展到植物原料经加工提取出芳香成分后再利用。人们从各种香料材料提取出精油、“脑”、浸膏和净油，相对于植物材料来说，精油、“脑”、浸膏和净油可以较长期地保存，香气也较为稳定、统一，“浓度”高，给储存、运输和贸易开了方便之门，用起来也方便得多，可以开发更多的用途。从此，天然香料不仅仅应用于熏香，而且开始大量应用于药物、化妆品、饮食品和调味品等。天然香料的应用价值进一步获得发挥，为整个香料工业的兴起和发展奠定了基础。

到1874年，希尔采（Hirzel）倡议用石油醚作浸提溶剂，为了配合这种新溶剂，高尔聂（Garnier）设计了相应的转动式浸提器。后来又发展有旁吨（Bondon）或转动浸提设备。这种新的生产方法首先在法国应用，后来又推广到东欧和中东一些国家，也让现代文明随着香料植物的功能扩张到医药、食材、美容、生物科技等领域，新的品种不断被驯化、栽培与运用。香料植物运用已经是许多国家重视的课题，这个阶段是香料植物一个快速发展的时期。

天然香料还可以通过减压分馏和水蒸气蒸馏的方法而得到提纯和单离，然后单离物再通过化学合成方法获得新香料，这样单离与合成香料就在19世纪下半时期诞生了。

用精油、浸膏、净油和单离、合成香料而不是直接用动植物材料来调配香精是自然而然的事，调香技术从此有了极大的提高，但“调香理论”也只是对这些精油、浸膏、净油和单离香料的辨别、品质的评定、简单的香气分类而已。

这期间，对香气分类贡献较大的是瑞典植物学家林奈（Linnaeus），他把各种香料材料及精油、净油的气味分为7大类，即：

① 芳香的，如香石竹花等；

② 芬芳甜香的，如百合花、茉莉等；

③ 动物美香的，如麝香、灵猫香等；

④ 葱蒜香的，如大蒜、阿魏等；

⑤ 羊膻气的，如某些草兰花等；

⑥ 腐烂气的，如万寿菊、欧莳萝等；

⑦ 令人作呕的，如烟草花、犀角花等。

这个分类法对当时的调香师来说，有一定的应用价值，但似乎太过简单，后来的人们在这基础上提出各种各样新的分类法，类别多了一些。直到现在，世界十大香料公司包括奇华顿、IFF、高砂等公司对各种香料香精香气的分类仍受林奈分类法的影响，只是香型扩大到几十种而已。如奇华顿公司1961年把常用的合成香料与单离香料归入40个香型中，它们是：刺槐花香型，金合欢花香型，含羞花香型，香石竹香型，素心兰香型，三叶草香型，兔儿草香型，栀子花香型，晚香玉香型，玫瑰香型，茉莉香型，依兰依兰香型，香罗兰花香型，风信子香型，忍冬花香型，葵花香型，山楂花香型，香豌豆香型，西洋山梅花香型，橙花香型，苦橙花香型，紫丁香香型，铃兰香型，草兰香型，水仙花香型，黄水仙花香型，薰衣草香型，木犀草花香型，菩提花香型，广玉兰花香型，紫罗兰花香型，香叶香型，馥奇香型，新刈草香型，蜜香香型，鸢尾香型，马鞭草香型，松树香型，龙涎香型，灵猫香香型。

合成香料大量出现以后，调香师的“手头”宽裕了许多，能随心所欲地调配出各种自然的和自己想象中的香气，香型分类开始以人的主观感觉与客观实际相结合，如1865年，李迈尔（Rimmel）将当时调香师可用的各种香料的香气分为杏仁样、龙涎香样、茴香样、膏香样、樟脑样、香石竹样、柑橘样、果香样、茉莉样、薰衣草样、薄荷样、麝香样、橙花样、玫瑰样、檀香样、辛香样、晚香玉样、紫罗兰样等18组，调香师按这个分类法工作有许多方便之处，比较直观、简明，“共同语言”多了一些。

最有趣的是同时期的比斯（Piesse），他认为香感与音乐感相似，香调宛如音调，也可分为 ABCDEFG 等 7 种，模仿音阶将香分为 8 度音阶，他认为像杏仁、葵花、香荚兰豆和铁线莲等给人的香感是一样的，所以皆为 D 型，只是香强度不同而已，因此其精油可以相互调配。皮斯把当时常见的天然香料仿效音乐上之音阶排列成“香阶”，如图 4-1 所示。

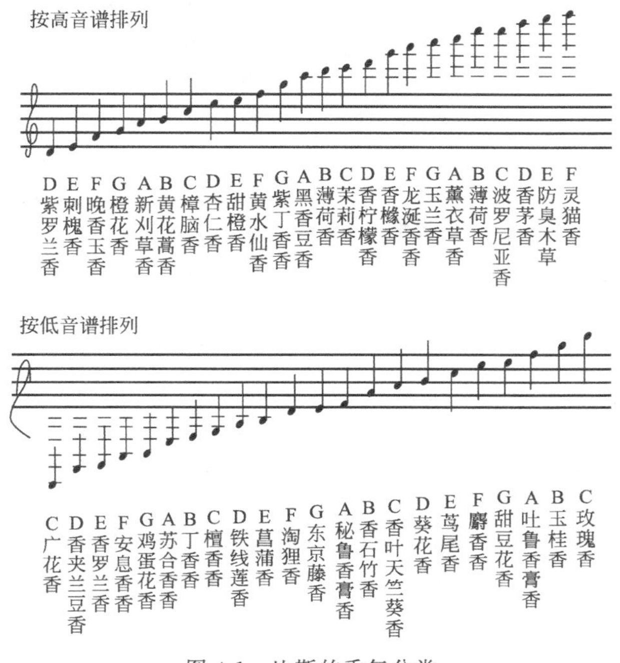

图 4-1　比斯的香气分类

在音谱上 1-4，1-5，1-i 最能调和，为完全协和音，同样在“香阶”中如配合 A-D，A-E，A-À 等则得完全和谐香。例如苦杏仁油对于枯草香、柠檬与薰衣草对于香豆等，均极调和。反之发生不协调音之配合如 1-2，1-7 等则成不调和音（香），例如缩叶薄荷或洋玉兰对于香豆等。

皮斯通过将香型与旋律的比较，首次用艺术观点提出调香的和谐、协调概念，对懂得音乐又初学调香者有一定的启发。但皮斯提出的香阶与实际情况并未能完全一致，发生协和音之配合未必都能配出芳香气味；反之，不协和音之配合而成调和香气者亦不在少数，尽管如此，皮斯的尝试还是得到了多数调香师的肯定和赞许。

1927 年，克罗克（Crocker）和汉得森（Henderson）把所有的气息都归属于芬芳（甜）、酸、焦、酒腥 4 大类中，每类气息中按强度分为 9 个等级即从 0～8，最强为 8。他们认为任何气味都具有这 4 类香气，只是各类的香气强度不同而已。如麝香的香气估定量为 8476，即芬芳（甜）气是 8、酸气是 4、焦气是 7、酒腥气是 6。其他的如苯甲酸苯乙酯 5222，二苯醚 6434，黄樟素 7343，苯乙醇 7423，乙酸苄酯 8445，乙位萘乙醚 6123，苯乙酸异丁酯 5523，苯乙酸甲酯 5636，柠檬醛 6645，桉叶油素 5726，正丙醇 5414，苯丙醇 6322，乙酸对甲酚酯 4376，愈创木醇 7584，檀香醇 5221，苯甲酸异戊酯 5322，甲苯 2424，大茴香醚 2377，玫瑰花 6423。这个分类法很有特点，但具体的数据很难在调香师之间统一起来，各说各的，所以实际应用不大。

1931 年，阿尔姆（Ellmes）发表了一种香气分类法，他把香气分为 3 层，即头香、体香（中香）和基香（尾香），是按香料香气的持久程度排列的。这个分类法很有意义，对后来的调香理论产生了极大的影响，直至如今。

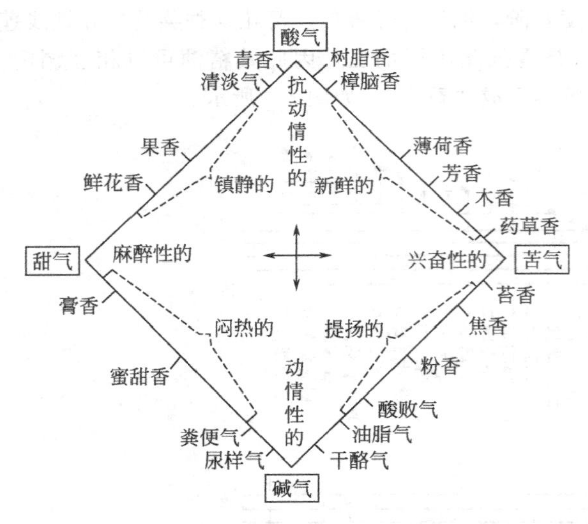

图 4-2 图解的方式来表达香气分类体制

1949 年，捷里聂克（P. Jellinek）用图解的方式来表达其分类体制，见图 4-2。

捷里聂克的分类法与我国叶心农创立的“八香环渡”、“十二香环渡”理论相似，都是认为自然界所有的香味可以有机地组成一个圈，互相影响，既没有“头”，也有没有“尾”。

1954 年，扑却（Poucher）评定了 330 种香料，依据它们在辨香纸上挥发留香的时间长短区分头香、体香和基香 3 大类：把不到 1 天就嗅不到香气的香料定系数为 1，不到 2 天就嗅不到香气的香料定系数为 2，以此类推，100 天或超过 100 天还可以嗅闻到香气的都定系数为 100。系数 1～14 的香料为头香香料，系数 15～60 的为体香香料，61～100 的为基香香料（可作定香剂）。这个分类法对调香师来说，很容易理解，也较为实用。

我国著名调香师叶心农从调香应用入手，先把各种香气分为花香与非花香两大类，分别在花香香韵与非花香香韵内依次排列出香气辅成环，以说明它们之间的前后联系环渡的意义。花香的“八香环渡”是清（青）→清（青）甜→甜→甜鲜→鲜→鲜幽→幽→清清（青）（回原位），即：

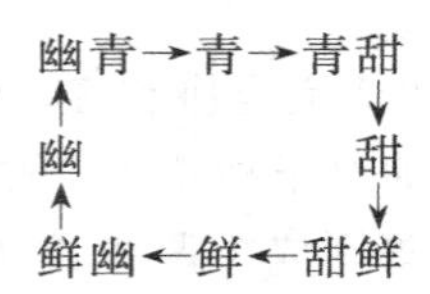

非花香的“十二香环渡”是青滋香→草香→木香→蜜甜香→脂蜡香→膏香→琥珀香→动物香→辛香→豆香→果香→酒香→青滋香（回原位），即

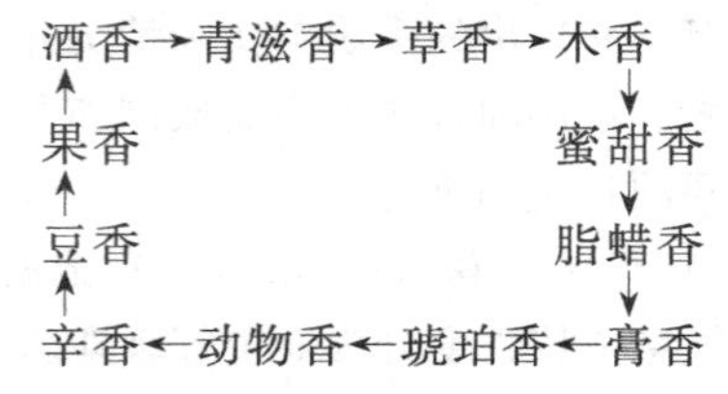

香气环渡理论对我国所有香料香精工作者尤其是调香师的评香和调香思路、创作风格、工作方法都产生了巨大的、根深蒂固的影响，至今仍然是每一个调香师必须熟悉、掌握的一套理论。

第二节 香料香精的三值

世间万物只要成为商品，我们总会给它一些数据，形容它的大小、品质、性能等，唯独“香”——包括香料与香精最令人头疼、难以捉摸，人们长期以来只能用极其模糊的词汇形容它们：香气“比较”好，香气强度“比较”大，留香“比较”持久等，讲的人吃力，听的人也吃力，最后还是听不出什么具体的内容来。

生产加香产品的厂家天天跟香精打交道，却对香精一无所知，这是一个普遍现象。每一个工厂的老板、采购负责人都会对购进的每一种原材料“斤斤计较”，与供应商讨价还价，唯独在香精面前束手无策。有人开玩笑说卖香精的是“黑脸贼”——买的人即使上当了都不知是怎么上当的。

其实生产香精的工厂也有苦衷——他们的调香师辛辛苦苦花了多少精力创造出富有特色的香精、又用了多少人力物力做了多长时间的“加香实验”，才“百里挑一”选出了一个好香精想推荐给你，却不知要怎么向你说明这个香精好在哪里。

香精厂的供应者——香料制造厂也有跟香精厂一样的苦恼：他们想向香精厂推销他们好不容易研制出来的新香料，永远是苍白无力的说辞：“这香料香气纯正，达到××××标准”，根本不会引起香精厂的注意，调香师接到样品后不一定会试用它，也许马上就把它忘了。

香料制造厂开发一个新香料是非常不容易的，寄给各地调香师后却长期受到“冷落”，因为调香师对新香料可能了解不太多，不敢贸然使用，如果香料厂同时提供该香料的“三值”及其他理化数据（如沸点、在各种溶剂中的溶解性、安全性等），调香师无疑将更大胆地在新调配的香精中使用它。

香料香精的三个值——香比强值、香品值、留香值概念是本书作者于1995年最早提出来的，先是提出“香比强值”，后来才有了“香品值”和“留香值”。香料香精有了这“三值”以后，不单初学者对每一个常用香料和常见的香精香型很快就有了“数字化的认识”，摆脱了以前模模糊糊的概念，而且让已经从事调香工作的人员包括德高望重的老调香师对香料香精有一种重新认识的感觉。推广开了以后香料厂、香精厂、用香厂家和从事香料香精贸易的人员在谈论、评价、买卖时都觉得有了一种“标尺”。在这以前，各地的香水制造厂、化妆品厂、气雾剂厂、洗涤剂厂、食品厂、酒厂、卫生香厂、蚊香厂、制皂厂、饲料厂、卷烟厂、蜡烛厂等用香厂家对香精制造厂存在着一种看法，觉得有时候买到的香精价格那么贵，又不知道贵在哪里——想讨价还价或者有意见也不知怎么提。现在好了，“你这个香精留香值太低，香比强值不大……”可以摆在桌面上谈判。虽然用香厂家不可能要求供应厂提供配方，但要求提供香精的“三值”总有道理吧？这样，供应方的透明度大了，供需双方的距离也接近了。

当然“三值理论”的意义不只是用在贸易上，假如我们把调香工作比作建房子，香料就像各种建筑材料一样，如果建筑师对每一种建筑材料的有关数据（如耐压、抗震、隔音性能、老化、抗腐蚀性、防火性等）不熟悉的话，他是不敢贸然使用的。古代或者早期的建筑师对各种建筑材料的有关数据掌握得不多，例如对沙石、泥土、石灰、陶瓷、木材等，不像现在有这么多的数据，他们凭着以往的经验，或者比较模糊的数字（如某种配方“三合土”的“耐压力”）也能建好一幢大厦，但要建现代的“摩天大厦”，没有大量的通过实验的数据可不行。早期的调香师凭着直觉和长期积累的对各种香料的“印象”（说穿了就是没有数字化的模糊“三值”）也能调出好香精，一旦有了具体的数据，将是“如虎添翼”，各种香料的使用更能“得心应手”，对自己的调香作品能否在剧烈的市场竞争中取胜，将更加充满信心。反过来，对于竞争对手产品的评价，也比较容易通过一定的分析手段得出相对客观的结论。

自古以来，调香师基本上靠经验工作，“数学”好像与调香师无缘——调好一个香精以后，算一算各个香料在里面所占的百分比例，仅仅用到加减乘除四则运算，小学里学到的数学知识就已够用了——这跟其他艺术没有什么两样，不会五线谱、不懂do、re、mi、hua、so、la、ti的人也能唱出动人的歌儿，也能奏出美妙的曲子，但是如果学会五线谱、对乐理懂得多一些，肯定会唱得更好、演奏得更美妙。同理，掌握了香料香精“三值”理论的调香师则对每一次调香工作更加胸有成竹，更能调出令人满意也令自己满意的香精来。

综上所述，“三值理论”不管对用香厂家、香精厂、香料制造厂或者从事香料香精贸易的人们来说，都是非常有意义的，这些厂商的技术人员、管理人员、经营者掌握“三值理论”是很有必要的。

一、香比强值

人们早已采用同其他“感觉”一样的术语于嗅觉用语之中，阈值——最低嗅出浓度值是第一个用于香料香气强度评价的词，虽然每个人对每一种香料的感觉不一样，造成一个香料有几个不同的实验数据，但从统计的角度来说，它还是很有意义的。一个香料的阈值越小，它的香气强度越大。阈值的倒数一般认为就是该香料的“香气强度值”了。

众所周知，乙基香兰素的香气强度比香兰素强3倍左右，可是在各种资料里乙基香兰素的阈值却比香兰素高。突厥酮在水中的阈值是0.002μL/L，乙位突厥酮在水中的阈值是1.5～100μL/L，二者的香气强度绝不可能相差750倍以上。水杨酸甲酯在水中的阈值是40μL/L，石竹烯在水中的阈值是64μL/L，而二者的香气强度一般认为相差10倍！除萜甜橙油的阈值（0.002～0.004μL/L）比甜橙油（3～6μL/L）低1000多倍，你能说前者的香比强值比后者大1000多倍吗？这些例子都说明香气强度与阈值并不存在确定的数学关系。

如果我们把一个常用的单体香料的香气强度人为地确定一个数值，其他单体香料都“拿来”同它比较（香气强度），就可以得到各种香料单体相对的香气强度数值。本书作者提出把苯乙醇定为10、其他单体香料都与它相比的一组数据，称为“香比强值”，这是香料香精“三值”的第一个“值”。

香比强值是香料或香精的香气强度用数字表示的一种方式。把极纯净的苯乙醇的香气强度定为10，其他各种香料和香精都与苯乙醇比较，根据它们各自的香气强度给予一个数字，如香叶醇的香气强度大约是苯乙醇的15倍，我们就把香叶醇的“香气强度”定为150。这种做法带有很大的“主观片面性”，不同的人对各种香料的感觉不一样，甚至同一个人在不同的时候对同一个香料或香精的感觉都可能不一样，加上每一个香料在不同的配方中有不同的“表现”，因此这种人为给的数字经常有很大的差别，就同阈值一样。

阈值是人可以嗅出的最低浓度值，带着人们极喜爱和极厌恶气味的香料阈值可以表现得异乎寻常得低；而带着人们感觉愉快、清爽、圆和香气的香料其阈值会表现得高一些。由此似乎可以推论：两个香料混合后测出的阈值如果比原来两个香料的阈值都低的话，说明这两个香料合在一起会更刺鼻更“难闻”；如测出的阈值比原来两个香料的阈值都高，则可认为这两个香料合在一起时香气比较圆和。进一步说，一个调好的香精，其阈值应当比配方中各香料的阈值加权计算数值高，调得越圆和的香精其阈值比各香料阈值的加权计算数值高得越多，但其香比强值则仍为各香料香比强值的加权计算数值。这也说明香比强值与阈值之间并无一定的数学关系。

本书作者“香气强度与香比强值”一文发表后，收到各地许多调香师的来信，建议对某些香料的数值修正，我们综合这些意见和建议，又做了大量的实验，在后来发表的“香料香精实用价值的综合评价”一文中修改了其中一部分香料“香比强值”数据，以求统一应用。光盘附录一中的“常用香料三值表”中有关香比强值的数据又增加了许多，部分数据做了修改，目前只能以此表的数据为“准”。

香比强值在本书中用英文字母“B”表示。

香比强值的应用是多方面的。对调香师来说，在试配一个新的香精时，准备加入的每一个香料都要先知道它的香比强值是多少，以初步判定应加入多少量——该香料如作为主香用料时，加入的量要让它的香气显现出来；如该香料只是作为“修饰剂”或“辅助香料”时，加入量就要控制不让它的香气太显，以免“喧宾夺主”。以两种香气为主配制成一个新的香型时(如“玫瑰檀香”香型香精)，可以考虑“黄金分割法”——分别计算所用两种香型香料的香比强值之和，令二者比例接近“黄金率”(0.618∶0.382)，它让你少走许多弯路。用香比强值概念来表示一个香精里面各种香气所占的比例，比如说在一个“馥奇”香型的香精里面，花香占多少、草香占多少、豆香多少、苔香多少等，比原来告诉人家这香精里面用了多少花香香料、多少草香香料、多少豆香香料还有多少苔香香料要清楚多了，因为加入多少某某香型的香料并不表示这香精中某种香气占多少，例如加同量的乙酸苄酯与甲位戊基桂醛，二者赋予香精的茉莉花香香气相差实在太远了。

香比强值最为直观地反映一个香料或香精的香气强度，能直接看出一个香料或香精对加香产品的香气贡献，计算简便，已逐渐成为调香工作、香料和香精开发、贸易的重要数据。

香精的香比强值可以用组成该香精的各香料单体的香比强值用算术方法计算出来。现举一例，某茉莉花香精配方如下：

香料	用量	香比强值	香料	用量	香比强值
乙酸苄酯	50	120	水杨酸苄酯	4	25
芳樟醇	10	100	吲哚	1	700
甲位戊基桂醛	10	60	羟基香茅醛	5	120
苯乙醇	10	10	总量	100	
苄醇	10	30			

其香比强值为(50×120＋10×100＋10×60＋10×10＋10×30＋4×25＋1×700＋5×120)÷100＝94.00。

假如某日化产品当用香比强值100的茉莉香精1%，采用上面这个茉莉香精，则必须加入1.06%才够。当然，实际应用时还要考虑香气好不好，留香是否持久，对基质的不良气味能否掩盖住等，香比强值只是一个用量参考而已。

“香比强值理论”也可用于香型分类研究上。经常看到国内外一些调香、香料香精书籍中提到一个香精里面茉莉花香、玫瑰花香、木香、动物香等各占多少比例，这个比例是说明用了多少百分比的某种香气的香料，显然这个比例不能说明该香精应该属于哪一种香型，因为各种香料的香气强度差别太大了。例如在一个“依兰花香”的配方里面，只要加入一点点吲哚就能把它变成“茉莉花香”，如果以配方原料的“百分比”来看的话，是看不出有多少变化的，倘若用“香比强值”计算的话，马上就能断定它的香气应该是“茉莉花香”了。

一个现代香水到底应该归到哪种香型来研究，这常常是很模糊的概念，笼统地把它们都称为“素心兰”香水也行，但这等于没有意义！即使是细分为“醛香素心兰”、“花香素心兰”、“豆香素心兰”等也得有个“分寸”才行。使用“香比强值”概念，“花香”是多少、“醛香”占多少，一清二楚，两个调香师在电话里聊，都可以让对方有个比较清晰的轮廓，不至于“讲的是一回事，听的却是另一回事”了。

在本书前面，曾讲到“实际配制的一个茉莉花香精配方”(乙酸苄酯50%，甲位己基桂醛40%，茉莉精油10%)，如果考虑到“香比强值”的影响，这个香精的香比强值为0.50×120＋0.40×65＋0.10×800＝166，3个香料对配制出的茉莉花香精的平均香气贡献率为0.50×0.70×120/166＋0.40×0.80×65/166＋0.10×0.60×800/166＝0.667，K＝3×0.667＝2.00。因此，这个茉莉花香精主题香气的分维 D_{02}＝(ln2.00)/(ln3)＝0.631。

对于用香厂家来说，香比强值概念最重要的一点就是可以直观地知道购进或准备购进的香精“香气强度”有多大，因为“香气强度”关系到香精的用量，从而直接影响到配制成本。例如配制一个洗发香波，原来用一种茉莉香精，香比强值是100，加入量为0.5%，现在想改用另一种香精，香比强值是125，显然只要加入0.4%就行了。

众所周知，加香的目的无非是：盖臭（掩盖臭味），赋香。未加香的半成品、原材料有许多是有气味的，要把这些“异味”掩盖住，香气强度当然要大一些。如能得到这些原材料香比强值的资料，通过计算就能估计至少得用多少香精才能“盖”得住。一般得靠自己实验得到这些资料，最简单的方法是用一个已知香比强值的香精加到未加香的半成品中，得出至少要多少香精才能“盖”住“异味”，间接得出这种半成品的“香比强值”，其他香精要用多少很容易就可以算出来了。一个最明显的例子是煤油（目前气雾杀虫剂用得最多的溶剂）的加香，未经“脱臭”的煤油“香比强值”高达100以上，想要用少量的香精掩盖它的臭味几乎是不可能的。把煤油用物理或化学的办法“脱臭”到一定的程度，一个香比强值400的香精加到0.5%时几乎嗅闻不出煤油的“臭味”了，可以算出这个“脱臭煤油”的“香比强值”等于或小于2。

有的用香厂家喜欢用买进来的香精“二次调香”自己调配再用，在没有掌握一定的诀窍时其实很难调出高水平的“作品”。这里提供给读者一个非常有用的实验技巧：采用黄金分割法！具体做法请见下一节。

二、黄金分割法

把一条线段分割为两部分，使其中一部分与全长之比等于另一部分与这部分之比，这个比值是一个无理数，其前三位数字的近似值是0.618。由于按此比例设计的造型十分美丽，因此称为黄金分割，也称为中外比。这是一个十分有趣的数字，我们以0.618来近似，通过简单的计算就可以发现：

$$1/0.618=1.618$$

$$(1-0.618)/0.618=0.618$$

这个数值的作用不仅仅体现在诸如绘画、雕塑、音乐、建筑等艺术领域，而且在管理、工程设计等方面也有着不可忽视的作用。

让我们首先从一个数列开始，它的前面几个数是：1，1，2，3，5，8，13，21，34，55，89，144…，这个数列的名字叫做“菲波那契数列”，这些数被称为“菲波那契数”。特点是除去第一个数1之外，每个数都是它前面两个数之和。

菲波那契数列与黄金分割有什么关系呢？经研究发现，相邻两个菲波那契数的比值是随着序号的增加而逐渐趋于黄金分割比的。即$f(n)/f(n+1)\to 0.618\cdots$（如5/8=0.625，8/13=0.615…）。由于菲波那契数都是整数，两个整数相除之商是有理数，所以只是逐渐逼近黄金分割比这个无理数。但是当我们继续计算出后面更大的菲波那契数时，就会发现相邻两数之比确实是非常接近黄金分割比的。

2000多年前，古希腊雅典学派的第三大数学家欧道克萨斯首先提出黄金分割。计算黄金分割最简单的方法是计算菲波那契数列1，1，2，3，5，8，13，21，34，55，89…尽量往后两数之比，如55/89=0.617977528…，已经非常接近0.618了。

黄金分割在文艺复兴前后经过阿拉伯人传入欧洲，受到了欧洲人的欢迎，他们称之为“金法”，17世纪欧洲的一位数学家甚至称它为“各种算法中最可宝贵的算法”。这种算法在印度称之为“三率法”或“三数法则”，也就是我们现在常说的比例方法。

其实有关“黄金分割”我国也有记载。虽然没有古希腊的早，但它是我国古代数学家独立创造的，后来传入了印度。经考证。欧洲的比例算法是源于我国而经过印度由阿拉伯传入欧洲的，而不是直接从古希腊传入的。

由于“黄金分割”在造型艺术中具有美学价值，在工艺美术和日用品的长宽设计中，采用这一比值能够引起人们的美感，在实际生活中的应用也非常广泛，建筑物中某些线段的比就采用了黄金分割，舞台上的报幕员并不是站在舞台的正中央，而是偏在台上一侧，以站在舞台长度的黄金分割点的位置最美观，声音传播得最好。就连植物界也有采用黄金分割的地方，如果从一棵嫩枝的顶端向下看，就会看到叶子是按照黄金分割的规律排列着的。在许多科学实验中，选取方案常用一种 0.618 法，即优选法，它可以使我们合理地安排较少的实验次数而找到合理的配方和合适的工艺条件。也正因为它在建筑、文艺、工农业生产和科学实验中有着广泛而重要的应用，所以人们才珍贵地称它为“黄金分割”法。

调香也是一门艺术，同其他艺术一样，黄金分割可以帮助我们迅速寻找到各香料之间的和谐美，避免盲目地碰运气式调配，使调香工作有计划地循序进行。

请看下列配方（表 4-1～表 4-3）。

表 4-1　茉莉香精 A

香　　料	用量/g	香比强值	香　　料	用量/g	香比强值
甲位戊基桂醛	18.2	45.5	10%吲哚	0.6	1.0
乙酸苄酯	70.0	17.5	二氢茉莉酮酸甲酯	1.5	0.4
芳樟醇	6.5	6.5	苯乙醇	2.0	0.2
邻氨基苯甲酸甲酯	1.2	2.4	总量	100.0	73.5

表 4-2　玫瑰香精 B

香　　料	用量/g	香比强值
香茅醇	35.8	35.8
香叶醇	9.1	13.65
苯乙醇	52.5	5.25
10%玫瑰醚	2.0	2.0
10%乙位突厥酮	0.6	1.2
总量	100.0	57.9

表 4-3　檀香香精 C

香　　料	用量/g	香比强值
合成檀香 208	12.8	64.0
合成檀香 803	42.6	63.9
檀香醚	24.4	24.4
血柏木油	18.8	9.4
香根油	0.8	4.0
广藿香油	0.6	2.1
总量	100.0	167.8

用这 3 个香精配制茉莉玫瑰复合香精和玫瑰檀香复合香精时，可以有 4 种组合，即 A∶B＝0.382∶0.618，A∶B＝0.618∶0.382，B∶C＝0.382∶0.618，B∶C＝0.618∶0.382。

第 1 种组合　玫瑰茉莉香精（D）

茉莉香精(A)　32.8g　玫瑰香精(B)　67.2g

这个香精的香比强值为(32.8×73.5＋67.2×57.9)/100＝63.02，其中 A 占整个香精香比强值的 38.2%，B 占 61.8%。

第 2 种组合　茉莉玫瑰香精（E）

茉莉香精(A)　56.0g　玫瑰香精(B)　44.0g

这个香精的香比强值为(56.0×73.5＋44.0×57.9)/100＝66.64，其中 A 占整个香精香比强值的 61.8%，B 占 38.2%。

第 3 种组合　檀香玫瑰香精（F）

玫瑰香精(B)　64.2g　檀香香精(C)　35.8g

这个香精的香比强值为(64.2×57.9＋35.8×167.8)/100＝97.24，其中 C 占整个香精香比强值的 61.8%，B 占 38.2%。

第4种组合　玫瑰檀香香精（G）

玫瑰香精(B)	82.4g	檀香香精(C)	17.6g

这个香精的香比强值为(82.4×57.9+17.6×167.8)/100=77.24，其中B占整个香精香比强值的61.8%，C占38.2%。

上面四种组合的香精都是和谐的，香气令人愉快。事实上，第一种组合［玫瑰茉莉香精(D)］已构成著名的JOY香水的头香和体香，而第三种组合［檀香玫瑰香精（F)］的香型则是我们非常熟悉的木香复合香精，在国内日用化学品中随处可以闻到。本书作者用它配制安眠香水，取得异乎寻常的效果，这也说明它的香气是非常和谐的。

用黄金分割法指导调香，可以少走许多弯路，使调出的香精很快达到和谐美的程度，而“和谐是决定调香成功与否的最重要的因素”。

三、头香、体香、基香的再认识

在香料分类法中，朴却（Poucher）的分类法是备受调香师推崇的。朴却依据各种香料在辨香纸上挥发留香的时间长短将香料分为头香、体香和基香三大类，并且在各种香精配方中列出分属于这三大类的常用香料，例如他列出了“玫瑰香精”中常用香料名，其中“油类”有：头香——苦杏仁油、香柠檬油、柠檬油、肉豆蔻油、罗勒油、玫瑰草油等；体香——愈创木油、鸢尾净油、防臭木油、丁香油、香叶油、玫瑰精油、依兰依兰油等；基香——灵猫香净油、广藿香油、岩兰草油、檀香油等。这个分类法直到现在还是很有实际意义的，但容易使初学者产生一个错觉：将香精沾在辨香纸上后，先闻到的是“头香”香料的香气，次闻到的是“体香”香料的香气，最后闻到的是“基香”香料的香气。而事实是，有的香料香气自始至终贯穿其中，例如广藿香油的香气，它从“头香”开始即已能明显闻出来，即使加入量不大也是如此。

二氢茉莉酮酸甲酯问世后，在开头的短时间内未引起足够的重视，因为它的香气并不强烈，但留香持久，调香师自然而然把它放在“基香香料”里。在那个时候，调香师的注意力集中在那些香气强度（香比强值）大而价格又相对较廉的合成香料，例如二氢月桂烯醇就完全符合这个要求。有一段时间甚至刮起“二氢月桂烯醇热”，几乎每个调香师都试着用二氢月桂烯醇配出自己喜欢的独特的新香精，从众多的“国际香型”香精都含有多量二氢月桂烯醇可以看出当时的情景。事实上，二氢月桂烯醇留香时间很短，比芳樟醇还差，按朴却的分类法，应被列为“头香”香料。二氢茉莉酮酸甲酯以其“后发制人”的特色逐渐受到调香师们的喜爱。人们发现，这个新香料即使少量加入到一般的日用香精中，也能使头香圆和、清甜；而当它大量存在于香精中时，仍没有“喧宾夺主”的“企图”，它的香气好像永远只是起“次要地位”似的，但却能使几乎任何一个香精的香气由于它的存在而保持自始至终变化不太大。自从合成香料问世至今一百多年来，极少有一种香料能以单一成分即可被调香师视为“完整香精”的，二氢茉莉酮酸甲酯做到了。有人称20世纪80年代为“二氢茉莉酮酸甲酯时代”，一点也不夸张。在食品香料中，香兰素无疑是最出色的，有的食品只用单一的香兰素加香即可获得成功。因为香兰素也有这种“自始至终”保持一种香气的特点。但在日化香精配方中，香兰素的许多缺点（溶解度不佳、易变色等）显露出来，影响了它的用途。

像香兰素、二氢茉莉酮酸甲酯、广藿香油这样的香料，只将它当做“基香”香料使用显然是有问题的。而像龙涎香醚、降龙涎香醚、突厥酮之类“高级香料”能以少量甚至极少量进入一个香精令其自始至终贯穿一股香气（所谓“龙涎香效应”等）则更暴露朴却分类法的缺陷。

一个理想的香料应如二氢茉莉酮酸甲酯一样，既可作“头香”、“体香”，又可作“基香”

香料使用。自然界这样的例子不少，如檀香醇、广藿香醇、香根醇、茉莉酮酸甲酯、苯甲酸叶酯、麝香酮、灵猫酮等，调香师长期以来虽然都将它们的“母体”——檀香油、广藿香油、香根油、茉莉浸膏、麝香、灵猫香膏用作“基香”香料，但从未忽视它们在“头香”、“体香”方面的“表现”。

从事合成香料的化学家们从二氢茉莉酮酸甲酯的例子看出优选香料的有效途径——沸点不低、香气强度（香比强值）不太大、稳定性良好、与其他香料的相容性好……而最重要是前两点，二氢茉莉酮酸甲酯是最好的“榜样”。

被朴却列为“头香”的香料以果香香料最多，这样又给初学者一个错觉：以为“果香”香料都是留香极短的，殊不知有的“果香”香料留香极长久，如丙位十一内酯（“桃醛”或称“十四醛”）、草莓醛（“十六醛”）、丙位癸内酯、丙位壬内酯（“椰子醛”或称“十八醛”）、覆盆子酮、丁酸苄酯、邻氨基苯甲酸甲酯等。这些香料香比强值都较大，可以“笼罩全局”，不能将它们看做“基香香料”。有意改变“香水都是麝香香气收尾”这个传统格局的调香师不妨试试这些带果香的“基香”香料。事实上，1985 年问世的 Poison(毒物）香水已相当成功地实现了这一点。

同样将香料分为 3 大类，阿尔姆（Ellmes）强调了头香体香香料的重要性，而忽略了对基香香料的重视。卡勒（J. Carles）正好相反，他认为一个香精（香水）的主要香气特征取决于基香，将“体香”香料叫做“修饰剂”，“头香”香料几乎被忽略不计。这些观点似乎都有失偏颇，但在调香实践中有时却是正确的。如前所述，单一香料——二氢茉莉酮酸甲酯就可视为一个美妙的兰蕙香精而直接应用，将香兰素作为香荚兰豆香气直接用于食品中也屡见不鲜。食品香精配方更是经常看到只用“头香”和“体香”香料的例子，“基香”香料有时只是“点缀”一下，加入“基香”香料的目的经常也不只是为了“留香”而已。

在调香实践中，“定香剂”的作用是经常引起讨论的话题。初学者往往简单地以为分子量大的、沸点高的化合物就是“定香剂”，其实不然。邻苯二甲酸二乙酯和白矿油沸点都比较高，但没有定香作用。许多人认为定香作用是“由于‘定香剂’的加入，使得原来比较活泼、易于挥发的香料分子受到‘束缚’，整体的挥发性降低，造成留香时间延长。”实践证明这个解释是有问题的。一个公认的“定香剂”——降龙涎香醚（俗称“404 定香剂”）在许多香精中只要加入一点点（0.1%甚至更低）就有定香作用，这怎么解释呢？

本书作者做了大量的实验，试图揭开这个谜底，现在还在进行着。比较能让多数调香师接受的解释是：所谓“定香剂”，是一些沸点较高、蒸气压较低、在极低的浓度下仍有香气的化合物。按此解释，苯甲酸苄酯、水杨酸苄酯、二氢茉莉酮酸甲酯、龙涎酮、降龙涎香醚、苯乙酸及其酯类、各种合成麝香、合成檀香 803、松香酸甲酯、柏木油、各种花草浸膏和大多数食用油脂等可作“定香剂”，而邻苯二甲酸二乙酯和白矿油等就不能作为“定香剂”使用。

上述讨论似乎显示出朴却对自己花了大量精力研究出来的成果认识不够，或者后人生搬硬套他的“三段香气”理论。让我们换个角度来看看朴却的理论如何？

四、留香值

调香师每使用一个香料时，头脑里都会闪过这个香料的香气持久性问题，对配制成的香精也大致能估计其香气持久性长短，但这都是很模糊的概念，要是能用数据表达多好。

一个香料或者一个香精留香久不久是调香师和用香厂家特别关心的问题。对调香师来说，调配每一个香精都要用到“头香”、“体香”、“基香”3 大类香料，也就是说留香久的和留香不久的香料都要用到，而且用量要科学，让配出的香精香气能均匀散发、平衡和谐。对用香厂家来说，希望购进的香精加入自己的产品后能经得起仓库储藏、交通运输、柜台待售等长时间的

“考验”后到使用者的手上时仍旧香气宜人，有的（例如香波、沐浴液、香皂、洗衣粉）甚至还要求在使用后在身体或物体上残存一定的香气（即“实体香”）。

朴却（Poucher）在 1954 年发表了 330 种香料的“挥发时间表”，把香气不到一天就嗅闻不出的香料系数定为 1，100 天和 100 天以后才嗅闻不出的系数定为 100，我们扩大了这个实验，去掉了目前不常用的香料，增加了现在常用的香料，总共 2000 多种，直接把朴却的“嗅闻系数”（也就是留香天数）当作“留香值”，发表在第一版《调香术》和《日用品加香》中（林翔云编著，化学工业出版社出版）。后来通过实验，发现有许多香料单独存在时与在香精体系里的留香性能是不一样的，对调香师来说，后者更重要。为此，我们用了一年多的时间做了下列实验。

把常用的 292 种香料随机地分成 10 组，每一组的“头香”、“体香”、“基香”香料比例都差不多，每组香料按同样的比例配成“香精”（每一个香料在香精里都是 3%～4%），把这些“香精”各自置于玻璃平皿中，不加盖，在室温下任其挥发，在第 1 天、第 2 天、第 3 天、第 5 天、第 8 天、第 13 天、第 21 天、第 34 天、第 55 天、第 89 天之后暴晒 1 次、2 次、3 次后分别做这 10 个“香精”的气相色谱分析，色谱条件如下。

色谱柱：SE-30，30m×0.25mm；

程序升温：100℃1min，10℃/min 升至 230℃，保持 30min；

检测器：FID，250℃；

汽化室温度：250℃；

载气：N_2。

分析结果如表 4-4：

表 4-4　常用香料在香精体系里的留香时间表

香料名称	保留时间	1 天	2 天	3 天	5 天	8 天	13 天	21 天	34 天	55 天	89 天	晒 1 次	晒 2 次	晒 3 次
三甲胺	1.14	1.10	1.48	1.29	0.46									
丁醛	1.27	0.69	0.57	0.57	0.45	0.17								
丁二酮	1.36	0.59	0.44	0.37	0.31	0.22								
乙酸乙酯	1.51	3.98	2.79	2.17	1.04									
丁酸	1.55	0.67	0.64	0.63	0.58	0.29								
戊醛	1.57	0.64	0.50	0.45	0.33	0.32								
乙酸丙酯	1.60	0.64	0.50	0.45	0.33	0.32								
二甲基二硫醚	1.70	0.89	0.90	0.90	0.88	0.75	0.61	0.50	0.24					
异戊醇	1.70	0.17	0.12	0.09	0.01									
丙酸乙酯	1.71	0.44	0.38	0.42	0.39	0.33	0.31	0.31	0					
乳酸乙酯	1.78	0.22	0.16	0.90	0.88	0.75	0.61	0.50	0.24	0.14	0.08			
哌啶	2.03	2.07	2.16	2.08	1.90	1.64	1.35	0.92						
己醛	2.14	0.41	0.27	0.16	0.24	0.12	0.07							
丁酸乙酯	2.15	2.75	2.80	2.41	2.77	2.59	2.50	2.59	2.27	2.37	2.11	1.44		
乙酸丁酯	2.20	0.62	0.55	0.50	0.40	0.30								
二甲基丁酸乙酯	2.45	1.24	1.08	0.98	0.77	1.18	0.42							
异戊酸乙酯	2.45	2.20	2.12	1.95	1.66	1.38	0.96							
3-甲硫基己醇	2.57	2.15	2.19	2.24	2.26	1.98	3.41	2.17	2.27	2.16	1.69	1.61	0	
异戊酸	2.70	1.20	1.27	1.23	1.18	1.17	0.57	1.11	0.98	0.95	0.96	0.98	0.73	0
乙酸戊酯	2.70	0.74	0.64	0.43	0.63	0.06	0.41	0.27						
2-乙酰基呋喃	2.84	1.33	1.25	1.29	1.25	1.17	1.10	1.46	0.68	0.42				
苯甲醛	2.84	0.39	0.37	0.35	0.39	0.26	0.24	0.19						
甲位蒎烯	3.19	0.23	0.05											
榄青酮	3.39	2.15	2.17	2.15	2.05	1.77	1.66	1.25	0.51					

续表

香料名称	保留时间	1天	2天	3天	5天	8天	13天	21天	34天	55天	89天	晒1次	晒2次	晒3次
甲位�烯	3.41	2.58	2.51	2.55	2.44	2.16	1.99	0.07						
2,5-二甲基噻唑	3.49	1.56	1.36	1.25	1.01	1.15	0.66							
庚醇	3.50	1.48	1.61	1.48	1.55	1.54	1.81	1.33	1.09	0				
丙酸异戊酯	3.52	0.25	0.21	0.22	0.24	0.23	0.06	0.20	0.21	0.03				
菠萝乙酯	3.54	0.23	0.22	0.22	0.21	0.19	0.17	0.13	0.10					
反-2-己烯酸	3.79	3.46	3.37	3.49	3.53	3.46	3.40	2.99	3.24	2.94	3.15	2.93	1.63	
丁酸丁酯	3.88	1.06	1.03	0.69	1.00	0.61	1.36	1.47	1.09	0.28				
二甲基庚醇	3.92	0.24	0.22	0.05										
3-甲硫基丙醇	4.00	1.22	1.24	1.19	1.16	1.14	1.06	1.01	0.68	1.61	1.43	0.37		
乳酸	4.01	1.84	1.63	1.51	2.36	1.56	2.18	1.24	1.01	1.10	1.90	1.66	1.28	
2,3,5-三甲基噻唑	4.02	1.82	1.77	1.76	2.16	1.72	1.76	1.74	1.53	1.35	1.30	1.44	0.30	
己酸乙酯	4.02	0.99	1.08	1.02	1.10	0.92	0.87	0.79	0.64	0.87	0.53			
2,3,5-三甲基吡嗪	4.03	6.84	7.21	7.17	7.18	7.27	7.05	7.08	6.84	9.61	6.75	6.82	6.90	2.06
2-辛醇	4.03	2.47	2.57	2.57	2.69	2.72	2.98	2.70	2.41	2.22	1.43	2.63	0.93	
2,6-二甲基庚烯醇	4.04	0.99	1.08	1.02	1.10	0.92	0.87	0.79	0.64	0.87	0.53			
蒎烷	4.06	1.88	0.92	1.15	1.53	0.22	2.69	0.23	2.76	0.89	0.82			
依罗酯	4.06	2.48	2.49	2.20	2.25	1.89	1.63	1.85	1.13					
2-乙酰基噻唑	4.12	0.55	0.51	0.47	0.41	3.92	0.38	0.22						
甜橙醛	4.12	1.22	1.24	1.19	1.16	1.14	1.06	1.01	0.68	1.61	0.44			
对-1-盖烯-8-硫醇	4.17	3.73	3.95	3.86	3.76	3.88	3.92	4.04	3.74	3.67	3.58	3.71	0.41	
丁酸异戊酯	4.21	1.61	1.67	1.98	1.60	0.41	3.73	0.80						
二缩丙二醇	4.24	0.94	0.91	1.01	0.99	0.97	0.95	0.92	3.20	2.93	2.82	2.76	0.54	
草莓酸	4.27	1.73	1.80	1.75	1.79	1.79	1.76	2.21	1.76	2.61	2.08	1.77	1.28	0.10
己烯酸乙酯	4.28	4.06	4.15	3.95	3.88	3.90	3.78	3.69	2.98	2.82	1.38			
草莓酸乙酯	4.31	0.41	0.03	0.45	0.41	0.40	0.42	0.48	0.49	0.50	0.38	0.07		
甲基乙酰基呋喃	4.32	0.94	0.91	1.01	0.99	0.97	0.92	0.94	3.20	2.93	2.82	2.76	0.54	
1,8-桉叶油素	4.33	6.46	1.45	4.51	7.00	0.23	2.17	0.38	4.30	4.95	2.84	4.99	1.61	
甲基环戊烯醇酮	4.39	2.69	7.00	7.06	2.70	2.41	4.67	4.05	2.74	4.67	2.33	2.48	1.17	
丁酸戊酯	4.42	1.73	1.84	1.77	2.41	1.80	1.98	2.02	1.87	1.59	1.80	1.76	0.04	
叶青素	4.42	1.76	1.79	1.81	1.77	1.15	1.02	1.10	0.98	0.91				
异戊酸丁酯	4.43	0.50	0.41	0.40	0.51	0.36	0.38	0.32	0.20					
叶醇	4.67	1.23	1.25	1.19	1.23	1.12	1.08	1.01	3.42	0.54				
圆柚醛	4.69	1.23	1.25	1.19	1.23	1.12	1.08	1.01	3.42	0.54				
龙葵醛	4.81	1.66	1.79	1.75	3.17	1.69	2.33	2.36	2.15	2.01	2.04	1.80	1.32	0.38
乙酰基丙酸乙酯	4.91	1.95	1.93	1.87	1.85	2.80	3.85	3.62	2.77	3.50	3.23	4.53	3.54	2.44
对甲酚甲醚	4.96	1.97	1.99	1.83	1.86	1.80	1.91	1.93	1.69	1.61	1.35	1.43	0.74	
己酸烯丙酯	4.96	1.10	1.02	1.14	1.20	1.90	1.14	0.98	0.63	0.98	0.65	0.66	0.29	
二氢月桂烯醇	5.00	3.30	3.06	2.32	3.49	2.34	3.12	3.34	2.97	3.01	3.04	3.33	2.37	0.34
氧化芳樟醇	5.03	2.55	2.84	2.70	2.66	2.82	3.01	2.95	0.51	3.11	3.23	2.90	3.59	2.88
庚酸乙酯	5.11	2.30	2.40	2.26	1.68	2.33	1.88	1.94	1.77	1.64	1.76	1.39	1.43	0
二甲基苄基原醇	5.16	1.64	1.60	1.65	1.67	1.61	1.57	1.30	1.42	1.25	1.26	1.04	0.56	
顺氧化芳樟醇(呋喃型)	5.17	0.65	0.69	0.70	0.71	0.72	0.83	0.69	0.68	0.67	0.84	0.68	0	
愈创木酚	5.17	0.72	0.03	0.02	0.01	0.02	0.42	0.41	0.39	0.48	0.04	0.47	0	
庚醛二甲醇缩醛	5.21	1.24	1.26	1.21	1.18	1.22	1.88	2.30	2.26	2.27	2.23	1.13	0.61	
壬醛	5.23	4.81	5.44	5.01	3.96	5.81	3.84	6.27	5.42	5.90	5.41	5.10	1.54	
四氢芳樟醇	5.23	0.27	0.30	0.28	0.29	0.21	0.57	0.23	0.08					
3-甲硫基丁醛	5.31	3.78	3.09	3.89	3.91	3.85	2.35	6.47	5.98	5.51	5.71	4.38	1.21	
苯甲酸甲酯	5.32	1.02	1.62	1.02	1.02	1.00	1.05	1.74	1.93	2.05	1.93	0.38		
戊酸戊酯	5.32	4.37	4.54	4.56	4.77	4.81	5.25	4.40	3.86	3.49	3.90	3.45	0	
二氢芳樟醇	5.37	2.42	2.48	2.54	4.55	2.51	2.35	6.47	5.98	5.51	5.71	2.39	2.36	0.76

续表

香料名称	保留时间	1 天	2 天	3 天	5 天	8 天	13 天	21 天	34 天	55 天	89 天	晒 1 次	晒 2 次	晒 3 次
反氧化芳樟醇(呋喃型)	5.44	1.05	1.03	1.08	1.10	1.05	1.10	2.95	3.96	3.68	4.12	0.90		
女贞醛	5.65	3.52	3.53	3.50	3.45	1.38	3.68	3.66	3.63	3.32	3.13	4.24	3.84	2.93
苯乙醇	5.66	1.70	1.73	1.76	1.74	1.78	1.77	1.82	1.74	1.90	1.84	1.91	1.26	
苯乙醛	5.66	1.31	1.39	1.35	1.39	1.36	1.62	1.41	1.58	1.59	1.70	1.64	1.54	1.12
橙叶醛	5.66	3.88	4.19	4.33	4.35	3.91	4.81	4.78	4.50	4.81	4.94	5.10	2.35	
反玫瑰醚	5.66	1.79	1.90	1.90	2.00	2.01	2.17	2.02	1.98	1.94	1.85	2.02	1.46	
风信子素	5.67	3.50	3.53	3.61	3.76	3.68	3.69	0.14						
甜瓜醛	5.70	2.99	3.17	3.25	3.33	3.02	3.10	3.06	2.76	3.10	2.84	2.83	4.72	4.99
2-异丙基-4,5-二甲基噻唑	5.71	2.99	3.17	3.25	3.33	3.02	3.10	3.06	2.76	3.10	2.84	2.83	4.72	4.99
2,3-二甲基-5-乙酰基噻唑	5.93	1.53	1.73	1.67	1.80	1.76	1.77	1.86	1.64	1.75	1.65	2.77	0.91	2.85
异丁酸叶酯	5.93	2.76	2.65	2.63	2.68	2.41	2.66	2.59	2.56	2.51	2.53	2.52	2.39	1.68
2,6-壬二烯醛	5.99	2.99	2.60	2.44	2.89	0.67	3.24	2.78	2.66	2.55	2.61	2.88	2.03	0
二丙基二硫	6.04	0.70	0.64	0.43	0.46	0.63	0							
苹果酯	6.07	1.45	1.57	1.52	1.53	1.55	1.58	1.61	1.57	1.49	1.64	1.54	1.32	0.64
格蓬酯	6.08	2.28	2.41	2.31	2.66	2.26	2.33	2.37	2.07	2.06	2.12	2.39	1.84	1.41
乙酸苄酯	6.11	0.65	0.65	0.62	0.60	0.65	5.23	4.55	4.32	3.98	4.41	4.23	0	
3-巯基-2-丁酮	6.12	3.90	0.65	4.17	4.83	4.36	5.23	4.55	4.32	3.98	4.41	0.71	2.98	1.17
樟脑	6.16	4.79	4.77	5.42	5.42	5.53	6.98	5.91	5.88	6.29	5.92	5.86	5.83	0
乙位松油醇	6.18	2.99	2.83	2.10	3.19	0.67								
庚酸	6.19	0.79	0.80	0.81	0.77	2.19	1.08	1.06	1.08	0.67	0.28			
梅青素	6.19	0.19	2.89	2.10	3.19	1.43	0.44	3.00	2.31	0.24				
二甲基对苯二酚	6.20	0.95	0.93	0.91	0.94	0.89	0.85	0.83	0.65	0.71	0.76	0.69	1.84	0
顺玫瑰醚	6.22	3.39	3.60	3.68	3.75	3.31	3.87	3.92	3.48	3.87	3.41	3.35	0.20	
香茅醛	6.22	2.18	2.21	2.08	2.17	2.14	2.18	2.21	2.77	2.05	3.13	2.70	2.02	0.59
阿弗曼酮	6.26	1.33	1.35	1.19	1.41	1.06	1.29	1.31	0.99	1.23	1.16	1.12	1.47	0.11
邻叔丁基环己酮	6.26	0.58	0.71	0.76	0.74	0.77	0.63	0.80	0.44	0.36	0.28			
星苹酯	6.27	0.89	0.91	1.00	1.00	0.95	0.79	0.67	1.18	0.77	0.92	0.76		
甲基糠基醚	6.33	0.87	0.95	0.92	0.98	0.85	0.57	0.53	0.48	0.45	0.43			
甲位松油醇	6.52	3.29	3.27	3.60	3.68	3.36	1.29	3.27	3.69	4.01	3.95	3.76	0.77	
癸醛	6.53	3.19	3.27	3.17	3.38	0.59	0.78	5.45	5.46	5.12	2.98	7.04	5.33	3.33
八醛	6.54	2.54	2.60	1.85	2.68	0.18	2.47	2.53	0.28	2.68	6.70	2.49	2.21	0.80
龙脑	6.54	0.79	0.87	0.79	0.84	0.85	0.89	0.98	1.27	1.51	1.16	1.05	4.86	0.94
草莓酯	6.55	0.16	0.12	0.06	0.12	0.05	0.16	0.26	0.07	0.19	0.34	0.08	0.49	0.31
庚酸烯丙酯	6.55	0.49	0.34	0.39	0.48	0.41	0.45	0.43	0.39	0.38	0.37	0.38	0.47	0
甲苯乙酮	6.55	1.13	1.14	1.16	1.19	1.11	1.43	1.42	1.33	1.43	1.33	1.16	1.70	2.11
辛醛二甲缩醛	6.59	1.13	1.14	1.16	1.19	1.11	1.43	1.42	1.33	1.43	1.33	1.16	1.70	2.11
异柠檬醛	6.62	2.57	2.67	2.80	2.78	2.59	1.43	3.84	3.66	3.86	3.78	3.43	3.13	0
对甲基苯乙酮	6.65	2.18	2.10	2.09	1.90	2.45	5.45	5.60	4.99	4.56	2.98	6.06	5.09	3.33
3-甲硫基丙醛	6.66	2.18	2.10	2.09	1.90	2.45	5.45	5.60	4.99	4.56	2.98	0		
苯甲酸乙酯	6.66	3.29	3.43	3.26	3.27	3.35	3.50	3.63	3.44	3.26	3.33	3.28	1.01	
乙基麦芽酚	6.66	2.33	2.34	2.21	2.41	2.30	2.31	2.33	2.21	2.19	2.30	2.17	1.52	0.54
甲酸香茅酯	6.67	2.18	2.10	2.09	1.90	2.45	5.45	5.60	4.99	4.56	2.98	0		
乙酸苏合香酯	6.69	1.29	2.60	1.85	2.68	1.18	1.41	1.40	1.36	2.52	1.24	1.10	0.18	
四氢香叶醇	6.70	2.57	2.67	2.80	2.78	2.59	1.43	3.84	3.66	3.86	3.78	3.43	3.13	0
甲基糠基二硫	6.75	2.15	2.27	2.15	2.56	2.18	2.21	2.20	2.06	2.01	1.98	2.29	2.64	1.11
赛维它	6.75	1.37	1.40	1.50	1.51	1.51	1.67	1.65	1.46	1.52	1.48	1.49	0.35	
丙三醇(甘油)	6.76	2.26	2.33	2.39	2.52	2.36	2.78	2.53	2.43	2.42	2.67	0		
海洛酮	6.93	0.65	0.61	0.56	0.56	0.54	0.65	0.66	0.59	0.54	0.66	0.48	3.31	0
苯乙醛二甲醇缩醛	6.96	2.37	2.59	2.70	2.57	2.72	2.67	2.74	2.62	2.78	2.74	2.89	1.94	
水杨酸甲酯	6.96	1.00	1.01	0.95	1.01	0.97	3.86	3.84	2.08	2.15	1.79	1.56	0.79	

续表

香料名称	保留时间	1天	2天	3天	5天	8天	13天	21天	34天	55天	89天	晒1次	晒2次	晒3次
柠檬醛二乙醇缩醛	6.97	2.72	2.84	2.87	2.80	2.98	3.06	3.15	3.08	2.94	3.30	3.26	0.55	
阿弗曼酯	7.04	1.29	1.22	1.78	1.40	1.30	0.92	1.40	1.36	1.04	1.24	1.10	0.09	
柠檬腈	7.08	1.81	1.89	1.91	1.94	1.78	2.15	2.19	2.08	2.15	1.79	1.56	3.63	4.52
香芹酮(天然)	7.20	1.61	1.61	1.55	1.63	2.16	1.94	2.09	2.00	2.89	1.85			
香叶醇	7.20	3.43	3.46	3.55	3.64	3.55	3.59	2.44	3.20	3.02	3.30	3.28	1.24	
橙花醇	7.29	0.65	0.66	0.66	0.63	0.14	0.51	1.24	1.40	2.75	0.56	0		
乙酸二氢月桂烯酯	7.41	1.47	2.89	2.82	2.94	3.09	1.56	3.08	3.14	2.99	3.11	3.14	3.46	8.43
苯乙酸	7.43	3.32	3.65	3.78	3.62	3.73	3.74	3.77	3.74	3.92	3.87	4.03	2.67	1.01
香茅醇	7.45	2.75	2.79	2.86	2.93	2.87	2.90	2.44	3.20	3.02	3.30	2.60	4.47	0.65
香茅腈	7.46	1.51	1.47	1.46	1.03	1.49	1.68	8.03	1.06	6.93	1.22	0.76	0.55	
橙花醛	7.47	5.01	4.77	3.59	4.04	0.10	4.09	4.59	4.65	4.15	4.39	4.44	4.09	2.32
羟基香茅醇	7.47	1.47	1.47	1.47	1.40	3.48	1.36	3.92	3.95	1.20	2.04	3.83	3.29	2.39
丙酸苄酯	7.52	6.68	6.90	7.09	7.51	6.71	8.40	3.41	6.60	6.93	7.89	7.37	6.03	1.22
甲酸香叶酯	7.52	1.64	2.20	2.08	1.66	2.18	2.06	2.24	2.19	1.85	2.04	2.07	1.92	1.35
茴香脑	7.57	3.34	3.58	3.74	2.07	1.99	3.99	2.18	2.12	3.99	2.21	3.98	3.22	2.91
乙酸苯乙酯	7.69	2.75	2.79	2.86	2.93	2.87	2.90	0.95						
辛酸	7.72	3.18	3.19	3.18	3.14	2.92	3.85	1.29						
乙酸芳樟酯	7.72	6.68	6.90	7.09	7.51	6.71	8.40	3.41	6.60	6.93	7.89	0		
2,4-庚二烯醛	7.76	1.96	1.63	1.61	1.57	1.57	2.16	0.44						
桂醛	7.81	3.14	3.33	3.60	3.56	3.49	4.02	3.61	3.53	3.80	3.58	3.99	0.44	
羟基香茅醛	7.81	1.15	1.50	1.28	1.33	1.29	1.25	1.18	1.47	1.40	1.33	0.76	2.70	1.90
香叶醛	7.83	3.59	2.14	2.17	2.22	2.04	3.56	3.61	3.56	3.56	4.14	4.05	3.52	2.70
2-甲基-5-噻唑乙醇	7.89	6.49	6.72	9.69	9.27	9.76	9.69	9.55	9.77	10.48	10.24	6.50	3.96	2.40
癸醇	7.89	3.44	2.90	3.42	3.39	3.46	3.91	3.63	3.62	4.10	4.35	4.03	4.27	4.15
茴香腈	7.94	6.49	6.72	9.69	9.27	9.76	9.69	9.55	9.77	10.48	10.24	6.50	3.96	2.40
麝香草酚	7.97	2.76	3.41	2.80	2.86	2.90	3.04	3.04	3.00	3.05	3.31	3.17	4.27	4.15
吲哚	8.00	1.18	1.20	1.19	1.24	1.21	1.39	1.49	1.40	1.39	5.09	4.33	2.76	4.03
丁位丁内酯	8.06	3.13	3.23	3.35	3.44	3.46	3.79	3.41	3.38	3.48	3.58	3.65	3.99	1.89
桂醇	8.17	2.60	2.73	2.64	2.70	2.71	2.80	2.82	2.75	2.78	3.69	2.88	3.12	2.51
2-十一烯醛	8.22	1.28	0.95	0.99	1.38	0.98	1.35	0.79	1.10	1.07	1.49	1.18	1.45	1.71
邻位香兰素	8.22	2.85	2.86	2.83	2.87	2.73	2.77	2.77	1.03	3.11	3.69	2.92	2.25	1.70
壬酸乙酯	8.23	3.48	2.69	4.06	3.94	4.05	4.10	4.15	4.11	3.84	4.24	4.55	12.43	13.36
乙酸异龙脑酯	8.26	3.41	2.85	2.04	3.17	2.09	3.11	3.30	3.05	2.93	6.10	3.30	2.77	3.61
异丁酸苄酯	8.30	2.63	2.76	2.79	2.80	2.59	2.97	2.90	2.77	2.97	2.87	0.79	4.42	3.27
邻氨基苯乙酮	8.36	3.22	3.35	3.23	3.31	3.34	3.49	3.48	3.43	3.35	4.60	3.58	3.26	2.13
铃兰醇	8.36	3.29	3.44	3.61	3.70	3.57	4.13	4.10	3.54	3.74	3.50	3.50	3.36	2.28
乙酸鸢醇酯	8.40	2.23	2.14	2.12	1.80	2.21	1.62	1.63	1.95	2.08	2.05	2.11	0	
黄樟油素	8.48	0.87	0.88	0.85	0.88	0.87	0.91	0.89	0.91	0.91	0			
乙酸对叔丁基环己酯	8.63	2.16	2.25	2.27	2.30	2.29	2.05	2.19	2.20	2.18	1.76	2.34	0	
丙酸苏合香酯	8.64	3.78	3.96	3.84	3.88	3.97	4.22	4.16	4.09	4.22	4.60	4.37	3.12	1.65
洋茉莉醛	8.66	3.78	3.96	3.84	3.88	3.97	4.22	4.16	4.09	4.22	4.60	4.37	3.12	1.65
丁酸苄酯	8.70	3.55	3.57	3.70	3.68	2.10	3.79	4.13	4.73	4.71	4.82	10.23	3.52	0.94
桂腈	8.71	2.88	2.95	2.96	2.79	2.97	3.00	3.08	3.14	2.98	3.09	3.02	2.88	3.47
邻氨基苯甲酸甲酯	8.75	0.94	0.61	1.52	0.92	1.25	0.75	0.92	1.02	0.90	1.29	0.37	1.14	2.53
丁酰基乳酸丁酯	8.76	0.64	0.54	0.62	0.43	0.43	0.89	0.18	0.87	0.84	0.84	0.84	3.32	0.15
乙酸薄荷酯	8.80	1.28	1.32	1.00	1.00	1.34	1.05	1.23	1.40	1.33	1.05	1.44	2.45	3.27
乙酸松油酯	8.83	3.12	3.13	3.11	3.17	1.20	3.24	3.30	3.41	4.19	2.70	3.41	0.69	
乙酸邻叔丁基环己酯	8.86	1.11	1.19	1.14	1.20	1.20	1.86	1.28	1.79	1.76	2.70	1.91	4.41	3.33
二氢紫罗兰酮	8.90	1.60	1.61	1.59	1.62	1.59	1.69	1.71	1.70	1.69	1.67	1.99	1.49	3.00
三甲基对戊基环戊酮	8.91	5.84	6.42	6.62	5.92	10.17	6.22	6.04	6.62	6.80	6.82	10.23	1.49	5.92

续表

香料名称	保留时间	1天	2天	3天	5天	8天	13天	21天	34天	55天	89天	晒1次	晒2次	晒3次
二环缩醛	8.95	4.01	4.04	4.07	3.66	4.16	3.01	3.22	3.16	2.74	1.25	4.09	0	
乙酸二甲基苄基原醇酯	8.95	4.11	4.32	4.32	4.34	4.68	4.49	4.63	4.82	4.81	4.94	5.01	0.36	
乙酸香茅酯	8.95	0.75	0.75	0.76	0.83	0.81	0.46	5.46	0.80	3.51	2.98	0.43	0.52	0.28
天然桂醛	8.98	1.11	1.19	1.14	1.20	1.20	1.86	1.28	1.79	1.76	2.70	1.91	4.41	3.33
丁香酚	9.06	2.82	2.95	3.00	3.24	3.08	4.71	2.76	2.81	2.73	4.31	2.97	2.05	1.21
香兰素	9.09	1.71	1.75	1.68	1.84	1.81	1.75	1.80	1.78	1.80	1.84	1.88	2.22	0.66
檀香醚	9.15	4.01	4.04	4.07	3.66	4.16	3.01	3.22	3.16	2.74	1.25	4.09	3.81	4.04
乙酸香叶酯	9.27	2.94	3.04	3.01	2.86	2.92	3.18	2.01	2.02	3.18	2.16	2.29	2.16	1.76
二丁基硫醚	9.28	1.88	2.11	2.02	2.17	2.40	4.96	5.39	5.26	4.84	4.13	5.74	1.73	
癸酸	9.38	3.52	3.66	3.62	3.72	3.97	3.58	3.53	3.67	3.37	3.51	3.60	8.27	10.75
桂酸甲酯	9.41	4.01	7.00	6.75	6.72	7.14	7.50	7.37	7.28	7.44	8.21	7.90	2.54	2.21
3-甲基吲哚	9.49	1.00	0.93	0.96	0.98	1.00	1.01	1.01	1.02	1.02	1.07	2.96	2.97	1.40
二氢香豆素	9.50	1.88	2.74	2.80	2.87	1.97	1.98	1.61	2.16	2.03	2.10	2.33	4.21	1.32
癸酸乙酯	9.52	1.88	2.74	2.80	2.87	1.97	1.98	1.61	2.16	1.20	0.91	2.33	4.21	1.32
异甲基突厥酮	9.55	2.89	0.24	0.13	0.27	0.22	7.50	0.24	0.28	0.33	0.25	0.29	7.56	7.26
丙位壬内酯	9.56	3.05	3.07	3.05	2.94	6.98	0.60	4.18	4.26	3.31	8.21	3.41	7.38	0.57
苯甲酸异戊酯	9.65	0.64	0.54	0.13	0.48	0.46	0.36	0.51	0.36	0.24				
长叶烯	9.75	0.61	1.20	1.47	0.64	0.67	3.88	0.68	0.31					
蘑菇醛	9.76	0.44	0.35	0.38	0.40	0.47	0.16	0.50	0.58	0.46	0.52	0.13		
缩酮	9.77	3.29	3.36	3.24	3.32	3.45	4.08	0.88						
辛炔羧酸甲酯	9.86	4.69	4.78	4.69	4.71	4.84	4.89	4.98	5.00	4.94	5.37	5.34	0	
泼诺异丁醛	9.93	1.52	1.53	1.63	1.60	0.47								
新玉兰酯	9.95	2.41	2.42	2.72	2.78	2.55	2.49	2.33	2.32	2.37	2.26	2.59	0	
乙位突厥酮	9.95	3.48	3.13	2.53	3.68	3.15	2.94	3.54	2.54	3.42	5.37	3.97	3.81	2.74
甲位紫罗兰酮	10.00	1.00	0.99	0.92	0.87	1.00	0.64	0.67	0.85	0.64	0.56	0.72	3.07	0.58
橙花酮	10.01	2.39	2.38	2.40	2.61	2.62	2.75	5.13	5.01	2.61	2.39	2.63	0	
十六醛	10.04	2.39	2.41	2.40	2.61	2.62	2.75	5.13	5.01	2.61	2.39	2.79	5.89	1.89
苯乙酸丁酯	10.05	1.83	1.83	1.84	1.77	4.86	1.66	1.88	1.70	2.55	0.42	3.74	5.24	0.19
茉莉酯	10.06	4.69	4.78	4.69	4.71	4.84	4.89	4.98	5.00	4.94	5.37	5.34	5.21	5.28
菠萝酯	10.12	2.65	3.33	1.92	2.78	2.63	0.55	2.67	4.54	2.68	2.75	2.92	3.15	3.29
乙酸三环癸烯酯	10.13	2.64	2.68	2.70	2.67	2.76	2.68	2.76	2.84	2.68	2.77	2.85	2.99	4.58
紫罗兰酮	10.16	4.97	4.67	3.79	5.23	1.44	3.95	4.91	3.64	4.59	4.64	5.07	4.04	3.07
香豆素	10.17	2.41	2.45	2.42	2.50	2.47	2.45	2.56	2.61	2.59	0.42	2.60	4.44	2.94
乙位萘甲醚	10.17	6.47	6.86	7.15	7.02	7.02	3.08	7.09	5.39	5.22	5.17	4.77	4.58	1.86
丁酸二甲基苄基原酯	10.18	5.00	5.18	5.21	4.92	5.17	2.68	5.97	6.39	6.33	6.23	5.10	2.99	1.62
异丁香酚	10.18	6.47	6.86	7.15	7.02	7.02	3.08	7.09	5.39	5.22	5.17	4.77	4.58	1.86
二氢乙位紫罗兰酮	10.25	2.97	2.89	3.00	2.82	2.90	2.57	2.68	4.05	4.45	8.03	8.45	0.85	
兔耳草醛	10.25	2.09	2.51	2.25	2.39	2.29	1.49	1.43	1.43	1.44	1.34	1.56	3.06	5.21
乙基香兰素	10.25	1.19	1.26	1.28	1.29	1.26	1.15	2.25	1.07	1.24	2.88	1.85	0.30	
柏木脑	10.35	4.49	4.69	4.67	5.41	4.86	5.68	4.17	3.91	3.27	3.80	4.96	0.22	
乙位柏木烯	10.37	2.48	2.50	2.46	2.55	4.11	2.64	2.71	2.71	5.42	5.03	4.44	2.89	2.20
倍半萜醇	10.40	2.66	2.86	2.90	2.79	2.75	3.11	2.77	3.24	3.25	3.13	3.04	2.61	0
桂酸乙酯	10.40	1.33	2.18	1.46	1.48	1.44	1.49	1.43	3.52	3.53	3.23	2.23	1.92	2.88
二糠基硫醚	10.44	2.84	2.90	2.92	3.12	2.88	3.99	1.14	1.27	1.02	1.09	2.47	3.15	9.99
丙位癸内酯	10.58	4.33	4.01	3.95	3.93	4.15	4.36	4.19	4.72	4.38	5.03	4.92	5.24	6.45
水杨酸丁酯	10.66	2.01	2.07	2.10	2.22	2.18	5.49	1.12	0.78	0.48	0.64	1.33	2.54	3.09
苯乙酸戊酯	10.76	3.50	4.03	3.82	3.63	3.67	4.10	4.10	3.99	4.18	4.15	4.05	4.17	9.98
丙酸三环癸烯酯	10.76	5.26	5.32	5.31	5.35	2.33	5.41	5.45	5.68	1.61	2.59	0.72	5.98	6.75
乙位紫罗兰酮	10.79	3.76	3.56	3.31	3.89	1.10	1.72	3.73	1.54	3.97	4.03	4.07	4.64	4.81
丁香酚甲醚	10.84	3.00	2.89	3.00	2.80	2.97	2.78	2.98	3.42	3.66	3.42	2.64	1.51	

续表

香料名称	保留时间	1天	2天	3天	5天	8天	13天	21天	34天	55天	89天	晒1次	晒2次	晒3次
丁位癸内酯	10.90	2.30	2.31	2.26	2.30	2.33	2.41	2.37	2.42	2.47	2.59	2.64	2.99	3.05
异甲基紫罗兰酮	10.91	5.87	6.00	5.99	6.50	6.21	5.46	5.72	5.76	5.09	5.69	6.13	3.24	0
铃兰醛	10.95	4.37	4.62	4.72	4.84	4.37	4.37	2.36	4.93	4.79	5.20	3.22	4.35	5.44
十二醛	11.04	2.51	2.53	2.54	2.44	2.48	2.64	2.72	2.76	2.65	3.04	3.16	3.59	4.15
乙位萘乙醚	11.06	1.76	1.51	1.57	1.92	2.23	1.72	1.81	1.86	2.01	2.03	1.95	1.86	1.60
香柠檬酯	11.13	0.77	0.63	0.69	0.69	0.51	0.59	1.01	0.76	0.66	0.72	0.50	0.34	
开司米酮	11.26	5.18	6.33	6.62	6.50	5.51	6.24	4.01	6.07	5.80	6.47	3.78	5.82	2.16
丁酸苯乙酯	11.39	0.31	0.29	0.28	0.29	0.25	0.28	0.25	0.26	0.31	0			
甲基紫罗兰酮	11.42	4.04	3.97	4.05	4.98	4.19	3.79	3.94	4.19	4.06	4.19	3.61	3.74	7.80
马来酸二丁酯	11.47	2.20	2.23	2.26	2.27	5.92	2.23	2.30	2.35	2.33	1.97	1.74	2.71	3.45
顺橙花叔醇	11.55	2.07	2.10	2.16	2.22	2.25	2.59	2.34	2.56	2.64	2.76	2.71	0.41	4.53
水杨酸戊酯	11.56	5.92	5.69	5.61	5.56	5.99	6.29	6.01	6.16	7.03	12.74	12.34	12.89	1.14
异丁基喹啉	11.56	3.88	3.71	2.85	1.90	2.34	4.21	4.18	4.52	4.67	4.59	4.71	5.27	5.86
结晶玫瑰	11.62	4.82	4.79	4.70	4.70	4.93	4.70	4.99	5.06	4.58	12.74	12.34	12.89	14.61
苯甲酸叶酯	11.71	1.73	1.80	1.80	1.83	4.74	1.85	1.84	1.91	1.90	1.82	1.01	1.93	2.62
甲基柑青醛	11.78	1.00	0.99	1.01	0.93	1.02	1.03	1.04	1.03	1.03	1.58	1.64	3.76	1.85
石竹烯	11.78	1.01	0.85	0.95	0.72	2.57	2.58	2.72	1.53	1.45	1.50	0.62		
东京麝香	11.91	4.52	4.68	4.90	4.92	5.11	4.81	3.67	5.50	5.62	5.83	2.84	6.39	6.30
呋喃酮	12.01	1.48	1.47	1.45	1.99	1.58	1.30	1.31	1.42	1.45	1.50	1.97	1.00	1.70
二异丙基二硫	12.03	0.44	0.46	0.29	0.27	0.40	0.30	0.31	0.33	0.30	0.67	0.37	1.70	0
木香酮	12.08	1.54	2.21	1.65	1.73	1.95	1.87	1.59	1.69	1.45	1.43	2.70	0	
反橙花叔醇	12.13	5.07	4.80	5.51	5.42	5.59	5.99	3.14	5.71	5.95	6.07	6.02	4.08	9.15
橡苔浸膏主成分	12.13	0.51	0.50	0.48	0.54	0.86	0.51	0.53	0.49	0.51	0.40	0.47	0.22	
檀香208	12.16	0.79	0.71	0.77	0.66	0.75	0.71	0.67	0.74	0.78	0.80	0.60	0.83	1.70
丙位庚内酯	12.18	1.62	1.39	1.53	1.60	1.65	1.60	1.53	1.43	1.50	1.55	1.50	4.08	9.15
桃醛	12.18	1.04	1.00	0.91	1.18	1.13	0.96	1.03	1.02	1.13	1.19	1.14	1.37	1.94
邻苯二甲酸二乙酯	12.23	1.04	1.00	0.91	1.18	1.13	0.96	1.03	1.02	1.13	1.19	0.07		
异长叶烷酮	12.26	1.91	1.95	1.59	1.93	0.81	0.50	1.93	0.94	2.26	2.59	2.14	2.96	1.37
胡椒基丙酮	12.32	0.29	0.13	0.05	0.06	0.06	0.05	0.12	0.13	0.04				
乙酰基异丁香酚	12.35	0.71	0.74	0.68	0.70	0.77	0.67	0.70	0.69	0.74	0			
二氢茉莉酮	12.47	3.04	2.92	3.09	3.18	2.23	3.41	2.27	3.16	2.95	2.69	3.22	0	
乙酸对甲酚酯	12.73	0.29	0.26	0.30	0.26	0.35	0.31	0.24	1.11	0.39	0.20	0.55	0.04	
十二酸乙酯	12.89	4.30	4.26	3.43	4.43	1.72	4.16	4.35	4.51	4.65	5.43	3.74	6.14	1.28
新香柠檬酯	12.95	2.27	2.16	2.37	2.47	2.47	2.43	2.38	2.51	2.07	2.92	2.90	0.29	
甲位戊基桂醛	13.08	2.05	2.23	2.16	2.24	0.44	2.06	2.17	2.23	2.23	0.22			
格蓬浸膏主成分	13.27	2.05	3.56	2.78	2.43	2.55	2.05	2.76	2.94	3.62	0.22	1.15	2.39	2.95
二氢茉莉酮酸甲酯	13.34	0.44	0.25	0.32	0.34	0.95	0.23	0.25	0.28	1.12	1.45	1.97	2.95	4.49
水杨酸叶酯	13.43	3.65	3.56	3.67	3.71	3.66	3.51	3.62	3.78	2.94	2.33	1.94	4.61	6.03
柏木酮	13.44	1.70	1.81	2.00	1.92	1.92	1.76	1.98	2.23	2.54	2.10	1.38	1.41	3.05
糠硫醇	13.44	0.21	0.20	0.26	0.26	0.25	0.23	0.25	0.26	0.27	0.34	0.35	0.18	
甲基异长叶烷酮	13.51	1.45	1.34	1.46	1.55	1.45	1.39	1.43	1.46	1.39	1.77	1.81	0.40	
素凝香	13.69	4.95	4.93	5.29	5.57	5.39	6.09	5.72	5.75	5.58	5.05	6.10	7.47	8.95
水杨酸己酯	13.72	2.44	2.37	2.52	2.50	2.40	1.58	2.87	1.05	5.22	5.80	5.65	5.65	5.39
二糠基二硫	13.82	5.37	5.25	3.99	5.48	2.24	5.27	5.29	5.47	5.64	6.04	6.35	6.95	2.82
龙涎酮	14.12	2.80	2.88	3.17	2.95	1.10	2.83	2.94	3.13	3.14	0.73			
芬檀麝香	14.16	4.45	4.77	4.96	4.85	4.77	4.66	3.77	5.21	5.47	5.77	3.07	6.85	7.35
万山麝香	14.36	1.14	0.97	1.16	1.03	1.60	1.11	1.11	1.13	1.11	1.32	1.34	2.08	3.33
水杨酸环己酯	14.56	0.46	0.22	0.33	0.31	0.37	0.14	0.16	0.24	0.16	0.25	0.30	7.19	8.36
龙涎酯	15.05	0.78	0.99	0.99	0.77	1.02	0.72	1.02	1.05	1.13	1.04	1.03	0.34	
苏合香膏主成分	15.10	1.87	2.07	2.12	2.16	2.12	2.02	1.59	2.34	2.66	2.59	1.31	3.03	3.07

续表

香料名称	保留时间	1天	2天	3天	5天	8天	13天	21天	34天	55天	89天	晒1次	晒2次	晒3次
甲基柏木酮	15.40	3.12	2.95	2.93	3.32	3.09	3.01	3.09	3.23	3.40	3.54	3.47	3.37	3.22
檀香803	15.40	2.74	2.64	2.73	2.68	2.89	2.79	2.85	2.98	3.11	3.13	2.51	2.51	4.40
乙酰基丁香酮	15.40	1.06	1.09	1.11	1.12	2.96	1.06	1.08	1.16	1.23	3.54	0.32		
玫瑰香醇	15.44	3.12	2.95	2.93	3.32	3.09	3.01	3.09	3.23	3.40	3.54	3.47	3.88	0
苯乙酸对甲酚酯	15.48	3.12	2.95	2.93	3.32	3.09	3.01	3.09	3.23	3.40	3.54	3.47	0	
苯甲酸苯乙酯	15.52	3.12	2.95	2.93	3.32	3.09	3.01	3.09	3.23	3.40	3.54	3.47	0	
十四酸异丙酯	15.64	0.68	0.32	0.34	0.23	0.10	0.005	0.12	0.28	0.18	0.30	0		
水杨酸苄酯	15.91	1.32	1.09	1.12	1.06	0.98	0.83	0.87	1.01	1.14	0.99	0.98	1.21	4.79
苯乙酸苯乙酯	16.00	3.64	3.64	2.77	3.62	1.57	3.26	3.47	3.77	3.97	4.58	4.38	4.56	6.40
麝香83	16.35	5.10	5.33	5.36	5.43	5.35	5.24	5.20	4.02	4.20	4.20	4.25	5.20	2.65
橙花素	17.02	1.20	1.07	0.64	0.45	0.49	0.23	0.87	1.07	1.15	0.29			
邻苯二甲酸二丁酯	17.26	2.39	2.30	1.81	2.34	0.97	2.00	2.21	2.58	2.81	2.86	3.03	3.18	4.32
麝香204	18.22	2.74	2.71	2.82	2.83	2.94	3.00	2.71	3.00	3.18	3.13	3.14	3.67	4.65
麝香T	20.17	1.57	1.25	0.91	1.48	0.55	1.70	1.20	1.38	1.44	1.36	1.57	1.67	2.08
乙酸十六酯	20.17	1.09	0.61	0.62	0.12	0.13	0.60	0.01						
佳乐麝香	21.05	1.16	1.18	1.29	1.24	1.22	1.50	1.49	1.58	1.50	1.83	1.89	1.41	0.76
茉莉素	25.00	3.17	3.24	3.16	3.29	3.11	3.31	3.02	3.38	3.44	2.44	3.45	0	

表4-4中的数字（除了“保留时间”以外）是来自于色谱工作站采用“百分归一法”计算出来的各种香料在“香精”里的百分比例，我们去掉了每一个香料挥发掉一半以后的数字，通过细致的分析研究剔除掉气相色谱测定带来的各种误差，总结如下：

292个香料在香精的混合体系中，室温下5天内挥发一半以上的有异戊醇、三甲胺、乙酸乙酯、二甲基庚醇、甲位蒎烯（第1组）；

室温下5～21天内挥发一半以上的有甲位苎烯、风信子素、苯甲醛、2-乙酰基噻唑、乙酸异戊酯、2,4-庚二烯醛、丁酸异戊酯、缩酮、哌啶、乙酸苯乙酯、辛酸、二丙基二硫、已醛、二甲基丁酸乙酯、2,5-二甲基噻唑、异戊酸乙酯、丁醛、丁二酮、丁酸、乙酸丁酯、戊醛、乙酸丙酯、蒎诺异丁醛、乙酸十六酯、乙位松油醇（第2组）；

室温下21～89天内挥发一半以上的有丁酸苯乙酯、乙酰基异丁香酚、黄樟油素、乳酸乙酯、甲位戊基桂醛、邻叔丁基环己酮、庚酸、橙花素、甲基糠基醚、甜橙醛、已酸乙酯、2,6-二甲基庚烯醇、龙涎酮、蒎烷、已烯酸乙酯、香芹酮（天然）、庚醇、丙酸异戊酯、胡椒基丙酮、苯甲酸异戊酯、梅青素、丁酸丁酯、2-乙酰基呋喃、叶醇、圆柚醛、叶青素、丙酸乙酯、四氢芳樟醇、菠萝乙酯、异戊酸丁酯、二甲基二硫醚、长叶烯、橄青酮、依罗酯（第3组）；

暴晒1次以后挥发一半以上的有十四酸异丙酯、橙花醇、丙三醇（甘油）、3-甲硫基丙醛、乙酸芳樟酯、甲酸香茅酯、草莓酸乙酯、邻苯二甲酸二乙酯、蘑菇醛、乙酰基丁香酮、3-甲硫基丙醇、苯甲酸甲酯、石竹烯、星苹酯、丁酸乙酯（第4组）；

暴晒2次以后挥发一半以上的有愈创木酚、3-甲硫基己醇、乙酸鸢醇酯、乙酸对叔丁基环己酯、新玉兰酯、橙花酮、木香酮、二氢茉莉酮、茉莉素、戊酸戊酯、苯乙酸对甲酚酯、苯甲酸苯乙酯、二环缩醛、乙酸苄酯、辛炔羧酸甲酯、乙酸对甲酚酯、丁酸戊酯、阿弗曼酯、糠硫醇、乙酸苏合香酯、玫瑰醚、橡苔浸膏主成分、柏木脑、已酸烯丙酯、新香柠檬酯、2,3,5-三甲基噻唑、乙基香兰素、香柠檬酯、龙涎酯、赛维它、乙酸二甲基苄基原醇酯、甲基异长叶烷酮、对-1-蓋烯-8-硫醇、桂醛、二缩丙二醇、甲基乙酰基呋喃、香茅腈、柠檬醛二乙醇缩醛、二甲基苄基原醇、3-甲硫基丁醛、庚醛二甲醇缩醛、乙酸松油酯、对甲酚甲醚、甲位松油醇、水杨酸甲酯、二氢乙位紫罗兰酮、2-辛醇、苯甲酸乙酯、甲基环戊烯醇酮、香叶醇、苯乙醇、乳酸、丁香酚甲醚、壬醛、1,8-桉叶油素、反-2-已烯酸、二丁基硫醚、苯乙醛二甲醇缩醛、橙叶醛（第 5 组）；

暴晒 3 次以后挥发一半以上的有香叶醛、二糠基二硫、茴香脑、女贞醛、庚酸烯丙酯、异戊酸、庚酸乙酯、二异丙基二硫、二甲基对苯二酚、2,6-壬二烯醛、倍半萜醇、大茴香腈、异柠檬醛、四氢香叶醇、异甲基紫罗兰酮、海洛酮、玫瑰香醇、樟脑、草莓酸、阿弗曼酮、丁酰基乳酸丁酯、苯乙酸丁酯、乙酸香茅酯、二氢月桂烯醇、龙葵醛、乙基麦芽酚、丙位壬内酯、香茅醛、苹果酯、香茅醇、香兰素、佳乐麝香、二氢芳樟醇、八醛、丁酸苄酯、龙脑、苯乙酸、甲基糠基二硫、苯乙醛、水杨酸戊酯、3-巯基-2-丁酮、丁香酚、丙酸苄酯、十二酸乙酯、癸酸乙酯、二氢香豆素、3-甲基吲哚、格蓬酯、乙位萘乙醚、丁酸二甲基苄基原酯、丙酸苏合香酯、洋茉莉醛、乙酸香叶酯、乙位萘甲醚、异丁香酚、丁位丁内酯、羟基香茅醛、2,3,5-三甲基吡嗪、开司米酮、桂酸甲酯、橙花醛、2-甲基-5-噻唑乙醇、乙酰基丙酸乙酯、桂醇、麝香 83（第 6 组）；

挥发性最低和留香最持久的有香豆素、格蓬浸膏主成分、二氢紫罗兰酮、柏木酮、丁位癸内酯、苏合香膏主成分、紫罗兰酮、水杨酸丁酯、甲基柏木酮、乙酸薄荷酯、异丁酸苄酯、菠萝酯、万山麝香、乙酸邻叔丁基环己酯、天然桂醛、对甲基苯乙酮、癸醛、马来酸二丁酯、桂腈、乙酸异龙脑酯、吲哚、檀香醚、十二醛、麝香草酚、癸醇、邻苯二甲酸二丁酯、檀香 803、二氢茉莉酮酸甲酯、柠檬腈、橙花叔醇、乙酸三环癸烯酯、麝香 204、水杨酸苄酯、乙位紫罗兰酮、甜瓜醛、2-异丙基-4,5-二甲基噻唑、兔耳草醛、茉莉酯、水杨酸己酯、铃兰醛、异丁基喹啉、三甲基对戊基环戊酮、水杨酸叶酯、东京麝香、苯乙酸苯乙酯、丙位癸内酯、丙酸三环癸烯酯、异甲基突厥酮、芬檀麝香、甲基紫罗兰酮、水杨酸环己酯、乙酸二氢月桂烯酯、素凝香、丙位庚内酯、反橙花叔醇、苯乙酸戊酯、二糠基硫醚、癸酸、壬酸乙酯、结晶玫瑰、草莓酯、甲位紫罗兰酮、甲酸香叶酯、异长叶烷酮、异丁酸叶酯、檀香 208、呋喃酮、邻位香兰素、2-十一烯醛、甲基柑青醛、十六醛、桃醛、麝香 T、辛醛二甲缩醛、邻氨基苯乙酮、乙位柏木烯、铃兰醇、羟基香茅醇、邻氨基苯甲酸甲酯、苯甲酸叶酯、乙位突厥酮、2,3-二甲基-5-乙酰基噻唑、桂酸乙酯（第 7 组）。

如果我们把第 1 组、第 2 组和第 3 组香料看作“头香香料”，把第四组、第五组香料看作“体香香料”，把第六组和第七组香料看作“基香香料”的话（它们才是真正的定香剂），无疑同朴却的分类大不一样，同调香师原来“理所当然”的想法也有不少“意外”，实际如何呢？

我们用第 6 组和第 7 组香料为主调配出如下几个定香基（数字为质量分数）。

果香定香基——丁酸苄酯 4、庚酸乙酯 6、草莓酸 2、苹果酯 10、香兰素 4、二氢芳樟醇 2、乙基麦芽酚 3、呋喃酮 1、庚酸烯丙酯 2、甜瓜醛 2、2,6-壬二烯醛 1、草莓酯 2、乙基麦芽酚 2、柠檬腈 5、丙酸苏合香酯 5、丙位壬内酯 2、十六醛 6、甲基柑青醛 14、菠萝酯 2、异丁酸苄酯 2、异丁酸叶酯 2、桂酸乙酯 2、草莓酯 4、邻氨基苯甲酸甲酯 4、丙位癸内酯 2、丙位庚内酯 1、桃醛 4、素凝香 4；

花香定香剂——倍半萜醇 2、四氢香叶醇 2、龙葵醛 2、二氢月桂烯醇 4、玫瑰香醇 4、苯乙醛 1、龙葵醛 1、甲酸香茅酯 2、香茅醇 6、香叶醇 3、橙花醇 2、羟基香茅醇 2、甲酸香叶酯 2、丙酸苄酯 2、铃兰醇 2、乙酸香茅酯 2、丁香酚 1、乙酸香叶酯 7、紫罗兰酮 8、乙位萘甲醚 1、乙位萘乙醚 2、丁酸二甲基苄基原酯 1、异丁香酚 1、铃兰醛 2、羟基香茅醛 2、橙花叔醇 2、桂醇 1、吲哚 1、苯甲酸叶酯 2、乙位突厥酮 1、茉莉酯 1、兔耳草醛 1、水杨酸丁酯 2、乙酸邻叔丁基环己酯 1、二氢茉莉酮酸甲酯 8、异甲基紫罗兰酮 3、水杨酸戊酯 2、结晶玫瑰 2、橙花叔醇 2、二氢茉莉酮 1、水杨酸叶酯 1、水杨酸己酯 1、水杨酸环己酯 1、结晶玫瑰 2、桂酸乙酯 1；

（青）草香定香基——女贞醛 1、海洛酮 2、阿弗曼酮 5、乙酸二氢月桂烯酯 6、甲基柑青醛 2、倍半萜醇 4、乙酸苏合香酯 4、丙酸苏合香酯 2、麝香草酚 1、二甲基对甲苯酚 1、异丁酸叶酯 2、桂腈 2、癸醇 1、乙酸薄荷酯 5、乙酸三环癸烯酯 4、水杨酸丁酯 8、丙酸三环癸烯酯 2、水杨酸戊酯 10、异丁基喹啉 1、苯甲酸叶酯 2、橡苔浸膏 3、茉莉酯 2、水杨酸叶酯 4、水杨酸己酯 2、水杨酸环己酯 2、水杨酸苄酯 10、大茴香腈 2、桂醇 2、邻苯二甲酸二丁酯 2、素凝香 4；

木香定香基——异长叶烷酮 17、乙酸二氢月桂烯酯 10、紫罗兰酮 6、柏木油 10、檀香醚 6、甲基柏木醚 5、檀香 208 8、檀香 803 12、甲基柏木酮 16、芬檀麝香 10；

动物香定香基——吲哚 1、苯乙酸 6、开司米酮 3、异长叶烷酮 10、水杨酸苄酯 10、甲基柏木酮 11、二甲苯麝香 4、酮麝香 6、吐纳麝香 8、麝香 105 10、佳乐麝香 15、麝香 T 10、麝香 204 6；

药草香定香基——二甲基对苯二酚 2、大茴香腈 2、樟脑 2、龙脑 2、阿弗曼酮 6、二氢月桂烯醇 4、龙葵醛 2、苯乙醛 2、水杨酸戊酯 15、水杨酸丁酯 5、丁香酚 5、异丁香酚 5、二氢香豆素 2、桂醇 3、大茴香脑 2、香豆素 2、格蓬浸膏 2、苏合香膏 4、乙酸薄荷酯 2、桂醛 2、对甲苯基乙酮 1、桂腈 2、邻苯二甲酸二丁酯 5、麝香草酚 2、乙酸三环癸烯酯 2、丙酸三环癸烯酯 2、水杨酸苄酯 5、水杨酸己酯 2、乙酸二氢月桂烯酯 6、桂酸乙酯 2。

上述几个定香基用于配制各种常用的日用香精，都表现出色的定香效果，说明上述分类法与实践比较吻合，对调香工作有着更实际的指导意义。

本书附盘中的“常用香料三值表”其中一列即为各种香料的留香值数据，这些数据都是各种香料在香精体系里表现的留香时间（相对值，以天计算）。与第一版《调香术》和《日用品加香》两本书中的数据有很大的不同，以本书数据为准。根据这些数据可以计算香精的留香值，现举一个茉莉香精例子说明，该香精配方和各香料的留香值如下：

香　　料	用　　量	留香值	香　　料	用　　量	留香值
乙酸苄酯	40	5	羟基香茅醛	5	80
芳樟醇	19	10	丁香油	1	22
水杨酸苄酯	10	100	卡南加油	10	14
甲位戊基桂醛	10	100	安息香膏	5	100

这个香精的留香值为(5×40＋10×19＋100×10＋100×10＋80×5＋22×1＋14×10＋100×5)÷100＝34.52。这个值更准确地应叫做“计算留香值”，因为它同实际留香天数有差距，这是由于各种香料混合以后互相会起化学反应产生留香更久的物质，实际上，所有高级香水香精的实际留香天数几乎都超过 100，而“计算留香值”是不可能达到 100 的。

香料的留香值与香精的计算留香值用途也是很广的。调香师在调香的时候可以利用各种香料的留香值预测调出香精的计算留香值，必要时加减一些留香值较大的香料使得调出的香精留香时间在一个希望的范围内。用香厂家在购买香精时，先向香精厂询问该香精的计算留香值是否符合自己加香的要求是很有必要的。“二次调香”时，计算留香值也是很重要的内容——希望留香好一点的话，计算留香值大的香精多用一些就是了。需要提请注意的是：计算留香值太大的香精往往香气呆滞、不透发，尤其一些低档香精更是如此。

对于用香厂家来说，购买一个香精，除了闻它的香气好不好、适合不适合自己的产品加香要求以外，最好能要求香精厂提供“两值”——该香精的香比强值与留香值，因为这“两值”调香师都可以根据配方计算出来。一个香精如果掺兑了一定量的无香溶剂的话，用鼻子不容易闻出来。有资料表明，在一般情况下，一个香料或香精的浓度改变 28％人们才刚能明显地感觉到气味强度差异，而如果用计算的话，它的香比强值和留香值是应当马上改变的。香精厂有义务对客户提供这“两值”。

同朴却的“留香系数”相似的概念，还有“挥发时间”，其测定方法是用闻香纸蘸取香料，称重，达到“恒重”时的时间，以小时计，超过999h以999算。这种方法比较科学，其数据的“重现性”很好。但由于没有同“气味”挂钩，因而不能用于“感官分析”中，应用有限。如邻苯二甲酸二乙酯的“挥发时间”为60(h)，但它的“留香值”只能是1。香料的“挥发时间”比较准确，数据不会“因人而异”，因此，本书第一版附录的“综合表”中有各种香料的“挥发时间”，读者可以将它与“留香值”比较，把这两组数据进行分析，对各种香料的留香性能会有更进一步的认识。

各种香料的“留香值”同它的分子结构、分子量、沸点、蒸气压等都有直接的关系，同香比强值和阈值也有关系，而且同它的“成分”也紧密相关——香料单体和纯度直接相关，如苯甲酸乙酯可能由于提纯不够或储存时分解产生的少量苯甲酸使得“留香值”增大；混合物（如天然香料等）则由于内部各种香料单体的含量变动而表现不同，如苦橙叶油几乎每一批取样测出的留香值都不一样。因此，“常用香料三值和单价表”中每种香料的“留香值”只是实验者的实验数据（留香天数），仅供参考。读者使用这些数据时，最好用自己手头的样品重做一下留香实验。

混合物（如天然香料等）的“留香值”主要决定于其中沸点较高、蒸气压较低的香料单体的含量。所以同一个天然香料，用水蒸气蒸馏法得到的“精油”之“留香值”就比用萃取法得到的“净油”低；以低沸点成分为主体的天然香料（如芳樟叶油等）杂质越多，留香越久。在香料贸易中，一些不法商人往香料里加入无香溶剂，如加入乙醇则降低“留香值”；加入油脂、香蜡、各种浸膏等会提高“留香值”。因此，可以把“留香值”作为天然香料质量指标的一项内容。

香精的“留香值”同天然香料相似，主要决定于其中高沸点、低蒸气压的香料成分含量。香水和高级化妆品香精加入了大量的“定香剂”，如用实测法得出的“留香值”几乎都为100，而用配方计算则低于100。因此，香精的“留香值”不宜用实测法，或者说，用实测法得出香精的“留香值”，“理论上”是没有意义的。

请再留意一下上面一段的讨论：通过调香艺术，可以使调出的香精“实际”的“留香值”提高到100！这也可以视为调香工作“价值”的一部分，只是我们在本章里暂时把它搁在一边。

有了各种香料的“留香值”数据后，调香者很容易通过调整配方使一个香精的“留香值”（“计算留香值”）达到一定的数据范围而不大改变香气格调，这就是调香时使用“定香剂”的意义。

在香料香精的贸易中，每个用户其实都迫切希望知道其“留香值”以便于使用，只是目前许多人尚不知有“留香值”这个概念，而只能询问该香料或香精“留不留香”或“留香大概多久”这种非常模糊的问题，此时供应方应主动告知购买方有关数据，免得买方重复做“留香实验”耗费大量的精力。

留香值在本书中用英文字母“*L*”表示。

五、香品值

香料本来是无所谓“品位”的，任何香料都有它的价值，有的香料用在这个香精里面“价值”不大，或者“品味”不高，但在另一个香精里面可能“价值”就很大了，或者“品味”是高的。比如说格蓬酯吧，在不同的香精里面就有不同的“价值”和不同的“品味”，有时说它“香气太差劲”了，有时又把它捧上天——在某些香精里加入一点点可以起到“画龙点睛”的作用；再比如说吲哚吧，直接嗅闻之就像鸡粪一样的恶臭，稀释到1%以下的浓度时却有茉莉花一样的香气，你怎么评价它的“品味”呢？

其实大部分香料直接嗅闻时香气都不好，稀释以后也不一定都变好。各种香料的香气是在调配成香精时发挥它的作用的，使用不当不单发挥不了作用，有时反而会破坏整体香气！因此如果要给每一个香料一个“品位值”的话，只能放在一个香气范围内考察它的“表现”，例如乙酸苄酯一般都用于调配茉莉香精使用，我们就看它本身像不像茉莉花香，很像的话，“分数”给得高一些；不太像的话，“分数”就给得低一些。“香品值”的概念就是按这个思路创造出来的。

由于人们对“香水”的香气早已基本定型——以花香为主加些好闻的果香、木香、麝香、膏香等组成圆和一致的香韵。因此，在配制香水所用的香料中，带凉气、酸气、辛辣气、苦气、药草气、油脂哈喇（酸败）味者一般都被认为较“贱”，在配方中慎用。诚然，人们对香水的认识也在不断地变化着，香料的“品位”也随着变化。例如20世纪80年代开始流行带青香香气的香水，这是受了“回归大自然”思潮的影响所致，原先被调香师冷落的带青香香气的香料如格蓬酯、叶醇及其酯类、辛（庚、癸）炔羧酸酯类、女贞醛、柑青醛、二氢月桂烯醇、乙酸苏合香酯、紫罗兰叶油、迷迭香油、松针油、留兰香油、薄荷油、桉叶油等大量进入香水配方中，以至于调香师不得不反思以前对各种香料“品位”的认识。

好的香水应当是“头香、体香、基香基本一致”，或者叫做“一脉相承”，中间不断档，香气让人闻起来舒适美好，有动情感（这一点直到现在还是解不开的谜），留香持久。因此，像茉莉浸膏及其净油、玫瑰油、树兰花油、桂花浸膏及其净油、金合欢浸膏及其净油、香紫苏油、广藿香油、香根油、东印度檀香油、鸢尾浸膏及其净油、麝香、龙涎香、羟基香茅醛、铃兰醛、二氢茉莉酮酸甲酯、龙涎酮、异甲基紫罗兰酮、鸢尾酮、橙花叔醇、金合欢醇、龙涎香醚及降龙涎香醚、突厥酮类、酮麝香、佳乐麝香、香兰素、香豆素、洋茉莉醛、异丁香酚、合成檀香、丙位癸内酯等本身就已具备上述条件，当然也都被大量作为香水配方成分。用气相色谱法“解剖”香水及香水香精、高档化妆品香精时，上述香料的特征峰大量存在，或者说看一张香水、香水香精或高档化妆品香精的色谱图时，大部分峰都应先猜到是上述香料。这些香料的“品味”都是比较高的。

如果把上述香料看作是“头等”香料的话，那么“第二等”香料应是：香叶油、橙叶油、玳玳叶油、白兰叶油、芳樟叶油、玫瑰木油、甜橙油、柠檬油、麝葵子油、赖百当浸膏（及其净油）、柏木油、血柏木油、愈创木油、楠叶油、大部分人造麝香、各种合成的草香、木香、果香膏香香料等。

“第三等”香料包括香茅油、薄荷油、留兰香油、草果油、迷迭香油、杂樟油、桂皮油、橘叶油、大蒜油、洋葱油、辣椒油与组成这些精油的主要单体香料以及类似香气的合成香料。

单用“头等”香料是可以配制出很不错的香水香精和高档化妆品香精的，我们“解剖”了许多国内外著名的香水及其香精，早期的配方确实基本上就是由这些香料组成的，当然最早的香水香精只能用天然香料调配，香气比较局限，也会影响合成香料问世后一段时间的流行香型走向。“香奈尔5号”的成功动摇了这个根深蒂固的观念，在大量的“头等”香料里加入适量的“二等”和“三等”香料才能调出有个性的香精出来，这在当今已成共识。事实上，早期的古龙水就含有多量的迷迭香油。如追溯得更远，“匈牙利水”只是用迷迭香油加酒精配制而成。当然，现代人是不会把这种“匈牙利水”看作香水的。

调香、作曲、绘画被认为是艺术的“三大结晶”，它们之间有许多共通之处——贝多芬经常在自己的整体极端和谐统一的音乐结构中融入一些不和谐音，不但不会破坏作品的完整和统一，反而增强了作品的内涵；齐白石也经常在他的国画中出现一些近看不和谐的点、线、板块等而站在远处看方显出整体美来——在大量的“头等”香料中加入适量“二等”、“三等”香料而创造出美妙的新型的香水香精也是如此。甚至可以说，这才是真正的艺术。

什么叫做“香”？什么叫做“臭”，这个问题看起来简单，随便问周围的人都可以回答：我闻起来舒服愉快就是“香”的，闻起来不舒服、难受就是“臭”的，可这个问题叫调香师回答，却就难了。要是更进一步问：甲与乙比，哪一个“更香一些”呢？这就是我们要提出“香品值”这个概念的缘由。

所谓“香品值”，就是一个香料或者香精“品位”的高低，由于这是一个相对的概念，需要一个“参比物”，而且这个“参比物”应该是大家比较熟悉的，比如“茉莉花香”，国人提到“茉莉花香”，马上想起小花茉莉鲜花（不是茉莉浸膏，也不是茉莉净油）的香气；西方人士一提到“茉莉花香”想起的是大花茉莉鲜花的香气。二者都有实物为证。要给一个“茉莉香精”定“香品值”，把它的香气同天然的茉莉鲜花（中国人用小花茉莉，外国人用大花茉莉）比较，心里就有谱了。如果人为地定“最低为 0 分，最高（就是天然茉莉花香的香气）100 分”，叫一群人（最少 12 人）来“打分”，就像给歌手“打分”一样，“去掉一个最高分，去掉一个最低分”，然后取平均值，就是这个茉莉香精的“香品值”了。这种做法虽然不可能“很准确”，但想想看，哪一个艺术作品不是这样评判的呢？

模仿天然的各种花香、果香、木香、草香、动物香、蔬菜香、鱼肉香等可以采用上面“拿着”实物来对照的办法评香，应该说还是比较“客观”一些；对于那些“幻想型”的香精，怎样给它们定“香品值”，难度要大多了。像素心兰、馥奇、东方香、古龙香、“中国花露水”、“力士”、“五香”、“咖喱”、“可乐”等大家比较熟悉的香型，情况会好些，但调香师新创造的香型，“评香组”会给的“香品值”是多少，无人知道。一般情况下，很有特色的新香型往往不容易被多数人接受，免不了在初期被冷落（给分很低），如“香奈尔 5 号”在 1921 年问世的时候，喝彩的人并不多，谁能想到它的崇拜者八十年来与日俱增呢？后来的许多新香型香水也有类似的“坎坷命运”。所以，对香精的“香品值”的“评定”，虽然一般地可以请一些“外行人”当“评香组”成员（最好先把香精配在加香产品里放置一定的时间再评），但用于高级香水、化妆品和一些高档产品的香精最好还是请专家来评香。

香料“香品值”的评定比香精更复杂艰难，一般人难以胜任。可以想象：“外行人”怎么给“甲位戊基桂醛”打分？所以只能请调香师。调香师们凭着“直觉”——根据以往的调香经验，认为这个香料应当属于什么香型就按这种香型的要求给它“打分”，如对于“甲位戊基桂醛”来说，所有的调香师都认为它应属于“茉莉花香”香料（加到香精里面起到产生或增加茉莉花香的作用），但甲位戊基桂醛的香气实在太“粗糙”了，有明显的“化学臭”，所以只能“给”个 5 分上下，有的调香师甚至才“给”2 分。

必须指出，调香师“打分”是给“让他们闻的香料”打分，这个香料通常不能代表全部——比如“芳樟醇”这个香料就很有争议，调香师知道有两种芳樟醇，一种是“合成芳樟醇”，一种是“天然芳樟醇”，前者直到现在香气还是不甚美好，即使纯度高达 99%也是如此，所以给它的“香品值”不高；后者即使纯度不高，香气还是好得多，有明显的花香，特别是从白兰叶油、纯种芳樟叶油提取的“天然左旋芳樟醇”，完全闻不到生硬的木头气息和凉气（原来从“芳油”、“芳樟油”或“玫瑰木油”提纯的“天然芳樟醇”都带桉叶素和樟脑的生硬、凉气），闻到的是非常优美的花香，因而一致给它高分——平均 90 分。

本章前面的“香料三值与单价表”中对于各种香料给出的“香品值”，上述情况比比皆是，请读者应用时注意：如果你用的某种香料香气不好，而此表中这个香料的“香品值”却是高的；或者你用的一种香料香气非常好，而表中给这个香料的“香品值”却不高，这时你可要斟酌一下，是否修正一下它的“香品值”呢？

香精的“香品值”可以按配方中各个香料的香品值、用量比例计算出来，计算方法同香比强值、留香值一样，计算出来的香品值叫做“计算香品值”，它同“实际香品值”（香精让众人评价打分，取平均值）有差距。调配一个香精，如果它的实际香品值小于计算香品值的话，可以认为调香是失败的；实际香品值超过计算香品值越多，调香就越成功。

由此我们可以得出一个结论：所谓“调香”，就是“最大限度地提高混合香料的香品值”。

用香厂家向香精制造厂购买香精时，可以要求后者提供该香精的计算香品值，然后自己组织一个临时“评香小组”给这个香精打分，就是所谓的“实际香品值”（最高分 100，最低分 0），如果实际香品值超过计算香品值甚多，这个香精应该就是比较符合自己要求的了。

香品值在本书中用英文字母“P”表示。

六、香料香精实用价值的综合评价

前面讲的香料香精的三个值，每一个“值”都只是反映一个香料或者香精的一个方面，三个值都放在一块才能反映这个香料或者香精整体的轮廓。例如一个玫瑰香精的香比强值是 150，计算留香值是 60，计算香品值是 50，我们觉得这个香精“还不错”，香气强度不小，留香较好，香气也是不错的，但要同时记住三个数据可不容易。把三个数据乘起来：

$$BLP=150\times60\times50=450000$$

这个数太大，把它除以 1000：

$$BLP/1000=150\times60\times50/1000=450$$

我们定义：

$$BLP/1000=Z$$

Z 为香料、香精的“综合评价分”，简称“综合分”，如上述玫瑰香精的综合分是 450，这是用它的香比强值、计算留香值、计算香品值算出来的，如果它的实际香品值不是 50，而是 60 的话，那么它的综合分应为：

$$150\times60\times60/1000=540$$

这个香精的销售价（按目前市价）540 元/kg 比较适中，如高于 540 元/kg 则太贵，低于 540 元/kg就是便宜了。

“常用香料三值和单价表”已经列出了各种常用香料通过三值计算出来的“综合分”，调香师可以根据这个表中的数据对各种香料进行评价、比较、选用，新香料可以自己测定三值、计算其综合分填补进去。

假如有一个茉莉香精（A），我们用该香精的配方算出它的香比强值为 124，留香值为 58，请了 30 个非专业人员给它打分然后算出其“香品值”为 63，这个香精的“综合评价分”为 $124\times58\times63/1000\approx453$；另一个茉莉香精（B）的香比强值为 85，留香值为 71，香品值为 82，$85\times71\times82/1000\approx495$。显然，香精（B）比香精（A）的“综合评价分”高，虽然香精（B）的香气强度低些，但它留香较久，大多数人更喜欢它的香气，所以“综合评价分”较高。

根据我们一段时间以来对各种香精“综合评价分”的比较，日化香精一般分数在 500 以上为高档香精，200 以下为低档香精，200～500 为中档香精。上述茉莉香精（A）和（B）都属于中档偏高的香精。食品香精和烟用香精因为用大量溶剂稀释，“高中低档”香精的划分标准可以另定。

天然香料可以参考香精的做法用其“三值”给予“综合评价分”。例如小花茉莉浸膏“香品值”为 80，“香比强值”为 600，“留香值”为 100，$80\times600\times100/1000=4800$。香茅油的“香品值”为 10，“香比强值”为 250，“留香值”为 28，$10\times250\times28/1000=70$，只有小花茉莉浸膏的 1/70，而其市场价格也仅为小花茉莉浸膏的 1/70 而已。合成香料（包括从天然香料中提取的香料单体）的“综合评价分”也是有实际意义的。如属于茉莉花香料的乙酸苄酯“香品值”为80，“香比强值”为25，“留香值”为5，80×25×5/1000=10；甲位戊基桂醛“香品值”为5，“香比强值”为250，“留香值”为100，5×250×100/1000=125；二氢茉莉酮酸甲酯“香品值”为90，“香比强值”为25，“留香值”为100，90×25×100/1000=225。

各种香料的市场价格和它们的来源（提取、制取）、品质、市场要求情况都有直接关系，有时候价格变化很大。特别是天然香料，在一段短时间内竟然可以相差数倍。但从长远来看，不管是天然香料还是合成香料，都会维持在一个比较“合理”的价格幅度内，这决定于该香料的“实用价值”，只有香气好、香气强度达到一定的要求、留香期较长的香料才能卖到较高的价格。如果一个香料的“综合评价分”不高而价格又居高不下的话，调香师在选用香料时只要有可能就会把它“拉下”的。上面提到的三个茉莉香料足够说明这个问题：二氢茉莉酮酸甲酯香气非常美好，但“香比强值”低，因而它的“综合评价分”不高，目前价格还是偏高，有待今后新的合成工艺出现，加上较大规模生产，价格再降一些，用量才会上升；乙酸苄酯的香气也不错，但不留香，“综合评价分”低，但价格低廉，调香师还是乐于使用它，不过调香师使用乙酸苄酯经常还将它作为稀释剂（溶剂）使用以降低成本，毕竟它对香精的整体香气贡献不大；甲位戊基桂醛的“香品值”相当低（由于明显的“化学臭”），但留香好，香气强度大，综合评价分为二氢茉莉酮酸甲酯的一半，而价格仅为后者的1/5左右，因而大受调香师的欢迎。调香师明知它的“化学臭”却还是希望多用它，然后再想办法使用各种“修饰剂”将香精气味调圆和。

有趣的是，目前有许多香料和香精的单价［以元（人民币）/kg计］刚好接近“综合评价分”，即：

$$PBL/1000=Z\approx ¥(=KD)$$

式中 P——香品值；

B——香比强值；

L——留香值；

Z——综合评价分数；

¥——单价（以人民币元/kg计）；

K——常数；

D——单价（以美元/kg计）。

这个现象不知能维持多久，通货膨胀和通货紧缩都会使这个现象不复存在，但我们可以根据现在（2007年）的物价指数算出届时各种香料、香精单价与其“综合评价分”的基本比率，在¥前面加个系数，这个公式照样管用。

由于各种香料的香比强值与留香值是固定不变的，所以我们可以假定一个香料或香精的“正常”销售单价（人民币元/kg）就是大多数人“认定”的该香料或香精的“综合评价分”，把它乘以1000再除以“香比强值”与“留香值”的乘积而得出这个香料或香精的香品值，本章中“常用香料三值表”中部分香料的香品值就是这样算出来的。

计算一个香精的综合分，可以根据它的配方分别算出香比强值和留香值，然后召集几十个人（越多越好！）给它“打分”计算“香品值”，这三值乘积的1‰（$Z=PBL/1000$）即“综合分”，也就是该香精的“实用价值”。如其“综合分”超过它的市场销售价，说明“物美价廉”；反之则说明“价超物值”，调香师还需努力（提高“香品值”）。为了说明这个问题，我们举个简单的例子来剖析：假如有三个香料的“香品值”都是30，配成某种香精后其“香品值”或大于30，或小于30，小于30的话可以认为调香师不行，因为调香的作用就是把几种香气品位（也就是“香品值”）比较低的香料调成整体香气品位比较高的香精。一个香精的市场销售价等于配制该香精所用原料价值的 1.5～2 倍，而我们假设两个值（香比强值和留香值）不变，要提高它的“实用价值”，只能靠“香品值”的大幅度提高来实现。调香师的工作就是要把所用各种香料的“平均香品值”提高 50%以上（如上述例子要求配出的香精“香品值”至少达到 45）。

这说明：香精厂的“毛利”来自于“通过调香提高香料的价值”，或者说“通过调香提高香料的平均香品值”而达到的。

任何一个香料或者香精，香比强值、香品值、留香值三个值都直接影响综合分的高低，其中一值升降，综合分也跟着增减。三值都高的香料或香精，其“综合分”才会高，对于香料制造厂来说，一个香料单体的留香值和香比强值基本上是固定的，无法改变，只有想办法提高它的“香品值”，其“综合分”才会高起来。例如“合成芳樟醇”，香比强值 100，留香值 38，如果香品值为 15 的话，其综合分 100×15×38÷1000＝57；如“香品值”提到 20（这是目前国内外合成芳樟醇达到的最高水平），其综合分 100×20×38÷1000＝76。从天然精油如白兰叶油、纯种芳樟叶油、玳玳叶油等单离得到的“天然芳樟醇”，其香比强值与留香值都同合成芳樟醇的差不多，但香品值可达 50，其“综合分” 100×50×38÷1000＝190。如果用杂樟油、“芳油”、低档玫瑰木油等单离出“天然芳樟醇”的话，由于这些精油含有大量的桉叶素、樟脑、龙脑等带辛凉气息的成分，只用精馏的办法很难把它们去除干净，成品“天然芳樟醇”的香品值只能达到 25～35，比合成芳樟醇的香品值高一些，其“综合分”也稍高。倘若采用“硼酸酯提纯法”（把芳樟醇先同硼酸结合生成硼酸芳樟酯，加热除去桉叶素、樟脑、龙脑等杂质，再用碱水分解硼酸酯析出纯净的芳樟醇）则可令最终成品“天然芳樟醇”的香品值提高到 35～45，其“综合分”也就高了。

注意看“常用香料三值表”，并与你“手头上”的香料单价比较，大多数香料的“综合分”都与其人民币单价接近，这在前面已有说明，它足以证明“三值理论”是比较符合客观规律的。一个香料的实用价值，也就是人们愿意购进使用的价格，直接同它的香比强值、香品值、留香值相关，而且主要就是由这三值决定。诚然，其他因素有时也会影响一个香料的单价，比如“物以稀为贵”——在一定的时间范围内，某种香料由于暂时短缺导致其价格急剧上涨，而调香师一下子还不可能修改配方只能“咬着牙”让采购部购进使用；或者相反的例子——某种香料由于盲目扩产导致价格大跌（每年都有许多这样的例子），但一段时间以后又慢慢回到“合理的单价”轨道上来。

有一些香料如苯乙醇、丙酸乙酯、二甲基苄基原醇、甲酸苄酯、金合欢净油、金雀花净油、苦橙花油、没药树脂、没药油、玫瑰油、乳香、香柠檬油、芫荽子油、鸢尾净油、6-甲基紫罗兰酮等“综合分”远小于其市场单价（以人民币计算），甚至差了几倍。其中天然香料见多。调香师们除非不得已，已经不乐意使用它们了，因为从“实用价值”来讲，它们的价格太高了。以后如有可能降价，还有“东山再起”的希望，否则难免被淘汰。一个特殊情况是苯乙醇，“综合分”才 11 分，而目前的市场单价（以人民币计）为 30 元/kg，为什么不被淘汰呢？这是因为调香师使用苯乙醇时从来不把它当作主香剂，定香剂更不可能，而仅仅把它作为修饰剂使用，即使如此，它的香气仍无足轻重，调香师实际上把它当作稀释剂使用。一个香精配方里如采用了较大量的固体或膏状香料，调香师几乎出于习惯，随手就加一些苯乙醇将香精稀释，同时感觉上也降低了成本。苯乙醇对几乎任何一种香料都有出色的溶解力，更有一种“本事”——一般情况下配制香精时出现浑浊时，只要加适量的苯乙醇就可以让香精变得透明——这种“本事”松油醇等也具备，但苯乙醇不会改变整体香气，而松油醇等香料缺少这个优点。

如果单从“稀释剂”来看，邻苯二甲酸二乙酯单价远低于苯乙醇，因此，目前的香精配方中邻苯二甲酸二乙酯大量使用，几乎取代了原来苯乙醇的地位。苯乙醇的前景令人担忧。邻苯二甲酸二乙酯现在的情景也同早先的苯乙醇一样，有被滥用的趋势。

从表 1-5 中还可以看到另外一些香料，如橙花素、甲基壬基乙醛、甲位己基桂醛、甲位戊基桂醛、甜橙油、香豆素、乙酸异龙脑酯、3-甲硫基丙醛、3-甲硫基丁醛等，它们的“综合分”远大于其市场单价（以人民币计），有的甚至超过几倍。可以肯定它们“实用价值”超过了目前的市场价格，因此我们断定这些香料的前景辉煌，今后还将获得更多的应用。调香师们确实也乐于多用它们，因为多用这些香料在达到需要的香气强度与留香性能时可以降低成本。但是我们也应该看到，这些香料的大部分“香品值”都很低，大量使用时可能会使香精整体香气显得粗糙、不圆和，这就靠调香师的经验和“艺术处理”了。

谈到这里，细心的读者会发现，为什么一个香料的三值乘积除以 1000(一个整千）刚好与它的人民币单价吻合呢？这确实是巧合。也就是说，在本书脱稿前的一段时间内，这两个数据刚好接近，以后通货膨胀或通货紧缩，香料的“综合分”与单价的关系就不会那么吻合了。不过这不要紧，届时把综合分乘以通货膨胀或通货紧缩系数就行了。让我们看看“综合分”与美元单价的关系吧：把表 1-4 中的“综合分”都除以 7.5，它们就与多个香料的美元单价接近了。

第三节　香气表达词语和气味 ABC

人类通过 5 大感觉——视觉、听觉、嗅觉、味觉和肤觉（触觉）从周围得到的信息以表示视觉信息的词语最为丰富，不单有光、明、亮、白、暗、黑，还有红、橙、黄、绿、蓝、靛、紫，更有鲜艳、灰暗、透明、光洁等模糊的形容词，近现代的科学和技术又进一步增加了许多“精确的”度量词，如亮度、浊度、光洁度、波长等，人们觉得这么多的形容词是够用的，“看到”一个事物时要对人“准确地”讲述或描述，一般不会有太大的困难。表示听觉信息的词汇也不少，我们很少觉得“不够用”。但一般人从嗅觉得到的信息想要告诉别人就难了——几乎每一个人都觉得已有的形容词太少，比如你闻到一瓶香水的气味，你想告诉别人，不管你使用多少已有的形容词，听的人永远不明白你在说什么。有关嗅觉信息的形容词甚至比味觉信息的形容词还缺乏——世界各民族的语言里都经常用味觉形容词来表示嗅觉信息，如“甜味”、“酸味”、“鲜味”等就是一个例子。现今已知的有机化合物约 200 万种，其中约 20%是有气味的，没有两种化合物的气味完全一样，所以世界上至少有 40 万种不同的气味，但这 40 万种化合物在各种化学化工书籍里几乎都只有一句话代表它们的气味：“有特殊的臭味”。

由于气味词语的贫乏，人们只能用自然界常见的有气味的东西来形容不常有的气味，例如“像烧木头一样的焦味”、“像玫瑰花一样的香味”等。这样的形容仍然是模糊不清的，但已能基本满足日常生活的应用了。对于香料工作者来说，用这样的形容法肯定是不够的，他们对香料香精和有香物质需要“精确一点”的描述，互相传达一个信息才不会发生“语言的障碍”，最好能有“量”化的语言。早期的调香师手头可用的材料不多，主要是一些天然香料，而这些香料的每一个“品种”香气又不能“整齐划一”，所以形容香气的语言仍旧是比较模糊的，比如形容依兰依兰花油的香气是“花香，鲜韵”，像茉莉，但“较茉莉粗强而留长”，有“鲜清香韵”而又带“咸鲜浊香”，“后段香气有木质气息”。这样的形容对当时的调香师来说已经够了，至少他们看了这样的描述以后，就知道配制哪一些香精可以用到依兰花油，用量大概多少为宜。

合成香料的出现和大量生产出来以后，调香师使用的词汇一下子增加了许多，甚至可以形容某种香味就像某一个单体香料，纯净的单体香料香气是非常“明确”的，一般不会引起误会。例如你说闻到一个香味像是乙酸苄酯一样，听到的人拿一瓶纯净的乙酸苄酯来闻就不会弄错。这样，调香师们在议论一种玫瑰花的香味时，就可以说“同一般的玫瑰花香相比，它多了一点点玫瑰醚的气息”，听的人完全明白他说的是怎么一回事。

外行人看调香师的工作觉得不可思议，他们的脑子怎么比气相色谱仪还“厉害”？化学家也觉得不可思议，调香师是怎么把一个复杂的混合物“解剖”成一个一个的单体呢？难道他们的头脑真的像一台色谱仪？其实在调香师的脑海中，自然界各种香味早已一定的“量化”了，因为他们配制过大量的模仿自然界物质香味的香精，一看到“玫瑰花香”，他们马上想到多少香茅醇、多少香叶醇、多少苯乙醇……就可以代表这个玫瑰花香了；同样地，多少乙酸苄酯、多少甲位戊基桂醛（或甲位已基桂醛）、多少吲哚……就能代表茉莉花香。这样，调香师细闻一个香水的香味时，脑海中先有了大概多少茉莉花香、多少玫瑰花香、多少柠檬果香、多少木香、多少动物香……接着再把这些香味分解成多少乙酸苄酯、多少香茅醇、多少柠檬油、多少合成檀香、多少合成麝香……一张配方单已经呼之欲出了。

例如调香师要调一个 Beautiful 香水香精，分段细闻 Beautiful 香水，觉得香味里大约有50%左右的花香韵（茉莉花香、栀子花香和晚香玉花香）、20%左右的粉香韵（麝香、龙涎香和豆香）、5%左右的青香韵、10%左右的果香韵、10%左右的木香韵、5%左右的辛香和其他香韵，他就可以开出一张初步的配方单如下（本书中所有配方全部为质量分数，下同）。

Beautiful 香水香精 1

序号	原料	用量	序号	原料	用量
1	乙酸苄酯	5.0	27	乙酸对叔丁基环己酯	1.0
2	二氢茉莉酮酸甲酯	5.0	28	桂醇	1.0
3	顺式茉莉酮	0.5	29	橙花叔醇	2.0
4	二氢茉莉酮	0.5	30	松油醇	1.0
5	甲位已基桂醛	8.0	31	佳乐麝香	2.0
6	吲哚	0.1	32	吐纳麝香	5.0
7	纯种芳樟叶油	2.0	33	麝香 T	5.0
8	邻氨基苯甲酸甲酯	1.0	34	甲基柏木酮	5.0
9	羟基香茅醛	3.0	35	龙涎酮	4.0
10	铃兰醛	5.0	36	降龙涎香醚	0.2
11	苯乙醇	5.0	37	香豆素	2.0
12	香茅醇	2.0	38	洋茉莉醛	1.0
13	香叶醇	2.0	39	女贞醛	0.1
14	桂醇	1.0	40	格蓬酯	0.1
15	乙酸香叶酯	2.0	41	格蓬浸膏	0.3
16	结晶玫瑰	1.0	42	水杨酸已酯	2.0
17	乙酸苏合香酯	0.3	43	异丁基喹啉	0.1
18	丙位壬内酯	0.2	44	丙位十一内酯	0.2
19	苯甲酸甲酯	0.3	45	柠檬油	2.0
20	乙酸芳樟酯	1.0	46	苹果酯	1.0
21	甲基紫罗兰酮	8.0	47	合成檀香 208	1.0
22	依兰依兰油	2.0	48	合成檀香 803	1.0
23	玫瑰油	1.0	49	乙酸香根酯	1.0
24	香柠檬油	1.0	50	丁香酚	2.0
25	薰衣草油	1.0	51	甲基壬乙醛	0.1
26	玳玳叶油	1.0	52	鸢尾浸膏	1.0

配方中序列号 1～30 是花香香料，31～38 是麝香、龙涎香和豆香香料，39～43 是青香香料，44～46 是果香香料，47～49 是木香香料，50～52 是辛香和其他香型香料。

细心的读者可能会注意到：果香香料为什么用这么少呢？这是因为排在果香香料前面的几个花香香料和豆香香料带有果香香气，例如乙酸苄酯有70%的茉莉花香，还带有20%的苹果香气；香柠檬油也是既有花香，也有果香。

按此配方配制出香精后，香气与原样还有差距，调香师根据香气的差异调整配方再配数次，直到自己觉得满意为止。

由此可见，调香师是把各种香料按香气的不同分成几种类型记忆在脑海中，然后才能熟练地应用它们。在早期众多的香料分类法中，都是把各种香料单体归到某一种香型中，例如乙酸苄酯属于“青滋香型”（叶心农分类法）或“茉莉花香型”（萨勃劳分类法），这个分类法在调香实践中暴露出许多缺点，因为一个香料（特别是天然香料）的香气并不是单一的，或者说不可能用单一的香气表示一个香料的全部嗅觉内容，所以近年来国外有人提出倒过来的各种新的香料分类法，例如泰华香料香精公司举办的调香学校里，为了让学生记住各种香料的香气描述，创造了一套“气味ABC”教学法，该法将各种香气归纳为26种香型，按英文字母A、B、C……排列，然后将各种香料和香精、香水的香气用“气味ABC”加以“量化”描述，对于初学者来说，确实易学易记。本书作者认为26个气味还不能组成自然界所有的气味，又加了6个气味，分别用2个字母（第一个字母大写，第二个字母小写）连在一起表示，总共32个字母表示自然界“最基本”的32种气味。兹将“气味ABC”各字母表示的意义列下。

A	脂肪族的	aliphatic	Mo	霉味，菇香	mould
Ac	酸味	acid	M	铃兰花	muguet
B	冰	ice	N	麻醉性的	narcotic
Br	苔藓	bryophyte	O	兰花	orchid
C	柑橘	citrus	P	苯酚	phenol
Ca	樟脑	camphor	Q	香膏	balsam
D	乳酪	dairy	R	玫瑰	rose
E	食品	edible	S	辛香料	spice
F	水果	fruit	T	烟焦味	smoke
Fi	鱼腥味	fishy	U	动物香	animal
G	青，绿的	green	V	香荚兰	vanilla
H	药草	herb	Ve	蔬菜	vegetable
I	鸢尾	iris	W	木头	wood
J	茉莉	jasmine	X	麝香	musk
K	松柏	conifer	Y	土壤香	earthy
L	芳香族化合物	aroma-chem	Z	有机溶剂	solvent

需要说明的是，“气味ABC”只能表示一部分人对各种香料香气的看法和描述，确是“见仁见智”、各说各的，难以统一。例如龙涎香酊在“泰华”学校提供的“气味ABC”数据库里记为“100%尿臊气”，而麝葵子油为“100%麝香香气”，都难以令人信服。本书作者对这些数据一一做了修正，使它们更接近实际一些，又用了数年时间通过反复嗅闻、比较，增加了2000多个常用香料的数据，虽然如此，这些数据仍然带着作者的主观意识，与客观实际往往还有较大的差距。使用者可根据自己的看法改动，不应盲目生搬硬套。

各种香料的气味ABC“量化”描述列于光盘附录二。

附录二中二乙缩醛的香气：60%水果香，10%青香，30%麻醉性气味；

乙酸龙脑酯的香气：10%冰凉香气，40%药草香，50%松柏香；

乙酸异龙脑酯的香气：2%冰凉香气，30%药草香，65%松柏香，3%土壤香。

可以看出乙酸龙脑酯和乙酸异龙脑酯的香气有所差异。

附录二不按“ABC…”顺序排列，而是按气味特征顺序排列。把首尾连接起来就成为“自然界气味 ABC 关系图”（图 4-3）了，这样的处理有利于读者使用它们。

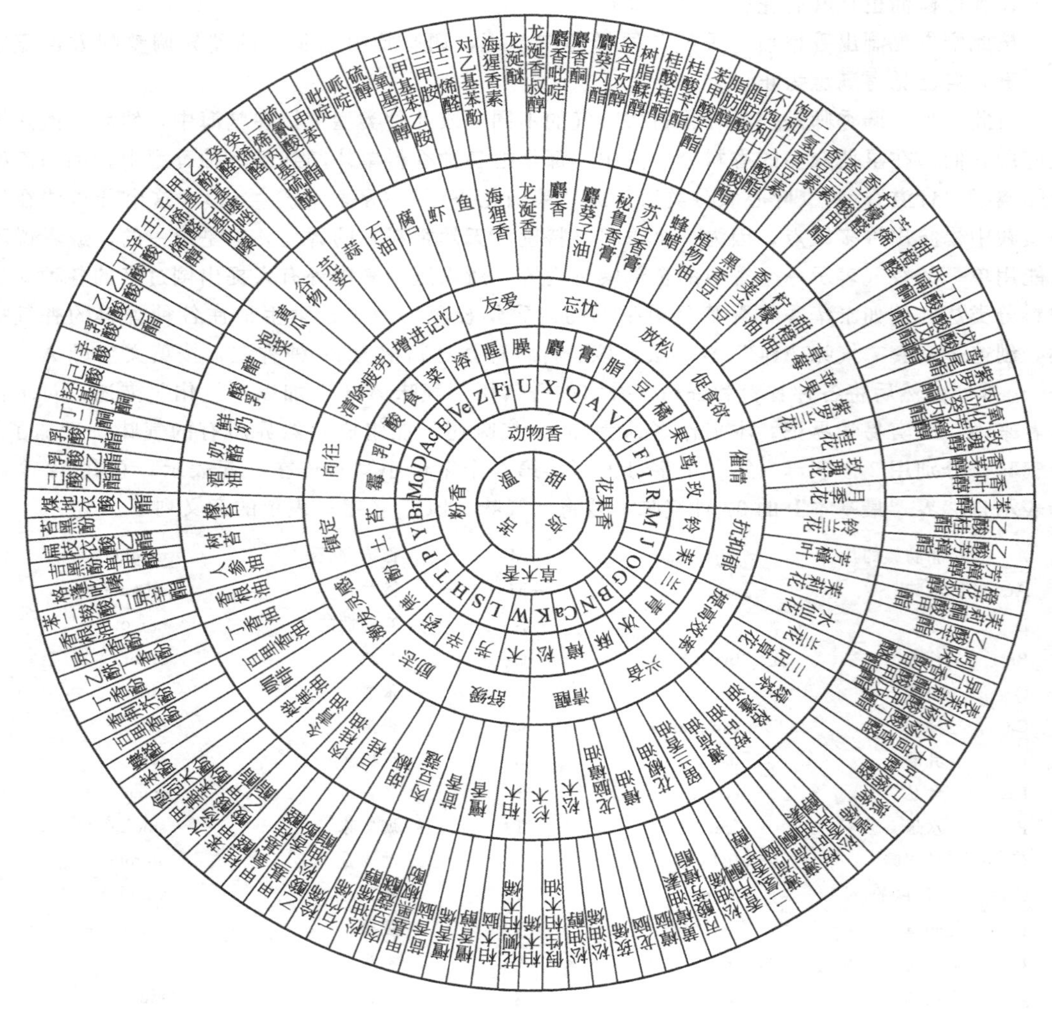

图 4-3　自然界气味 ABC 关系图

自然界气味 ABC 关系图是本书作者参考捷里聂克香气分类体制和叶心农等的香气环渡理论加上现代芳香疗法的一些概念结合作者几十年来的实践经验提出来的。

注意看这个关系图，在“粪臭”的对角是“樟脑香”，这就是为什么人们喜欢在厕所里面放“樟脑丸”的原因；在“腥臭”的对角是“草香”，可以解释民间常用各种青草的香气来掩盖鱼腥臭……很明显，它就像七色光谱图一样，具有“对角补缺”和“相邻补强”性质。

该图的应用是相当广泛的，对于用香厂家来说，为了掩盖某种臭味或异味，可以利用该图中呈对角关系的香气或香料（和由这些香料组成的香精）“互补”（补缺）的性质选择之，也可以利用相邻香气或香料（和由这些香料组成的香精）的“互补”（补强）性质来加强香气。调香师更可以利用这“对角补缺”和“邻近补强”的原理：为了加强某种香气，在图中该香气所在位置的邻近寻找“加强物”；为了消除某种异味，在该香气所在位置的对角寻找将其掩盖的香料。

建议读者将该图放大数倍，在最外一圈外面再加一圈或两圈，将常用香料单体填在适当位置上，贴在调香室里显眼的地方，它将会大大加快你调香实验的进度。

再来看这个关系图，我们参考克里克和汉得森的分类法，把自然界所有香气分为4个基本类别即甜、凉、苦、温（见自然界气味关系图中心）代替克里克和汉得森分类法的甜、酒、焦、酸4个基本类别。麝、膏、脂、豆、橘、果、鸢、玫为“甜”，铃、茉、兰、青、冰、麻、樟、松为“凉”，木、芳、辛、药、焦、酚、土、苔为“苦”，霉、乳、酸、食、菜、溶、腥、臊为“温”。每类香气中将强度分为10个等级即从0～9，相当于“常用香料气味ABC表”里的0%～100%，即0%～4.9%为0，5.0%～14.9%为1，15.0%～24.9%为2，25.0%～34.9%为3，35.0%～44.9%为4，45.0%～54.9%为5，55.0%～64.9%为6，65.0%～74.9%为7，75.0%～84.9%为8，85.0%～100%为9，那么，每一个香料或香精我们也有了一个4位数来表示它们的香气了，简称“4位数表示法”或“甜凉苦温表示法”，由于四舍五入的原因，4个数字加起来不一定为10，有时会是11或12。如单体香料“覆盆子酮”查“常用香料气味ABC表”得麝10膏5豆40果10辛5药10焦5酚5乳10，即“甜”7（麝10＋膏5＋豆40＋果10＝65,）“凉”0“苦”3（辛5＋药10＋焦5＋酚5＝25）“温”1（乳10），其香气表示为7031；“异戊酸叶酯”查“常用香料气味ABC表”得果10青50药10乳10脂20，即“甜”30“凉”50“苦”10“温”10，其香气表示为3511。

把自然界所有香气分为4个基本类别确实很不容易，如果分为8个基本类别则好得多了，如橘、果、鸢、玫为“果”，铃、茉、兰、青为“花”，冰、麻、樟、松为“凉”，木、芳、辛、药为“辛”，焦、酚、土、苔为“苦”，霉、乳、酸、食为“酸”，菜、溶、腥、臊为“荤”，麝、膏、脂、豆为“膏”，按“果花凉辛苦酸荤膏”次序排列，则上述的覆盆子酮可用这种“八位数表示法”记为10011105，而异戊酸叶酯为15010102。

在有关调香的书籍中，经常提到某种香料忌与某些香料配伍，这里除了指香气的不协调以外，通常还指变色、分层、沉淀等物理现象，特别是“变色”问题对于白色加香产品来说，是不能不加以重视的。最明显的例子是邻位香兰素与邻氨基苯甲酸甲酯，这两个香料碰到一块立即变鲜红色，其灵敏度达到甚至可利用来互相定性检测对方的存在与否。其他含氮化合物和醛类香料合在一块都会产生有色物质，只是反应较为缓慢或变色不那么显著而已。酚类也经常发生同其他香料同用时的变色问题，特别是有微量铁等金属离子或金属化合物存在时为甚。这些现象都是调香时要注意的。

分层和沉淀现象最常发生在有萜烯（特别是苎烯）存在的场合，天然柠檬油、橘子油、甜橙油、香柠檬油、白柠檬油由于含有大量苎烯，用它们为原料配制香精时经常出现混浊、分层乃至沉淀，加入大量苯乙醇或松油醇可以增加苎烯的溶解度，直至香精溶液重新变为澄清透明。更通常的办法是使用除萜精油。

常常有人议论香料之间的所谓“相生相克”现象，事实上，香料与香料之间并不存在真正的“相克”，就是说，没有两种香料绝对“势不两立”，不能同时存在于一个香精里面。在调香实践中有两种现象常常被认为是“相克”：①一种香料把另一种香料的香气掩盖住了；②两种香料混合时发出“异臭”。其实这两种现象都不是“相克”。第一种现象对调香师来说并不存在，调香师细细嗅闻总能“明察秋毫”找出香气较弱的香料来（否则就当不了调香师）；第二种现象站在另一个角度来看，则是“相辅相成”，属于“1＋1＞2”现象，请看下面的讨论。

香料之间的“相生”即“相辅相成”现象有下列3种：

（1）1＋1＞2现象　如甲位戊基桂醛与苯乙醇或邻氨基苯甲酸甲酯共用，前者有可能伴随着缩醛反应而后者则肯定生成席夫碱类物质，二者都有利于“产生茉莉花香气”，因此，1＋1＞2现象往往不是简单的物理现象，而是伴随着化学变化；

（2）互补现象　例如乙酸苄酯与苄醇共用时可以明显看到这种现象：乙酸苄酯使得呆滞的

苄醇活泼起来，而苄醇则弥补了乙酸苄酯极易挥发的缺点，二者联合产生了清甜的茉莉头香香气；

(3) 互掩现象 如苯乙醇、香叶醇、香茅醇三种醇都各自带着自己的“土腥气息”，把它们按一定的比例合在一起则产生了清纯甜爽的玫瑰花香味，腥气完全消失。

可以看出，掌握香料之间的“相辅相成”现象是每一个调香师必备的知识，甚至可以说没有香料之间的“相辅相成”现象就没有调香这门艺术。但是，香料之间的“相辅相成”现象及其原理却又是调香工作者最难掌握的，几乎完全得靠自己的实践，从大量的实际经验中积累、总结而灵活应用。书本上有时可以告诉你某某香料与某某香料合在一起会产生异乎寻常的效果，但真正掌握它却只有靠自己动手配制才能体会到它的真谛，并在日后调香时应用之。语言和文字实在难以描述生动的、微妙的香气变化。调香这门古老而又“时尚”的艺术，实践永远是第一位的。

对于初学者来说，气味 ABC 表可作入门教材，通过该表可初步了解每一种香料的香气和用途。

调香师可以利用气味 ABC 表寻找适合的香料，比如在调制一个香精的过程中，需要适当加点茉莉花香，附录二中“茉”下面有“甲位戊基桂醛”、“乙酸苄酯”、“白兰叶油”等可供选择；需要加点豆香，表中“豆”下面有“香豆素”、“香兰素”、“洋茉莉醛”、“丙位己内酯”等可供选择。

由于“气味 ABC”主观地用现成的 26 个英文字母来表示所有的气味，其中难免有“遗漏”或“交叉”、“重复”的问题，例如“桂醛”可以说有 40%药香、50%辛香和 10%木香，也可以说有 10%药香、80%辛香和 10%木香，因为“辛香”和“药香”分不清。这样就造成不同的人甚至同一个人在不同的时间里对一个香料或者香精的“气味 ABC”数值标注的不一样，但这并不影响“气味 ABC”的应用，因为人们看到一个香料或者香精的“气味 ABC”数值，至少对它初步有个认识，在使用它的时候就不会太盲目了。

利用“常用香料气味 ABC 表”可以计算每一个香精的气味 ABC 数值，从而对它进行“香气描述”。例如有个香精配方如下：

阿弗曼酮	20	艾蒿油	40	安息香净油	40

查表，假设三个香料的香比强值（见本章第七节“香料香精的三值”）一样，通过计算可以得出它的“香气描述”为：

果 3.2，鸢 6.0，青 8.2，冰 2.0，麻 6.0，松 1.0，木 8.0，芳 4.0，辛 11.0，药 21.8，酚 2.0，土 2.0，臊 0.8，膏 24.0。

如果考虑到各种香料香气强度的影响，计算就比较麻烦一点，例如阿弗曼酮的香比强值是 160，艾蒿油的香比强值是 200，安息香净油的香比强值是 100，把这些数据带入计算，这个香精的“香气描述”为：

果 2.22，鸢 4.16，青 8.88，冰 2.22，麻 6.93，松 1.25，木 9.99，芳 5.55，辛 14.42，药 24.41，酚 2.77，土 2.77，臊 0.56，膏 13.87。

如采用“四位数表示法”或“甜凉苦温表示法”，其香气为 2260，用“八位数表示法”其香气为 11151001。

可以看出，这个香精花香、果香很轻，青香、木香、药香、膏香气较重，单看上面的“香气描述”就好像闻到它的香气了。

反过来，如果我们要仿配一个香精，可以先把它沾在闻香纸上细细地分段嗅闻，用“气味 ABC”作“香气描述”，然后查表找出调配这个香精需要的各种香料，参考“香气描述”的数据，一个一个地加入香料试配，慢慢地就可以调配出香气比较接近于原样的香精了。

调香师之间在电话里谈论一个香味，同样可以使用“气味 ABC”，例如可以说这个香味大约有“20%的果香，10%的茉莉花香，30%的玫瑰花香，30%的木香，还有10%的麝香香味”，这样听者基本上就能理解言者表达的是什么意思了。

实践证明，自然界所有的气味（包括“臭味”）基本上都可以用这32种“基本香”按一定的比例“调配”出来，所以每一种气味“原则上”也都可以简单到只用几个字母来表示，如“百花香”可以用I(紫罗兰) R(玫瑰) M(铃兰) J(茉莉) O(兰花) 表示，“东方香”可以用W(木香) Q(膏香) R(玫瑰) 表示，“素心兰”可以用C(橘香) Br(苔香) M(木香) U(臊味，动物香) R(玫瑰) J(茉莉) 表示，甚至“垃圾臭”也可以用Y(土臭) Mo(霉气) Ac(酸味) Z(溶剂气息) Fi(腥臭) U(臊味) 表示。字母后面加上数字可以表示各种香气所占的百分比，如一个“东方香”W50Q30R20表示它的香气是由50%的木香、30%的膏香和20%的玫瑰香组成的。

$32=2^5$，这对于想要用IT技术“解决”气味学问题的人来说是一件大好事——例如我们可以把C(橘香) 到H(药香) 定为0，T(焦香) 到V(豆香) 定为1；再把C到G(青香) 定为0，B(冰凉气) 到H定为1……这样一层一层定下去，32个“基本香”都可以用二进制的5个数字表示了，如橘香00000，豆香11111，茉莉花香00101，麝香11100，而“复合香味”如素心兰香气可以用00000、10011、01101、11011、00011、00101表示，“气味IT技术”呼之欲出了。

20世纪的人们就已经开始预测“今后”的电影、电视、电脑都可以在“必要”的时候（如电影、电视的情节需要或电脑的“关键词”）散发出一定的香味，以让参与者身入其境，现在不难做到了——只要请调香师配出上述的32种“基本香”香精，分别装在特定的瓶子里，在需要散发某种香气的时候，电脑按照指令打开几个瓶子，让其中的香气混合并散发出来就可以了（可以使用超声波、电吹风等技术）。

给一个日用品加香最重要的是香精的选用，香精选对了有时甚至可以说“成功了一半”。纵观所有有香味的日用品，消费者购买时总是先闻后买，经常用鼻子决定最终购买与否，原先头脑里对该产品的印象——包括从各种广告得到的、从亲友的推荐得到的和经过“深思熟虑”的结果都有可能被嗅觉信息“一票否决”或“一票当选”，对生产日用品的厂家来说这不能不引起高度重视。遗憾的是至今为止，除了生产香水和化妆品的厂家不敢轻视香精的作用外，其他日用品生产者还没有把这么重要的事务排上日程。本书著者就曾听到一位香皂制造厂的负责人抱怨香精占他们生产香皂成本的大部分，“比皂基占的成本还高”，却不反思消费者的购买心理：同样一块香皂，香气好的比香气差的价格即使多一倍，在当今大多数人已经或即将进入小康生活的时代背景下，前者还是更受欢迎，至少购买以后不会“遗憾”。生产厂选用香气好的香精只会获取更大的利润，而不是“白白地增加了成本”。这个道理在西方国家早已不必解释，也早已被大量的事实证明了，但对我国大批刚刚从计划经济走出来的国有企业及其经营者来说，还不是那么容易就能接受的。

当然，购买香精也绝对不是“越贵越好”，即使不提那些经过“奸商”随意加价或在本来已经配好的香精里面再乱加无香溶剂的“非正常”事故，坚持“一分钱、一分货”的香精制造厂提供的香精也要谨慎选择，我们在本节里主要讲香型的选用，至于选上了的香精还要做的加香实验和评香复选，将在第十一章详述。

日用品加香无非是两个目的——盖臭与赋香，所以选香型先要确定被加香的产品有没有“不良气息”，完全没有气味的日用品其实为数不多，只有那些经过高温（超过500℃）处理过的产品如玻璃、陶瓷和金属制品才“基本无气味”，它们的加香要“特殊处理”，香型选择比较简单，只要根据需要不需要留香或者对留香期的要求，再根据被加香物品的外观、用途选择适当的香精就可以了。工业品绝大多数都有“不良气息”，特别是石油制品、塑料、橡胶、纸制品、动植物制品等都有气味，有的气味浓烈（如气雾杀虫剂和蚊香用的煤油），需要“脱臭”

后才能加香，但“脱臭”是不可能“脱”到没有一丝气味的，就拿石蜡为例来说，石蜡也是经过“脱臭”处理的产品，虽然一句成语“味同嚼蜡”足以说明它的气味已经够淡了，但还是有气味——仓库里面只要还有一包石蜡，仓管员闭着眼睛也能把它找出来。

以上的讨论把所有日用品的加香归结为一个问题：带着淡淡的“不良气息”的日用品怎样选择适当的香精（这里指的是香型）？请大家再看上面的自然界气味ABC关系图，用不着多加解释读者也能理解这张图的意义，它就像“七色光谱图”一样，具有“对角补缺”、“相邻补强”性质，简单易懂。我们来举几个例子说明它的应用。

厕所、卫生间用什么香型的空气清新剂最好？看看这张图里在“臊”与“腥”的对角是“樟”与“松”，这就是人们在卫生间里置放“樟脑丸”的原因了。在“樟”与“松”旁边的“麻”与“木”对“粪尿臭”的掩盖作用也较好，所以厕所的管理员总爱在厕所里点燃有檀香味的卫生香。

肥皂皂基免不了有“油脂臭”，用什么香型的香精“盖臭”最好呢？图中“脂”的对角是“芳”，旁边还有“木”和“辛”，用这几个香型的香精绝对没错。

用“杂木”做的家具虽有淡淡的木香，但香气还是“不尽人意”，加入一般的木香香精，香气强度不够大，用什么香能增加木香香味的强度呢？图中“木香”旁边有“松香”和“芳香”，再旁边还有“樟香”和“辛香”，把这些香型的香精适量加入木香香精中就能加强木香香味了。

第四节　混沌数学、分形与调香

数学是关于客观世界的模式的科学，是对现实世界的事物在数量关系和空间形式方面的抽象。数学来源于人们的生产和生活实践，反过来又为人们的社会实践和日常生活服务，是人类从事各项活动不可缺少的工具。数学通过揭示各种隐藏着的模式，帮助人们理解周围的世界。无论是数、关系、形状、推理，还是概率、数理统计，都是人类发展进程中对客观世界某些侧面的数学把握的反映。数学思维是从抽象开始的，人们用数学的方法认识周围世界时，可以忽视某些无关因素，而思考更为本质的问题。

人们从实际中提炼数学问题，抽象化为数学模型，再回到现实中进行检验。从这个意义上来说，数学是作为一种技术或一种模型。现在的数学已不只是算术和几何，而是由许多部分组成的一门学科。它处理各种数据、度量和科学观察；进行推理、演绎和证明；形成关于各种自然现象、人类行为和社会体系的数学模型。

马克思曾经说过，一门学科只有当它能够成功运用数学的时候，才有可能成为一门真正的科学。的确，数学总是以其简洁性、明确性走在所有科学的前列，任何学科都把能否成功地运用数学作为自身是否成熟的标志。

艺术曾经一度被认为是追求理性的典范。在人类历史上，艺术是人类体验自然的不可或缺的一部分。科学技术的兴起将机械的内容和意识引入艺术，再加上其他因素，逐步界定了艺术——从本质上说，艺术蕴涵的自我相似要远比人文的或者机械的自我相似深刻和复杂：当人们不能理解自然或者伟大的作品的时候，往往使用“艺术”这个词来掩盖人们的无知。

作曲、绘画和调香三大艺术产生于人们的知觉和语言。在这个范畴内，艺术家们使用比喻（明喻、暗喻、隐喻）、描述、协调等许多类推方式来产生和谐和冲突，和谐和冲突则常常出现令人惊讶的自我相似（self-similarity）和自我相异（self-different）的模式，反映出人们所在世界的令人好奇的神秘感。

众所周知：二维是“规则化的”，三维即产生混沌。用人们熟知的语言来解释就是：单是两个香料混合，虽然也有无限个组合（从 0:100 到 100:0），但除了这两个香料发生化学变化再产生一或数个新香料外，混合物的香气是可以预料的。加入第三个香料以后，产生了混沌，香气变化复杂化了。就像天文学上出现的情况一样，牛顿可以精确地计算只有两个星球时各自的运行轨道，再加入一个星球进去，不但牛顿束手无策，现代的天文学家也计算不出“精确”的运动状态，只能“近似地”得到，这里不得不用到最新的数学工具——混沌！

混沌理论虽然被数学家正式接纳才三十几年历史，有些理论却已能比较深刻地解释一些过去的理论难以解释的事物。例如奇怪吸引子理论，用来解释许许多多自然科学甚至社会科学的现象都能得到比较满意的解答。为了把这一新的理论用于调香，这里先解释一下：什么叫做“奇怪吸引子”？

在动力学里，就平面内的结构稳定系统——典型系统而言，吸引子不外是：①单个点；②稳定极限环。也可解释为：长期运动不外是：①静止在定态；②周期性地重复某种运动系列。在非混沌体系中，这两种情况都是“一般吸引子”；而在混沌体系中，第二种情况则被称为“奇怪吸引子”，它本身是相对稳定的、收敛的，但不是静止的。奇怪吸引子是稳定的、具分形结构的吸引子。

什么叫分形结构呢？举个例子最容易理解这个数学名词：地图上的海岸线就是天然存在的分形的一个佳例——在不同标度上描绘的海岸线图，全部显示出相似的湾、岬分布，每一个湾都有它自己的小湾和小岬，这些小湾和小岬又有更小的湾和岬……以此类推，无穷无尽。用数学家的话来说，它们具有有限的面积，却有无限的周长。日常见到的雪花、云朵和烟雾等都具有分形结构。我们很容易联想到“一团香气”应该也具有分形结构。

艺术家们开始用“奇怪吸引子”理论和“分形结构”理论解释他们的工作：音乐家将一个优美的旋律看做一个“奇怪吸引子”，可以谱出无限多的乐曲；画家将一个美丽的物体形状（例如人体、花朵）看做一个“奇怪吸引子”——它同样可以创作无限多的美术作品。

回到我们的主题上来，一股美好的香气——例如天然的茉莉花香即是一个天然的“奇怪吸引子”，这个吸引子是如此地稳定，你往其中加入些香料（当然也包括天然茉莉花香中含有的香料成分），它仍然是“茉莉花香”，除非你大量加入强度大的其他香料掩盖住它的香气，但这已超出我们的讨论范围了。

这个“奇怪吸引子”还真具有“分形结构”，你可以无穷尽地改变它香气成分中各种单体的数量，或者改变一些香气成分，而它仍然表现出公认的茉莉花香！它的“收敛性”也显而易见：少量的依兰花香、树兰花香、玉兰花香、紫丁香花香、玫瑰花香、桂花香、橙花香、苹果的果香、桃子的果香甚至麝香和龙涎香等都被它“吸入”而让嗅闻者不容易觉察到。

音乐家孜孜以求的是“寻找”到一个前人没有“发现”的旋律；调香师竭尽全力“寻找”的是“一团最令人愉快的香气”，也就是前人还没有“发现”的“奇怪吸引子”。

大自然早已为我们提供了大量的“奇怪吸引子”：茉莉花香、玫瑰花香、玉兰花香、茶香、苹果香、草莓香、桃子香、檀香、麝香、各种熟食香等，“吸引”了众多的调香师在自己的实验室中用人工合成的香料把它们一一再现出来；千百年来，人类也自造了许多“奇怪吸引子”：巧克力香、可乐香、古龙香、馥奇香、素心兰香、“东方”香、“力士”香等，香精制造厂就是大量生产带有这些“奇怪吸引子”的产品供人类享用。

如何“发现”或寻找新的“奇怪吸引子”呢？

根据前面对“奇怪吸引子”的介绍，我们已经知道，“奇怪吸引子”是具有分形结构的稳定的吸引子，这就为我们提供了一种思路：利用各种香料单体的蒸气压、沸点、阈值、香比强值、香品值、留香值、分子量、“酸”“碱”度（路易斯酸碱理论和软硬酸碱理论的“酸”“碱”度）等数据，通过一定的数学处理，设计一个配方，再经过不断试配制，就能比较快地找到一个新的“奇怪吸引子”。虽然目前这样做难度还是比较大，但总比毫无目标地乱调（初学者往往以为这是一条“捷径”）好多了。

下面我们稍为系统地讲一讲混沌、分形以及分维的基础知识，以便读者更好地理解和掌握“混沌理论”并指导调香工作。

混沌是决定论系统所表现的随机行为的总称，它的根源在于非线性的相互作用。所谓“决定论系统”是指描述该系统的数学模型是不包含任何随机因素的完全确定的方程。自然界中最常见的运动形态往往既不是完全确定的，也不是完全随机的，这就是混沌，有关混沌现象的理论，为人们更好地理解自然界提供了一个框架。

混沌的数学定义有很多种。例如正的“拓扑熵”定义拓扑混沌；有限长的“转动区间”定义转动混沌等。这些定义都有严格的数学理论和实际的计算方法。不过，要把某个数学模型或实验现象明白无误地纳入某种混沌定义并不容易。我们引用动力学的混沌工作定义：若所处理的动力学过程是确定的，不包含任何外加的随机因素；单个轨道表现出像是随机的对初值细微变化极为敏感的行为，同时一些整体性的经长时间平均或对大量轨道平均所得到的特征量又对初值变化并不敏感；加之上述状态又是经过动力学行为和一系列突变而达到的。那么，你所研究的现象极有可能是混沌。

把这个动力学的混沌工作定义用在调香作业上：首先，调配一个香精的过程是“确定”的，“不包含任何外加的随机因素”——比如用香茅醇40%、香叶醇40%和苯乙醇20%加在一起，调配一个玫瑰香精，不管是谁调的，也不管什么时候调都一样；“表现出像是随机的对初值细微变化极为敏感的行为”。用“合成香叶醇”和用“天然香叶醇”调出来的香气就不一样，同时“一些整体性的经长时间平均所得到的特征量又对初值变化并不敏感”，虽然你可能用“合成香叶醇”，也可能用“天然香叶醇”调配，但调出来的香精香气还是公认的玫瑰香精；而这种“状态”（用香叶醇、香茅醇和苯乙醇调配出的玫瑰香精）又是“经过”调香“行为”和“一系列突变而达到的”，香叶醇是一种香气，加了香茅醇后香气有了“突变”，再加苯乙醇，香气又有了“突变”，最终形成了玫瑰香精，有了天然玫瑰花的香气。那么，我们所研究的现象——调香，“极有可能是混沌”。既如此，我们为什么不能用混沌的理论来指导调香工作呢？

初步认识混沌和混沌同调香的关系以后，我们再来了解一下“分形”。

分形是近20年来科学前沿领域提出的一个非常重要的概念，具有极强的概括力和解释力，分形理论是一种非常深刻、有价值、让人着迷的理论，是非线性科学中最重要的概念之一。著名理论物理学家惠勒说过，在过去一个人如果不懂得“熵”是怎么回事，就不能说是科学上有教养的人；在将来，一个人如果不能熟悉分形，他就不能被认为是科学上的文化人。

20世纪80年代前，分形概念的价值并没有引起人们的重视，一直到80年代中期，各个数理学科几乎同时认识了它的价值，人们惊奇地发现，哪里有混沌、湍动、混乱，分形几何学就在那里登场。

分形不但抓住了混沌与噪声的实质，而且抓住了范围更广的一系列自然形式的本质，这些形式的几何在过去相当长的时间里是没办法描述的，如海岸线、树枝、山脉、星系分布、云朵、聚合物、天气模式、大脑皮层褶皱、肺部支气管分支及血液微循环管道、香味等，用分形去描述大自然丰富多彩的面貌应当是最方便、最适宜的。

美国数学家芒得布罗特曾提出这样一个著名的问题：英格兰的海岸线到底有多长？这个问题在数学上可以理解为：用折线段拟合任意不规则的连续曲线是否一定有效？这个问题的提出实际上是对以欧氏几何为核心的传统几何的挑战。此外，在湍流的研究、自然画面的描述等方面，人们发现传统几何依然是无能为力的。人类认识领域的开拓呼唤产生一种新的能够更好地描述自然图形的几何学，我们可以称之为自然几何。

数学家们曾经讨论了一类很特殊的集合（图形），如康托集、皮诺曲线、科赫曲线等，这些在连续观念下的“病态”集合往往是以反例的形式出现在不同的场合。当时它们多被用于讨论定理条件的强弱性，其更深一层意义并没有被大多数人所认识。

1975 年，芒得布罗特在其《自然界中的分形几何》一书中引入了分形（fractal）这一概念。从字面意义上讲，fractal 是碎块、碎片的意思，然而这并不能概括芒得布罗特的分形概念，尽管目前还没有一个让各方都满意的分形定义，但在数学上大家都认为分形有以下几个特点：

① 具有无限精细的结构；

② 比例自相似性；

③ 一般它的分数维大于它的拓扑维数；

④ 可以由非常简单的方法定义，并由递归、迭代产生等。

第①、②两项说明了分形在结构上的内在规律性。自相似性是分形的灵魂，它使得分形的任何一个片段都包含了整个分形的信息。第③项说明了分形的复杂性，第④项则说明了分形的生成机制。

我们把传统几何的代表欧氏几何与以分形为研究对象的分形几何作一比较，可以得到这样的结论：欧氏几何是建立在公理之上的逻辑体系，其研究的是在旋转、平移、对称变换下各种不变的量，如角度、长度、面积、体积，其适用范围主要是人造的物体。而分形是由递归、迭代生成的，主要适用于自然界中形态复杂的物体。分形几何不再以分离的眼光看待分形中的点、线、面，而是把它看成一个整体。

分形观念的引入并非仅是一个描述手法上的改变，从根本上讲分形反映了自然界中某些规律性的东西。以植物为例，植物的生长是植物细胞按一定的遗传规律不断发育、分裂的过程，这种按规律分裂的过程可以近似地看做是递归、迭代过程，这与分形的产生极为相似。在此意义上，人们可以认为一种植物对应一个迭代函数系统，人们甚至可以通过改变该系统中的某些参数来模拟植物的变异过程。

分形几何还被用于海岸线的描绘及海图制作、地震预报、图像编码理论、信号处理等领域，并在这些领域内取得了令人注目的成绩。作为多个学科的交叉，分形几何对以往欧氏几何不屑一顾（或说是无能为力）的“病态”曲线的全新解释是人类认识客体不断开拓的必然结果。当前，人们迫切需要一种能够更好地研究、描述各种复杂自然曲线的几何学，而分形几何恰好可以堪当此用。所以说，分形几何也就是自然几何，以分形或分形组合的眼光来看待周围的物质世界就是自然几何观。

海岸线是海浪和其他地质力共同组成的自组织系统，是混沌的结果，这个系统在小的尺度上重复的形状，与大尺度上呈现的形状大体相当，或者说有相似的模式。

一棵树也是一个自组织系统，它的形状反映在不同的尺度上，也具有相似的模式：树干分成树枝，树枝又分成树杈……树叶在脉络上重复树干的模式。无论是大的尺度还是小的细节，树时时刻刻在创造着自我相似的记录，不可测的混沌活动创造并维持着这种模式。

“自我相似”的分形既可以是自然的，也可以是人为的；可以是线性的，也可以是混沌的。今天的科学家可以使用计算机制作出由无数机械的分形所组成的美丽图案，并且成为艺术品，无论是否有艺术价值，我们都必须承认，这是存在的。用计算机“绘出”的分形图画如图 4-4 所示。

海岸线作为曲线，其特征是极不规则、极不光滑的，呈现极其蜿蜒复杂的变化。我们不能

(a)

(b)

图 4-4　用计算机“绘出”的分形图画

从形状和结构上区分这部分海岸与那部分海岸有什么本质的不同，这种几乎同样程度的不规则性和复杂性说明海岸线在形貌上是自相似的，也就是局部形态和整体形态的相似。在没有建筑物或其他东西作为参照物时，在空中拍摄的 100km 长的海岸线与放大了的 10km 长海岸线的两张照片，看上去会十分相似。事实上，具有自相似性的形态广泛存在于自然界中，如：连绵的山川、飘浮的云朵、岩石的断裂口、布朗粒子运动的轨迹、树冠、花朵、棉花、大脑皮层等。

自相似原则和迭代生成原则是分形理论的重要原则。它表示分形在通常的几何变换下具有不变性，即标度无关性。自相似性是从不同尺度的对称出发，也就意味着递归。分形形体中的自相似性可以是完全相同，也可以是统计意义上的相似。标准的自相似分形是数学上的抽象，迭代生成无限精细的结构，如科赫（Koch）雪花曲线、谢尔宾斯基（Sierpinski）地毯曲线等。这种有规分形只是少数，绝大部分分形是统计意义上的无规分形。

现在，我们可以把“一团香气”想象成一朵云彩或者一簇放在水里的棉花糖，这团香气不断地运动、扩散，直至“无形”，它虽然在一定的时间内只占有有限的空间，但其“边界”是不定的，又是自相似的，可以看作是分形的一种。

那么，什么是“分维”呢？

分维作为分形的定量表征和基本参数，是分形理论的又一重要原则。分维又称分形维或分数维，通常用分数或带小数点的数表示。长期以来人们习惯于将点定义为零维，直线为一维，平面为二维，空间为三维，爱因斯坦在相对论中引入时间维，就形成四维时空。对某一问题给予多方面的考虑，可建立高维空间，但都是整数维。在数学上，把欧氏空间的几何对象连续地拉伸、压缩、扭曲，维数也不变，这就是拓扑维数。然而这种传统的维数观受到了挑战。曼德布罗特曾描述过一个绳球的维数：从很远的距离观察这个绳球，可看作一点（零维）；从较近的距离观察，它充满了一个球形空间（三维）；再近一些，就看到了绳子（一维）；再向微观深入，绳子又变成了三维的柱，三维的柱又可分解成一维的纤维。那么，介于这些观察点之间的中间状态又如何呢？

显然，并没有绳球从三维对象变成一维对象的确切界限。数学家豪斯道夫（Hausdoff）在 1919 年提出了连续空间的概念，也就是空间维数是可以连续变化的，它可以是整数也可以是分数，称为豪斯道夫维数。记作 $D[,f]$，一般的表达式为：$K=L\{D[,f]\}$，也作 $K=(1/L)\{-D[,f]\}$，取对数并整理得 $D[,f]=\ln K/\ln L$，其中 L 为某客体沿其每个独立方向皆扩大的倍数；K 为得到的新客体是原客体的倍数。显然，$D[,f]$ 在一般情况下是一个分数。因此，曼德布罗特也把分形定义为豪斯道夫维数大于或等于拓扑维数的集合。英国的海岸线为什么测不准？因为欧氏一维测度与海岸线的维数不一致。根据曼德布罗特的计算，英国海岸线的维数为1.26。有了分维，海岸线的“长度”就确定了。

分形理论既是非线性科学的前沿和重要分支，又是一门新兴的横断学科。作为一种方法论和认识论，其启示是多方面的：一是分形整体与局部形态的相似，启发人们通过认识部分来认识整体，从有限中认识无限；二是分形揭示了介于整体与部分、有序与无序、复杂与简单之间的新形态、新秩序；三是分形从一特定层面揭示了世界普遍联系和统一的图景。

掌握了混沌、分形和分维的基础知识后，我们就可以利用它们来讨论、建立香味的“数学模型”了。

第五节　香气的分维

调香师的工作是把2个或2个以上的香料调配成有一个主题香气的香精，这个主题香气可能在自然界存在，如茉莉花香、柠檬果香、麝香等，也可能是人类创造的各种“幻想型香气”，如咖喱粉香、可乐香、力士香等，模仿一个自然界实物的香气或者别人已经制造出来的“幻想型香气”的实验叫做“仿香”，而调香师自己创作一个前人没有的香气的实验叫做“创香”。不管是“仿香”还是“创香”活动，调香师都是先把带有他要调配的这个“主题香气”的香料找出来，然后确定每个香料要用多少，如果不考虑配制成本的话，带有这个主题香气越多的香料用量越大。

如果把一团具有一个明确主题的香气看作混沌体系中一个奇怪吸引子的话，这个奇怪吸引子将具有分形结构，我们可以用已有的关于混沌、分形的理论来分析这个奇怪吸引子的种种特征。

我们知道，调香师手头上的每一个香料一般都带有几种香气，例如乙酸苄酯就带有70%的茉莉花香、20%的水果香、10%的麻醉性气味（所谓的“化学气息”），所以在配制茉莉花香香精时，乙酸苄酯的香比强值（香气强度值）只有70%对茉莉花香做出“贡献”，其余30%的香气被强度大得多的一团茉莉花香掩盖掉了。

在这里需要指出的是：所谓“70%的茉莉花香”是“动态”的，不是绝对的——当我们用闻香纸沾上少量乙酸苄酯拿到鼻子下面嗅闻时，我们马上会觉得它的香气里大约有70%的茉莉花香；再闻一次，就会觉得“茉莉花香”少了些许；再闻一次，又少了些许……直至闻不到茉莉花香，或者我们认为“根本就不是茉莉花香”时为止。其他香料的香味感觉也全都如此。人类的所有感觉——视觉、听觉、嗅觉、味觉和肤觉都是这样，从对一个事物的“非常肯定”到“难以断定”到“模糊不清”。说一个例子恐怕人人都有同感：随便写一个字在纸上端详半天，越看越不像这个字，最后甚至对这个字产生怀疑。

正是香气的“动态”特征让我们把香气与混沌、分形挂上了钩。

假设我们用3个香料配制出一个茉莉花香（主题香气）香精，这3个香料原先都带着2/3的茉莉花香，配出的茉莉花香香精的主题香气强度是整体香气强度的2/3，我们可以把用这3个香料配合而成的一团茉莉花香气看成一个康托集（图4-5）。

那么这个康托集的分维 D_0 可以计算出来如下：

$$D_0=\ln K/\ln L=\ln 2/\ln 3\approx 0.6309$$

式中　D_0——分形的维数；

K——全部香料对主题香气的贡献值之和（本例中为 $3\times2/3=2$）；

L——香料的个数（本例中为 3）。

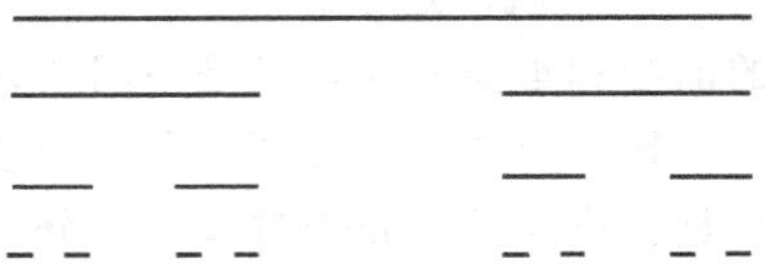

图 4-5　康托集

康托集图解：把每一个线段中间的 1/3 去掉，无限进行下去的结果是形成无限“稀释”的“康托尘”

实际配制的一个茉莉花香精配方（质量份）如下：

乙酸苄酯	50	茉莉净油	10
甲位己基桂醛	40		

查《香料气味 ABC 表》，乙酸苄酯有 70％的茉莉花香气，甲位己基桂醛有 80％的茉莉花香气，茉莉净油有 60％的茉莉花香气，它们对配制出的茉莉花香精的平均香气贡献率为：

$$0.50\times0.70+0.40\times0.80+0.10\times0.60=0.73$$

$$K=3\times0.73=2.19$$

因此，这个茉莉花香精主题香气的分维：

$$D_{02}=\ln2.19/\ln3\approx0.7135 \tag{4-1}$$

实际上式(4-1) 可以写成：

$$D_{02}=(\ln K)/(\ln L)=[\ln(LS)]/(\ln L)=(\ln L+\ln S)/\ln L=1+\ln S/\ln L \tag{4-2}$$

即 $K=LS$。其中 S 表示“平均香气贡献率”。上例中 $S=0.50\times0.70+0.40\times0.80+0.10\times0.60=0.73$，$K=LS=3S=3\times0.73=2.19$。令 A_i 和 W_i 分别表示第 i 种香料的主题香气强度和浓度，A_i 和 W_i 都处在 0～1 之间且浓度之和为 1。例如上例中 $A_1=0.70$，$W_1=0.50$，$A_2=0.80$，$W_2=0.40$，$A_3=0.60$，$W_3=0.10$。

则 $S=A_1W_1+A_2W_2+A_3W_3+\cdots A_LW_L<A_mW_1+A_mW_2+A_mW_3+\cdots A_mW_L=A_m(W_1+W_2+W_3+\cdots W_L)=A_m$。即 $S<A_m$。平均香气贡献率 S 小于单个香料最大香气贡献率 A_m。因此恒有式(4-2)

$$D_0=1+\ln S/\ln L<1+\ln A_m/\ln L$$

那么我们把式(4-2) 中不确定的平均香气贡献率 S 值用各种参加配置的香料的最大香气贡献率 A_m 来代替以简化处理。即

$$D_0=1+\ln A_m/\ln L \tag{4-3}$$

这样得出的结果 D_0 肯定偏大。其误差 $=|(1+\ln A_m/\ln L)-(1+\ln S/\ln L)|/(1+\ln S/\ln L)=(\ln A_m/\ln L-\ln S/\ln L)/(1+\ln S/\ln L)=[(\ln A_m-\ln S)/\ln L]/[(\ln L+\ln S)/\ln L]=(\ln A_m-\ln S)/(\ln L+\ln S)=\ln(A_m/S)/\ln(LS)$ (4-4)

为了减小误差就要调整 A_m 值使之更接近 S。记调整后的 A_m 值为 a，式(4-3) 写成

$$D_0=1+\ln a/\ln L \tag{4-5}$$

a 可以是最大的 5 个 A_i 值的平均，或是取最大的 5 个 W_i 所对应的 5 个 A_i 值的平均，更方便的是把 A_m 值降到原来水平的 0.9 使 $a=0.9A_m$。这 3 种方法都可以使 A_m 值十分接近 S，使得 (4) 式中的分子 $\ln(A_m/S)\approx\ln1=0$，而 L 较大使得分母 $\ln(LS)$ 是一个比较大的数字，误差控制到了一个很低的水平。当 $A_m/S=1.2$ 时（实践中这是很容易办到的），$\ln(A_m/S)=0.18$，只要 $L>10$ 就可以使误差小于 8％，$L>20$ 就可以使误差小于 6％。

以 L 横标 D，D_0 为纵标画图，图中自下而上显示的是当 a 分别取 $a=0.1$，0.2，$\cdots$0.9 这九个值时 D_0 从 $L=2$ 到 $L=100$ 时的变化情况。

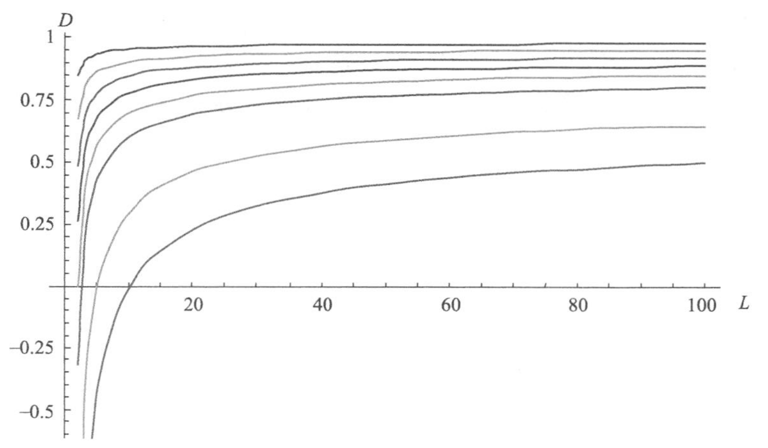

结合调香的实践感悟可以从上图得到诸多启示——当 a 固定而 L 不断增大时，D_0 单调递增且不断的趋近 1。这说明这个香气的分维公式是基本有效的。更为特别的是出现“拐点-平缓区”效应。曲线群在 $L=20$ 左右时出现明显变动即“拐点”，其斜率急剧减小使曲线变得比较平坦且 a 越大就越接近直线，使 L 的增大对 D 值的升高帮助不显著。因此要学会把有限的资源用到刀刃上面。即当曲线进入“平缓区”时，除非手头有香气贡献率特别大的香料，否则就不必花太大的代价去加入新的香料，因为这样帮助是很小的。相反，当曲线在拐点（通常 $L=20$ 左右）之前时加入新香料会取得意想不到的效果。一定不要在所用香料在 20 种以下时就因眼前的失败而灰心，而应该继续加入香料；但当香料在 30 种以上时情况还没有显著改善就得考虑接受失败或大幅度改变配方的现实。这一猜想是从分维理论得到的。

我们来看看下面的科赫曲线衍变图：

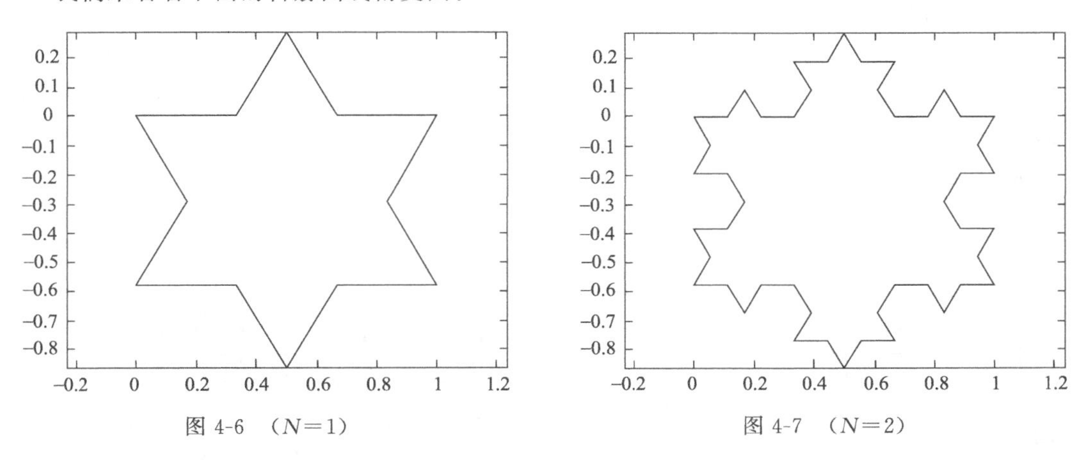

图 4-6　($N=1$)　　图 4-7　($N=2$)

图 4-6～图 4-13 是用数学软件绘制的，维数 N 分别为 1～7 的科赫曲线，即所谓的“雪花图”；图 4-13 是自然界中的真实雪花照片。我们通过观察可以发现一个有趣的现象：当维数处于一个较低的水平时，维数多增加 1，其图形与真实图形的接近程度会显著增大，如图 4-7 明显比图 1 更像真实中的雪花（图 4-13）；但是当维数增大到较大水平时，维数的增加对图形真实性的贡献增加程度会显著减小直至微乎其微，如图 4-12 比图 4-11 的维数多 1。但二者与图 4-13 的相似程度几乎一样；综上所述，维数在不断增加的过程中其图形会不断接近它所模拟的真实图形，但是其贡献的效果会越来越小。

假设我们要调出 D_0 值为 0.9 以上的香精（这也是目前调香实践中切实可行的要求），就必须使得表示平均香气贡献率 S 在 0.6 以上，这样才能在香料种类数 L 在 100 种时达到$D_0=$

0.9 的效果。实际上这也是我们手头能够找到香料种类的极限。为达到 $D_0>0.9$ 的要求，当 $S>0.7$，$L>40$，$S>0.8$ 时，$L>20$ 即可。也就是说，实际操作中，当面临无法找到香气贡献率足够大的香料时，可以通过增大使用的香料种类来弥补这一弱势，但必须使 S 至少为 0.6。

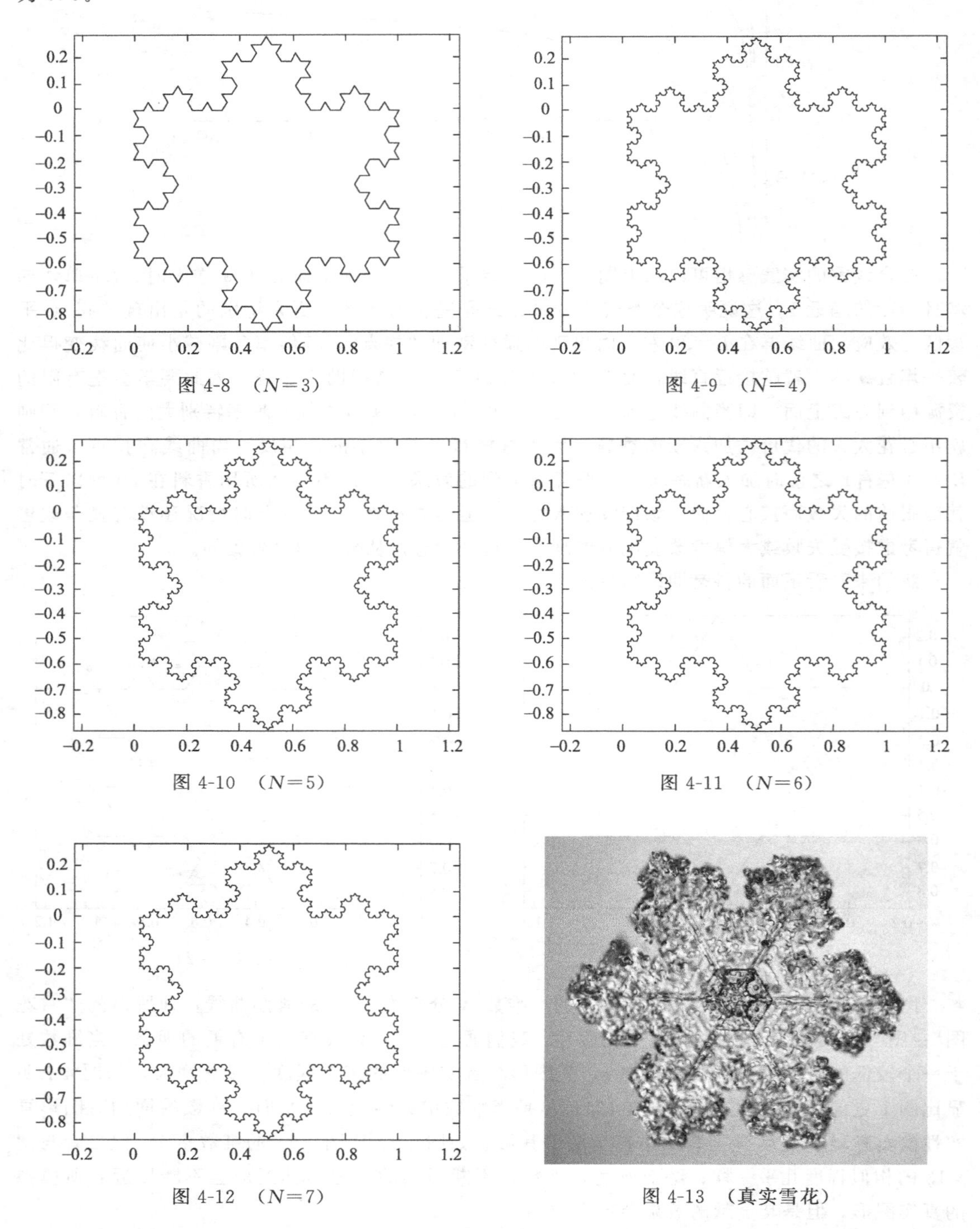

图 4-8 （$N=3$）

图 4-9 （$N=4$）

图 4-10 （$N=5$）

图 4-11 （$N=6$）

图 4-12 （$N=7$）

图 4-13 （真实雪花）

可以使用的香料平均香气贡献率较小，并不意味着我们的优势很小。因为增加香料的种类数 L 对 D_0 的提高越明显，所以需要恒心。有的时候，我们可以“以次充好”，也就是撤掉名贵难得的香气贡献率高的香料，用几种稍次的香料来代替，也能取得类似效果。但是要强调的是“稍次的”香料香气贡献率至少要在0.7以上才行。

根据上图的曲线走势，我们必须注意的是，不光主题香气有分维现象，杂气也有它们的分维，其平均香气贡献率越小，维数 D_0 随着种类数 L 的增加幅度就越大。即便杂气平均香气贡献率小到0.1，当同种杂气的香料种类数大于20时，其维数便被放大到了0.25以上，对应的策略是尽量选取杂气各不相同的香料，使各种杂气的分维降到最低，对主题香气的影响小到可以忽略不计的程度。

如果考虑到香比强值的影响，上述茉莉花香精的香比强值为 $0.5\times120+0.4\times65+0.1\times800=166$，3个香料对配制出的茉莉花香精的平均香气贡献率为 $0.5\times0.7\times120/166+0.4\times0.8\times65/166+0.1\times0.6\times800/166=0.667$，$K=3\times0.667=2.01$。因此，这个茉莉花香精主题香气的分维 $D_{03}=(\ln2.01)/(\ln3)=0.635$。

我们计算了280个不同配方的茉莉花香精主题香气的分维，它们都在0.6000～1.0000之间。表4-5是其中的部分数据（随机十取一）。

表4-5　不同配方的茉莉花香精主题香气的分维

编号	3	13	23	33	43	53	63	73	83	93	103	113	123	133
分维	0.6453	0.9236	0.8384	0.7501	0.6892	0.7577	0.6930	0.7135	0.7469	0.8677	0.7248	0.6986	0.8672	0.9013
编号	143	153	163	173	183	193	203	213	223	233	243	253	263	273
分维	0.7864	0.7438	0.8266	0.7026	0.7961	0.8249	0.7530	0.8387	0.8103	0.9015	0.7372	0.7604	0.8297	0.8923

由数十个有丰富评香经验的专业人员组成的评香组对这些香精的香气进行评价（打分），取平均值，按“越接近于天然茉莉花香的排得越靠左边”的规定排列如下（数字为编号）：

13，133，233，273，123，93，23，213，263，193，163，223，143，183，253，83，53，33，203，153，243，103，73，173，63，113，43，3

明显看得出：在通常的情况下，分维越接近1，该香精的主题香气（天然茉莉花香气）就越突出，也就是这个香精的香气让人觉得更像天然茉莉花香。其他香型香精也是如此。

我们来看看这个结论对调香工作有什么实际意义：假如我们用100个香料调配一个茉莉花香精，这些香料都带有70%的茉莉花香气，这个香精的分维：

$$D_{03}=\ln70/\ln100\approx0.9225$$

而用50个香料调配茉莉花香精，所有使用的香料也都带着70%的茉莉花香气，这个香精的分维：

$$D_{04}=\ln35/\ln50\approx0.9088$$

可以看出，用100个带有70%茉莉花香气的香料调出的茉莉花香精比用50个带有70%茉莉花香气的香料调出的茉莉花香香精的分维更接近1，前者香气明显要比后者更接近天然茉莉花香。这就是为什么高级化妆品和香水香精的配方单总是那么长的缘故，也可以部分解释为什么香水和葡萄酒总是越陈越香——因为陈化后的香水和葡萄酒的成分更复杂多样了（K 值与 L 值同时增大）。当然，也有陈化以后香气变“坏”的特例，这是因为生成大量“异味”物质的结果，我们同样可以用分维理论来解释：大量的“异味”造成 K 值变小，而 L 值增大，从而减小了主题香气的分维。

我们再来看用大量的带茉莉花香等于或少于50%的香料能否配制出茉莉花香香精：用100个带有50%茉莉花香的香料或用100个带有30%茉莉花香的香料来调配一个茉莉花香香精，它们的分维分别是：

$$D_{05}=\ln50/\ln100\approx0.8495$$

$$D_{06}=\ln30/\ln100\approx0.7386$$

这两个分维值都比上面"实例"（实际用 3 个香料调配的例子）的分维值（D_{02}）更接近 1，说明用多种虽然只带"一部分"主题香气的香料来调配该香气的香精是可行的——这早已为数百年来众多的实践经验所证实。实际上，所有的花香香料都可以用来配制茉莉花香香精，因为它们多多少少都带有茉莉花香香气。这里有个前提，就是每个香料带进来的非茉莉花香气是不一样的，否则用几个香料跟用一个香料有什么不同？

单单一个带 70%茉莉花香的香料嗅闻时与天然茉莉花香差距是很大的，因为另外 30%的"杂气"（非主题香气）影响不小，许多带茉莉花香的香料混合在一起以后，它们各自带着的"杂气"比例变小，如上述用 3 个香料调配茉莉花香香精的例子中，乙酸苄酯所带的 10%"麻醉性气味"在配制后香精的整体香气里面降到 5%（10%×50%）的比例，嗅闻这个配制后的茉莉花香香精时，它的"化学气息"小多了。这个分析也告诉我们，在为配制一个香精而选择香料的时候，最好不用或少用带着相同"杂气"的香料，尤其是那些带着"不良气息"的品种。气味接近的"杂气"也会组成奇怪吸引子，从而对主题香气产生较大的影响。

假设我们使用 100 个香料配制一个茉莉花香香精，其中 30 个香料都带有 10%的麻醉性气味（"化学气息"），那么它们组成的麻醉性气味奇怪吸引子的分维为：

$$D_{07}=\ln3/\ln100\approx0.2386$$

而用 50 个香料配制一个茉莉花香香精，其中 15 个香料都带有 10%的麻醉性气味，它们组成的麻醉性气味奇怪吸引子的分维为：

$$D_{08}=\ln1.5/\ln50\approx0.1036$$

D_{07} 数值比 D_{08} 更接近 1，说明虽然都是 30%香料带有 10%的"杂气"，但使用的香料品种越多，"杂气"对主题香气的影响越大。

如果我们把香精香气的奇怪吸引子看作是一条科赫曲线（图 4-14）的话，那么该曲线的分维：

$$D_0=\ln L/\ln K$$

经过计算，各种香精主题香气的分维都在 1.0000～1.50000 之间，同样可以得到"分维越接近 1，香精的主题香气就越突出"的结论。

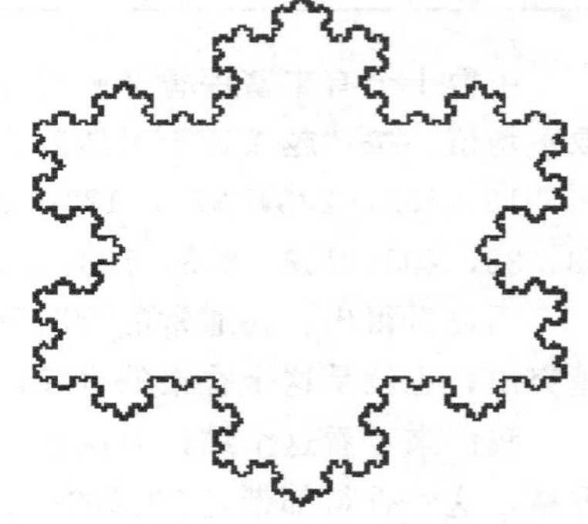

图 4-14　科赫（雪花）曲线

本节的内容建立在"所有香料的香比强值都一样"的假设上，主要是为了计算的简化，实际情况当然要复杂得多，但文中用数学推导得到的结论同实践还是吻合的，对调香工作是有指导意义的。

这一节的讨论给我们指明了调香工作的一条"康庄大道"——当你准备调配某一个确定香味的香精或者在调配一个香精的过程中需要增加某种香味时，你应该把你"手头上"所有带这种香气的香料尽量都"找出来"试用上去，当然，香气越接近标的物的香料用量可以越多，因为这样做有可能让调配出的香精分维越接近 1。调香师们长期的实践早已证明了这一点。仿香时如果手头上缺少一个或几个香料，不一定要等到这几个香料都到齐才调配，你可以试着用几个带有所需香气的原料试调，也许也能调出"惟妙惟肖"的香精来。

顺便说一句，本书中列举的香精配方都是"框架式""示范性"的，或者说它们还不能算是"完整的配方"，一般都比较简单，读者在使用这些配方时应该再试着多加入一些香气类似的香料（使得香精的配方复杂一些，例如原配方里用的是"香茅醇"，你可以试着改用香叶醇、玫瑰醇、苯乙醇和乙酸对叔丁基环已酯等代替一部分香茅醇），以使最终调出的香精香味更加宜人、和谐，更有使用价值。

第六节 香气共振理论

香料大多是“易挥发物质”，在密封度不够或不密封或使用时会逐步挥发减量。多种香料在一起时（香精、香水和加香产品）的挥发有没有规律可循呢？我们都知道，在一定的外界条件下，液体或固体中的分子会蒸发（或升华）为气态分子，同时气态分子也会撞击液面或固体表面回归液态或固态，这是单组分系统发生的两相变化，一定时间后，即可达到平衡。平衡时，气态分子含量达到最大值，这些气态分子对液体或固体产生的压强称为饱和蒸气压，简称蒸气压。任何物质（包括液态与固态）都有挥发成为气态的趋势，其气态也同样具有凝聚为液态或者凝华为固态的趋势。在给定的温度下，一种物质的气态与其凝聚态（固态或液态）之间会在某一个压强下存在动态平衡，此时单位时间内由气态转变为凝聚态的分子数与由凝聚态转变为气态的分子数相等，蒸气压与物质分子脱离液体或固体的趋势有关。对于液体来说，从蒸气压的高低可以看出其蒸发速率的大小。因此，要了解香料、香精及加香产品的香气变化规律一定要研究香料的蒸气压。

实际上，香料、香精和香水的香气与其蒸气压之间的关系非常密切，尤其是15～50℃时各种香料的蒸气压对研究香料的香气有着特别重要的意义。

表4-6是各种香料在25℃的蒸气压（mmHg，1mmHg＝133.32Pa）数据（表中没有列出的香料读者可以自己测定填入使用，注意要统一在25℃测定）：

表4-6 各种香料在25℃的蒸气压数据

乙醛	837000	异丁酸乙酯	22100	丙酸	4000	二聚戊烯	1400
甲酸甲酯	584000	戊酸甲酯	19000	甲基戊基甲酮	3850	异戊酸正戊酯	1400
二甲基硫醚	500000	乙酸异丁酯	17200	异硫氰酸烯丙酯	3550	甜橙油	1400
甲酸乙酯	243000	异丁酸异丙酯	15900	正庚醛	3400	香柠檬油	1400
二乙酮	224000	丁酸乙酯	15500	大茴香醚	3300	对甲酚甲醚	1200
乙酸甲酯	218000	乙酸	15200	莰烯	2700	甲基庚烯酮	1200
乙酸乙酯	94600	甲酸异戊酯	14000	丙酸异戊酯	2600	苯甲醛	1100
丙酸甲酯	85300	丙酸丙酯	13100	正丁酸异丁酯	2250	乙基戊基甲酮	1100
甲酸丙酯	82700	二乙硫	8400	异戊酸异丁酯	2200	α-水芹烯	1030
乙醇	59000	异戊酸乙酯	8100	丙酸正戊酯	2100	正丁酸	1030
异丁酸甲酯	50400	异丁酸丙酯	7900	异丁酸正戊酯	2100	正辛醛	850
异丙醇	44500	丙酸异丁酯	6600	异松油烯	1800	正丁酸正戊酯	850
甲酸异丁酯	42000	乙酸异戊酯	5600	己酸乙酯	1700	甲基己基甲酮	820
甲酸	40000	苏合香烯	4900	桉叶油素	1650	α-小茴香酮	800
丙酸乙酯	36500	异丁酸异丁酯	4700	月桂烯	1650	糠醇	770
乙酸丙酯	33600	正丁酸正丙酯	4500	戊酸异丁酯	1550	小茴香醇	680
正丁酸甲酯	32600	α-蒎烯	4400	糠醛	1500	乙酰乙酸乙酯	670
水	23756	正壬烷	4250	对伞花烃	1450	α-辛酮	560

续表

庚酸乙酯	550	龙蒿油	110	α-松油醇	48	广藿香油	20
甲酸庚酯	525	庚炔羧酸甲酯	110	乙酸香茅酯	48	橡苔浸膏	20
水杨醛	480	溴代苏合香烯	105	异丁酸龙脑酯	48	水杨酸异丁酯	19
β-侧柏酮	435	乙酸对甲酚酯	105	乙酸对叔丁基环己酯	47	异戊酸苄酯	18
甲酸辛酯	400	乙酸芳樟酯	101	四氢香叶醇	46	α-紫罗兰酮	16
乙酸庚酯	400	正辛醇	100	玫瑰油	45	苯乙酸异戊酯	16
苯乙醛	390	龙葵醛二甲基缩醛	100	二苯甲烷	44	β-杜松烯	15.6
正庚醇	380	香叶油	100	丙酸苯乙酯	42	桂酸甲酯	15.4
苯甲酸甲酯	340	留兰香酮	95	甲基壬基乙醛	42	香茅醇	15.1
薄荷酮	320	乙酸壬酯	95	十二醛	42	异丁香酚甲醚	15
甲酸苄酯	320	苯丙醛	92	格蓬油	40	正癸醇	14
苯乙酮	307	乙酸异胡薄荷酯	92	丙酸香茅酯	38	丁香酚	13.8
正壬醛	260	异胡薄荷醇	90	异丁酸芳樟酯	38	苯甲酸戊酯	12.8
甲酸龙脑酯	240	乙酸龙脑酯	86	二苯醚	37	邻氨基苯甲酸甲酯	12
香茅醛	230	壬酸乙酯	75	百里香酚	35	乙酸大茴香酯	12
龙葵醛	225	乙酸薄荷酯	75	乙酸二甲基苄基甲酯	34	乙酸桂酯	12
苯甲酸乙酯	220	依兰依兰油	75	乙酸香叶酯	34	吲哚	11.8
丙二醇	220	十一醛	74	龙脑	33.5	乙二醇单苯基醚	10.6
樟脑	202	异戊基苯甲基醚	71	二缩丙二醇	33	金合欢醇	10
二甲基对苯二酚	180	丙酸异龙脑酯	70	异丁酸苯乙酯	33	β-紫罗兰酮	9.9
辛酸乙酯	175	丙酸龙脑酯	68	大茴香醛	32	对乙酰茴香醚	9.6
芳樟醇	165	苯乙酸乙酯	66	异丁酸苄酯	32	茉莉酮	9.4
除萜香柠檬油	165	丙酸苯酯	65	桂醛	29.5	十一烯酸甲酯	9.4
草莓醛	153	枯茗醇	65	苯乙酸异丁酯	29	苄叉丙酮	9
乙酸苏合香酯	145	乙酸松油酯	64	月桂醛	28	橙花叔醇	8
琥珀酸二乙酯	140	对甲基龙葵醛	62	香芹酚	26	大茴香醇	8
胡薄荷酮	138	甲基壬基甲酮	62	石竹烯	25.5	异丁酸香茅酯	8
对甲基苯乙酮	137	苯甲酸异丁酯	60	羟基香茅醛二甲基缩醛	25	甲基紫罗兰酮	7.1
乙酸辛酯	135	大茴香脑	58	正壬醇	24	桂酸乙酯	7.1
苯乙醛二甲缩醛	130	柠檬醛	58	苯丙醇	23	邻苯二甲酸二甲酯	7
甲酸芳樟酯	125	乙酸苯乙酯	58	丙酸香叶酯	23	兔耳草醛	6.7
苯乙酸甲酯	125	L-薄荷脑	54	苹果酸二乙酯	23	α-檀香醇	6.3
甲酸薄荷酯	120	苯乙醇	54	异黄樟油素	22.8	酒石酸二乙酯	6.2
乙酸苄酯	120	丙酸芳樟酯	54	N-甲基邻氨基苯甲酸甲酯	22	檀香醇	6
水杨酸甲酯	118	异十一醛	54	甲基丁香酚	22	十一烯醇	6
甲酸苯乙酯	116	水杨酸乙酯	54	乙酸苯丙酯	22	异丁酸香叶酯	6
苄醇	115	黄樟油素	53	香叶醇	20.5	十一酸乙酯	5.5
甲基黑椒酚	110	甲酸香叶酯	50	6-甲基喹啉	20	3-甲基吲哚	5.3

续表

香茅基含氧乙醛	5	洋茉莉醛	4	麝香酮	2.5	邻苯二甲酸二乙酯	0.5
异丁香酚	5	乙酸香根酯	4	苯乙酸苄酯	2	苯甲酸苄酯	0.36
水杨酸异戊酯	4.9	瑟丹内酯	3.8	惕各酸香叶酯	2	6-甲基香豆素	0.2
十一醇	4.5	苯乙酸	3.7	异戊基桂醛	1.3	香兰素	0.17
异丁香酚	4.5	春黄菊倍半萜烯醇	3.5	二苯甲酮	1	水杨酸苄酯	0.15
羟基香茅醛	4.4	乙酰丁香酚	3.3	丙位十一内酯	1	乙基香兰素	0.15
桂醇	4.2	十二醇	3.2	柠檬酸三乙酯	0.9	葵子麝香	0.025
洋茉莉醛	4.2	桂酸异丁酯	3.1	甲位己基桂醛	0.7	二甲苯麝香	0.01
柏木脑	4	香豆素	3	环十五内酯	0.5	酮麝香	0.0024
丙位壬内酯	4	甲位戊基桂醛	3				

假如我们把 25℃ 时蒸气压在 ≥101mmHg 的香料看作“头香香料”作为第 1 组，≥21mmHg、<101mmHg 的香料看作“体香香料”作为第 2 组，<21mmHg 的香料（低于 1mmHg 的算 1mmHg）看作“基香香料”作为第 3 组的话，来看一个茉莉香精（表 4-7）：

表 4-7　茉莉香精 25℃ 时蒸气压数据

组别	香料名称	百分含量 c/%	蒸气压 ρ/mmHg	$c\times\rho$
第 1 组	芳樟醇	6.0	165	990
	乙酸苄酯	23.0	120	2760
	苯甲醇	10.0	115	1150
	乙酸芳樟酯	9.0	101	909
总蒸气压				5809
第 2 组	丙酸苄酯	3.0	65	195
	乙酸苯乙酯	2.0	58	116
	苯乙醇	6.0	54	324
	松油醇	3.0	48	144
	乙酸二甲基苄基原醇酯	5.0	34	170
总蒸气压				949
第 3 组	甲位紫罗兰酮	3.0	16	48
	丁香酚	0.9	14	12.6
	邻氨基苯甲酸甲酯	4.0	12	48
	吲哚	0.1	12	1.2
	甲位戊基桂醛	10.0	3	30
	苯甲酸苄酯	10.0	1	10
	水杨酸苄酯	5.0	1	5
	总蒸气压			154.8

第 1 组香料与第 2 组香料的总蒸气压比为 5809/949＝6.12，第 2 组香料与第 3 组香料的总蒸气压比为 949/154.8＝6.13，5809/949≈949/154.8，3 组香料的总蒸气压组成了 5809∶949∶154.8＝37.5∶6.12∶1。37.5∶6.12∶1 与下面提到的 25∶5∶1 和 1169000∶1081∶1 在动力学上称为“共振”，共振是最稳定的结构，我们已经知道，结构稳定的吸引子是“奇怪吸

引子”，因此，上述茉莉香精与下面提到的香水香精、改良配方后的香水都是“奇怪吸引子”，香气平衡、和谐。

我们发现按上面这个配方配制出来的香精不管放置多久，包括沾在闻香纸上“分段”或嗅闻，散发出的香气都令人愉悦，稍微改变一下配方，配制出来的香精放置时或沾在闻香纸上嗅闻，香气都有所差别，有“断档”现象。

再来看一个香水香精（表 4-8）：

表 4-8　香水香精蒸气压数据

组别	香料名称	百分含量 c/%	蒸气压 ρ/mmHg	c×ρ
第 1 组	香柠檬油	2.0	1400	2800
	甜橙油	2.0	1400	2800
	芳樟醇	4.0	165	660
	乙酸苏合香酯	2.0	145	290
	乙酸苄酯	8.0	120	960
	乙酸芳樟酯	2.0	115	230
总蒸气压				7740
第 2 组	依兰依兰油	4.0	75	300
	十一醛	0.5	74	37
	丙酸苄酯	2.0	65	130
	乙酸松油酯	6.0	64	384
	苯乙醇	10.0	54	540
	玫瑰油	2.0	45	90
	十二醛	0.5	42	21
	苯丙醇	2.0	23	46
总蒸气压				1548
第 3 组	香叶醇	6.0	20.5	123
	广藿香油	0.5	20	10
	橡苔浸膏	0.2	20	4
	香茅醇	2.0	15.1	30.2
	邻氨基苯甲酸甲酯	0.2	12	2.4
	甲基紫罗兰酮	7.0	7.1	49.7
	檀香醇	1.0	6	6
	异丁香酚	1.0	5	5
	洋茉莉醛	3.0	4	12
	羟基香茅醛	3.0	4.4	13.2
	乙酸香根酯	5.0	4	20
	香豆素	1.0	3	3
	甲位戊基桂醛	4.0	3	12
	苯甲酸苄酯	8.1	1	8.1
	香兰素	1.0	1	1
	赖伯当浸膏	1.0	1	1
	吐纳麝香	4.0	1	4
	水杨酸苄酯	5.0	1	5
总蒸气压				309.6

第1组香料与第2组香料的总蒸气压比为7740：1548＝5，第2组香料与第3组香料的总蒸气压比为1548：309.6＝5，3组香料的总蒸气压组成了7740：1548：309.6＝25：5：1的共振结构。

按上面这个配方配制出来的香精香气和谐、稳定，随时闻之都令人愉悦，久储不变，把它沾在闻香纸上分段细细嗅闻数天也是这样。

“香气共振”只是说明该香精体系在储存时的每个阶段香气基本稳定、平衡，也就是说组成该香精的每个单体香料在室温下（约25℃）挥发是同步的，香精随时散发的都是相似的一团香气，千万不要误认为达到“共振”的香气会美好一些。

调香师在掌握了香气共振理论知识后，有必要对每一个即将完成的香精配方进行一番计算，必要时调整或增删几个香料的用量，让香精里头香、体香、基香3组香料的总蒸气压形成共振结构。

香水（包括古龙水、花露水和液体空气清新剂）配方里大量的乙醇和水都将影响到香气是否“共振”，这个“秘密”目前还没有被调香师们注意到，一般人以为加入乙醇和水的量只是区分香水“浓”或者“淡”而已，有影响的也只有制作成本，所以加入时有些“随意”。现在看起来花点时间算一算配制后每一组香料（包括乙醇、水）的总蒸气压、调整让3组总蒸气压达到“共振”还是很有必要的——据说喝54度的茅台酒比喝40几度的其他白酒还“顺喉”一些，这应该也与香味（不单香气，还有味道）的“共振”有关。

要把乙醇和水等高蒸气压物质算进去的话，25℃时蒸气压在10000mmHg以上者应算为第1组，1～10000mmHg者为第2组，余者为第3组。我们还是以上述香水香精为例，假如我们要把这个香精加乙醇、水配制成一个香水的话，用这个配方配出来的香精100g，加95%乙醇380g，水20g，得到的香水500g，这个香水含香精20%，乙醇72.2%，含水7.8%，算一下这个香水里各组成分的全蒸气压：

第1组成分的全蒸气压（按总量500计算）361×59000＋39×23756≈22225000mmHg，第2组成分的全蒸气压为7740＋1548＋309.6－19.1＝9578.5mmHg，第3组成分的全蒸气压为8.1＋1＋1＋4＋5＝19.1mmHg，9578.5^2≈91750000＜22225000×19.1（≈424500000），此时香气不共振。如果再添加香柠檬油7.9g的话（此时香水总量为507.9g），第1组成分的全蒸气压仍为22225000，第2组成分的全蒸气压为9578.5＋1400×7.9≈20640，第3组成分的全蒸气压仍为19.1，20640^2＝426000000与424500000非常接近，也就是形成了222250000：20640：19.1≈1169000：1081：1的共振结构，这个香水的香气平衡、和谐，长期储存稳定不变。

37.5：6.12：1、25：5：1、1169000：1081：1都属于m^2：m：1式共振结构，即m^2：m＝m：1，m（6.12、5、1081）为“中间数”，对于香水香精来说，m一般为4～6，当m＞6时，该香精留香时间不长；当m＜4时，该香精留香时间很长，但香气沉闷，不透发；对于配制好的香水来说，m一般为500～2000。

第七节　香料、香精与香水的“陈化”

调香师经常有一些调好的香精觉得香气不理想，随手把它丢在一旁，过了一段时间偶然拿来闻一闻，发现它的气味变得非常宜人舒适。拿给评香小组评定，深得好评，终于“脱颖而出”，成为畅销品种——这种“二见钟情”在调香界早已不是什么新鲜事。对一般人来说，也早就知道，香水与葡萄酒一样，越陈越香，人们简单地称之为“陈化”，很少有人深入探讨其中的奥妙。本章既然题为“调香理论”，对“调香”的“善后工作”当然也应有所认识。

从微观方面来讲，众所周知，香精和香水中各种各样的香气成分由于里面的分子处在不断的运动、碰撞之中，每一次互相碰撞的两个或多个分子都有可能再组成新的分子，比较容易想象和理解的如酸碱“中和”（包括路易斯酸碱理论和软硬酸碱理论的“酸”“碱”“中和反应”），酸与醇的酯化，酯的水解（皂化），酯与酸、醇、酯的酯交换，醇醛和醛醛缩合，醛与胺的缩合，分子重排（包括立体异构重排），聚合反应，裂解反应，歧化反应，催化连锁反应，萜烯的环化和开环反应等，这些反应的结果产生了大量新的化合物（最明显的是陈化前后的香精用气相色谱法打出的谱图，大部分陈化后的香精增加了许多“杂碎峰”，就像天然香料的情形一样），也有可能少掉了一些化合物，从而改变了原来香精的香气。但是为什么大多数香精和香水陈化以后香气较佳呢？这是因为许多气味比较尖刺的、生硬的香料化学活动性较大，分子通常也比较小，“陈化”以后这些物质减少并组成新的通常分子量较大的香气比较圆和的化合物，所以我们闻起来觉得香气较好。当然，“陈化”以后香气变劣的情形也并不少见，这同样可以理解。

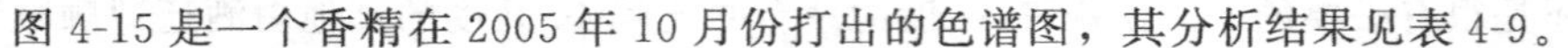

图 4-15 是一个香精在 2005 年 10 月份打出的色谱图，其分析结果见表 4-9。

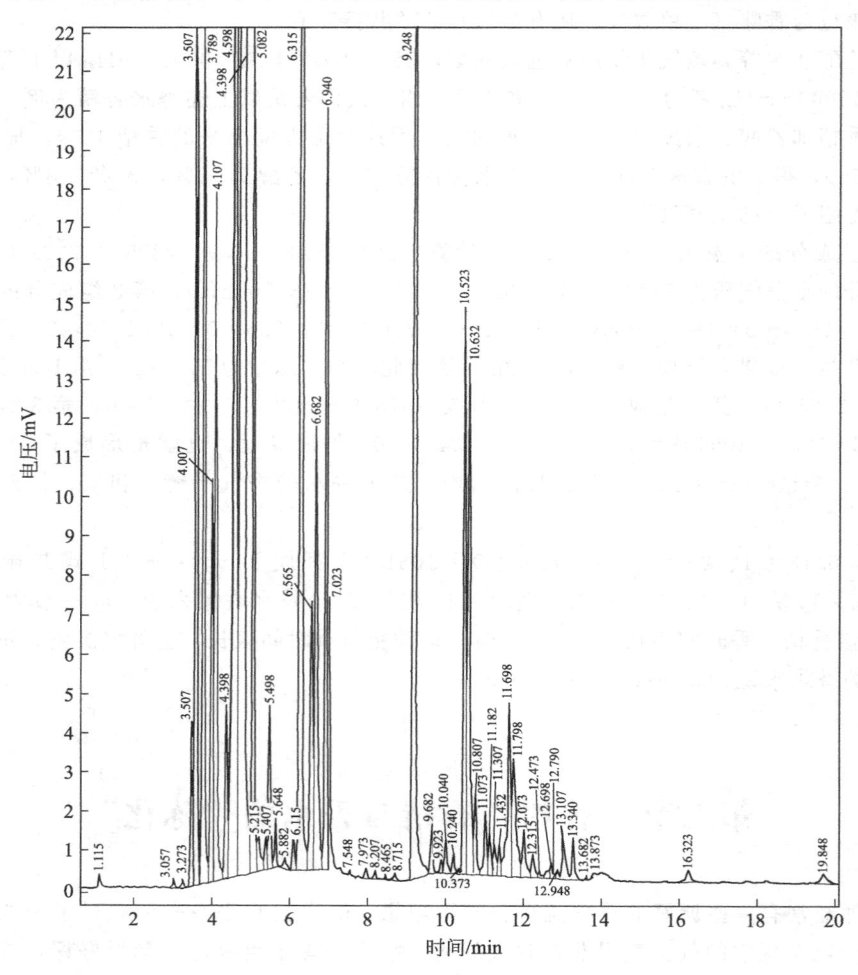

图 4-15　一个香精在 2005 年 10 月份的色谱图

表 4-9　分析结果

峰号	保留时间/min	峰高	峰面积	含量
1	1.115	268.816	1239.000	0.0536
2	3.057	164.500	547.600	0.0237
3	3.273	170.091	560.300	0.0242
4	3.507	4153.936	14079.253	0.6086
5	3.607	29106.871	100998.852	4.3657
6	3.798	25056.580	88723.359	3.8351
7	4.007	10217.613	36488.359	1.5772
8	4.107	17495.549	73185.852	3.1634
9	4.398	4409.193	17831.967	0.7708
10	4.598	30377.064	197568.672	8.5399
11	4.832	148775.578	869868.625	37.5999
12	5.082	24761.420	76758.547	3.3179
13	5.215	820.000	5229.477	0.2260
14	5.407	765.710	2744.142	0.1186
15	5.498	4105.484	14078.558	0.6085
16	5.648	1190.387	4124.547	0.1783
17	5.882	202.000	1459.450	0.0631
18	6.115	767.552	3503.586	0.1514
19	6.315	49178.277	221142.406	9.5588
20	6.565	6802.931	33951.434	1.4675
21	6.682	11214.104	57460.750	2.4837
22	6.940	19283.414	70343.633	3.0406
23	7.023	6920.965	22462.586	0.9709
24	7.548	77.250	270.100	0.0117
25	7.973	174.360	717.150	0.0310
26	8.207	125.800	527.700	0.0228
27	8.465	42.741	290.100	0.0125
28	8.715	129.286	657.800	0.0284
29	9.248	31438.570	153802.719	6.6481
30	9.682	1177.314	4620.884	0.1997
31	9.923	294.096	1383.264	0.0598
32	10.040	830.515	4040.552	0.1747
33	10.240	458.803	1977.111	0.0855
34	10.373	78.996	340.573	0.0147
35	10.523	14280.962	57419.109	2.4819
36	10.632	12967.993	62514.555	2.7022
37	10.807	2008.121	8470.689	0.3661
38	11.073	1556.506	7695.212	0.3326
39	11.182	1016.537	4920.167	0.2127
40	11.307	730.342	4827.044	0.2086
41	11.432	735.148	3270.108	0.1413
42	11.698	4389.532	26167.688	1.1311
43	11.798	2951.177	20811.275	0.8996
44	12.073	1134.949	7377.219	0.3189
45	12.315	497.172	3067.409	0.1326
46	12.473	131.526	801.981	0.0347
47	12.698	202.975	1260.187	0.0545
48	12.790	340.233	2037.066	0.0881
49	12.948	157.586	686.988	0.0297
50	13.107	1154.940	6656.411	0.2877
51	13.340	998.776	4453.884	0.1925
52	13.682	58.211	238.600	0.0103
53	13.873	82.400	464.600	0.0201
54	16.323	255.412	2653.750	0.1147
55	19.848	207.701	2387.850	0.1032
56	25.215	135.140	2323.100	0.1004
总计		477029.103	2313483.801	100.0000

这个香精密闭保存 5 个月后，在 2006 年 3 月份打出的色谱图如图 4-16 所示，其分析结果见表 4-10。

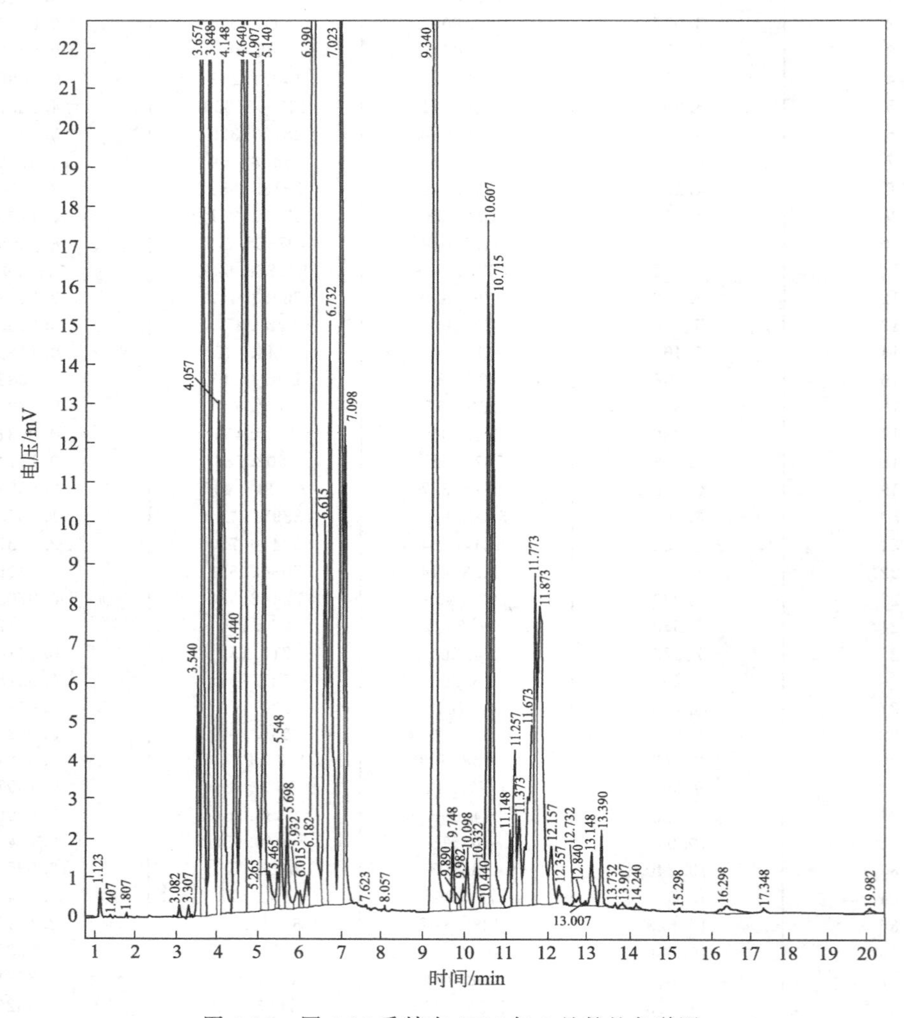

图 4-16　图 4-15 香精在 2006 年 3 月份的色谱图

可以看出，保存 5 个月后的香精多了一些成分，也少了一些成分，但最明显的是保留时间在 10.80min 以后的物质总量增加了许多（从占总量的 4.7784％增加到 6.3359％），可以肯定的是保存后的香精留香时间会长久一些，而香气也有了轻微的变化。

如果用热力学第二定律中“熵”的理论来解释“陈化”现象也可以，大家知道，在一个密闭的系统中，熵是不断增大的，借用贝塔朗非的术语：第二定律只说热力学平衡态是个“吸引中心”，系统演化将“忘记”初始条件，最后达到“等终极性”状态。孤立系中发生的不可逆过程总是朝着混乱度增加的方向进行的。因此，香精和香水“陈化”以后总是产生众多的新的化合物，将原来比较简单的组成变得复杂起来，让调香者本人以外的人们即使用气相色谱加质谱（气质联机）法或者其他更为“高级”的仪器分析也难以知道原来的配方是怎样的。调香师倾向于认为调配同一个香型的香精，用几十个香气接近的香料往往比用简单的几个香料调配时香气要圆和一些（所以高级香水的配方单总是很长），香精和香水的“陈化”等于把较简单的组成变成复杂的组成了。

表 4-10　分析结果

峰　号	保留时间/min	峰　高	峰面积	含　量
1	1.123	649.846	1651.300	0.0487
2	1.407	40.182	97.500	0.0029
3	1.807	25.000	77.800	0.0023
4	3.082	226.054	759.200	0.0224
5	3.307	222.563	694.700	0.0205
6	3.540	5979.307	21185.813	0.6244
7	3.657	34973.953	121209.070	3.5723
8	3.848	39920.586	145433.594	4.2863
9	4.057	12709.886	45338.152	1.3362
10	4.148	24947.537	99351.961	2.9281
11	4.440	6717.154	29381.340	0.8659
12	4.640	24502.121	181177.781	5.3397
13	4.907	202191.734	1359679.375	40.0728
14	5.140	35774.035	106503.344	3.1389
15	5.265	860.015	5235.087	0.1543
16	5.465	890.981	3278.286	0.0966
17	5.548	3999.300	14045.934	0.4140
18	5.698	2281.275	9059.548	0.2670
19	5.932	398.569	2367.739	0.0698
20	6.015	365.888	1535.911	0.0453
21	6.182	688.526	3912.676	0.1153
22	6.390	66275.828	334825.656	9.8681
23	6.615	9666.786	49905.992	1.4708
24	6.732	14531.434	80630.906	2.3764
25	7.023	30539.051	123482.539	3.6393
26	7.098	12003.038	36281.105	1.0693
27	7.623	79.857	268.900	0.0079
28	8.057	48.192	252.700	0.0074
29	9.340	42249.414	240569.531	7.0901
30	9.748	1634.787	7093.075	0.2090
31	9.890	194.548	712.567	0.0210
32	9.982	532.571	3001.618	0.0885
33	10.098	1270.963	5521.580	0.1627
34	10.332	1005.747	5322.208	0.1569
35	10.440	219.682	998.312	0.0294
36	10.607	17113.814	70758.375	2.0854
37	10.715	15466.749	66446.969	1.9583
38	11.148	1843.491	9326.022	0.2749
39	11.257	3856.427	17150.563	0.5055
40	11.373	2195.819	12079.856	0.3560
41	11.673	4541.255	37689.297	1.1108
42	11.773	8292.734	40475.574	1.1929
43	11.873	7487.213	63410.738	1.8689
44	12.157	1372.737	8999.045	0.2652
45	12.357	355.695	2237.768	0.0660
46	12.732	161.711	827.599	0.0244
47	12.840	319.368	1420.401	0.0419
48	13.007	39.206	117.491	0.0035
49	13.148	1293.956	7079.241	0.2086
50	13.390	1855.118	7111.868	0.2096
51	13.732	72.000	259.000	0.0076
52	13.907	97.036	650.700	0.0192
53	14.240	92.378	683.150	0.0201
54	15.298	59.364	243.800	0.0072
55	16.298	74.615	3288.800	0.0969
56	17.348	71.791	519.500	0.0153
57	19.982	112.000	1404.400	0.0414
总计		645383.887	3393022.957	100.0000

从宏观方面来讲，混沌理论也可以解释香精、香水的“陈化”过程。一团好的香气，就是一个“奇怪吸引子”，由于“奇怪吸引子”具有“分形结构”，它能把“周围”的“非主流香气”成分“吸引”进去，虽有所改变香气，但基本香型没有太大的变化，在大多数情况下，“吸引”了众多不同香气的“奇怪吸引子”香气将更圆和宜人。“陈化”后的香精、香水产生众多的新的化合物，这些化合物的香气绝大多数接近于产生它们的母体物质，也就是说，它们仍是配制这个香精或香水的“最适合”的香料原料，在本章第二节“香气的分维”里我们已经知道，用100个带有70%茉莉花香气的香料调出的茉莉花香精比用50个带有70%茉莉花香气的香料调出的茉莉花香香精的分维更接近1，香精或香水“陈化”以后，等于用更多香气接近的香料调配同一个香精，分维自然更接近于1，最终的产物香气自然就更“理想”了。

第五章　日用香精及其应用

假如按用途分类的话，香精可以分为4大类：食品香精、日用品香精、烟用香精和饲料香精。目前全世界销售量最大的是食品香精，其次是日用品香精、烟用香精，饲料香精排在最后。我国比较特殊，烟用香精排在第一位，其次才是食品香精，但不论中外，随着社会文明的进步，最终日用品香精都要排在第一位的。国外有“一个国家或一个民族的文明程度和它香料香精的使用量成正比”的说法，指的是日用品香精的使用量。从20世纪末到21世纪初，虽然食品香精的使用量增长也非常快，但日用品香精的使用量增长更快，而且日用品香精的使用范围也在飞快地扩展着。许多本来默默无闻的日用品因为有了令人愉悦的香气而身价百倍。

如同时装一样，全世界日用品的流行香型也呈现周期性的变化，而且有一定的规律可循，这对于从事日用品开发的研究人员来说，无疑是一件好事。诚然，世界性流行香型经过一个周期以后，并不是原封不动地回到老地方、百分之百地重现历史，而是随着科学技术的进步、人类物质文明和精神文明程度的提高、审美的角度等而有所变化和有所前进的。纵观几百年来全世界日用品香型的流行趋势，几乎离不开这么一个规律，都是单花香型-复花香型-百花香型-花果香型-幻想香型-怪诞香型……然后又回到单花香型，进入下一个循环。为什么会有这么一个规律呢？这是因为在上一个循环周期的最后阶段，当调香师们绞尽脑汁再也配制不出更加“怪诞”、“离谱”而又能够畅销全世界的香水时，只好回过头来，向世人宣称只有“上帝”才是“万能的”，号召再一次“回归大自然”，自然界的花香是最“完美”的香气，从而开始单花香的流行；一段时间以后，人们尝遍了各种大自然的花香以后，又不满足了，两三种、三五种花香的“最佳组合”成为时尚；再过一段时间后“百花香型”登场了；所有的花香组合在一起都不能满足人们的享受需求时，自然界里的水果香、草木香、药香、豆香、膏香、动物香等开始轮流“登堂入室”，各领风骚；调香师艺术家的本质此时得到充分的发挥，完全凭天才的想象创造出来的幻想香型像走马灯似地一个个登上舞台；当幻想香型发展至极致、各种怪诞离奇的香型大量涌现时，一个周期已接近尾声，下一个循环即将开始……所谓“时尚”就是这么一回事，它符合“从简单到复杂，又从复杂到简单”的规律。

有趣的是这次“世纪交替”也适逢世界流行香型又一个周期的开始，而且这个开始来得最简单明了——干脆流行天然精油的直接使用。每一种天然香型——包括各种花香、果香、药草香、动物香等都出来再一次接受世人的检阅，并重新评价。“芳香疗法”的世界性大流行宣告这一个周期将与前几个周期有很大的不同，但终归脱离不开它的自然规律。

目前国内所有有关香料香精的书籍只要涉及到香精配方，大多就是一个“抄”字，一个“配方”连抄几十次也不为奇，有的书编者抄得离谱，错得令人莫名其妙，哭笑不得。举个常见的例子（这个“配方”已经被好几本书引用过了）。

“波托香水”(g)：大茴香80，肉桂皮20，鲜橘皮20，金花菜20，酒精800。

这就是一个“香水”的配方了，不知道这是哪年哪月哪一个国家（或地区）的“偏方”、

“秘方”？没有一个人能说清楚什么叫“金花菜”，是“金盏花”还是“金合欢花”？或者是“金针菜”？当然没有一个人傻到想用这个“配方”试配一瓶香水，就是傻到这样做也找不齐“材料”，配不出来。

再举一个“无聊”的配方例子。

松柏香水配方（mL）：龙涎香酊 1，酒精 4500，蒸馏水 1000。

就这么“简单”。单单一个“龙涎香酊”加酒精、水就成了“松柏香水”。

以上两例都是前几年出版的“小化工”书里抄下来的，该不该谴责这种行为不在我们的讨论范围内，但作者还是要在这里郑重声明：本书中所有配方都是作者几十年来呕心沥血调配的、经得起市场检验的实际处方，如有人还想“剪贴”在自己作品上的话请先看看有关知识产权的法规再动手未迟。如要抄录，请不要“断章取义”，再引出如上面的笑话来。

本章中所列举的配方都是质量分数，便于读者应用和分析。每个配方总量均为 100。如一个香料名字后面的数据为 10，即这个香料在配方中的质量分数为 10%（每 100g 香精中含有 10g 该香料）。

本节中所有的配方都可以把它们输入电脑的“数据库”中，随时调用。使用时根据客户要求、原料来源、配制成本等再作相应调整。有些可以把它们看作“香基”，在配制复杂香型时直接应用，可以省去许多时间。

读者应当会注意到：在这些配方中极少使用无香溶剂。不像有的书上列举的配方中随便加些无香溶剂凑成 100% 或 1000 份。此外，本章中列举的香精例最重要的一点是不在配方中出现“××香基”，读者使用自备的各种常用香料就可依样配制。

翻阅所有关于香精配方的书籍，除了早期大量使用天然香料、成本太高或某些原料早已不用、抄来抄去让“外行看热闹”的配方以外，出书者如认为一个配方至今还有应用价值的话，通常躲躲闪闪地掩住一部分而以“××香基”出现，正所谓“江湖一点诀，妻儿不可说”。这是典型的“中国式”“祖传秘方、养家糊口”思想在香料界的反映。难能可贵的是像我国张承曾、汪清如编著的《日用调香术》和美国 D. P. 阿诺尼丝著的《调香笔记——花香油和花香精》这样的好书，作者将自己毕生的经验、呕心沥血的工作成果毫无保留地全部告诉读者。对他们来说，没有什么“看家本领”是需要保留的。在我国化工界，老一辈化工专家侯德榜先生开创了坦诚无私的先例，本书作者从小受到侯先生这种精神的影响、特别是将他的《制碱工学》作为座右铭反复阅读至今未忘，反映在本书特别是本章中——即每个配方例子都绝对真实可靠，作者丝毫没有保留。读者如有疑问，还可直接同作者联系，共同磋商。

不过话要说回来，读者也不要以为得到一个真正有用的配方就忘乎所以。实际动手配一下，你就会发现没有这么简单——并不是配方有假，而是你手头的香料原料同作者拟配方时使用的香料香气不可能完全一样！设想一下，假如一个配方用了 20 个香料，你手头的每个香料都与作者所用的香料香气有一点点差别，最终差别有多大！特别是当使用天然香料的时候，每一个天然香料香气都是有差别的，有时差别甚大，如常用的甜橙油、香柠檬油、柠檬油、薰衣草油、香叶油、香根油、广藿香油、赖百当浸膏、鸢尾浸膏、柏木油等，调香师使用这些香料不但要注明哪一厂家生产的哪一种型号的、有时甚至还要知道哪一品种（植物）哪一个季节在哪里采收加工的哪一批香料，即便如此，最终还得靠鼻子嗅闻、化学分析和仪器分析才能确定是不是可以使用，所以按照书上的配方配出样品以后，如香气不理想，先查一下所用的原料有没有问题，如手头上一种香料有几个不同来源的样品，必要时要一个一个试配；其次根据配出样品同“目标样”的差别添加“修饰剂”调整；最后是让配好的样品静置几天再加调整——需知每个香精刚配好时香气总是显得粗糙、不圆和、有化学气息，必须陈化一段时间香气才稳定下来。

第一节　日用香精常用香型

一、花香香精

在日用品香精里，花香香气的重要性是不言而喻的。几乎所有的香精里面都有花香成分，有的含有一种花香，有的则含有多种花香。自然界里有香味的花实在太多了，举不胜举，我们只能“拣”几种较为重要的花香为例说明。

1. 茉莉花

茉莉花和玫瑰花是调香师“永恒的主题”，一句话足以说明这两种花香的重要性。茉莉花的香味深受世人的喜爱，无论东方西方南半球北半球，但东方人赞美的是小花茉莉，而欧美人士则喜欢大花茉莉，两者香气有很大的不同，前者清灵，后者浓浊。从下面两个茉莉香精的配方也可看出两者的差异。

小花茉莉香精

吲哚	2	茉莉素	2	铃兰醛	3
玳玳叶油	12	苯甲酸叶酯	10	乙酸苄酯	24
甲位己基桂醛	3	甲酸香茅酯	1	苄醇	16
苯甲酸苄酯	6	乙酸芳樟酯	5		
二氢茉莉酮酸甲酯	12	芳樟醇	4		

大花茉莉香精

芳樟醇	8	苄醇	2	吲哚	8
苯甲酸甲酯	1	甲位戊基桂醛	13	苯甲酸苄酯	32
乙酸苄酯	33	丁香酚	3		

常用来配制茉莉香精的天然香料有：小花茉莉浸膏和净油、大花茉莉浸膏和净油、树兰浸膏、依兰依兰油、卡南加油、白兰花油和白兰叶油、玳玳花油和玳玳叶油等，合成香料有乙酸苄酯、苯乙醇、芳樟醇、乙酸芳樟酯、松油醇、甲位戊基桂醛、甲位己基桂醛、邻氨基苯甲酸甲酯、乙位萘甲醚、乙位萘乙醚、苄醇、苯甲酸苄酯、吲哚、乙酸对甲酚酯、苯乙酸对甲酚酯等，这些单体香料有的是天然茉莉花香的成分，有的则完全是人工合成的。小花茉莉净油和大花茉莉净油都含有不少的吲哚，这也是茉莉花和它的浸膏、净油容易变色的一个原因，配制茉莉花香精不用、少用或大量使用吲哚取决于该香精的用途：不怕变色的可以多用，否则就少用或不用。

茉莉花香精

二甲苯麝香	2	橙花素	2	玫瑰醇	3
葵子麝香	2	桂酸乙酯	1	乙酸苄酯	24
甲位己基桂醛	3	甲酸香茅酯	1	苯乙醇	15
苯甲酸苄酯	36	乙酸芳樟酯	5		
二氢茉莉酮酸甲酯	2	芳樟醇	4		

高级茉莉香精

原料	用量	原料	用量	原料	用量
二氢茉莉酮酸甲酯	30	乙酸芳樟酯	4	10%十四醛	1
苯甲酸苄酯	10	苄醇	2	龙涎酮	6
乙酸苄酯	20	叶醇	1	檀香 208	3
丙酸苄酯	3	水杨酸苄酯	5	70%佳乐麝香	12
丁酸苄酯	2	乙酸香叶酯	2	香紫苏油	10
苯甲酸叶酯	3	铃兰醛	3	合计	130
苯乙醇	2	兔耳草醛	2		
芳樟醇	8	10%甲基壬基乙醛	1		

高级茉莉香精

原料	用量	原料	用量	原料	用量
二氢茉莉酮酸甲酯	17	玳玳花油	1	檀香 208	3
乙酸苄酯	20	玳玳叶油	9	麝香 105	2
苯甲酸叶酯	3	铃兰醛	5	70%佳乐麝香	10
苯甲酸苄酯	10	芳樟醇	10	檀香 803	5
水杨酸苄酯	10	乙酸芳樟酯	5	薰衣草油	5
丙酸苄酯	3	甲基柏木醚	3	乙酸二甲基苄基原酯	5
丁酸苄酯	2	紫罗兰酮	2	合计	130

鲜茉莉香精

原料	用量	原料	用量	原料	用量
10%甲基吲哚	20	乙酸芳樟酯	20	水杨酸苄酯	5
苯乙醇	13	甜橙油	3	二氢茉莉酮酸甲酯	4
苯乙酸乙酯	4	乙酸苏合香酯	1		
芳樟醇	20	苄醇	10		

2. 玫瑰花

玫瑰花在欧洲代表爱情，因此玫瑰花的香气特别受到青年男女的青睐。玫瑰花香与几乎所有的香气配合都能融洽，这也是它出现于各种不同风格的日用品香精中的一个原因。在调香师眼里，玫瑰花香还可以再划分成几类：紫红玫瑰、红玫瑰、粉红玫瑰、白玫瑰、黄玫瑰（茶玫瑰）、香水月季、野蔷薇等，请看下面几个玫瑰花香精配方。

配制玫瑰花油

原料	用量	原料	用量	原料	用量
玫瑰醇	25	香茅醇	10	10%玫瑰醚	2
苯乙醇	20	柠檬醛	1	10%乙位突厥酮	3
山萩油	5	白兰叶油	2	赖百当浸膏	2
人造康涅克油	1	丁香油	1	10%降龙涎香醚	1
10%九醛	1	苯乙醛二甲缩醛	2	桂醇	2
香叶醇	20	玫瑰油	2		

红玫瑰香精

原料	用量	原料	用量	原料	用量
玫瑰醇	50	莎莉麝香	4	紫罗兰酮	3
苯乙醇	20	麝香 105	2	山萩油	4
楠叶油	3	香兰素	4	10%玫瑰醚	3
10%墨红净油	20	檀香 803	4	二苯醚	2

苯乙酸	3	茉莉浸膏(小花)	1	姜油(冷磨)	1
铃兰醛	2	洋茉莉醛	2	10%乙位突厥酮	4
桂酸苯乙酯	2	结晶玫瑰	4	合计	138

红玫瑰香精

玫瑰醇	40	苯乙醇	20	柏木油	6
香叶油	8	乙酸苄酯	10	甲基柏木酮	5
二苯醚	6	芳樟醇	5		

粉红玫瑰香精

玫瑰醇	10	香兰素	4	檀香 803	8
苯乙醇	32	洋茉莉醛	9	乙酸苄酯	20
乙酸苯乙酯	2	葵子麝香	5	铃兰醛	10

蔷薇（玫瑰花）香精

香茅醇	15	甲酸香茅酯	2	乙酸薄荷酯	1
苯乙醇	35	10%玫瑰醚	2	10%樟脑	2
乙酸苯乙酯	3	10%苯乙醛	1	10%九醛	2
苯乙酸乙酯	1	10%十六醛	2	麝香 T	2
乙酸二甲基苄基原酯	4	10%十四醛	1	10%龙脑	1
异丁酸苯乙酯	3	5%叶醇	1	甲基紫罗兰酮	1
乙酸香叶酯	3	1%辛炔羧酸甲酯	1	安息香膏	3
甲酸香叶酯	2	香柠檬油(配制)	2	香叶醇(天然)	10

蔷薇花香精

玫瑰醇	46	紫罗兰酮	5	广藿香油	1
苯乙醇	10	乙酸苯乙酯	2	二甲苯麝香	2
香叶油(配制)	6	新铃兰醛	3	洋茉莉醛	2
芳樟醇	3	苯乙醛二甲缩醛	2	柏木油	5
山苍子油	3	异丁香酚	1	苯乙酸乙酯	1
肉桂醇	2	乙酸对叔丁基环己酯	2	丁香油	4

食用玫瑰香基

玫瑰醇	5	苯乙酸苯乙酯	0.5	柠檬醛	0.2
香叶醇	7.4	甲基紫罗兰酮	0.5	丁酸香叶酯	1
苯乙醇	70	草莓醛	0.1	苯乙醛	0.3
香叶油	10	乙酸苯乙酯	5		

配制玫瑰香精必用香叶醇、香茅醇、玫瑰醇、苯乙醇及它们的酯类，再根据需要适当加些增甜、增清（或青）、增加“天然感”的修饰剂和“定香剂”如紫罗兰酮类、乙酸对叔丁基环己酯、乙酸邻叔丁基环己酯、乙酸二甲基苄基原醇酯、乙酸苄酯、结晶玫瑰、柠檬醛、玫瑰醚、突厥酮、姜油、玫瑰净油、墨红浸膏和净油、桂花浸膏、茉莉浸膏等。

3. 桂花

桂花是最有“中国特色”的香花，国外较为少见，致使有的调香师以为桂花就是木樨草花，也有日用品制造厂向国外香料公司要桂花香精，送到的却是木樨草花香精。其实桂花和木樨草花的香气差别还是比较大的，不能混淆。桂花的香气也是“甜”的，但与玫瑰花的“甜”香不一样，它有紫罗兰花的甜香气，又有像桃子一样的果甜香。正因为有紫罗兰花的香气，所以桂花香也“不耐闻”，闻久了嗅觉容易疲劳——不但感觉桂花香味变“淡”了，连闻其他的香味都变“淡”了。

桂花有“金桂”、“银桂”和“丹桂”之分，“金桂”浓甜，“银桂”清甜，“丹桂”带有其他花香香气。且看下列香精配方。

银桂香精

丙位癸内酯	13	香叶醇	7	10%九醛	6
二氢乙位紫罗兰酮	16	芳樟醇	9	叶醇	3
乙位紫罗兰酮	35	芳樟醇氧化物	11		

金桂香精

十四醛	16	芳樟醇	5	水杨酸戊酯	2
苹果酯	10	乙酸邻叔丁基环己酯	1	水杨酸苄酯	5
高级玫瑰醇	9	乙酸苄酯	10	乙酸	2
乙酸苯乙酯	15	紫罗兰酮	10	乙酸苏合香酯	2
乙酸香茅酯	5	戊酸戊酯	2		
甲酸香叶酯	5	甜橙油	1		

丹桂香精

十四醛	10	甲酸香叶酯	5	甜橙油	14
茉莉酯	16	芳樟醇	2	水杨酸戊酯	1
高级玫瑰醇	10	乙酸邻叔丁基环己酯	1	水杨酸苄酯	11
乙酸苏合香酯	2	乙酸苄酯	2	乙酸叶酯	2
乙酸苯乙酯	30	紫罗兰酮	18	合计	132
乙酸香茅酯	5	戊酸戊酯	3		

桂花香精

紫罗兰酮	25	米兰浸膏	5	檀香 803	4
甲基紫罗兰酮	25	苹果酯	5	苯乙醛二甲缩醛	2
十四醛	6	乙酸芳樟酯	5	羟基香茅醛	2
乙酸苯乙酯	4	芳樟醇	5	二氢茉莉酮酸甲酯	2
乙酸苄酯	10				

食用桂花香基

甲位紫罗兰酮	25	乙酸苄酯	10	橙花醇	4
甲基紫罗兰酮	15	桂花净油	20	苯乙醇	14
丙位十一内酯	2	壬醛	1		
乙酸苯乙酯	4	纯种芳樟叶油	5		

配制桂花香精必用紫罗兰酮类如甲位紫罗兰酮、乙位紫罗兰酮、甲基紫罗兰酮、异甲基紫罗兰酮、二氢（甲位或乙位）紫罗兰酮等，桃醛（丙位十一内酯）和丙位癸内酯也几乎是必用

的，再加上乙酸苯乙酯、香叶醇、乙酸苄酯、松油醇、苯乙醇、叶醇、辛炔酸甲酯、桂花浸膏或净油，调节花香、果香和青香香料的比例可以分别配出“金桂”、“银桂”和“丹桂”香精。注意青香香料不要加入太多，以免“变调”。

4. 玉兰花

如果把白玉兰花和茉莉花一起给众人挑选的话，喜欢白玉兰花香气的人超过茉莉花，而且白玉兰花香气耐闻，久闻也不生厌，这是因为白玉兰花香气“清”——直至今日全世界的调香师还是调不出白玉兰花的这股“清气”，白兰花油由于在制取的过程中丢失了花的头香成分而与鲜花香气大相径庭，近代的“顶香分析”虽得到了许多白玉兰花的头香成分，但用合成的这些头香香料加到传统的白兰香精里面仍旧配制不出令人满意的接近天然花香的香精来。下面是“现代”的白玉兰花香精配方例子。

白玉兰香精

丁酸乙酯	2	甲位戊基桂醛	5	甜橙油	10
乙酸戊酯	2	水仙醇	20	水杨酸戊酯	2
庚酸烯丙酯	2	苯甲酸苄酯	5		
乙酸苄酯	44	松油醇	8		

玉兰花香精

格蓬酯	1	水仙醇	8	乙酸苄酯	50
庚酸烯丙酯	2	桂醇	3	山苍子头油	3
二甲苯麝香	8	羟基香茅醛	7	芳香醚	5
乙酸戊酯	1	二苯醚	4	甜橙油	3
丁酸乙酯	2	松油醇	10		
柏木油	3	乙酸松油酯	10		

配制白玉兰花香精的主要香料有：芳樟醇（用“纯种芳樟叶油”或白兰叶油会更好）、乙酸芳樟酯、甲位戊基桂醛、甲位己基桂醛、乙酸苄酯、依兰依兰油、卡南加油、白兰花油、小花茉莉浸膏和净油、大花茉莉浸膏和净油、墨红浸膏和净油、树兰浸膏等。加少量的果香香料如乙酸异戊酯、乙酸丁酯、丁酸乙酯、己酸烯丙酯、庚酸烯丙酯、乙酸叶醇酯、柠檬油或柑橘油等会让香精多点“清气”，但至今还是很难调出天然白玉兰花那种特殊的“清香”。

广玉兰在许多地方也被称为玉兰花，除了外观——叶子和花朵都比白玉兰粗大——明显的差别之外，花的香气也大不一样。广玉兰花的香气也惹人喜爱，也有明显的果香，但它不像白玉兰花的香气那么“清”，它的头香带有明显的柠檬、香柠檬的气息，调配广玉兰花香精必用柠檬油、香柠檬油或柠檬香基、香柠檬香基作为头香成分，请看下面的广玉兰花香精配方。

广玉兰香精（一）

玫瑰醇	30	乙酸苄酯	10	山苍子油	5
洋茉莉醛	16	桂醇	5	二甲苯麝香	4
松油醇	10	甲位戊基桂醛	4	合计	111
卡南加油	10	芳樟醇	4		
乙酸松油酯	9	香茅油	4		

广玉兰香精（二）

原料	用量	原料	用量	原料	用量
米兰浸膏	4	桉叶油	1	10%辛炔酸甲酯	2
依兰依兰油	12	铃兰醛	24	乙酸二甲基苄基原酯	4
白兰叶油	6	二氢月桂烯醇	4	檀香 803	4
乙酸苯乙酯	8	女贞醛	1	香茅腈	4
柠檬醛	4	玳玳叶油	10	柠檬腈	4
苯乙醛二甲缩醛	1	二氢茉莉酮酸甲酯	16	松油醇	4
乙酸苄酯	10	茉莉酯	6	香柠檬醛	44
桂醇	6	茴香腈	16	柑青醛	2
甲基紫罗兰酮	6	乙基香兰素	2	茉莉油	10
洋茉莉醛	6	丁香酚	2	10%墨红净油	40
四氢芳樟醇	10	风信子素	2	合计	275

5. 铃兰花

铃兰花虽然在大部分国人的心目中不像上述几种花那样熟悉，但它也常常被用来配制多花香、百花香等各种香型，大多数的香水香精、化妆品香精、皂用香精里面都有铃兰花香存在。铃兰花香也是比较“清”的花香，久闻不致生厌，它与各种花香配伍都不“喧宾夺主”，默默地扮演它的角色，但“后劲”惊人，留香持久，这种性质在花香各个品种中是难能可贵的——大部分花香只能作为头香、体香成分，可作基香成分的很少（茉莉浸膏、玫瑰浸膏、树兰浸膏、桂花浸膏等虽然可作各种香精的“定香剂”，但都缺乏鲜花的气息）。

科学家发现人类的精子接触到铃兰花的香味会变得兴奋，这初步揭开了一些人长期以来就认定铃兰花“有某种神秘的力量”之谜，也预示着铃兰花的香味将受到更大的关注。

早期配制铃兰花香精使用大量的羟基香茅醛，现根据 IFRA 的建议，羟基香茅醛用量受到限制，调香师尽量少用或干脆不用，而改用铃兰醛、新铃兰醛、兔耳草醛等，这些香料按一定的比例配合后，加上芳樟醇、香茅醇、香叶醇、苯乙醇等就可组成铃兰花香了。下面是几个铃兰花香精例子。

铃兰香精

原料	用量	原料	用量	原料	用量
松油醇	5	新铃兰醛	10	香叶醇	10
羟基香茅醛	5	芳樟醇	20	乙酸苄酯	10
铃兰醛	20	苯乙醇	10	玫瑰醇	10

铃兰花香精

原料	用量	原料	用量	原料	用量
铃兰醛	10	玫瑰醇	15	洋茉莉醛	5
新铃兰醛	10	香叶醇	5	芳樟醇	20
兔耳草醛	5	苯乙醇	20		
羟基香茅醛	5	松油醇	5		

6. 紫丁香、丁子香、香石竹和百合花

丁香（lilac）与丁子香（clove）是两种完全不同的植物，但国人也常常把后者叫做丁香，加上两种常用的香料——丁子香酚和异丁子香酚往往被简称为丁香酚和异丁香酚，因此初次接触香料香精的人会以为是同一种植物或香料，把它们混为一谈。其实两者不但“不同类”，香气也有天壤之别：“真正的”丁香花不管是紫色的还是白色的，香气都接近纯净的松油醇气味，而丁子香花蕾和叶子则都是明显的丁子香酚香气，同另一种花——香石竹花的香气接近。由于百合（花）英文 lily 与紫丁香 lilac 书写和发音都极相似，国内香料界也常把百合与紫丁香混同起来——到香精厂买“百合香精”得到的往往是紫丁香香精。鉴于以上情形，我们把这四种香型合在一起讨论，读者从下面的香精配方中更容易把它们分清。

紫丁香花香精

苯乙醛二甲缩醛	2	乙酸苄酯	6	乙酸二甲基苄基原酯	2
肉桂醛	5	洋茉莉醛	6	乙酸三环癸烯酯	1
大茴香醛	3	甲位戊基桂醛	8	依兰依兰油	2
松油醇	10	二氢茉莉酮酸甲酯	8	玳玳花油	1
柠檬醛	1	芳樟醇	5	玫瑰醇	2
羟基香茅醛	7	二氢月桂烯醇	2	10%吲哚	8
紫罗兰酮	3	橙花叔醇	1		
苯乙醇	10	铃兰醛	7		

香石竹香精

丁香酚	20	甲基紫罗兰酮	10	玳玳叶油	7
异丁香酚	25	香豆素	2	纯种芳樟叶油	10
苯乙醇	10	香兰素	4		
玫瑰醇	10	洋茉莉醛	2		

百合花香精

松油醇	45	玫瑰醇	9	洋茉莉醛	2
乙酸玫瑰酯	2	乙酸苄酯	6	甲位戊基桂醛	3
桂醇	4	大茴香醛	5	乙酸芳樟酯	3
芳樟醇	10	水杨酸丁酯	3	异丁香酚	1
羟基香茅醛	5	香豆素	2		

7. 栀子花

栀子花在我国也是一种普遍受到欢迎的香花，其香气比较浓烈，留香持久，对大部分工业产品的气味“掩盖力”较好，因此，经常用于气雾杀虫剂、熏香品、塑料制品、石油产品等的加香。

两种合成香料——乙酸苏合香酯和丙位壬内酯按一定的比例混合起来就组成了栀子花的特征香气，令人奇怪的是在天然栀子花的香气成分里至今还是找不到乙酸苏合香酯的影子。而用目前在栀子花香气成分里发现的所有化合物却仍旧配不出天然栀子花令人“动情”的香韵来。请看下列栀子花香精配方。

栀子花香精（一）

乙酸苏合香酯	10	苯乙醛二甲缩醛	1	十八醛	5
乙酸苄酯	25	苯乙醇	10	苯甲酸甲酯	2
羟基香茅醛	22	香茅醇	5	叶醇	1
香豆素	2	肉桂醇	7	乙酸二甲基苄基原酯	7
洋茉莉醛	8	二甲基苄基原醇	4	合计	145
紫罗兰酮	11	芳樟醇	15		
松油醇	6	甲位己基桂醛	4		

栀子花香精（二）

乙酸苏合香酯	3	松油醇	30	苯甲酸乙酯	1
十八醛	3	乙酸松油酯	6	壬酸乙酯	1
乙酸苄酯	40	甲位戊基桂醛	5	苯甲酸苄酯	2
乙位萘乙醚	8	苯甲酸甲酯	1		

栀子花香精（三）

甲位己基桂醛	20	乙酸苏合香酯	4	柠檬醛	1
乙酸苄酯	20	乙酸芳樟酯	14	十八醛	2
羟基香茅醛	20	芳樟醇	10		
吲哚	4	甜橙油	5		

8. 金合欢、山楂花、含羞草花

金合欢的香气在调香师的心目中可以用“爱恨交加”来形容，它是天然花香里面一组香气（合欢花、山楂花、含羞草花等）的代表，但又与其他花香香气“不合群”，稍微不慎多加一点便难于再调“圆和”。调配金合欢香精要用到一些在调制其他花香香精时不曾使用的香料，这本身就让调香师对它“另眼相看”了，让我们来看看下列香精配方例子吧。

金合欢香精

芳樟叶油	40	紫罗兰酮	10	桂醇	1
水杨酸甲酯	50	乙酸对叔丁基环己酯	8	莳萝醛	2
苄醇	60	大茴香醛	8	合计	209
橙叶油	20	10%十醛	10		

山楂花香精

松油醇	45	香豆素	5	芳樟醇	4
大茴香醛	30	对甲基苯乙酮	1		
乙酸玫瑰酯	8	紫罗兰酮	7		

含羞草花香精

乙酸苄酯	2	异丁香酚	2	鸢尾油	2
松油醇	34	甲位己基桂醛	2	香兰素	1
纯种芳樟叶油	25	吐纳麝香	1	苯乙醇	5
对甲基苯乙酮	8	依兰依兰油	12	香豆素	1
大茴香醛	2	玳玳叶油	3		

9. 兰花

兰花的香气在我国被文人们“抬”到极高的地位，称为“香祖”，所谓“空谷幽兰”简直进入至高无上的境界了。可惜在香料界，“兰花香”却没有这个“福分”，调香师一提到“兰花香”，头脑里马上闪出一种极其廉价的合成香料——水杨酸异戊酯或丁酯，因为兰花香精里这两种香料是必用的而且用量很大。久而久之，在调香师的心目中“兰花香”的“地位”低微，和我国的文人们对它的“高抬”形成鲜明的对照。

其实即使兰花单指“草兰”，其香气也是多种多样的，水杨酸酯类的香气只是其中一部分花有，不能代表全部，自然界里确有香气“高雅”的兰花，让人闻了还想再闻，不忍离去；但也有一些兰花散发出令人厌恶的臭味。下列香精配方有一般的“草兰”，也有香气高雅的“幽兰”，其他的就不举例了。

草兰香精

水杨酸戊酯	25	松油醇	5	依兰依兰油	8
水杨酸异丁酯	30.8	香豆素	2	安息香膏	3
乙酰芳樟叶油	5	香兰素	2	橡苔浸膏	2
纯种芳樟叶油	8	对甲基苯乙酮	1	玫瑰净油	3
羟基香茅醛	2	十二醛	0.2	茉莉净油	2
50%苯乙醛	1				

三叶草花（兰花）香精

水杨酸戊酯	70	乙酸芳樟酯	30	香豆素	5
薰衣草油	10	玳玳叶油	5	合计	120

幽兰香精

洋茉莉醛	9	香豆素	10	“混合醛”	1
芳樟醇	28	柏木油	7	紫罗兰酮	5
乙酸芳樟酯	10	铃兰醛	3	玫瑰醇	8
甜橙油	10	甲基柏木酮	6	合计	110
乙酸苄酯	12	乙酸苏合香酯	1		

10. 夜来香

夜来香又叫“晚香玉”，因在夜间散发强烈的花香而得名，其香气带有明显的“药草”气息，令人闻久生厌，只有在极其淡薄时才能算是“香”的，因此，在日用品加香时较少单独应用——通常把它同别的花香香精组合成“三花”、“五花”、“白花”或“百花”香型，虽然它占的比例往往较少，但还是容易闻出来，说明夜来香的香气给人的印象是比较深刻的。

调配夜来香香精的香料比较广泛，几乎各种花香香料都可以“进入”，茉莉花、玫瑰花、桂花、紫丁香、丁子香、百合花、铃兰花、栀子花、金合欢、兰花等无所不包，按各种比例混合以后再加一些“药草香”香料便都成了“夜来香”！看看下面几个夜来香香精例子。

夜来香香精

苯甲酸甲酯	1	乙酸苄酯	20	柏木油	6
苯甲酸乙酯	1	素凝香	6	苯甲酸苄酯	8
水杨酸甲酯	1	甜橙油	3	松油醇	10
乙酸苏合香酯	1	玫瑰醇	10	二氢月桂烯醇	2
十八醛	1	香豆素	2	乙酸松油酯	8
二甲苯麝香	5	苯乙酸	2		
苯乙醇	10	乙位萘甲醚	3		

晚香玉香精

苯甲酸甲酯	1	洋茉莉醛	6	异丁香酚	4
邻氨基苯甲酸甲酯	6	芳樟醇	20	水杨酸苄酯	9
乙酸苄酯	8	玫瑰醇	15	依兰依兰油	10
丁酸香叶酯	4	水杨酸甲酯	2	晚香玉香基	10
甲位戊基桂醛	3	赖百当浸膏	1	苯甲酸乙酯	1

二、果香香精

果香香气在食品香精特别是“甜食食品”的香精里占有首要的位置，在日用品香精里则仅次于花香。所谓“果香”，在调香术语里指的是水果香味，至于坚果如花生、可可、咖啡、榛子、香荚兰、黑香豆等，香气各异，完全不同于水果香，其中有部分归入“豆香”之中，有的则应归入“熟食性”香精里面，不在本节里讨论。

与花香香气不同的是，果香里有一些香味能为全人类共同喜爱，因为它们是“可食性”的，尤其是全世界的人经常都可以吃得到的水果如香蕉、梨子、苹果、桃子、草莓、菠萝、柑橘、柠檬、甜橙等，没有人厌恶它们，要想让你的加香产品人人都可以接受的话，给它带上这些香味中的一种就行了。

热带水果中有一些品种的香气很难被初次接触到的人们接受，最糟糕的要算榴莲了——从来没有吃过这种水果的人第一次闻到它的气味时完全可以用“臭如粪便”四个字来形容，在南洋群岛的许多宾馆门口贴着“请勿携带榴莲进入”的告示说明确有不少人厌恶它的气味。这是最严重的例子。菠萝蜜、芒果、番石榴等的气味也有不少人“不敢恭维”，这些水果的气味自然较少进入日用品的加香了。

许多水果如香蕉、梨子、柑橘、柠檬、甜橙等的香气留香时间很短，调香师也经常在调得“呆滞”的香精里加些水果香让香气“活泼”起来，也就是把水果香作为“头香”香料使用，人们很少考虑把水果香当“体香”和“基香”材料，其实带水果香的许多香料留香持久，例如桃醛、椰子醛、草莓醛等，巧手使用它们，可以使很多水果香精变得可以留香，也可改变“香水都是动物香收尾”的局面。

1. 香蕉

香蕉的香气是“普受欢迎”的，几乎没有人讨厌它的香味，配制香蕉香精的成本也很低，但它有一个致命的缺点——香气一瞬即逝，不留香，这是因为香蕉香气的主要成分是乙酸异戊酯，这个香料的沸点很低，蒸气压高，极容易挥发，配制香蕉香精非大量使用它不可，多加体香和基香香料则香气变调，不受欢迎———这是影响香蕉香精普遍应用的主要原因。油漆工业上大量使用的“香蕉水”也含有多量的乙酸异戊酯，不要把它当作香蕉香精使用，“香蕉水”闻久了令人生厌，甚至头晕，而香蕉香精的香气是“可食性的”，让人闻了垂涎欲滴。倒过来，把香蕉香精当“香蕉水”用作油漆的溶剂倒是可以的，改善了油漆的气味，使油漆作业场所变成“水果作坊”，只是成本高了许多。下面是香蕉香精的配方例子。

香蕉香精

香兰素	10	乙酸戊酯	36	芳樟醇	5
甜橙油	5	乙酸丁酯	5	戊酸戊酯	3
丁香油	2	丁酸戊酯	6	乙酸乙酯	2
乙酸苄酯	2	丁酸乙酯	2		
丁酸苄酯	2	苯乙醇	20		

香蕉奶油香精

乙酸戊酯	40	洋茉莉醛	1	癸醇	4
乙基麦芽酚	1	癸酸	4	双丁酯	18
香兰素	2	邻苯二甲酸二乙酯	30		

2. 苹果

苹果的香气也几乎是"人见人爱"，许多日用品带上苹果的香味以后销路都很好。有苹果香味的香料大部分都属于"体香香料"，留香一般，但日用品加香用的苹果香精可以调配得留香持久而香气仍不错，因此用途较广，这应"归功于"苹果酯的使用。

苹果有许多品种，如我国的"国光"、"红富士"、"黄蕉"苹果等，美国的 Delicious，日本的红玉苹果等，香气各有特色。所谓"青苹果"香型则是调香师创造出来的，香气宜人，在众多的日用品里使用都取得成功，成本也较低，现已有不少衍生出的香型也都不错。下面举几个例子。

苹果香精

苹果酯	30	丁香油	1	丁酸香叶酯	2
乙酸邻叔丁基环己酯	2	松油醇	10	甲位戊基桂醛	2
戊酸戊酯	5	乙酸苄酯	10	乙酸苏合香酯	1
乙酸丁酯	4	甲酸香叶酯	2	玫瑰醇	6
乙酸戊酯	2	乙酸香茅酯	2	苯甲酸甲酯	1
丁酸戊酯	5	壬酸乙酯	1	苯甲酸乙酯	1
戊酸乙酯	4	苯乙酸丁酯	3		
香柠檬醛	1	丙酸苄酯	5		

青苹果香精

丙酸苄酯	12	对甲基苯乙酮	3	丁酸戊酯	6
水杨酸苄酯	8	苹果酯	20	乙酸丙乙酯	26
丁酸苄酯	3	苯乙醛二甲缩醛	4	异戊酸丁酯	18

苹果花香香精

乙酸二甲基苄基原酯	5	乙酸苄酯	10	檀香 803	11
苹果酯	6	乙位萘乙醚	4	苯乙醇	10
香豆素	8	洋茉莉醛	7		
甲位己基桂醛	10	70%佳乐麝香	9		

3. 桃子

"清脆"的桃子香气很淡，熟透的桃子则香气诱人，特别是"水蜜桃"的香气让人闻到就想"咬它一口"。

早期的桃子香精用了大量的酯类香料，属于"内酯类"香料的"桃醛"和丙位癸内酯工业化生产以后也大量用于调配桃子香精，但配出的香精香气与天然的桃子香气还是不能比，直到发现有一种噻唑类香料——2-异丙基-4-甲基噻唑以微量进入便使得桃子香精有"天然韵味"，食用桃子香精才开始流行起来，并进入日用品加香中。

由于桃醛与丙位癸内酯的香气都很持久，在桃子香精里用量又大，所以桃子香精完全可以在日用品的加香里“大显身手”，但现在市场上还是比较少见。

下面的桃子香精可供参考。

水蜜桃食用香基

十四醛	30	丁酸戊酯	24	庚酸乙酯	4.9
苯甲醛	1	丁酸乙酯	4	戊酸戊酯	12
丁香油	1	乙酸乙酯	10	香兰素	1
甜橙油	6	乙酸戊酯	6	2-异丙基-4-甲基噻唑	0.1

桃子香精

十四醛	20	丁酸乙酯	4	素凝香	8
苯甲醛	1	乙酸乙酯	10	二甲苯麝香	8
丁香油	1	乙酸戊酯	6	苯甲酸苄酯	9
甜橙油	6	戊酸戊酯	12		
丁酸戊酯	10	芳樟醇	5		

4. 柑橘类

柠檬、黎檬、香圆、枸橼、白柠檬、香柠檬、香橼、佛手、橘子、柑、橙、柚、枳实、玳玳等都属于柑橘类水果，它们的香气虽然也各有特色，但还是有相似之处：果实和皮都可以提取精油；都有“蒸馏”和“冷榨”两种工艺可供选择，而得到的油也相应地被称为“蒸馏油”和“冷榨油”（原先还有一种人工“擦皮挤压”的方法，得到的油质量上乘，现已少见）；精油里都含有大量苎烯，由于苎烯的沸点较低，所以它们的留香期都很短，而且苎烯与其他许多常用的香料尤其是固体香料的相溶性不好，常发生一个香精里如果用了大量的柑橘类油时出现浑浊、沉淀、分层等现象，还得想办法加些“和事佬”香料（苯乙醇、苯甲醇、松油醇等）或溶剂（乙醇等）让它重新变透明澄清。下面介绍几个较为重要的品种。

圆柚香精

圆柚醛	5	乙酸芳樟酯	6	甲位己基桂醛	6
甜橙油	55	苯乙醇	11	素凝香	2
柠檬油	10	二氢茉莉酮酸甲酯	5		

除了柠檬、香柠檬和圆柚香精外，其他柑橘类香精都可以用该种果实或果皮制得的精油（比较便宜）加点体香和基香香料调配，再作为头香成分用在调配其他香精，也可以直接使用这些精油，所以在这里就不详细介绍了。

5. 柠檬

柠檬香精可能是日用品加香时最常选用的果香香精了。由于柠檬的香气特别受到欧美人士的喜爱，所以在许多香水、化妆品的香精里也常常把它作为头香成分。要配制出一个从头到尾香气一致、留香持久的柠檬香精是很难的，因为可以作为基香香料而又具有柠檬香气的化合物还没有，所以现在日用品加香使用的留香较久的“柠檬香精”与天然柠檬的香气相去甚远，但如果它的香气宜人，消费者并不会太计较所谓的“象真度”，甚至用久了还以为天然柠檬真的就是这种香味呢。

配制柠檬香精可以用较多的天然柠檬油（最好是“冷榨油”），因为它价格适中，香气甚好，就是带颜色，不适合用于白色或无色的日用品加香。完全不用天然柠檬油也可以调出很好的柠檬香精出来，用苎烯或者廉价的甜橙油加适量的柠檬醛（用于洗涤剂时最好用柠檬腈）就已经接近天然柠檬的香气了，再加点修饰剂、体香和基香香料让它能够留香，假如加入较多的香气强度大的体香和基香香料的话，整体香气会变型，以致面目全非，成为其他香型了。下面几个柠檬香精依次从“酷似”到“不像”天然柠檬香气，但留香时间则依次增加。

柠檬香精（一）

白柠檬油	5	山苍子油	10	冷磨橘子油	3
甜橙油	80	香柠檬醛	2		

柠檬香精（二）

柠檬醛	10	苯乙醇	28	香柠檬醛	2
甜橙油	50	二氢茉莉酮酸甲酯	5		
白柠檬油	2	甲位戊基桂醛	3		

柠檬香精（三）

山苍子油	4	桂醇	2	甜橙油	16
香茅油	3	松油醇	4	玫瑰醇	28
乙酸苄酯	8	柠檬醛	4	乙酸异龙脑酯	8
香豆素	2	桉叶油	4		
香兰素	1	薰衣草油	16		

6. 香柠檬

香柠檬与柠檬的香气差别是很大的，初学调香的人一定不要把它们扯在一起，相对来说，香柠檬的花香已经很明显，而柠檬香气里是不含花香成分的。

配制香柠檬香精时，苎烯用量宜少，而要用大量的乙酸芳樟酯（天然香柠檬油当然可以任意加入），乙酸芳樟酯沸点比苎烯高得多，配伍性也比苎烯好，所以有许多体香和基香香料可以加入其中让它留香更好一些，当然，体香和基香香料的香气不要让它暴露出来，以免改变香型（古龙水和素心兰的头香香气都是香柠檬，单这一点就足以看出香柠檬香气的“可塑性”）。

下面几个香柠檬香精也可以作为香基在配制其他香型时使用。

香柠檬香精（一）

香紫苏油	3	香柠檬醛	4	二甲苯麝香	8
肉豆蔻油	1	柠檬腈	1	苯甲酸苄酯	6
乙酸芳樟酯	30	乙酸松油酯	8	香兰素	4
芳樟醇	5	玫瑰醇	3	苯乙醇	10
甜橙油	10	松油醇	3		
柑青醛	3	10%十醛	1		

香柠檬香精（二）

乙酸芳樟酯	30	柠檬腈	1	二甲苯麝香	8
芳樟醇	5	乙酸松油酯	8	苯甲酸苄酯	6
甜橙油	10	玫瑰醇	3	香兰素	4
柑青醛	3	松油醇	3	苯乙醇	14
香柠檬醛	4	10%十醛	1		

香柠檬香精（三）

乙酸松油酯	50	芳樟醇	5	二氢月桂烯醇	1
乙酸芳樟酯	30	十醛	1		
邻氨基苯甲酸甲酯	9	白柏木油脚子	4		

除上述柠檬和香柠檬香精外，其他柑橘类香精都可以用其种果实或果皮制得的精油加点体香和基香香料调配，再作为头香成分用在调配其他香精时，也可以直接使用这些精油。

7. 菠萝

菠萝虽也是热带水果，强烈的“甜香”（与味一致）香气却能得到绝大多数人的喜爱。在福建和台湾出产一种专供闻香和拜祖宗用的“香水菠萝”，放在家里可以香上1个月，胜过喷香水。厦门的的士司机也喜欢在菠萝出产的季节买一个“香水菠萝”置于驾驶室与乘客共享香味。菠萝的香味能“盖住”石油的“臭味”，因此，在驾驶室里置放菠萝或喷带菠萝香味的空气清新剂是明智的。目前的家用气雾杀虫剂含大量的煤油，虽然使用的是“脱臭煤油”，煤油气味还是难以全部除净，用菠萝香精来“掩盖”这残存的煤油气息效果不错。下面是菠萝香精的配方例子。

菠萝香精（一）

己酸烯丙酯	10	苯甲酸乙酯	1	十六醛	2
庚酸烯丙酯	10	庚酸乙酯	10	桂酸乙酯	2
菠萝乙酯	1	壬酸乙酯	5	苯乙酸丁酯	3
格蓬酯	1	丁酸乙酯	20	己酸乙酯	5
香柠檬醛	1	乙酸丁酯	5	丁酸苄酯	7
苯甲酸甲酯	1	甜橙油	6	丁酸戊酯	10

菠萝香精（二）

乙基麦芽酚	8	庚酸烯丙酯	10	丁酸乙酯	22
庚酸乙酯	10	丁酸戊酯	10	戊酸乙酯	10
己酸乙酯	10	戊酸戊酯	10	苯乙酸乙酯	10

菠萝香精（三）

乙基麦芽酚	3	庚酸乙酯	10	苯甲酸苄酯	20
己酸烯丙酯	15	己酸乙酯	15	丁酸乙酯	13
庚酸烯丙酯	15	素凝香	9		

8. 草莓

草莓的香气也是偏“甜”的，由于我国早期的糖果以草莓香味为多，因此许多人认为草莓味就是“糖果味”，“糖果味”就是草莓味，所以有的日用品加香时如果要让它带“糖果味”的话，尽管加草莓香精就是了。

配制日用品使用的草莓香精可以较大量地加入草莓醛（别名“十六醛”），这个香料香气强度大，留香持久，因此，草莓香精也可以在日用品加香领域中“大显身手”，配制成本不太高也是它的优势。直接使用食用的草莓香基也是可以的，香气更接近天然草莓，但配制成本较高，留香也稍差些。

请看下列各种草莓香精配方。

草莓香精

草莓酸乙酯	1	十四醛	1	丁酸戊酯	10
十六醛	15	丁酸乙酯	24		
乳酸乙酯	26	乙酸苄酯	23		

蓝莓香精（一）

洋茉莉醛	26	乙基香兰素	4	乙基麦芽酚	4
丁香油	10	邻氨基苯甲酸甲酯	4	十六醛	16
庚酸乙酯	8	紫罗兰酮	5	乳酸乙酯	10
大茴香醛	8	乙酸苄酯	5		

蓝莓香精（二）

十六醛	15	乙基麦芽酚	5	己酸乙酯	2
乳酸乙酯	30	老姆醚	5	庚酸乙酯	2
紫罗兰酮	5	乙酸戊酯	4	丁酸戊酯	6
桂酸乙酯	5	十四醛	1		
丁酸乙酯	10	乙酸苄酯	10		

三、木香香精

木香香精品种较少，常见的只有檀香、柏木、沉香、花梨木、松木、杉木、樟木、桉木等几种，樟和桉有时又被划入“药香”一类。木香香精直接用于日用品的加香较少，而常作为“香基”与其他香型配成“复合香精”使用。

1. 檀香

檀香香气自古以来就受到全世界人民的喜爱和赞扬，东印度檀香的香气更被调香师视为“上帝的佳作”之一，不单香气好，留香持久，香气强度大，与各种香型的配伍性也不错，不少日用品香精里面因为带有适量的檀香香气而让人觉得“高档了”许多。“不幸”的是由于天然资源越来越少，十几年前印度突然大幅度提高东印度檀香油的价格，使得原来大量使用东印度檀香油的日用香精不得不改用合成的代用品。时至今日，全部用合成香料配制的檀香香精还是不能与天然的东印度檀香油相比。

下面列举的几个檀香香精有的香气接近天然檀香油，有的与天然檀香油的香气简直不能相比，只能算是“带点檀香香气的木香香精”罢了。

檀香香精（一）

檀香 803	50	黑檀醇	2
檀香 208	8	异长叶烷酮	40

这个极其简单的配方配出的香精香气却非常优美、令人喜爱，留香相当持久。

檀香香精（二）

二甲苯麝香	10	甲基柏木酮	6	苯甲酸苄酯	20
葵子麝香	4	甲位戊基桂醛	4	龙涎酮	1

桂酸乙酯	6	松油醇	2	山苍子油	12
丁香油	1	乙酸苄酯	7	甲基柏木醚	11
乙基香兰素	2	苯乙醇	6	檀香 803	10
香豆素	2	芳樟醇	7	合计	120
玫瑰醇	8	羟基香茅醛	1		

檀香香精（三）

檀香 803	20	莰特浓檀香	5	黑檀醇	1
檀香 208	10	鸢尾檀香	5	异长叶烷酮	5
檀香 210	10	印度檀香	5	柏木脑	5
爪哇檀香	8	檀香醚	5	东印度檀香油	10
特木倍醇	1	檀香醇	10		

檀香香精（四）

檀香 803	20	血柏木油	20	甲基柏木酮	20
檀香 208	10	香根油	5		
柏木油	20	广藿香油	5		

2. 柏木

柏木有许多品种，香气也大不一样，有的品种香气接近檀香，如血柏木油，价格低廉，在配制低档的檀香香精时可以较大量地使用，其缺点是颜色鲜红，像血一样，当然只能用于对颜色要求不高的场合，现今资源短缺，调香师虽然喜欢也只好“忍痛割爱”，改用其他柏木油了。

世界上只有我国和美国有较多的柏木油资源，而我国可供提油的柏木由于近十几年来滥采滥伐，资源也已告罄，早晚得用“配制柏木油”。有“先知先觉”的化学家早已做好准备，开始合成具有柏木香气的一系列化合物以备调香师选用。

下面这个柏木香精香气很有特色，带有一点檀香香气和淡淡的花香气息，但整体还是以柏木香气为主。

柏木香精

檀香 803	10	2-异丙氧基莰烷	8	乙酸二氢月桂烯酯	10
檀香 208	2	乙酸长叶酯	15	乙酸对叔丁基环己酯	10
环癸醇丁醚	30	乙酸琥珀酯	15		

3. 沉香

在所有的木香香精里，沉香的香味是最“怪异”的，其实说“怪”也不“怪”，所谓“沉香木”本来就不是木头，而是一种木头内部受伤后分泌的树脂。同其他树脂类香料一样，沉香直接嗅闻香气也是淡淡的，并不引人注目，但把它熏燃时就会散发出一股强烈的特殊的香味，令人终生难忘。古代我国沉香资源丰富，“识香”者把它视为香料中的珍品，在各种“品香游戏”中沉香都是上品。现今已难以寻觅，就是到南洋群岛也难得见到它的踪影了！

用尽现有的合成香料也难以调出天然沉香那种“怪异”的香味来，更不可能让调出的香精熏燃后有那强烈的特殊的气味！所以下面的沉香香精只能“骗骗”从来没有闻过天然沉香的人们。

沉香香精

檀香803	15	大茴香醛	5	对甲酚甲醚	1
赖百当净油	5	洋茉莉醛	2	桂酸乙酯	5
香叶油	2	对甲氧基苯乙酮	8	水杨酸戊酯	10
香附子油	2	紫罗兰酮	10	干馏杉木油	1
苯甲酸甲酯	9	二甲苯麝香	5	柏木油	10
苄基丙酮	5	丁香油	5		

4. 松木

松木的香气原来一直没有受到调香师的重视，在各种香型分类法中常常见不到松木香，不知道被“分”到哪里去了。20世纪末刮起的“回归大自然”热潮，“森林浴”也成为时尚，松木香才开始得到重视。

松脂是松树被割伤后流出的液汁凝固结成的，在用松木制作纸浆时，得到的副产品“妥尔油”的主要成分也是松脂，但松脂的香气并不能代表松木的香气。一般认为，所谓“松木香”或者“森林香”应该有松脂香，也要有“松针香”才完整。因此，调配松木香或森林香香精既要用各种萜烯、也要用到龙脑的酯类（主要是乙酸龙脑酯，也可用乙酸异龙脑酯）。下面是几个常用的松木香香精例子。

松木香精（一）

乙酸异龙脑酯	50	乙酸松油酯	5	薄荷素油	4
乙酸芳樟酯	15	甜橙油	5	洋茉莉醛	2
松油醇	10	山苍子油	1		
芳樟醇	5	紫罗兰酮	3		

松木香精（二）

玫瑰醇	10	柏木油	10	松节油	30
松油醇	30	乙酸异龙脑酯	15	乙酸香叶酯	5

青木香香精

柏木油	40	柠檬油	11	留兰香油	2
甲位戊基桂醛	12	羟基香茅醛	10	苯乙醇	10
松油醇	14	乙酸异龙脑酯	32	二甲苯麝香	9
丁香酚	4	乙酸苏合香酯	14	香茅腈	6
乙酸芳樟酯	8	桉叶油	10	檀香208	2
薰衣草油	8	芳樟醇	8	合计	200

青松香精

对甲基苯乙酮	1	十一醛	2	乙酸异龙脑酯	100
大茴香醛	6	乙酸苄酯	2	柏木油	40
香豆素	2	水杨酸戊酯	22	乙酸芳樟酯	3
桉叶油	8	兔耳草醛	6	芳樟醇	2
乙酸苏合香酯	4	乙酸叶酯	2	合计	200

松茂香精

乙酸异龙脑酯	32	水仙醇	20	二氢月桂烯醇	4
二甲苯麝香脚子	6	苯甲酸	5	苯乙醇头子	5
酮麝香脚子	10	松油醇	13		
苯乙酸	4	十醛	1		

这个香精用了大量的香料下脚料，只能用作熏香香精。

5. 樟木香精

樟木历来深受国人的喜爱，因为它含有樟脑、黄樟油素、桉叶油素、芳樟醇等杀菌、抑菌、驱虫的成分，人们利用这个特点，用樟木制作各种家具特别经久耐用。由于樟树生长缓慢，作为木材使用一般需要30年以上的树龄，现在已经成为稀缺而不易多得的材料。“人造樟木”是用比较廉价的木材加入樟木香精制成的。

配制樟木香精可以用柏木油、松油醇、乙酸松油酯、芳樟醇、乙酸芳樟酯、乙酸诺卜酯、檀香803、檀香208、异长叶烷酮、二苯醚、乙酸对叔丁基环己酯、紫罗兰酮、樟脑或提取樟脑后留下的“白樟油”和“黄樟油”等，没有一个固定的“模式”，因为天然的樟木香气也是各异的。

樟木香精

芳樟醇	15	乙酸诺卜酯	4	桉叶油	3
乙酸芳樟酯	10	甲基二苯醚	5	香根油	2
乙酸松油酯	10	乙酸对叔丁基环己酯	5	柏木油	25
松油醇	5	樟脑	16		

黄樟木香精

黄樟油	56	甲基柏木酮	3	二苯醚	2
纯种芳樟叶油	5	香根油	2	二甲苯麝香	2
甲基柏木醚	2	乙酸对叔丁基环己酯	2	桉叶油	2
柏木油	10	香兰素	2	异长叶烷酮	6
乙酸芳樟酯	3	樟脑	3		

四、青香香精

20世纪80年代风靡全球的“回归大自然”热潮带来了香料香精“革命性”的变化，原先被调香师冷落了几十年的带有强烈青香香气的天然香料和合成香料纷纷成了调香“首选”、“新宠”，调香师不再“理会”前辈们的“忠告”，在各种香精的调配过程中加入了“超量”的青香香料，创造了许多前所未有的新香型，并在包括香水、化妆品在内的各种日用品加香领域里取得成功。

1. 茶叶

茶叶的香气在我国不分男女、不分老少、不分尊卑、甚至不分民族人人都喜欢，任何情绪、任何环境下都不会影响对它的评价，是香味方面真正的“国粹”。对于国人来说，所有的日用品加上茶叶香味都能成功，而不会受到丝毫“抵制”。究其原因，应归功于从小受到的“教育”——“神农尝百草，日遭七十二毒，遇茶而解之”；“开门七件事——柴米油盐酱醋茶”；在家里，有点小伤小病，首先想到的是茶；出门旅行，带得最简单时也忘不了茶。每个人头脑里根深蒂固的观念是：茶就是好东西。茶叶香当然也是“好东西”了。本书主编有一位同学开办了一家生产餐巾纸的工厂，起初在餐巾纸里加了各种各样的香味包括花香、草香、水果香、“高级香水”香、“花露水”香、“古龙水”香等都有人提意见，要求改进甚至因为香味的原因退货，后来听了本书主编的“忠告”使用茶叶香味，再也没有人反对了。

我国生产的茶叶主要有“三大品种”——绿茶、红茶和乌龙茶。各地的饮茶习惯不同，喜欢的“茶叶香”也有所不同：长江中下游地区的人们多喝绿茶，当然也喜欢绿茶的香味；广东、广西、云南、贵州的人们多喝红茶，也喜欢红茶香味；闽南、潮汕、台湾和南洋群岛的华侨们爱喝乌龙茶，自然也喜爱乌龙茶香；北方各地和福州人要喝茉莉花茶（乌龙茶加入茉莉花窨制），他们喜欢的乌龙茶香味还要带茉莉花香。

绿茶是不经过发酵的茶叶，绿茶香是“最正宗的”青香香气，它体现了大自然绿叶的青翠芳香，而它的香气成分里主要就是两大“最正宗的”青香香料——叶醇和芳樟醇，这两个香料的香气在青香香料里面是难得的让人直接嗅闻能获得好评的品种，可以在香精里多用——其他青香香料直接嗅闻都让人“不敢恭维”，只能谨慎使用。诚然，单用叶醇和芳樟醇是调不出茶叶香精的，这两个香料留香期都很短，都是“头香”香料，加入什么“体香”香料和“基香”香料又要让它（香精）从头到尾都是茶叶香着实让调香师伤透了脑筋。

红茶是“全发酵”的茶叶，香气与绿茶相去甚远，全然没有了绿叶的芳香，而代之以“熟食”的香味甚至隐约有好闻的烟草味在其中。调配红茶香精几乎与绿茶香精没有丝毫共通之处，倒是可以借鉴调配烟草香精的技巧，使用一些调配烟草香精常用的香料如突厥酮类、紫罗兰酮类、吡嗪类就能调出“惟妙惟肖”的红茶香精来。

乌龙茶介于绿茶与红茶之间，属“半发酵”茶叶，香气却另有特色，不是简单地把绿茶香精和红茶香精“各一半”混合就能调出来的。细闻乌龙茶的香味，有茉莉花、桂花、玫瑰花、玉兰花、树兰花等花香（古人早就注意到这一点，所以才会想到用各种花香来窨制乌龙茶），因此调配乌龙茶香精必须巧妙地使用这些花香香料又不能让它们的香气太突出而变成花香香精或花茶香精。

茉莉花茶香精倒是可以用茉莉花香精和乌龙茶香精按一定的比例混合配制出来，不过，要调配得“惟妙惟肖”还不是这么简单。因为在用茉莉花窨制茶叶的过程中，茉莉花的香气成分与茶叶里的成分起了化学反应，又产生了一些新的香气成分，调香师要“捕捉”到这些微量的香气成分而在香精里面再现出来实在不是易事。

绿茶香精

芳樟醇	10	水仙醇	20	苯乙酸苯乙酯	10
叶醇	1	甲位己基桂醛	30		
乙酸叶酯	1	苯乙醇	28		

红茶香精

10%乙位突厥酮	20	玫瑰醇	2	水杨酸苄酯	6
紫罗兰酮	22	甲位戊基桂醛	10	异丁香酚	1
龙涎酮	20	邻氨基苯甲酸甲酯	5	合计	120
米兰浸膏	5	二氢茉莉酮酸甲酯	25		
杭白菊浸膏	2	叶醇	2		

乌龙茶香精

吲哚	1	叶醇	3	纯种芳樟叶油	18

白兰叶油	5	苯乙醇	10	香叶醇	10
乙酸芳樟酯	5	二氢乙位紫罗兰酮	4	水杨酸戊酯	2
橙花叔醇	25	茶醇	2	苯乙醇苯乙酯	5
香叶基丙酮	5	米兰浸膏	2	二氢茉莉酮酸甲酯	3

茉莉花茶香精

二氢茉莉酮酸甲酯	28	玳玳花油	2	白兰叶油	10
米兰浸膏	20	玳玳叶油	10	吲哚	2
乙酸苄酯	8	水杨酸苄酯	2	乙酸芳樟酯	15
茉莉素	18	苯甲酸苄酯	2	合计	135
叶醇	5	苄醇	2		
紫罗兰酮	7	龙涎酮	4		

2. 紫罗兰叶

不是调香师不能理解什么才是高等级的"紫罗兰"香味，一般人想当然地以为紫罗兰"当然"是"紫罗兰花"的香味好，难道紫罗兰叶的香味好过紫罗兰花吗？事实恰恰却是这样。在香料界里，人们以紫罗兰叶的青香气为"高尚"，调配的香精也以带紫罗兰叶青香味的为"上品"，而紫罗兰花的香味并不太受调香师的重视。

由于紫罗兰叶浸膏价格昂贵，在调配中低档香精时，调香师只能用香气接近的辛炔羧酸甲酯、庚炔羧酸甲酯、壬二烯醛、二丁基硫醚等合成香料代替，这几个青香香料的香气强度都较大，少量加到一般的香精里面就能让整体香气"变调"成为"青香香精"。在调配"百花"型或"幻想"型香精时，只要加入极少量的上述几个青香香料之一，就可以让人"闻到"紫罗兰叶的青香气。

配制紫罗兰香精一般可用紫罗兰酮类和配制玫瑰花、茉莉花常用的香料，用紫罗兰叶浸膏、辛（庚）炔酸甲酯、壬二烯醛、二丁基硫醚等调节"青香气"，以"青香气"和其他香气能和谐地合为一体为适量。紫罗兰叶浸膏本身就是很好的定香剂，但不能加得太多。紫罗兰花浸膏和树兰花浸膏也是极好的定香剂（它们是所有青香香精最好的定香剂），唯价格昂贵受到限制。其他调配花香香精常用的定香剂也都可用，只是定香效果远不如紫罗兰叶浸膏、紫罗兰花浸膏和树兰花浸膏。

紫罗兰叶香精

二丁基硫醚	0.2	苯乙醇	3	乙酸桂酯	2
壬二烯醛	0.1	鸢尾浸膏	2	洋茉莉醛	2
辛炔羧酸甲酯	2	水杨酸戊酯	5	甲位己基桂醛	10
紫罗兰叶浸膏	3	桃醛	2	米兰浸膏	3.7
紫罗兰酮	56	乙酸苯乙酯	2		
乙酸苄酯	5	玳玳叶油	2		

3. 青草

长期住在城里的人们一到农村，闻到绿草地的青香总免不了深深地吸一口气，赞美大自然无私的馈赠。青草的香气是怎么样的？一般人说不出个所以然来，最多只是说"新鲜"、"清新"、"有些青香气"，再问就没词了。

其实要问调香师"青草香"应该怎么"界定"，调香师也难以回答，但调香师们早已约定俗成，将稀释后的女贞醛的香气作为"青草香"的"正宗"，就像水杨酸戊酯和水杨酸丁酯的香气代表兰花（草兰）香气一样。如此一来，"青草香"便有了一个"谱"，调香师互相交流言谈方便多了。当然，每个调香师调出的“青草香”香精还是有着不同的香味，就像茉莉花香精一样，虽然都“有点”像茉莉花的香味，但差别可以非常明显。

直接嗅闻女贞醛的香味，没有人赞美，在香精里面加入超过1%的女贞醛时，就不容易调得让众人都喝彩的香精了。非青香香精女贞醛的用量不超过0.2%，过了这个量，调出的香精差不多都要带一个“青”字了。调“青草香”香精除了必用女贞醛外，一般都要用到叶醇、乙酸叶酯、叶青素、芳樟醇等带“叶青气”的香料，也要使用一些带“青香气”而又有一定留香的香料如柑青醛、甲位己（戊）基桂醛、二氢茉莉酮酸甲酯、铃兰醛、树兰花浸膏等才能让调出的香精从头到尾都有“青香味”。

青草香香精

叶醇	2	甲位戊基桂醛	10	茉莉酯	1
乙酸叶醇酯	1	兔耳草醛	2	乙酸苄酯	7
女贞醛	3	羟基香茅醛	10	松油醇	9
十一醛	2	桂酸乙酯	1	甲基紫罗兰酮	3
薰衣草油	4	异丁香酚	1	二氢月桂烯醇	1
橡苔浸膏	4	杭白菊浸膏	2	橙叶油	4
格蓬酯	1	玳玳花油	1	二甲基苄基原醇	4
柑青醛	20	芳樟醇	16	乙酸苯乙酯	1
柠檬腈	6	榄青酮	1	青苹果香基	20
甜橙油	4	香茅腈	3	缬草油	1
十四醛	1	乙酸玫瑰酯	4	乙酸芳樟酯	20
玫瑰醇	11	铃兰醛	8	合计	200
苯乙醇	10	苯乙醛二甲缩醛	1		

花草香精

乙位萘乙醚	4	邻氨基苯甲酸甲酯	2	芳樟叶油	13
杭白菊浸膏	1	二氢月桂烯醇	2	乙酸芳樟酯	10
甲酸香叶酯	2	乙酸丁酯	1	苯乙醇	1
乙酸香茅酯	1	甲位戊基桂醛	6	丁香油	5
乙酸苏合香酯	1	玫瑰醇	10	乙酸苄酯	5
乙酸异龙脑酯	1	肉桂醛	1	柠檬腈	1
壬酸乙酯	1	白柠檬油	1	香茅腈	1
苯甲酸甲酯	1	庚酸烯丙酯	1	香柠檬醛	1
苯甲酸乙酯	1	甜橙油	11	叶醇	4
水杨酸甲酯	1	羟基香茅醛	6	乙酸叶酯	1
茉莉酯	1	十八醛(进口)	1	辛炔酸甲酯	1

4. 青瓜

青瓜的香气也是最近十几年来才受到调香师关注的“新事物”，倒不是以前的调香师不懂得自然界有“瓜香”，而是调香师手头没有“瓜香”的材料，想调也调不来。现在已经有了瓜香香料，而且还不止一个：西瓜醛、甜瓜醛、香瓜醛、黄瓜醛、黄瓜醇（这五个都是俗名，有时一个化合物有两个俗名）、顺-6-壬烯醇等都有强烈的瓜的青香气，可用来配制各种带瓜香的香精。当然，单靠这些瓜香香料是调不出瓜香香精的，还得各种“修饰”、协助留香的香料精心调配才能调出令人闻之舒适的香味来，其中比较重要的是兔耳草醛、铃兰醛、新铃兰醛、羟基香茅醛、芳樟醇、二氢茉莉酮酸甲酯、柠檬叶油等。

青瓜香精（一）

乙酸三环癸烯酯	30	赛柿油	10	兔耳草醛	9
丙酸三环癸烯酯	10	西瓜醛	1	甲位己基桂醛	10
花萼油	10	乙酸苄酯	20		

青瓜香精（二）

乙酸三环癸烯酯	20	花萼油	20	甜瓜醛	1
丙酸三环癸烯酯	20	赛柿油	20	乙酸苄酯	19

西瓜香精

西瓜醛	1	松油醇	9	苯乙醇	10
兔耳草醛	20	素凝香	10		
乙酸苄酯	49	甜瓜醛	1		

哈密瓜香精

甜瓜醛	3	乙基麦芽酚	8	丁酸乙酯	1
叶醇	3	乙酸乙酯	2	丁酸戊酯	1
乙酸叶酯	2	乙酸丁酯	4	素凝香	16
芳樟醇	2	乙酸戊酯	4	苯乙醇	54

五、药香香精

“药香”也是非常模糊的概念，外国人看到这个词想到的应该是“西药房”里各种令人作呕的药剂的味道，而我国民众看到“药香”二字想到的却是“中药铺”里各种植物根、茎、叶、花、树脂等（非植物的药材也有香味，但品种较少）的芳香，不但不厌恶，还挺喜欢呢。我国的烹调术里有“药膳”，普通老百姓也常到中药铺里去购买有香味的中草药回家当作香料使用，各种食用辛香料在国人的心目中也都是“中药”，著名的调味香料如五香粉、咖喱粉、“十三香”、“四物”、“肉骨茶”（新加坡、马来西亚流行的一道佐餐菜）调味料等用的香料都可以在中药铺里买到。这是东西方人们对“药”的认识差异最大之处，也可以说是对“香文化”理解最不一样的地方。

作为日用品加香使用的“药香”虽然每个人想到的不一样，但基本上指的是中药铺里药材的香味，调香师能够用现有的香料调出来的“药香”大体上可以分为辛香、凉香、壤香、膏香四类，下面分别叙述之。

1. 辛香

食用辛香料有丁香、茴香、肉桂、姜、蒜、葱、胡椒、辣椒、花椒等，前四种的香气较常用于日用品加香中。直接蒸馏天然的辛香料得到的精油香气都与“原物”差不多，价格也都不太贵，可以直接使用，但最好还是经过调香师配制成“完整”的香精再用于日用品的加香，这一方面可以让香气更加协调、宜人，香气持久性更好，大部分情形下还可以降低成本。肉桂油如用于调配与人体有接触的产品，IFRA 有具体的规定和限用量，不能违反和超出。

辛香香料都有杀菌和抑菌、驱虫的功能，所以在日用品里加了辛香香精不单赋予香气，还给了多种功能，价值更进一步提高。

丁香香精

羟基香茅醛	18	芳樟醇	1	50%苯乙醛	1
肉桂醇	2	苯乙醇	18	大茴香醛	7
松油醇	7	苏合香膏	2	10%吲哚	3
苄醇	17	1#茉莉油	9	洋茉莉醛	15

香石竹香精

丁香油	40	乙酸苄酯	4	苯乙醛二甲缩醛	2
苯乙醇	8	乙酸桂酯	3	洋茉莉醛	2
异丁香酚苄醚	5	乙酰基异丁香酚	2	丁香酚甲醚	2
异丁香酚	15	水杨酸戊酯	3	桂酸苯乙酯	2
水杨酸苄酯	6	乙酸苯乙酯	2	白兰叶油	4

肉桂香精

肉桂醛	48	芸香浸膏	14	二甲苯麝香脚子	6
水仙醇	20	酮麝香脚子	7	苯乙醇	5

这个香精只能用作熏香香精。

五香粉香精

丁香油	5	花椒油	40	姜油	5
大茴香油	15	桂皮油	10		
小茴香油	10	甘草精	15		

肉桂熏香香精

桂醛	48	水仙醇	20	酮麝香脚子	7
苯乙醇	5	芸香浸膏	14	二甲苯麝香脚子	6

2. 凉香

凉香香料有薄荷油、留兰香油、桉叶油、松针油、樟油、迷迭香油、穗薰衣草油、艾蒿油及从这些天然精油中分离出来的薄荷脑、薄荷酮、乙酸薄荷酯、薄荷素油、香芹酮、桉叶油素、乙酸龙脑酯、樟脑、龙脑和“人造”的香气类似的化合物，“凉气”本来被调香师认为是天然香料中对香气“有害”的“杂质”成分，有的天然香料以这些“凉香”成分含量低的为“上品”，造成大多数调香师在调配香精的时候，不敢大胆使用凉香香料，调出的香精香味越来越不“自然”，因为自然界里各种香味本来就含有不少凉香成分。极端例外的情形也有，就是牙膏、漱口水香精，没有薄荷油、薄荷脑几乎是不可能的，因为只有薄荷脑才能在刷牙、漱口后让口腔清新、凉爽。举这个例子也足以说明，要让调配的香精有清新、凉爽的感觉，就要加入适量的凉香香料。

其实世界上第一个香水——匈牙利水就是用天然的凉香香料——迷迭香油加酒精配制而成的，早期的香水因为只能用天然香料配制，免不了随着天然香料带进去许多凉香香料成分，香气也是非常和谐动人的。

所有的凉香香料单体留香时间都不长，目前常用的定香剂也都难以把凉香香气“拉住”，把薄荷醇、龙脑制成它们的酯类可以延长留香时间，但香气特别是“凉气”要大打折扣。

薄荷香精

薄荷素油	60	水杨酸戊酯	5	乙酸苄酯	5
苯甲酸苄酯	5	二苯醚	5	玫瑰醇	5
水杨酸苄酯	5	甲位戊基桂醛	5	乙酸玫瑰酯	5

清凉香精

薄荷素油	16	香叶醇	20	二氢茉莉酮酸甲酯	10
甲位己基桂醛	20	紫罗兰酮	10		
芳樟醇	20	甜橙油	4		

“原野”香精

桉叶油	13	芳樟醇	6	二氢茉莉酮酸甲酯	5
乙酸异龙脑酯	14	檀香 803	11	铃兰醛	5
对甲酚甲醚	1	檀香 208	5	水杨酸苄酯	5
薰衣草油	10	柏木油	5	甲基柏木酮	5
乙酸芳樟酯	10	甲位己基桂醛	5		

3. 草木香

甘松油、缬草油、牡荆油、香紫苏油、紫苏油等天然香料都有明显的“药香味”，把它们中的任何一个加一定量到香精里面，“药香味”就显出来，但在许多有关香料香精的书籍里，它们有的被归入“木香”香料里，有的被归入其他香料里，让读者不知所以。虽然它们有“草香味”或“木香味”，但都以“药香味”为主，把它们归在“药香”里还是比较适合的。

台湾生产一种“中药卫生香”(拜佛用的神香)，香气非常吸引人，得到众多的好评，即使香味知识非常缺乏的人闻到它的香味也会立即说出“有中药味”。细细品尝有明显的甘松和缬草香味，这说明至少在卫生香这个领域里，人们认为“中药香”就应当是甘松、缬草一类香气。

药草香香精(一)

橡苔浸膏	4	二甲苯苄酯	20	玫瑰醇	22
大茴香油	2	二甲苯麝香	4	乙酸邻叔丁基环己酯	4
乙酸松油酯	28	乙酸芳樟酯	6	香豆素	10
桉叶油	2	叶醇	4	10%芹菜子油	4
乙酸异龙脑酯	40	芳樟醇	8	邻苯二甲酸二乙酯	10
甲位己基桂醛	4	香柠檬油	14	合计	200
乙酸对叔丁基环己酯	6	薰衣草油	8		

药草香香精(二)

乙酸松油酯	30	芳樟叶油	20	乙酸三环癸烯酯	20
二氢月桂烯醇	5	香豆素	4	合计	125
乙酸苄酯	8	二苯醚	25		
乙酸异龙脑酯	8	麝香草酚	5		

“中药”卫生香香精

芸香浸膏	7	水仙醇	20	丁香油	5
二甲苯麝香	10	松油醇	8	水杨酸戊酯	15
酮麝香脚子	20	甘松油	5	苯乙醇	10

4. 壤香

“土腥味”本来也是天然香料里面“令人讨厌”的“杂味”，在许多天然香料的香气里如果有太多的“土腥味”，就显得“格调不高”，但大部分植物的根都有“土腥味”，有的气味还不错，尤其是我国的民众对不少植物根（中药里植物根占有非常大的比例）的气味不但熟悉而且还挺喜欢，最显著的例子是人参，这个世人皆知的“滋补药材”香气强烈，是“标准”的壤香香料。也许就是自然界有这个“人见人爱”的“大补药”，调香师才创造了“壤香”的词汇，公众也才承认这一类气味是“香”的。

有壤香香气的香料现在还比较少，天然香料有香根油、香附子油等，合成香料有香根醇、格蓬吡嗪等，这几个香料的香气强度都比较大，留香也都较为持久，在香精里面它们的香气可以“贯穿始终”。

人参香精

格蓬吡嗪	1	香根醇	5	水杨酸戊酯	6
香附子油	6	苯乙醇	25	水杨酸苄酯	20
香根油	7	香叶醇	20	苯甲酸苄酯	10

香根香精

香根油	30	柏木油	5	水杨酸戊酯	5
香根醇	10	异长叶烷酮	15	血柏木酮	10
檀香 208	5	甲基柏木酮	5		
檀香 803	10	香叶醇	5		

5. 膏香

有膏香香味的天然香料是安息香膏（安息香树脂）、秘鲁香膏、吐鲁香膏、苏合香、枫香树脂、格蓬浸膏、没药、乳香、防风根树脂等，它们的共同特点是留香持久，大部分香气较为淡弱，但有“后劲”，直接用它们配制膏香香精时，要加入一些香气强度不太大的头香和体香香料，这些香料有的是上述天然膏香香料里面的成分，有的是人工合成的，如水杨酸丁酯、水杨酸戊酯、水杨酸苄酯、苯甲酸苄酯、香兰素、乙基香兰素等，还可以加些木香、草香、豆香香料修饰，使整体香气更加宜人，香气强度也高一些，可达到日用品加香用香精的要求。

安息香香精

苯甲酸苄酯	39	香豆素	4	甲基柏木酮	5
水杨酸苄酯	10	水杨酸戊酯	5	香叶醇	5
乙基香兰素	6	桂醇	8	苯乙醇	5
香兰素	6	柏木油	2	芳樟醇	5

苏合香香精

桂醇	49	香兰素	6	桂酸桂酯	5
桂酸	10	水杨酸苄酯	5	桂酸苯乙酯	5
桂酸乙酯	5	苯甲酸苄酯	5		
苯丙醇	5	桂酸苄酯	5		

六、动物香香精

动物香香精的品种很少，在日用品加香时常见的只有麝香、龙涎香两种，有的书上经常提到“琥珀”香，其实也是龙涎香，因为琥珀的英文是amber，龙涎香的英文ambergris，经常也简写为amber，翻译成中文的时候有时译成“龙涎”，有时译成“琥珀”。不过我国人的印象里，龙涎香的香气是极其“高雅”的，琥珀的香气总让人至少觉得“应当有些”松脂的气息，把它看贱了。我们认为没有必要把amber译成“琥珀香”，以免本来就已经让外行人觉得“非常复杂”、“难懂”的香味词汇更加“复杂”、更加“难懂”。

配制麝香、龙涎香香精的合成香料品种现在已经非常“丰富”了，调香师几乎能够随心所欲地按自己的思路来调配，完全不用天然麝香和天然龙涎香就能配出香气非常高雅、香比强值大、留香时间足够长的麝香和龙涎香精，这对于上一辈调香师们来说，还是梦寐以求的事。

所有的麝香香精、龙涎香精留香都较好，也较耐热，可以在一些需要留香持久的日用品如建筑涂料、家具、工艺品、塑料制品、橡胶制品等的加香。

1. 麝香

麝香的香味自古以来就被用于许多高档日用品的加香中，我国“文房四宝”里面的墨汁“极品”是带麝香香味的，福建漳州出产的原来专供皇帝用玉玺盖印时用的“八宝印泥”也要使用大量的天然麝香，可见它的“高贵”。现在天然麝香非常稀少，价格昂贵，除了调配高级香水、化妆品使用一点以外，其他日用品香精是很少用得起的。好在现在合成麝香品种繁多，而且层出不穷，配制中低档麝香香精已经绰绰有余。即使配制高档香水、化妆品用的麝香香精，大部分调香师也倾向于不用或少用天然麝香了。

人工合成的麝香香料经历了“硝基麝香”、“多环麝香”和“大环麝香”三个阶段，现处于“多环麝香”大量使用的阶段。“硝基麝香”曾经“辉煌”了差不多一个世纪，现在面临着全部被淘汰出局的命运，只是部分香精原来用了硝基麝香、香气也已被大众所熟悉一下子改不过来，还得使用一段时间。而在我国，硝基麝香还在大量生产着，虽然直接与人体接触的日用品使用的香精越来越少用硝基麝香，但其他香精特别是低档香精仍然大量使用二甲苯麝香，熏香香精不但用了多量的硝基麝香，连生产硝基麝香产生的“下脚料”也大量“吃进”，“消化”得很好。

硝基麝香尤其是二甲苯麝香在各种液体香料里的溶解度都较低，二甲苯麝香的“脚子”溶解度也不高，所以在配制麝香香精时不要“贪图”它们的低价位而加入太多，造成配好的香精在天气变冷时浑浊、沉淀让用户投诉、退货而影响信誉。

多环麝香有固体的，也有液体的，固体的在各种香料里的溶解性都较好，配制比硝基麝香方便多了，又不必担心像硝基麝香常见的变色问题，现在价格越来越低，所以应用也越来越广。配制麝香香精可以几个多环麝香搭配使用，取长补短，必要时也可以加入一些硝基麝香或多环麝香，让香气更加美好。

大环麝香虽然目前价格还嫌“太贵”一些，但它们大部分香比强值大，香气各有特色，应用也在不断地拓展中。许多调香师认为大环麝香的香气更有“动情感”，这也许有心理作用因素，因为天然麝香的主香成分——麝香酮也是大环麝香。根据目前所有可用的麝香香料的香气评价，用几个大环麝香搭配多环麝香，必要时用点硝基麝香才能调配出从头香到体香、直到基香香气都是“最好”而又和谐、圆和的麝香香精来。

粉麝香精

甜橙油	2	乙酸芳樟酯	3	结晶玫瑰	2
乙酸松油酯	4	乙酸苄酯	2	松油醇	5
甲酸香叶酯	1	玫瑰醇	12	香豆素	2
乙酸香茅酯	1	苯乙醇	13	广藿香油	2
芳樟醇	1	二苯醚	3	柏木油	3

紫罗兰酮	3	檀香 803	1	苄醇	10
水杨酸戊酯	3	铃兰醛	5	甲位戊基桂醛	2
二甲苯麝香	2	丁香酚	1	香柠檬醛	1
橡苔浸膏	2	香兰素	2	乙酸柏木酯	1
葵子麝香	4	芸香浸膏	2		
酮麝香脚子	4	10%十醛	1		

麝香香精

异长叶烷酮	50	苯乙醇	35	麝香 105	6
二甲苯麝香	1	70%佳乐麝香	10		
葵子麝香	13	麝香 T	10		

以上 2 例如用作护肤护发品的加香，必须把配方中的葵子麝香、芸香浸膏和酮麝香脚子分别换成吐纳麝香、苏合香膏和酮麝香。

2. 龙涎香精

天然龙涎香是留香最为持久的香料，古人认为龙涎香的香味能“与日月同久”，而龙涎香的气味是“越淡（只要还闻得出香气）越好”，合成的龙涎香料虽然已取得相当大的成就，但还是不能与天然龙涎香相比。现在常用的龙涎香料有龙涎酮、龙涎香醚、降龙涎香醚、甲基柏木醚、甲基柏木酮、龙涎酯、异长叶烷酮等，这些有龙涎香气的香料都有木香香气，有的甚至木香香气超过龙涎香气，所以目前全用合成香料调配的龙涎香精都有明显的木香味。早期的龙涎香精因为可供选用的香料太少，调香师大量使用赖百当浸膏（及其净油），久而久之，许多人已经“认定”龙涎香精的香气就是赖百当的气味，直到现在，调配龙涎香精也都必用赖百当浸膏或净油，但用量越来越少，毕竟龙涎香雅致的香味是赖百当的气味不可比拟的。

调配龙涎香精除了用上述龙涎香料外，还可以加入一些麝香香料以加强动物香气，但不能让麝香香气过分暴露。

龙涎香水香精

5%龙涎香酊	20	赖百当浸膏	2	水杨酸苄酯	5
降龙涎香醚	1	酮麝香	2	苯甲酸苄酯	5
甲基柏木醚	10	麝香 105	2	香叶醇	6
甲基柏木酮	5	麝香 T	2	苯乙醇	10
龙涎酮	10	70%佳乐麝香	20		

龙涎熏香香精

赖百当浸膏	20	香叶醇	10	麝香 105 脚子	8
甲基柏木酮	10	二甲苯麝香	5	玫瑰醇底油	8
异长叶烷酮	10	葵子麝香	5		
苯乙醇	20	70%佳乐麝香	4		

龙涎涂料香精

赖百当浸膏	5	龙涎酮	6	柏木油	5
甲基柏木醚	15	香叶醇	20	香紫苏油	4
甲基柏木酮	10	二氢茉莉酮酸甲酯	5		
降龙涎香醚	1	苯乙醇	29		

七、醛香香精

醛香香精是“香奈尔5号”香水畅销全世界以后才在日用品加香方面崭露头角的“新香型”香精，由于“香奈尔5号”香水特别受到家庭妇女的喜爱，所以醛香香精非常适合家用化学品、家庭用品的加香。

其实所谓“醛香香精”无非是在各种香型的基础上加了一定量的醛香香料而已，由于脂肪醛的香气强度大，在加入量达1%左右就能在头香“压过”其他香味，如“香奈尔5号”香精的配方中如果去掉醛香香料，就成为一个不折不扣的花香香精了。其他醛香香精也是如此。所以每一个醛香香精都应该在“醛香”二字后面加上一种香型名字才较完整。就这一点来说，醛香香精也是一种“复合香精”。

配制各种醛香香精时，先要确定“醛香”后面是什么香型，比如“醛香素心兰香精”，可以先配制一个素心兰香精，再加入适当的醛香香料（脂肪醛），每一个“醛”只能加入0.1%～1.0%，极少超过这个量，因为超过这个量很难调出香气圆和、令人闻之舒适的香精。一般情况下，几个“醛”一起用比单用一个“醛”要好。所有的脂肪醛除了有共同的醛香香气以外，都具有自己的特色香，这个“特色香味”要与体香和基香香料的香气“合拍”。如“醛香果香香精”辛醛、癸醛可以多加一点，因为这两个醛有果香味；“醛香玫瑰香精”或“醛香百花香精”壬醛和十一醛可以多用一点，因为这两个醛有玫瑰香味；如果要让配好的香精除了有醛香香味外还要有龙涎香味，则加入甲基壬基乙醛是最适合的，因为这个醛有龙涎香气。

醛香香精（一）

玫瑰醇	2	橡苔浸膏	4	铃兰醛	6
二氢茉莉酮酸甲酯	4	芳樟醇	15	麝香T	4
苯甲酸苄酯	3	乙酸芳樟酯	6	香茅醇	4
檀香208	1	香兰素	2	甲基壬基乙醛	2
香根油	1	甲基紫罗兰酮	13	对甲酚甲醚	1
柠檬油	1	香豆素	8	异丁香酚	2
依兰依兰油	1	香叶醇	7	丁香油	2
柏木油	1	乙酸苄酯	5	佳乐麝香	5

醛香香精（二）

十醛	2	甲位戊基桂醛	5	二苯醚	5
水仙醚	16	乙位萘乙醚	6	松油醇	10
芳香醚	34	二甲苯麝香	8	苯甲酸苄酯	5
乙酸苄酯	5	柏木底油	4		

醛花香香精

乙酸对叔丁基环己酯	50	10%乙位突厥酮	1	檀香208	4
十一烯醛	5	铃兰醛	18	合计	180
10%十醛	4	甲基紫罗兰酮	12		
玫瑰醇	35	苯乙醇	51		

醛香素心兰香精

10%十一醛	4	10%甲基壬基乙醛	2	甲位戊基桂醛	3

乙酸苄酯	12	柏木油	7	二甲苯麝香	8
洋茉莉醛	6	乙酸柏木酯	15	橡苔浸膏	8
茉莉香基	6	玫瑰醇	13	甜橙油	12
赖百当浸膏	4	香豆素	3	广藿香油	5
甲基紫罗兰酮	9	丁香酚	10	檀香 208	2
苯甲酸苄酯	10	香叶油(配制)	6	苏合香膏	2
丙酸苄酯	4	异丁香酚	4	乙酸松油酯	10
水杨酸苄酯	22	乙酸苏合香酯	3	香兰素	1
香柠檬油(配制)	14	酮麝香	3	合计	208

八、复合型香精

所谓“复合香精”是指两个以上（一般为2～3个）“单香型”的香精按适当的比例复合调配而成，如玫瑰檀香香精、玫瑰麝香香精、三花香精、白花香精（数种白色鲜花的香精配制而成）、百花香精、龙涎玫瑰、龙涎檀香、花果香精等，复合香精有的可以起到让几个“单香型”香精取长补短、香气更为和谐宜人的作用，并可以创造新香型，因为两个以上的香精混合在一起不一定还只是两种香味的简单复合，有时可能产生更加令人“激动”的香味出来。

把两个本来香气和谐的“标准单香型”香精配成一个复合香精，用1∶1的比例是最差的做法，实践证明，采用“黄金分割法”即0.618∶0.382的比例（质量比）配制往往能有意想不到的效果。如配制“玫瑰檀香香精”时，取两个香气都不错、香比强值一样的玫瑰香精和檀香香精，按下列比例：

玫瑰檀香香精（一）

玫瑰香精	61.8	檀香香精	38.2

配制出来一定不错。如按下列比例：

檀香玫瑰香精（一）

玫瑰香精	38.2	檀香香精	61.8

配制出来的香精也不错，只是名字倒过来了。

如果两个香精的香比强值不一样，通过简单的计算让二者的“计算香比强值”符合“黄金分割法”就是了。

上述这个方法对于用香厂家来说，是比较容易做到而又行之有效的，前提是要香精厂提供香精的香比强值。而对香精厂来说，就不一定要这样做了，他们主要还是采用“从头做起”的配制方法。下面详细介绍。

玫瑰檀香香精（二）

柏木油	40	苯乙醇	5	二苯醚	3
乙酸苄酯	10	苯甲酸乙酯	1	乙酸对叔丁基环己酯	2
二甲苯麝香	4	乙酸苯乙酯	4	癸醇	3
酮麝香	2	水杨酸戊酯	3	玫瑰醇	13
甜橙油	5	甲位戊基桂醛	5		

檀香玫瑰香精（二）

檀香 208	12	香根油	5	广藿香油	2

50%赖百当净油	2	乙酸香叶酯	3	甲位戊基桂醛	1
3# 香叶油	4	10%十一醛	2	羟基香茅醛	4
玫瑰醇	35	紫罗兰酮	5	酮麝香	2
苯乙醇	8	乙酸芳樟酯	3	血柏木油	4
肉桂醇	2	乙酸苄酯	1	柏木油	5

玫瑰檀香香精（三）

洋茉莉醛	16	70%佳乐麝香	16	玫瑰醇	10
香豆素	2	铃兰醛	4	甲基柏木酮	6
香叶醇	20	苯乙醇	18	乙酸香叶酯	8

麝香玫瑰香精

苯乙酸苯乙酯	10	异长叶烷酮	18	乙酸芳樟酯	19
水杨酸戊酯	7	香叶醇(进口)	20	合计	120
苯甲酸苄酯	7	苯乙醇	20		
麝香 T	18	甲基壬基乙醛	1		

三 花 香 精

酮麝香	6	苯乙醇	12	芳樟醇	24
乙酸苄酯	20	乙酸香根酯	8	松油醇	12
甲位戊基桂醛	6	新铃兰醛	2	玫瑰醇	12
乙酸芳樟酯	4	洋茉莉醛	16	乙酸苏合香酯	6
乙酸香叶酯	14	甲位己基桂醛	28	十醛	2
异丁香酚	4	甲基紫罗兰酮	24	合计	200

百 花 香 精

薰衣草油	12	紫罗兰酮	6	香豆素	6
柠檬油	8	莎莉麝香	4	甲基紫罗兰酮	6
配制茉莉油	11	麝香 105	1	香叶油	12
金合欢香基	6	香根油	6	甜橙油	8
广藿香油	6	玳玳花油	6	10%灵猫香膏	2

肉桂苹果香精

桂酸乙酯	30	十六醛	5	苯乙醇	20
苹果酯	20	玫瑰醇	6		
桂醇	10	紫罗兰酮	9		

九、幻想型香精

“幻想型香精”是调香师在大量仿配自然界各种香味的基础上发挥人类的艺术创造力制造出来的、不同时代的“新香型”香精，它们是调香师艺术才华表现的最高境界。“皮革香”可以说是世界上最早的“幻想型香精”。调香师艺术性地把几种植物花、叶、根和树脂的香味融为一体，创造出自然界没有的但能够得到大多数人赞美的全新的一种香型。古龙水是第一个“幻想香型”的香水，用来作为男人们洗澡以后喷洒在身上的“清新剂”，取得巨大的成功。直到今日，这种被称为“古龙”的香型仍旧受到人们的欢迎和赞赏，并用于许多日用品的加香。

大多数“人造”的香型都是通过香水推广成功以后再进入日用品的，如“馥奇”、“素心兰”、“东方”、“力士”（1947年问世的miss dior香水香型，后来衍变成香皂用的香型）、“毒物”等，也有少数从一开始就直接作为某一种日用品的香型，成功以后在其他日用品推广开的，如“皮革香”、“森林”、“海岸”、“美国花露水”、“中国花露水”等。

1. 皮革香

现代的香料工业可以说是从皮革的加香需求而开始的。在16世纪的欧洲，皮革制造业发展到“高级阶段”，为了掩盖动物皮革的臭味，人们尝试着用各种植物的有香部分给皮革加香，后来进展到使用植物材料提取的精油、树脂、浸膏，并开始最原始的调香，调配出既可以掩盖皮革的臭味、又令人闻之愉快的混合香料溶液——现在都被叫做“香精”了，许多销售香料的商店都在做着这种调配香料的艺术活动，产生了世界上第一批职业调香师，为后来的香水制造奠定了基础。

由于当时欧洲各国出产的香料不同、人们对香味的喜爱不同、被加香的材料（动物皮革）气味不同，所以在皮革加香的早期便有了各种各样的“皮革香”，后来慢慢地形成几种至今还被用于日用品加香的“皮革香型”，其中较为著名的有“西班牙皮革香”、“意大利皮革香”和“俄罗斯皮革香”等。

皮革香都有焦香味，这是因为当时的动物皮革在加工过程中有用烟熏过，后来人们已经习惯了这种气味，在调配皮革香型香精时，就人为地加入了桦焦油，现在仍旧如此，有的调香师有时会改用其他带焦味的香料如“直馏柏木油”、“干馏杉木油”以及一些焦香味的酚类化合物等。

皮革香香精

檀香208	20	广藿香油	5	橙叶油	20
柏木油	14	甲基柏木酮	5	愈创木酚	5
玫瑰醇	10	乙酸松油酯	20	异丁基喹啉	1

意大利皮革香精

乙酸芳樟酯	10	乳香香树脂	3	铃兰醛	5
纯种芳樟叶油	10	赖百当浸膏	4	羟基香茅醛	5
苯甲酸苄酯	2	东印度檀香油	2	桂醇	9
水杨酸苄酯	2	香根油	2	麝香T	4
紫罗兰酮	1	橡苔浸膏	1	酮麝香	2
香柠檬油	20	华焦油	1	吲哚	1
玫瑰木油	10	新铃兰醛	5	苯乙酸	1

2. 古龙

经典的古龙水香精是用柠檬油、香柠檬油、橙花油、薰衣草油、迷迭香油等按一定的比例配制而成的，留香期短，特别受到男士们的喜爱。近代的古龙水香精则使用了许多合成香料以降低制造成本，并加入不少定香剂，所以“现代型”的古龙水香精也有一定的留香，但整体香气变化不是很大。“女用古龙水”香精则加了较多的花香香料，调香师认为女士们总是喜欢花香的。

现在古龙香型已不止用于古龙水，许多日用品如香皂、空气清新剂、化妆品等采用古龙香型也取得成功，因为古龙香型的最大特点是“清新爽快、自然芬芳”，特别适合于盥洗间里所有用品的加香，其实凡是需要“清爽”的场合使用古龙香型都是不错的。现在的古龙水倒不一定是古龙香型，人们把香精含量6%以下的“香水”都叫做“古龙水”（我国也已经把“花露水”归入“古龙水”范畴里）了。

古龙水香精（仿4711）

原料	用量	原料	用量	原料	用量
柠檬油	7	薰衣草油	5	莎莉麝香	5
白柠檬油	1	乙酸芳樟酯	60	羟基香茅醛	8
甜橙油	8	乙酸松油酯	34	丁香油	2
香柠檬油(配制)	24	柠檬醛	1	橙花素	2
桉叶油	1	香叶油	3	合计	200
乙酸异龙脑酯	1	苯乙醇	20		
橙叶油	16	香兰素	2		

古龙香精（一）

原料	用量	原料	用量	原料	用量
赛柿油	50	香柠檬油(配制)	18	橙叶油	5
甜橙油	10	玳玳花油	1	乙酸芳樟酯	10
白柠檬油	2	迷迭香油	4		

古龙香精（二）

原料	用量	原料	用量	原料	用量
玳玳叶油	50	苯乙醇	10	香兰素	2
香柠檬油(配制)	20	香叶油	12	50%赖百当净油	2
柠檬油	10	香紫苏油	2	安息香膏	8
甜橙油	16	甲基紫罗兰酮	2	苏合香膏	6
柠檬醛	2	茉莉浸膏	8	薄荷素油	3
玳玳花油	20	香根油	2	乙酸乙酯	3
薰衣草油	8	檀香208	2	酮麝香	6
麝香草酚	2	丁香油	4	合计	200

现代古龙水香精

原料	用量	原料	用量	原料	用量
麦赛达	20	白柠檬油	3	玳玳叶油	1
乙酸柏木酯	2	乙酸芳樟酯	10	莎莉麝香	3
香根油	2	乙酸松油酯	30	缬草油	1
吐纳麝香	8	香柠檬醛	2	杭白菊浸膏	1
玳玳花油	1	柠檬醛	2	10%异丁基喹啉	1
甲基柏木醚	5	甜橙油	20	10%十醛	1
龙涎酮	5	香紫苏油	2	合计	134
橙花素	4	橘子油(冷榨)	10		

女用古龙水香精

原料	用量	原料	用量	原料	用量
二氢茉莉酮酸甲酯	10	橙花素	2	柠檬醛	1
乙酸柏木酯	3	紫罗兰酮	2	甜橙油	10
香根油	1	乙酸苄酯	3	香紫苏油	2
佳乐麝香	8	柠檬油	4	芳樟叶油	10
玳玳花油	1	乙酸芳樟酯	12	二氢月桂烯醇	2
甲基柏木醚	3	乙酸松油酯	8	香叶醇	2
龙涎酮	6	香柠檬醛	1	玳玳叶油	1

吐纳麝香	4	橙花酮	1	迷迭香油	1
水杨酸戊酯	1	铃已醛	1	合计	100

3. 馥奇

薰衣草油、橡苔浸膏或净油、香豆素三种香料按一定的比例混合就组成了馥奇香型的主香部分，再用一些花香、草香、果香、木香、膏香、动物香香料丰富和修饰它，注意不要“喧宾夺主”，就成为“变化多端”的馥奇香精了。馥奇香型是早期的调香师开始有意识地均衡香精中头香、体香、基香三者比例的典范，直到现在还是初学调香的人员练习“完整香精”的习题之一——调香师先用薰衣草油及其配制品、合成橡苔素（天然橡苔浸膏及其净油已被 IFRA 列为“限用原料”）和香豆素配出统一的“馥奇香基”，再让他的学生、助手用这个香基配制各种不同风格的馥奇香精出来，考察每一位学生、助手的想象力和创作才能。

馥奇香型现在大量出现在香皂香精里，因为它的香气能较好地掩盖肥皂的油脂和碱的“臭味”，在其他日用品的加香使用也很多，今后仍将是日用品加香的主要香型，虽然配制时用的香料一直在“吐故纳新”，特别是少用或不用天然香料，但整体香气不会有太大的变化。

馥奇香精

香柠檬油	10	玫瑰油	5	龙涎酮	2
檀香 208	10	乙酸芳樟酯	7	酮麝香	5
薰衣草油	10	芳樟醇	15	橙叶油	17
广藿香油	17	香豆素	10	洋茉莉醛	17
鸢尾酯	6	香兰素	3	合计	134

百花馥奇香精

甲位已基桂醛	5	合成橡苔素	3	异丁酸松油酯	7
玫瑰醇	5	安息香膏	8	乙酸异龙酯	3
薰衣草油	10	广藿香油	2	纯种芳樟叶油	10
香柠檬油	20	酮麝香	5	香豆素	10
橡苔浸膏	2	乙酸香叶酯	10		

馥奇皂用香精

薰衣草油	20	橡苔浸膏	2	乙酸苄酯	5
乙酸芳樟酯	18	合成橡苔素	3	甲位已基桂醛	3
纯种芳樟叶油	10	水杨酸戊酯	4	甲基二苯醚	2
香柠檬油	10	70%桂乐麝香	5	香叶醇	5
香豆素	8	柏木油	5		

4. 素心兰

素心兰香型是目前甚至将来很长一段时期所有香水香精的“灵魂”，市面上琳琅满目的香水细细品尝90%以上都有素心兰的“影子”，这其实并不奇怪，素心兰香型由果香、青香、草香、花香、苔香、木香、豆香和动物香等组成，各段香气都允许有大的变化，调配香气“丰富”、细致、头尾要“一脉相承”、又能满足大多数人“审美”观的香水香精几乎必须把上面几种香型的香料都用上，无意中已经调出素心兰的“骨架”了，所以有人揶揄调香师“你要是怕调配的香水卖不出去，就再调个素心兰好了”。

“基本”的素心兰香精用香柠檬油、柠檬油、橡苔浸膏或净油、香豆素加上几个花香［乙酸苄酯、甲位戊（或已）基桂醛、二氢茉莉酮酸甲酯、玫瑰醇、铃兰醛等］、木香（檀香 208、檀香803、龙涎酮等）和动物香（各种“人造”麝香、降龙涎香醚等）香料配制而成，头香、基香的香气格调基本相似，在体香段特别是花香香料可以有多种变化，形成各种风格。如某一种香气比较突出，通常也被称为××素心兰香精，请看下面几个例子。

素心兰香精

香豆素	4	乙酸对叔丁基环己酯	5	檀香 208	5
二甲苯麝香	4	橡苔浸膏	2	香根油	2
洋茉莉醛	2	10%十醛	1	广藿香油	2
铃兰醛	10	10%甲基壬基乙醛	2	甲位戊基桂醛	2
乙酸松油酯	16	玫瑰醇	10	乙酸苏合香酯	2
甲基柏木酮	5	二苯醚	5	乙酸芳樟酯	5
香茅腈	2	乙酸苄酯	10	甜橙油	4

果香素心兰香精

10%十一醛	2	10%灵猫香膏	3	乙酸香根酯	10
50%安息香膏	4	丁香油	6	依兰依兰油	8
乙酸苄酯	8	香豆素	3	乙酸苏合香酯	1
羟基香茅醛	6	丙位癸内酯	2	丙酸苏合香酯	4
2#茉莉油	16	格蓬浸膏	1	葵子麝香	4
赖百当浸膏	2	配制玫瑰油	18	酮麝香	5
柠檬油	4	香紫苏油	4	橡苔浸膏	4
甲基紫罗兰酮	16	檀香 208	5	玳玳花油	1
香柠檬油(配制)	13	苏合香膏	2	广藿香油	5
肉豆蔻油	1	10%十四醛	2	麝香 105	1
乙酸柏木酯	16	香兰素	4	合计	181

花香素心兰香精

10%十醛	3	薰衣草油	10	广藿香油	12
10%十一醛	6	芳樟醇	4	苯乙醇	30
香柠檬油(配制)	10	甲基紫罗兰酮	7	配制玫瑰油	6
乙酸柏木酯	5	乙酸苏合香酯	4	10%十四醛	2
10%灵猫香膏	2	酮麝香	5	香兰素	2
羟基香茅醛	13	玳玳叶油	1	香根油	3
紫罗兰酮	1	玳玳花油	3	乙酸香根酯	8
配制茉莉油	8	橡苔浸膏	6	依兰依兰油	1
赖百当浸膏	2	橙叶油 A	2	合计	156

5. 东方香

皮革香、古龙、馥奇、素心兰、东方香并列为“五大经典幻想香型”。东方香型以木香和膏香为主，配些蜜甜香和动物香，看似简单，要配制出一个有特色、香气宜人、不会“沉闷”（木香和膏香香料的香气都较“沉重”）的东方香香精却非易事。

高档的东方香水香精要用东印度檀香油作主香成分，但现在东印度檀香油价昂而不易得，中低档香精“用不起”，只能用其他木香香料代替，常用的有檀香208、檀香803、血柏木油、柏木油、乙酸柏木酯、甲基柏木醚、甲基柏木酮、龙涎酮、异长叶烷酮、广藿香油、香根油等（后两个香料用量要谨慎，不要让它们的“药味”显露出来）。膏香香料可以用各种天然的树脂、香膏，也可以用合成香料如苯甲酸苄酯、水杨酸苄酯、香兰素、乙基香兰素等。以上木香和膏香香料加完以后，还得根据香气特点加些香柠檬油、乙酸芳樟酯、芳樟醇等让香气能“飘”一些。按惯例加入少量桦焦油，加入量以能闻到焦味而又不太突出为佳。非动物皮革加香用的“皮革香精”还要加入一些动物香的香料，一般为合成麝香类，龙涎香味的香料可以不加，因为甲基柏木醚、甲基柏木酮、龙涎酮和异长叶烷酮等已经带有龙涎香味了。

东方香型香精都比较耐热，留香期较长，这是因为调配东方香香精的原料沸点都比较高（除了为了让香味“飘散一些”而加入的少量头香香料以外）的缘故。因此，东方香型香精可以用于需要留香较久或加入香精以后还有加热工序的日用品如塑料制品和橡胶制品等。

东方香精

甲基紫罗兰酮	20	酮麝香	2	10%异丁基喹啉	1
香柠檬油(配制)	14	龙涎酮	3	檀香 208	6
香根油	12	葵子麝香	3	香豆素	7
玫瑰香基	3	乙酸香根酯	10	乙基香兰素	2
茉莉香基	7	乙酸柏木酯	4		
广藿香油	1	桂醇	5		

东方花香香精

甲位己基桂醛	14	苯乙醇	5	广藿香油	2
水杨酸苄酯	10	异丁香酚	4	乙酸苄酯	1
二氢茉莉酮酸甲酯	10	乙酸芳樟酯	4	玫瑰醇	2
香柠檬酯	10	苯甲酸叶酯	3	黑檀醇	1
芳樟醇	6	香兰素	2	女贞醛	1
麝香 T	5	葵子麝香	12	檀香 208	1
甜橙油	5	紫罗兰酮	2		

东方香精

檀香 208	30	香叶油(配制)	2	麝香 105	3
香根油	25	甲基紫罗兰酮	14	龙涎酮	5
广藿香油	6	香柠檬油(配制)	3		
玫瑰醇	10	丁香酚	2		

6. 森林

森林香型是“现代”的幻想香型之一，它迎合了20世纪80年代兴起的“回归大自然”热潮的需要。“森林”一词让人想到走进原始森林时鼻子捕捉到的信息，但各人经历不一样，感受也不一样，有人回忆起松柏，有人想到苔藓，有人好像再一次看到草地。究竟哪一组香味才能“唤起”大多数人对“森林”的记忆呢？调香师们也没有一个统一的概念，只能各调各的，最终由市场来“检验”。比较能让大多数人接受的“森林”香型应该是既有松柏、苔藓、草地的芬芳，又要让人闻到它立即就有清新、爽快、振奋的感觉。

森林香精

乙酸异龙脑酯	60	乙酸苄酯	5	苯甲酸苄酯	5
二氢月桂烯醇	5	苄醇	5	松油醇	20

松林百花香精

乙酸异龙脑酯	35	甲位己基桂醛	3	松节油	5
玫瑰醇	2	乙酸苏合香酯	1	松油醇	5
对甲基苯乙酮	2	桉叶油	2	酮麝香	5
大茴香醛	2	柏木油	7	甲基柏木酮	3
甲基壬基乙醛	1	二甲苯麝香	4	合成橡苔素	2
水杨酸戊酯	6	麝香 T	4	橡苔浸膏	3
乙酸苄酯	1	檀香 803	7		

7. 海岸

比起“森林”香型来，“海岸”香型更让人捉不着边际，总不至于叫调香师调一个人们经常在海边闻到的臭鱼烂虾气味的香精吧？当用香厂家和消费者第一次看到写着“海岸”、“海风”、“海岛”等带“海”字的香精、香水和香制品并闻到它们优雅、清爽而又令人“想入非非”的奇特香味时，不得不佩服调香师丰富的想象力和大胆的艺术创造。

现在有许多新的合成香料“香气介绍”上写着“有海风气息”，这只是让调香师调配带“海”字的香精时可以选用它们而已，单靠这几个“海风”香料是调不出海岸香型香精的。一个令人满意的海岸香型香精需要用到各种各样花（主要是铃兰、茉莉和玫瑰）香、草香、木香、青瓜香、豆香、动物香（龙涎香为主）等香料，调配时它们各自的香气都不能过分突出，而又要整体协调、均衡散香，着实不容易。

海岸香型香精主要用于空气清新剂、气雾剂和一部分化妆品的加香，比较受现代年轻人的喜爱。

海岸香精

二氢月桂烯醇	4	芳樟叶油	8	格蓬浸膏	1
柑青醛	3	铃兰醛	6	格蓬酯	1
甲位戊基桂醛	12	乙酸异龙脑酯	3	杭白菊浸膏	1
玫瑰醇	12	香茅腈	3	10%异丁基喹啉	1
香豆素	4	甲基壬基乙醛	3	麝香草酚	1
水杨酸戊酯	1	榄青酮	1	橡苔浸膏	2
柏木油	13	广藿香油	1	水杨酸苄酯	1
乙酸松油酯	10	乙酸三环癸烯酯	2	薄荷素油	1
乙酸苄酯	4	乙酸苏合香酯	1		

海洋香精

二氢月桂烯醇	3	水杨酸丁酯	1	香茅腈	2
柑青醛	2	柏木油	12	乙酸芳樟酯	4
甲位戊基桂醛	10	乙酸苄酯	5	甲基壬基乙醛	1
玫瑰醇	10	芳樟醇	7	榄青酮	1
苯乙醇	17	铃兰醛	6	广藿香油	2
香豆素	2	葵子麝香	4	松油醇	3
水杨酸苄酯	4	乙酸异龙脑酯	2	乙酸三环癸烯酯	2

海风香精

乙酸芳樟酯	6	10%水杨酸叶酯	3	苯乙醛二甲缩醛	1
芳樟醇	12	10%女贞醛	2	茉莉酯	4

乙酸苄酯	5	二氢茉莉酮酸甲酯	7	2-甲基-3-丙酰 F	2
松油醇	6	铃兰醛	5	甲位己基桂醛	7
吐纳麝香	2	兔耳草醛	4	佳乐麝香	5
酮麝香	2	羟基香茅醛	6	玫瑰醇	15
新洋茉莉醛	3	柠檬油	3		

海地香精

苯乙酸苯乙酯	2	铃兰醛	15	二甲基苄基原醇	26
70%佳乐麝香	2	香叶基丙酮	2	乙酸二甲基苄基原酯	5
水杨酸环己酯	3	乙酸香茅酯	3	芳樟醇	2
乙酸苏合香酯	1	乙酸香叶酯	5	甜橙油	2
龙涎酮	15	四氢芳樟醇	2	乙酸二氢月桂烯醇	5
新洋茉莉醛	10				

8. 力士

提起“力士”香型，调香师会想到一种世界闻名的香皂——力士香皂。力士香型与力士香皂是分不开的，至今许多香皂的香型仍然是力士香型的衍变。这是 1947 年创造这个香型的调香师做梦也想不到的，因为他调的是一个“前所未有”的香水香精，香气成分复杂，头香有栀子花、白松香、鼠尾草，还有隐约可以闻到的醛香，体香有茉莉、玫瑰、铃兰、橙花、水仙、百合、康乃馨等各种花香，基香则有鸢尾、广藿香、香根、赖百当、橡苔、龙涎香、柏木、檀香还有皮革香，这么复杂而又细致的香型以香水的形式流行开以后，谁也想不到竟然会被香皂厂看中“拿”去改造变成肥皂加香使用而取得更加辉煌的成功呢？现在要是有人还在使用 50 多年前世界闻名的迪奥小姐香水，出门后肯定被周围的人看作是刚刚洗完澡身上残留的香皂气息，最多夸奖“你用的香皂香气这么好啊”。

力士香型的特点是香气“丰富多彩”，对各种工业品的“臭味”掩盖力高，留香也不错，所以才被香皂厂“看上”。现在力士香型香精已经不仅仅只作为香皂使用，其他日用品也“看上”它的这些优点而用上了。

调配力士香精要用到几乎所有的花香香料、木香香料和醛香香料，还得用一点动物香（主要是龙涎香）香料，栀子花的香味较为突出但又要同其他香气协调，不能太露而显得“尖锐”离群，这是调配力士香精最难之处。以前我国香皂厂进口国外的“力士香基”再加入国产的香料配制力士香精，使用了不少的外汇，现在已经基本上不用，全部用国产的香料照样可以配出非常好的力士香精来。

力士香精（一）

铃兰醛	10	苯乙醇	12	柏木油	35
松油醇	18	芳樟叶油	4	芳香醚	8
甲位戊基桂醛	4	苯甲酸苄酯	5	桂醇	10
乙酸苄酯	40	玫瑰醇	2	二苯醚	5
乙酸松油酯	3	乙酸苯乙酯	3	水仙醇	15
二甲基对苯二酚	2	水杨酸戊酯	2	合计	200
乙酸苏合香酯	2	乙酸对叔丁基环己酯	3		
二甲苯麝香	16	对甲基苯乙酮	1		

力士香精（二）

松油醇	18	甲位戊基桂醛	4	乙酸苄酯	40

乙酸松油酯	3	芳樟醇	4	对甲氧基苯乙酮	1
二甲基对甲酚酯	2	苯甲酸苄酯	5	乙酸对叔丁基环己酯	3
乙酸苏合香酯	2	玫瑰醇	1	铃兰醛	10
二甲苯麝香	4	乙酸苯乙酯	3	合计	150
苯乙醇	48	水杨酸戊酯	2		

力士香精（三）

铃兰醛	18	乙酸苏合香酯	2	乙酸对叔丁基环己酯	3
柏木油	7	芳樟叶油	4	松油醇	20
甲位戊基桂醛	4	苯甲酸苄酯	5	二甲苯麝香	8
乙酸苄酯	11	乙酸苯乙酯	3	玫瑰醇	2
乙酸芳樟酯	3	水杨酸戊酯	2	桂醇	1
二甲基对苯二酚	2	对甲氧基苯乙酮	1	芸香浸膏	4

9. “美国花露水”

在国外，“美国花露水”才是“正宗”的花露水，因为花露水在国外的“正式”名称是“佛罗里达水”，佛罗里达是美国东南沿海的一个州。“美国花露水”香型是清新、爽快、基本不留香的，可以说是美国的古龙水，主要也是用于浴后喷在身上有点香味就可以了。香气是香柠檬、薰衣草为主加点药香味。

配制“美国花露水”香精可以用香柠檬油，薰衣草油，少量的肉桂油和丁香油，一些常用来配制茉莉、玫瑰、铃兰等花香的合成香料如乙酸芳樟酯、芳樟醇、乙酸苄酯、铃兰醛等，只用很少的定香剂。整体香气让人闻之愉快、清爽，但飘过即散，几乎不留痕迹，与“中国花露水”有着“天壤之别”。

“佛罗里达水”香精

薰衣草油	30	玳玳叶油	4	丁香油	5
香柠檬油	10	乙酸芳樟酯	10	桂皮油	2
甜橙油	17	乙酸松油酯	4	甲基紫罗兰酮	2
白柠檬油	2	乙酸香叶酯	3	檀香 208	2
柠檬醛	1	香叶油	5	甲基柏木酮	3

薰衣草型花露水香精

薰衣草油	30	玳玳叶油	10	檀香 803	3
柠檬油	10	丁香油	5	乙酸芳樟酯	10
香柠檬油	10	香叶油	4	乙酸香叶酯	3
甜橙油	10	檀香 208	2	纯种芳樟叶油	3

10. “中国花露水”

中国的花露水生产要追溯到1900年的清代末期了，但被国人普遍“认同”并接受而成为一种重要的香型则是20世纪的30～40年代，当时的“明星花露水”被当作中国的香水名噪一时，其香味直到现在仍然受到普遍欢迎。

与“美国花露水”不同，“中国花露水”香型是“玫瑰麝香”型的，在以玫瑰为主的花香之后散发出浓郁的麝香香韵，非常符合国人的喜好。虽然经过了这么长时间世界“风云”的变幻，有时由于原料来源的困难不得不采用替代品，但整体香气基本上是不变的，现在因为

IFRA对某些香料的限制使用和禁用，配方还会有较大的修改，香气仍将维持原“貌”，因为“中国花露水”的香味已经在国人的心目中根深蒂固，不易改变了。

“中国花露水”还经常被当作“空气清新剂”使用，在城乡的公共场所、宾馆、家里都会看到有人到处喷洒“中国花露水”，夏日炎炎时火车、公共汽车、车站等人多的地方有时几乎人手一瓶，除了往自己身上涂抹，还四处喷点，所以几乎没有一个中国人不熟悉这种香味的。

“中国花露水”香精

原料	用量	原料	用量	原料	用量
甜橙油	3	70%佳乐麝香	10	广藿香油	2
乙酸香叶酯	4	麝香T	4	紫罗兰酮	8
香叶醇	20	结晶玫瑰	4	香豆素	4
芳樟醇	2	二氢月桂烯醇	3	水杨酸戊酯	5
苯乙醇	4	二苯醚	2	铃兰醛	5
乙酸芳樟酯	8	甲基柏木酮	5		
麝香105	5	丁香油	2		

药物花露水香精

原料	用量	原料	用量	原料	用量
龙脑	9	玫瑰醇	35	柠檬醛	2
乙酸异龙脑酯	5	香叶油	10	香兰素	1
桂皮油	3	丁香罗勒油	6	合计	111
苯乙醇	35	麝香草酚	1		

11．“毒物”

“毒物”（poison）香水于1985年在法国一炮打响以后，当年就荣登“世界10大香水”的冠军宝座，立即引起世界各国日用品制造商的注意，因为当时许多名牌香水的香型已经都进入各种日用品的加香了，这种全新的香型自有它更高的价值。很快地，市场上出现了“毒物”香味的化妆品、香皂、空气清新剂、纸巾等，消费者也趋之若鹜，制造商尝到了“毒物”的甜头，更加“变本加厉”地在其他日用品方面也用上这种香型，调香师当然更巴不得有这种“我再来”的机会，也不遗余力地调配出用于各种日用品加香的“毒物”香型香精，一时间“毒物”满天飞，香遍了全世界。

“毒物”香型确实有较大的创新之处，它抹掉了长期以来素心兰香气无处不在、挥之不去的影子，一改过去所有的香水都是“以麝香香味收尾”的传统，代之以自始至终的果香（主要是桃子香）与蜜甜香，让人闻过还想再闻一下，但也正因为它的过于甜腻的和“可食性”的水果香气，影响了它在一些日用品加香上的应用。

“毒物”香精

原料	用量	原料	用量	原料	用量
二氢茉莉酮酸甲酯	11	羟基香茅醛	3	异丁香酚	20
乙位突厥酮	4	玳玳花油	5	水杨酸苄酯	20
丙位癸内酯	10	甲基柏木醚	10	安息香膏	18
龙涎酮	16	麝香105	5	乙酸苄酯	2
玫瑰醇	20	70%佳乐麝香	6	合计	200
茉莉素	10	铃兰醛	15		
新铃兰醛	5	甲基柏木酮	20		

“新毒物”香精

原料	用量	原料	用量	原料	用量
丙位癸内酯	1	苯乙醇	20	70%佳乐麝香	10
十四醛	1	香叶醇	10	异丁香酚	20
芳樟醇	10	柏木油	10	二氢茉莉酮酸甲酯	30
羟基香茅醛	5	洋茉莉醛	5	苹果酯	10
新铃兰醛	5	香兰素	5	乙酸柏木酯	18
橙花素	10	甲基柏木醚	10	合计	200
铃兰醛	10	龙涎酮	10		

第二节　环境用香精

日化香精原来主要包括香水香精、化妆品香精、洗涤剂香精、牙膏香精、熏香香精五种，现在又多了空气清新剂香精、气雾杀虫剂香精、汽车香水香精、蜡烛香精、芳香疗法香精等。本章中香精的分类主要是按配方归类，以让读者更容易掌握和应用。

本节“环境用”香精主要用于配制空气清新剂、汽车香水、凝胶香块、各种气雾杀虫剂、熏香产品、“芳香疗法”和“芳香养生”产品、沐浴用精油等，并可应用于纸巾、香巾、涂料、“放香”电脑、香味电影和电视、名片、香卡、广告、服装、干花、人造花、蜡烛、油灯、文具、玩具、灯具、电风扇、“香味闹钟”、电话香片、“香味手表”、油漆等日常用品上。这一类香精大部分是模仿大自然（花、草、木、树脂等）的作品，有单品香，也有混合香，有几个是“幻想香型”的作品，但同日化香精的“幻想香型”不同。

一、空气清新剂香精

每一位调香师手头都有几十个上百个茉莉花香精，制造成本从每千克几十元到数千元都有。虽然如此，至今还没有一个调香师敢说他已经找到“上帝”的真谛——调出与天然茉莉鲜花（表 5-1～表 5-4）一样鲜美、优雅、令人陶醉的香精。

表 5-1　香精配方（一）

名称:茉莉 A		库存量:0		投产量:100		价格:65.19￥		
香比强值:56.75		香品值:73.01		留香值:30.62		综合分:126.87		
原料名称	投产量	配方用量	百分比%	价格/￥	香比强值	香品值	留香值	综合分
乙酸苄酯	35.00	35.0000	35.00	18.00	25.00	80.00	1.00	2.00
芳樟醇	10.00	10.0000	10.00	87.00	100.00	90.00	2.00	18.00
苯乙醇	10.00	10.0000	10.00	33.00	10.00	100.00	4.00	4.00
乙酸芳樟酯	2.00	2.0000	2.00	110.00	175.00	60.00	10.00	105.00
92%羟基香茅醛	5.00	5.0000	5.00	160.00	160.00	20.00	80.00	256.00
苯甲醇	10.00	10.0000	10.00	16.50	2.00	60.00	10.00	1.20
吲哚	0.30	0.3000	0.30	360.00	600.00	10.00	21.00	126.00
甲位戊基桂醛	7.60	7.6000	7.60	51.00	250.00	10.00	100.00	250.00
苯甲酸苄酯	10.00	10.0000	10.00	35.00	5.00	80.00	68.00	27.20
乙酸对甲酚酯	0.10	0.1000	0.10	85.00	1500.00	20.00	3.00	90.00
二氢茉莉酮酸甲酯	10.00	10.0000	10.00	265.00	25.00	90.00	100.00	225.00

注：“价格：65.19￥”为成本单价。本配方制作成本单价为 65.19 元/kg，如销售价定为成本单价的 2 倍，即为 130.38 元/kg，与“综合分：126.87”很接近。

表 5-2 香精配方（二）

名称:茉莉 B	库存量:0	投产量:0	价格:26.06￥
香比强值:44.80	香品值:69.50	留香值:18.48	综合分:57.54

原料名称	投产量	配方用量	百分比/%	价格/￥	香比强值	香品值	留香值	综合分
乙酸苄酯	0.00	40.0000	40.00	18.00	25.00	80.00	1.00	2.00
二氢月桂烯醇	0.00	2.0000	2.00	78.00	500.00	10.00	51.00	255.00
苯乙醇	0.00	18.0000	18.00	33.00	10.00	100.00	4.00	4.00
96%松油醇	0.00	8.0000	8.00	15.00	50.00	20.00	15.00	15.00
吲哚	0.00	0.2000	0.20	360.00	600.00	10.00	21.00	126.00
甲位戊基桂醛	0.00	6.8000	6.80	51.00	250.00	10.00	100.00	250.00
苯甲醇	0.00	15.0000	15.00	16.50	2.00	60.00	10.00	1.20
苯甲酸苄酯	0.00	10.0000	10.00	35.00	5.00	80.00	68.00	27.20

表 5-3 香精配方（三）

名称:茉莉 C	库存量:0	投产量:100	价格:232.20￥
香比强值:139.22	香品值:59.01	留香值:33.69	综合分:276.78

原料名称	投产量	配方用量	百分比/%	价格/￥	香比强值	香品值	留香值	综合分
乙酸苄酯	21.30	21.3000	21.30	18.00	25.00	80.00	1.00	2.00
丙酸苄酯	2.00	2.0000	2.00	40.00	75.00	80.00	7.00	42.00
苯乙醇	5.00	5.0000	5.00	33.00	10.00	100.00	4.00	4.00
乙酸芳樟酯	5.00	5.0000	5.00	110.00	175.00	60.00	10.00	105.00
吲哚	0.40	0.4000	0.40	360.00	600.00	10.00	21.00	126.00
甲位己基桂醛	6.00	6.0000	6.00	65.00	250.00	10.00	100.00	250.00
苯甲醇	10.00	10.0000	10.00	16.50	2.00	60.00	10.00	1.20
苯甲酸苄酯	5.00	5.0000	5.00	35.00	5.00	80.00	68.00	27.20
二氢茉莉酮酸甲酯	10.00	10.0000	10.00	265.00	25.00	90.00	100.00	225.00
二氢茉莉酮	0.10	0.1000	0.10	1200.00	1000.00	15.00	100.00	1500.00
邻氨基苯甲酸甲酯	4.00	4.0000	4.00	45.00	200.00	10.00	21.00	42.00
92%羟基香茅醛	3.00	3.0000	3.00	160.00	160.00	20.00	80.00	256.00
苯乙酸对甲酚酯	0.20	0.2000	0.20	230.00	500.00	30.00	13.00	195.00
甲基紫罗兰酮	2.00	2.0000	2.00	250.00	300.00	60.00	14.00	252.00
丁香酚	1.00	1.0000	1.00	92.00	400.00	15.00	16.00	96.00
玳玳叶油	10.00	10.0000	10.00	280.00	220.00	20.00	38.00	167.20
白兰叶油	10.00	10.0000	10.00	250.00	300.00	60.00	15.00	270.00
小花茉莉浸膏	2.00	2.0000	2.00	5000.00	1000.00	40.00	100.00	4000.00
依兰依兰油	3.00	3.0000	3.00	600.00	200.00	50.00	35.00	350.00

注：本配方制作成本单价 232.20 元/kg，销售价如定为 232.20×2＝464.40 元/kg，超过综合分 276.78 太多，原因是天然原料使用量太大。

表 5-4 香精配方（四）

名称:茉莉鲜花 D	库存量:0	投产量:100	价格:146.98￥
香比强值:139.74	香品值:62.33	留香值:30.83	综合分:268.53

原料名称	投产量	配方用量	百分比/%	价格/￥	香比强值	香品值	留香值	综合分
吲哚	4.00	4.0000	4.00	360.00	600.00	10.00	21.00	126.00
乙酸苄酯	18.00	18.0000	18.00	18.00	25.00	80.00	1.00	2.00
苯乙醇	6.00	6.0000	6.00	33.00	10.00	100.00	4.00	4.00
邻氨基苯甲酸甲酯	4.00	4.0000	4.00	45.00	200.00	10.00	21.00	42.00
乙酸芳樟酯	20.00	20.0000	20.00	110.00	175.00	60.00	10.00	105.00

续表

名称:茉莉鲜花D			库存量:0		投产量:100		价格:146.98￥	
香比强值:139.74			香品值:62.33		留香值:30.83		综合分:268.53	
原料名称	投产量	配方用量	百分比/%	价格/￥	香比强值	香品值	留香值	综合分
甜橙油	3.00	3.0000	3.00	16.50	80.00	100.00	11.00	88.00
92%羟基香茅醛	5.00	5.0000	5.00	160.00	160.00	20.00	80.00	256.00
乙酸苏合香酯	1.00	1.0000	1.00	64.00	600.00	15.00	6.00	54.00
柳酸苄酯	2.00	2.0000	2.00	60.00	5.00	60.00	100.00	30.00
二氢茉莉酮酸甲酯	8.00	8.0000	8.00	265.00	25.00	90.00	100.00	225.00
苄醇	1.80	1.8000	1.80	18.00	2.00	90.00	1.00	0.18
苯乙酸对甲酚酯	0.20	0.2000	0.20	230.00	500.00	30.00	13.00	195.00
甲位己基桂醛	3.00	3.0000	3.00	65.00	250.00	10.00	100.00	250.00
小花茉莉浸膏	1.00	1.0000	1.00	5000.00	1000.00	40.00	100.00	4000.00
苯乙酸乙酯	4.00	4.0000	4.00	46.00	140.00	5.00	100.00	70.00
芳樟醇	15.00	15.0000	15.00	87.00	100.00	90.00	2.00	18.00
橙花素	2.00	2.0000	2.00	150.00	200.00	20.00	100.00	400.00
茉莉素	2.00	2.0000	2.00	70.00	300.00	5.00	100.00	150.00

最后一个配方是个非常大胆的配方。这个配方配出来的香精香气很强，极其扩散，远处闻之犹如茉莉花田里飘出来的阵阵天然花香。自然舒适，香味逼真，因而大受欢迎。缺点是容易变色，配制后一段时间变为红棕色，连塑料桶都被染红，限制了它的应用。

为了节省篇幅，下面的配方只列出香料名称与用量百分比，其他数据读者自己可填上。

茉 莉 花

A

乙酸苄酯	23	二氢茉莉酮酸甲酯	5	苯乙酸对甲酚酯	0.2
甲位戊基桂醛	6	依兰依兰油	3	甲基紫罗兰酮	3
丙酸苄酯	3	苯甲酸苄酯	5	羟基香茅醛	5
邻氨基苯甲酸甲酯	2.4	苯乙醇	10	茉莉酯	2
纯种芳樟叶油	10	苯甲醇	5	乙酸二甲基苄基原酯	2
乙酸对甲酚酯	0.1	丁酸苄酯	2	水杨酸苄酯	3
松油醇	3	吲哚	0.3		
丁香油	2	乙酸芳樟酯	5		

B

乙酸苄酯	46	苯甲酸苄酯	5	苯乙醇	10
松油醇	5	二甲苯麝香	5	邻氨基苯甲酸甲酯	5
苯乙酸	2	二氢月桂烯醇	2		
苯甲醇	10	甲位戊基桂醛	10		

C

茉莉油	4	水杨酸苄酯	4	依兰依兰油	3
玳玳叶油	5	甜橙油	2	吲哚	0.5
树兰浸膏	2	丙酸苄酯	2	苯甲醇	5
乙酸苄酯	16	纯种芳樟叶油	8	邻氨基苯甲酸甲酯	3
苯乙醇	5	苯乙酸对甲酚酯	0.2	乙酸二甲基苄基原酯	3
甲位己基桂醛	5	羟基香茅醛	5	金合欢醇	3
苯甲酸苄酯	5	玳玳花油	2	松油醇	2
甲基紫罗兰酮	2	丁香油	1	癸醛	0.1

丁酸苄酯	2	二氢茉莉酮酸甲酯	5
乙酸芳樟酯	5	二氢茉莉酮	0.2

玫　瑰　花

A

苯乙醇	41	纯种芳樟叶油	2	突厥酮	0.2
二苯醚	5	苯乙醛二甲醇缩醛	1.5	香叶油	2
香叶醇	20	柠檬醛	1	乙酸苄酯	5
香茅醇	20	玫瑰醚	0.3	丁香油	2

B

玫瑰醇(总醇 85%)	30	苯乙醇	50
二苯醚	15	结晶玫瑰	5

C

香叶醇	20	铃兰醛	3	柠檬醛	2
玫瑰醇	10	乙酸香茅酯	3	丁香酚	2
苯乙醇	13	柏木油	4	结晶玫瑰	4
香叶油	4	香茅醇	20	乙酸香叶酯	3
苯乙醛二甲醇缩醛	2	玫瑰醚	0.5	广藿香油	1
二氢茉莉酮酸甲酯	3	突厥酮	0.5	檀香 803	5

栀　子　花

A

乙酸苏合香酯	3	酮麝香	4	肉桂醇	6
纯种芳樟叶油	10	异丁香酚	3	邻氨基苯甲酸甲酯	2
玫瑰醇	8	椰子醛	5	吲哚	0.2
松油醇	8	紫罗兰酮	3	甲位戊基桂醛	5
乙酸苄酯	10	乙酸香茅酯	6		
苯乙醇	18.8	羟基香茅醛	8		

B

乙酸苏合香酯	6	松油醇	20	乙酸苄酯	20
苯乙醇	45	椰子醛	3	二甲苯麝香	6

C

乙酸苏合香酯	3	甲位戊基桂醛	4	香柠檬油	5
纯种芳樟叶油	10	肉桂醇	5	玳玳叶油	5
香叶醇	5	酮麝香	5	异丁香酚	2.8
乙酸香叶酯	3	椰子醛	5	吲哚	0.2
羟基香茅醛	5	紫罗兰酮	3	邻氨基苯甲酸甲酯	2
依兰依兰油	5	香茅醇	3	苯乙醇	16
玳玳花油	5	乙酸香茅酯	3		
香叶油	2	兔耳草醛	3		

康　乃　馨

A

丁香酚	30	松油醇	5	香兰素	4
乙酸苄酯	5	水杨酸异戊酯	5	苯甲酸苄酯	5

桂酸苯乙酯	2	玫瑰醇	10	纯种芳樟叶油	4
异丁香酚	14	洋茉莉醛	2	酮麝香	4
苯乙醇	5	肉桂醇	5		

B

丁香油	40	苯甲酸苄酯	5	苯甲醇	5
苯乙醇	10	乙酸苄酯	20	二甲苯麝香	6
水杨酸异戊酯	4	松油醇	10		

苹　果

A

苹果酯	45	乙酸己酯	2	乙酸异戊酯	3
苯乙醇	20	乙酸苄酯	20	素凝香	10

B

异戊酸异戊酯	50	苯乙醇	4	丁香油	1
丁酸异戊酯	10	异戊酸乙酯	10	苹果酯	10
乙酸异戊酯	5	乙酸乙酯	10		

柠　檬

A

甜橙油	20	二氢月桂烯醇	2	柠檬腈	2
柠檬醛	3	白柠檬油	5	松油醇	3
癸醛	0.5	柠檬油	58		
乙酸芳樟酯	3.5	芳樟醇	3		

B

甜橙油	70	山苍子油	16
二氢月桂烯醇	4	素凝香	10

香 柠 檬

A

乙酸芳樟酯	65	癸醛	1	邻氨基苯甲酸甲酯	10
乙酸松油酯	10	芳樟醇	5	香柠檬油	9

B

乙酸松油酯	70	邻氨基苯甲酸甲酯	5
乙酸芳樟酯	15	素凝香	10

C

香柠檬油	50	邻氨基苯甲酸甲酯	5	癸醛	0.5
乙酸松油酯	5	乙酸芳樟酯	29	乙酸诺朴酯	5
癸醇	0.5	芳樟叶油(95%芳樟醇)	5		

香　蕉

乙酸异戊酯	50	辛酸乙酯	2	香兰素	2
丁酸异戊酯	15	香豆素	2	己酸乙酯	3
丁香油	2	丁酸乙酯	6	纯种芳樟叶油	4
异戊酸异戊酯	10	丙酸苄酯	2	甜橙油	2

菠　萝

己酸烯丙酯	14	乙酸异戊酯	10	甜橙油	4
丁酸乙酯	18	庚酸烯丙酯	14	环己烷基己酸烯丙酯	4
异戊酸乙酯	18	庚酸乙酯	6		
乙酸丁酯	10	香兰素	2		

草　莓

草莓醛	30	丁酸乙酯	15	桂酸甲酯	5
乙酸苄酯	11	乙酸异戊酯	2	己酸乙酯	5
香兰素	2	乙基麦芽酚	2	壬酸乙酯	1
乳酸乙酯	20	桃醛	2	乙酸乙酯	5

桃　子

桃醛	25	香叶醇	1	香兰素	5
丁酸乙酯	6	丁酸异戊酯	16	桂酸苄酯	5
异戊酸异戊酯	25	乙酸乙酯	10		
苯甲醛	1	乙酸异戊酯	6		

樱　桃

乙酸异戊酯	5	香兰素	2	庚酸乙酯	1
洋茉莉醛	5	桂酸乙酯	1	茴香醛	1
甜橙油	5	乙酸苯乙酯	1	丁香油	2
乙酸乙酯	34	苯甲酸乙酯	2	苯甲醇	17
丁酸异戊酯	14	草莓醛	1		
苯甲醛	8	丁酸乙酯	1		

香　草

香兰素	10	洋茉莉醛	2	香豆素	2
椰子醛	1	乙基香兰素	10	邻苯二甲酸二乙酯	75

椰　子

椰子醛	70	甜橙油	2	苯甲醛	1
香兰素	10	香豆素	5	乙酸乙酯	2
丁香油	5	乙基香兰素	5		

琥　珀

葵子麝香	10	广藿香油	1	芸香浸膏	3
香兰素	10	香根油	2	甜橙油	5
柏木油	10	香柠檬油	15	赖百当浸膏	5
玫瑰醇	3	檀香 208	10	洋茉莉醛	3
香豆素	7	苯甲酸苄酯	16		

龙 涎 香

赖百当浸膏	50	香兰素	5	酮麝香	6

桂酸乙酯	2	葵子麝香	10	苯乙醇	13
紫罗兰酮	2	香豆素	1	甲基壬基乙醛	0.2
香柠檬油	3	洋茉莉醛	6	香叶油	1.8

麝　香

葵子麝香	16	麝香 105	5	麝香 T	10
佳乐麝香	10	酮麝香	4	苯甲酸苄酯	55

苔　藓　香

香柠檬油	10	橡苔浸膏	20	芳樟醇	2
檀香 208	5	羟基香茅醛	12	玳玳花油	1
甲基紫罗兰酮	5	乙酸松油酯	10	葵子麝香	4
赖百当浸膏	4	异丁基喹啉	1	香兰素	2
甜橙油	1	玫瑰醇	5	丁香油	2
广藿香油	1	香根油	5	乙酸芳樟酯	10

木　香

檀香 208	15	柏木油	10	乙酸对叔丁基环己酯	5
檀香醚	5	香柠檬油	5	乙酸芳樟酯	10
龙涎酮	5	檀香 803	5	血柏木油	10
香根油	5	甲基柏木酮	10	松油醇	5
甲基紫罗兰酮	5	广藿香油	5		

松　林　香

乙酸异龙脑酯	60	橡苔浸膏	0.5	女贞醛	0.2
甜橙油	15	松节油	13	甲基壬基乙醛	0.3
苯甲酸苄酯	10	桉叶油	1		

檀　香

檀香 208	30	檀香 803	40
檀香醚	10	血柏木油	20

田园风光

薰衣草油	54	苯甲酸苄酯	5	薄荷素油	1
香紫苏油	2	香柠檬油	25	香豆素	5
迷迭香油	2	百里香油	6		

乡土气息

薰衣草油	30	苯甲酸苄酯	24	乙酸异龙脑酯	3
百里香油	6	香柠檬油	25	松油醇	3
薄荷素油	1	迷迭香油	5		
香豆素	2	松节油	1		

馥　奇

A

薰衣草油	30	玫瑰醇	8	葵子麝香	8
广藿香油	2	香豆素	10	乙酸苄酯	10
香柠檬油	10	橡苔浸膏	10		
玳玳花油	4	依兰依兰油	8		

B

乙酸芳樟酯	16	二苯醚	2	乙酸苄酯	20
纯种芳樟叶油	10	苯甲酸苄酯	10	松油醇	10
橡苔浸膏	5	乙酸松油酯	10	甲苯乙酮	1
苯乙醇	10	香豆素	4	水杨酸异戊酯	2

素　心　兰

A

香柠檬油	20	苯乙醇	10	广藿香油	1
香豆素	4	香根油	2	甲位戊基桂醛	3
玳玳花油	2	橡苔浸膏	5	丁香油	3
甲基紫罗兰酮	20	香兰素	2	依兰依兰油	5
赖百当浸膏	3	乙酸苄酯	5		
二氢茉莉酮酸甲酯	5	甜橙油	10		

B

乙酸芳樟酯	15	甜橙油	20	松油醇	10
橡苔浸膏	4	乙酸松油酯	10	苯甲酸苄酯	6
香豆素	4	甲苯乙酮	1		
苯乙醇	10	乙酸苄酯	20		

古　龙

香柠檬油	32	百里香油	1	甲基柏木酮	5
山苍子油	3	甜橙油	20	安息香膏	10
玳玳叶油	5	玳玳花油	10		
迷迭香油	5	薰衣草油	9		

东　方　香

香根油	12	葵子麝香	3	乙酸肉桂酯	3
异丁基喹啉	0.1	甲基柏木酮	5	乙酸苄酯	3
玫瑰醇	6	乙基香兰素	1.9	酮麝香	2
肉桂醇	2	乙酸香根酯	10	广藿香油	1
甲位戊基桂醛	3	甲基紫罗兰酮	20	香柠檬油	14
香豆素	7	檀香 208	5	乙酸柏木酯	2

二、蜡烛香精

蜡烛香精也应属于环境用香精一类，因此蜡烛厂向香精制造厂要香精时，香精厂一般就在现有的环境用香精、化妆品香精、皂用香精等里面找几个应付了事。由于近年来欧美国家大量向我国厂家采购加香蜡烛，蜡烛香精需求量大增，而蜡烛香精其实也有它配制方面的特点，不是随便一种香精可以代替的，所以把它单立一节讨论。

众所周知，现代蜡烛的主要成分是石蜡，我国石油含蜡量高，石蜡产量也高，所以我国大量出口石蜡和石蜡制品。高纯度的石蜡是无色、无香、无味的，“味同嚼蜡”说的就是这个意思。按说石蜡加香应该比较容易，一张白纸，你要画什么就是什么，无香无味的石蜡当然你加上什么香精就是什么香味了。问题可不这么简单。大家知道有许多香料容易溶解在油里面，也就能溶解在熔化的石蜡里面，但也有很多香料不溶解在油里，或者在油里面溶解度很少，同样也不易溶解在熔化的石蜡里面。一个香精的配方里面有较大量不溶于油（蜡）的香料，把它加进熔化的石蜡里时不管你怎么搅拌也溶解不了，冷却后香精沉于蜡底或浮于蜡上，这是不行的。为此，本书作者花了相当多的精力遍寻有关香料在油里面溶解性的资料，并安排助手做了大量的实验，终于基本掌握了各种香料在油（蜡）里的溶解性，详见第六章末“常用香料在各种溶剂中的溶解性”。

不要以为石蜡已经“提炼”得很纯净，杂质不多，就觉得蜡烛加香可以“随心所欲”了。其实不然，有不少常见香型的香精加入蜡烛里变色情况还非常严重。如香草香型、丁香香型、肉桂香型、麝香香型等，由于这些香型的香精里用了大量的香兰素（包括乙基香兰素）、丁香酚（包括丁香酚的各种衍生物）、肉桂醛、合成麝香特别是硝基麝香等，这些香料在光线、空气、微量铁等杂质的共同作用下很容易变色，而石蜡是半透明的，光线可以透入，蜡烛加工时空气自由进入（加上高温），微量铁等杂质也难以完全避开，因此这些香型不能用于白色和浅色蜡烛生产中。实践证明，加在肥皂里容易变色的香料加在蜡烛中同样容易变色。

虽然石蜡熔化温度并不太高（60℃左右），但蜡烛生产时石蜡的熔化、浇铸作业是在远高于这个温度下（往往高于100℃）进行的，因此，低沸点的香料也不宜用于蜡烛香精中。

综上所述，蜡烛香精应使用沸点不太低的、易溶于油（蜡）的、不易变色（对生产浅色蜡烛而言）的香料配制。除了下列蜡烛香精配方之外，读者还可从前面介绍的环境用香精、皂用香精和化妆品香精中筛选符合上述条件的香精试配。

香　茅

香茅油	70	苯甲酸苄酯	10
柠檬桉油	10	二苯醚	10

玫　瑰

玫瑰醇	65.8	乙酸苄酯	2	柠檬醛	1
二苯醚	5	苯乙醇	20	檀香208	1
玫瑰醚	0.2	柏木油	5		

草　莓

草莓醛	21	丁酸戊酯	20	苹果酯	5
乙基麦芽酚	4	乳酸乙酯	20	草莓酸	1
桂酸乙酯	4	乙酸苄酯	13		
香兰素	2	丁酸乙酯	10		

菠　萝

丁酸乙酯	30	乙酸乙酯	20	己酸烯丙酯	12

乙基麦芽酚	2	丁酸戊酯	20	香兰素	1
乙酸戊酯	5	2-甲基丁酸乙酯	10		

樱　　桃

苯甲醛	8	乙酸戊酯	10	丁酸乙酯	8
洋茉莉醛	5	香兰素	3	丁酸戊酯	14
玳玳叶油	1	苯甲酸乙酯	4	大茴香醛	1
乙酸乙酯	35	甜橙油	5	乙基麦芽酚	1
庚酸乙酯	2	丁香油	3		

茉　　莉

乙酸苄酯	32	乙酸芳樟酯	15	纯种芳樟叶油	10
苯甲酸苄酯	10	甲位戊基桂醛	10	水杨酸戊酯	3
苯乙醇	10	水杨酸苄酯	10		

香　　草

香兰素	10	苯甲酸苄酯	10	椰子醛	1
香豆素	4	乙基香兰素	10	邻苯二甲酸二乙酯	65

三、熏香香精

熏香香精长期以来没有受到调香师们应有的重视。生产卫生香、蚊香的厂家到香精厂要香精时，香精厂的销售人员往往随随便便找几个便宜低档的香精打发了事，很少把厂家的要求、意见和建议反映给调香部门。其实熏香香精有它自己的特点，香气再好的日化香精加在卫生香或蚊香中点燃熏闻，香气也不一定会好，有时还变恶劣。本书作者曾经花了一年多时间，把一个个常用的香料加在“素香”（未加香精的卫生香条）中点燃熏闻香气，发现有的高档香料熏燃后香气平淡或变恶臭；而有的低档香料（包括香料下脚料）点燃后香气却相当宜人美好。在此基础上，作者调配了一系列花香、木香、“香水香”等熏香香精，取得了异乎寻常的成功。

熏香香精可以大量使用香料下脚料，甚至可以看成是香料工业的“垃圾虫”，这是因为这类香精对颜色不讲究。虽然如此，调香师和香精厂的生产人员却不能对熏香香精的调配和生产掉以轻心——大量使用下脚料将造成香气不稳定、色泽常变、固体下脚料难以溶解、成品浑浊沉淀等一大堆问题。这些问题不解决好是不行的。根据作者多年来的实践经验，配制熏香香精使用香料下脚料时应注意下列几点：

① 固体下脚料加入量一般不要超过20%；

② 每种下脚料进货批量越大越好，到厂后把它们再次混合均匀，液体下脚料最好用大铁罐装，用搅拌机或循环泵混合均匀；固体下脚料最好打碎混合均匀；膏状或黏稠状下脚料宜先用适当的溶剂溶解后混合；

③ 一个配方中只使用一种下脚料香气较为粗糙，几种下脚料一起使用香气比较容易调圆和，而且使用多种下脚料能克服单一下脚料可能存在溶解度不佳、色泽深、每批进货质量都有波动等难题。

有些香料在常温下不易挥发，香气显得淡弱，但点燃熏闻时香气强度变大，如合成檀香803、苯乙酸、枫香树脂（“芸香浸膏”）等，许多香料下脚料也是如此，这是因为在高温下这些平时显得“呆滞”的香料活泼起来，变得易于挥发。有些香料在高温下分解变成小分子挥发物、小分子化合物再次合成新的香料分子并组成新的香气……就像一支香烟点燃后产生几千种挥发性的化学物质一样，要想深入研究这么多的物质几乎永远做不完，简单的做法就是把配成的香精加入在卫生香里，点燃熏闻评价——熏香香精的评香就是这样做的。直接嗅闻香精的办法对于熏香香精来说是远远不够的。

可以用来配制熏香香精的香料比配制其他香精使用的香料品种多得多，不单是那些直接嗅闻时显得“呆滞”、不透发的香料有许多可以在配制熏香香精时派上大用场，而且调香师还可以到自然界里寻找那些直接嗅闻香气“不怎么样”（香味不太好甚至有“怪味”、气味平淡不够浓烈等）、采用水蒸气蒸馏法得到的精油极其稀少的生物材料（主要是植物材料）或农林产品下脚料制取各种酊剂或浸膏来试制熏香香精，如马樱丹、排草、灵香草、枫槭、甘草、芦荟、艾、蒿、菊苣、肿柄菊（臭菊）、牡荆、蒲公英、柑橘皮、菠萝果皮、可可壳、荔枝壳、龙眼壳、烟花、烟草及其加工后的下脚料、各种草根、树根、树皮、树叶、树脂、各种植物提取物的下脚料等，这些材料有部分已经得到实际应用。调香师在这个领域还有大展身手的机会。

按下面列举的香精配方配制出来的香精有的直接嗅闻香气并不理想，但用在卫生香和蚊香中则不同凡响，请君一试便知。

玫　瑰

玫瑰醚	0.2	柏木油	6	苯乙酸	2
二苯醚	5	檀香 803	5	二甲苯麝香	4
柠檬醛	1	苯乙醇	14.8	紫罗兰酮	4
乙酸苄酯	4	玫瑰醇	50	乙酸玫瑰酯	4

檀　香

檀香 208	30	甲基柏木酮	5	异长叶烷酮	6
檀香醚	2	檀香 803	35	甲基柏木醚	2
柏木油	6	血柏木油	10		
香根油	2	广藿香油	2		

麝　香

A

二甲苯麝香	5	苯乙酸对甲酚酯	1	麝香 105	4
酮麝香	5	葵子麝香	20	苯甲酸苄酯	30
麝香 T	15	佳乐麝香	20		

B

二甲苯麝香脚子	10	苯甲酸苄酯	40	苯乙酸	5
苯乙醇	24	酮麝香脚子	20	乙酸对甲酚酯	1

茉　莉

A

乙酸苄酯	37	吲哚	0.5	邻氨基苯甲酸甲酯	4
苯乙醇	15	松油醇	5	乙酸芳樟酯	5
苯甲醇	5	甲位戊基桂醛	10	苯乙酸对甲酚酯	0.5
纯种芳樟叶油	10	苯甲酸苄酯	5	乙酸松油酯	3

B

乙酸苄酯	52	羟基香茅醛头子	5	松油醇	5
二甲苯麝香脚子	5	甲位戊基桂醛	10	紫罗兰酮脚子	5
苯乙酸	3	酮麝香脚子	5		
苯乙醇	5	素凝香	5		

水　仙　花

乙酸对甲酚酯	0.5	玫瑰醇	10	松油醇	5
乙酸苄酯	23.5	羟基香茅醛	5	洋茉莉醛	3
苯乙醇	20	苯乙酸对甲酚酯	1	苯甲酸苄酯	5
桂醇	3	纯种芳樟叶油	20	紫罗兰酮	4

桂　　花

甲基紫罗兰酮	40	乙酸对叔丁基环己酯	5	香叶醇	6
乙酸苄酯	10	桃醛	5	纯种芳樟叶油	10
乙酸苯乙酯	4	苯乙醇	20		

桂　　香

芸香浸膏	40	乙酸苄酯	10	桂酸乙酯	10
苯乙醇	20	桂醇	10	玫瑰醇	10

馥　　奇

香豆素	25	二甲苯麝香	5	乙酸苄酯	5
乙酸松油酯	8	橡苔浸膏	10	纯种芳樟叶油	5
广藿香油	2	乙酸芳樟酯	10		
苯乙醇	20	玫瑰醇	10		

醛　花　香

癸醛	0.2	乙酸对叔丁基环己酯	5	香豆素	10
十一烯醛	0.2	甲位戊基桂醛	5	紫罗兰酮	5
甲基壬基乙醛	0.2	十一醛	0.2	铃兰醛	5
乙酸苄酯	10	十二醛	0.2	葵子麝香	6
玫瑰醇	10	乙酸松油酯	20		
纯种芳樟叶油	10	苯乙醇	13		

素　心　兰

香豆素	18	紫罗兰酮	3	乙酸玫瑰酯	3
乙酸松油酯	5	檀香 208	2	葵子麝香	6
纯种芳樟叶油	4	橡苔浸膏	18	香根油	3
乙酸苄酯	5	乙酸芳樟酯	14	檀香 803	5
玫瑰醇	5	丁香油	2		
甲基柏木酮	5	苯乙醇	2		

东　方　香

檀香 208	7	血柏木油	4	香根油	3

甲基柏木酮	4	甜橙油	3	洋茉莉醛	3
香兰素	2	檀香 803	5	秘鲁香膏	10
安息香浸膏	10	柏木油	5	乙酸芳樟酯	5
乙酸松油酯	5	广藿香油	2	紫罗兰酮	20
纯种芳樟叶油	5	香豆素	2	玫瑰醇	5

玫瑰檀香

玫瑰醇	35	邻位香兰素	5	香豆素	2
二苯醚	5	苯乙醇	10	紫罗兰酮底油	10
柏木油	10	血柏木油	10		
檀香 208	3	檀香 803	10		

玫瑰麝香

玫瑰醇	30	苯乙酸对甲酚酯	1	酮麝香脚子	10
苯乙酸	2	苯乙醇	32	柏木底油	10
二甲苯麝香脚子	10	邻位香兰素	5		

四、动物驱避剂

1. 气味与动物

小动物大多是通过气味交换信息的。低等动物向高等动物进化的过程中，嗅球逐渐退化，但是气味仍然强烈地介入动物的各种行为之中，特别是在性引诱、觅食、避敌、组成和维持群居的动物社会等方面，气味的作用显得特别重要。

鳞翅目（蝶、蛾等）动物中，雌虫从腹部末端的生殖腺排出信息素，以便引诱雄虫交尾；雄虫则于腹部尾端用毛囊向空气中散布引诱雌虫交尾的催情物质，同时用沾有香鳞片的翅围绕雌虫的触角。

桃树的红蚜虫能从尾部的角状管中分泌一种警报信息素，通知伙伴有敌人袭击，赶快分散。臭虫也是如此。

蜂和蚁还能分泌“职务分工信息素”、“路标信息素”、“群体识别信息素”等来维持它们牢不可破的“奴隶制社会”。白蚁甚至可以分泌“葬礼信息素”。

生活在谷仓中的害虫例如黑褐粉虫能分泌调节生殖的“密度控制素”。小豆象鼻虫和某些果蝇产卵时能分泌一种叫做“产卵标记物”的气味物质，避免其他亲虫在此产卵。

吸血昆虫会受到动物气味的引诱，动物的皮脂，汗，呼气中排出的乳酸、氨基酸、性激素等对蚊虫有引诱性。雌性动物在排卵期前后，由于雌激素的分泌，促使乳酸、脂质分泌增多，更容易招来蚊虫叮咬。

雄鼠用尿来标识生活媒介物，雌鼠如果闻到这种气味可使自己的性周期与雄鼠保持在同一个时期，大约4～5天。如果没有闻到雄鼠的气味，可使性周期延迟到11～12天。反过来雌鼠也可以用尿来标识生活媒介物，促使和卵巢生理无关的雄鼠分泌睾酮和生殖刺激素。雄鼠还会在尿、粪和皮脂腺中分泌“恐怖臭”物质，这种气味物质仅仅对其他雄鼠有恐怖、威胁作用，而雌鼠尿臭可以缓和这种作用。雄鼠还会在同族雌鼠背上涂上一滴尿作为同族的标记。

有一种属于真骨类的鱼，能分泌警报信息素，同群鱼类接受信息后能引起恐怖行动，使其他鱼类看到前者的恐怖行动便分散逃避。鲑鱼虽然不是依靠警报物质游回母河的，但如果我们把手伸入鲑鱼逆流而上的河水中或者向河水里吐唾沫，鲑鱼就不再向上游游去，少数迷路的鱼游到其他河流。这种迷路现象对于扩大新的繁殖水域很有意义，对于养育子孙后代起有利的作用。鲨鱼闻到血腥气味时会变得兴奋起来，从而游向受伤的动物。银鳟鱼在幼鱼时代记住吗啉的气味，长大后仍然能回到感受到这种气味的地方。鳝鱼也能依靠气味回到母河，但不是由于记忆而是由于遗传的回归行为。

对于饲养动物来说，在饲养中添加合适的香味素，可以增加采食量快速长膘，降低料肉比，从而节约粮食，给宰杀前几天的动物喂食添加特定香味素的饲料，还可以使肉质改善，并带上不同的风味。

我国东北大兴安岭林海中有一种叫做貂熊的动物，当它饿了时，使用自己的尿液在地上画一个大圈，被画入圈内的小动物闻到这种气味就像中了魔法一样老老实实站在圈中不敢乱动，乖乖地等貂熊前来扑食。更为奇怪是，圈外的豺狼猛兽闻到那股气味，竟也不敢闯入圈内，只能眼巴巴地站在圈外淌口水看貂熊美美地进餐。

黄鼠狼被比自己凶猛的动物追赶时会突然放屁乘机溜走，而且还利用放屁来猎捕食物。例如刺猬由于满身长刺，其他动物都无从“下手”吃它，黄鼠狼却有办法：当刺猬缩成一团时，黄鼠狼就用肛门对准它的小鼻孔放一个臭屁，不一会刺猬被臭味麻醉失去了知觉，解除了“武装”——那又长又利的尖刺不再硬挺，黄鼠狼从它的弱点腹部进攻，将它慢慢吃掉。

狗鼻子的灵敏度是人所共知的，它能够从许许多多混杂在一起的气味中嗅辨出要找的一种气味，然后跟踪追击。狼狗对甲硫醇嗅觉的敏感度比人高 1 亿倍。警犬追踪犯人的足迹，即使犯人在中途更换鞋子也没用。据估计，通过鞋底至少有 200 亿个体臭分子储留在脚印中，警犬就是靠从身上脱落不来的极少量的体臭分子进行追踪的。狗只需一个嗅觉细胞吸附一个体臭分子，就可进行跟踪。平时，狗走在陌生的道路上时，总要东闻闻，西嗅嗅，走一段路就留下一泡尿，这沿途撒下的尿水便是它返路的“路标”。

猪的嗅觉也是极其灵敏的，在某些方面甚至比狗还灵，只是过去未曾被发现，现在已有人开始专门训练“警猪”来协助破案。

在自然界里，人也只是一种动物，人的“体臭”可以吓走一部分动物，同时也吸引一些动物来“觅食”。有些人特别吸引蚊虫叮咬，这是因为他们身体散发的气味物质中乳酸含量比较高的缘故，乳酸是蚊子的吸血引诱物质。医生常常根据病人气味来诊断病情，例如患黄热病的病人有肉铺气味；患糖尿病的病人有丙酮气味；坏血病、天花等有腐臭气味等。中医看病要“望、闻、问、切”，其中的“闻”就是闻气味，包括体臭和口臭。久病垂危的病人临终时会释放出一种特别的气味吸引嗅觉灵敏的乌鸦从远方赶来在病人屋顶上盘旋乱叫，所以汉族人把乌鸦看成是不祥之物，说是“乌鸦报丧”。“乌鸦报丧”是有科学道理的，不是迷信。很多大动物死亡之前发出的异味都会吸引乌鸦前来“报丧”，因为乌鸦喜欢吃动物尸体，所以特别喜欢尸体和临死的动物发出的腐臭气味。鲨鱼和鳄鱼也喜欢血腥味和腐败气味。据说鲨鱼并不喜欢活人的气味，而特别好吃死人或有血腥气的受伤人。昆虫里面也有许多种类喜欢吃动物的尸体，蚂蚁就是我们最常见的一类，只要有动物倒毙，蚂蚁就来啃吃或者搬回去慢慢享用。

2. 信息素

动物的信息素是动物生存和生活的一种有效的化学通信物质，能引起动物发育和行为的变化，如集群、驱逐、忌避、招引、交配等。动物发散信息素腺体的发育，信息素量的微小和化学感受器（包括嗅觉器）的发达，以及行为上的配合与适应，对适应复杂多变的环境起了很大的作用。人们也可模拟和合成信息素以防治害虫。

信息素（pheromone）——同种个体之间相互作用的化学物质，能影响彼此的行为、习性乃至发育和生理活动。信息素由体内腺体制造，直接排出散发到体外，依靠空气、水等传导媒介传给其他个体。现已知从低等动物到高等哺乳动物（包括人类）都有信息素的存在和影响。由于信息素靠外环境传递，故又称外激素。信息素主要有性信息素、聚集信息素、告警信息素、示踪信息素、标记信息素等。生物异种之间相互作用的化学物质叫做种间信息素或异种信息素。昆虫之间的异种信息素有利己素、利它素、信号素等。

性信息素——同种某一性别在性成熟后，发放微量物质用以招引同种异性个体寻味前来交配的信息素。从无脊椎动物到高等脊椎动物中，有不少动物具有性信息素的化学通信本领。蚕醇就是一个很好的例子。家蚕雌蛾在羽化后不久，腹部末端伸出两个金黄色的半球状突起，叫引诱腺（香腺）。这一对腺体鼓出像半圆形气泡。在高倍电子显微镜下，可看到腺体上有许多微小毛状突起，突起内是表皮的孔道，从组织学上观察到腺体由分泌细胞组成。家蚕的性信息素是蚕醇，蚕醇溶于脂类物质，经过微绒毛上的质膜，传递到外表皮上孔道而散放于空气中。雄蚕蛾接受雌性信息素的化学感受器是触角。雄蛾触角呈羽状构造，触角主干上每一侧生着36个羽支，每一羽支上两侧生有许多绒毛（嗅觉毛），在高倍电子显微镜下，嗅觉毛有一些小孔。嗅觉毛内充满液体，包裹了两个神经细胞的树状突，嗅觉毛下有两个神经感受细胞，当雌蛾的香腺散发出性信息素——蚕醇时，雄蛾不断挥动触角，尽力振翅，飞到雌蛾旁边，进行交配活动。如果将雌蛾的香腺摘除或用其他方法使其失去功能时，雄蛾就不会寻找这类手术后的雌蛾。用一根微电极插入雄蛾触角嗅觉毛的感受细胞附近，当空气中有蚕醇分子时，就记录到雄蚕蛾的电位活动，空气中蚕醇浓度达到10～40μg时，每秒就发出一两次神经脉冲，当蚕醇浓度达到100μg时，雄蛾触角电位脉冲数更为频繁。空气中只要有200个蚕醇分子，就足以使雄蚕蛾起反应。雌蚕蛾不仅有雌醇存在，能引诱雄蛾来交配，还能分泌蚕醛，使正在交配的雄蛾行为安定下来。

聚集信息素——也叫集合信息素。动物依靠分泌物招引同种其他个体前来一起栖息、共同取食、攻击异种对象，从而形成种群聚集，这种分泌物叫做聚集信息素。有多种低等动物常常聚集生活在一起，高等动物聚集在一起是否存在聚集信息素尚在探索中；但在昆虫中已经发现一些聚集在一起的同种昆虫能分泌出一类聚集信息素，用来召唤同类。聚集信息素的活性较高，如折翅蠊的成虫对0.2ng聚集信息素起反应，一龄幼虫对0.4ng起反应。其有效距离，老熟幼虫对成虫约40mm，一龄幼虫对成虫是10mm。聚集信息素像性信息素一样，释放聚集信息素的叫做释放者，接受信息素的叫做接受者或触发者，聚集信息素能在同一性别或异性、同龄或异龄之间传递信息，对该种内个体的发育行为产生明显的影响。群聚性昆虫的行为和习性较为特殊。白蚁、蜜蜂、蚂蚁等昆虫组成几十万只个体共同生活的群体，聚集信息素在群体生活中起主要作用。

告警信息素——告警信息素又称警报信息素，当该种某一个体受到敌害攻击侵扰时，它能发出一种特殊的化学信号物质，使同伴得到信号以后，引起警觉或逃避。蚜虫受到敌害侵袭时，从腹管中放出微量化学物质，警告同伴离开。蜜蜂、蚂蚁等群体生活的昆虫都有较多的告警信息素。蜜蜂的告警信息素由大颚腺产生的2-庚酮和螯腺产生的异戊基乙酸酯混合组成。当外敌侵害蜂巢时，执勤工蜂一齐向外敌进攻，直到外敌消除方才安静下来。告警信息素的反应范围大致是1mm^{3}中有100～1000分子的告警物质，就引起同类的警戒。1只蚂蚁体内含有100～700μg的告警物质。有效告警信息传递半径是1～10mm，在2s内从告警发出者扩散到被告警者，在8～50s内信息素气味就会消失。有的告警信息素除起报警作用外，还兼有毒杀麻痹作用，例如蚂蚁在攻击敌害时，所分泌的蚁酸就有麻痹作用。

示踪信息素——合群性昆虫的行动常常是集群的行动，特别是那些失去翅膀的合群性昆虫或幼虫期的行动，在它所爬过的路上常常留下信息素，以示其行动的踪迹，使同伴追踪寻迹而来告知它的同伴，当它们发现新的食物源或新巢域时，同伴们寻踪依迹而至。火蚁在寻找道路时，它的尾部末端的刺针常常沿着地面，这就是释放示踪信息素的方法。蚁类示踪物质的来源器官主要是后肠、毒腺、达夫氏腺。白蚁的示踪物质来源器官是腹部下方第4、5腹节间的腹板腺。当白蚁在地面行走时，估计1mm长的道路释放出0.01μg的示踪信息素。示踪信息素在道路上存留时间约100s，然后逐渐消失。

标志信息素——有些动物生活在一定的领域中，或接触过一些物质后常留下一种特殊的标记物质即某种特殊气味，借以告知同种其他同性个体，排斥它们进入该处保持其领域不受同类中同性个体的侵犯，使它们不在该处栖息、不交配、不产卵等。雌的苹果实蝇与樱桃实蝇产卵在果实上以后，就在果实上遗留下一种高度稳定的、有极性的、水溶性的物质。虽然这种化合物不驱逐其他雌雄蝇，但能抑制其他雌蝇产卵于这一果实上。纯蛱蝶的雄蝶产生一种标志信息素，在交配时能传到雌蝶的外生殖器上，这种信息素非常持久，其气味能“驱逐”其他雄蝶再来交配。

3. 昆虫引诱剂

对动物能起引诱作用的物质称为引诱剂。这类物质大多具有某种特殊气味，因此大部分属于“香料”。对于昆虫来说，这些“香料”有的属于“信息素”，有的虽不是信息素，但对昆虫有引诱力。

随着现代科技的进步，可以研制出各种农药杀虫剂以消灭害虫，但日子一长，害虫就会产生抗药性。而农药是“不长眼睛的”，在消灭害虫的同时连害虫的天敌和益虫也一起杀灭。再说农药对人和牲畜的危害较大，农药的“残留毒性”成分也令人触目惊心，几乎人人自危。通过昆虫引诱剂和杀虫剂配合使用的“诱杀法”引起了人们的极大兴趣。还有根据人们通过引诱捕获的害虫数量之变化可以预测出害虫的大量发生与否，可在害虫发生前采取措施把害虫杀灭，但如何去取得这些昆虫引诱剂呢？科学家们发现有许多天然香料和合成香料都可作昆虫引诱剂。北京园林科研所曾从侧柏树皮中提取树皮精油，可以诱杀害虫，预测虫情。1950年末美国佛罗里达州发生地中海果蝇的严重危害，香橙受到极大损失。科研人员发现作为香原料的当归种子和根的精油是非常有效的果蝇引诱剂，立即采用“诱杀法”杀灭果蝇，取得异乎寻常的效果，为此甚至引起当年香水涨价。由于此次地中海果蝇灾害的扑灭，合成引诱剂的开发和利用便被排上科研日程了。

天然的丁香油里含有大量的丁香酚，丁香酚的一种衍生物——甲基丁香酚香气仍然接近丁香酚，但科研人员发现它与柑橘东方果实蝇的信息素的气息极为相似，这个发现促使科研人员不由自主地做了一个实验：他们把一张浸过甲基丁香酚的纸片挂在室外，由于它不断散发着跟雌蝇性信息素一样的气息，几天之内竟诱来5000多只雄蝇。后来他们更进一步将甲基丁香酚与杀虫剂混合在一起，放到太平洋上一个叫做“洛他”的小岛上去做实验，结果把那里的柑橘东方果实蝇统统引来杀灭了。剩下的雌虫直到死也未能找到配偶交配，竟使该岛上的这种果树害虫绝了迹。

有一种叫做对甲氧基丙酮的香料则专门引诱厕蝇。人们将这两种引诱剂拌和杀虫剂用于诱杀各种蝇类害虫。蝶蛾类是由雌蛾释放的一种性外激素——信息素来进行，“自由恋爱”的同类雄蛾一旦闻到这种信息素的气味，就会赶快飞来“成亲”，有的雄蛾还要“争风吃醋”互相盯梢角逐，厮杀斗殴。人们利用这一规律，从雌虫体内提得性信息素或用化学方法人工仿制出来，用以引来这些“痴情”的雄蛾然后一举消灭之。美国曾在大型苹果园使用信息素，使苹果蠹蛾无法交配。人们先把信息素装在一种特制的“分配器”里，然后将大量的“分配器”绑有树上，雄性苹果蠹蛾纷纷赶来，却找不到雌蛾究竟在何方，这些雄蛾迷失方向乱飞乱窜直到精疲力竭跌落地上而亡。而雌蛾得不到交配，虫卵无法受精，苹果蠹蛾数量就大为减少了。由于不再使用农药，害虫的天敌开始增多，因此第二代害虫如卷叶虫、木虱、蚜虫和潜叶蝇也得到了控制。

4. 昆虫驱避剂

驱避剂的作用正好与引诱剂相反。有些物质的气味对某些动物有驱避作用，这些物质就被称为驱避剂。驱避剂对保护人类的安全和健康有一定的作用。昆虫驱避剂的应用可追溯至久远的年代，人们运用各种各样的植物油、熏烟、焦油驱散昆虫，迫使昆虫离开或杀死昆虫。

人类早已发现许多天然香料有驱虫作用（表5-5），如薰衣草或薰衣草油放在衣橱中可使衣物免受虫咬损坏，桑柑的驱虫效果特别灵，香茅、肉桂和丁香也有出色的驱虫本领。将肉桂油和丁香油混合作为驱虫剂使用，在欧美民间已经有一百多年的历史了。对人安全无毒的万寿菊全身有一种刺鼻的气味，这种气味是一种神奇的驱虫剂。一百多年前，欧美各国的居民们在花坛四周种上万寿菊以防动物和虫子的入侵，现在人们在住宅窗口喜欢种上几枝万寿菊，当万寿菊长得茂盛时，整个夏季室内的人就免受蚊虫的骚扰了。我国的香料工作者也早已发现了许多植物精油具有优异的驱虫效果。云南省内有一种野薄荷，人们曾把它采来当野菜食用，也用来治疥疮、漆疮、痈疽等，并可作乌发剂用。有人从这种野薄荷的茎叶中提取了一种具有清凉香气的精油，将此油少许涂抹在皮肤上，就能有效地驱除蚊、蠓、蚋，防止它们的叮咬。

广东、广西、福建等地大量种植柠檬桉树，当地人就摘取这种树的枝叶用来驱赶蚊虫。曾有报道，某地一个村子夏天没有蚊子，原因是村子到处都种着柠檬桉树。采集柠檬桉树叶并用蒸馏法提取柠檬桉油，这是一种调香师非常熟悉的香料，主要成分是香茅醛，含量比从香茅草提取的香茅油高一倍。香茅醛在酸性条件下转化成一种黏稠的混合物，这种混合物有良好的驱蚊作用。柠檬桉油储存一段时间以后，里面也会慢慢产生这种混合物，可将它分离出来，用酒精稀释后涂抹在皮肤上，蚊子就不来叮咬了。这种混合物对皮肤没有毒性，也没有刺激性。

现今常用作防疫避蚊的天然精油有：桂皮油、丁香油、冬青油、桉叶油、薄荷油、香柏油、薰衣草油、樟脑油、橄榄油、香茅油、柠檬桉油、柠檬油、茴香油、野菊花油等。由于万金油、清凉油、祛风油、风油精的主要成分都有驱虫作用，因此，人们也常在皮肤上涂抹这些油、脂驱蚊。夏夜睡觉前，在床的四角放几盒打开的万金油，也可驱除蚊虫，可以在不受骚扰的环境里美美地睡上一觉。

香料工作者经过多年努力，将上述那些有驱虫作用的精油中确实有效的成分陆续被分离出来，为今后采用化学方法大量合成和生产安全有效的物质开辟了一条宽广的道路。不过，至今为止，市场上出售的许多驱虫剂大部分还是直接用天然精油配制而成的。

昆虫驱避剂是杀虫剂可供替代的选择，它可使人类皮肤免遭蚊、螨、蜱和虱的叮咬或降低为患，亦可排除特定范围的昆虫，例如防止对包装中的储藏品的侵害。不过这方面的应用目前尚待开拓。杀虫剂抗药性问题日趋严重，人们对农药的安全使用越来越关注，以新的安全有效成分替代现有市场产品非常必要，然而昆虫驱避剂在虫害综合治理中的应用却常常被忽视。

近几年来，美国衣阿华州立大学昆虫实验室对天然来源昆虫驱避剂进行了大量调查研究。保护人类免遭节肢动物首先是蚊虫叮咬的昆虫驱避剂美国占最大销售份额。人们相信许多昆虫驱避技术运用还不充分。应用驱避剂气障防止昆虫进入敏感区的技术还未经普遍认定。拟除虫菊酯杀虫剂虽常融合于上面技术中，但首要是应用其昆虫急性毒性作用方式。包装材料浸渍驱避剂防止储藏或运输产品虫害也未普遍应用。驱避剂可能对排除一定环境范围（如学校、医院和食品制造厂）的昆虫起着越来越重要的作用。人们相信，天然产物例如香精油可能在新的驱避技术中扮演重要角色。

表 5-5 动物驱避剂

天然香料	蚊	家蝇	蟑螂	跳蚤	虱	虫卵	蛀虫	螨	蛾	蚂蚁	白蚁	蚯蚓	蠓虫	蛔虫	钩虫	节蠕虫	蜜蜂	猫	狗	鸽鸠等鸟类	鼠	水稻害虫	蚜虫	麦蛾科害虫	黄瓜甲虫	仓储害虫	米象属豆象属	小蠊属	稻象鼻虫	四纹豆象	黑拟谷幼虫
柏木油	*						*														*										
芸香油														*	*																
樟脑油	*	*																													
荜茇油														*																	
白菖蒲油						*																									
丁香油	*													*	*																
冬青油	*																		*												
山苍子油												*	*																		
众香油	*			*																											
艾菊叶油	*													*	*																
艾纳香属精油	*																														
桉树油	*	*												*	*				*										*		
大茴香油														*	*											*					
大蒜油	*								*																						
茶树油														*	*																
对面花种子油												*	*																		
番茄枝油			*								*																				
芳樟油	*			*	*	*			*	*							*														
佛手柑油	*																														
柑橘油	*					*																								*	
广藿香油																											*				
加州月桂油																										*					
家黑种草油															*	*															

续表

天然香料	蚊	家蝇	蟑螂	跳蚤	虱	虫卵	蛀虫	螨	蛾	蚂蚁	白蚁	蚯蚓	螩虫	蛔虫	钩虫	节蠕虫	蜜蜂	猫	狗	鸽鸠等鸟类	鼠	水稻害虫	蚜虫	麦蛾科害虫	黄瓜甲虫	仓储害虫	米象属豆象属	小蠊属	稻象鼻虫	四纹豆象	黑拟谷幼虫
罗勒油	*	*																								*					
玫瑰油	*	*																													
迷迭香油																										*					
柠檬草油	*	*																													
柠檬油	*																														
全缘黄连木虫瘿油												*	*																		
日本薄荷油	*																									*					
日本金银花油																									*						
肉桂叶油	*			*																											
肉桂油	*			*										*	*																
三条筋叶油													*																		
莎草油													*																		
莳萝油																													*		
厚皮木苹果油													*																		
黄角山胡椒油																									*						
黄樟油														*	*																
姜黄油												*	*																		
茴香油	*																														
藿香蓟油													*																		
印乳香油													*																		
香叶油	*	*																													
薰衣草油	*			*	*																					*					
鸭嘴花油														*																	
野菊花油	*																														

续表

天然香料	蚊	家蝇	蟑螂	跳蚤	虱	虫卵	蛀虫	螨	蛾	蚂蚁	白蚁	蚯蚓	蟓虫	蛔虫	钩虫	节蠕虫	蜜蜂	猫	狗	鸽鸠等鸟类	鼠	水稻害虫	蚜虫	麦蛾科害虫	黄瓜甲虫	仓储害虫	米象属豆象属	小蠊属	稻象鼻虫	四纹豆象	黑拟谷幼虫
苦艾油														*	*																
藜属植物油														*	*																
柳杉柏木油	*																					*									
香根油																											*				
缕叶油														*	*																
松节油		*	*											*	*				*										*		
松油	*	*																													
檀香油	*	*																													
香茅油	*																														
斯里兰卡香茅油	*													*																	
绿黄汁阿魏油													*																		
鼠尾草油																										*					
莰烯																								*							
柠檬醛	*	*				*												*													
桉叶油素	*																				*					*			*		
百里香酚	*							*																							
柏木醇	*						*																								
苯甲醛	*							*																							
苯甲酸苄酯	*																														
苯甲酸甲酯								*																							
苯甲酸乙酯		*	*					*																							
苯乙醇								*																							
薄荷脑	*		*							*											*										
薄荷酮	*																														

续表

天然香料	蚊	家蝇	蟑螂	跳蚤	虱	虫卵	蛀虫	螨	蛾	蚂蚁	白蚁	蚯蚓	螩虫	蛔虫	钩虫	节蠕虫	蜜蜂	猫	狗	鸽鸠等鸟类	鼠	水稻害虫	蚜虫	麦蛾科害虫	黄瓜甲虫	仓储害虫	米象属豆象属	小蠊属	稻象鼻虫	四纹豆象	黑拟谷幼虫
肉桂酰胺																				*											
十一烷																															*
樟脑			*		*					*											*										
樟脑酸二甲酯	*																														
大茴香醛	*																														
当归内酯							*		*																						
丁香酚	*					*											*				*										
对孟二醇	*																														
对伞花烃							*										*							*							
二甲基萘							*																								
芳樟醇	*			*	*	*											*									*					
桂酸乙酯	*																														
桂酸异丙酯	*																														
己基间苯乙酚															*	*															
对甲基苯乙酮								*																							
甲位蒎烯																					*										
邻苯二甲酸二甲酯				*	*																										
甲位水芹烯																								*							
松油醇																															*
松油醇-4							*																			*					
角鲨烯	*																														
龙脑										*											*										
金合欢醇						*																									
金合欢烯																							*								

续表

天然香料	蚊	家蝇	蟑螂	跳蚤	虱	虫卵	蛀虫	螨	蛾	蚂蚁	白蚁	蚯蚓	螩虫	蛔虫	钩虫	节蠕虫	蜜蜂	猫	狗	鸽鸠等鸟类	鼠	水稻害虫	蚜虫	麦蛾科害虫	黄瓜甲虫	仓储害虫	米象属豆象属	小蠊属	稻象鼻虫	四纹豆象	黑拟谷幼虫
莰烯																								*							
罗汉柏烯							*																								
水杨酸甲酯								*											*												
水杨酸乙酯								*																							
异百里香酚								*																							
异龙脑										*																					
苎烯	*	*	*				*											*			*						*	*			
紫苏醛								*													*										
2-甲基-2,4-戊二醇				*	*																										
4-羟丁基己酸酯	*																														
四氢芳樟醇			*																	*											
兔耳草醛			*																	*											
香茅醇	*					*																									
香茅醛	*																				*										
香芹醇							*																								
香芹酚						*																				*					
香芹酮								*																							
香叶醇	*		*			*														*											
乙酸					*																										
乙酸苄酯			*																	*											
乙酸芳樟酯	*																														
乙酸龙脑酯																															*
乙酸松油酯																															*

注：* 表示有驱虫作用。

5. 蚊子的习性

蚊子的来源：雌蚊把卵产在水里，一两天后就孵化成幼虫，叫孑孓。孑孓经过四次蜕皮变成蛹，蛹继续在水中生活两天，即可羽化成蚊。完成一代发育大约只要10～12天，一年可繁殖七八代。蚊子是靠吸血来生存繁殖的。雌雄蚊的食性不相同，雄蚊吃“素”，专以植物的花蜜和果子、茎、叶里的液汁为食；雌蚊偶尔也尝尝植物的液汁，然而一旦婚配以后，非吸血不可。因为它只有在吸血后，才能使卵巢发育。所以叮人血的只是雌蚊。

蚊子主要危害是传播疾病，传播的疾病达80多种。在地球上，再没有哪种昆虫比蚊子对人类的危害更大了。

世界上的蚊子有两千多种，我国约有140多种。能传播疾病的蚊子可分3类：①叫按蚊，俗名疟蚊，主要传播疟疾。②叫库蚊，主要传播丝虫病和流行性乙型脑炎。③叫伊蚊，身上有黑白斑纹，又叫黑斑蚊，主要传播流行性乙型脑炎和登革热。

蚊虫都孳生于水中，不同性质的水质和积水类型孳生不同种类的蚊虫（表5-6）。治理或改造孳生地是防蚊的制本措施。

表5-6 不同的水体类型孳生不同种类的蚊虫

水体类型	主要孳生蚊种
轻度污染水体，如污水坑（沟）、清水粪坑、洼地积水等	致倦库蚊、淡色库蚊
严重污染水体，如粪坑、粪池等	骚扰阿蚊
面积较大的清洁水体，如稻田、荷塘、沼泽、灌溉沟等	中华按蚊、三带喙库蚊
清洁而流动的水体，如山溪或溪床等	微小按蚊
小型自然水体，如树洞、竹筒、坛、罐等积水	白纹伊蚊、仁川伊蚊
家宅内外的器皿，如水缸、果壳积水等	埃及伊蚊

雌蚊多在羽化后2～3天开始吸血，温度、湿度、光照等多种因素可影响蚊子的吸血活动。气温在10℃以上时开始吸血；一般伊蚊多在白天吸血，按蚊、库蚊多在夜晚吸血；有的偏嗜人血，有的蚊子则爱吸家畜的血，但没有严格的选择性，故蚊子可传播人畜共患病。

蚊子的一对触须和三对步足上分布着许多轮生的感觉毛，每根感觉毛上密集地排列着圆形或椭圆形细孔。黑夜里，蚊子可以凭着这种传感器感知空气中人体散发出来的二氧化碳，在0.001s内作出反应，能正确敏捷地飞到吸血对象那里。蚊子在吸血前，先将含有抗凝素的唾液注入皮下与血混合，使血变成不会凝结的稀薄血浆，然后吐出隔宿未消化的陈血，吮吸新鲜血液。假如一个人同时任意给1万只蚊子叮咬，就可以把人体的血液吸完。

蚊子吸人血，还会专门寻找合乎“口味”的对象。蚊子在熟睡的人们的枕边“嗡嗡”盘旋时，依靠近距离传感器来感应温度、湿度和汗液内所含有的化学成分，所以雌蚊首先叮咬体温较高、爱出汗的人。因为体温高、爱出汗的人身上分泌出的气味中含有较多的氨基酸、乳酸和氨类化合物，极易引诱蚊子。

蚊子的栖息习性：掌握蚊子的栖息习性是制定灭蚊措施的依据。蚊子羽化后和吸血后喜欢在隐蔽、阴暗和通风不良的地方栖息，如屋内多在床下、柜后、门后、墙缝以及畜舍、地下室等，室外多在草丛、山洞、地窖、桥洞、石缝等处。根据吸血后栖息习性的不同，可以把蚊子分为三种。家栖型：如微小按蚊、嗜人按蚊；半家栖型：如中华按蚊、日月潭按蚊等，吸血后有些在室内，有些到室外栖息；野栖型：如大劣按蚊、白纹伊蚊等，吸血后要飞到室外消化胃内的血液。

蚊子的寿命：蚊子的寿命，在自然条件下雄蚊交配后约7～10天，但在实验室里则可活到1～2个月；雌蚊至少可活1～2个月，在实验室里曾活到4个月。

科学家们从很早以前就发现二氧化碳对蚊子有很强的吸引作用，但是仅仅是二氧化碳还不能说明全部问题，因为事实表明毕竟蚊子更爱叮咬人们的手臂和腿脚。因此，二氧化碳的作用固然不可忽视，但是皮肤肯定还释放了其他对蚊子更充满诱惑力的物质。

有人发现蚊子对一些混合物的反应非常剧烈，在丹尼尔等人所实验的346种物质中有3种特殊化学物质的混合物在实验中每次都能吸引90%的蚊子，而丹尼尔发现他自己的胳膊和手却只吸引7只蚊子。丹尼尔说："有时候将30种物质混合，蚊子却一点都不被吸引"。但是在这项实验中，科学家们始终没有发现任何可以吸引100%蚊子的引诱剂。

研究人员还发现可以释放出类似人的体味的混合物对蚊子有更高的吸引力，但是这离制造出更好的引诱剂还差得很远。因为引诱剂必须得比在它附近的人体对蚊子更具吸引力才能达到效果，丹尼尔等人说："让蚊子不接近人体是很困难的一件事，我们到现在还无法做到。"

6．驱蚊还是杀蚊

每年夏季，不管城市或农村，蚊子到处肆虐，见人就叮，对人们的正常休息和工作带来极大的影响，令人厌烦，而且蚊子还会传染各种传染病，有的传染病可致人死命，如疟疾、登革热、乙型脑膜炎等。人们长期使用各种合成杀虫剂灭蚊，这些杀虫剂往往造成明显的公害。即使声称最"安全"的杀虫剂，不管以气雾剂、电热熏蒸、燃点或其他什么方式驱杀蚊虫，也往往会对人类的健康有所损害，造成注意力分散、烦躁、失眠、记忆力锐减、性功能衰退等疾患。

人类自从来到世间，就与蚊子结下了不解之缘——热带地区不分季节、寒温带地区每到夏天人们便要想出许多法子来对付蚊子——或者把蚊子赶尽杀绝，或者围驱堵截避开它的骚扰，要不然就不能好好地工作、休息。许多人幻想有一天科学家发明一种"新式武器"，能把地球上的蚊子彻底灭绝掉，人类从此得到"安宁"。须知这不单只是天真的想法、几乎不可能实现，还有一个问题是果真把蚊子"彻底灭绝"以后，说不定人类更不得安宁——无论如何，蚊子也算一种"野生动物"吧？我们至今还不知蚊子们在地球的生态平衡中到底扮演着哪一种重要角色呢！

由于蚊子实在太"可恶"，如何杀死蚊子便成了许多科学家终生研究的课题。从极毒到"微毒"（对人和大动物来说）的农药都大规模地使用了，许多昆虫（不管是"害虫"还是"益虫"）早已灭绝，蚊子依然故我，甚至越来越"猖獗"。有人担心，有朝一日蚊子"进化"出一种"超级"品种出来，任何药物都无可奈何，那才真的恐怖呢。

蚊子是"弱小动物"，"与人奋斗"的武器是数量巨大、繁殖迅速、变异容易，一群蚊子哪怕被杀死了99.99%，余下0.01%的后代很快就有了耐药性。所以，单纯"杀"、"杀"、"杀"恐怕不能彻底解决问题。如果我们改变一下思维，与蚊子来个"和平共处"——只要蚊子不来骚扰、叮咬，我们完全可以"网开一面"、"放它一马"，大家相安无事也不错。"避蚊叮"、"驱蚊剂"等就是这种思维的产物，它们的使用至少有一个好处：蚊子不会产生耐药性——设想一下，人类厌恶某些气味，下一代还是厌恶这些气味，并不会产生不厌恶的后代，动物也是这样。

自古以来，人类就用各种植物材料熏燃驱蚊，效果是肯定的，但到底哪一些植物材料驱蚊效果更好呢？古人有做了一些比较，但记载得含含糊糊。人们一直以为香气浓烈的材料驱蚊效果肯定较好，所以像百里香、荆芥、土荆芥、艾蒿、薄荷、香茅、丁香、丁香罗勒、肉桂、大蒜、冬青、柠檬桉等便得到普遍的应用，忽视了像柏木、薰衣草、芳樟、天竺葵、灵香草等香味较清淡而驱蚊效果却强得多的植物材料，至于把这些材料混合以增强驱蚊效果的记载就更少了。到了近现代，由于化学工业的兴起，各种"超强"杀虫剂的出现和广泛应用，人们津津乐道于杀虫，"驱虫"被束之高阁，"驱蚊"话题也少有人提起了。邻苯二甲酸酯类和"避蚊胺"

等化学药品的出现，令部分人开始注意到天然香料（精油）对蚊虫的驱避作用。零碎的资料不少，但系统的研究却不多。

7. 天然香料的驱蚊效果

如前所述，虽然人们早已知道有许多天然香料有驱蚊作用，但到底哪一些香料的驱蚊效果更好呢？下面的实验可以较好地解答这个问题：把两只50cm×50cm×50cm的玻璃柜以口径为20cm×20cm×180cm的有机玻璃管连通，通道中央设活动拦板。每只玻璃柜设有电加热器和蚊虫吹入口。在24～28℃、相对湿度58%～60%条件下测定。实验方法：打开玻璃柜连接通道，将电加热器预热至50℃左右，滴加天然香料油1mL，放入50只雌性淡色库蚊。30min后截断通道，清点击倒的蚊子个数和逃离至另一玻璃柜的蚊子数。每个实验重复3次。

击倒率=死亡蚊子数/实验蚊子总数

驱避效率=（逃离蚊子数+死亡蚊子数）/实验蚊子总数

采用这个实验方法，常见的天然香料对蚊子的击倒率和驱避效率如表5-7。

表5-7　常见的天然香料对蚊子的击倒率和驱避效率

香料名称	击倒率/%	驱蚊效率/%	香料名称	击倒率/%	驱蚊效率/%
香叶油	27.9	77.5	肉桂油		60.0
山苍子油	15.7	58.8	芸香油		60.0
椒样薄荷油	13.5	69.2	桉叶油		56.9
大蒜油	9.4	54.7	丁香油		56.8
柠檬桉油	7.9	52.4	纯种芳樟叶油		54.2
白兰叶油	5.0	61.1	香茅油		52.6
50%松油		79.3	柠檬油		45.2
柏木油		70.9	甜橙油		43.6
肉桂叶油		70.6	艾叶油		37.1
冬青油		69.8	香根油		30.8
薰衣草油		69.0	松针油		29.6
薄荷油		65.3	白兰花油		29.5

从表5-7中可以看出，只有6种天然香料能把蚊子击倒，其他香料只能把蚊子驱走。长期以来人们津津乐道、以为驱蚊效果“最佳”的几种精油——香茅油、柠檬桉油、桉叶油、山苍子油、艾叶油等的驱蚊效果只是一般般，而驱蚊效果最佳的香叶油、松油、柏木油等没有被“发现”。难怪世人虽然一直对天然香料的驱蚊能力寄予厚望，从事这方面工作的人们却拿不出一张令人满意的成绩单出来。

通过对表5-7的分析，看得出巧妙的配制有可能大幅度提高驱蚊效果。本书作者选用“驱避效率”在40%以上的香料配制了数百个香精（复配精油），有的驱蚊效果提高了，有的反而下降了。进一步地分析终于得到了一些规律性的东西，虽然我们还不能完全用已知的科学理论“圆满地”解释它们，但这并不影响我们的实验工作，也不影响我们对它们早日得到实际应用的强烈愿望。现举一个较有实际意义的配方如下。

驱蚊复配精油

香叶油	40g	柠檬油	6g	玳玳叶油	4g
冬青油	2g	丁香油	2g	百里香油	2g
薄荷素油	10g	桉叶油	4g	留兰香油	6g
山苍子油	4g	纯种芳樟叶油	4g	香茅油	2g
甜橙油	4g	薰衣草油	10g	合计	100g

用这个配方配出来的香精香气优美，得到多数人的称赞和喜爱，香气可以贯穿始终，常闻不生厌，留香时间持久，对多种蚊子的驱避效果极佳。我们把它做成几种制剂，用于各种驱蚊场合，反映良好。采用这个香精配制的蚊香和气雾杀虫剂，不管使用或不使用杀虫剂（不用杀虫剂的制剂香精用量要大几倍，成本会高一些，但对人畜的安全性则高得多了），香气全都得到众人的好评，驱蚊效果也都比添加其他香型的香精好，值得大力推广。

第三节　香水香精

香水香精是日化香精的顶级作品，国外通常认为一个调香师的水平是看他调的香水香精水平如何。这个看法有失偏颇，但香水香精确是日化香精的最高层次，是“领导一切”的。一个香水推销成功，很快地在日化香精应用的许多领域流行。许多新型香料也是由于作为某名牌香水的配伍成分进入日化香精的，二氢茉莉酮酸甲酯、突厥酮、龙蒿油等莫不如此。因而从事日化香精的调香人员总是喜欢将新得到的香原料调几个香水香精试试，进而把它们用到其他香精中，调配香水香精成了所有日化香精调香师经常性的实习内容，模仿流行的香水香型也是日化香精调香人员的必修课。

其实调配香水香精对调香师来说反而是一件“轻松”的事：它的原料几乎不受限制，因为配制香水用的溶剂是乙醇，绝大多数香料都易溶于乙醇，除了一些天然香料浸膏（调香师干脆避开不用浸膏而用净油）以外，即使难溶于乙醇的香料也可用其他香料或溶剂溶解后再溶于乙醇；再贵的香料也敢用——香水香精的价格可以高到每千克数千元；通常可以不考虑色泽变化，即使配出的香精容易变色，也还可以建议香水制造厂用包装瓶掩盖，有的香水甚至以某种固定的色泽如橙黄色、金色、枣红色等讨人喜欢；不必考虑与其他化工原料的“配伍性”，只考虑一个乙醇就行了；“创香”比较可以随心所欲，不必拘泥于某些条条框框的约束；……

当然，每一个香水香精的配方都是较为“复杂”的——配方单较长，也就是所用的原料较多，但这一点也不是绝对的。早期的调香师倾向于使用非常多的香料配一个香水香精，力求做到四平八稳，香气平衡、和谐，每一种香料用料都不敢太多，把它们都限制在一个范围内，不能出格。美国、日本等国许多“现代派”的调香师冲破了这些条条框框的限制，调配香水香精喜欢标新立异，喜欢有特色，有时候仅用几种香料就调出一个相当好的香水香精来。“好的香水应当从头到尾是一个香调”，这个看法也有点过时了，其实再好的香水（包括早期的名牌香水）也不可能自始至终完全保持一种香气，前段总是一些比较轻飘的香味——一般是果香、花香、青香等，而后段往往是麝香、龙涎、木香、膏香等香气，只是每一个好的香水都有一种特征性的香气贯穿始终，让你不太注意它头尾香气的变化罢了。调配香水香精重点还是注意头香、体香、基香的连贯，中间不要“断档”（初学者很难理解“断档”的意思，其实这仅仅是调香师的一句口头禅而已，无非是用闻香纸沾一点香精，隔一段时间嗅闻一次，每次闻到的香气都是圆和、令人愉快的就是所谓不“断档”的了），也就是注意体香香料的运用。有些香料的香气能够在头香、体香、基香都发挥作用，如广藿香油、二氢茉莉酮酸甲酯、降龙涎香醚、檀香 208、铃兰醛等，本身香气又很好，调配香水香精时可以多用它们。香水本来没有“性别”之分，说女人较喜欢什么香气，男人更喜欢哪一些香气本来就有些勉强，有人认为女人喷洒香水是给男人闻的，而男人使用香水是给女人闻的，这就更没有必要分什么女用香水、男用香水了。但这个市场经常在变化着，有时需要把它分开，有时又宣传可以“通用”，其实都是商家在里面捣鬼。作者按通常的做法把香水香精分成“女用香水香精”和“男用香水香精”两类，读者不要把它看成是绝对的、不可更改的。无论什么香型，都可作女用香水，也可作男用香水。

从下面列举的香水香精配方中可以看出不同时期的调香师们各自的风格。

一、女用香水香精

香奈尔5号

甲基壬基乙醛	0.2	香豆素	5	10%鸢尾浸膏	1
癸醛	0.2	异丁香酚甲醚	2	10%灵猫香酊	2.5
香柠檬油	2	酮麝香	4	甲基紫罗兰酮	6
玫瑰净油	1	安息香膏	8.4	香根油	1
橡苔浸膏	1.5	十一醛	0.2	羟基香茅醛	2
10%香荚兰豆酊	10	依兰依兰油	4	莎莉麝香	2
3%麝香酊	20	茉莉净油	5	5%龙涎香酊	15
纯种芳樟叶油	3	玳玳花油	1		
檀香208	2	苏合香膏	1		

夜巴黎

香柠檬油	5	香豆素	0.5	癸醛	0.5
甜橙油	1	异丁香酚	1	甲基壬基乙醛	0.25
茉莉净油	1	莎莉麝香	2	3%麝香酊	5
玳玳花油	1	二氢茉莉酮酸甲酯	10	乙酸香根酯	0.5
赖百当浸膏	1	乙酸苄酯	7.35	水杨酸戊酯	1
苏合香膏	0.5	柠檬油	1	羟基香茅醛	6
纯种芳樟叶油	3	依兰依兰油	4	水杨酸苄酯	2
苯乙醇	10	玫瑰净油	1	酮麝香	4
十一醛	0.5	檀香油	2.5	甲位戊基桂醛	2
甲基紫罗兰酮	6	安息香膏	2	苯甲酸苄酯	10
10%鸢尾浸膏	0.5	50%苯乙醛	0.4		
兔耳草醛	3.5	乙酸芳樟酯	4		

妙体肤

纯种芳樟叶油	2	洋茉莉醛	1	茉莉酮	0.05
甲位己基桂醛	5	鸢尾浸膏	0.5	铃兰醛	5
邻氨基苯甲酸甲酯	1	苯乙醇	5	玫瑰醇	5
10%龙涎香醚	2	甲基柏木酮	5	椰子醛	1
10%女贞醛	1	莎莉麝香	2	龙涎酮	4
格蓬酯	0.1	佳乐麝香	5	酮麝香	2
甲基壬基乙醛	0.15	乙酸苄酯	5	甲基紫罗兰酮	8
水杨酸己酯	2	二氢茉莉酮酸甲酯	8	羟基香茅醛	3
桂醇	1	10%异丁基喹啉	1	依兰依兰油	2
乙酸苏合香酯	1	10%吲哚	0.5	丁香酚	2
乙酸香根酯	1	格蓬浸膏	0.3	香豆素	2
十五内酯	1	桃醛	0.25	安息香膏	15.15

可　可

原料	用量
甜橙油	5
乙酸芳樟酯	3
香兰素	0.5
酮麝香	2
佳乐麝香	2
檀香 208	1
异丁基喹啉	0.05
橡苔浸膏	2
丁香酚甲醚	0.5
异丁香酚	1
桂皮油	1
玫瑰醇	3
茉莉净油	1
水杨酸叶酯	0.5
甲位己基桂醛	6
二氢茉莉酮酸甲酯	3
香叶油	2
乙位突厥酮	0.1
纯种芳樟叶油	5
乙酸玫瑰酯	5
玳玳叶油	2
香紫苏油	1
苯甲酸苄酯	5.35
香柠檬油	3
广藿香油	1
香豆素	2
莎莉麝香	2
龙涎酮	3
龙涎香醚	0.1
海狸净油	0.1
水杨酸苄酯	5
丁香酚	2
苏合香膏	1
桂醇	2
苯乙醇	5
覆盆子酮	0.1
丙位癸内酯	0.05
铃兰醛	3
菠萝酯	0.1
桃醛	0.05
兔耳草醛	0.3
乙酸苄酯	7
玫瑰醇	6
格蓬浸膏	0.1
黑加仑油	0.1
安息香膏	5

毒　物

原料	用量
乙位突厥酮	1
玫瑰醇	3
茉莉净油	1
二氢茉莉酮酸甲酯	6
吲哚	0.2
松油醇	2
黑加仑油	0.1
乙酸异戊酯	0.05
椰子醛	0.2
柠檬醛	1
羟基香茅醛	2
新铃兰醛	1
海狸净油	0.1
甲基柏木酮	3
檀香 208	3
麝葵子油	0.1
酮麝香	3
香豆素	2
桂皮油	1
丁香花蕾油	4
水杨酸苄酯	5
乙酸苏合香酯	0.2
乙酸玫瑰酯	3
苯乙醇	5
甲位己基桂醛	2
纯种芳樟叶油	3
二甲基庚醇	1
乙酸苄酯	6
香柠檬油	2
覆盆子酮	0.5
桃醛	0.8
甲基壬基乙醛	0.05
铃兰醛	4
橙花素	5
灵猫香膏	0.1
异甲基紫罗兰酮	2
香根油	2
佳乐麝香	2
洋茉莉醛	4
香兰素	2
芫荽子油	0.1
邻氨基苯甲酸甲酯	1
水杨酸甲酯	0.5
安息香膏	15

迪奥小姐

原料	用量
香柠檬油	2
薰衣草油	6
玫瑰油	3
米兰浸膏	2
格蓬浸膏	2
鸢尾浸膏	0.4
灵猫香膏	0.2
羟基香茅醛	12
龙涎香酊	5
乙酸苏合香酯	0.5
十二醛	0.5
二氢茉莉酮酸甲酯	10
甲基柏木醚	4
水杨酸苄酯	5
柠檬油	1
依兰依兰油	4
香根油	7
茉莉浸膏	4
橡苔浸膏	3
苏合香膏	0.2
麝香 T	2
乳香	2
烯丙基紫罗兰酮	1
十一醛	0.2
甲基壬基乙醛	0.1
广藿香油	1.9
香荚兰豆酊	16
乙酸苄酯	5

欢　　乐

原料	用量
玫瑰净油	10
鸢尾净油	0.5
香叶油	1
苏合香膏	2
金合欢净油	0.1
兔耳草醛	0.5
桂醇	4
甲位戊基桂醛	7
麝香 105	0.2
苯乙醇	15
苯丙醇	1
丁香油	1
壬醛	0.05
十一醛	0.1
乙酸芳樟酯	2
茉莉净油	7
依兰依兰油	3
安息香膏	5
水杨酸苄酯	2
甲基紫罗兰酮	1
羟基香茅醛	5
苯乙酸对甲酚酯	1
桃醛	0.1
丙酸苄酯	1
乙酸玫瑰酯	6
玫瑰醇	17.2
苯乙醛	0.2
癸醛	0.05
纯种芳樟叶油	2
苯甲酸苄酯	5

罗查斯女士

原料	用量
茉莉净油	1
玫瑰净油	1
当归油	0.1
柠檬油	1
鸢尾浸膏	0.1
10%海狸香酊	1
3%麝香酊	3
乙酸苏合香酯	0.3
乙酸芳樟酯	2
甲基紫罗兰酮	6
乙酸香根酯	7
异丁香酚	3
水杨酸苄酯	4
莎莉麝香	1
麝香 105	1
甲基壬基乙醛	0.1
羟基香茅醛	10
檀香油	7
芹菜子油	0.2
香柠檬油	2
橡苔浸膏	1
安息香膏	5
3%灵猫香酊	1
纯种芳樟叶油	2
乙酸苄酯	4
苯乙醇	4
丁香油	1
香豆素	2
甲位戊基桂醛	2
桃醛	0.4
酮麝香	3
龙涎酮	3.7
十一醛	0.1
邻苯二甲酸二乙酯	20

莎　丽　玛

原料	用量
芫荽子油	2
玳玳花油	1
香柠檬油	18
檀香油	2
玫瑰净油	2
吐鲁香膏	1
茉莉净油	1
10%海狸香酊	4
3%麝香酊	1
薰衣草油	4
香豆素	5
甲位戊基桂醛	1
莎莉麝香	3
香兰素	2
斯里兰卡肉桂油	1
十一醛	0.1
甲基紫罗兰酮	2
香紫苏油	0.3
龙蒿油	0.4
柠檬油	3
广藿香油	1
鸢尾净油	1
橡苔浸膏	0.1
安息香膏	3
10%灵猫香酊	1
纯种芳樟叶油	2
甜橙油	1
羟基香茅醛	1
桃醛	0.1
酮麝香	3
乙酸苄酯	4
乙酸芳樟酯	3
苯乙醇	6
邻苯二甲酸二乙酯	20

古　　龙

原料	用量
香柠檬油	12
甜橙油	4
玳玳叶油	8
香叶油	2
乙酸松油酯	17
柠檬醛	1
玳玳花油	3
迷迭香油	1
柠檬油	4
薰衣草油	3
乙酸芳樟酯	30
苯乙醇	14
香兰素	1

二、男用香水香精

古　龙　水

原料	用量	原料	用量	原料	用量
檀香油	10	百里香油	0.2	广藿香油	2
玳玳花油	2	乙酸芳樟酯	10	10%灵猫香酊	3
格蓬浸膏	0.2	莎莉麝香	3	小豆蔻油	0.1
龙蒿油	0.2	龙涎酮	3.5	乙酸玫瑰酯	4
橡苔浸膏	0.3	薰衣草油	10	纯种芳樟叶油	6
香叶油	2	迷迭香油	2	香豆素	3
苯甲酸甲酯	0.3	香柠檬油	25	香兰素	1
薄荷脑	0.2	香根油	2	10%龙涎香酊	10

柯　　蒂

原料	用量	原料	用量	原料	用量
香柠檬油	30	安息香膏	2	龙蒿油	0.4
甜橙油	14	10%香荚兰豆酊	5	香叶油	0.5
玳玳叶油	2	莎莉麝香	2	玫瑰净油	0.2
玳玳花油	1	柠檬油	12	鸢尾浸膏	0.3
罗勒油	1	橘子油	14	乙酸苄酯	2
众香子油	1	白百里香油	2	水杨酸苄酯	9.5
茉莉净油	0.1	薰衣草油	1		

檀　　香

原料	用量	原料	用量	原料	用量
檀香油	25	赖百当净油	0.5	香紫苏油	1
乙酸香根酯	6	吐纳麝香	5	香叶油	5
乙酸芳樟酯	6	麝香 T	3	格蓬浸膏	1
香柠檬油	5	防风根树脂	1.5	10%胡萝卜子油	3.5
玳玳叶油	3	广藿香油	7	丁香油	2
依兰依兰油	8	吐纳麝香	5	莎莉麝香	5
10%罗勒油	1	薰衣草油	6	橡苔浸膏	0.5

斯　堪　朵

原料	用量	原料	用量	原料	用量
柠檬油	2	十一醛	0.1	乙酸苄酯	3
茉莉净油	1	紫罗兰酮	16	乙酸香根酯	9
赖百当净油	0.5	羟基香茅醛	10	甲位戊基桂醛	1
广木香净油	0.2	柏木油	5	乳香	1
檀香油	1	甜橙油	1	甲基壬基乙醛	0.1
辛炔酸甲酯	0.1	依兰依兰油	5	香豆素	3
乙酸芳樟酯	3	麝葵子油	0.1	莎莉麝香	4
甲基紫罗兰酮	5	玫瑰净油	3	安息香膏	14.9
洋茉莉醛	2	苏合香膏	2		
酮麝香	5	纯种芳樟叶油	2		

皇　家　馥　奇

原料	用量	原料	用量	原料	用量
香柠檬油	12	广藿香油	1	橡苔浸膏	5
薰衣草油	7	纯种芳樟叶油	3	香豆素	10

水杨酸戊酯	2	香叶油	8	乙酸芳樟酯	5
50%苯乙醛	0.4	依兰依兰油	2.1	苯乙醇	6
大茴香醛	0.5	香根油	0.5	羟基香茅醛	2
酮麝香	2	茉莉净油	3	莎莉麝香	4
香兰素	0.5	赖百当浸膏	1	水杨酸甲酯	2
安息香膏	20	洋茉莉醛	3		

东　方　香

香柠檬油	8	甲基紫罗兰酮	20	苏合香膏	2
依兰依兰油	3	玫瑰醇	2	鸢尾浸膏	2
茉莉净油	2	乙酸苄酯	5	安息香膏	3
檀香油	3	玳玳花油	3	洋茉莉醛	4
香根油	3	柠檬油	3	丁香油	5
橡苔浸膏	1	纯种芳樟叶油	5	二氢茉莉酮酸甲酯	5
吐鲁香膏	1	玫瑰净油	3	防风根油	3
香豆素	2	广藿香油	1	香荚兰豆酊	11

鸦　　片

檀香 208	10.5	依兰依兰油	2.5	香叶醇	5
广藿香油	4	大茴香醛	1	麝香 105	1
甲基柏木酮	8	甲基紫罗兰酮	5	酮麝香	4
香柠檬油	5	异丁香酚	3	苯乙醇	3
桃醛	0.1	丁香酚甲醚	2.5	乙位突厥酮	0.1
吲哚	0.1	芹菜子油	0.05	降龙涎香醚	0.05
赖百当浸膏	2	檀香 803	6.3	秘鲁香膏	2.5
乙酸香叶酯	1	乙酸香根酯	3.5	香豆素	3
70%佳乐麝香	7.5	甲基柏木醚	4	鸢尾浸膏	1
香叶油	2	甜橙油	3	橡苔浸膏	1
乙酸苄酯	2	甲基壬基乙醛	0.2	铃兰醛	1
纯种芳樟叶油	4	叶醇	0.1	苯甲酸苄酯	1

第四节　化妆品香精

从香精的分类来说，化妆品香精比较接近香水香精（香水其实也属于化妆品范畴），但化妆品香精的配制就没有香水香精那么“自由”，它要受到许多条件的限制。

本节中讲的“化妆品香精”主要用于配制雪花膏、护肤霜（蜜）、冷霜、清洁霜、粉底霜、营养霜、润肤油、按摩油、发油、发乳、发蜡、发胶、摩丝、生发水、剃须膏、洗发精、护发素、洗面奶、香粉、爽身粉、唇膏（口红）、胭脂、眉笔、眼黛、指甲油、染发剂、脱毛剂、抑汗剂、雀斑霜、粉刺霜、面蜡、浴油、浴盐、泡沫浴剂等，其中包括了一些本应属于洗涤剂但主要用于人体清洁的产品。这些产品都比较“娇气”——外观讲究，有的颜色洁白，储存期不能变色，当然也不能让消费者看来认为可能是“变质”的感观变化。因此，配制化妆品香精所用的香料尽量避免或减少使用那些颜色较深和易于变色的品种，如血柏木油、香根油、乙酸香根酯、广藿香油、香兰素、邻氨基苯甲酸酯类、丁香酚及其衍生物、一些不太稳定的醛酮类和天然香料等。

各种名牌香水的香型都会被化妆品香精采用，但配制化妆品香精时，根据不同的使用场合可以使用一些价格较廉的香料代用，容易变色的香料改用不易变色的品种。任何一个化妆品香精最好都要把它实际加入产品观察一段时间（架试）确实稳定不变色才推荐给用户。

玉　兰　花

庚酸烯丙酯	1.5	橙花素	1.78	乙酸诺卜酯	1
茉莉素	1.6	吲哚	0.27	甲基紫罗兰酮	1.8
甲位戊基桂醛	2.6	乙酸对叔丁基环己酯	2.6	橙花醇	1.8
苯乙醇	9.5	水杨酸苄酯	3.6	二氢茉莉酮	0.27
纯种芳樟叶油	23	香叶醇	2.6	甲位己基桂醛	0.74
乙酸松油醇	1	丁香油	1.6	依兰依兰油	6.3
乙酸芳樟酯	3.2	苯乙二甲缩醛	1.7	异丁香酚	1.1
兔耳草醛	1.8	香紫苏油	0.52	乙酸苄酯	4.4
羟基香茅醛	4.4	楠叶油	0.52	邻苯二甲酸二乙酯	4.72
乙酸邻叔丁基环己酯	0.89	二氢茉莉酮酸甲酯	3.7		
乙酸异戊酯	0.89	白兰叶油	8.6		

茉 莉 鲜 花

吲哚	3.6	纯种芳樟叶油	13.5	乙酸苏合香酯	0.9
乙酸苄酯	16.2	乙酸芳樟酯	18	苯甲醇	9
甲位戊基桂醛	4.5	甜橙油	2.8	水杨酸苄酯	1.8
苯乙醇	9	邻氨基苯甲酸甲酯	3.6	橙花素	1.8
苯乙酸乙酯	3.6	羟基香茅醛	4.5	二氢茉莉酮酸甲酯	7.2

柠　　檬

甜橙油	49.4	松油醇	3.8	苯甲醇	3.8
橘子油萜	7.6	山苍子油	7.6	素凝香	3.04
热橘子油	4.56	水杨酸苄酯	3.8	邻氨基苯甲酸甲酯	2.28
乙酸松油酯	10.32	乙酸苄酯	3.8		

兰　　花

玫瑰醇	12	异丁香酚	2	水杨酸丁酯	1
兔耳草醛	2	桂醇	2	苯甲酸甲酯	0.5
乙酸芳樟酯	6	椰子醛	1	二氢月桂烯醇	1
薰衣草油	1	异长叶烷酮	3	丁香酚	1
山萩油	1	紫罗兰酮	10	芳樟醇	4
香豆素	2	羟基香茅醛	8	苯乙醇	3
乙酸苄酯	8	新铃兰醛	10	麝香 T	3
水杨酸戊酯	2	香叶油	2	苯甲酸苄酯	4
对甲酚甲醚	0.5	米兰浸膏	1		
二氢茉莉酮酸甲酯	5	甲位戊基桂醛	4		

铃 兰 百 花

羟基香茅醛	12	新铃兰醛	3	大茴香醛	2.5

原料	用量
癸醛	0.5
松油醇	5
乙酸芳樟酯	5
紫罗兰酮	5
桃醛	0.2
香柠檬油	2
玫瑰醇	22
香豆素	1
苯乙醇	3.8
兔耳草醛	3
铃兰醛	3
洋茉莉醛	2
乙基香兰素	2
芳樟醇	8
依兰依兰油	3
丙酸苄酯	2
甲基壬基乙醛	0.5
桂醇	3.5
檀香 208	4
乙酸苄酯	4
甲位戊基桂醛	3

花　　皇

原料	用量
二氢月桂烯醇	1
乙酸苄酯	4
乙酸苏合香酯	0.5
洋茉莉醛	3
对甲基苯乙酮	0.5
酮麝香	4
丁位癸内酯	0.1
椰子醛	1
芳樟醇	6
茉莉素	1
玫瑰醇	10
檀香 208	2
薰衣草油	2
玉兰花油	0.5
小花茉莉浸膏	0.5
甲基紫罗兰酮	10
乙酸芳樟酯	3
苯乙醛二甲缩醛	1
香豆素	3
乙基香兰素	0.5
佳乐麝香	5
十二醛	0.5
桂醇	2
异丁香酚	5
甲位己基桂醛	5
羟基香茅醛	10
依兰依兰油	5
香叶油	2
米兰浸膏	0.5
苯乙醇	11.4

素　心　兰

原料	用量
乙酸苄酯	3
乙位萘乙醚	2
香紫苏油	1
香根油	2
玫瑰醇	10
甲基紫罗兰酮	10
甲基柏木醚	2
乙酸芳樟酯	5
香柠檬油	8
香豆素	3
龙涎酮	1
赖百当浸膏	2
橡苔浸膏	2
佳乐麝香	6.7
乙酸苏合香酯	2
甲位戊基桂醛	2
檀香 208	7
广藿香油	2
香叶油	5
大茴香腈	2
铃兰醛	10
甲基壬基乙醛	0.2
洋茉莉醛	2
乙基香兰素	1
莎莉麝香	1
乙酸对叔丁基环己酯	3
癸醛	0.1
苯乙醇	5

科　　龙

原料	用量
甲基紫罗兰酮	13
甲位己基桂醛	7
甲基柏木醚	5
甲基壬基乙醛	1
橡苔浸膏	1
佳乐麝香	5
酮麝香	3
降龙涎香醚	0.2
二氢茉莉酮酸甲酯	5
乙酸芳樟酯	5
广藿香油	0.5
白兰叶油	3
香紫苏油	1.5
柠檬油	5
玳玳花油	0.5
米兰浸膏	0.5
小花茉莉浸膏	0.5
铃兰醛	8
玫瑰醇	7
异丁香酚	2
癸醛	0.5
赖百当浸膏	1
香豆素	1
龙涎酮	3
乙酸叶醇酯	0.2
二氢月桂烯醇	0.5
榄香酮	0.2
香根油	1
依兰依兰油	6
玳玳叶油	3
香柠檬油	8.4
鸢尾浸膏	0.5
白兰浸膏	0.5
墨红浸膏	0.5

果 花 香

原料	用量	原料	用量	原料	用量
甲基紫罗兰酮	15	水杨酸甲酯	0.5	玫瑰醇	15
纯种芳樟叶油	6	玳玳叶油	7	柑青醛	1
二氢月桂烯醇	0.5	香叶油	2.5	苯甲酸甲酯	1
甲基壬基乙醛	0.2	金合欢浸膏	1	乙酸苄酯	3.8
香兰素	2	小花茉莉浸膏	0.5	羟基香茅醛	2
对甲基苯乙酮	1	大茴香醛	3	卡南加油	5
苹果酯	1	松油醇	1	甜橙油	12
己酸烯丙酯	1	橙花酮	3	鸢尾浸膏	1
甜橙醛	1	橡苔浸膏	2	米兰浸膏	0.5
草莓醛	1	茉莉素	1	墨红浸膏	0.5
乙酸芳樟酯	5	洋茉莉醛	3		

第五节 洗涤剂香精

洗涤剂香精使用于洗衣粉、洗衣膏、洗洁精（餐具洗洁精应使用符合食品规格的香料!）、洗衣皂、香皂、各种工业洗涤剂等。这些洗涤剂几乎都是碱性的，即使是号称“中性皂”的香皂也还有少量的游离碱，因此洗涤剂香精宜用耐碱的香料，即在一定的碱度下稳定、不变质、不分解、不变色的香料，这给洗涤剂香精的配制带来一定的难度。醇类在碱性条件下是稳定的，醛、酮、酯、醚等在强碱性条件下会分解变质，但在碱度较低时可以稳定不变质，需要通过大量的实验才能确定每一种香料能“忍受”的碱度是多少。

低档洗衣皂可以使用部分香料下脚料，如二甲苯麝香脚子、酮麝香脚子、柏木油底油、玫瑰醇底油等，这些高沸点的下脚料都有一定的定香作用，不要简单地把它们看成填充料。

虽然下脚料的香气都比较粗糙、复杂，但有经验的调香师还是可以把它们与适合的低档香料调成香气圆和、头尾平衡的皂用香精。

莎 丽 玛

原料	用量	原料	用量	原料	用量
香柠檬油	10	紫罗兰酮	4	乙酸香根酯	3
玳玳叶油	3	香兰素	2	羟基香茅醛	5
广藿香油	7	邻苯二甲酸二乙酯	26	苯乙醇	8
香豆素	10	柠檬油	3	二甲苯麝香	5
甲位戊基桂醛	4	薰衣草油	5	玫瑰醇	5

苹 果 派

原料	用量	原料	用量	原料	用量
松油醇	37	纯种芳樟叶油	3	乙酸对甲酚酯	0.05
卡南加油	3	苯乙醛	0.25	大茴香醛	3.5
乙酸苄酯	4	乙酸苯乙酯	6	苯乙酸对甲酚酯	1
桂醇	2.5	苯乙醇	21.5	桃醛	0.1
羟基香茅醛	6	苯丙醛	0.1	异丁香酚	0.5
甲位戊基桂醛	6.5	玫瑰醇	5		

馥　奇

水杨酸异戊酯	20	苯乙醇	8	苯乙酸	0.05
乙酸香根酯	1.5	玫瑰醇	5	薰衣草油	7
广藿香油	2.5	赖百当浸膏	1	乙酸苄酯	8
香兰素	1	乳香香膏	1	卡南加油	2
桃醛	0.25	香豆素	5.5	柠檬醛	2.5
洋茉莉醛	5	檀香油	5	丁香酚	10
癸醛	0.2	紫罗兰酮	3.5	秘鲁浸膏	1
香叶油	2	二甲苯麝香	3.5	苯甲酸苄酯	4.5

茉　莉

乙酸苄酯	25	苯乙醇	2	羟基香茅醛	10
乙酸芳樟酯	4	安息香浸膏	5	甲位戊基桂醛	8
乙酸二甲基苄基原酯	5.8	3%灵猫酊剂	10	桃醛	0.2
丙酸苄酯	5	吐鲁浸膏	1	酮麝香	5
纯种芳樟叶油	3	紫罗兰酮	2		
依兰依兰油	12	香兰素	2		

玫　瑰

玫瑰醇	40	玫瑰醚	0.2	愈创木油	12
苯乙醇	5	香叶油	1	50%苯乙醛	7
松油醇	10	紫罗兰酮	4	乙酸苄酯	10
二苯醚	5	柠檬醛	1	803 檀香	4.8

薰衣草

乙酸芳樟酯	36	秘鲁浸膏	2	二甲苯麝香	5
柠檬油	2	广藿香油	1.5	安息香浸膏	4
玳玳叶油	4	纯种芳樟叶油	15	3%灵猫酊剂	4
乙酸松油酯	4	香柠檬油	10	香豆素	5
玫瑰醇	2	香叶油	2		
香兰素	1.5	苯乙醇	2		

素心兰

乙酸松油酯	20	广藿香油	3	赖百当浸膏	10
乙酸芳樟酯	10	甜橙油	10	甲基紫罗兰酮	6
橡苔浸膏	4	纯种芳樟叶油	13	香叶油	5
柏木油	6	香豆素	8	二甲苯麝香	5

科　龙

二氢月桂烯醇	5	松针油	10	柠檬醛	3
乙酸芳樟酯	13	二甲苯麝香	4	甜橙油	15
松油醇	10	纯种芳樟叶油	15	香根油	5
柠檬腈	6	乙酸松油酯	5	玳玳叶油	4
铃兰醛	3	兔耳草醛	2		

檀　香

檀香 208	20	二甲苯麝香	6	乙酸松油酯	5
血柏木油	25	香叶油	6	甲基柏木酮	6
广藿香油	3	檀香 803	10	香豆素	2
玳玳叶油	2	柏木油	5	山苍子油	4
乙酸香根酯	2	香根油	4		

力　士

乙酸苏合香酯	1	乙酸苄酯	15	香根油	3
乙酸芳樟酯	5	香豆素	3	十一醛	0.1
苏合香膏	2	香紫苏油	2	甲基壬基乙醛	0.1
甲基柏木酮	5	松油醇	5.6	甲位戊基桂醛	5
广藿香油	3	乙酸松油酯	5	苯乙醇	10
合成橡苔	2	玫瑰醇	5	二甲苯麝香	5
十二醛	0.2	甲基柏木醚	5	依兰依兰油	5
格蓬浸膏	2	铃兰醛	5	檀香 803	6

百　花　香

玫瑰醇	20	橡苔浸膏	2	乙酸苄酯	10
纯种芳樟叶油	5	香兰素	2	甲基壬基乙醛	0.5
柏木油	3	铃兰醛	5	水杨酸戊酯	15
香根油	2	癸醛	1	檀香 803	3
香豆素	3	二甲苯麝香	4	苯乙酸乙酯	2
丁香油	1	檀香 208	2	甲位戊基桂醛	3.5
乙酸芳樟酯	8	甲位萘乙醚	3		
玳玳叶油	3	赖百当浸膏	2		

香　茅

香茅油	40	二苯醚	10	酮麝香脚子	10
松油醇	15	柠檬桉油	5	玫瑰醇底油	5
柏木油底油	10	二甲苯麝香脚子	5		

松　林

乙酸异龙脑酯	40	松油醇	20	乙酸苄酯	5
酮麝香脚子	10	柏木油底油	20	枫香树脂(“芸香浸膏”)	5

第六节　芳香疗法香精

一、健康、亚健康与抑郁症

世界卫生组织的一项全球预测性调查表明，目前全世界真正健康的人只占 5%，患病的人占 20%，75%的人处于亚健康状态。因此，亚健康已经成为当今全球医学研究的热点之一。

亚健康状态是指无器质性病变的一些功能性改变，又称第三状态或“灰色状态”。因其主诉症状多种多样，又不固定，也被称为“不定陈述综合征”。它是人体处于健康和疾病之间的过渡阶段，在身体上、心理上没有疾病，但主观上却有许多不适的症状表现和心理体验。

“亚健康”是一个新的医学概念。20 世纪 70 年代末，医学界依据疾病谱的改变，将过去单纯的生物医学模式发展为生物-心理-社会医学模式。1977 年，世界卫生组织（WHO）将健康概念确定为“不仅仅是没有疾病和身体虚弱，而是身体、心理和社会适应的完满状态”。20 世纪 80 年代以来，我国医学界对健康与疾病也展开了一系列的研究，其结果表明，当今社会有一庞大的人群，身体有种种不适，而上医院检查又未能发现器质性病变，医生没有更好的办法来治疗，这种状态称为“亚健康状态”。

24 种常见“亚健康”状态表现：

（1）浑身无力；

（2）容易疲倦；

（3）思想涣散；

（4）坐立不安；

（5）心烦意乱；

（6）头脑不清爽；

（7）头痛；

（8）耳鸣；

（9）面部疼痛；

（10）眼睛疲劳；

（11）视力下降；

（12）鼻塞眩晕；

（13）咽喉异物感；

（14）手足发凉；

（15）手掌发黏；

（16）手足麻木感；

（17）便秘；

（18）颈肩僵硬；

（19）胃闷不适；

（20）睡眠不良；

（21）心悸气短；

（22）容易晕车；

（23）起立时眼前发黑；

（24）早晨起床有不快感。

现代医学研究的结果表明，造成亚健康的原因是多方面的，例如过度疲劳造成的精力、体力透支；人体自然衰老；心脑血管及其他慢性病的前期、恢复期和手术后康复期出现的种种不适；人体生物周期中的低潮时期等。

在我国医学里，很早就有“治未病”的说法：“上医医未病之病，中医治欲病之病，下医医已病之病”。“未病”实际上指的就是亚健康状态。专家指出，人体存在着一种非健康和非疾病的中间状态，这种状态即为亚健康状态，具有向疾病或向健康方向转化的双向性。

医学心理学研究表明，心理疲劳是由长期的精神紧张、压力过大、反复的心理刺激及复杂的恶劣情绪逐渐影响而形成的，如果得不到及时疏导化解，长年累月，在心理上会造成心理障碍、心理失控甚至心理危机，在精神上会造成精神萎靡、精神恍惚甚至精神失常，引发多种身心疾患，如紧张不安、动作失调、失眠多梦、记忆力减退、注意力涣散、工作效率下降等，以及引起诸如偏头痛、荨麻疹、高血压、缺血性心脏病、消化性溃疡、支气管哮喘、月经失调、性欲减退等疾病。

心理疲劳是不知不觉潜伏在人们身边的，它不会一朝一夕就置人于死地，而是到了一定的时间，达到一定的“疲劳量”，才会引发疾病，所以往往容易被人们忽视。

当“疲劳量”还不足以引发明显的疾病，而个人又处于身心不愉快的状态时，人就是处在亚健康状态。

据医学调查发现，处于“亚健康”状态的患者年龄多在20～45岁之间，且女性占多数，也有老年人。它的特征是患者体虚、困乏、易疲劳、失眠、休息质量不高、注意力不易集中，甚至不能正常生活和工作……但在医院经过全面系统检查、化验或者影像检查后，往往还找不到肯定的病因所在。

有关资料表明：美国每年有600万人被怀疑患有“亚健康”。澳大利亚处于这种疾病状态的人口达37%。在亚洲地区，处于“亚健康”疾病状态的比例则更高。日本公共卫生研究所的一项新调研发现并证明，接受调查的数以千计员工中，有35%的人正忍受着慢性疲劳综合征的病痛，而且至少有半年病史。在我国的长沙，对中年妇女所作的一次调查中发现60%的人处于“亚健康”疾病状态。另据卫生部对10个城市的工作人员的调查，处于“亚健康”的人占48%。据世界卫生组织统计，处于“亚健康”疾病状态的人口在许多国家和地区目前呈上升趋势。有专家预言，疲劳是21世纪人类健康的头号大敌。

世界卫生组织提出“健康是身体上、精神上和社会适应上的完好状态，而不仅仅是没有疾病和虚弱”。近年来世界卫生组织又提出了衡量健康的一些具体标志，例如：

(1) 精力充沛，能从容不迫地应付日常生活和工作；

(2) 处事乐观，态度积极，乐于承担任务不挑剔；

(3) 善于休息，睡眠良好；

(4) 应变能力强，能适应各种环境的变化；

(5) 对一般感冒和传染病有一定抵抗力；

(6) 体重适当，体态匀称，头、臂、臀比例协调；

(7) 眼睛明亮，反映敏锐，眼睑不发炎；

(8) 牙齿清洁，无缺损，无疼痛，牙龈颜色正常，无出血；

(9) 头发光洁，无头屑；

(10) 肌肉、皮肤富弹性，走路轻松。

世界卫生组织提出了人类新的健康标准。这一标准包括肌体和精神健康两部分，具体可用“五快”（肌体健康）和“三良好”（精神健康）来衡量。

“五快”是指以下内容。

(1) 吃得快　进餐时，有良好的食欲，不挑剔食物，并能很快吃完一顿饭。

(2) 便得快　一旦有便意，能很快排泄完大小便，而且感觉良好。

(3) 睡得快　有睡意，上床后能很快入睡，且睡得好，醒后头脑清醒，精神饱满。

(4) 说得快　思维敏捷，口齿伶俐。

(5) 走得快　行走自如，步履轻盈。

“三良好”是指以下内容。

(1) 良好的个性人格　情绪稳定，性格温和；意志坚强，感情丰富；胸怀坦荡，豁达乐观。

(2) 良好的处世能力　观察问题客观、现实，具有较好的自控能力，能适应复杂的社会环境。

(3) 良好的人际关系　助人为乐，与人为善，对人际关系充满热情。

亚健康是一种处于健康与疾病之间的状态，其部分表现与抑郁症很相似，但它们是两种不同的疾病。亚健康状态可以包括躯体和心理两方面，在心理方面可以出现情绪低落、休息不好、全身无力等现象，但抑郁症是独立的疾病，是以情绪障碍为主要症状表现。最可怕的是抑郁症患者没有求治欲望或表现，有很强的负罪感，觉得自己是社会的负担，自杀死亡率很高。而亚健康人群却往往相反，他们会积极求治，只不过平时工作忙而没有时间去看病。

抑郁症是一种十分常见的精神疾病，其基本症状就是大家都曾体验过的情绪低落、沮丧等情绪，但是有这些抑郁情绪并不代表就患抑郁症了。

典型的抑郁症状表现为“三低”，即情绪特别低落、思维迟缓、动作或行为减少。怎么理解呢？就是说一个人总是高兴不起来，即使遇到比如涨工资、中奖也高兴不起来。这种状况在抑郁症患者身上完全有可能，出现这种状况就要引起注意。还有就是兴趣减退，每个人都有方方面面的兴趣，但是在抑郁症患者身上是减退的。再一个就是精力减少，也就是这个人看起来特别累，一点精神都没有。

根据大多数调查，女性抑郁症患者是男性的两倍。因为妇女必须面对月经、怀孕、生育、绝经和避孕等一系列生理过程，体内激素的变化对情绪会造成影响。

在心理方面，与男性相比，女性具有自己独特的性格特点，如比较细致、敏感、依赖性强、情绪不稳定等。在遇到挫折时，对她们的影响更大，更易患抑郁症。

除了情绪低落外，抑郁症患者还可能有如下几种表现：①没有明显原因的持续疲乏感，休息后也难以复原；②活动缓慢，有时又可能变得容易为小事发脾气；③常自责，或有内疚感，自我评价过低；④思考速度减慢，患者也可能感到自己变笨了；⑤失眠，包括入睡困难，睡眠浅而不稳，特别是早醒，也就是睡眠的最后一次觉醒时间明显提前；⑥食欲不振，进食减少，体重也可能明显减轻；⑦性欲减退，对异性不感兴趣；⑧反复出现自杀念头，甚至有自杀行为，这是抑郁症最严重的症状。

自杀是严重的抑郁症状。据统计，有自杀念头但不实施的抑郁症患者占70%；有1/3的抑郁患者有自杀行为，其中有15%患者身亡。

专业医生在诊治心理或精神疾病时，有时也会参照一些测试表，譬如抑郁/焦虑问卷，但是像抑郁症这些精神疾病，在医学上还没有定量诊断，它不像测血常规，从白细胞的数量参考判断有没有细菌感染。抑郁评定量表的测试结果不能作为抑郁症的诊断指标，只是供专业医生参考。对老百姓来说，在做这些测试时，对于有阳性结果的测试，可以提示我们可能存在情绪的困扰，但不一定就是抑郁症，需要专科医师来进行明确的诊断。

抑郁症的发生原因或诱因可以是生物学的、也可以是心理上的或社会的。各种女性发生抑郁症的诱因各不相同，但是在心理上可以归结为两类：一种是压力过大的；另一种是压力太小的（或者说没有压力）。

导致抑郁症发生的病因一般以明显的精神创伤为诱因，如生活中的不幸遭遇、事业上的挫折、不受重用、人际关系不和等。抑郁症也与人的性格有密切联系，病人的性格特征一般为内向、孤僻、多愁善感和依赖性强等。抑郁症对人的危害是很大的，它会彻底改变人对世界以及人际关系的认识，甚至会以自杀来结束自己的生命。有学者研究认为，自杀身亡的前苏联著名小说家法捷耶夫、日本著名小说家川端康成、美国著名小说家海明威和台湾女作家三毛等人，身前都患有抑郁症。因此，对抑郁症病人及时治疗是很重要的，其治疗方法以心理治疗为主，以药物治疗为辅。对由于家庭和工作问题造成人患抑郁症的，应进行社会治疗，即以心理医生为主，在病人亲友和单位领导配合下，开导病人，各方面关心病人，改变病人工作环境，让病人的领导和同事等人改变对病人的错误看法，树立病人的生活信心，这往往可以收到很好疗效。

强迫症是以强迫症状为中心的一种心理疾病。病人常有不能自行克制地重复出现某种观念、意向和行为，而又无法自拔，因此，病人感到非常痛苦和不安。

疑病症是以疑病症状为主要临床特点的一种神经症。病人对自身的健康状况或身体的某一部位和某一部分功能过分关注，怀疑患了某种躯体方面或精神方面疾病，但与其实际健康状况不符，医生对病人"疾病"的解释或医院对病人的身体检查通常不足以消除病人的看法。

焦虑症是一种心理疾病，它是以突如其来的和反复出现的莫名恐慌和忧郁不安等为特征的一种病症，一般伴有植物神经功能障碍。焦虑症又有急性焦虑症和慢性焦虑症之分。

恐怖症是对某一特定的恐怖现象产生持续的和不必要的恐惧，并不得不采取回避行为为特点的一种神经症。恐怖对象可能是单一的或多种的，常见的有动物、广场、高地、社交场所等。这样的患者明知其反应不合理、没必要，但反复呈现，难以控制，因此，自身感到很痛苦。

人格障碍，又称病态人格，是指人格发展的异常。其偏离正常的程度已远远超出了正常的变动范围。

应激，就是心理紧张或心理压力。应激性生理障碍是指心理刺激因素影响到躯体而产生了生理功能的紊乱。

以上列举的这些"症状"在早期或"不太严重"时都属于"亚健康"，"亚健康"状态通过自我的身心调节是完全可以恢复的。

英国广播公司会计部的工作人员频频抱怨，说办公室太安静，让人感到寂寞。为此，专家建议在大厅内不断播放专门录制的生活背景音响，包括聊天、打电话，甚至偶尔发出的笑声。数天实践证明，专家的这一招果然十分有效。

心理学家称，人们长期在过于宁静的环境中工作会感染落叶综合征。而声音可激发起人们的不同感情。负面心理通过优美声乐可以转化为正面生理效应。

有些人尤其是老年人长期生活在极其安静的环境中，没有人与之聊天、谈心，也听不到富有生活气息的声音，时间长了就会变得性情孤僻，对周围的一切漠不关心，从而丧失生活的信心，健康状况日趋下降，甚至过早离开人世。

声响蕴含的情感极其丰富，有病需要声响，无病也需声响。特别是那些处于亚健康状态、工作特别紧张而又没有时间休息的人们，通过音响效果松弛调整，使人的大脑深度放松，将会产生意想不到的效果。

上面是用"声响"或"音乐"治疗亚健康的例子，类似的还有"体育疗法"、"艺术疗法"、"旅游疗法"、"听故事疗法"等，但几十年来的实践证明，治疗亚健康和抑郁症最有效和最容易被接受的方法是"芳香疗法"。

二、常用的芳香疗法精油

古今中外，芳香疗法一直伴随着人们的生活，有资料表明，我国早在两千多年前就已熟悉并运用芳香药物治病。传说中埃及艳后克里佩脱拉睡觉用的枕头里装满玫瑰花瓣，所罗门国王睡床上铺满香料，土耳其民间用玫瑰及其产品治疗皮肤病、肠胃病等，而"虎标万金油"更是家喻户晓，但是"芳香疗法"（aromatherapy）这个词直到20世纪60年代才由法国医生金·华尔奈特提出，而后在欧美澳洲乃至全世界流行开来。

什么是"芳香疗法"呢？其实也就是通过天然植物的芳香，使人舒爽、愉悦、安宁，达到身心健康的自然疗法。它通过人吸入香气后在心理方面起作用来调动人体内积极因素抵抗一些致病因子，来治疗、缓解、预防各种病症与感染，已被实践证明是一种对“亚健康”行之有效的方法。

现代的芳香疗法主要指的是“精油疗法”。精油一般指的是天然香料油，早期并不被人们当作治疗药物使用，可是随着时代变迁，科学进步，精油的医疗效果不断被证明，芳香疗法精油也逐渐被人们接受，使用的频率增加了，应用的范围也越来越广。下面是几个常用的芳香疗法精油例子。

1. 薰衣草（lavender）油

是芳香疗法中使用最多、用途最广的精油之一，是一种相当柔和的精油，有镇静、促进胆汁分泌、愈创、利尿、通经、催眠、降血压、发汗等作用，可平衡情绪、放松精神，使人心情开朗，有帮助睡眠、安抚心情、净化空气的作用，可平衡油脂分泌，促进细胞再生、改善疤痕、晒伤、红肿、灼伤、偏头痛、鼻黏膜、皮肤老化与干燥皮肤炎、湿疹，消毒驱虫，有助沉思记忆。

注意事项如下。

(1) 薰衣草有3个品种：“正”薰衣草、“杂”薰衣草和“穗”薰衣草。上面讲的是“正”薰衣草油，它可以镇定神经、降血压，有安眠作用。而“穗”薰衣草油正相反，有提神、兴奋、消除疲劳的作用。“杂”薰衣草是“正”薰衣草和“穗”薰衣草的杂交种，很少用于芳香疗法。

(2) 孕妇忌用，有些低血压的人会发生呆滞的现象。

2. 纯种芳樟叶（pure ho leaves oil）油

香气颇佳，百闻不厌。是目前已知抗抑郁效果最好的精油之一。有良好的镇静、催眠、降血压、发汗等作用，闻之使人感到愉悦，心情开朗，精力充沛，有提高睡眠质量、安抚心情的作用。平衡情绪、放松神经，可提高工作效率，减少差错，平衡油脂分泌，促进细胞再生。还可净化空气，营造优美气氛。增强生理功能，恢复自信心。温暖情绪，修复疤痕，延缓肌肤老化，放松紧张心情，排除不安，开车提神振奋、赋予活力。

一般的“芳樟叶油”（ho leaves oil）或“芳樟油”（ho oil）由于含有较多的樟脑和其他杂质，香气较差，所以使用效果不能同纯种芳樟叶油相比。

纯种芳樟香露具有令人愉悦的清香而又淡雅、持久的花香香气，其最有特色的功效是抗抑郁，防止皮肤老化，促进细胞的再生能力。对各种皮肤均有滋润作用，可以平抚肌肤细纹，使肌肤明亮光泽、柔嫩，能够改善皮肤质地，营养肌肤，是一种理想的保水剂，保湿性能良好。可在瞬间提高皮肤的含水量，唤醒疲惫肌肤的细胞活性。润而不腻，极易为皮肤吸收，有助皮肤微酸性保护膜的形成，提高过敏肌肤的免疫功能，彻底改善肤质状况，早晚抹于面部及身体各部可保持肌肤恒久滋润，天生柔美，性质温和，过敏性皮肤使用也无妨。

3. 柠檬（lemon）油

有祛风、清净、利尿、解热、行血、止血、降血压、清凉作用，使人感到愉悦，精力充沛，提神、清凉、祛风、清净。能澄清思绪，疲惫时转换心情，提神醒脑使头脑清晰，消除烦躁感。降血压、降血糖、降体温，治头痛、痛风、静脉曲张。去除扁平疣，美白，淡斑，平衡皮脂分泌，收敛皮脂孔，预防指甲岔裂。

注意：使用后，避免曝晒于强烈日光下。

4. 柚花油

香气优雅。有镇静、促进胆汁分泌、利尿、通经、催眠、降血压等作用，可平衡情绪、放松精神，使人心情开朗，有帮助睡眠、安抚心情、净化空气的作用。

5. 薄荷（peppermint）油

有祛风、通经、健胃作用。凉爽、清香，是舒解感冒头痛的最佳精油，可安抚愤怒，提振疲惫、沮丧、精神疲劳。对记忆力减退、晕车晕船、宿醉、晒伤、神经痛、胀气、鼻塞、休克、昏倒有一定作用。能抑制发烧和黏膜发炎、鼻窦炎充血、气喘、支气管炎，可减轻头痛、肌肉酸痛、风湿痛、经痛等。

注意：怀孕妇女勿用。

6. 茉莉（jasmine）油

香气诱人，可提高工作效率，减少差错，净化空气，营造优美气氛。增强生理功能，恢复自信心。安抚神经、温暖情绪，减轻产后忧郁、痛经、痉挛，促进产后子宫恢复、平衡荷尔蒙，改善妊娠纹。止咳嗽，帮助呼吸系统，修复疤痕，延缓肌肤老化，可助产。改善忧郁、放松紧张心情、排除不安、开车提神振奋、赋予活力。

注意：怀孕期间不宜使用。

7. 玫瑰（rose）油

玫瑰的香气被誉为爱情的信使。玫瑰油的香气甜美、性感，可催情浪漫，增加爱欲，增强血液循环，促进荷尔蒙分泌，增加性欲能力，改变性冷感和情绪低落。抗忧郁，舒缓神经紧张和压力，有催情作用。消炎、抗菌、抗痉挛，改善生殖系统不规则，促进阴道液分泌，强壮肾脏功能，可增加精子数量，是很好的回春、固春精油。对成熟、干燥、老化、敏感皮肤，更年期症候群，产后忧郁，经前紧张有疗效。

注意：怀孕期间不宜使用。

玫瑰花香露（玫瑰花用水蒸气蒸馏法提取玫瑰精油时下层的蒸馏水）适合于所有肤质，具清爽、舒缓、收敛、滋润作用，能赋予肌肤活力及水分。

用法：早晚洁肤后，取适量拍于面部、颈部，可在任何时候喷洒面部。有过敏现象者，可做敷压处理。

其他各种“香露”如薰衣草香露、桂花香露、白兰香露、天竺葵香露等的功效和用法也都类似。

8. 迷迭香（rosemary）油

清凉尖辛的药香香气，给人以清爽之感，香气强烈、透发，而且留长，是治疗头痛的最佳精油。能提神醒脑，增强记忆力，改善紧张情绪。具有镇咳、治哮喘、祛风的作用。能治疗头痛、偏头痛、感冒、气喘、支气管炎、糖尿病、风湿、关节炎、咬伤、面疱、扭伤症。对松垮的皮肤有紧实效果，收敛剂，瘦身减肥，通经、发汗，调节皮脂分泌，促进毛发生长，改善头皮屑，有镇咳、祛风、利尿、排汗、消浮肿、治疗低血压、健胃作用，也有促进胆汁分泌作用。

注意：有高度刺激性，不适合高血压患者，避免怀孕期间使用，癫痫症患者勿用。

9. 尤加利（eucalyptus）油（桉叶油）

可节制食欲，有提神、兴奋、杀菌、消除疲劳的功能。对情绪有冷静效果，可使头脑清楚、集中注意力，对呼吸道最有帮助，能缓和发炎现象，使黏膜舒适，预防感冒及呼吸道感染、喉咙感染、咳嗽、黏膜发炎、鼻窦炎气喘，可降体温、除体臭、改善腹泻、抗冷、振奋，对肌肉酸痛、神经痛、风湿疼痛、偏头痛、支气管炎、鼻窦炎、发高烧、溃疡等有一定的疗效。

注意：孕妇忌用，对敏感皮肤也可能有刺激。

10. 天竺葵（geranium）油（香叶油）

平抚焦虑、沮丧，提振情绪、舒解压力，调节荷尔蒙。适合各种皮肤，平衡皮肤分泌，对松垮、毛孔阻塞及油性皮肤很好，堪称全面性洁肤油，使皮肤红润有活力。有镇定及兴奋、抗咳、创伤止血、促进愈合、刺激毛发生长（秃头）、肌肉厥痉平衡内分泌、平衡皮肤酸碱度等作用，对于静脉曲张极具效果。对扁桃腺炎、断经症候群（更年期问题）也有一定的效果，夜间使用可以放松心情舒畅入睡。

注意：孕妇勿用。

11. 檀香（sandalwood）油

提神醒脑、安眠、镇静、缓和情绪紧张及焦虑，有助于思考、宁神、定神，可改善膀胱炎，促进阴道液分泌、催情。适用于恶心、喉咙发炎、支气管炎、腹痛、宿醉、紫外线受伤、皮肤发炎等症，为一种高贵而平衡的精油，其香气有极强的持续力，对于干性湿疹及老化缺水的皮肤特别有助益。

特性：改善痤疮、干性、老化缺水、收缩毛孔。

12. 依兰（ylang ylang）油

振奋性欲，消除或改善性冷感和性无能，欢愉，可调节肾，平衡身心的情绪，舒压力，放松神经系统。平衡荷尔蒙、抗沮丧、催情。健胸、镇定安抚、降血压。平衡皮脂分泌，对油性发炎有帮助，能使头发更具光泽。具强烈杀菌作用，对疲劳产生的食欲不振、神经性失眠和高血压、肠胃炎有效，可增加男性精力。

注意：浓度不宜过高，使用过度可能导致疼痛和皮炎，可能会刺激敏感皮肤。

13. 洋甘菊（calming）油

可激发儿童的智慧和灵感，使之萌发求知欲和好奇心。具有清新空气、抗忧郁、利神经、通经、祛除肠胃胀气等作用。有杀菌功能，可改善失眠，其镇静和安定的效果令人爱不释手，洋甘菊精油可当作薰衣草精油的替代品或与薰衣草油混合使用，有调理干燥老化肌肤、柔软皮肤、促进结疤软化的特性。

注意：孕妇勿用。

14. 桂花（osmanthus）油

镇静、催情、抗菌。能净化空气，是极佳的情绪振奋剂，对疲劳、头痛、生理痛等都有一定的减缓功效，在房事中亦是不错的情绪提升剂。

15. 茶树（tea tree）油

可令头脑清新、恢复活力，改善消沉情绪。有抗菌、杀菌、消炎、排毒、改善分泌、净化尿道等作用，可改善膀胱炎、尿道炎、白带过多等症状。用于治疗流行性感冒，对头皮过干与头皮屑过多有效，可改善化脓面疱，收敛平衡油脂，治口腔炎、香港脚、疣、鸡眼、疮、癣等，有强劲的抗病毒与杀菌特性，舒缓一般性的瘙痒，使头脑清新，恢复活力，提升个人信心。

注意：在皮肤敏感部位，可能引起刺激反应。IFRA 目前还未准许用于直接与皮肤接触的产品。

16. 香茅（citronella）油

驱蚊效果显著，激励、提振精神。净化皮肤，改善敏感，调理油性，驱虫，抗菌，减轻头痛、神经痛及风湿性疼痛。

注意：可能刺激敏感皮肤。

17. 甜橙（orange）油

有净化功能，帮助阻塞皮肤排出毒素，改善干燥、皱纹皮肤，治失眠、腹泻，助消化脂肪，舒解肌肉疼痛，使心情开朗，加强与人沟通。

注意：日光浴前勿用。

18. 葡萄柚（graperfruit）油

提振精神，清新，抗抑郁，疏解压力，对中枢神经有平衡作用。减肥，消化脂肪，开胃，利尿，强肝。美白皮肤，收敛毛细孔，平衡油脂，消除肥胖，控制液体流动，对肥胖症和水分滞留能发挥效果，也能改善蜂窝组织炎、刺激胆汁分泌以消化脂肪，能安抚身体、减轻偏头痛、经前症及怀孕期间的不适感。增进脑力、记忆力及注意力。

注意：日光浴前勿用。

19. 柏木油

保湿，平衡油脂分泌，收敛毛孔，促进伤口愈合、结疤，对所有过度现象均有帮助，如浮肿、大出血、经血过多、多汗和各种失禁等，对蜂窝组织炎也有帮助，改善静脉曲张和痔疮，调节月经问题等。可舒缓愤怒的情绪，净化心灵，除去胸中郁闷情绪。

注意：孕妇勿用。

20. 佛手柑（bergamot）油

原产地意大利、摩洛哥，极具提神振奋使头脑清晰，可消除体臭及消毒杀菌，止咳化痰，能活支气管炎、喉咙痛，并可增强记忆。安抚愤怒、挫败感，消除神经紧张，刺激食欲，利尿、抗菌、退烧，对胀气、尿路感染、呼吸道感染有效。对油性皮炎、脂漏性皮肤炎、湿疹、干癣、粉刺、带状疱疹等可与尤加利油并用，对溃疡效果绝佳。

注意：勿日晒。

21. 野姜（ginger）油

调节放松情绪、排除压力，对卵巢和子宫很有帮助，预防流产，改善孕妇的呕吐、月经不顺等症状。调理衰老皮肤、改善苍白皮肤。有助于体内湿气或体液过多的状态，如感冒、多痰、流涕等，调节因受寒而规律不定的月经、产后护理，缓解关节炎、风湿痛、抽筋及消散淤血等，能激励人心、增强记忆。

注意：可能刺激敏感皮肤。

22. 苦橙叶（petitgrain）油

消除粉刺、青春痘，是神经系统的镇静剂，可调理呼吸、放松痉挛的肌肉，有除臭的特性，安抚胃部肌肉、助消化，安抚愤怒与恐慌。

23. 松树（pine）油

可清晰头脑，令人冷静，加强记忆力，并有杀菌功能，使身体重现活力，可预防和治疗支气管炎、喉炎、流行性感冒、呼吸不顺。对肌肉酸痛、僵硬、（神经痛）有益，可增长毛发。

24. 茴香（fennel）油

给予力量和勇气，有净化、强化效果，有除皱功能，能消除体内毒素，改善蜂窝组织炎，缓解肾结石，改善消化系统，有去痰止咳功效，能帮助经前症、更年期及性冷感等问题。

注意：使用过度会引发毒性，可能导致皮肤敏感，孕妇、癫痫患者勿用。

25. 百里香（thyme）油

香气强烈粗糙，是清凉带焦干的药草香，具有强的杀菌力，可杀灭水中及皮肤上的病菌，对一些皮肤病有疗效。有祛风、促进胆汁分泌、利尿、通经、去痰、治疗低血压、健胃、发汗作用。可安眠及加强肺部功能，治急促呼吸、风湿痛、喉咙痛及各种疼痛、红肿，可激发细胞再生，并有兴奋作用。

26. 广藿香（patchouli）油

促进细胞再生，除臭。最大的特色为镇静、调理、杀菌，带着木香、药香和泥土的气息，给人实在而平衡的感觉，也能抑制胃口，所以适用于减肥计划。

注意：使用时浓度不宜过高。

27. 玉兰（melatti）油

增强免疫功能，消除异味，通鼻窍，改善头痛流涕，抑制细菌，调整精神，焕发神采，消除沮丧，平衡身心情绪，缓和精神压力，能营造浪漫气氛，促进情欲。

28. 兰花（orchis）油

优雅的香味，能澄清思绪，抑制神经过度兴奋，改善呼吸，消除紧张，减轻愤怒焦虑的感受，治疗哮喘。

29. 苹果（apple）油

镇定，安眠、抗忧郁，可使神清气爽，增进食欲，改善胃肠功能，防止黑色素沉着，清肝、美白、除皱。

30. 栀子花（gardenia）油

自然的香气四溢，细致、芬芳的花香，让身心带来清新的感受。清热泻火，消肿散瘀，安神去烦，消炎杀菌。能放松神经系统，缓和工作后的压力，调适心情。

31. 乳香（frsnkincense）油

松弛镇定，安抚神经让心宁静，产生安全感，使老化皮肤恢复活力，是芳香疗法中重要的肌肤保养精油。治疗急性腹泻、鼻黏膜炎，减缓气喘。

32. 百合（lily of yalley）油

调节精神，平衡内分泌，调理身体机能，健美瘦身，最适于女性调解放松情绪，解除压力及沮丧，对卵巢和子宫很有帮助，能预防流产，改善月经不顺和孕妇晨吐等症状。

三、精油疗效表

见表 5-8。

四、配制精油

芳香疗法、芳香养生一般均使用天然精油，人们也认为天然精油“疗效好”，这是受 20 世纪 80 年代“一切回归大自然”思潮的直接反映，但天然精油直接用于芳香疗法、芳香养生也有缺点：

① 许多天然精油香气不“天然”，特别是从各种天然花朵提取的精油与新鲜花朵的香气相去甚远，甚至外行人完全闻不出是什么花的香味，这主要是由于提取工艺中有些香气成分损失或变化造成，茉莉花油、玫瑰花油、栀子花油、水仙花油、玉兰花油等都是实例；

表 5-8 精油疗效表

项目	兴奋	止痛	抗过敏	抗菌	消炎	抗抑郁	解毒	灭菌	抑制神经痛	抗氧化	消炎	止痒	抗腐败	退热	治风湿	防腐	解痉	止汗	抗毒	止咳	杀病毒	调节食欲	收敛	祛风	除臭	抑神经过敏	清洁	发汗	助消化	产生欣快感	祛痰	利尿	退热	杀真菌	通经	催乳	高血压	安眠	降血糖	升血压	降血压	驱虫	杀虫	杀蛆	促进食欲	杀寄生虫	清凉	使皮肤发红	镇静	松弛肌肉	健胃开胃	强壮	收缩血管	扩张血管	治创伤
薰衣草油		*									*		*						*						*					*								*			*								*						
穗薰衣草油	*	*						*							*	*	*		*					*	*					*		*			*						*		*			*		*	*			*			*
樟油	*				*											*					*										*	*																						*	
芳樟叶油		*		*	*	*	*	*								*					*				*		*			*																				*					
艾叶油		*		*	*	*	*	*	*	*	*	*	*	*	*	*			*		*			*	*	*					*		*	*								*	*	*		*	*	*		*					*
当归油	*																*							*			*	*	*		*	*	*	*	*										*						*			*	
茴香油	*															*	*							*							*	*				*									*						*				
丁香罗勒油	*			*	*											*	*							*					*		*		*		*	*															*	*			
白兰叶油		*		*	*	*	*	*					*								*				*		*			*				*				*			*								*			*			*
月桂叶油	*	*		*					*						*	*							*								*																								
香柠檬油		*														*	*		*					*		*			*	*		*	*										*			*		*			*	*			*
冬青油		*		*	*		*	*	*		*	*	*	*	*	*	*		*	*	*			*	*			*			*		*	*													*	*							*
柏木油													*			*							*								*	*						*												*					
芹菜油	*									*					*	*	*							*			*					*			*	*													*		*	*			
菊花油		*		*	*	*	*	*	*		*	*	*	*	*	*	*		*	*	*	*		*	*			*		*	*	*	*	*				*				*	*		*		*		*		*	*			*
春黄菊油		*	*		*						*						*												*																										
肉桂油				*			*	*					*			*	*						*						*						*										*	*	*				*				
香茅油																*	*									*						*	*	*	*								*								*	*			
丁香油	*			*					*	*					*	*					*			*							*													*							*				
芫荽油	*	*								*					*		*							*			*		*					*										*							*				
桉叶油	*	*		*	*											*					*	*			*		*				*	*	*						*				*			*		*							*

续表

项目	兴奋	止痛	抗过敏	抗菌	消炎	抗抑郁	解毒	灭菌	抑制神经痛	抗氧化	消炎	止痒	抗腐败	退热	治风湿	防腐	解痉	止汗	抗毒	止咳	杀病毒	调节食欲	收敛	祛风	除臭	抑神经过敏	清洁	发汗	助消化	产生欣快感	祛痰	利尿	退热	杀真菌	通经	催乳	高血压	安眠	降血糖	升血压	降血压	驱虫	杀虫	杀蛆	促进食欲	杀寄生虫	清凉	使皮肤发红	镇静	松弛肌肉	健胃开胃	强壮	收缩血管	扩张血管	治创伤
冷杉油	*	*														*				*					*						*																	*				*			
香叶油	*															*							*		*							*		*																		*			*
姜油	*	*		*	*					*						*	*							*							*		*															*			*	*			
茉莉油		*														*	*							*						*	*					*													*			*			
柠檬油								*							*	*	*		*				*	*			*	*				*	*							*			*					*				*			
柠檬桉油																*					*				*						*			*									*												
柠檬草油		*				*		*		*				*		*							*	*	*								*	*		*							*						*			*			
白柠檬油															*	*					*												*																			*			
橘子油	*															*	*							*					*			*																				*			
山苍子油	*					*										*							*	*												*				*			*												
滇荆芥油				*		*											*					*		*				*					*		*		*					*							*		*	*			
苦橙花油	*																*							*	*				*					*																		*			
玳玳花油		*				*							*			*	*							*	*													*											*						
肉豆蔻油	*	*								*					*	*	*							*					*						*										*							*			
橙油	*					*										*								*					*	*				*							*								*		*	*			
玫瑰草油	*															*													*				*																			*			
广藿香油	*					*		*			*					*			*		*		*	*	*				*			*	*	*																	*	*			
亚洲薄荷油	*	*		*	*	*		*	*		*	*			*	*	*				*		*	*	*		*	*		*	*		*														*	*		*					*
椒样薄荷油		*						*			*	*				*	*				*		*	*				*			*		*		*												*				*		*		
苦橙叶油	*															*	*								*				*																						*	*			
玳玳叶油		*		*		*					*		*			*					*			*														*			*									*					
松节油	*							*	*						*	*					*				*						*	*					*						*					*							

续表

项目	兴奋	止痛	抗过敏	抗菌	消炎	抗抑郁	解毒	灭菌	抑制神经痛	抗氧化	消炎	止痒	抗腐败	退热	治风湿	防腐	解痉	止汗	抗毒	止咳	杀病毒	调节食欲	收敛	祛风	除臭	抑神经过敏	清洁	发汗	助消化	产生欣快感	祛痰	利尿	退热	杀真菌	通经	催乳	高血压	安眠	降血糖	升血压	降血压	驱虫	杀虫	杀蛔	促进食欲	杀寄生虫	清凉	使皮肤发红	镇静	松弛肌肉	健胃开胃	强壮	收缩血管	扩张血管	治创伤
松针油				*	*			*	*	*	*	*	*	*	*	*					*				*									*							*	*	*	*		*	*	*							*
赖百当净油								*								*							*								*				*																	*			
玫瑰油						*					*					*	*				*		*				*								*			*											*		*	*			
迷迭香油	*	*		*				*		*						*	*						*	*				*	*			*		*	*		*											*			*	*			
玫瑰木油		*				*		*								*									*																											*			
鼠尾草油	*					*					*					*							*	*	*				*						*					*									*		*	*			
檀香油						*					*					*	*	*					*	*							*	*	*					*					*						*	*		*			
留兰香油	*															*	*							*											*								*									*			
万寿菊油					*												*							*				*						*	*																*				
茶树油				*	*											*					*	*						*			*			*												*									*
百里香油	*			*				*		*					*	*			*	*		*	*	*							*	*		*	*		*											*				*			
花椒油	*			*		*			*		*		*	*	*	*					*	*		*	*			*	*	*			*	*								*	*	*	*	*		*		*	*	*			
缬草油																	*							*		*												*		*									*		*				
香根油	*															*	*	*									*																					*	*			*			
依兰依兰油	*					*										*														*										*									*			*			
牡荆油		*		*	*			*	*		*	*	*	*	*	*			*		*			*				*					*									*	*	*		*	*								*
甘松油	*			*	*	*		*			*				*									*	*				*													*	*	*		*			*		*	*			
大蒜油	*	*	*	*	*	*	*	*	*	*	*	*	*	*	*	*	*		*	*	*	*		*	*			*	*	*	*		*	*								*	*	*	*	*		*			*	*			*
红紫苏油	*	*		*	*	*	*	*	*		*	*		*	*		*		*	*	*			*	*			*		*	*		*									*					*	*							
柚花油		*				*							*			*	*							*	*													*											*			*			

注：* 表示具备此项疗效。

② 有的天然精油价格太贵或不易得到；

③ 部分天然精油香气并不好，闻起来不舒服，达不到芳香疗法、芳香养生的要求；

④ 一些天然精油留香性差，像甜橙油、柠檬油、蓝桉油、迷迭香油、苦杏仁油、薰衣草油等都挥发很快，闻过一会儿香气就消失了。

为了克服上述缺陷，最好是使用“再配精油”，即利用从天然动植物提取的精油再加以调配让它的香气更接近天然气息，闻起来更宜人，并有适度的留香。

就如中药处方一样，一帖中药讲究“君臣佐使”相配，各种药性相辅相成，互补互利，才能发挥最大的效果；单单一种香料用于芳香疗法或芳香养生，不但香气显得单调、粗糙，其“疗养”效果也有限，通过调香师巧妙的调配，不只使香气圆和、美好，实际使用的效果也好得多。众所周知的“万金油”就是几种天然香料油、“脑”的混合物，甚至“万金”二字除了标榜“价值万金”之外，还有一层意思就是——它是由许多种宝贵的香料组成的！

可以预料，虽然现在所谓“芳香疗法”、“芳香养生”、“沐浴精油”等常用单花、单草、单木香的“精油”，今后肯定倾向于“复合香”——即几种精油经过配制后的混合物，也就是香精。

单花香“精油”可以使用一部分天然精油，再加其他香料单体，调香师巧手能配出各种惟妙惟肖的天然花香，几可乱真。茉莉花香、玫瑰花香、桂花香直接使用茉莉净油、玫瑰净油、桂花净油，其他各种花香有的不易得到该种花提取的净油，可用上述三种净油及其他可以买到的天然花草油配制。檀香油、麝香油也是用部分天然檀香油、天然麝香加上大量的合成香料配制而成的。

“复合香油”既可直接用“全天然精油”配制，也可用上述“再配精油”配制，一如配制香水和化妆品香精那样。

下面列举几个已成功地用于芳香治疗、芳香养生的香精例子，供参考借鉴。

茉莉花油

茉莉油	10	玳玳花油	5	吲哚	1
甲位戊基桂醛	5	苯甲酸叶酯	5	苯甲酸苄酯	10
苯乙醇	10	乙酸苄酯	24	玳玳叶油	5
苯甲醇	10	邻氨基苯甲酸甲酯	5	二氢茉莉酮酸甲酯	10

玫瑰花油

玫瑰油	10	苯乙醛二甲醇缩醛	2	山秋油	4
苯乙醇	17	肉桂醇	3	康涅克油	1
玫瑰醚	0.2	楠叶油	3	香叶油	4
乙酸香叶酯	2	玫瑰醇	36.5	甲基紫罗兰酮	3
冷磨生姜油	1	纯种芳樟叶油	5	广藿香油	1
丁香油	2	乙位突厥酮	0.3	香根油	2
柠檬醛	1	乙酸香茅酯	2		

橙花油

玳玳花油	10	邻氨基苯甲酸甲酯	10	玳玳叶油	10
橙花酮	2	羟基香茅醛	4	纯种芳樟叶油	20
橙花醇	5	乙酸苄酯	3	乙酸芳樟酯	11
乙酸香茅酯	2	香柠檬油	10	乙酸香叶酯	2

吲哚	0.5	萘乙醚	3
甲位戊基桂醛	2.5	甜橙油	5

康乃馨油

丁香油	40	玳玳花油	5	玫瑰油	5
松油醇	3	异丁香酚	17	玳玳叶油	5
乙酸苄酯	5	依兰依兰油	5		
茉莉油	5	苯乙醇	10		

玉兰花油

茉莉油	5	苯甲酸苄酯	9.7	纯种芳樟叶油	20
依兰依兰油	5	吲哚	0.3	苯乙醇	10
己酸烯丙酯	2	白兰叶油	10	苯甲醇	1
丁酸乙酯	1	玳玳叶油	5	二氢茉莉酮酸甲酯	10
乙酸苄酯	20	乙酸丁酯	1		

栀子花油

茉莉油	5	羟基香茅醛	5	椰子醛	5
依兰依兰油	10	二氢茉莉酮酸甲酯	4	苯乙醇	10
玳玳叶油	5	玫瑰油	5	异丁香酚	3
乙酸苏合香酯	3	纯种芳樟叶油	10	苯甲酸苄酯	10
乙酸苄酯	20	玳玳花油	5		

水仙花油

茉莉油	5	羟基香茅醛	5	苯乙醇	15
依兰依兰油	5	苯乙醛二甲醇缩醛	1.5	二氢茉莉酮酸甲酯	5
乙酸对甲酚酯	0.1	纯种芳樟叶油	15	异丁香酚	5
乙酸苄酯	23	玳玳叶油	5	肉桂醇	10
玫瑰醇	5	苯乙酸对甲酚酯	0.4		

桂　花　油

桂花净油	10	苯乙醛二甲醇缩醛	2	乙酸苄酯	5
纯种芳樟叶油	15	羟基香茅醛	5	乙酸苯乙酯	2
甲基紫罗兰酮	33	茉莉油	5	松油醇	2
鸢尾浸膏	5	依兰依兰油	5	橡苔浸膏	2
苯乙醇	5	桃醛	4		

金银花油

茉莉油	5	二氢茉莉酮酸甲酯	5	乙酸苄酯	14
依兰依兰油	5	洋茉莉醛	5	玫瑰醇	5
玳玳花油	3	玫瑰油	5	羟基香茅醛	5
肉桂醇	20	纯种芳樟叶油	10	香柠檬油	3
苯乙醇	10	玳玳叶油	5		

铃兰花油

茉莉油	5	苯乙醇	5	铃兰醛	12
依兰依兰油	10	乙酸芳樟酯	5	乙酸苄酯	5
纯种芳樟叶油	10	玫瑰油	5	玫瑰醇	3
羟基香茅醛	20	玳玳叶油	5	桂酸苯乙酯	5
二氢茉莉酮酸甲酯	5	丁香油	5		

金合欢花油

大茴香醛	38	洋茉莉醛	2	乙酸苄酯	5
玳玳叶油	5	癸醛	0.5	肉桂醇	5
茉莉油	5	纯种芳樟叶油	10	香兰素	2
苯乙醇	5	依兰依兰油	5	壬醛	0.5
水杨酸甲酯	2	玫瑰油	5		
玫瑰醇	5	丁香油	5		

山楂花油

纯种芳樟叶油	5	羟基香茅醛	6	洋茉莉醛	2
茉莉油	5	肉桂醇	3	苯乙醇	5
大茴香醛	39	依兰依兰油	5	乙酸香叶酯	3
香豆素	3	玫瑰油	5	乙酸香茅酯	3
紫罗兰酮	5	玫瑰醇	5		
乙酸苄酯	5	甲苯乙酮	1		

檀香油

东印度檀香油	20	乙酸柏木酯	20	檀香醚	5
檀香 803	25	檀香 208	20	血柏木油	10

麝香油

5%麝香酊	75	麝香 T	5	佳乐麝香	5
麝香 105	5	酮麝香	5	莎莉麝香	5

驱风油

薄荷脑	20	薰衣草油	12	冬青油	15
桉叶油	15	樟脑	5	白矿油	33

风油精

薄荷脑	40	丁香油	4	白矿油	3
桉叶油	12	樟脑	3	柏木油	2
薰衣草油	3	冬青油	33		

白花油

薄荷脑	32	丁香油	3	冬青油	26
桉叶油	23	樟脑	3	白矿油	13

万 金 油

薄荷脑	10	肉桂油	5	石蜡	22
桉叶油	7	樟脑	25	薄荷油	6
凡士林	20	丁香油	5		

清 凉 油

薄荷油	10	凡士林	14	冬青油	1
樟脑	15	薄荷脑	16	石蜡	27
丁香油	2	樟脑油	3		
桉叶油	10	肉桂油	2		

五、正确认识精油

精油指的是用物理方法从动植物的某些部位取得的可挥发成分。所谓“物理方法”包括水蒸气蒸馏法、直馏法、溶剂萃取法、压榨法、吸收解脱法、“手工”法等。水蒸气蒸馏法仅仅是其中的一种方法而已，但目前充斥市面的各种“芳香疗法”小册子却几乎异口同声地说只有水蒸气整馏法得到的才是“精油”，才“有效”，真是令人莫名其妙。须知每一种精油的提取都有它最适宜的方法，如柑橘类（柠檬、白柠檬、甜橙、柑、橘、柚等）精油品质最好的是“冷榨法（或叫冷磨法）”制取的，水蒸气蒸馏法得到的精油品质最差，两者的香气简直有天壤之别，从事香料工作的人无不知晓。现在竟让完全外行的人来指手画脚，岂不是天大的笑话。茉莉花、玫瑰花、桂花、玉兰花、树兰花等高贵材料现在更不可能也不允许用水蒸气蒸馏法提取精油（目前用鲜花水蒸气蒸馏真正的目的是为了得到“香露”），一来得率太低，浪费原料，因为有许多易溶于水的宝贵成分丢失了；二来香气不好，这么娇嫩的花把它煮熟煮烂，香气不变坏才怪（这些花原来是用有机溶剂萃取法得到“浸膏”，再用乙醇溶出精油成分，除去乙醇得到精油，在香料工业中叫做“净油”；品质更好的是用油脂吸收花朵释放的香气成分，吸到“饱和”后再用乙醇溶出，除去乙醇得到精油；现在还有更好的“超临界二氧化碳萃取法”，得到的精油品质更佳。）

天然精油有些确实很贵，如玫瑰（花）油，保加利亚产的1kg要十几万人民币，国产的1kg也要一万多元，茉莉（花）油、桂花油、玉兰花油、树兰花油等国产的1kg也要一万多元；檀香油、玳玳花油、月季油等1kg五千元左右；也有很便宜的，如桉叶油、甜橙油、山苍子油、薄荷油、柏木油等1kg还不到一百元，不需要也不可能配制；薰衣草油、依兰依兰油、广藿香油、柠檬油、茶树油、纯种芳樟叶油、玫瑰木油、玳玳叶油、迷迭香油、留兰香油等1kg都是几百元，同一般的香精价格差不多。一些不法商人用国产精油贴上外国商标用高价蒙骗消费者，如桉叶油贴上“法国产有加利油”（有加利是桉树的英文名称）每千克卖到几千元人民币。更常见的是用廉价的无香溶剂稀释，一般人单靠鼻子嗅闻是辨别不出来的。有些美容院告诉人们“怎样识别天然精油”，说是“天然精油会在水上形成油滴”、“合成品或经过稀释的精油会在水中散开”、“天然精油滴在手心搓揉不油腻”云云，都是片面的，甚至是在误导消费者。

说“天然精油是绝对安全的”，而“配制油无效并且有毒”，这种论调更是诳世狂言而且害人匪浅。天然精油有毒的品种不少，对人体皮肤有刺激性的就更多了。目前世界各国对香料香精的管理已经走上正轨，每年国际日用香料香精协会组织（IFRA）都会公布一批“准许使用”、“禁止使用”和“限制使用”的香料名单，只要属于“准许使用”的，就说明是“安全可用的”，不分“天然”还是“合成”。

至于说什么“只有天然精油才有效”更是滑天下之大稽。持这种论调的人振振有词地说：“天然精油吸收日月精华”、具有什么“能量场”，更是无稽之谈。科学家们做了大量实验，已经证实各种天然精油里面含有的成分对人和动物生理、心理的影响，例如“正薰衣草油”含有大量的乙酸芳樟酯和芳樟醇，动物实验证实这两种成分确有镇静和安眠的作用（从小白鼠踩滑轮的实验数据可明显看出差异），正常人的脑波实验也肯定了这一点（闻到这两种化合物的气味时，α-脑波的振动频率呈下降趋势）；而“穗薰衣草油”由于含有大量的桉叶油素，动物实验和人的脑波实验都证明它有清醒、振奋的作用，事实也是如此。所以，香料工作者只要看到一个精油的成分报告，就能判断它有哪些“功能”，对人的生理和心理会起什么作用。用合成香料配制的“人造精油”也是如此。

当然，消费者出于各种考虑（不单单是所谓的“疗效”，可能还会考虑生产时会不会污染环境、生态是否友好、价格是否合理等）而有自己的看法，也有权知道自己购买的产品是“天然”的还是“合成”的。这一方面要靠商家们的诚信和自律，另一方面消费者多学习这方面的知识也是很有必要的，不要盲目听信那些片面的、不符合科学的、蛊惑人心的宣传，有可能的话多听听香料工作者和化学师的意见，必要时做些测试，就不容易上当受骗了。

天然精油的成分比较复杂，在化学家的眼里大体上可以分为下列几类。

萜烯及其衍生物——萜烯有蒎烯、月桂烯、松油烯、柠檬烯、水芹烯、莰烯、蒈烯、罗勒烯、柏木烯、依兰烯、樟烯、榄香烯、杜松烯、毕澄茄烯、石竹烯、长叶烯、姜烯、檀香烯、桧烯、金合欢烯、丁香烯、红没药烯、大叶香根烯等，它们的香气各异，但基本上都属于“森林木头香”，人嗅闻之会觉得清醒振作，提高工作效率。这些萜烯的衍生物有芳樟醇、松油醇、4-松油醇、香叶醇、香茅醇、橙花醇、橙花叔醇、倍半萜醇、金合欢醇、薄荷醇（薄荷脑）、龙脑、植醇、柏木醇、檀香醇、广藿香醇、香根醇、桉叶油素、茴香脑、樟脑、黄樟油素、薄荷酮、异薄荷酮、胡薄荷酮、香芹酮、胡椒酮、侧柏酮、柠檬醛、甜橙醛、香茅醛、乙酸芳樟酯、乙酸松油酯、乙酸香叶酯、乙酸香茅酯、乙酸橙花酯、乙酸薄荷酯、乙酸龙脑酯、薄荷呋喃等，香气与萜烯有较大的不同，有的有“药味”，闻之凉爽清新，如薄荷醇、薄荷酮、异薄荷酮、胡薄荷酮、胡椒酮、桉叶油素、樟脑、龙脑、乙酸薄荷酯、乙酸龙脑酯、薄荷呋喃等；有的有花草的清香，闻之舒适愉快，如芳樟醇、香叶醇、香茅醇、橙花醇、橙花叔醇、金合欢醇、乙酸芳樟酯、乙酸松油酯、乙酸香叶酯、乙酸香茅酯、乙酸橙花酯等；有的则有木头的香味，人闻之心情放松，有安眠作用，如檀香醇、广藿香醇、香根醇、松油醇、黄樟油素等。

脂肪醇类——乙醇、丙醇、丁醇、异丁醇、戊醇、异戊醇、己醇、叶醇、庚醇、辛醇、3-辛醇、壬醇、癸醇、十二醇、十四醇等，这些醇香气都比较淡弱，且在精油里含量一般也较少，不易引起注意。低浓度的醇令人有“陶醉”感，心态比较平静；但叶醇和其他一些“不饱和醇”例外，人闻了它们的气味会感觉清醒，低浓度时有清新感。

芳香醇类——苯甲醇、苯乙醇、桂醇等，香气也都比较清淡。苯乙醇有玫瑰香气，桂醇有定香作用。人闻到以后感觉舒适、安静。

酚类——苯酚、愈创木酚、丁香酚、异丁香酚、甲基丁香酚、百里香酚（麝香草酚）、香荆芥酚、甲基黑椒酚、地奥酚等，这些酚都有强烈的“药味”，且都有驱虫、杀菌、抑菌的作用。“药味”会使人警觉，但精油中适量的“药味”会让人觉得“厚实”，不会太“轻飘”，而且“良药苦口”的古训也使一部分人对“芳香疗法”增强了信心。

酸类——甲酸、乙酸、丙酸、丁酸、戊酸、异戊酸、己酸、辛酸、癸酸、乳酸、苯甲酸、苯乙酸、水杨酸、桂酸等，在精油里面一般含量都比较少，由于味觉里的“酸味”是“五个基本味”（酸、甜、苦、咸、鲜）之一，闻到“酸味”会刺激舌蕾分泌唾液，所以低分子的酸气味令人增加食欲；而分子量较大的酸尤其是“芳香族酸”（苯甲酸、苯乙酸、水杨酸、桂酸等）挥发性小，主要用作日化香精的“定香剂”。

酯类——乙酸乙酯、乙酸丁酯、乙酸戊酯、乙酸异戊酯、乙酸辛酯、乙酸-3-辛酯、乙酸叶酯、丁酸乙酯、丁酸异戊酯、异戊酸乙酯、异戊酸戊酯、异戊酸异戊酯、异戊酸叶酯、十二酸乙酯、十四酸乙酯、乙酸苄酯、乙酸桂酯、乙酸丁香酯、乙酸异丁香酯、邻氨基苯甲酸甲酯、*N*-甲基邻氨基苯甲酸甲酯、桂酸苄酯、苯甲酸苄酯、水杨酸甲酯、水杨酸戊酯、水杨酸苄酯、茉莉酮酸甲酯等，水果和部分鲜花的香味主要由这些酯类产生，酯类的香气令人兴奋、愉快，低级脂肪酸和低级脂肪醇组成的酯类香气能刺激人的食欲。芳香族酸的酯类都有“药味”，浓度太高时令人厌食，精神压抑。

内酯类——丙位己内酯、丙位庚内酯、丙位辛内酯、丙位壬内酯、丙位癸内酯、丙位十一内酯、丙位十二内酯、丁位十一内酯、丁位十二内酯、香豆素等，一般有豆香、桃子香、椰子香、奶香，香气较沉闷，留香较持久，也是各种食物里固有的香气成分，低浓度时可以刺激食欲。

醚类——对甲酚甲醚、丁香酚甲醚、异丁香酚苄基醚等，都有花香，让清纯的花香带点“灵气”；对甲酚甲醚有动物香，浓度高时令人不快。

醛类——乙醛、丁醛、异戊醛、癸醛、苯甲醛、桂醛、香兰素等，除了香兰素以外，前几个醛在浓度高时气味都令人不快，幸而脂肪醛在精油里含量都不高，而苯甲醛和桂醛在某些精油里（如苦杏仁油、肉桂油等）含量有时可高达90%以上，“药味”很重，有特殊的治疗价值——不少人觉得有“药味”才是“真正的芳香疗法”。香兰素的气味是所谓的“饼干味”，因为大多数饼干都以香兰素为主要香气成分，人们闻到香兰素的气味也能勾起食欲。但也有利用香兰素的气味减肥的报道，说是让需要减肥的人整天嗅闻香兰素的气味，闻久生腻产生厌食情绪，看起来也有道理。

酮类——丁二酮、紫罗兰酮、甲基紫罗兰酮、鸢尾酮、茉莉酮等，丁二酮是奶类发酵的主要气味成分之一，具有强烈的“酸奶味”，浓度低时也能激起人的食欲，浓度高时则令人不快；紫罗兰酮、甲基紫罗兰酮、鸢尾酮、茉莉酮等都是很好闻的花香，闻之令人舒适、愉快，但紫罗兰酮类闻久了对鼻子会有“麻醉”作用，短期内感觉不到任何气味，稍事休息就可以恢复。桂花的香气成分里面有较多的紫罗兰酮类，所以桂花香气虽好，但不耐闻。

杂类——吲哚、甲基吲哚、吡嗪、甲基吡嗪、乙酰基吡嗪、呋喃、甲基呋喃、乙酰基呋喃、噻唑、甲基噻唑、乙酰基噻唑、烯丙基硫化物、二丙基二硫化物、异硫氰酸烯丙酯等，都是气味强烈、甚至恶臭的化合物，只有在浓度极低时才是鲜花或者食物的香味。茉莉花和苦橙花的“鲜味”来自吲哚，配制茉莉花和橙花香精时，如果不加点吲哚就没有所谓的“动情感”。食物加热时由于糖和氨基酸的“美拉德反应”产生了吡嗪、呋喃、噻唑等杂环化合物而有各种各样的“烹调香味”，人闻到时产生食欲，据说厨师是因为经常嗅闻它们的气味才发胖的；含硫的化合物是一些芳香蔬菜（葱、蒜、甘蓝菜等）特殊的香气成分，有人喜欢，有人讨厌，大多数人闻到时有厌食情绪，因而含硫的精油也可由于减肥。

还有一点需要在这里告诉大家的是：绝大多数精油的香气与它们的“母体”是不同的，有的甚至有着天壤之别！如茉莉油同茉莉鲜花的香味就大相径庭，前者有明显的“药味”，而后者的清鲜气息几乎人人赞赏！玫瑰油与玫瑰鲜花的香味也不一样，前者带有沉重的膏香气息而后者是清甜芬芳、让人闻了还想再闻（有时调香师拿不到“实物”就闻着它们的精油仿配，如市面上长期以来销售的“茉莉香精”、“玫瑰香精”和“玉兰花香精”绝大多数是花精油的气味，而不是鲜花的香味。最近情况有些改变，因为调香师又有了一个新的检验手段——顶空分析法，可以分析鲜花散发出的香气成分。）其他精油也都类似，所以直接使用香草植物和使用精油效果是不一样的，不能套用。

古今“芳香疗法”都有两个含义：①有香物质直接进入人体或与人体直接接触（内服或外用）起到治疗作用；②有香物质的香气通过嗅觉影响人体心理或（和）生理状态起到治疗作用。按照第一个含义，这些有香物质是药，不管是“中药”还是“西药”，都已经进入现代的“科学”范畴，我们可以讨论得少一些；第二个含义是大家更关心的内容，即香气通过嗅觉到底能对人体产生哪些确定无疑的作用？是否真正有治疗作用？

从20世纪90年代开始，国内外大大小小的商家们看到了芳香疗法巨大的商机，纷纷把大量的资金投入到这个领域中来。由于这是一个尚未被科学家们“充分”研讨过的处女地，有关芳香疗法的“科学”依据太少，商家们便使出浑身解数，给了芳香疗法太多玄而又玄的“理论”，有的说是天然精油“吸收了日月精华”，具有所谓的“能量场”；有的说只有用水蒸气蒸馏提取的精油才是“真正的精油”，才有“疗效”；有的说天然精油对人只有好处，绝对没有任何危害等。使得稍有化学知识的人们更加迷惑，反而不相信真正的芳香疗法了。

其实用化学家的眼光看待芳香疗法和芳香疗法使用的各种精油，并不是复杂到深不可测的地步，也不需要故弄玄虚——你只要看看这些精油里含有哪些成分，这些成分各自对人的心理和生理有哪些影响，再从宏观的角度综合分析，就能断定它们各自的“疗效”了（见表5-9）。有的精油化学成分比较简单，例如纯净的冬青油含有99%以上的水杨酸甲酯，已知水杨酸甲酯有收敛、利尿、减轻肌肉痛感等作用，人嗅闻到它的香气时有兴奋感，可令α-脑波振动频率从每秒8～10次增加到每秒10～12次，我们便可推知冬青油也有收敛、利尿、减轻肌肉痛感等作用，人嗅闻到它的香气时也有兴奋感，也可令α-脑波振动频率从每秒8～10次增加到每秒10～12次。桉叶油（“尤加利”）含有60%～70%的桉叶油素，已知桉叶油素有止呕吐、抗昏迷、抗偏头痛、杀菌作用，其香气可令人兴奋、提神，有消除疲劳、节制食欲的作用，桉叶油也有这些作用。薄荷油含有70%～80%的薄荷脑，薄荷脑有抗抑郁、抗偏头痛、杀菌、止呕吐、抗昏迷、舒解感冒头痛等作用，其香气对人有凉爽、清香、兴奋、安抚愤怒、提振疲惫作用，薄荷油也具有这些作用。纯种芳樟叶油含有90%以上的左旋芳樟醇，桉叶油素和樟脑含量都在0.2%以下，左旋芳樟醇的香气令人愉悦、镇静，有一定的安眠作用，可以抗抑郁、抗菌、治疗偏头痛，我们可推知纯种芳樟叶油也有这些作用；而从杂樟油通过精馏得到的“芳油”、“芳樟油”和“芳樟叶油”不一定有这些作用，因为它们含的芳樟醇有左旋的，也有右旋的（右旋芳樟醇的疗效见下面内容），而且桉叶油素和樟脑含量太高，这些杂质损害了左旋芳樟醇的香气，也破坏了左旋芳樟醇对人的镇静和安眠作用。

大多数天然精油成分复杂，有的甚至没有一个“起主导作用的成分”，下面列出芳香疗法常用精油的主要成分（按含量多寡排列）。

（正）薰衣草油：乙酸左旋芳樟酯，左旋芳樟醇，薰衣草醇，乙酸薰衣草酯。

穗薰衣草油：1,8-桉叶油素，左旋芳樟醇，乙酸左旋芳樟酯，樟脑，龙脑。

杂薰衣草油：左旋芳樟醇，1,8-桉叶油素，乙酸左旋芳樟酯，樟脑。

大花茉莉花油：乙酸苄酯，左旋芳樟醇，吲哚，苯甲酸苄酯，植醇，异植醇，乙酸植酯。

小花茉莉花油：乙酸苄酯，左旋芳樟醇，α-金合欢烯，邻氨基苯甲酸甲酯，乙酸叶酯。

玫瑰花油：香茅醇，香叶醇，苯乙醇，橙花醇，左旋芳樟醇。

蓝桉油：1,8-桉叶油素，蒎烯，苎烯。

迷迭香油：1,8-桉叶油素，蒎烯，乙酸龙脑酯，樟脑。

表 5-9 精油成分疗效表

项目	兴奋	止痛	抗过敏	杀菌	消炎	抗抑郁	解毒	抗氧化	止痒	治风湿	解痉	止汗	杀病毒	止咳	节食	收敛	祛风	除臭	增食	欣快	退热	杀真菌	通经	降血压	升血压	安眠	降血糖	驱虫	杀虫	清凉	活血	镇静	放松	健胃	治创伤	催情
1,8-桉叶油素	*	*		*	*				*						*		*				*							*		*	*					
百里香酚		*		*	*			*	*				*		*	*	*				*	*						*	*		*				*	
柏木脑				*	*	*					*				*			*					*	*		*	*					*	*			
柏木烯				*	*		*		*	*	*				*	*	*	*					*	*		*	*	*			*	*	*			
苯甲酸苄酯				*	*				*	*	*	*			*	*						*	*	*		*		*	*			*	*		*	
苯甲酸甲酯	*														*										*			*			*					
苯乙醇		*	*	*	*	*	*		*		*							*					*	*		*						*	*		*	*
薄荷脑	*	*	*	*	*	*			*	*	*		*	*	*		*	*		*	*							*	*	*	*					
薄荷酮	*			*	*		*		*					*			*	*			*							*	*	*	*					
布黎醇		*		*						*																						*			*	
布黎烯										*																		*			*		*			
长叶烯					*					*					*								*					*			*		*			
橙花醇			*	*	*	*	*	*	*		*							*					*	*		*						*	*			*
橙花醛	*			*	*	*							*					*	*	*		*						*	*							
橙花叔醇			*	*	*	*	*		*				*					*	*	*				*		*						*	*			*
大根香叶烯									*	*	*					*	*						*	*			*				*	*			*	
当归酸甲基戊酯					*		*		*	*	*			*			*		*		*						*	*			*		*	*		
当归酸甲基烯丙酯		*	*				*		*	*	*	*	*	*		*	*	*	*		*			*				*				*		*		
丁香酚		*	*	*	*		*	*	*				*		*	*	*				*	*						*	*		*			*	*	
杜松烯		*		*	*				*	*							*	*	*					*		*		*			*	*		*		
对甲酚甲醚				*				*					*		*							*			*			*	*							*
芳姜黄烯	*	*		*	*		*		*	*	*	*	*	*			*	*	*		*	*	*		*			*	*		*			*	*	

续表

项目	兴奋	止痛	抗过敏	杀菌	消炎	抗抑郁	解毒	抗氧化	止痒	治风湿	解痉	止汗	杀病毒	止咳	节食	收敛	祛风	除臭	增食	欣快	退热	杀真菌	通经	降血压	升血压	安眠	降血糖	驱虫	杀虫	清凉	活血	镇静	放松	健胃	治创伤	催情
广藿香醇		*		*	*		*			*					*		*	*			*	*				*		*			*	*	*			
广藿香烯					*					*	*				*		*	*			*					*		*			*	*	*			
癸醛				*									*		*							*					*	*	*							
桂醛		*		*	*		*	*		*	*		*	*		*	*	*	*		*	*	*				*	*	*		*			*	*	
蒿酮	*	*		*	*	*	*		*	*	*		*	*			*	*		*	*	*						*	*				*		*	
红没药烯		*		*	*		*		*	*	*	*	*		*	*	*				*	*	*					*			*	*			*	
环十五内酯											*				*	*							*								*	*				*
桧烯			*		*		*			*	*				*									*		*	*	*				*	*			
甲基庚烯醛	*			*									*		*		*					*						*	*							
甲基庚烯酮	*			*			*		*	*	*		*		*	*	*					*	*					*	*							
甲基黑椒酚	*			*	*		*	*	*				*				*	*	*		*	*	*					*	*		*			*	*	
甲氧基桂醛	*	*		*	*		*	*		*	*		*				*	*			*	*	*				*	*	*		*			*	*	
姜烯	*	*	*	*	*	*	*	*	*	*	*		*	*			*	*	*	*	*	*	*		*		*	*	*		*			*		*
金合欢醇				*																*						*						*	*			*
金合欢烯										*	*															*	*	*			*	*	*			
邻氨基苯甲酸甲酯				*				*					*		*	*						*						*	*							
龙脑	*	*		*	*		*	*	*	*	*	*	*	*	*	*	*	*			*	*			*			*	*	*	*				*	
马榄烯										*	*					*															*					
木罗烯										*		*			*	*								*			*				*	*				
蒎烯	*					*				*					*		*	*										*			*				*	
蛇床烯										*	*	*		*		*							*			*		*			*	*			*	
石竹烯									*	*	*					*	*									*	*	*					*			

续表

项目	兴奋	止痛	抗过敏	杀菌	消炎	抗抑郁	解毒	抗氧化	止痒	治风湿	解痉	止汗	杀病毒	止咳	节食	收敛	祛风	除臭	增食	欣快	退热	杀真菌	通经	降血压	升血压	安眠	降血糖	驱虫	杀虫	清凉	活血	镇静	放松	健胃	治创伤	催情
守酮	*	*		*	*		*	*	*	*			*	*			*	*		*	*	*	*					*	*		*				*	
水芹烯										*	*			*			*						*					*								
水杨酸甲酯	*	*	*	*	*		*		*	*			*	*	*		*	*			*	*						*	*	*	*				*	
松油醇				*				*		*			*		*							*						*								
松油烯										*	*				*	*	*											*			*					
松油烯-4-醇		*		*	*		*	*	*				*				*				*	*						*	*		*				*	
檀香醇		*		*	*	*	*			*	*		*		*		*	*			*	*	*	*		*	*	*				*	*	*		*
檀香醛	*	*		*				*		*			*		*		*					*		*		*	*	*			*	*	*	*		*
檀香烯					*					*	*				*	*		*		*			*	*		*		*			*	*	*			
甜旗烯										*						*							*									*	*			
香根醇										*			*		*	*		*				*		*		*	*	*			*	*	*			
香根酮				*				*		*	*				*							*		*		*	*	*			*	*	*			
香根烯										*					*	*										*		*				*	*			
香茅醇				*	*	*												*	*	*			*			*	*				*	*	*			*
香芹酮	*			*				*					*	*			*	*		*	*	*						*	*	*	*					
香叶醇				*	*	*					*							*	*	*			*			*	*				*	*	*			*
香叶醛	*	*		*	*	*		*					*				*	*	*	*		*						*	*		*					
缬草醛		*		*	*		*	*		*			*	*	*		*	*			*	*						*	*		*			*		
缬草烷酮		*		*	*			*		*	*		*			*	*					*	*					*		*						
薰衣草醇				*	*	*							*					*		*						*						*	*			*
乙酸苄酯	*					*												*		*																*
乙酸薄荷酯	*	*		*	*						*			*	*		*	*			*				*			*	*	*	*					

续表

项目	兴奋	止痛	抗过敏	杀菌	消炎	抗抑郁	解毒	抗氧化	止痒	治风湿	解痉	止汗	杀病毒	止咳	节食	收敛	祛风	除臭	增食	欣快	退热	杀真菌	通经	降血压	升血压	安眠	降血糖	驱虫	杀虫	清凉	活血	镇静	放松	健胃	治创伤	催情
乙酸桂酯				*									*		*													*								
乙酸龙脑酯	*	*		*	*		*		*		*	*	*	*	*		*	*			*	*			*			*	*	*	*					
乙酸香茅酯											*						*	*		*			*			*		*				*	*			*
乙酸香叶酯				*													*	*		*			*	*		*		*			*	*	*			*
乙酸薰衣草酯				*		*				*	*						*	*		*				*		*	*	*			*	*	*			*
乙酸叶酯	*																*	*													*					
乙酸植酯											*															*						*	*			
乙酸左旋芳樟酯						*			*	*			*				*	*		*			*	*		*	*	*			*	*	*			*
乙酰丁香酚		*		*	*		*	*	*	*			*	*	*	*	*	*			*	*						*	*		*				*	
异丁酸甲基戊酯	*										*	*	*	*			*	*										*			*					
异植醇							*		*		*												*	*		*	*					*	*			
吲哚	*			*		*							*		*					*		*			*			*	*		*					*
右旋芳樟醇			*	*	*		*		*										*									*				*		*		
愈创木酚				*	*			*	*	*		*	*	*	*	*	*	*			*	*						*	*		*				*	
月桂烯		*			*				*	*	*			*	*	*	*											*								
樟脑	*	*		*	*		*	*	*	*	*		*	*	*		*	*			*	*						*	*		*			*	*	
植醇					*	*			*		*												*	*		*	*					*	*			
苎烯	*					*					*			*			*	*	*	*								*					*			
紫罗兰酮类				*				*					*		*			*		*		*	*			*		*				*	*			*
左旋芳樟醇		*	*	*	*	*	*	*	*	*	*		*	*			*	*	*	*	*	*	*	*		*	*	*	*		*	*	*	*	*	*

注：*表示具备此项疗效。

天竺葵油（香叶油）：香茅醇，香叶醇，左旋芳樟醇。
香茅油：香叶醇，香茅醇，香茅醛，乙酸香叶酯。
香紫苏油：乙酸左旋芳樟酯，左旋芳樟醇，乙酸香叶酯。
佛手柑油：苎烯，乙酸左旋芳樟酯，左旋芳樟醇。
姜油：姜烯，橙花醛，香叶醛，莰烯，芳姜黄烯。
松油：蒎烯，松油醇，松油烯。
广藿香油：广藿香醇，广藿香烯，布黎烯，布黎醇。
愈创木油：愈创木酚，布黎醇。
百里香油：百里香酚，左旋芳樟醇，伞花烃。
岩兰草油（香根油）：香根醇，香根酮，香根烯。
茶树油：松油烯-4-醇，1,8-桉叶油素，松油烯。
依兰依兰油：左旋芳樟醇，对甲酚甲醚，石竹烯，大根香叶烯，苯甲酸甲酯。
丁香油：丁香酚，乙酰丁香酚，石竹烯。
丁香罗勒油：丁香酚，1,8-桉叶油素，石竹烯。
八角茴香油（大茴香油）：茴香脑，甲基黑椒酚。
肉桂油：桂醛，丁香酚，甲氧基桂醛，乙酸桂酯。
肉桂叶油：丁香酚，桂醛，左旋芳樟醇。
甜橙油：苎烯，月桂烯，左旋芳樟醇。
柠檬油：苎烯，松油烯，蒎烯，橙花醛，香叶醛。
白柠檬油：苎烯，松油醇，松油烯，左旋芳樟醇。
香柠檬油：苎烯，乙酸左旋芳樟酯，左旋芳樟醇。
圆柚油（葡萄柚油）：苎烯，月桂烯，癸醛。
柚子油：苎烯，松油烯，月桂烯，左旋芳樟醇。
鼠尾草油：樟脑，守酮，1,8-桉叶油素。
牡荆油：桧烯，1,8-桉叶油素，石竹烯。
当归油：水芹烯，蒎烯，环十五内酯。
罗勒油：甲基黑椒酚，左旋芳樟醇，1,8-桉叶油素。
橙花油：左旋芳樟醇，乙酸左旋芳樟酯，邻氨基苯甲酸甲酯，橙花叔醇，金合欢醇。
玳玳花油：乙酸左旋芳樟酯，左旋芳樟醇，邻氨基苯甲酸甲酯。
玳玳叶油：左旋芳樟醇，乙酸左旋芳樟酯，桧烯。
柚花油：乙酸左旋芳樟酯，左旋芳樟醇，橙花叔醇。
冷杉油：蒎烯，乙酸龙脑酯，水芹烯。
松针油：乙酸龙脑酯，樟脑烯，蒎烯。
柠檬草油：香叶醛，橙花醛，甲基庚烯酮，月桂烯。
山苍子油：香叶醛，橙花醛，甲基庚烯醛。
玫瑰草油：香叶醇，乙酸香叶酯，左旋芳樟醇。
玫瑰木油：左旋芳樟醇，1,8-桉叶油素，松油醇，香叶醇，樟脑。
白兰花油：左旋芳樟醇，邻氨基苯甲酸甲酯，苯乙醇，乙酸苄酯，吲哚。
白兰叶油：左旋芳樟醇，石竹烯。
柏木油：柏木烯，柏木脑。
缬草油：缬草醛，缬草烷酮，橄香醇，莰烯，蒎烯。
甘松油：广藿香烯，古芸烯，马榄烯，马兜铃烯醇。

胡萝卜子油：红没药烯，细辛脑。

艾叶油：守酮，乙酸桧酯。

白草蒿油：守酮，樟脑，1,8-桉叶油素。

龙蒿油：甲基黑椒酚，桧烯，罗勒烯。

黄花蒿油：蒿酮，樟脑，1,8-桉叶油素。

留兰香油：香芹酮，苎烯，1,8-桉叶油素。

芹菜子油：苎烯，蛇床烯，瑟丹内酯。

芫荽子油：右旋芳樟醇，香叶醇，茴香脑。

月桂叶油：1,8-桉叶油素，乙酸松油酯，桧烯。

肉豆蔻油：桧烯，蒎烯，肉豆蔻醚，松油烯-4-醇。

春黄菊油：当归酸甲基戊酯，当归酸甲基烯丙酯，异丁酸甲基戊酯。

檀香油：檀香醇，檀香醛，檀香烯。

甘牛至油：1,8-桉叶油素，松油烯-4-醇，左旋芳樟醇。

桂花油：紫罗兰酮类，左旋芳樟醇，氧化芳樟醇，丙位癸内酯。

杜松油：杜松烯，甜旗烯，木罗烯。

樟脑油：樟脑，1,8-桉叶油素，黄樟油素。

松节油：蒎烯，长叶烯。

薄荷油：薄荷脑，薄荷酮，乙酸薄荷酯，苎烯。

椒样薄荷油：薄荷脑，薄荷酮，1,8-桉叶油素，乙酸薄荷酯。

上述精油主要成分的香气和疗效（上面已经提及的不再列出）如表 5-8。

乙酸左旋芳樟酯和乙酸薰衣草酯：佳木香，花香，香气优美，有镇静、放松和安眠作用。

薰衣草醇：薰衣草的花香气，有镇静、安抚和抗抑郁作用。

樟脑、龙脑和乙酸龙脑酯：特殊的药香气，有令人兴奋、清醒、杀菌、止呕吐、抗昏迷和节制食欲作用。

乙酸苄酯：茉莉花和果香香气，有催人上进、发奋、振作作用。

苯甲酸苄酯：沉闷的膏香香气，有令人安静、松弛、节制食欲的作用。

植醇、异植醇和乙酸植酯：淡弱的花香香气，留香长久，有令人轻松、愉快、镇静、抗抑郁作用。

金合欢烯、广藿香烯、布黎烯、香根烯、石竹烯、大根香叶烯、桧烯、马榄烯、红没药烯、蛇床烯、檀香烯、杜松烯、甜旗烯、木罗烯和长叶烯：都有一定的木香、药香香气，留香较久，令人镇静、安详、松弛，可节制食欲。

邻氨基苯甲酸甲酯：橙花香气，可消除紧张、沮丧、惶恐，有节制食欲作用。

乙酸叶酯：有绿叶和果香香气，令人清爽愉快，可改善忧郁，放松紧张心情。

香茅醇、香叶醇、橙花醇、苯乙醇和乙酸香叶酯：都有玫瑰花香香气，香气甜美、性感，闻之令人愉悦，有催情作用，并有消炎、抗菌作用。

蒎烯：松节油的香气，有令人置身于原始森林中的感觉，放松，消除疲劳。

苎烯：柑橘类果香香气，可令人兴奋，增加食欲。

姜烯和芳姜黄烯：有生姜的香气，可令人兴奋，放松情绪，排除压力，增加食欲。

松油烯：松油香气，可令人兴奋，清醒，提振疲惫。

广藿香醇和布黎醇：药香、木香和草香香气，留香长久，有抗抑郁、节制食欲的作用。

愈创木酚：焦木香气，令人不快，有节制食欲和强烈的杀菌作用。

百里香酚：强烈的带焦干的药香气，令人不快，有强杀菌和节制食欲作用。

香根醇和香根酮：壤香、木香和药香香气，有令人祥和、安静的作用。

松油醇和松油烯-4-醇：梧桐木香气，令人头脑清醒，有强烈的杀菌作用。

对甲酚甲醚：令人不快的药物和动物香气，有节制食欲作用。

苯甲酸甲酯：有夜来香和依兰依兰花的香气，浓度高时令人不快，有节制食欲作用。

丁香酚和乙酰丁香酚：康乃馨的香气，有强烈的杀菌作用。

甲基黑椒酚：罗勒草香气，有兴奋、抗偏头痛、抗抑郁和增进食欲和杀菌作用。

桂醛、甲氧基桂醛和乙酸桂酯：肉桂的药香气，有抗抑郁、忌烟和杀菌作用。

月桂烯：黄柏香气，有清新、抗疲劳作用。

橙花醛和香叶醛：合称柠檬醛，强烈的柠檬香气，有清新空气、令人兴奋、抗偏头痛、忌烟、止呕吐、杀菌、抗昏迷、抗抑郁、增进食欲作用。

癸醛：脂肪醛类令人不快的香气，可抑制食欲。高度稀释时有暴晒棉被的气息，给人一种温暖、安全的感觉。

葶酮和蒿酮：艾、蒿的草香气，有清新空气、令人兴奋、减轻疲劳、抗昏迷作用。

环十五内酯：药物和动物香气，有动情感，能增进情欲。

橙花叔醇和金合欢醇：有淡而温和的木香和花香香气，留香持久，有令人愉快、增加爱心、减轻紧张情绪的作用。

水芹烯：略带清凉的果香香气，有清新空气、令人愉悦、爽快、减轻疲劳的作用。

甲基庚烯酮和甲基庚烯醛：带樟脑香气的果香，有清凉、爽快、减轻疲劳的作用。

吲哚：浓度高时有令人不快的粪臭味，稀释时有茉莉鲜花的香气，闻之有动情感，能增进情欲。

柏木烯和柏木脑：柏木香气，有令人镇静、安全、放松、催眠的作用。

缬草醛和缬草烷酮：缬草和甘松的药香气，有镇静、抗抑郁、抗惊厥、抗菌和安眠作用。

香芹酮：留兰香香气，有清凉、醒脑、令人兴奋、愉悦、增进食欲和抗偏头痛作用。

右旋芳樟醇：有蔬菜香、淡的花香和果香，有清新空气、令人愉悦、增进食欲的作用。

当归酸甲基戊酯、当归酸甲基烯丙酯和异丁酸甲基戊酯：菊花的药香气，有令人置身于山野、田园的感觉，也有增进食欲和催眠的作用。

檀香醇、檀香醛、檀香烯：檀香木香气，令人镇静，有安全感和催眠作用。

紫罗兰酮类：蜜甜花香，有令人愉悦、爽快、减轻疲劳的作用。

薄荷脑、薄荷酮和乙酸薄荷酯：薄荷的清凉药香气，有令人兴奋、愉悦、爽快、杀菌、抗偏头痛、抗昏迷、抗抑郁作用。

其他成分在精油里含量较少，不太重要，这里就不一一介绍了。

一般情况下，精油的疗效主要由含量最丰的香气成分决定，其他成分如果疗效与主成分相似，则增强该疗效，如玫瑰花油的主成分是香茅醇，其香气甜美、性感，闻之令人愉悦，有催情作用，并有消炎、抗菌作用，次要成分如香叶醇、苯乙醇的香气和疗效与之相似，所以玫瑰花油的香气也是甜美、性感，有催情、消炎和抗菌作用。若是次要成分与主成分的疗效相左，其疗效有时会互相抵消，例如穗薰衣草油和杂薰衣草油虽然都含有左旋芳樟醇和乙酸左旋芳樟酯，按说应该有镇静、安眠作用，但大量的桉叶油素和樟脑、龙脑等成分却有兴奋作用，二者相互抵消，穗薰衣草油和杂薰衣草油较少用于芳香疗法就是由于这个缘故。

由两种或两种以上的精油配合而成的“复配精油”——在调香师的眼里其实就是一个个

“香精”——情形要复杂一些，调配肯定有一个目标，比如要调配“安眠复配精油”，可以按下列配方：

安眠复配精油

(正)薰衣草油	30	香柠檬油	10	柏木油	10
纯种芳樟叶油	20	玳玳叶油	10	檀香油	20

调配好的精油主要成分是左旋芳樟醇、乙酸左旋芳樟酯、檀香醇、柏木烯、柏木脑，这些成分都有镇静、安神、催眠作用，混合以后香气更加宜人，安眠效果更佳。

当然，复配精油的香气和疗效不是其中各种精油香气和疗效的简单叠加，巧妙的调配可以起到相辅相成、1+1大于2的效果，这已经属于调香艺术的范畴了。

从上面的分析可以看出，合成香料以及由合成香料调配而成的香精也同样可以用于芳香疗法，其疗效也是以配方里含量最丰或主要香气成分决定，与天然香料是一样的。现在已有几个天然精油可以完全用合成香料惟妙惟肖地调配出来，达到可以“乱真”的水平，用于芳香疗法效果也一样。只是目前人们似乎只关注天然香料，觉得天然香料香气“自然”、“有安全感”、“可靠”，并有千百年来的实践“证实”。随着调香技术的进步，科学研究的深入，对各种精油有了更加全面、系统的认识，对芳香疗法的科学机理更加透彻理解以后，合成香料也将逐渐走进芳香疗法园地，发挥其应有的作用，这同一百多年来香料香精和“西医西药”的发展情形是一样的。

六、复配精油

单一精油用于芳香疗法虽各有特色，但都存在一些缺点，就像中草药一样，“单方独味”虽然也能治病，总是不如医生根据“辨证”开出的多种药物组成的“处方”好。中医开处方讲究“君臣佐使”，一帖药有主（君）有次（臣）有辅（佐）有引（使），才能保证疗效。事实上，现代芳香疗法如以胡文虎兄弟制造的万金油作为起步的话，一开始就是复配精油了——万金油就是一个不可多得的、疗效卓著的复配精油好例子！只是从法国医生金·华尔奈特创造“芳香疗法”这个词汇以后，人们又绕了一个圈子，“单方独味”的精油用了几十年。近年来，喜欢芳香疗法的人们总结了这几十年成功与失败的教训，逐渐认识到单一精油使用的缺点，“复配精油”开始像雨后春笋一样出现，并逐步取代单一精油的使用。

中草药使用时有“单方独味”效果不错的，但更多的是许多种药材组成的“处方”或叫“配方”，中医医生推崇的是后者，讲究“君臣佐使”、辨证施治、因人而异，数千年来的实践证实它的正确性。西医原来大多使用单方独味治病，头痛医头，脚痛医脚，如早期的磺胺药、抗生素，一针下去，药到病除，到了现代，也学起中医来，药方里总要加点维生素什么的，以减少一些药物的毒性和副作用——当然，这仅仅学了一点点而已，距离中医的“辨证施治”还远着呢。不过这足以说明药物配伍的必要性了。“芳香疗法”在“初级阶段”也是“单方独味”，一个薰衣草油就吹成了“包治百病”的“神药”，看看不行了，复配精油才应运而生。

其实现代的“芳香疗法”认真说起来应该从胡文虎、胡文豹兄弟俩创造了“万金油”的那一刻算起，而“万金油”就是一个相当优秀的“复配精油”，之后出现的“白花油”、“风油精”、“祛风油”、“清凉油”、“卫生油”、“红花油”、“二天堂”等也都是难得的复配精油。厦门牡丹香化实业有限公司的调香师根据市场的需要，在国内率先推出一系列复配精油直接用于芳香疗法和芳香养生，部分用作日化产品加香使用（功能性香精），取得巨大的成功。兹介绍几个复配精油的“处方”例子，以飨读者。

司机清醒剂（疲劳康复剂）

薄荷脑	10	桉叶油	5	松油	60
樟脑	5	纯种芳樟叶油	20		

安眠复配精油

檀香油	20	纯种芳樟叶油	20	香柠檬油	10
薰衣草油	40	柏木油	5	玫瑰油	5

薰衣草复配精油

薰衣草油	40	香柠檬油	10	依兰依兰油	5
纯种芳樟叶油	15	柏木油	5	楠叶油	5
玫瑰木油	10	香紫苏油	5	玫瑰油	5

玫瑰复配精油

玫瑰净油	20	山苍子油	1	柏木油	15
纯种芳樟叶油	30	山萩油	4	依兰依兰油	5
玫瑰木油	5	白兰叶油	9	檀香油	2
玫瑰草油	5	赖百当净油	1	桂花净油	3

茉莉复配精油

小花茉莉净油	20	玫瑰木油	10	柏木油	5
纯种芳樟叶油	20	白兰叶油	20	桂花净油	3
依兰依兰油	20	树兰花油	2		

玉兰花复配精油

玉兰花油	20	玫瑰木油	10	香紫苏油	2
白兰叶油	30	柏木油	5	桂花净油	2
纯种芳樟叶油	25	山萩油	6		

风　油　精

薄荷油	40	丁香油	4	樟脑	3
桉叶油	12	冬青油	33	白矿油	3
薰衣草油	3	柏木油	2		

清　凉　油

薄荷油	26	冬青油	1	凡士林	14
丁香油	2	肉桂油	2	石蜡	27
桉叶油	10	樟脑	18		

防感冒精油

薰衣草油	18	桉叶油	20	薄荷油	15
纯种芳樟叶油	10	茶树油	15	丁香油	10

迷迭香油	6	柏木油	3	檀香油	3

丰胸精油

香叶油	15	纯种芳樟叶油	10	大茴香油	15
玫瑰油	10	茉莉油	5	丁香罗勒油	10
桂花油	5	依兰依兰油	20	柏木油	10

丰胸精油

香叶油	20	丁香罗勒油	15	柏木油	20
依兰依兰油	25	大茴香油	20		

降血压精油

依兰依兰油	25	山苍子油	2	玳玳叶油	10
香紫苏油	25	茶树油	10	纯种芳樟叶油	16
玫瑰油	10	玳玳花油	2		

降血压精油

依兰依兰油	28	玫瑰花油	15	茶树油	10
香紫苏油	30	山苍子油	3	玳玳叶油	14

净化清新精油

丁香油	15	薰衣草油	4	松针油	4
广藿香油	10	纯种芳樟叶油	24	樟脑	8
桉叶油	4	玳玳花油	4		
薄荷油	7	柏木油	20		

百花精油

茉莉净油	5	玫瑰木油	5	香根油	2
玫瑰净油	5	香紫苏油	3	柏木油	3
桂花净油	3	楠叶油	2	依兰依兰油	15
白兰花油	2	薰衣草油	10	玳玳花油	3
树兰花油	5	丁香油	5	玳玳叶油	15
纯种芳樟叶油	10	广藿香油	2	檀香油	5

油性调理精油

薰衣草油	32	薄荷素油	10	柏木油	23
柠檬油	15	依兰依兰油	20		

暗疮调理精油

薰衣草油	17	茶树油	10	薄荷素油	10
柠檬油	17	丁香罗勒油	7	樟脑油	19
香茅油	10	桉叶油	10		

敏感调理精油

檀香油	10	玳玳花油	3	茉莉花油	10
薰衣草油	25	玳玳叶油	17	纯种芳樟叶油	35

黑痣净化调理精油

香叶油	30	柠檬油	30
玫瑰花油	10	依兰依兰油	30

除皱调理精油

香叶油	20	甜橙油	30
茉莉花油	10	玫瑰花油	10
薰衣草油	30		

保湿调理精油

香叶油	25	柏木油	25
甜橙油	25	薰衣草油	25

美白调理精油

香叶油	25	檀香油	25
柠檬油	25	薰衣草油	25

干性皮肤调理精油

檀香油	25	香叶油	25
柏木油	25	薰衣草油	25

眼部调理

茶树油	10	桉叶油	20
香叶油	20	甜橙油	20
薰衣草油	30		

双下巴调理精油

丁香罗勒油	10	香叶油	20
桉叶油	20	薰衣草油	30

减肥精油

大茴香油	10	橘皮油	10	桉叶油	10
姜油	20	薰衣草油	10	柏木油	10
甜橙油	20	柠檬油	10		

淋巴引流精油

香叶油	15	柏木油	20	大茴香油	15
柠檬油	20	广藿香油	5	薰衣草油	25

紧实精油

丁香罗勒油	15	柏木油	20	香茅油	15
桉叶油	15	橘皮油	15	柠檬油	20

结实精油

桉叶油	20	丁香罗勒油	19	龙脑	28
香叶油	23	松针油	10		

驱虫精油

柠檬桉油	20	桉叶油	20	薄荷素油	10
樟脑油	15	肉桂油	5	冬青油	6
百里香油	8	丁香油	10	大茴香油	6

净化清新精油

丁香油	15	薰衣草油	4	柏木油	20
广藿香油	10	龙脑	10	松针油	4
桉叶油	4	纯种芳樟叶油	14	樟脑	8
薄荷油	7	玳玳花油	4		

抗疲劳精油

薄荷油	30	纯种芳樟叶油	10	柠檬油	10
松节油	15	松针油	10	甜橙油	10
茉莉花油	10	桉叶油	5		

防感冒精油

薰衣草油	10	茶树油	30
桉叶油	30	薄荷油	30

日本有人根据我国古代阴阳五行学说，创造了一套复配精油系列，在日本推广使用，取得令人瞩目的好成绩。兹将该系列复配精油的配方介绍于下，供参考。

金

百里香油	10	松针油	25	柏木油	20
茶树油	10	桉叶油	15	香紫苏油	20

木

薄荷素油	20	玳玳花油	20	香柠檬油	20
甜橙油	20	薰衣草油	20		

水

柏木油	30	薰衣草油	20
姜油	30	香叶油	20

火

依兰依兰油	20	樟脑油	20	姜油	30
桉叶油	10	香叶油	15	山苍子油	5

土

香根油	25	广藿香油	5	大茴香油	10
檀香油	30	柠檬油	10	香荚兰豆酊	20

天

香柠檬油	5	玳玳花油	10	白兰叶油	20
柏木油	5	桉叶油	10	香荚兰豆酊	13
纯种芳樟叶油	8	檀香油	20		
甜橙油	5	赖百当净油	4		

地

薰衣草油	10	檀香油	10	大茴香油	10
香根油	15	广藿香油	15	百里香油	20
薄荷油	10	柠檬油	10		

春

甜橙油	30	薄荷油	20
柠檬油	30	茉莉花油	20

夏

圆柚油	30	柠檬油	30
椒样薄荷油	30	姜油	10

秋

檀香油	40	乳香油	20
柠檬草油	30	柏木油	10

冬

迷迭香油	40	薄荷油	20
杉木油	30	依兰依兰油	10

在家庭里，也可以自己把几种精油混合起来使用，这也属于“复配精油”，需要一定的技巧，如把令人兴奋和令人安静的精油混合使用，显然有问题。下面介绍几例常用的“配方”，读者可以参照使用，举一反三。

安眠：薰衣草油 3 滴，香柠檬油 2 滴，柏木油 1 滴，檀香油 2 滴。

清醒：薄荷油 3 滴，桉叶油 2 滴，甜橙油 3 滴，柠檬油 1 滴，茉莉花油 1 滴。

减轻压力：薰衣草油 3 滴，玳玳花油 2 滴，玫瑰油 2 滴，纯种芳樟叶油 3 滴。

克服烦闷不安：薰衣草油 3 滴，纯种芳樟叶油 2 滴，甜橙油 2 滴，香柠檬油 2 滴。

抗忧郁：柠檬油 3 滴，椒样薄荷油 2 滴，茉莉花油 2 滴，玫瑰油 1 滴。

压惊：甜橙油 3 滴，依兰依兰油 2 滴，纯种芳樟叶油 2 滴，香叶油 2 滴。

增强记忆：迷迭香油 3 滴，椒样薄荷油 2 滴，菊花油 2 滴，茶树油 2 滴。

消除疲劳：薰衣草油 3 滴，香叶油 2 滴，茉莉花油 2 滴，杜松子油 2 滴。

清净空气：椒样薄荷油 3 滴，桉叶油 2 滴，甜橙油 2 滴，柠檬油 2 滴。

驱虫：穗薰衣草油 4 滴，桉叶油 2 滴，丁香油 2 滴，樟脑油 2 滴。

可以看出，其实在家庭里实施芳香疗法和芳香养生只要有二十几种精油也就够了，它们是——薰衣草油，香柠檬油，柏木油，檀香油，薄荷油，桉叶油，甜橙油，柠檬油，茉莉花油，玫瑰油，玳玳花油，纯种芳樟叶油，椒样薄荷油，依兰依兰油，香叶油，杜松子油，丁香油，穗薰衣草油，樟脑油，迷迭香油，菊花油，茶树油。

七、精油的使用方法

在美容院里，精油的用途和使用方法是：护肤、护发、创造香氛、蒸熏、浸浴、全身各部位（包括足部）按摩、冷（热）敷、直接吸入、加入化妆品中使用等。

在家里，芳香疗法其实非常简单，既不用咬着牙忍受针扎的痛苦，也不必被人捏着鼻子灌下苦不堪言的药水，整个治疗过程确确实实是一种享受。下面介绍几种常见的芳香疗法供参考。

（1）直接嗅闻法　随便打开一瓶精油直接嗅闻之，并猜测是什么香型，每隔 20min 嗅闻一个香型。经常嗅闻各种香气可以令人振作，减少疲劳，促进记忆，防治老年痴呆症。

（2）置于清水中用微火加热散香　此法适于多人同时使用，而香气更加柔和舒适。如熏香炉：于熏香炉上加 8 分满之水，滴 2～3 滴精油，加热使其挥发扩散于空气中。功效同（1）。

（3）熏香法　用纸条蘸少许精油涂抹于素香（未加香的卫生香）上，熏燃香条令其散香。功效同（1），也可将少量精油滴于电热蚊香上熏香，掩盖蚊香的臭味。

（4）精油沐浴　将精油滴数滴于洗澡水中沐浴，可解除疲劳，促进皮肤新陈代谢，防治常见的一些皮肤疾病。

（5）精油按摩　将 10mL 基础保养油（一般用橄榄油或甜杏仁油）加 5 滴精油使用于脸部按摩擦拭，一次 1～2 滴，身体按摩约 10～15 滴于关节或相关穴位上按摩，可有效防治各种皮肤疾病，消除疲劳，振奋精神。

（6）喷洒法　将精油少许喷洒于床单、枕头上，令卧室充满“温馨”，此法对长期睡眠质量不佳、有心理疾病患者有特效。如使用香气较为强烈的精油，则可起到防治感冒、哮喘、支气管炎、肺结核等疾病的作用。

（7）加入化妆品、洗涤剂中　有些化妆品、洗涤剂的香味不适合于您，可往其中加入少量您喜欢的香料精油，搅拌均匀后使用，您会发现这些产品比原来可爱多了！

（8）自配香水　找一个干净的小瓶子，用滴管（医药商店有卖）吸取一种精油数滴加入瓶子中，嗅闻并记住香气；再吸取另一种精油数滴加入，摇匀后嗅闻……直到调出一种您特别喜欢的香气为止，此法可增进操作者的“嗅商”（见附录），从而提高其艺术鉴赏能力，促进身心健康，是治疗抑郁症的最佳方法。

注意事项如下。

（1）未经稀释之 100％纯精油本身浓度极高，挥发性强，不宜直接使用于皮肤上，必须与媒介油（如茶油、橄榄油、霍霍巴油等）混合调配，以免灼伤皮肤。

（2）只能外用，不可内服。

（3）使用后，精油之瓶必须紧封并储存阴凉处，避免阳光直接照射。

(4) 勿让儿童接触。

(5) 不要使用于眼部及眼部四周，避免入眼。

(6) 孕妇、高血压、癫痫症、身体或皮肤敏感者不宜使用某些精油，须向香薰疗师询问用法，并在使用前测试皮肤的接受程度。

(7) 不要使用超过指定分量的精油，以免造成身体不适。

(8) 调配精油时要使用玻璃或不锈钢器皿，不可用塑胶制品，以免影响疗效。

八、精油直接用于日用品的加香

近年来，由于芳香疗法的广泛宣传和应用，人们趋之若鹜，直接影响到日用品的加香。不少日用品制造厂商看到了机会，陆续推出一系列直接用“天然精油”加香的产品，受到热烈欢迎和赞赏。几乎所有日用品都可以用精油直接加香，而不只是与皮肤有接触的产品。天然精油也不一定比用合成香料配制的香精贵，如桉叶油、柏木油、香茅油、柠檬桉油、薄荷油、茶树油、甜橙油、柠檬油、柑橘油、丁香油、丁香罗勒油、大茴香油、肉桂油、月桂油、芳樟叶油、薰衣草油、依兰依兰油、玳玳叶油、白兰叶油、肉豆蔻油、广藿香油、香根油、留兰香油、香叶油、迷迭香油、安息香浸膏、秘鲁香膏、苏合香膏、格蓬浸膏等，单价都在每千克几十元到几百元（人民币）之间，与一般的中低档香精差不多，可以直接使用。贵重的精油如玫瑰花油、茉莉花油、玉兰花油、树兰花油、桂花油、东印度檀香油、紫罗兰叶油、鸢尾油等原先只有少量进入复配精油中用于日用品的加香，现在也已改变，因为它们的“三值”高，使用很少的量就能“起作用”，加香成本不一定高到不可接受的程度。

用于与皮肤接触的产品加香的精油应该按 IFRA 的规定执行。详见附录 4IFRA 法规有关规定。如肉桂油“在日用香精中用量不能超过 1%”，柑橘类精油“在与阳光接触的肤用产品香精中使用时，香柠檬烯含量不能超过 7.5×10^{-6}”等。

单一精油直接用于日用品加香都有这样那样的缺点，有的不留香，有的留香持久但香气沉重不易散发，有的气味不适合，有的太贵，最好用复配精油，取长补短，现在已经开始流行，复配精油的再次流行可以说是调香工作的一场“复古”行动——100 多年前调香师们就是全部用天然精油调配香精的。除了前面（第二节）介绍的“复配精油”以外，下面再举几个早期日用品加香用的复配精油例子供参考（其中有许多是合成香料还没有得到大规模应用时的配方——从它们的名称也可以看出来）。

千 花 油

原料	用量	原料	用量	原料	用量
桂皮油	0.2	橙皮油	1	香柠檬油	65
橙花油	1	鸢尾油	0.5	马鞭草油	4
玫瑰油	1.1	香叶油	8		
丁香油	0.2	柠檬油	19		

快艇俱乐部

原料	用量	原料	用量	原料	用量
玫瑰油	10	橙花油	20	安息香膏	20
茉莉油	10	檀香油	20		
薰衣草油	10	依兰依兰油	10		

元 帅 香 水

原料	用量	原料	用量	原料	用量
龙涎香酊	12	麝香酊	12	橙花油	16

黑香豆酊	10	香根油	5	檀香油	5
香荚兰豆酊	20	玫瑰油	10		
鸢尾油	5	丁香油	5		

闰　　年

茉莉油	10	檀香油	10	香根油	10
依兰依兰油	30	晚香玉油	5	玫瑰油	10
芳樟叶油	23	马鞭草油	2		

全　球　香

茉莉油	10	麝香酊	44	晚香玉油	10
玫瑰油	10	依兰依兰油	10	紫罗兰叶油	1
薰衣草油	10	檀香油	5		

模　特　香

薰衣草油	20	依兰依兰油	20	肉豆蔻油	2
茉莉油	20	晚香玉油	10	灵猫香酊	6
橙花油	20	苦杏仁油	2		

艺　　妓

麝香酊	15	黑香豆酊	10	依兰依兰油	25
灵猫香酊	5	茉莉油	20		
香荚兰豆酊	20	香叶油	5		

吻　　春

薰衣草油	20	紫罗兰叶油	2	龙涎香酊	18
茉莉油	10	香柠檬油	20		
玫瑰油	10	柠檬油	10		

接　　吻

薰衣草油	10	黑香豆酊	20	玫瑰油	10
龙涎香酊	35	鸢尾油	5	柠檬草油	2
长寿花油	10	灵猫香酊	3	香叶油	5

夜　总　会

檀香油	20	玫瑰油	10	玉兰花油	10
橙花油	20	薰衣草油	10	芳樟叶油	10
茉莉油	10	安息香膏	10		

爱　　神

薰衣草油	20	茉莉油	10	麝香酊	17
龙涎香酊	30	玫瑰油	20	紫罗兰叶油	3

快　乐

香柠檬油　15
柠檬油　15
鸢尾油　5
紫罗兰叶油　5
晚香玉油　10
玫瑰油　10
龙涎香酊　40

和　雅

薰衣草油　20
茉莉油　10
玫瑰油　10
晚香玉油　10
依兰依兰油　20
香柠檬油　10
丁香油　2
肉豆蔻衣油　2
麝香酊　6
龙涎香酊　10

春　花

玫瑰油　10
紫罗兰叶油　5
薰衣草油　30
香柠檬油　25
龙涎香酊　30

狩　猎

薰衣草油　20
橙花油　20
黑香豆酊　10
麝香酊　25
鸢尾油　5
柠檬油　10
玫瑰油　10

森　林

松节油　8
松针油　40
桂皮油　2
橙皮油　10
黑香豆酊　10
依兰依兰油　10
玫瑰油　10
柏木油　10

宫　廷

香柠檬油　20
橙花油　10
鸢尾油　5
苏合香膏　5
麝香酊　60

王　宫

薰衣草油　20
茉莉油　10
紫罗兰花油　10
玫瑰油　10
依兰依兰油　20
香根油　5
丁香油　2
香柠檬油　10
香紫苏油　13

帝　室

香紫苏油　10
茉莉油　10
玫瑰油　20
紫罗兰花油　10
香柠檬油　20
柠檬油　20
橙花油　10

近卫骑兵

薰衣草油　20
橙花油　20
香紫苏油　10

玫瑰油	10	鸢尾油	10
依兰依兰油	20	丁香油	10

维多利亚女皇

薰衣草油	10	玳玳叶油	15	晚香玉油	5
香柠檬油	20	玫瑰油	10	紫罗兰叶油	5
柠檬油	20	橙花油	10	灵猫香酊	5

柏林香水

香柠檬油	55	芫荽油	4	檀香油	4
大茴香油	15	香叶油	4	百里香油	2
小豆蔻油	2	玳玳叶油	6		
柠檬油	4	玫瑰油	4		

林　风

松节油	20	柠檬草油	10
薰衣草油	30	松针油	40

第七节　香精的再混合

许多日用品制造者喜欢向几个厂家购买不同的香精来自己调配，这种行为有几种解释：①对买来的香精都不满意，好像没有一种香精可以适合自己产品加香的需要；②厂里的技术人员或者管理人员甚至企业主有一点点香料香精知识，认为在买进来的香精里加入一些廉价的香料可以降低成本，如茉莉香精加乙酸苄酯、玫瑰香精加苯乙醇等；③担心别的厂家模仿自己的产品，买来几家工厂生产的香精自己再调配使用，这样，即使想要模仿的厂家找到这些香精厂，也还是配不出与自己一模一样的香味出来……不管理由有多充分，对这种做法调香师还是很不以为然，但确有其事，所以我们不得不在这里讨论一下这种“再配香精”怎样做才不会“弄巧成拙”。

首先要指出的是“香与香混合”不一定还是香的，有时候甚至会变“臭”。香精与香精的配合有许多技巧，主要是靠经验，当然也有一些规律可循，例如“自然界气味关系图”就很有参考价值，“相邻的香气有补强作用、对角的香气有补缺作用”似乎可以像画画那样利用色彩的“补强”、“补缺”性质来加以应用。一般来说，同一种香型的香精是可以随便混合的，例如不同厂家生产的玫瑰香精都可以混合在一起使用，随便两个或三个茉莉香精合在一起也不会有问题，除非其中有香精原配方实在太离谱，用了一些“不合群”的香料，或者有的香精名称乱叫，虽然叫做“玫瑰香精”而闻起来根本就不是玫瑰花的香气、叫做“茉莉香精”而没有茉莉花的香味！其次，香气较为接近的香精混合在一起也比较不会有问题，这有点像植物学里利用“嫁接”育种——越是近缘的品种嫁接越容易成活。例如花香与花香、果香与果香混合都比较容易成功。最后，学一点早期的比较“原始”的香水香精配方技术对这种“香精再配合”很有好处，因为早期的香水香精只能用天然香料配制，你现在可以把茉莉香精当作茉莉油、把玫瑰香精当作玫瑰油……古人辛辛苦苦找到的各种香气的“最佳组合”轻易地被你掌握在手中，何乐而不为呢？

下面举几个早期的香水香精配方例子，供参考。

百花香水香精

原料	用量	原料	用量	原料	用量
香柠檬油	25	依兰依兰油	5	灵猫净油	1
柠檬油	10	长寿花油	2	香根油	1
玫瑰油	12	金合欢油	1	3%麝香酊	10
橙花油	1	鸢尾油	1	5%龙涎香酊	10
橙叶油	15	晚香玉油	1		
茉莉油	5	丁香油	1		

薰衣草型花露水香精

原料	用量	原料	用量	原料	用量
薰衣草油	60	橙花油	2	10%香荚兰豆酊	2.4
香柠檬油	25	广藿香油	0.1	3%灵猫香酊	2
鸢尾浸膏	2	橡苔净油	0.1	3%麝香酊	2
玫瑰油	2	10%黑香豆酊	2.4		

赛氏香水香精

原料	用量	原料	用量	原料	用量
香柠檬油	22	檀香油	5	广藿香油	2
薰衣草油	5	安息香香树脂	5	鸢尾浸膏	2
依兰依兰油	10	香紫苏油	3	茉莉油	2
香根油	6	龙蒿油	2	黑香豆酊	20
橡苔净油	6	赖百当净油	2	3%麝香酊	8

麝香百花香水香精

原料	用量	原料	用量	原料	用量
香柠檬油	4	薰衣草油	3	广藿香油	1
茉莉油	3	赖百当净油	2	檀香油	2
玫瑰油	3	香紫苏油	2	5%灵猫香酊	5
依兰依兰油	5	香根油	2	5%麝香酊	65
晚香玉油	2	甘松油	1		

东方香水香精

原料	用量	原料	用量	原料	用量
檀香油	20	安息香膏	10	桂花油	2
香根油	12	橡苔浸膏	4	依兰依兰油	5
广藿香油	4	香柠檬油	10	香荚兰豆酊	5
香紫苏油	6	茉莉油	2	5%龙涎香酊	5
丁香油	7	玫瑰油	3	3%麝香酊	5

轻骑香水香精

原料	用量	原料	用量	原料	用量
薰衣草油	25	橡苔浸膏	5	檀香油	5
香柠檬油	20	安息香膏	10	黑香豆酊	15
迷迭香油	3	广藿香油	1	3%麝香酊	5
依兰依兰油	10	香叶油	1		

古龙水香精

香柠檬油	50	依兰依兰油	5	丁香油	2
柠檬油	20	迷迭香油	2	3%麝香酊	6
薰衣草油	10	橙花油	5		

上面列举的香精配方中，各种精油或净油、浸膏、香树脂、酊等都可以用相应的香精代替，只是用量要稍作调整，因为有许多天然精油的香气强度要比配制香精高得多，下面的“替代比例”可供参考：

5份茉莉香精替代1份茉莉油；

4份玫瑰香精替代1份玫瑰油；

2份依兰香精替代1份依兰依兰油；

4份桂花香精替代1份桂花油；

5份檀香香精替代1份檀香油；

2份香石竹香精替代1份丁香油；

3份晚香玉香精替代1份晚香玉油；

2份广藿香香精替代1份广藿香油；

1份麝香香精替代1份5%麝香酊；

1份龙涎香香精替代1份5%龙涎香酊；

1份香荚兰（香草）香精替代5份香荚兰酊；

1份香豆香精替代4份黑香豆酊；

5份灵猫香香精替代1份3%灵猫香酊。

事实上，调香师也经常把几个已经调配好的香精混合起来成为一个“复合香精”，但混合以后往往还要再加些香料修饰或者加强头香、体香或基香的某些不足，使整体香气更加和谐、圆和，更能适合某一类日用品的加香要求。这可不是一般人可以做到的。

第八节　微胶囊香精

一、微胶囊香精简介

微胶囊香精是一种用成膜材料把固体或液体包覆而形成的微小粒子。一般粒子在微米或毫米范围。微胶囊技术是一项比较新颖、用途广泛、发展迅速的新技术。

香精都具有挥发性，特别是受热挥发性增强，使其应用受到了限制，微胶囊香精可以克服它的这个缺点。运用微胶囊香精有如下优点：

(1) 微胶囊化后的香精可保护其特有的香气和香味物质避免直接受热、光和温度的影响而引起氧化变质；

(2) 避免有效成分因挥发而损失；

(3) 可有效控制香味物质的缓慢释放；

(4) 提高储存、运输和应用的方便性；

(5) 更好地使用于各种工业等。

如何使香精稳定、使之在适当的时候能准确并持久地释放已成为重点研究项目，从而有了各种胶囊化技术的开发，以稳定香精、防止香精降解，以及控制香味释放的条件。

二、微胶囊香精的制作

1. 原位聚合法

把36%浓度的甲醛溶液488.5g与240g尿素混合，加入三乙醇胺调节pH=8，并加热至70℃，保温下反应1h得到黏稠的液体，然后用1000mL水稀释，形成稳定的尿素-甲醛预聚体溶液。

把油溶性香精加到上述尿素-甲醛预聚体溶液中，并充分搅拌分散成极细微粒状。加入盐酸调节pH在1～5范围，在酸催化作用下缩聚形成坚固不易渗透的微胶囊。

控制溶液pH值很重要，当溶液pH值高于4时，形成的微胶囊不够坚固，易被渗透；而当pH在1.5以下时，由于酸性过强，囊壁形成过快，质量不易控制。如要获得直径在2.5μm以下的微小胶囊，加酸调节pH的速度要慢，比如在1h内分3次加酸，同时要配合高速搅拌。而在碱性条件下，同样可得到尿素-甲醛预聚体制成的微胶囊，pH控制在7.5～11范围，反应时间为15min～3h，温度控制在50～80℃。温度高，反应时间则可缩短。

当缩聚反应进行1h后，适当升温至60～90℃，有利于微胶囊壁形成完整，但注意温度不能超过香精和预聚体溶液的沸点。一般反应时间控制在1～3h，实践证明，反应时间延长至6h以上并没有显著的改进效果。

用尿素-甲醛预聚体进行聚合形成的微胶囊有惊人的韧性和抗渗透性。这种方法制得的微胶囊有别的制法无可比拟的良好密封性。缺点是甲醛的气味难以全部消除干净，整体香味会受影响。很少用于微胶囊香精的制作。

2. 锐孔-凝固浴法

把褐藻酸钠水溶液用滴管或注射器一滴滴加入到氯化钙溶液中时，液滴表面就会凝固形成一个个胶囊，这就是一种最简单的锐孔-凝固浴法操作。滴管或注射器是一种锐孔装置，而氯化钙溶液是一种凝固浴。锐孔-凝固浴法一般是以可溶性高聚物做原料包覆香精，而在凝固浴中固化形成微胶囊的。

用1.6%褐藻酸钠、3.5%聚乙烯醇、0.5%明胶、5%甘油等水溶液作微胶囊壁材，凝固浴使用15%浓度的氯化钙水溶液。用锐孔装置以褐藻酸钠包覆香精滴入氯化钙凝固浴时，在液滴表面形成一层致密、有光滑表面、有弹性但不溶于水的褐藻酸钙薄膜。

采用锐孔-凝固浴法可把成膜材料包覆香精的过程与壁材的固化过程分开进行，有利于控制微胶囊的大小、壁膜的厚度。

3. 复合凝聚法

复合凝聚法的特点是使用两种带有相反电荷的水溶性高分子电解质做成膜材料，当两种胶体溶液混合时，由于电荷互相中和而引起或膜材料从溶液中凝聚产生凝聚相。复合凝聚法的典型技术是明胶-阿拉伯树胶凝聚法。

具体操作工艺为：将10%明胶水溶液保持温度在40℃、pH=7，把油性香精在搅拌条件下加入，得到一个将香精分散成所需颗粒大小的水包油分散体系。继续保持温度在40℃，搅拌并加入等量10%阿拉伯树胶水溶液混合，搅拌滴加10%浓度的醋酸溶液直至混合体系的pH值为4.0，此时溶胶黏度逐渐增加，变得不透明。结果使原来的水包油两相体系转变成凝聚相，在油性香精周围聚集并形成包覆。当凝聚相形成后，使混合物体系离开水浴自然冷却至室温，再用冰水浴使体系降温至10℃，保持1h，然后进行固化处理。把悬浮液体系冷却到0～5℃，并加入10%NaOH水溶液，使悬浮液变成pH=9～11的碱性，加入36%甲醛溶液，搅拌10min，并以30min升高1℃的速度，升温至50℃使凝聚相完成固化，过滤、干燥，即得到香精微胶囊。

4. 简单凝聚法

用聚乙烯醇包覆形成有半透性的香精微胶囊的制备工艺可将油性香精搅拌分散在聚乙烯醇胶体溶液中形成分散乳化体系，在此乳化体系中加入羧甲基纤维素溶液，由于羧甲基纤维素亲水性比聚乙烯醇更强，使聚乙烯醇分子的水化膜被破坏而形成不溶于水的凝胶，并在香精油滴表面凝聚成膜。当加入的羧甲基纤维素与溶液中的聚乙烯醇质量比例在40∶(4～6)范围时，得到大小均匀、颗粒细、膜壁强度适中的微胶囊。为增加膜的力学强度，可用醛类固化剂进行闪联硬化处理，甲醛用量以膜重的3%为宜。固化过度会使膜壁封闭太强，无法释放香味。为得到颗粒小、均匀的微胶囊，在形成香精聚乙烯醇溶液为分散体系时，加入占体系总质量0.6%的香精乳化剂。可用不同的香精乳化剂与各种香精配伍。在聚乙烯醇壁膜固化处理液中加入少量无机盐，可使体系黏度降低，使聚乙烯壁膜固化反应更易进行。

据说以这种方法制备的各种香精微胶囊用于纺织品上，在纯棉和毛织物这些对微胶囊黏附好的织物上留香时间可达一年。化纤织物由于表面空隙小，黏附微胶囊小，亲和力低，留香时间在半年左右。经多次洗涤仍可保持一定清香。

此法的缺点同“原位聚合法”一样，甲醛的气味难以完全祛除，影响香味。

5. 分子包埋法

环糊精像淀粉一样，可以储存多年不变质。分子包埋法是用β-环糊精作微胶囊包覆材料的，是一种在分子水平上形成的微胶囊，也是近年来应用较广的制备微胶囊的一种物理方法。

从环糊精分子外形看，似一个内空去顶的锥形体，有人形容其形状像一个炸面圈。环有较强的刚性，中间有一空心洞穴。环糊精的空心洞穴有疏水亲脂作用以及空间体积匹配效应，与具有适当大小、形状和疏水性的分子通过非共价键的相互作用形成稳定的包合物。香料、色素及维生素等分子大小合适的分子都可与环糊精形成包合物。形成包合物的反应一般只能在水存在时进行。当环糊精溶于水时，环糊精的环形中心空洞部分也被水分子占据，当加入非极性外来分子（香精）时，由于疏水性的空洞更易与非极性的外来分子结合，这些水分子很快被外来分子置换，形成比较稳定的包合物，并从水溶液中沉淀出来。即形成香精微胶囊。

具体工艺如下：环糊精∶水＝1∶1混合均匀，搅拌加入香精后均匀干燥粉碎。

用环糊精包结络合形成的微胶囊有吸湿性低的优点，在相对湿度为85%的环境中，它的吸水率不到14%，因此这种微胶囊粉末不易吸潮结块，可以长期保存。环糊精本身为天然产品，具有无毒、可生物降解的优点，已被广泛应用于香精等油性囊心的微胶囊。

6. 喷雾干燥

喷雾干燥是将固体水溶液以液滴状态喷入到热空气中，当水分蒸发后，分散在液滴中的固体即被干燥并得到几乎总成球形的粉末。这是一种工业上制备香精微胶囊常用的方法。

喷雾干燥主要分为2个步骤，先将所选的囊壁溶解于水中，可选用明胶、阿拉伯胶、羧甲基纤维素钠（CMC-Na）、海藻酸钠、黄原胶、蔗糖、变性乳蛋白、变性淀粉、麦芽糖等作囊壁，然后加入液体香精搅拌，使物料以均匀的乳浊液状态送进喷雾干燥机中；在喷雾干燥机中，可使用多种技术将乳浊液雾化，然后通过与180～200℃热空气接触，使物料急速干燥。水的急骤蒸发作用使载体物料在香精珠滴周围形成一层薄膜，这层薄膜能使包埋在珠滴中的水继续渗透并蒸发。另一方面，大的香味化合物分子则会保留下来，其浓度不断增加。最后，在干燥机中停留30s后除去相对小的载体相。

三、微胶囊香精的应用

1. 在食品工业中的应用

食品香精微胶囊化后制成的粉末香精目前已广泛用于糕点、固体饮料、固体汤料、快餐食品以及休闲食品中。

（1）在焙烤制品中的应用：在焙烤过程的高温、高 pH 值环境中，香精易被破坏或挥发。形成微胶囊后香精的损失大为减少，尤其是一些有特殊刺激味的风味料如羊肉、大蒜的特殊气味可被微胶囊掩盖。如果制成多层壁膜的香精微胶囊，其外层又是非水溶性的，在烘烤的前期，香料受到很好保护，只在高温条件下才破裂并放出香精，这样可减少香精的分解损失。膨化食品是在挤压机中经过 200℃和几个兆帕的高温高压条件下焙烤后突然减压降温使食物快速膨化、蒸发水分而形成的一种新型食品。为了减少在这一剧烈变化过程中的香精损失，也要使用特别设计的香精微胶囊。

（2）糖果食品中的应用：将粉末香精微胶囊应用于糖果产品中，消费者在咀嚼产品的机械破碎动作下使香味立即释放出来。在口香糖的应用中，香味除需要在咀嚼时立即释放之外，还要求能维持一段时间（20～30min）。

（3）在汤粉中的应用：在各种固体粉状的汤料调味品中，使用微胶囊形成的固体香辛料；容易运输，损失少，而且可以把葱、蒜等的强刺激气味掩盖住。

2. 在洗涤剂中的应用

在合成洗涤剂中加入香精，不仅可以保持原有的去污效果，而且可以赋予衣物香味，但是要在洗涤过程中把香精转移到衣物上并不容易，因为香料都是易挥发的物质，特别是用较热的水洗衣服时，这更易挥发散失掉。而衣物在洗涤后的熨烫烘干中，也会造成香精的大量挥发，所以用普通加香洗衣粉，只能使洗后的衣物获得微弱的香味。把香精微胶囊化不仅可以保证香精在洗涤剂储存期间减少挥发散失，也可避免香精与洗涤剂中的其他组分相互作用而失效。在洗涤和烘干熨烫过程中会有一部分微胶囊破裂，而使衣物带上香味。同时仍有相当数量的香精微胶囊未破裂而渗入到织物缝隙内部保留下来，在穿着过程中缓慢释放出香味来。

洗涤剂中使用的香精是有香味和能抵消恶臭的物质，在室温下通常呈液态。从化学成分看属于萜烯、醚、醇、醛、酮、酯类有机物，从香味来源看可以是麝香、龙涎香、灵猫香等动物香味，也可以是茉莉、玫瑰、紫罗兰等花卉香味，还可以是柑橘油、甜橙油、柠檬油、菠萝、草莓等水果香味或檀香、柏木等木头的香味。还有一些香精本身并不具有特别的香味，但它可以抵消或降低令人不愉快的气味，这些物质也可以加入洗涤剂中同香精一起使用。

香精微胶囊的壁材要求不能被香精溶液所溶解，一般也具有半透性，只有在摩擦过程中才破裂释放出来香味。要使香精微胶囊在洗涤过程中沉积到衣物纤维的缝隙中并在穿着时仍能释放香味，微胶囊粒径最大不得超过 300μm，一般香精在微胶囊中质量占 50%～80%，微胶囊壁厚在 1～10μm 之间，以保证在穿着和触摸时微胶囊易于破碎。研究表明，香精微胶囊在不同材料的衣物上附着能力不同，在具有平滑表面的棉、锦纶织物上附着能力低，在表面粗糙的涤纶针织物表面容易附着。因此，洗涤不同织物时，香精微胶囊用量应有所变化。能够渗入织物内部并牢固附着的香精微胶囊能经得住多次洗涤而不脱落，并能使衣物较长时间保持香味。在粒状合成洗衣粉中，通常是把洗衣粉各种配方加好之后再加入香精微胶囊的，而在液体洗涤剂中香精微胶囊是以悬浮状态存在的。

3. 在化妆品中的应用

化妆品也大量使用香精微胶囊。香精微胶囊化后，可以减少香精的挥发损失。利用微胶囊的控制缓放作用，能使化妆品的香气更加持久。

4. 在建筑涂料中的应用

建筑涂料希望加了香精以后能在涂上墙壁后，香味保持比较长的时间。一般的香精虽然也有留香比较持久的，但香味品种少而且都较“呆滞”，要让清新爽快的香精留香持久，最好是把它们制成微胶囊香精，再加入涂料中去。

微胶囊香精在日用品中的应用是非常广泛的，使用方法和优点也都与上面 2、3、4 大同小异，这里就不一一举例了。

第六章　食用香基和调味料

食用香精是由各种食用香料和有关法规许可使用的附加物调合而成，用于使食品增香的食品添加剂。附加物包括载体、溶剂、添加剂，载体有蔗糖、糊精、阿拉伯树胶等。食用香精的调香主要是模仿天然瓜果、食品的香和味，注重于香气和味觉的仿真性，“艺术”在这个领域里占的分量较少。

食用香料是一类能使嗅觉器官感受到气味的物质，由于有些物质具有刺激味觉器官的能力，凡能刺激味觉或嗅觉器官的物质统称为“风味物质”。也有一些称为“香料的前驱物质”，在食品烹调或加工过程中因受热等原因而产生香味。就食品添加剂而言，食用香料是指能赋予食品香气为主的物质，个别食用香料兼有赋予食品特殊滋味的能力。

食用香精是参照天然食品的香味，采用天然和天然等同香料、合成香料精心调配而成、具有天然和“人造”风味的各种香型的香精。包括水果类水质和油质、奶类、家禽类、肉类、蔬菜类、坚果类、蜜饯类、乳化类以及酒类等各种香精，适用于饮料、饼干、糕点、冷冻食品、糖果、调味料、乳制品、罐头、酒等食品中。食用香精的剂型有液体、粉末、微胶囊、浆状等。

食用香料和食用香精在食品中所占比例很小，但需进行一定的安全、卫生评价，符合有关卫生法规的要求后方可使用。

食用香精品种很多，按剂型分为固体和液体两种。

(1) 固体香精　有微胶囊香精和粉末香精等，是将香料与包裹剂（如改性淀粉等）、吸附剂等通过搅拌、乳化、喷雾干燥制成，其中香味物质占10%～20%，载体占80%～90%，有防止氧化和挥发损失的特点，主要用于固体饮料、调味料等的加香。

(2) 液体香精　又可分为水溶性香精、油溶性香精和乳化香精3类。水溶性香精是用蒸馏水或乙醇等作稀释剂与食用香料调合而成，主要用于软饮料等的加香。油溶性香精则是用丙二醇、油脂等与食用香料调合所得，主要用于糖果、饼干等的加香。大部分香精中香味物质占10%～20%，溶剂（水、丙二醇等）占80%～90%。乳化香精是由食用香料、食用油、比重调节剂、抗氧化剂、防腐剂等组成的油相和由乳化剂、着色剂、防腐剂、增稠剂、酸味剂和蒸馏水等组成的水相，经乳化、高压均质制成，主要用于软饮料和冷饮品等的加香、增味、着色或使之浑浊，其中溶剂、乳化剂、胶、稳定剂、色素、酸和抗氧化剂等共80%～90%。

此外，也可按香型和用途分类。

食用香精是食品工业必不可少的食品添加剂。在食品添加剂中它自成一体，有数千个品种。食用香精种类可分为以下几种。

(1) 全天然食用香料和香精　是通过物理方法，从自然界的动植物（香料）中提取出来的完全天然的物质，调配或不再调配成为香精。提取方法有萃取、蒸馏、浓缩等。用萃取法可得到香荚兰豆提取物、可可提取物、草莓提取物等；用蒸馏法可得到薄荷油、茴香油、肉桂（桂花）油、桉叶油等；用压榨法和精馏法可得到橙油、柠檬油、柑橘油等；用浓缩法可得到苹果汁浓缩物、芒果浓缩物、橙汁浓缩物等。目前全世界有5000多种能提取食用香料的原料，常用的有1500多种。

(2) 等同天然香精　该类香精是由"天然等同香料"配制而成，"天然等同香料"包含人工合成的与天然香料完全相同的化学物质。

(3) 人工合成香精　含有自然界不存在的用人工合成等化学方法得到的香料或添加剂，香精中只要有一个原料是自然界里不存在的，即为人工合成香精。

(4) 微生物方法制备的香精　是经由微生物发酵或酶促反应获得的香精。

(5) 美拉德反应香精　此类香精是将蛋白质与还原糖加热发生美拉德反应而得到，常见的有肉类、海鲜类、五谷类、巧克力、咖啡、麦芽香、烟香等香精。

近年来，粉末香精发展较快，在饮料、小食品、焙烤食品等有较广泛的应用。常用的粉末香精有以下3种类型。

(1) 拌和形式的粉末香精　几种粉状香味物质相互混合而得，如五香粉，咖喱粉等；这些香味大多来自天然的植物香料，而在调配肉类香精、香草粉、香兰素等也是拌和形式的粉末香精。

(2) 吸附形式的粉末香精　使液体香精吸附于载体外表上，此种香精组成要具备低挥发性，各种肉类香精多为吸附形式的粉末香精。

(3) 包覆形式的微胶囊粉粉末香精是如今食品工业应用最多的粉末香精。

香精的微胶囊化是对香精进行包装、隔离、保藏、缓慢释放和液体固化等作用的一种特殊手段，其主要目的是使香精原有的香味保持较长的时间，同时较好地保存香精，防止因氧化等因素造成的香精变质。

咸味香精，是20世纪70年代兴起的一类新型食品香精，我国20世纪80年代开始研究生产，90年代是我国咸味食品香精飞速发展的十年。经过二十多年的时间，目前我国咸味食品香精生产技术已经进入世界先进行列，咸味食品香精生产量和消费量也进入世界前列。随着咸味食品香精生产和使用量的扩大，人们关注咸味食品香精对食品安全影响的程度也在加深。由于咸味食品香精也称为调味香精，一些部门在管理过程中误将其按调味品或调味料管理，也给咸味食品香精生产和使用带来诸多问题。

中华人民共和国国家发展和改革委员会发布的中华人民共和国轻工行业标准QB/T 2640—2004对咸味食品香精的定义是"由热反应香料、食品香料化合物、香辛料（或其提取物）等香味成分中的一种或多种与食用载体和/或其他食品添加剂构成的混合物，用于咸味食品的加香。"这个定义是权威的、准确的，也是有法律效力的。根据这一定义，我们可以非常清楚地看到，咸味食品香精是用于咸味食品加香的一种食品香精。从品种来看，咸味食品香精主要包括牛肉、猪肉、鸡肉等肉味香精，鱼、虾、蟹、贝类等海鲜香精，各种菜肴香精以及其他调味香精。

咸味食品香味的来源主要有两种途径：一是在热加工过程中由食品基料中的香味前体物质通过热反应产生的；二是由咸味食品香精和/或香辛料提供的。食品中源于上述两种途径的香味物质，在化学结构上没有本质区别，都是由构成生命体系最基本的5种元素C、H、O、S、N组成的，最常见的是各种醇、醛、酮、缩醛、缩酮、羧酸、酯、内酯、萜类、有机硫化物、有机氮化合物和杂环化合物等。

人类对咸味食品香味的要求是多种多样的，也是日益增长的。咸味食品由于加工工艺、加工时间等的限制，在热加工过程中产生的香味物质从质和量两方面都难以满足人们的要求，必须通过添加咸味食品香精来补充或改善。咸味食品香精在咸味食品的功能是补充和改善食品的香味，这些食品包括各种肉类、海鲜类罐头食品、各种肉制品、仿肉制品、方便菜肴、汤料、调味料、调味品、鸡精、膨化食品等。和其他食品香精一样，为食品提供营养成分不是咸味食品香精的功能。

咸味食品香精的制造方法主要有简单调配法、热反应法以及调配与热反应相结合的方法。调香所用的香料包括天然香料和合成香料两大类。热反应的主要原料是氨基酸、还原糖和其他配料。水解植物蛋白（HVP）、水解动物蛋白（HAP）、酵母等是很重要的氨基酸源。

食品香精调香中只能使用经过毒理学评价试验证明对人体安全的香料，目前世界各国允许使用的食品香料有4000多种，其中FEMA（美国食品香料与萃取物制造者协会Flavor and Extract Manufactures Association of the United States）认可的GRAS物质（一般认为安全的物质Generally Recognized As Safe）到2005年已公开的有2253种。列入《中华人民共和国食品添加剂使用卫生标准（GB-2760）食品用香料名单》的香料到2007年有1696种。在中国，食品香精生产中不允许使用GB-2760食品用香料名单之外的食品香料。目前下列食品不得加入香料、香精：巴氏杀菌乳、灭菌乳、发酵乳、稀奶油、植物油脂、动物油脂（猪油、牛油、鱼油和其他动物脂肪）、无水黄油、无水乳脂、新鲜水果、新鲜蔬菜、冷冻蔬菜、新鲜食用菌和藻类、冷冻食用菌和藻类、原粮、大米、小麦粉、杂粮粉、食用淀粉、生、鲜肉、鲜水产、鲜蛋。

任何食品香料的安全性保证都是建立在其产品质量和使用量基础之上的。食品香料生产商、销售商和使用者都必须严格保证食品香料的质量。使用者必须保证在允许的使用量范围内使用这些食品香料。事实上，人们完全不必担心由于香料使用过量而对食品安全性造成危害，因为食品香料在使用时具有“自我限量”的特性，即任何一种食品香料当使用量超过一定范围时气味会令人不快，使用者不得不将其用量降低到合适的范围，多加的效果适得其反。

热反应原料品种很多，主要包括各种氨基酸、还原糖、HVP、HAP、酵母、香辛料、蔬菜汁等。这些原料必须是允许在食品中使用的、未被污染的、未变质的、质量合格的原料。热反应的温度和时间必须符合要求。

咸味食品香精的辅助原料如溶剂、固体载体等必须是允许在食品中使用的品种，其质量必须符合要求。

同其他食品香精一样，咸味食品香精只能作为加工食品生产中的一种香味添加剂，不能直接食用，也不能直接作为厨房烹调的原料或餐桌佐餐的调料。尽管咸味香精也称为调味香精，但咸味香精只是某些调味料或调味品中的一种能够提供香味的原料，咸味香精并不是调味料，也不是调味品。咸味香精生产、销售、使用中的安全性要求和安全性管理必须按对食品香精的要求进行，而不能按食品或调味料的要求进行。

咸味食品香精认识上的另外几个误区与其他食品香精相似：

一是认为咸味食品不应该加咸味食品香精或加咸味食品香精不好——现代社会生活水平的提高和生活节奏的加快使人们越来越喜爱食用快捷方便的加工食品，并且希望食品香味既要可口又要丰富多变，这些只有通过添加食品香精才能实现。高血压、高血脂、脂肪肝等“富贵病”的流行使人们越来越希望多食用一些植物蛋白食品如大豆制品等，而又希望有可口逼真的香味，这只有通过添加相应的食品香精才能实现。食品香精和其他一些食品添加剂的根本不同在于它的存在与否、质量好坏，消费者在食用的过程中自己就可以作出准确的判断。

二是认为只有发展中国家在加工食品中添加食品香精，发达国家的加工食品中不添加或很少添加食品香精——事实是，香精是社会富裕的标志之一，越是发达国家食品香精人均消费量越高。中国食品香精的人均消费量目前远低于世界各主要发达国家。

三是认为咸味食品香精都是合成的——咸味食品香精的生产方法前面已有论述，目前我国咸味食品香精大部分是以源于动植物的氨基酸和还原糖为主要原料，通过热反应过程制备的，调香中所用的少量食品香料主要是天然香料或天然等同香料，纯合成的食品香料在咸味食品香精所占比重很小。这些纯合成的食品香料的安全性也都是经过严格的毒理学评价试验证明对人体是安全的。

咸味食品香精是咸味加工食品香味的重要来源，它的使用对食品来说是必要的和有益的。咸味食品香精本身并不会对食品的安全性带来影响，也不会对人体带来危害。咸味食品香精生产中所使用的香料、热反应原料和其他辅料必须是允许在食品中使用的、质量合格的产品，其用量必须在允许的范围内，生产过程和产品包装必须符合食品卫生的有关规定。符合上述条件的咸味食品香精对食品的安全不会造成影响。

咸味食品香精的应用已经遍及各类加工食品，咸味食品香精工业发展结果将使方便面、肉制品、鸡精等加工食品和调味品的香味更加丰富多彩，进一步促进食品工业乃至饮食业的发展。

我国食品工业的年产值为10000多亿元（人民币），需要使用价值100多亿元（人民币）的食用香精。国内有数百家香精配制厂，总产值不到50亿元，而真正由国内“自主研制”的香精只是这其中的几分之一而已——大部分是拿国外的“香基”在国内加溶剂、载体稀释，没有多少“技术含量”的。究其原因，历史条件、经营方式、垄断因素、“崇洋媚外”等都有，但最重要的还是“技术”——可以说，在我国几乎没有一家香精厂真正有“研制”食用香精的能力，或者说，有一定的“研制能力”但不愿意脚踏实地去做。

食用香精的配制技术是一种看似简单却奇妙无穷的带艺术性的工作，由于它不像调配日用香精那样有太多的“创造性”可以“幻想”，可以“无中生有”，只能老老实实地“仿香”——仿配大自然各种食物的芳香，仿配别人已经成功应用的香精，很难有什么“创意”，所以有“艺术家头脑”的调香师对食用香精不屑一顾，觉得只要有一台功能优越的气质联机加上容量足够大的数据库，什么香精也“不在话下”，“马上”就可以把它仿配出来。

其实食用香精与日用香精最大的区别不在于“香”，而在于“味”，调香师调出一款极其美妙的令人垂涎欲滴的香精，有时甚至“超过上帝的杰作”，可到了评香部门，还是被“枪毙”了，理由是“味道不行”，也许有苦味或异味，也许加在食品里面“表现不佳”，辛辛苦苦调制出来、天大的期望“毁于一旦”。这说明食用香精的“研制”需要一个庞大的评香机构，也许一栋十层楼的香精研究大厦只要一层作调香室，另外九层做加香和评香实验室都不够。

国人数千年来“民以食为天”，我国的烹调技术、我国的食品有许多是世界一流的，只要认认真真“从头做起”，到大自然中去，到偏僻的农村和少数民族聚居的地方去，拜老百姓为师，每一个调香师用几年工夫研制一个“中国特色”的香味，相信不久的将来“中国食用香精”就会同“中国烹调技术”、“中国菜”一样享誉世界。

任何一种食品风味，从化学上来说都是由大量的食品香料单体（有时多至千种以上）构成的，靠单纯的一种或几种香料单体构不成与加工食品相匹配的风味。任何一种拟真的食品香精均由许多食品香料经过科学的搭配构成。这种构成基于对食品风味分析的结果和基于对每种香料功效的透彻了解，食品香精的配制消耗了大量的人力和物力，从而构成了知识产权。为了保质和使用上的需要，食品香精除含有许多经过筛选的香料之外，也含有少量防腐剂、色素、表面活性剂等其他食品添加剂，但它们只对食品香精起作用，在最终产品（即加香产品）中没有什么功效可言。从这个角度说，食品香精也是一种复合添加剂，但它又不是一种普通的复合添加剂。

世界各国对食品香精的生产使用均采用GMP的办法，即对食品香精只控制其原料及其生产方法，只要其原料是合法的，生产条件是卫生的，则食品香精就是安全的，不必也不可能对每个食品香精加以申请和审批。事实上，几千种食品香料可以配制出无数的食品香精，要管也管不过来，世界上每天都在产生成千上万种的新香精，每天也在淘汰无数的食品香精。

关于食品香精的标签问题，由于香精配方的知识产权问题和配方的复杂性，无法在标签上标明所用的全部原料（这正如可口可乐只在标签上标明水、糖、色素和风味基料一样，不可能将基料的每个成分标明）。通过的办法是在标签上只注明为“天然食品香精”，“人造食品香精”或“加有其他天然原料的食品香精”。

食品香精的使用也按照GPM的原则，其使用范围不必单独申请，使用量也受自我限制，这不像色素和防腐剂可以任意多加，因为加有过量香精的食品是无法下咽的。

自从20世纪80年代我国贯彻食品卫生法和食品添加剂管理办法以来，对食品香料和香精的管理均采取与国际接轨的办法。此办法早已得到国家质量技术监督局、卫生部和各工业部门以及消费者的普遍认同，20多年来食品香精的使用从未发生过安全问题和造成消费者的投诉。为了进一步加强对食品香精的管理，卫生部和国家质量技术监督局以卫生许可证和生产许可证的办法对香料香精生产企业加以管理。在发证条件中综合考虑了生产工艺、设备条件、人才、标准和卫生要求。通过这一措施的实施，香精的质量和安全性得到进一步提高。

食品香基大部分也可以作为环境用香精，所用香料的卫生指标可以适当放宽，但食品香基多数留香较差，可往其中加入适量的定香剂。使用哪几种定香剂、加入多少为佳都要经过实验才能确定。

第一节 食用香基常用香型

一、水果香型

香蕉香基

乙酸异戊酯	60	甜橙油	3	己酸乙酯	3
丁酸乙酯	3	香兰素	4	辛酸乙酯	2
异戊酸异戊酯	10	乙酸乙酯	4	柠檬醛	1
纯种芳樟叶油	4	丁酸异戊酯	4	洋茉莉醛	2

哈密瓜香基

甜瓜醛	1	己酸乙酯	1	丙酸乙酯	5
乙酸叶醇酯	1	辛炔酸甲酯	0.01	丁酸丁酯	4
乙基麦芽酚	4	丙二醇	25.69	丁酸异戊酯	4
乙酸丁酯	18	叶醇	1.5	庚酸乙酯	0.5
乙酸异戊酯	17	纯种芳樟叶油	1	辛酸乙酯	0.1
丁酸乙酯	5	乙酸苯乙酯	0.2		
二甲基丁酸乙酯	1	乙酸乙酯	10		

菠萝香基

异戊酸乙酯	20	香兰素	2	柠檬醛	0.2
丁酸乙酯	18	乙酸异戊酯	2	丁酸香叶酯	0.2
庚酸烯丙酯	14	甜橙油	4	乙酸乙酯	3
己酸烯丙酯	10	丁酸异戊酯	9.6	乙酰基乙酸乙酯	7
庚酸乙酯	6	丁酸丁酯	4		

椰子油香基

椰子醛	30	乙基麦芽酚	1	甜橙油	2
香兰素	5	丙二醇	54	乙酸乙酯	1
丁香油	2	乙基香兰素	3	苯乙酸丁酯	2

荔枝香基

苯甲醇	1	玫瑰醇	0.1	松油醇	0.5
苯甲醛	0.1	乙酸异戊酯	2	甲基紫罗兰酮	1
丁酸丁酯	1	丙二醇	21.2	柠檬油	8
丁酸乙酯	1	乙酸香叶酯	0.1	辛炔酸甲酯	0.2
乙酸苄酯	1	乙酸香茅酯	0.1	二丁基硫醚	0.4
乙基麦芽酚	6	丁酸香叶酯	0.1	乙醇	50
纯种芳樟叶油	0.1	香叶油	1		
玫瑰醚	0.1	苯乙醇	5		

草莓香基

草莓酸乙酯	1	叶醇	3	乙酸	3
己酸乙酯	4	乙酸苄酯	5	丁酸乙酯	7
乙基麦芽酚	4	丙二醇	24.5	香兰素	5
草莓酸	1	乙酸异戊酯	2	乳酸乙酯	16
异戊酸乙酯	10	丁二酮	0.5	纯种芳樟叶油	5
乙酸乙酯	5	丙位癸内酯	4		

橘子香基

甜橙油	19.5	蒸馏橘子油	10	柠檬醛	0.3
冷压橘子油	70	癸醛	0.1	香兰素	0.1

柠檬香基

柠檬油	70	白柠檬油	2	癸醛	0.1
甜橙油	25.7	柠檬醛	2	香兰素	0.2

水蜜桃香基

桃醛	10	丁酸乙酯	4	丙位癸内酯	10
香兰素	1	乙酸乙酯	10	2-甲基丁酸	5
丁香油	0.5	丙二醇	4.5	纯种芳樟叶油	5
甜橙油	6	苯甲醛	0.5	苯甲醇	10
庚酸乙酯	0.5	乙酸异戊酯	5	桂酸苄酯	3
橙叶油	0.5	异戊酸异戊酯	12		
丁酸异戊酯	12	二异丙基-4-甲基噻唑	0.5		

苹果香基

戊酸戊酯	25	乙酰乙酸乙酯	2	香兰素	1
乙酸乙酯	14	戊醇	2	乙酸戊酯	4
丁酸戊酯	24	芳樟醇	2	丁酸乙酯	15

乙酸己酯	2	己醇	5	乙基麦芽酚	1
乙酸玫瑰酯	1	香叶醇	2		

葡萄香基

邻氨基苯甲酸甲酯	50	香兰素	2	乙酸	1
丁酸乙酯	10	乙酸乙酯	15	乙基麦芽酚	2
异戊酸乙酯	10	丁酸戊酯	4		
己酸乙酯	2	芳樟醇	4		

覆盆子香基

草莓醛	40	叶醇	0.5	己酸乙酯	1
甲基紫罗兰酮	10	丁二酮	0.2	香叶油	1
苯乙醇	5	香兰素	3	水杨酸甲酯	1
乙酸丁酯	5	洋茉莉醛	1	苯甲醛	0.5
乙酸己酯	1	覆盆子酮	4	大茴香醛	0.5
丁酸戊酯	5	乙酸苄酯	5	鸢尾浸膏	1.5
丁香油	1	甜橙油	5	乙基麦芽酚	1
苯甲酸乙酯	1	乙酸乙酯	1	己醇	5.8

梨子香基

乙酸异戊酯	40	甜橙油	7	丁香酚	0.5
乙酸乙酯	40	香柠檬油	3	玳玳叶油	0.5
丁酸乙酯	7	香兰素	2		

杏子香基

乙酸异戊酯	19	丁香酚	0.3	庚酸乙酯	10
乙酸乙酯	16	甜橙油	0.5	丙位十一内酯	10
丁酸乙酯	19	戊醇	1.3	大茴香脑	0.2
丁酸丁酯	20	香兰素	2.5	丁酸戊酯	1.2

芒果香基

乙酸异戊酯	2	乙酰乙酸乙酯	30	乙位紫罗兰酮	5
乙酸丁酯	8	丙位壬内酯	7.5	玳玳叶油	1
甲酸香茅酯	7.5	丙位十一内酯	2.5	2-甲基丁酸	2.5
丁酸戊酯	6	丙位癸内酯	5	乙基麦芽酚	2
丁酸丁酯	15	纯种芳樟叶油	5	苯甲酸乙酯	1

樱桃香基

乙酸异戊酯	5	苯甲酸乙酯	4	玳玳叶油	1
乙酸乙酯	35.3	香兰素	3	大茴香醛	1
丁酸乙酯	8	庚酸乙酯	2	丙位十一内酯	0.2
丁酸戊酯	14	苯甲醛	8	桂醛	0.5
甲酸戊酯	5	甜橙油	5		
洋茉莉醛	5	香叶油	3		

二、坚果香型

椰子油香基

椰子醛	30	乙基麦芽酚	1	甜橙油	2
香兰素	5	丙二醇	54	乙酸乙酯	1
丁香油	2	乙基香兰素	3	苯乙酸丁酯	2

杏 仁 香 基

苯甲醛	80	桃醛	1	乙醇	10
香兰素	2	丙位癸内酯	1		
洋茉莉醛	1	丙二醇	5		

咖 啡 香 基

吡啶	20	2-甲基-3-甲硫基吡嗪	2	2-羟基苯乙酮	5
2-乙酰基苯并呋喃	4	硫代乙酸糠酯	3	3,4-二甲基苯酚	2
2-甲基-3-乙基吡嗪	20	丙基糠基硫醚	1	甲基-2-羟基苯基硫醚	1.6
2,3-二乙基吡嗪	0.5	2,6-二甲基丙位硫代吡喃酮	4	2-甲氧基苯硫酚	5
2-甲基-3-异丙基吡嗪	7.5	4-乙基苯酚	0.5	糠硫醇	1.4
2-乙酰基吡嗪	10	4-乙基-2-甲氧基苯酚	2.5	咖啡酊	10

三、熟肉香型

猪肉香精 A

猪肉香基	98.90	4-甲基-5-羟乙基噻唑	0.06	1%二丙基二硫醚	0.06
乙基麦芽酚	0.22	1%甲基-2-甲基-3-呋喃基二硫	0.15	1%二糠基二硫醚	0.09
1%3-巯基-2-丁醇	0.25	1%甲基烯丙基二硫醚	0.08	1%3-甲硫基丙醛	0.10
1%2-甲基-3-巯基呋喃	0.09				

猪肉香精 B

猪肉香基	99.41	1%2-甲基-3-呋喃硫醇	0.15	10%3-巯基-2-丁酮	0.01
1%四氢噻吩-3-酮	0.05	2-乙酰基呋喃	0.01	10%2-甲基吡嗪	0.05
1%2-甲基四氢噻吩-3-酮	0.03	4-甲基-5-羟乙基噻唑	0.03	10%二甲基-3-丙烯基吡嗪	0.05
1%双(2-甲基-3-呋喃基)二硫	0.05	4-甲基-5-羟乙基噻唑乙酸基	0.02	10%2,3-二甲基吡嗪	0.05
10%2-甲基-3-甲硫基呋喃	0.01	10%2-戊基呋喃	0.02	10%3-甲硫基丙醛	0.01
		10%2-乙基呋喃	0.05		

熏猪肉香精

水	40.6	黄糊精	4.0	壬酸	0.1
食盐	45.0	糠醛	0.1	油酸	1.0
山核桃烟熏液	5.0	愈创木酚	0.1		
水解明胶	4.0	异丁香酚	0.1		

牛肉香精 A

牛肉香基	99.56	2-甲基吡嗪	0.01	2,5-二甲基吡嗪	0.01
4-甲基-5-羟乙基噻唑	0.05	2-乙酰基吡嗪	0.01	2,3,5-三甲基吡嗪	0.01

2,5-二甲基-3-乙基吡嗪 0.01
1%四氢噻吩-3-酮 0.05
10%异丙烯基吡嗪 0.05
10%2-乙酰基噻唑 0.05
10%3-甲硫基丙酸乙酯 0.05
10%3-巯基-2-丁醇 0.02
10%3-巯基-2-丁酮 0.01
10%2-乙基呋喃 0.05
10%2-甲基-3-呋喃硫醇 0.02
10%2-甲基-3-甲硫基呋喃 0.02
10%甲基-2-甲基-3-呋喃基二硫 0.02

牛肉香精B

牛肉香基 99.50
4-羟基-2,5-二甲基-3(2*H*)-呋喃酮 0.01
10%4-羟基-5-甲基-3(2*H*)-呋喃酮 0.05
10%二糠基二硫醚 0.02
10%糠硫醇 0.01
10%甲基-2-甲基-3-呋喃基二硫 0.04
10%2-甲基-3-甲硫基呋喃 0.02
10%双(2-甲基-3-呋喃基)二硫 0.04
10%2-甲基-3-呋喃硫醇 0.02
10%三硫代丙酮 0.02
10%3-巯基-2-戊酮 0.02
10%2,6-二甲基吡嗪 0.02
10%2,3,5-三甲基吡嗪 0.02
1%2-乙酰基噻唑 0.05
10%三甲基噻唑 0.03
10%2,4-二甲基噻唑 0.02
10%5-甲基糠醛 0.02
10%3-甲硫基丙醛 0.03
10%3-甲硫基丙醇 0.02
2,3-丁二硫醇 0.02
10%3-巯基-2-丁醇 0.02

“配制”鸡肉香基

1,6-己二硫醇 65.0
2,4-癸二烯醛 18.0
糠醛 3.0
苯甲醛 1.5
3-甲硫基丙醛 3.0
己醛 9.0
3-甲硫基丙醇 0.5

这个香基的香比强值非常大，用丙二醇稀释至0.1%即为鸡肉香精。

鸡肉香精

鸡肉香基 99.70
4-羟基-2,5-二甲基-3(2*H*)-呋喃酮 0.03
2,5-二甲基吡嗪 0.01
2-甲基吡嗪 0.01
10%2,3,5-三甲基吡嗪 0.02
10%3-甲硫基丙醇 0.01
10%3-甲硫基丙醛 0.01
10%3-巯基-2-丁醇 0.01
10%3-巯基-2-丁酮 0.03
10%2,5-二甲基-3-呋喃硫醇 0.01
10%甲基-2-甲基-3-呋喃基二硫 0.01
10%双(2-甲基-3-呋喃基)二硫 0.05
10%甲基糠基二硫醚 0.01
10%2,5-二甲基-2,5-二羟基-1,4-二噻烷 0.02
10%1,6-己二硫醇 0.01
10%二甲基二硫 0.01
10%二甲基三硫 0.02
10%反,反-2,4-癸二烯醛 0.01
10%反,反-2,4-壬二烯醛 0.01
10%反,反-2,4-庚二烯醛 0.01

羊肉香精

羊肉香基 89.16
羊油温和氧化产物 10.00
2-甲基辛酸 0.01
10%2-乙基辛酸 0.05
10%4-甲基壬酸 0.15
3,6-二甲基-2-乙基吡嗪 0.15
10%3-巯基-2-丁醇 0.01
10%硫代苯酚 0.02
10%3-甲硫基丙醇 0.03
10%反,反-2,4-癸二烯醛 0.02
1%反,反-2,4-庚二烯醛 0.25
1%2-甲基-3-呋喃硫醇 0.15

鱼香精

鱼肉香基 99.00
2-乙酰基呋喃 0.15
4-乙基愈创木酚 0.15
33%三甲胺 0.14
1,5-辛二烯-3-醇 0.05
2,6-二甲氧基苯酚 0.01

10%2-甲基庚醇	0.05	10%异戊醛	0.05	1%2-甲基-3-呋喃硫醇	0.05
10%苄醇	0.15	10%2-辛酮	0.05	1%1,4-二噻烷	0.15

蟹 香 精

蟹肉香基	94.55	二羟基-1,4-二噻烷		1%1-辛烯-3-醇	0.50
1%2-甲基吡嗪	0.10	1%2,5-二羟基-1,4-	0.05	1%1,5-辛二烯-3-醇	1.00
1%三甲基吡嗪	0.50	二噻烷		1%苄醇	1.50
1%1,4-二噻烷	0.05	1%2-甲基-3-巯基呋喃	0.15	1%异戊醛	0.50
1%2,5-二甲基-2,5-	0.05	1%吡啶	0.05	1%2-乙酰基呋喃	1.00

虾 香 精

虾肉香基	93.05	1%三甲基吡嗪	1.00	1%1,5-辛二烯-3-醇	1.00
1%吡啶	0.05	1%4,5-二甲基噻唑	0.45	1%苄醇	1.50
1%四氢吡咯	0.10	1%2-甲基-3-巯基呋喃	0.25	1%异戊醛	0.50
1%2-甲基吡嗪	0.10	1%1-辛烯-3-醇	1.00	1%2-乙酰基呋喃	1.00

上面几例中的“猪肉香基”、“牛肉香基”、“鸡肉香基”、“羊肉香基”、“鱼肉香基”、“蟹肉香基”和“虾肉香基”分别见本书第三章第三节“美拉德反应产物”的有关内容。

四、乳香型

牛 奶 香 基

丁酸	1.00	丁酸乙酯	12.50	2-庚酮	2.50
丙酸	0.50	丁酸丁酯	12.50	乙基香兰素	1.00
己酸	0.05	乳酸乙酯	25.00	牛奶内酯	7.90
辛酸	0.30	3-羟基-2-丁酮	0.50	丁酰乳酸丁酯	6.00
癸酸	1.25	丁二酮	0.20	乙基麦芽酚	3.80
丁位十二内酯	15.00	丁位壬烯-2-酮	10.00		

奶 油 香 基

丁酸	10	丁酸丁酯	10	对甲氧基苯乙酮	5
丁酸乙酯	20	丁二酮	5	二氢香豆素	5
丁酸戊酯	20	丁酰乳酸丁酯	15	乙基香兰素	10

牛奶鸡蛋油香基

香兰素	16	苯甲醛	0.1	丁二酮	1.5
对甲氧基苯乙酮	2	椰子醛	0.8	乙醇	76.2
洋茉莉醛	0.4	水	3		

鲜奶油香基

丁酸	1.0	乙基麦芽酚	5.0	己酸甲酯	0.1
辛酸	0.1	乙酸戊酯	3.0	丙位壬内酯	2.0
乙基吡嗪	0.2	乙基香兰素	5.0	丙位十一内酯	1.4
丁位癸内酯	10.0	丁二酮	1.0	丙位癸内酯	1.0
丁位十二内酯	10.0	2-庚酮	0.2	色拉油	60.0

奶酪香基

丁酸　15.0
己酸　20.0
辛酸　3.0
癸酸　4.0
丁二酮　0.1
3-羟基-2-丁酮　1.0
丁酸乙酯　0.2
乙酸乙酯　0.1
丁酰乳酸丁酯　0.1
丁醇　1.0
2-戊醇　1.0
2-庚醇　1.0
2-庚酮　0.1
丁位壬烯二酮　53.4

五、辛香型

大蒜香基

二烯丙基硫醚　15
二烯丙基二硫醚　30
二烯丙基三硫醚　30
丙硫醇　1
烯丙硫醇　5
二丙基二硫醚　4
大蒜油树脂　15

洋葱香基

二甲基二硫醚　3
二烯丙基二硫醚　3
丙基烯丙基二硫醚　3
二丙基二硫醚　30
二丙基三硫醚　33
二丙基硫醚　7
2-甲基戊醛　7
4-己烯醛　7
洋葱油　7

生姜香基

丁香油　6
柠檬油　20
白柠檬油　20
甜橙油　10
柠檬醛　10
香兰素　1
丙位癸内酯　1
姜油树脂　25
辣椒油树脂　7

芫荽香基

芳樟醇　80
丙位松油烯　6
苎烯　2
松节油　3
乙酸香叶酯　2
乙酸芳樟酯　1
(*E*)-2-癸烯醛　6

丁香香基

丁香酚　80
乙酸丁香酚酯　1
乙酸异丁香酚酯　1
乙位石竹烯　16
香兰素　2

肉桂香基

桂醛　78
乙位石竹烯　3
丁香酚　8
乙酸桂酯　6
桂酸乙酯　2
苯甲醛　1
芳樟醇　2

八角茴香香基

大茴香脑　80
甲基黑椒酚　2
纯种芳樟叶油　2
丁香酚　3
香芹酮　1
大茴香醛　1
丁香酚甲醚　3
柠檬油　8

香肠调味香基

丁香油	33	辣椒油	30	黑胡椒油	20
肉豆蔻油	15	芫荽油	2		

鱼香调味香基

丁香油	27	肉桂皮油	13	众香果油	46
生姜油	4	辣椒油	10		

红烧牛肉调味香基

八角茴香油	34	肉桂皮油	5	生姜油树脂	28
花椒油	16	大蒜油树脂	12	洋葱油	10

六、凉香型

薄荷香基

薄荷油	37	留兰香油	20	水杨酸甲酯	2
薄荷脑	35	桉叶油	3	大茴香油	3

留兰香香基

留兰香油	50	薄荷脑	20	丁香油	3
薄荷素油	20	水杨酸甲酯	3	大茴香油	4

桉叶香基

桉叶油	52	乙酸松油酯	10	薰衣草油	3
香叶油	5	大茴香油	10	薄荷脑	10
水杨酸甲酯	10				

七、菜香型

芹菜香基

丁二酮	0.10	香芹醇	2.50	乙酸香芹酯	5.00
3-亚丙基-2-苯并[c]呋喃酮	0.25	香芹酮	5.00	乙酸叶酯	2.50
		柠檬醛	5.00	苯甲酸苄酯	7.45
3-丁基-4,5,6,7-四氢苯酞	0.50	十二醛	1.25	芹菜子油	0.15
		癸醛	2.50	芫荽子油	0.05
香芹烯	12.50	辛醛	2.50	柠檬油	15.00
石竹烯	12.50	松油醇	1.25	芹菜油树脂	19.00
叶醇	2.50	乙酸芳樟酯	2.50		

黄瓜香基

反,顺-2,6-壬二烯醛	1	己醛	6	乙酸丁酯	10
反,顺-2,6-壬二烯醛二乙缩醛	2	反-2-己烯醛	4	丁酸乙酯	2
		壬醛	4	乙酸叶酯	4
叶醇	10	甲位己基桂醛	10	丙酸叶酯	6
香叶醇	8	柠檬醛	2	丁二酸二乙酯	31

番茄香基

2-甲基-2-庚烯-6-酮	50.00	异戊醛	0.40	苯甲醛	0.60
3-甲硫基丙醛	29.38	丁酸松油酯	2.00	苯乙醛	1.00
叶醇	12.00	乙基香兰素	0.60	顺-4-庚烯醛	0.20
丁酸	0.60	4-甲基-2-戊烯醛	0.40	二甲基硫醚	0.02
纯种芳樟叶油	1.00	己醛	0.60	2-异丁基噻唑	0.02
3-己烯酸	0.60	辛醛	0.40	2-异丙基-3-甲氧基吡嗪	0.18

蘑菇香基

纯种芳樟叶油	1	苯甲醛	5	1-辛烯-3-醇	65
乙酰化芳樟叶油	1	苯乙醇	11		
己酸	4	1-辛烯-3-酮	13		

马铃薯香基

3-甲硫基丙醛	50	5-甲基-2-甲硫基甲基-2-呋喃丙烯醛	5	糠醛	5
2-乙酰基-3-乙基吡嗪	25	4-甲基-5-羟乙基噻唑	5	丁二醇	5
2-乙基-3-甲基吡嗪	5				

八、花香型

茉莉花香基

乙酸苄酯	50	苯乙醇	5	乙酰化芳樟叶油	20
丙酸苄酯	5	甲位己基桂醛	5		
丁酸苄酯	5	纯种芳樟叶油	10		

玫瑰花香基

香叶油	10	橙花醇	10	纯种芳樟叶油	3
苯乙醇	50	香茅醇	12	丁香油	1
香叶醇	10	乙酸香叶酯	4		

桂花香基

二氢乙位紫罗兰酮	42	橙花醇	4	桂花净油	20
丙位十一内酯	4	壬醛	2		
芳樟醇	8	苯乙醇	20		

白兰花香基

纯种芳樟叶油	80	苯乙醇	5	白兰净油	10
乙酸苄酯	3	己酸烯丙酯	2		

九、其他香型

可乐香基

白柠檬油	55	肉桂油	0.5	松油醇	0.1
甜橙油	5	姜油	0.1	香荚兰豆酊	9

柠檬油	25	肉豆蔻油	0.1	香兰素	0.1
菊苣浸膏	5	芫荽子油	0.1		

巧克力香基

可可粉酊	50	丁位癸内酯	5	异戊醛	2
香兰素	3	香荚兰豆酊	30	苯乙酸戊酯	4
2,3,5-三甲基吡嗪	1	乙基香兰素	3		
异丁醛	1	苯乙酸	1		

香芋香基

香兰素	12	苯甲酸苄酯	62.5	丁位癸内酯	3
乙基香兰素	8	3-甲硫基丙醇	1	椰子醛	3
乙基麦芽酚	4	丙位癸内酯	6	乙酰基噻唑	0.5

香草香基

香兰素	23	洋茉莉醛	4	乙基麦芽酚	4
乙基香兰素	8	椰子醛	1	乙醇	60

第二节　食用香基的应用

一、配制食用香精

我国习惯上把食品香精分成“水质香精”和“油质香精”，前者主要用于配制饮料、冷饮、奶制品等；后者比较耐热，用于配制糖果、饼干等“热作”食品。前者以乙醇、少量水为溶剂，后者以各种食用油如菜子油、茶油、花生油、色拉油、棕榈油等为溶剂。国外则倾向于不分“水质”、“油质”香精，通通用丙二醇为溶剂。由于大大小小的食品厂特别是星罗棋布的小食品作坊，香精是由“师傅”们凭经验加入的，这些“师傅”们用惯了稀释后的食品香精（一般为10%～20%，但有的稀释到1%～2%的程度），对于所谓“3倍”、“5倍”直至100%的香精（也就是“香基”）使用不习惯，所以直到现在，食品香精都是稀释后的产品。有些书上介绍食品香精时同一个香型列举了好几个配方例子，差别仅仅在于没有香气的溶剂加入量不同而已。本书作者希望让读者在尽量短的时间里掌握食品香精的配制技巧，只介绍各种香型香基，把这些香基加适量的乙醇（有时可加少量纯水）、食用油和丙二醇就成为“水质”、“油质”和“通用型”食品香精。

大多数香料易溶于乙醇，有的香料可少量或微量溶解于水，因此“水质”食用香精较易配制，水的加入量可以通过试配确定——常温下将水滴加到已经预先溶解好的香基乙醇溶液里，直至浑浊再回加乙醇让其变澄清即得知水分的“最高加入量”，当然，水的加入量还是离“饱和”点远一些为佳，以免成品在冬季低温时浑浊或析出沉淀。

食用油不是各种香基理想的溶剂，因此，上述香基如要配成“油质”香精必须通过实际调配实验。如溶解不好，可查阅本章末常用香料在水、乙醇、丙二醇和油中的溶解性表，把配方中不溶或难溶于油的香料换成易溶于油的香料当能改善溶解度。

各种香料在丙二醇中的溶解度也不如乙醇，因此，配制“通用型”食品香精也同上述“油质”香精一样必须通过实际试配才能确定，必要时换掉部分不溶于丙二醇的香料单体。

乳化香精是食品行业、尤其是饮料和冰淇淋生产中广泛应用的一大类香精，它具有使用方便、价格便宜、能产生浊度等一系列突出优点，在食品加工行业中广泛地应用着。

在一些特定的场合下，必须（或不得已）把油溶性（水溶性）香精加入到水（油）质食品中，为了获得均一的食品感官和香气分布，需将香精均匀分散在食品系统中，这时就要用到乳化香精；为使果汁饮料具有天然浑浊果汁的逼真感，必须人为地补充浑浊、增强色泽和强化香气等，也必须添加乳化香精。

乳化香精通常指饮料用乳化香精，以食用香基、增重剂、色素、抗氧化剂等为油相（分散相），以增稠剂、防腐剂、去离子水为水相（连续相），经高压均质乳化而成。分别配制好水相和油相后，在高速剪切下，油相被分散到水相中，再经高压均质、油滴的直径达 1μm 左右，就可得到乳化香精。

乳化香精属胶体溶液，在热力学上是不稳定的，受胶体化学规律支配，在浓缩状态下和在饮料中，出现分出乳油（结圈，creaming）、沉淀（sedimentation）、絮凝（flocculation）或聚结（coalescence）。这几种现象单独发生或同时存在，在饮料中表现为瓶颈出现油圈或底部出现沉淀，饮用时香气强度先强后弱。

影响乳化香精稳定性的因素主要有：两相的密度差异、油相粒子大小、界面吸附引力、静电作用等。相应的解决不稳定的措施主要有：调整油相密度、选用合适的均质压力、调整体系离子强度、选用合适的乳化增稠剂、严格按照操作程序生产等。

在烘焙食品中，应用水包油（O/W）型乳化香精，加热时，表面的水分被蒸发，内相的油粒被一层胶膜包囊而形成一层保护层，可起到减缓香精挥发的作用，达到在烘焙过程中耐热包香的效果。

有些柑橘风味的饮料要求澄清透明，这时需要微乳化的香精。微乳液是两种互不相溶液体在表面活性剂作用下形成的热力学稳定的、各向同性、外观透明或半透明、粒径 1～100nm 的分散体系。虽然有不少公司在研究，但市场上还不见有。主要的问题在于还没有找到一个能产生非常低的表面张力的、食品级的表面活性剂对。

复合乳状液被认为是液态的微胶囊。复合乳状液也叫多重乳状液，是一种水包油型和油包水型乳状液共存的复杂体系，通常为双重乳化液，即 W/O/W 型和 O/W/O 型。复合乳化香精通过两个界面才能释放，起到了缓释的作用，另外还有保护香精免受反应、掩盖异味的作用，引起了食品业界人士的广泛注意，今后有可能大显身手。

乳化香精工艺流程如下：水相和油相配制—高剪切粗乳化—高压均质（1～2 次）—离心去杂（管式离心机或蝶片分离机）—包装。

粉末香精是食用香基或微胶囊香精加载体、抗氧化剂、抗结块剂等混合而成的，有时还有酸（一般都是柠檬酸）和色素（食用色素）。常用的载体有面粉、玉米粉、玉米芯粉、淀粉、变性淀粉、乳清粉、大豆粉、糊精、环糊精、明胶、阿拉伯胶、果胶、各种糖（蔗糖、乳糖、葡萄糖、木糖、低聚糖、多糖等）、木糖醇、卵磷脂、蜂蜡、羧甲基纤维素钠盐、食盐、乙基香味素、碳酸钙、碳酸镁、硅酸钙等。常用的抗氧化剂有维生素 C、维生素 E、BHA、BHT、没食子酸丙酯、没食子酸辛酯、没食子酸十二酯、茶多酚和其他植物多酚、植酸、卵磷脂等。常用的抗结块剂有碳酸钙、碳酸镁、硅酸钙、磷酸钙、硅酸镁、硬脂酸钙、白炭黑等。

二、用作或配制日化香精

食用香基绝大多数可以直接用作日化香精，也可以同其他日用香料、香基等再配制成各种日用品加香用的香精。一般情况下，食用香基和香气接近的日化香精所用的香料和配方比例是不同的，例如下面的食用哈密瓜香基和日用哈密瓜香精配方。

原料	食用哈密瓜香基	日用哈密瓜香精	原料	食用哈密瓜香基	日用哈密瓜香精
甜瓜醛	3	2	戊酸乙酯	5	10
叶醇	3		戊酸戊酯	20	16
乙酸叶酯	2		壬酸乙酯	2	5
芳樟醇	2		桂酸甲酯	2	5
乙基麦芽酚	8		桂酸苄酯	1	5
乙酸乙酯	2		柠檬油	3	5
乙酸丁酯	4		苯甲酸苄酯	2	5
乙酸戊酯	4		邻氨基苯甲酸甲酯		1
丁酸乙酯	11		草莓醛	1	1
丁酸戊酯	20		大茴香醛	1	
顺-6-己烯醛	1	1	50%苯乙醛		1
二氢月桂烯醇		10	香兰素	2	2
甲酸乙酯	1	5	苯乙醇		26

为什么差别这么大呢？这是因为：①食用香精不只要求好的香气，还要好的味道（滋味），日用香精只考虑香气就够了，因此有些香料不适合配制食用香精；②日用香精讲究头香、体香、基香平衡协调，一般要求留香时间长一些；③人们的习惯，有的食用香气不适合用于日用品。

一般人认为配制食用香精的香料都可以用来配制日用香精，其实不然。有的香料虽然有FEMA编号，FDA和我国的卫生部也批准可以用来配制食用香精，但由于可能对皮肤有较大的刺激性或者“光致敏性”（光敏毒性）而不能用来配制与皮肤接触的化妆品或洗涤剂的香精，例如6-甲基香豆素，FEMA编号为2699，中国编码A3026T，是一种常用的食用香料，经常用来配制椰子、奶油和其他带豆香的食用香精，但它有光致敏性，所以IFRA建议不能作为日用香精成分；还有许多食用香料在配制日用香精时有“限量”或必须与指定的某些香料共用，如肉桂油、桂醛、桂醇、柠檬醛、兔耳草醛、金合欢醇、羟基香茅醛、苯乙醛等。因此，用这些香料配制的食用香基如果要用作日用香精的话，就得按照IFRA的有关法规进行，千万不要想当然地以为所有食用香基都可以直接用来作为日用香精。

三、其他用途

食用香基除了用于配制各种食品、部分用于日用品加香外，还大量用作牙膏漱口液香精、酒用香精、烟用香精、饲料香精和药用香精，牙膏漱口液香精、酒用香精、烟用香精和饲料香精我们已经单列出来在其他章节里叙述，这里简单地讲一下食用香精在医药里的应用。

人类使用的各种药物主要通过口服、外涂和注射等方式进入人体而产生疗效。不言而喻，注射药是不用香精的；而口服药物大家知道“良药苦口”，有些难以入口的药物加适量的香精，特别是儿童药品像咳嗽药、驱虫药、口嚼片等，加一点苹果、香蕉、柠檬、草莓、蓝莓和杂果等香味的香精，可以非常明显地提高口感，患者容易接受——记得以前我国有一种驱蛔虫的药物叫做“宝塔糖”，因为加了糖和水果香精，有的小孩子以为是糖果而过量食用造成中毒事故，说明药物加香还是很起作用的；外用药加香精的例子也很多，包括各种膏药、“追风膏”、皮肤外用药、风油精、祛风油、清凉油、万金油等，加入香精的目的有的只是为了掩盖药物的不良气息或者让药剂带上患者容易接受的气味，有的香精里面所含的香料本身就是药，例如麝香、龙脑、樟脑、冬青油、桉叶油、薄荷油、薄荷脑等。“花露水”的发明就是有人往消毒用的酒精（75%的乙醇）里加香精的结果，现在变成一种“准香水”进入千家万户。这是“特殊用品”由于加入香精转变成日用品一个生动的例子。

下面这个风油精香精例子很有代表性。

风油精香精

乙酸芳樟酯	5	香兰素	12	柏木油	3
芳樟醇	7	香豆素	3	吐纳麝香	7
苯乙醇	14	广藿香油	1	麝香 T	4
乙酸香叶酯	4	水杨酸丁酯	1	佳乐麝香	24
香茅油	1	水杨酸戊酯	1		
香叶醇	11	邻苯二甲酸二乙酯	2		

用这个配方配出的香精适量（一般可以加到20%左右）加入风油精中，可以让风油精的气味不那么刺激，而带有令人愉悦的香气，就像广告里说的那样：“好香啊，像香水一样！”

这个香精的配方里用了几个非食用香料，所以配出来的风油精不能内服。如果把这几个非食用香料改为有 FEMA 编号而且是“一般认为安全”（GRAS）的食用香料的话，那么配出来的香精就是“食用香精”了，用这种食用香精加桉叶油、薄荷脑、水杨酸甲酯而配制出来的风油精就既能外用，也可以内服。

第三节　调　味　料

调味料也称调味品、佐料，用来加入食物中以改善香气和味道的食品成分及其混合物。有些调味料在某些情况下被用来作主食或主要成分来食用。例如葱、蒜、芹菜、辣椒等都可以直接当菜吃，洋葱也可以为法国洋葱汤等的主要蔬菜成分。

调味料多数直接或间接来自植物，少数为动物成分（例如日本料理中味噌汤所用的干柴鱼）或者合成成分（例如味精）。

从调味料所添加的味道上分有酸、甜、苦、辣、咸、鲜，麻等。添加的香气上有甜香、辛香、薄荷香、果香等。不同国家和同一国内不同地区的烹饪流派，一般都有自己的特色调味料为标志，例如兴渠仅在印度部分地区使用。在全世界大部分地区和文化中最常见的调味料是食盐。各个地区可以用不同的调味料达到异曲同工的结果，例如东亚的葱和欧洲的洋葱、中国古代的醋和西方古代的酸葡萄汁（verjuice）。同一种调味料在不同地区的用途可以截然不同。如肉桂类香料在东南亚（以及意大利某些菜肴中）用来给肉类调味，在欧美则是加入甜品中。

在历史上，各地区之间的物产和文化交流也会改变上述习俗。在 15 世纪之前，中国菜调味的辣味主要靠花椒，欧洲烹饪主要靠胡椒、芥末。哥伦布发现“新大陆”后将原产美洲的辣椒传播到其他地方，成为主要的辣味调味料。

调味料的有效成分为简单化学品的有：食盐、白糖、味精、白醋等。

单一植物成分鲜用的有：葱、姜、蒜、洋葱、辣椒、虾夷葱、韭菜、香菜、香芹、香茅、柠檬草、辣根、山葵、白松露菌。

单一植物成分干用的（又称“辛香料”）有：胡椒、花椒、干姜、辣椒、丁香、月桂叶、橙叶、芳樟叶、肉桂（桂皮、桂枝、桂叶）、陈皮、小茴香、大茴香（八角）、柠檬叶、薄荷、香荚兰豆、肉豆蔻、九层塔、百里香、茶叶、老鹰茶叶、迷迭香、薰衣草、鼠尾草、番红花、藏红花、姜黄、甘草、白豆蔻、草豆蔻、白芷、草果、砂仁、良姜、紫苏、芝麻、花生、杜松子、罂粟籽、芥末、兴渠、食茱萸、罗望子、香茅、柠檬草、山苍子、众香子、辣根、葛缕子(姬茴香)、栀子、孜然、山奈、当归、荆芥、罗汉果、乌梅、山楂、木香、甘松、辛夷等。

单一植物油脂或酱料有：芝麻油、花生油、番茄酱、芝麻酱、花生酱等。

混合多种成分混合的有：

固体：五香粉、十三香、咖喱粉、七味粉等；

流质：喼汁、卤水、蚝油、XO酱、HP酱等。

发酵的调味料：

酱类：酱油、酱、鱼露、虾酱、豆豉、面豉、南乳、腐乳、豆瓣酱、味噌等。

酒醋类：料酒、味醂、酿造醋。

调味品的历史沿革，基本上可以分为以下3代：

第1代：单味调味品，如酱油、食醋、酱、腐乳及辣椒、八角等天然香辛料，其盛行时间最长，跨度数千年。

第2代：高浓度及高效调味品，如味精、“超鲜味精”、IMP、GMP、甜蜜素、阿斯巴甜、甜叶菊和木糖等，还有酵母抽提物、HVP、HAP、食用香精、香料等。此类高效调味品从20世纪70年代流行至今。

第3代：复合调味品。现代化复合调味品起步较晚，20世纪90年代才开始迅速发展起来。

目前，上述3代调味品共存，但后两者逐年扩大市场占有率和营销份额。

中国调味品产业整体销售收入已经超过2000亿元（人民币），几十年来每年增长率都在10%以上，调味品已经成为中国食品行业中增速最快的门类之一。其中，在快捷生活方式的刺激下，方便、速食的调味品成为调味品中备受欢迎的宠儿。在市场上表现日益抢眼的复合调味料由于其原材料的构成比普通调味料更加复杂，不同的组合又可以形成新的调味料，从而也为方便调料的持续发展提供了可能。

由于工作生活节奏的不断加快，夫妻双方都是上班族的家庭用于做饭的时间越来越少。下班之后，如何在最快的时间内做出一顿营养美味可口的饭菜，成为家庭掌厨者们的一大愿望。另一方面，随着国外快餐连锁的大量涌入，中餐火锅等餐饮后厨化进程必须加快，而这些不同特征的餐饮业的发展则带动了各种类型的复合调味料的消费。在产品开发方面，方便调料呈现出更加多元化的特点，主要表现为以下几个方面：

(1) 针对不同食物原料开发的方便复合调味品　如鱼、肉、海鲜食品具有特定的风味，很多消费者不了解如何分别使用香辛料达到最佳的效果，而餐饮工业化进程的加快，也对厨师的上菜速度提出了更高的要求。开发出来的专用调料可以在很大程度上满足这方面的要求。

(2) 针对不同的烹调方法开发方便复合调味品　如蒸菜调料、腌制调料、凉拌调料、煎炸调料、烧烤调料、煲汤调料、速食汤料等。

(3) 改变产品的物理形式　由于香辛料鲜品储藏使用不便，则被制成汁、粉、蓉、精油等形式。增鲜调味料和复合调味料则制成膏、湖、汁、粉、块等多种形式。物理形态的改变，让此类调味品更加方便储存和使用。

(4) 拓展产品的使用范围　任何一类加工食品都需要配合使用专门调味料。如方便面调料、火锅调料、速冻食品调料、微波食品调料、小食品调料、快餐食品调料、盖浇饭调料等。细分的品类，为方便调料的产品开发提供了多种多样的选择，也为其进一步发展提供了广阔的市场。

与食用香精不同的是：调味料重在“味”上，当然“香”通常也是其主要内容，混合型调味料有的可以做到色、香、味、形、质俱佳。

下面是几个国外常用的调味料配方：

咖喱粉

姜黄	23	丁香	5	胡卢巴子	9
辣椒	7	肉豆蔻	1	芹菜子	5
黑胡椒	10	芫荽子	20	蒜粉	1
牙买加姜	9	香旱芹子	10		

烤肉用油

杜松油	14	辣椒油树脂	10	月桂叶油	2
丁香油	18	姜油树脂	9	芫荽油	3
黑胡椒油	10	肉豆蔻油	6	多香果油	6
百里香油	2	蒜油	3	木醋液	12
甜牛至油	1	洋葱油	4		

汉堡鸡用调味粉

姜	6	肉豆蔻	7	小茴香	2
辣椒	6	紫苏	5	蒜粉	6
胡椒	5	肉桂	6	葱粉	5
黑胡椒	10	百里香	5	多香果	12
丁香	25				

香肠调味油

丁香油	3	甜牛至油	15	肉豆蔻油	50
黑胡椒油	5	辣椒油树脂	7	芥子油	1
百里香油	4	姜油树脂	5	多香果油	10

所谓“鸡精”，也就是鸡精调味料（chicken essence seasoning），以味精、食用盐、鸡肉/鸡骨的粉末或其浓缩抽提物、呈味核苷酸二钠及其他辅料为原料，添加或不添加香辛料和/或食用香料等增香剂经混合、干燥加工而成，具有鸡的鲜味和香味的复合调味料，按规定谷氨酸钠含量应大于35.0%，氯化物（以NaCl计）应小于40.0%，呈味核苷酸二钠应大于1.10%，鸡肉/鸡骨含量应高于3.2%。其他各种方便面、快餐食品所用的“牛肉香包”、“排骨香包”、“鸡肉香包”、“香菇香包”、“海鲜香包”等也都与“鸡精”相似，只是配方中多了一些牛肉香基、排骨香基、鸡肉香基、香菇香基、海鲜香基和辛香料而已，有时候也会用各种肉碎片、香菇末、鱼虾碎末、冻干蔬菜等“点缀”一下。

第七章　酒用香精

酒是以粮食、水果、农副产品等为原料经发酵酿造而成的。酒的化学成分主要是乙醇和水，一般含有微量的其他醇和醛、酮、酸、酯类物质，未经蒸馏的酒还含有色素、糖、氨基酸等不挥发物质。食用白酒的浓度一般在60度（即60%）以下。白酒经分馏提纯至75%以上为医用酒精，提纯到99.5%以上为无水乙醇。调香师和香精制造厂主要研究的是饮用酒里面的“杂质成分”。

第一节　酒的制造和分类

我国是酒的故乡，也是酒文化的发源地，是世界上酿酒最早的国家之一。在中国数千年的文明发展史中，酒与其他各种文化的发展基本上是同步进行的。

关于酒的起源，世界各民族有着各种各样的民间传说，而且每一个民族都声称酒是本民族“发明”的。其实这个争论是没有意义的。酒是一种“自然”发酵食品，它是由酵母分解糖类产生的。酵母是一种分布极其广泛的微生物，在广袤的大自然原野中，尤其在一些含糖分较高的水果中，这种酵母更容易繁衍滋长。含糖的水果，是早期人类的重要食品。当成熟的野果坠落下来后，由于受到果皮上或空气中酵母的作用就可以生成酒。日常生活中，在腐烂的水果摊附近，在垃圾堆里，我们经常会嗅到由于水果腐烂而散发出来的阵阵酒味，这就是“酒”不需要“发明”的证据，但“造酒”就需要“发明”，因为它是一种技术。古人在水果成熟的季节，储存大量水果于树洞、石洞、“石洼”或各种“窖”里，堆积的水果受自然界中酵母的作用而发酵，就有被叫做“酒”的液体析出。这样的结果，并未影响水果的食用“价值”，而且析出的液体——“酒”，还有一种特别的香味供享用。习以为常，古人在不自觉中“造”出酒来，这是合乎逻辑又合乎情理的事情。当然，古人从最初尝到发酵的野果到“酝酿成酒”，是一个漫长的过程，究竟漫长到多少年代，那就谁也无法说清楚了。

有甜味的液体（含糖）发酵能够变成酒，动物的奶汁也是甜的，也含有糖，所以“奶酒”和“果酒”一样也是早就被古人发现并食用了。后来人类又掌握了把各种粮食里面的淀粉转化成糖（如麦芽糖、葡萄糖等）的技术，再把这种“人造糖”通过发酵变成酒也是自然而然的事了。

不蒸馏的酒是“色酒”，主要是黄酒，也有“金酒”、红酒、“黑酒”等。各种“色酒”通过蒸馏变成白酒也是需要“发明”的，只是现在同样无从认定到底是哪一个民族、哪一个人最早发明酒的蒸馏技术。不过这对我们来说并不重要，我们谈这些“酒历史”只是为了让大家了解酒里面香气成分的来源而已。

除了“色酒”（葡萄酒、啤酒、黄酒、金酒等）和白酒（蒸馏酒）以外，世界各地还有用这些“色酒”和白酒加上其他物质混合（或浸泡滤取）而成的调配酒。事实上，古人用各种有香的材料（主要是中草药）浸泡在酒里也是给酒加香，同我们现在往酒里加香精是一样的道理。

晋人江统在《酒诰》里载有："酒之所兴，肇自上皇……有饭不尽，委余空桑，郁积成味，久蓄气芳。本出于此，不由奇方。"说明煮熟了的谷物，丢在野外，在一定自然条件下，可自行发酵成酒。人们受这种自然发酵成酒的启示，逐渐发明了人工酿酒。

我国早在夏代之前已能人工造酒。如《战国策》："帝女令仪狄造酒，进之于禹。"据考古发掘，发现龙山文化遗址中，已有许多陶制酒器，在甲骨文中也有记载。藁城县台西村商代墓葬出土之酵母，在地下三千年后，出土时还有发酵作用。罗山蟒张乡天湖商代墓地，发现了我国现存最早的古酒，它装在一件青铜所制的容器内，密封良好，至今还能测出成分（每100mL酒内含有8.239mg甲酸乙酯），并有果香气味，说明这是一种浓郁型香酒，与甲骨文所记载的相吻合。

谷类酿成之酒，应始于殷。殷代农业生产盛，已为多数学者公认。农产物既盛，用之做酒，势所必然。殷人以酗酒亡国，史书所载，斑斑可考。

周代，酿酒已发展成独立的且具相当规模的手工业作坊，并设置有专门管理酿酒的"酒正"、"酒人"、"郁人"、"浆人"、"大酋"等官职。

大体上，古酒可分成两种：一为果实谷类酿成之色酒，二为蒸馏酒。有色酒起源于古代，据《神农本草》所载，酒起源于远古与神农时代。《世本八种》（增订本）陈其荣谓："仪狄始作，酒醪，变五味，少康（一作杜康）作秫酒。"仪狄、少康皆夏朝人。即夏代始有酒。此种酒，恐是果实花木为之，非谷类之酒。谷类之酒应起于农业兴盛之后。陆柞蕃著《粤西偶记》关于果实花木之酒，有如下记载：（广西）平乐等府深山中，猿猴极多，善采百花酿酒。樵子入山，得其巢穴者，其酒多至数石，饮之香美异常，名猿酒。若此记载真有其事，则先民于草木繁茂花果山地之生活中，采花作酒，自是可能。

早初酒应当是果酒和米酒。自夏之后，经商周、历秦汉，以至于唐宋，皆是以果实粮食蒸煮、加曲发酵、压榨而后才出酒的，无论是吴姬压酒劝客尝，还是武松大碗豪饮景阳岗，喝的都是果酒或米酒。随着人类的进一步发展，酿酒工艺也得到了进一步改进，由原来的蒸煮、曲酵、压榨，改为蒸煮、曲酵、蒸馏，最大的突破就是对酒的提纯（直至"酒精"）。

（1）白酒　中国特有的一种蒸馏酒。由淀粉或糖质原料制成酒醅或发酵醪经蒸馏而得。又称烧酒、老白干、烧刀子等。酒质无色（或微黄）透明，气味芳香纯正，入口绵甜爽净，酒精含量较高，经储存老熟后，具有以酯类为主体的复合香味。以曲类、酒母为糖化发酵剂，利用淀粉质（糖质）原料，经蒸煮、糖化、发酵、蒸馏、陈酿和勾兑而酿制而成的各类酒。

（2）啤酒　是人类最古老的酒精饮料，是水和茶之后世界上消耗量排名第3的饮料。啤酒于二十世纪初传入中国，属外来酒种。啤酒以大麦芽、酒花、水为主要原料，经酵母发酵作用酿制而成的饱含二氧化碳的低酒精度酒。现在国际上的啤酒大部分均添加辅助原料。有的国家规定辅助原料的用量总计不超过麦芽用量的50%。

（3）葡萄酒　是用新鲜的葡萄或葡萄汁经发酵酿成的酒精饮料。通常分红葡萄酒和白葡萄酒两种。前者是红葡萄带皮浸渍发酵而成；后者是葡萄汁发酵而成的。"葡萄美酒夜光杯"说明葡萄酒在唐代已经香味四溢了。

（4）黄酒　是中国的民族特产，也称为米酒（ricewine），属于酿造酒，在世界三大酿造酒（黄酒、葡萄酒和啤酒）中占有重要的一席。中国的酿酒技术独树一帜，成为东方酿造界的典型代表和楷模。其中以浙江绍兴黄酒为代表的麦曲稻米酒是黄酒历史最悠久、最有代表性的产品。它是一种以稻米为原料酿制成的粮食酒。不同于白酒，黄酒没有经过蒸馏，酒精含量低于20%。不同种类的黄酒颜色亦呈现出不同的米色、黄褐色或红棕色。山东即墨老酒是北方粟米黄酒的典型代表；福建龙岩沉缸酒、福建老酒是红曲稻米黄酒的典型代表。

（5）米酒　酒酿，又名醪糟，古人叫“醴”。是南方常见的传统地方风味小吃。主要原料是江米，所以也叫江米酒。酒酿在北方一般称它为“米酒”或“甜酒”。

（6）药酒　素有“百药之长”之称，将强身健体的中药与酒“溶”于一体的药酒，不仅配制方便、药性稳定、安全有效，而且因为酒精是一种良好的半极性有机溶剂，中药的各种有效成分都易溶于其中，药借酒力、酒助药势而充分发挥其效力，提高疗效。

第二节　酒的勾兑

勾兑酒是用不同口味、不同生产时间，不同度数的纯粮食酒，经一定工序混合在一起，以达到特定的香型、度数、口味、特点。GB/T 15109—1994《白酒工业术语》对白酒生产中的“勾兑”一词作了定义：“勾兑”就是把具有不同香气和口味的同类型的酒，按不同比例掺兑调配，起到补充、衬托、制约和缓冲的作用，使之符合同一标准，保持成品酒一定风格的专门技术。同时，GB/T 17204—2008《饮料酒分类》在对各种白酒进行定义时也指出，勾兑是白酒生产中一项重要的工艺生产过程。

“勾兑酒”并不是贬义词，也不是说酒不好，它只是酿酒的一种工序而已。“勾兑”是酒类生产中专用技术术语，是生产中的一个工艺过程，指将各种不同类型、不同酒度、不同优缺点的酒兑制成统一出厂风格特点和质量指标一致的工艺技术方法。

勾兑是靠“勾兑师”的感官灵敏度和技巧来完成的，有丰富经验的勾兑师才能调出一流的产品，历来有“七分酒三分勾”之说，勾兑师的水平代表着企业产品质量风格。

有人认为“勾兑酒”是指完全或大比例使用食用酒精和食品添加剂（主要是香精）调制而成的酒，也就是“配制酒”，对“配制酒”大加鞭挞。其实这种配制酒生产和销售并不违法，全世界都有，但质量相差甚远，有优劣之分。一般由正规的生产厂制造、在正规的流通环节出售的酒，手续齐全、质量相对有保证，饮用是没有问题的。至于到底哪种酒才是“好”的，最简单的回答是：在具备基本质量和卫生指标合格的前提下，在众多的酒品中选取适合自己的口味就是“好”的，不管它是勾兑的、配制的还是全部酿造生产的。

高明的勾兑师用好的专用酒精加上适当的香精确实可以调制出中低档的饮用酒，目前还调不出高档酒，这是因为我们对酒真正的认识还在“初级阶段”，这种配制酒由于缺少发酵过程的生物代谢产物，一般不如好的原浆发酵优质酒。站在化学家的角度看，用食用酒精加香精配制的酒安全度更高，香味、品质更加稳定可靠，今后最好的、最高档的酒肯定是这种配制酒。非专业的勾兑者和配制者调制出来的产品质量肯定不好，用极其廉价的材料调制出来却想获取暴利的当然只能是“伪劣产品”了。实际上，缺少技术、设备落后的一般发酵酒口感差，卫生指标、成分等还不如配制酒，饮用以后也会出现视力下降、头痛（所谓“上头”）等不适反应。

消费者有权知道自己购买的酒是“原浆发酵酒”还是“配制酒”，所以生产厂家必须在商标上注明之。半“原浆发酵”半“配制”的酒、在酒醪里加酒精蒸馏或搅拌过滤得到的酒等等也都要如实告诉消费者，让消费者自己选择是否购买。

“勾兑”对葡萄酒的酿造而言也同样重要，在葡萄酒生产中，勾兑过程通常被称为“调配”。在许多优质葡萄酒的酿造过程中，酿酒师根据葡萄酒的风格需要对两个或更多不同葡萄品种的原酒进行一定比例的调配，从而使得不同品种葡萄酒感官品质能够相互补充和协调。当然，用于调配的这些原酒只能是按照国标用100%葡萄酿造出来的葡萄酒或葡萄蒸馏酒，而不能是其他非葡萄发酵而成的酒。

鸡尾酒（Cocktails）现在已经走进了国人的生活，闲暇时间在酒吧喝点鸡尾酒，已经逐渐成为一种时尚。鸡尾酒也是一种现场调配的“勾兑酒”，它是一种量少而冰镇的酒，是以朗姆酒（RUM），金酒（GIN）、龙舌兰（Tequila）、伏特加（VODKA）、威士忌（Whisky）等烈酒或是葡萄酒作为基酒，再配以果汁、蛋清、苦精（Bitters）、牛奶、咖啡、可可、糖等其他辅助材料，加以搅拌或摇晃而成的一种饮料，最后还可用柠檬片、水果或薄荷叶作为装饰物。

鸡尾酒起源于1776年纽约州埃尔姆斯福一家用鸡尾羽毛作装饰的酒馆。一天当这家酒馆各种酒都快卖完的时候，一群军官走进来要买酒喝。一位叫贝特西·弗拉纳根（Betsy Flanagan）的女侍者把所有剩酒统统倒在一个大容器里，并随手从一只大公鸡身上拨了一根毛把酒搅匀端出来奉客。军官们看看这酒的成色，品不出是什么酒的味道，就问贝特西，贝特西随口就答：“这是鸡尾酒哇！”一位军官听了这个词，高兴地举杯祝酒，还喊了一声：“鸡尾酒万岁”，从此便有了“鸡尾酒”之名——这是在美洲被广泛认可的起源传说。

鸡尾酒世界也是多彩多姿的，人们总觉得它是那样的微妙，不同的酒配搭起来，变换出那么多的色彩，拥有那么多美丽动听的名字。其实鸡尾酒虽然千变万化，却有一定的公式化可循，你只要备齐以下基本材料，就有可能成为吧台后面的调酒高手：摇酒壶、滤冰器（有些自带滤冰器的摇酒壶就不需要单配一个滤冰器了）、吧勺、盎司杯、冰铲、需用的酒品、辅料以及装饰等。准备好之后，先用冰铲在摇酒壶的壶身中加入五六块冰（冰的量要根据杯子大小和摇酒壶大小而定），用盎司杯量取辅料（如果汁、牛奶等），倒入摇酒壶身，然后依次是辅酒、基酒，最后放上杯饰。如果需要盐边、糖边的话要在调制酒品之前用柠檬油擦一圈杯边，然后把盐或者糖倒在一个平整的面板上，把杯子倒过来转圈蘸取（玛格丽特）。彩虹鸡尾酒制作的时候要把密度大的酒先从子弹杯中间倒入杯底，然后依照密度减小的次序把其他酒品用吧勺引流，顺杯壁流下，切勿碰触下面一层的酒以免引起混层。

第三节 酒用香精的调配

酒用香精按说也属于“食品香精”范畴，全部只能用可以食用的香料配制。但酒用香精也有它的许多特点，没有“水质”、“油质”和“通用”香精之分，直接使用100%的“纯香精”，因此把它另辟一章讨论。

相对来说，酒用香精的调配是比较简单的，仿配名牌酒的香精并不太难，只要有一台气相色谱仪，最好当然是气质联用仪，加上足够的数据库，特别是各种酸、醇、酮、醛、酯及部分天然精油的保留指数（最好是一定条件下的保留时间），再有一个灵敏的鼻子就能仿配了。

念过化学的人都相信，只要把各种酒里面的成分“弄清楚”，“依样画葫芦”就可以配制出这些酒了。理论上这个想法没有错，只是到目前为止，虽然市面上“简单地”用食用酒精、酒用香精、水和色素调配而成的调配酒也有一定的销路，但它们的“品质”尤其是口感还是与用酿制法（白酒则要蒸馏）得到的酒（加适量的香精“调整”而不是“全配制”）有相当的差距。也许随着分析手段越来越“高明”，今后有可能全部用食用酒精、酒用香精、水和色素调配出“名牌酒”来。我们现在主要讨论的是各种酿制酒和蒸馏酒的加香。

酒用香精由主香剂、助香剂、定香剂等组成：

（1）主香剂　作用主要体现在闻香上，其特点是挥发性比较高，香气的停留时间比较短，用量不多但香气特别突出；

(2) 助香剂　作用是辅助主香剂的不足，使酒香更为纯正、浓郁、清雅、细腻、协调、丰满。在酒用香精的组成中，除主香剂用香料外，其他的多数香料主要起助香剂作用；

(3) 定香剂　其主要作用是使酒的空杯留香持久，回味悠长。如安息香香膏、肉桂油等香料均可作为酒用香精的定香剂。

配制酒用香精所用到的酒用香料类别有酯类、酸类、醇类、酚类、胺类、萜类、醛类、酮类、杂环类、含硫类、内酯类、呋喃类等，要做到品质优良，香气纯正，符合食品卫生要求。酒用香精的配制要以酒香与果香、药香等的充分协调为主，使人闻后有吸引力，感到愉快、优雅、自然。主香剂、助香剂、定香剂的选料和配比要恰到好处，平稳均匀。主香剂可稍微突出，以显示其典型性，但不能过头。助香剂应使酒香协调、丰满。定香剂应有一定吸附力，使酒香浓郁持久，空杯留香悠长。

一、白酒用香精

(1) 浓香型　浓香型亦称泸型，其酒用香精是根据浓香型白酒窖香浓郁、绵甜甘冽、香味协调、尾净余长的特点配制而成，其主体香气成分是己酸乙酯、丁酸乙酯和乙酸异戊酯，浓香型的己酸乙酯含量要比酱香型和清香型高出几十倍。用丙三醇、丁二酮和2,3-丁二醇来达到口感上的绵甜甘冽，加入少量的乙酸、丁酸、己酸和乳酸起协调口味的作用，起助香作用的是醛类、乙缩醛和高级醇类。

浓香型酒的代表是泸州老窖和五粮液。

(2) 清香型　此类香型的香精是根据其风格的清香纯正、芬芳雅致、醇和绵软、诸味协调、余味爽净来配制。其主体香气以乙酸乙酯和乳酸乙酯为主，丁二酸二乙酯的含量比其他香型要高，总酯含量比浓香型和酱香型相对较低。另外还含有较多的多元醇、丁二酮、2,3-丁二醇等芳香物。

清香型酒是传统的白酒风格，代表酒为汾酒。

(3) 酱香型　亦称茅香型，此类酒的风格是酱香突出、幽雅细腻、低而不淡、香而不艳、酒体醇厚、回味悠长，其香气成分中芳香物质含量高，种类多。其主体香气主要由芳香族化合物和部分酯类组成，低沸点的酯类、醇类和醛类为前香，起呈香的作用；高沸点的酸类为后香，起呈味作用。起留香作用的苯乙醇的含量比清香型和浓香型高3倍。此香型香精的主香剂是4-乙基愈创木酚、苯乙醇、香茅醇、丁香酸、安息香酸、3-羟基-2-丁酮。

酱香型酒被称为酒中之国宝，其代表为贵州茅台酒。

(4) 米香型　米香型的风格是蜜香清雅、清柔纯净、滋味绵甘、入口柔绵、落口爽冽、回味怡畅。主体香气是苯乙醇、乳酸乙酯、乙酸乙酯，其他的酯含量非常少，再与其他的微量醇、醛构成其米香型的风味特征。

米香型酒的代表为三花酒。

(5) 其他香型　白酒生产由于所用原料、菌种和发酵工艺、蒸馏方式及成品勾兑的不同，各种酒的香气特征也不同，用浓香型、清香型、酱香型和米香型很难将各类白酒全部包括进去。有的以一种香型为主，同时又兼有其他香型，这类酒通常被称为兼香型，如董酒、白云边酒等。再如山东的景芝酒，经分析证明含有二甲基硫、二甲基二硫、二甲基三硫和3-甲硫基-1-丙醇等微量成分，因而呈芝麻香型。

兼香型香精的主香剂是丙酸乙酯、苯乙醇、丁二醇、苯甲醛等。

二、仿洋酒香精

(1) 白兰地香精　白兰地的香气主要由葡萄样的果香香气、特有的酒香香气和储存时带入的橡木香气所组成。

(2) 威士忌香精 此香精的配制除了一般酒中必用的一些酯类、酸类、醇类外，还必须有甜润的木香（类似于酒长期存放于橡木桶中的香气），泥炭样的焦香（用泥炭烘干麦芽所带来的香气）等。

(3) 老姆酒香精 带有细致而浓郁的酒香、甜香，由于一般老姆酒是直接用火加热进行蒸馏的，因此还带有焦香气。所以配制老姆酒香精以老姆醚为主，兼具一些酯类和高级脂肪酸，再加上烟熏香气组成。

(4) 其他酒用香精 除了以上这些国内外名酒外，世界上还有许多著名的酒，如原产于荷兰、后来英国也大量出产的金酒，意大利名酒味美思，还有茴香酒、樱桃酒、薄荷酒、可可酒、橘子酒等，这些酒一般都是用酒基（酒精）加上天然植物浸泡制成的。现也常常在酒基中直接加入香精，这样生产可以降低成本亦更加方便，质量也稳定。

第四节 酒用香精配方

酒用香精按说也属于“食品香精”范畴，全部只能用可以食用的香料配制，但酒用香精也有它的许多特点，没有“水质”、“油质”和“通用”香精之分，直接使用100%的“纯香精”，因此把它另辟一章讨论。

相对来说，酒用香精是比较简单的，仿配名牌酒的香精并不太难，只要有一台气相色谱仪、足够的数据库，特别是各种酸、醇、酮、醛、酯及部分天然精油的保留指数（最好是一定条件下的保留时间）加上灵敏的鼻子就能仿配了。

白酒的香型有酱香型、浓香型、清香型、米香型、凤香型、特香型、药香型、豉香型、芝麻香型、老白干香型、兼香型、混合香型、白兰地香型、威士忌香型、老姆酒香型等。下面是这些香型的香精配方例子（表7-1）。

表 7-1 白酒香精配方

香料	酱香型	浓香型	清香型	米香型	凤香型	豉香型	特香型	药香型	兼香型	芝麻香型	白兰地	威士忌	老姆酒
甲酸乙酯	2.0	0.7			0.5				1.0		0.5		3.0
乙酸乙酯	15.0	10.2	14.0	5.5	30.7	3.0	23.7	16.2	7.0	32.0	3.0	12.6	12.0
乙酸苯乙酯													0.6
乙酰乙酸乙酯											0.2		
丙酸乙酯							1.8				0.1		
丁酸乙酯	2.5	2.9	0.5		1.0		1.9	3.2	2.0	3.6	0.1	1.0	9.0
丁酸异丁酯													3.0
丁二酸二乙酯			0.9										
戊酸乙酯	0.5	0.6					2.3	0.6	0.8				
异戊酸乙酯													7.5
己酸乙酯	4.0	18.5	1.8	6.0	6.4	0.3	6.4		27.0	6.4	0.1	0.6	0.3
乳酸乙酯	14.0	12.0	7.0	12.0	10.2	32.0	20.2	6.1	14.0	11.4		8.2	
庚酸乙酯		0.3	0.5				3.6				0.2		0.3
乙酸异戊酯	0.3	0.4						0.4	1.0			1.6	
辛酸乙酯		0.3					0.8				0.1	1.0	0.6
壬酸乙酯			0.2	0.8							0.5		1.5
癸酸乙酯			0.1									2.4	
棕榈酸乙酯		0.1					1.4						

续表

香　料	酱香型	浓香型	清香型	米香型	凤香型	豉香型	特香型	药香型	兼香型	芝麻香型	白兰地	威士忌	老姆酒
油酸乙酯		0.1					0.4						
亚油酸乙酯		0.2					0.6						
苯甲酰乙酸乙酯												4.2	
丙醇	2.0	1.6	1.0		4.6	10.0		8.0	2.6	3.4			
丁醇	1.0	0.8	1.0		2.3	0.3	1.0	3.2	1.8	3.1			
仲丁醇	0.4	0.5			0.5	0.8		6.8	1.1	1.8			
异丁醇	1.6	1.4	4.0	5.0	5.6	12.0	4.0	4.1	1.2	3.8			
2,3-丁二醇		0.2											
戊醇		0.2											
2-戊醇		0.2											
异戊醇	5.0	2.6	9.9	18.0	15.4		3.6	9.0	4.2	6.6			
己醇	0.2			0.2	0.5			1.7	0.2				
庚醇	1.0												
辛醇	0.5												
甲酸	0.6				0.5	0.3		0.1		0.2			
乙酸	11.0	6.5	10.0	3.0	9.2	10.0	6.0	8.0	4.0	9.2			1.5
丙酸	0.5	0.2	0.1		0.8		1.4	2.5	0.3	0.4			
丁酸	2.0	1.1	0.1	1.0	1.8		1.4	10.0	1.6	1.4			4.5
异丁酸		0.1											
戊酸	0.4	0.2			0.5		1.2	1.7	0.4				
己酸	2.0	3.0	0.2		1.8	0.3	2.8	6.7	3.5	0.6			0.3
庚酸							1.1	0.2					
辛酸							0.2						
乳酸	10.5	1.8	3.0	15.0	0.5	2.4		3.9	4.5	1.0			
棕榈酸							0.5						
乙醛	5.0	2.8	1.8	0.5	5.1	1.0	3.2	2.0	5.0	4.0	0.5	2.0	
乙缩醛	12.0	4.1	5.8	1.0	2.1		4.8	4.9	6.0	3.2			
2-甲基丁醛							0.2						
异戊醛							1.1				0.1		
己醛											0.1		
糠醛		0.4	0.1	0.1			0.8	1.0		1.0		9.0	
香兰素											10.0		
乙基香兰素													2.0
乙基麦芽酚													1.9
3-羟基-2-丁酮							1.1						
2-戊酮		0.2											
呋喃酮											1.0		
4-甲基愈创木酚	0.8												
苯乙醇	0.5			3.5		1.8				1.8		2.0	
甘油	4.7	25.8	38.0	28.4		25.8			10.8	2.7	27.3	2.6	20.8
1%2-甲基吡嗪							0.1			0.3			
1%2,6-二甲基吡嗪							0.2			0.7			
1%三甲基吡嗪							0.5			0.4			
1%四甲基吡嗪							1.2			0.3			
1%吡啶							0.2						
1%噻唑							0.2			0.1			
1%三甲基噻唑							0.1						
1%二甲基二硫醚							0.0						
1%二甲基三硫							0.0						
0.1%乙酰基吡嗪										0.4			

续表

香　　料	酱香型	浓香型	清香型	米香型	凤香型	豉香型	特香型	药香型	兼香型	芝麻香型	白兰地	威士忌	老姆酒
0.1%3-甲硫基丙醇										0.2			
老姆醚												12.0	30.0
康涅克油											6.0	11.0	
丁香油											4.0	5.8	
杂醇油											26.0	22.0	
桦焦油												1.0	0.3
葛缕子油												1.0	
鸢尾浸膏											0.1		
秘鲁香膏											0.1		0.9
枣酊											10.0		
香荚兰酊											10.0		

“色酒”香精的配方也举几个例子，读者可以触类旁通。

葡萄酒香精

乙酸乙酯　10.0
戊酸乙酯　5.0
己酸乙酯　9.0
己酸异戊酯　1.5
丁酸乙酯　2.0
十二酸乙酯　5.0
邻氨基苯甲酸甲酯　20.0
N-甲基邻氨基苯甲酸甲酯　20.0
丙位丁内酯　2.0
乙基麦芽酚　1.0
2-甲基丁醇　11.0
杂醇油　7.5
白柠檬油　1.5
甜橙油　3.5
康涅克油　1.0

黄 酒 香 精

乙酸乙酯　6.0
乙酸戊酯　0.4
乙酸己酯　2.0
壬酸乙酯　4.0
琥珀酸乙酯　2.0
丙醇　19.6
异丁醇　12.0
乙醛　28.0
异丁醛　4.0
赖氨酸　14.0
组氨酸　4.0
香兰素　2.0
乙基麦芽酚　2.0

清 酒 香 精

乙酸乙酯　12.0
乙酸异丁酯　0.1
乙酸异戊酯　1.5
乙酸苯乙酯　0.7
丁二酸二乙酯　0.2
己酸乙酯　1.0
壬酸乙酯　0.5
癸酸乙酯　1.0
十二酸乙酯　1.1
桂酸乙酯　1.2
乳酸乙酯　0.4
丙醇　12.0
异丁醇　6.0
异戊醇　17.0
苯乙酮　0.2
谷氨酸　17.0
赖氨酸　5.0
丙氨酸　20.0
甘油　3.1

下面再举几个名牌酒使用的香精配方为例，让读者试配时有个参考。需要指出的是，任何一种酒的每一批“酒基”都由于发酵、温度、容器、设备等因素而造成香气不一，经过“兑酒师”配兑后必须作气相色谱分析（有时还要加上其他化学和仪器分析方法），根据其中酸、酯、醇、醛、酮等含量与“标准物”的不同，调整生产配方，以使每一批酒的香气都比较接近——外行人难于“品”出不同的程度。想靠一张固定的配方作为“看家本领”是不现实的。

仅用化学、精馏“脱臭”的食用酒精配制各种酒也不能只靠一两张固定的配方纸维持生产，因为再怎么“脱臭”的酒精里面还是含有不同量的“杂醇”、酸、酮、醛、酯类等，这可以从它们的气相色谱图上看出来。根据谱图调整香精配方才能配出香气一致的配制酒来。

剑南春

己酸乙酯	42	丁酸乙酯	1.4	乙缩醛	4
乙酸乙酯	14	乳酸乙酯	20	甘油	18.6

五粮液

A

己酸乙酯	45	丁酸乙酯	1.3	庚酸乙酯	1
乙酸乙酯	13	乳酸乙酯	21	甘油	18.7

B

己酸乙酯	30	戊酸乙酯	0.7	甘油	12
乙酸乙酯	12	辛酸乙酯	0.3	丁酸乙酯	3
乙醛	5	乳酸乙酯	20	庚酸乙酯	0.8
丁二酮	6	乙缩醛	10	壬酸乙酯	0.2

汾酒

A

乙酸乙酯	60	乳酸	2.5	乙酸	6
己酸乙酯	1.6	乳酸乙酯	24	甘油	4.8
丙酸乙酯	0.3	丁酸乙酯	0.8		

B

乙酸乙酯	38.2	己酸乙酯	0.2	乳酸	3
乙酸	10	乳酸乙酯	36	异戊醛	0.2
乙醛	1.4	乙缩醛	5		
异戊醇	5	异丁醇	1		

茅台

A

乙酸乙酯	45	苯乙醇	1	癸酸乙酯	1
乳酸乙酯	26	乙酸戊酯	17		
壬酸乙酯	4	己酸乙酯	6		

B

乙酸乙酯	15	戊酸乙酯	0.5	糠醛	3
乙缩醛	12	丁酸	2	丙醇	2
异戊醇	5	丁二酮	0.2	庚醇	1
乳酸	11	丁醇	1	丁酸乙酯	3
己酸	2	乳酸乙酯	14	丙酸	0.5
异戊醛	1	乙酸	10	戊酸	0.4
异丁醇	2	乙醛	5	乙酸戊酯	3
甲酸乙酯	2	己酸乙酯	4	庚醇	0.4

泸州大曲

乙酸乙酯	20	己酸乙酯	18	乙醛	4

异戊醇	3	戊醛	0.5	戊酸乙酯	0.5
丁酸	1	乳酸乙酯	21	庚酸乙酯	0.4
乳酸	4	乙缩醛	13	戊酸	0.2
丁醇	1	乙酸	7.4	异戊醛	0.4
乙酸戊酯	0.5	甲酸乙酯	1	糠醛	0.2
辛酸乙酯	0.2	己酸	2		
异丁醛	0.3	丁酸乙酯	1.4		

三花酒

乳酸乙酯	30	乙酸乙酯	4	异戊醇	20
乙酸乙酯	7	丙醛	0.4	丙醇	4
异丁醇	9	乳酸	25	乙醛	0.6

白兰地

癸酸乙酯	50	冷榨姜油	0.2	柠檬醛	0.7
郎姆醚	10	康涅克油	5	肉桂皮油	0.5
椰子醛	0.3	乙酸乙酯	20	杜松子油	0.1
肉桂叶油	0.5	香兰素	10	丁二酸二乙酯	2.7

威士忌

郎姆醚	45	壬酸乙酯	4.5	乙酸乙酯	3
丁香油	7	乙酸戊酯	1.5	己酸乙酯	0.5
苯乙醇	2	乳酸乙酯	4.5	辛酸乙酯	1.2
丁酸乙酯	0.8	康涅克油	23	癸酸乙酯	2.2
庚酸乙酯	1.5	桦焦油	3	乙酸苯乙酯	0.3

郎姆酒

郎姆醚	40	秘鲁香膏	1.2	桦焦油	0.5
丁酸乙酯	16	乙酸	0.7	乙基麦芽酚	1
壬酸乙酯	2	乙酸乙酯	18	丁酸	6
乙酸苯乙酯	0.8	异戊酸乙酯	10		
香兰素	3	辛酸乙酯	0.8		

金酒

杜松子油	70	肉豆蔻油	2	众香子油	1
香柠檬油	1	丁香油	1	艾叶油	2
康涅克油	1	当归根油	5	肉桂皮油	1
芫荽子油	3	柠檬油	8	苦橙油	5

雪利酒香精

丙酸乙酯	4.0	辛酸乙酯	3.2	十二酸乙酯	0.6
戊酸乙酯	2.0	壬酸乙酯	1.0	乳酸乙酯	1.6
己酸乙酯	8.0	癸酸乙酯	1.2	邻氨基苯甲酸甲酯	0.2
己酸-3-甲基丁酯	4.0	琥珀酸二乙酯	10.0	*N*-甲基邻氨基苯甲酸甲酯	0.2

丙位丁内酯	4.0	己醇	16.0	甘油	8.0
3-甲基丁醇	4.0	苯乙醇	8.0		
戊醇	20.0	乙醛	4.0		

西凤酒香精

乙酸乙酯	20.0	乙醛	7.0	丁醇	5.2
乙酸异戊酯	0.4	乙缩醛	10.0	仲丁醇	0.8
丁酸乙酯	3.0	乙酸	9.4	异丁醇	4.5
戊酸乙酯	0.2	丙酸	0.4	2,3-丁二醇	0.5
己酸乙酯	10.0	异丁酸	0.1	异戊醇	2.0
乳酸乙酯	17.0	己酸	1.7	苯乙醇	0.2
辛酸乙酯	0.2	乳酸	2.0	糠醛	0.1
十四酸乙酯	0.3	丙醇	5.0		

第八章　牙膏漱口液香精及其应用

根据牙膏的定义，牙膏应该符合以下各项要求：

① 能够去除牙齿表面的薄膜和菌斑而不损伤牙釉质和牙本质；

② 具有良好的清洁口腔及其周围的作用；

③ 无毒性，对口腔黏膜无刺激；

④ 有舒适的香味和口味，使用后有凉爽清新的感觉；

⑤ 易于使用，挤出时成均匀、光亮、柔软的条状物；

⑥ 易于从口腔中和牙齿、牙刷上清洗。

⑦ 具有良好的化学和物理稳定性，仓储期内保证各项指标符合标准要求；

⑧ 具有合理的性价比。

牙膏是复杂的混合物，通常由摩擦剂（碳酸钙、磷酸氢钙、焦磷酸钙、二氧化硅、氢氧化铝等）、保湿剂（甘油、山梨醇、木糖醇、聚乙二醇和水等）、表面活性剂（十二醇硫酸钠、肥皂等）、增稠剂（羧甲基纤维素、鹿角果胶、羟乙基纤维素、黄原胶、瓜尔胶、角叉胶等）、甜味剂（甘油、环己胺磺酸钠、糖精钠等）、防腐剂（山梨酸钾盐、苯甲酸钠等）、活性添加物（叶绿素、氟化物等）以及色素、香精等混合而成。

特种牙膏是有特殊性质的牙膏——含氟牙膏加有活性物氟化钠、氟化亚锡、单氟磷酸钠、氟化锌等，对防止龋齿有效；叶绿素牙膏里加入叶绿素，对阻止牙龈出血、防止口臭有特效；加酶牙膏能分解残留食物，对清洁口腔、防止虫蛀有效果；药物牙膏是在牙膏中添加药物，能治疗口腔疾病，如市场上出售的黄芩牙膏、草珊瑚牙膏等，它们对牙龈出血、牙龈红肿、口臭、牙质过敏症等有明显减缓和治疗作用。

牙膏用香料主要是薄荷类，原先是赋予牙膏凉爽感的一种不可缺少的成分，现在市场上已有不带薄荷气味的凉味剂，所以调香师可以配制出没有薄荷气味的牙膏漱口水香精了。

薄荷类又分为薄荷醇（薄荷脑）、薄荷油等多种物质，以及由其派生出来的香料。此外，还可使用水果类香精，如柑橘香精、香蕉香精、草莓香精等，但目前这些水果香精都带有强烈的薄荷气味。

为改善牙膏的口感，牙膏中加了少量糖精。由于用作湿润剂的甘油等也具有甜味，故糖精的配用量一般为0.01%～0.1%。也可用木糖醇做甜味剂。

为了防治口腔疾病，有的牙膏中还加入了以下一些特殊成分。

① 为除去口臭常在牙膏中加入双氧代苯基二胍基己烷和柏醇等杀菌剂，铜叶绿酸对防止口臭也有一定功效。

② 防治龋齿可加入氟化合物，既能抑制口腔中残留物发酵，又使牙齿表面的珐琅质强化。从安全性来考虑，牙膏中氟含量规定在1000μg以下。在饮用含氟天然水的人群中，龋齿的发病率相对较低，但饮用含氟量高的水，牙齿表面会形成白浊状（斑状齿），反而使齿质变脆。

在日用品里面，口腔卫生用品有牙膏、牙粉、漱口水、假牙清洗剂、口腔喷雾剂等，它们都属于“洁齿品”。牙膏（包括牙粉）和漱口液香精既属于“日用香精”（牙膏、牙粉和漱口液属于“化妆品”）又属于食用香精（只能用食用香料配制），这就是不得不把它们单列一章的理由。

洁齿品的使用可追溯到2000～2500年前，希腊人、罗马人、希伯来人及佛教徒的早期著作中都有使用洁牙剂的记载，早期的洁齿品主要是白垩土、动物骨粉、浮石甚至铜绿，直到19世纪还在使用牛骨粉和乌贼骨粉制成牙粉。用食盐刷牙和盐水漱口至今也还存在着。而我国唐朝时期就已有中草药健齿、洁齿的验方。18世纪英国开始工业化生产牙粉，牙粉才作为一种商品。1840年法国人发明了金属软管，为一些日常用品提供了合适的包装，这导致了一些商品形态的改革。1893年维也纳人塞格发明了牙膏并将牙膏装入软管中，从此牙膏开始大量发展并逐渐取代牙粉。

牙膏是在牙粉的基础上改进形成的，早期的牙粉主要用碳酸钙作为摩擦剂、以肥皂为表面活性剂。20世纪40年代起，由于科技的迅速发展，牙膏工业也得到很大的改进，一方面是新的摩擦剂、保湿剂、增稠剂和表面活性剂的开发和应用，使牙膏产品质量不断升级换代；另一方面，牙膏还从普通的洁齿功能发展为添加药物成为防治牙病的口腔卫生用品，最突出的是加氟牙膏，使龋齿病发病率大大减少。1945年，美国在以焦磷酸钙为摩擦剂、焦磷酸锡为稳定剂的牙膏中添加氟化亚锡，研制出了世界上第一支加氟牙膏。

我国从19世纪末开始生产牙粉，1926年在上海生产第一支牙膏。

随着科学技术的不断发展、工艺装备的不断改进和完善，各种类型的牙膏相继问世，产品的质量和档次不断地提高，现在牙膏品种已由单一的清洁型牙膏发展成为品种齐全、功能多样、上百个品牌的多功能型牙膏，满足了不同层次消费水平的需要。

漱口水是口腔卫生用品的一种，是一种口腔保健用品，作用是清洁牙齿，净化口腔，除去食物残渣、菌膜、牙垢，预防龋齿和牙周炎、减轻口臭等。漱口水可分为美容性（或清洁性）和治疗性（或功能性）两大类。美容性漱口水主要作用是去除口腔异味；治疗性漱口水是对口腔常见病进行辅助性治疗。

漱口水分为以下几类。

(1) 含氟化物漱口水　大多数含氟化物漱口水含有0.05%的氟化钠，能为有需要的人士提供额外的氟化物。每天使用一次能为牙齿提供额外的保护，有效地防止蛀牙。

(2) 防牙菌膜漱口水　这种漱口水有助防止牙菌膜积聚，从而减低牙龈发炎的机会。其主要成分包括三氯生、百里香酚、十六烷基吡啶等。

(3) 抑制牙菌膜漱口水　内含葡萄糖酸氯己定，这个成分已被证实能有效抑制牙菌膜滋长，防止牙周病。不过，如果长期使用，会令牙渍容易沉积于牙齿表面，导致味觉改变，还会引致复发性口疮。

(4) 防敏感漱口水　这种漱口水的主要化学成分如硝酸钾等，能封闭像牙质的微细管道，令牙齿敏感程度减低。不过，防敏感漱口水是不宜长期使用的。选购防敏感漱口水前，应先征询牙科医生的意见，看看是否有此需要，如果有，也须遵照牙科医生的指示使用。

(5) 生物漱口水　这种漱口水可以增加口腔中的含氧量，抑制厌氧菌的生存，清除牙缝或牙间隙处的菌斑，消除口臭，保持口气清新；促进唾液分泌，抑制口腔内致病菌群的生长繁殖，无毒、无刺激，能迅速清除由多种口腔疾病诱发的疼痛感；清热解毒、消肿止血。可预防牙龈炎、牙周炎、龋齿、牙周肿痛等。

最近德国巴斯夫（BASF）化学公司正在研制一种含有有益细菌的口香糖、牙膏和漱口液，可用于防止蛀牙。这些含有防止蛀牙的细菌产品今年开始投放市场。实验表明，含有该菌的口香糖可以使口中的有害细菌数量减少50%。

牙膏漱口液香精以薄荷脑、薄荷素油为主，配上适量的留兰香油、水杨酸甲酯、丁香油、肉桂油或肉桂醛、各种果香香料等就是留兰香、冬青、丁香、肉桂、果香牙膏漱口液香精了。国外有的倾向于使用椒样薄荷油，此油香气较佳，但含薄荷脑较少，使用时还得加薄荷脑。我国主要种植亚洲薄荷和留兰香，椒样薄荷种得少，有人用薄荷素油调配椒样薄荷油，但香气还有差距。由于牙膏漱口液香精含大量的薄荷香料，这些香精都应叫做“薄荷××香精”或“××薄荷香精”，但有时“薄荷”二字被忽略掉。大量低沸点的果香香料（如乙酸戊酯、丁酸乙酯等）存在时直接嗅闻是这些果香，但其体香仍是薄荷香气为主。

用薄荷原油直接代替薄荷脑和薄荷素油于配方中也是可以的，但质量较不稳定，每一批薄荷原油都必须分析薄荷脑含量，必要时添加薄荷脑或薄荷素油，才能保证成品品质一致。

冬青薄荷

水杨酸甲酯	40	肉桂油	11	茴香油	4
留兰香油	15	薄荷原油	30		

留兰香

留兰香油	58	薄荷素油	20
水杨酸甲酯	2	薄荷脑	20

冬青

水杨酸甲酯	85	留兰香油	10
薄荷素油	2	薄荷脑	3

药香

桉叶油	36	水杨酸甲酯	24
薄荷原油	12	百里香酚	28

丁香肉桂

丁香油	20	肉桂油	50
薄荷素油	10	薄荷脑	20

冬青百里香

水杨酸甲酯	25	百里香酚	25
薄荷原油	25	薄荷脑	25

薄荷肉桂

薄荷原油	17	桂醛	30	水杨酸甲酯	20
留兰香油	20	薄荷脑	5	丁香油	8

肉桂薄荷

桂醛	50	薄荷原油	10	桉叶油	2
丁香油	8	肉桂叶油	6	薄荷脑	10
留兰香油	10	百里香酚	4		

留兰果香

留兰香油	66	薄荷脑	20	百里香油	2
水杨酸甲酯	3	甜橙油	5	香兰素	1.5
香叶油	1	葛缕子油	1.5		

果香薄荷

甜橙油	30	薄荷素油	10	薄荷脑	30
丁酸戊酯	10	丁酸乙酯	10	留兰香油	10

菠萝

己酸烯丙酯	14	薄荷脑	35	香兰素	1
丁酸戊酯	7	丁酸乙酯	8	薄荷素油	30
柠檬醛	2	庚酸乙酯	3		

近来有人不用薄荷油、薄荷脑，而用其他新合成的“凉味剂”如薄荷缩酮、薄荷酰胺等加一些果香、花香、茶香香料配制出没有薄荷气味的牙膏漱口液香精，取得一定的成功。下面是这类香精的配方例子。

茉莉牙膏香精

二氢茉莉酮酸甲酯	5	丙酸苄酯	5	苯甲酸叶酯	5
乙酸苄酯	35	丁酸苄酯	5	薄荷缩酮	10
纯种芳樟叶油	10	乙酸芳樟酯	5	薄荷酰胺	20

绿茶漱口液香精

甜橙油	25	叶醇	5	薄荷缩酮	15
乙酸苄酯	5	香叶醇	5	薄荷酰胺	15
芳樟醇	25	二氢茉莉酮酸甲酯	5		

第九章　饲料香精及其应用

我国几千年来都是“一户一猪”、“一人一猪”或“一亩一猪”的家庭养殖方式，鸡、鸭、牛、羊、兔、鱼、虾、蟹等也是以家庭养殖为主，没有形成规模，直到20世纪80年代中期，我国的饲料工业才开始有了一定的基础。随着人民生活水平的迅速提高，肉类消费量快速增长，促使禽畜饲料生产业也随之飞跃发展。目前，我国年产饲料10000多万吨，其中配合饲料7000多万吨，已成为仅次于美国的世界第二大饲料生产国。饲料工业在我国已形成为一个大规模的产业部门。对饲料香精的研究开发也早已提上议事日程。认识和研究国内外饲料香精的发展状况和应用技术对提高我国饲料的质量、推动饲料工业的发展、提高动物生产水平都是很有意义的。

目前，我国的饲料香精正在从早期的仿制和摸索阶段向着研制和创新阶段发展。香料香精、精细化工、生物化工以及微生物技术都得到了广泛的应用，极大地促进了饲料香精技术的发展。

饲料香精（feed flavor）常常被称饲料风味剂、饲料香味剂、饲料香味素、诱食剂等，它属于非营养性添加剂，是根据不同动物在不同生长阶段的生理特征和采食习惯，在饲料中改善饲料香味，从而改善饲料的适口性、增加动物采食量、提高饲料品质而添加到饲料中的一种添加剂。饲料香精一般由醇、醚、醛、酮、酯、酸、萜烯化合物等具有挥发性的芳香原料组成。通过香味剂散发出来的浓郁香气感染周围环境，通过呼吸刺激嗅觉引诱动物采食量的增加。

第一节　饲料香精的作用机理

在我国，目前大多数人包括饲料厂、养殖场的管理人员和技术人员对饲料香精的认识还是相当模糊的，甚至还有许多人觉得饲料添加香精是“多此一举”、“白白增加了成本”。有相当多的人认为饲料加香是“给人闻的”，不是“给动物闻的”，加不加香都无所谓。之所以这样，主要是人们对饲料香精的作用机理了解不够所致。

饲料香精的作用机理是非常复杂的，它与畜禽的嗅觉、味觉、呼吸系统、消化系统等功能都有密切的关系。动物的味觉是其味觉器官与“某些物质”接触而产生的，而嗅觉是其嗅觉器官与“某些物质”接触而产生的。有香气或味道的“某些物质”与鼻、口腔的感觉器官接触后，通过物理或者化学作用形成香气和味道的感觉。各种动物的嗅觉和味觉的灵敏度差别很大，大多数哺乳动物的嗅觉和味觉都比人的灵敏。猪的嗅觉和味觉灵敏度都比人高得多，比狗也高（一般人都以为狗的嗅觉“应该”是“最高”的）。

有实验证明，动物味蕾的数目和分辨味道的相对能力有密切关系。通常地说，动物的味蕾越多，其味觉就越敏感。表9-1列出一些动物和人的味蕾数目。

表 9-1 动物和人的味蕾数目（平均值）

鲇鱼	100000	狗	1700	鸡	20
牛犊	25000	人	900		
猪	15000	猫	700		

嗅觉灵敏度同嗅黏膜的表面积和嗅细胞的个数也有直接关系，如狗的嗅觉灵敏度很高，对酸性物质的嗅觉灵敏度要高出人类几万倍，是因为狗的嗅黏膜表面积比人类多3倍，而嗅细胞数目比人类多约40倍。兔子的嗅细胞数目也比人类多1.5倍（人类每侧的嗅细胞约2000万个，兔子约5000万个）。

饲料香精的香气、甜味、咸味、酸味、鲜味甚至有的苦味都能刺激嗅觉和味觉引起食欲。通过嗅觉、味觉的共同作用，经反射传到神经中枢，再由大脑发出指令，反射性地引起消化道的唾液、肠液、胃液、胰液及胆汁大量分泌，提高蛋白酶、淀粉酶及脂肪酶的含量，加快胃肠蠕动，增强胃肠机械性的消化运动，这样就促使饲料中的营养成分被充分消化吸收，吸收快除了长膘快外，还会让动物更多、更快地进食，促使动物产生更大的食欲和采食行为，提高采食量，促进畜禽生长发育，降低料肉比，提高动物的生产力和饲料报酬。

第二节 饲料香精的种类及添加方法

一、饲料香精的产品特性

大多数食物和饲料即使不加香精也都有一定的香味，其中均含有各种各样的香味物质，这些香味物质主要是天然的醇、醛、酮、醚、酸、酯类、杂环类、含硫含氮化合物、各种萜烯以及食物和饲料加工过程中产生的美拉德反应产物等。而饲料香精目前还是以合成香料配制为主，今后有可能主要从天然香料植物或美拉德反应产物、微生物发酵产物、“自然反应产物”中提取。

合成香料绝大多数是低分子有机化合物，有一定的挥发性，可一定程度地溶解于水、醇或油脂。单体香料含碳数在10～15左右时香气最强，相对分子质量一般在17～330范围内。猪饲料中常用的香味剂有乳香味、果香味、香草味、巧克力味、豆香味、“五谷”香味、“泔水”香味、鱼腥香、熟肉香等，它们分别由带有这些香气的各种香料配制而成，例如乳香香精可以用丁酰基乳酸丁酯、乳酸乙酯、丁二酮、丁酸、丁酸乙酯、丁酸戊酯、香兰素、丙位癸内酯、丁位癸内酯等各种带有乳香香味的合成香料配制，也可以用微生物发酵法、美拉德反应得到的带有乳香味的“天然产物”配制。

二、微胶囊香精的产品特性

微胶囊香精又称微胶囊风味剂或微胶囊香味剂。微胶囊是指粒径为50～500μm、由1～2层不同物质构成的球形或类似球状的颗粒料，每个颗粒料的内容物为固体、液体或者气体。微胶囊香精有多种形态，如固态、液态及气态微胶囊香精，复合单体多味微胶囊香精，慢释放微胶囊香精，热敏性微胶囊香精，喷涂型和搅拌型微胶囊香精，彩色微胶囊香精，过胃肠溶微胶囊香精等。饲料用微胶囊香精主要是水溶性微胶囊香精，它能使各种香料在饲料加工储藏中挥发得慢一些，从而增强香味的持久性，猪、牛、兔子等动物在采食微胶囊香精后，在口腔唾液的作用下，由胶囊包被的香味慢慢释放出来，刺激动物的食欲，增进动物采食，因此，微胶囊香精具有很好的应用前景，经济效益也十分显著。

三、甜味剂的产品特性

饲料的甜味来自饲料中的营养成分和非营养添加剂，如蔗糖、某些多糖、甘油、醇、醛和酮等，一些稀碱和无机元素也有甜味，大多数多肽、蛋白质无味，但有些天然多肽如托马丁多肽（Thaumatin）、莫尼林（monellin）等是目前已知最甜的化合物。由于各种动物对甜味的嗜好，促使饲料甜味剂的大量使用。最早人们使用蔗糖、麦芽糖、糊精、果糖和乳糖等天然糖类作为饲料甜味剂，但这几种饲料甜味剂甜度较低，要达到甜化饲料的效果，添加量较大，成本太高。后来有了一些新型甜味剂如天门冬酰苯丙氨酸甲酯、甘草酸（盐）、甜菊糖苷、糖精钠、环己基氨基磺酸钠（甜蜜素）、Thaumatin及增效剂等。糖精甜度为蔗糖的300～500倍左右，但具有“金属”回味，仔猪对此较敏感，单独长期应用于动物，会引起动物“反感”，造成采食量下降。将糖精与某些强化甜味剂、增效剂配合使用，可掩盖糖精的不良味道。甜菊糖苷的安全性较好，但有草药味，苦味浓重；甜蜜素由于安全性有争议，美国FDA已禁用作为食品添加剂；天门冬酰苯丙氨酸甲酯由于其安全性、味质都较好，作为食品添加剂被世界各国广泛使用，但作为饲用甜味剂成本较高。最近出现的一些新型长效强化甜味剂如新橘皮苷二氢查耳酮（可以从柚皮或其他柑橘皮提取、制取）甜度较高，而且产生的甜味比较缓慢、持久，能够掩盖饲料的苦味及其他不良味道，是一种较理想的甜味剂新产品，目前也已得到应用了。

四、饲料香精的添加方法

液体饲料香精可以采用喷雾加香的方法加入饲料中，但目前应用得最普遍的是把液体香精先同甜味剂、咸味剂、酸味剂、抗氧化剂和各种添加剂及载体拌成粉状“预混料”（俗称饲料香味素）再加入饲料中去。

在颗粒料、膨化料生产中，由于有一段“高温处理”过程，会造成一部分香精挥发损失。此时可以采用内外加结合的添加方法，在制粒前和制粒后各加入一部分香料，这样可使颗粒料里外都有香料，既能使头香浓郁，又保证了香味的持久性。对于不同香型的香味剂，添加方法也有差异，奶香型、豆香型、坚果香型等香精较耐高温，宜于内添加，果香型香味剂飘香性较好，宜于外添加。在颗粒料、膨化料、预混料、浓缩料中采用内加甜、外加香的效果也是不错的。

第三节　饲料香精的功能

禽畜饲料也存在着“色、香、味、形、质”问题。饲料添加香精的目的在于利用动物喜爱的香味促进其食欲，增加饲料的摄取量，提高喂饲效率和养殖业的经济效益。家畜的嗜好性问题主要发生在猪、牛等的哺乳期。一般哺乳动物的嗅觉发达，猪、牛的嗅觉敏感程度更在人类之上。为了使猪、牛等尽早断离母乳而用人工乳喂养，对于配合饲料除了要求营养均衡和饲养效率高之外，提高幼畜的嗜好性自然也是很重要的。在宠物方面，饲料的嗜好性也是非常重要的问题，现在市面上已有许多种宠物专用饲料，这些种饲料不但饲养方便，而且能取得营养均衡、达到调整动物生理机能、避免生病的目的。专用饲料对于动物嗜好性的优劣已经成为市场销售量的决定性因素，饲料香精的重要性不言而喻。

一、饲料香精对动物食欲和生产性能的影响

食欲是指动物想吃食的愿望，食欲能否满足通常取决于饲料的适口性。适口性是饲料或饲

粮的滋味、香味和质地特性的总和，是动物在觅食、定位和采食过程中视觉、嗅觉、触觉和味觉等感觉器官对饲料或饲粮的综合反应。适口性决定饲料被动物接受的程度，与采食量密切相关，它通过影响动物的食欲来影响采食量。要提高饲粮的适口性，除了选择适当的原料、防止饲料氧化酸败、不让饲料霉变外，在饲粮中添加饲料香精是最有效的措施。

动物采食饲料的多少直接影响到动物的生产水平和饲料转化率。如果能够在不引起动物健康问题的情况下，维持较高的采食量，用于动物生产的能量相对增加，动物的生产效率可大大提高。采食量太低，饲料有效能用于维持的比例增大，用于生产的比例降低，饲料转化率下降。因此，饲粮中添加适当的饲料香精可提高采食量，增加采食的饲粮用于生产的比例，从而提高饲料的转化率。

二、饲料香精对饲料异味和调整饲料配方的影响

饲料中的药物及某些原料中的不适味道会引起畜禽拒食或采食量降低，加入饲料香精能掩盖或减缓适口性较差的饲料组分和抗营养因子（如某些蛋白质、脂肪、维生素、抗生素等）的不良异味，使饲料的香味保持一致，从而扩大饲料资源，提高适口性差的原料或代用品的应用，增加动物的采食量。

在配制各种动物的饲料时，有许多因素迫使配方需要调整：各种畜禽在不同生长阶段的营养需要不同，日粮配方也不一样；为了提高经济效益、降低饲料成本，开发新的饲料资源而改变日粮组成；随着人口的增长，谷物用作饲料会越来越少，而农副产品饲料数量则会增加；“工业化生产”的蛋白质、油脂（如石油发酵蛋白、天然气发酵蛋白、秸秆水解物发酵得到的蛋白质和油脂、各种工业废料提取的蛋白质和油脂等）在今后可能会大量出现。通常情况下，饲粮配方的变化将影响饲料的适口性，从而影响动物的采食量。由于动物对已经习惯的味道和气味有一种行为反应，当日粮中存在动物喜欢的某一特别香味时，即使日粮的其他组分变化也不大影响它们的采食，这一特性将有利于畜禽饲料配方的调整，节约饲料成本。饲料中添加香精能有效地保证在改变畜禽日粮的配方时，饲料适口性和动物采食量不受影响，并满足畜禽在不同生长阶段的营养需要。

此外，有些特定配方的饲料香精还可以对饲料中油脂的酸败起到抑制的作用。油脂的酸败产生“哈喇味”，动物一闻到这种不良气味就拒绝或减少采食。天然香料和合成香料里的某些成分可以防止油脂在储存期间氧化酸败。

三、饲料香精对动物采食行为和诱食的影响

动物具有天生的和从过去的采食经历或通过人为的训练而对饲料产生喜好或厌恶。由于动物只能通过感觉器官来辨别饲料，可能将饲料的适口性或风味（滋味和香味的总和）与过去某种不适（常常是胃肠道不适）或愉快的感觉联系在一起，产生“厌恶”或“喜好”，从而改变其采食行为。当动物对某种风味产生“厌恶”后，就会几乎或完全不采食含有这种风味的饲料；当动物对某种风味产生“喜好”后，就会喜爱含有这种风味的饲料。动物对某种风味产生的“厌恶”或“喜好”取决于与该风味相关的饲料被采食后的效果，一旦确立后就难以改变，这与人类有较大的差别（人比较容易改变对某种风味的爱好或厌恶）。幼畜与年长的动物相比，易产生“喜好”，也易引起厌食。

实验证明，仔猪生下来 12h 之后就能辨认出自己母猪的气味，母猪采食后，食物的微量特殊风味通过奶传递给仔猪，当仔猪发现未知食物的气味与母奶气味相仿或一致时，仔猪就会“放心”采食。因此，在制造仔猪开食料时，保证开食料的气味与仔猪熟悉的气味一致，就能提高仔猪的采食量。

成年动物可从未知食物的气味或味道中判断该食物是否与过去接触过的食物相同或相似，如果气味或味道与已知的一种营养好的食物一样，它就开始采食，而且采食量提高；如果气味或味道与已知的一种“不好”（带有毒素、营养成分低、营养不平衡或给它带来不良感觉或不良反应）的食物一样，它就避开它，不采食，减少采食量。

四、饲料香精促进动物消化腺的发育和养分的消化吸收

饲料香精通过动物嗅觉和味觉产生食欲刺激，通过大脑皮层反射给消化系统，促进动物消化腺的发育，引起消化道内唾液、肠液、胰液及胆汁的大量分泌，各种消化酶如蛋白酶、淀粉酶、脂肪酶等分泌量相对加大，加快胃肠蠕动，促进饲料的分解消化，使饲料中的养分得以充分消化吸收，提高了饲料消化率。饲料消化快速、良好又进一步刺激动物的食欲，形成多量采食的良性循环。

五、饲料香精对缓解动物应激的影响

动物在断奶、转群、高低温、预防接种、疫病等条件变化时会产生应激反应，降低食欲，影响采食量，从而影响生产性能，这时饲喂添加香精的饲料能够提高其适口性，刺激动物的食欲，保证动物一定的采食量，缓解应激带来的不良影响，保证动物不受条件变化对生长、生产的影响。

饲料香精对降低仔猪断奶的应激损伤有特别重要的意义。断奶是仔猪一生中最大的应激，断奶应激会影响猪一生的生长水平。仔猪断奶后一周内的日增重水平将直接影响以后猪的生产性能，日增重高的生产性能好。断奶应激的首要因素是仔猪在断奶后采食的能量不能满足其维持需要，供应高消化率的饲料、提高采食量是克服断奶应激的唯一途径。随着人们对仔猪断奶生理反应、断奶仔猪采食习性的深入认识，在仔猪料中添加饲料香精已经成为必不可少的手段。

六、饲料香精对饲粮商品性的影响

商品饲料中添加香精在保证产品适口性的同时，能有效地保证商品饲料特定的商品风味和香型，以区别于其他饲料产品，提高产品的质量档次；商品饲料中添加特定的香味剂，能产生特定的风味和香型，可防止饲料产品被假冒，增强饲料产品的市场竞争力。由于香味最难模仿而又最易于被消费者识别，添加某种特定风味的香精已成为一些大型饲料制造厂最简单易行、最有效的防伪手段之一。

七、天然饲料香精有望解决抗生素的滥用问题

抗生素自20世纪中期应用于养殖业以来，极大地促进了养殖业生产的快速发展。但抗生素的长期使用，已引发动物体内产生耐药菌株并导致药物残留，更可怕的是抗生素的滥用导致“超级细菌”的出现已经直接威胁到人类的生存。因此，抗生素的使用逐渐受到限制甚至禁止，欧盟已于2006年1月全面禁止在饲料中使用抗生素促生长剂，我国早晚也将效法。

抗生素既杀菌又能促生长，少量使用就能大幅度提高饲养效率，降低料肉比（投入的饲料与产肉的比例），而增加的成本不高，经济上极其合算，所以理想的替代物不多，世界各国都在寻找、试用中，欧盟推荐的替代物是二甲酸钾。在我国，目前天然精油和低聚糖被认为是抗生素最理想的替代物，今后有可能同二甲酸钾并列使用。

复配精油具备高效、速效、剂量小、毒性小、副作用小的理想“药物”特点，并且还具备

一般抗生素和合成抗菌药物所没有的作为治疗药物同时兼有促生长、残留低的特点，符合当今全社会日益关注的食品动物要求无残留、绿色健康的呼声，其应用前景甚好。

饲料香精尤其是全部采用天然香料（精油）配制的全天然复配香精作为一种新型饲料添加剂，以其绿色、环保、抗菌促生长、无残留、零停药期及不易产生抗药性等特点而引起人们的广泛关注。天然精油的抗菌谱广，可抑杀大肠杆菌、巴斯德菌属、沙门氏菌属、大肠弧菌、曲霉菌属、似隐孢子菌属、念珠菌属、气荚膜梭状芽胞菌、产气肠杆菌、绿脓假单孢菌、金黄色葡萄球菌、猪葡萄球菌、生脓链球菌、粪便链球菌及霉菌属等，对组织滴虫、梨形鞭毛虫和球虫也能有效驱赶杀灭。其抗菌机理是破坏病原微生物生物膜的通透性，使细胞内容物溢出，造成内环境失衡；阻止线粒体吸氧，破坏核糖体、内质网和高尔基体的生物合成及转运功能。有报道许多精油能有效地预防与治疗大肠杆菌或沙门氏菌引起的腹泻，明显降低感染仔猪的死亡率。在自然感染的病例中，治疗效果明显优于硫酸新霉素、黄霉素、金霉素等抗生素。在治疗犊牛和羔羊腹泻上也收到了预期效果。

饲料香精里的各种精油对禽畜还有诱食和促生长作用，其促生长作用机理是抑杀有害病原体，保护肠道微生态平衡，促进生长；许多精油可刺激食欲，通过信息反馈系统有效激活消化酶，使食糜的黏稠度发生变化，促进饲料中营养物质充分吸收。精油里的芳樟醇、香叶醇、萜烯、桂醛、丁香酚、香芹酚和百里香酚对肠黏膜成熟腔上皮细胞有活性效应，肠黏膜细胞受细胞内病原体影响引起死亡，然后在肠内腔脱落，带走坏死组织。精油里的活性物在肠绒毛表面加速成熟腔上皮细胞的更新率，减少病原体对腔上皮细胞的感染和提高营养吸收能力。在猪的日粮中添加这种香精可提高日增重、降低料肉比，对乳猪有良好的防病促生长作用。有实验报告指出，有些精油的促生长效果明显优于金霉素、黄霉素、弗吉尼亚霉素、林可霉素、阿维拉霉素等抗生素。

畜牧业的发展长期有赖于抗菌促生长剂的“神奇”作用，尤其在规模化养殖条件下，畜禽只能依靠人为技术措施进行保健和疾病治疗。因此像天然精油这样的高效、环保、安全的绿色添加剂有很广阔的发展前景，是一种很有前途的抗菌促生长剂，而且在畜禽生产中使用不产生耐药性。这种全天然的抗菌促生长香精将给饲料行业带来新的希望和契机。

表 9-2 是一个全部用天然精油配制的饲料香精例子，在各种饲料里添加量为 0.01%，对各种禽畜都有诱食作用，抗菌和促生长作用也超过添加抗生素的饲料：

表 9-2　畜禽保健复配精油

纯种芳樟叶油	10	丁香油	10	牛至油	50
肉桂油	20	柠檬草油	5	玫瑰香草油	5

用这个配方配制出的香精香气有点“怪异”，有些禽畜一开始采食时因为不太习惯而对食欲有所影响，但几次食用后就变得喜爱甚至有点“依赖”这个香气，诱食作用也就开始了。

第四节　饲料香精对不同动物的影响

一、猪用饲料香精

猪的嗅觉敏锐，仔猪喜食带甜味的牛奶香味的饲料。小猪在舒适或非应激条件下，一般不会采食不同气味的新饲料，喜食与母乳相似的香味。大量饲养实验表明，在仔猪开食料中，添加与母乳气味相似的带有奶酪味和甜味的饲料最易被仔猪接受。尽管饲料香精的作用随着仔猪日龄的增长越来越小，饲料香精对生长猪仍有显著效果。一般情况下，猪饲喂香味剂后采食量提高 5%～20%，日增重提高 17%～25%，饲料报酬提高8%～12%。

在食物供应充足时，猪对香味相当挑剔。国内应用较多的猪用饲料香味剂有乳香香型、果香香型、甘草香型和谷物香型等，现在还有巧克力香型、鱼腥香型和辛香型等。近年来还有一些生产厂家在奶香型中添加青草香味，使饲料更具有天然风味。

乳香型饲料香味剂主要作用是使仔猪尽快断奶采食，有效地缓解断奶应激反应。使用的香料一般有丁二酮、香兰素、乙基香兰素、乙基麦芽酚、二氢香豆素、丙位庚内酯、丙位壬内酯、丙位癸内酯、丁位癸内酯、丙位十一内酯、乳酸乙酯、丁酰乳酸丁酯、丁酸以及其他有机酸，有的为了加强香味的厚重感，在香精配方中加入茴香油等；有的用丁酸酯类以及乙酸酯类使香型带有水果味，使香味更易飘散出来；有的在乳香型的配方中加大香兰素、乙基香兰素、乙基麦芽酚的用量，使香味显得更甜一些。

巧克力香型的饲料香味剂常用 2,3-二甲基吡嗪、2,3,5-三甲基吡嗪以及噻唑类香料；鱼腥香型使用的香料有三甲胺、苯乙胺等；辛香型使用的香料主要有茴香、胡椒、辣椒、肉豆蔻、肉桂、丁香、姜汁、大蒜以及香荚兰豆等。

在猪的饲料中添加香料最初是为了使那些开始用人工乳代替母乳的仔猪喜欢吃食。一般仔猪生下后先由母猪哺乳 1～2 个月左右，然后逐渐用饲料代替母乳。如果不及时断奶，便会影响母猪下一次受胎。在人工乳中加有母乳香气的香料可以提高仔猪对人工乳的嗜好性。一般仔猪饲料中使用的香料是带甜味的牛奶味香料，它可以使仔猪联想起母乳的香气。加入香料的人工乳可以使仔猪消化酶的作用活跃起来，促进消化。由于猪的嗅觉敏感，所以香料的用量以及饲料中鱼粉、氨基酸等成分对于香味的影响都必须充分考虑在内。仔猪喜好的香料成分有丁二酮、乳酸乙酯、丁酰乳酸丁酯、丁酸和异丁酸及其酯类、香兰素、乙基香兰素、乙基麦芽酚、茴香脑等。有人提出猪对蔗糖和谷氨酸钠也有嗜好性。

乳猪饲料香精

丁酸乙酯	8	丁酸戊酯	10	丁二酮	1
乳酸乙酯	20	戊酸戊酯	10	香兰素	4
丁酰乳酸丁酯	6	丙位壬内酯	10	乙基麦芽酚	2
乙酸戊酯	4	丙位十一内酯	10	对甲氧基苯乙酮	2
丁酸	2	丁位癸内酯	10	洋茉莉醛	1

二、牛用饲料香精

牛对甜味的喜爱程度很强，对酸味的喜爱程度中等，犊牛喜爱牛奶香味的人工乳，它含有浓郁的奶香味，此外，牛对乳酸酯、香兰素、柠檬酸及砂糖等也有嗜好性。实验表明，牛用饲料香精对犊牛诱食能力明显，可以提高采食量 15%～16%，日增重提高 23%～24%。

根据牛的不同种类、年龄和重量调配的香味主要用途在于牛犊断奶和喂养奶牛。牛犊断奶期间，如需要尽快地过渡到使它进食，可以采用代乳品和加香饲料。一般牛犊喜欢乳香味和甜味。奶牛喜欢柠檬、干草、茴香和甜味的饲料。奶牛出的牛乳与饲料有很大的关系。夏天用青草作为主要的饲料，牛乳中会有青草香味；而到冬天用干草作为主要的饲料，牛乳中会有香甜气味。

牛奶的风味、色调能随饲料发生变化，也就是说饲料中的香气成分可以转入到牛奶中去。另外，当强迫仔牛断奶时，仔牛常常因为一时不习惯而不爱吃食，以致造成营养不足、停止生长发育或生病等情况。通常，仔牛生下后用母乳哺育十天左右开始用代用乳饲养。在代用乳中加有牛奶味香料，直到仔牛长到六、七周时才逐渐改用人工乳饲养，但人工乳中所用香料仍然以牛奶味香料为主。反刍胃尚未发育完全可和单胃作同样考虑。除了牛奶味香料以外，还可使用茴香油，但也有报告提出在实际应用时茴香油使牛的嗜好性降低，其原因可与人类的嗜好作相同的解释。还有一些报告指出，牛对于乳酸酯类、香兰素、柠檬酸、丁二酮、3-羟基-2-丁酮、尿素、砂糖等也有嗜好性。

牛饲料香精

甜橙油	10	大茴香油	12	丁二酮	1
丁酸乙酯	2	丁酸戊酯	3	香兰素	10
3-羟基-2-丁酮	4	戊酸戊酯	2	乙基麦芽酚	4
乳酸乙酯	19	丙位壬内酯	4	对甲氧基苯乙酮	2
丁酰乳酸丁酯	6	丙位十一内酯	10	洋茉莉醛	1
乙酸戊酯	1	丁位癸内酯	4	二氢香豆素	5

三、其他家畜用饲料香精

一般来说，食草动物用的饲料香精可以接近于牛饲料香精。绵羊喜爱低浓度甜味；山羊对酸、甜、咸、苦四种基本滋味均能接受；鹿对甜味的喜爱程度最强，对酸味和苦味的喜爱程度弱或中等。食肉性动物用的饲料香精可以参考猫、狗的饲料香精。

兔饲料香精

叶醇	1	乙酸戊酯	1	乙基香兰素	3
乙酸叶酯	1	大茴香油	10	乙基麦芽酚	4
甜橙油	4	丁酸戊酯	3	对甲氧基苯乙酮	2
丁酸乙酯	2	戊酸戊酯	2	乙酸芳樟酯	10
香叶醇	10	丙位壬内酯	4	二氢香豆素	6
3-羟基-2-丁酮	1	丙位十一内酯	6	纯种芳樟叶油	10
乳酸乙酯	10	丁位癸内酯	4		
丁酰乳酸丁酯	5	丁二酮	1		

猫饲料香精

虾酶解物美拉德反应产物	99.0000	反-2-庚烯醛	0.0001	2-甲基-3-巯基呋喃	0.0001
		2,3-二甲基吡嗪	0.0030	3-甲硫基丙醛	0.0070
三甲胺	0.7000	甲基甲硫基吡嗪	0.0001	二甲基硫醚	0.2897

四、鸡用饲料香精

鸡几乎没有嗅觉，虽有味觉但较差，对好的味道不敏感，对不好的味道反而相当敏感。因此，在质量较差的饲料尤其是杂粕较多的饲料中添加香精能掩盖其不良气味的影响，促进鸡的采食。实验表明，大蒜粉和大蒜油可增进鸡的食欲和采食量。

鸡的味蕾只有20个，由于鸡的味觉较差，为了增加鸡的采食量、重量和成活率，节省饲料，一般采用辛香型、鱼腥香型、巧克力香型的饲料香味剂。因为这类香料和香精的香比强值高（阈值较低），可以对鸡的嗅觉和味觉产生刺激。鸡喜欢食用带有辛香、茴香、果香和酒香味道的饲料，并喜欢带有蒜香味的饲料。大蒜不仅可以促进食欲，而且具有杀菌、防止下痢、防止产蛋率下降和提高鸡肉香味的作用。一般在夏季使用，是消除高温应激造成鸡生产下降的重要手段。

过去对于鸡是否有味觉曾有过许多争论，后来美国科尼尔大学的 M. R. Kare 等在进行了一系列研究后终于得出结论，证实了鸡对气味是有识别能力的。用 4000 只小鸡对 32 种香料进行实验，结果表明：小鸡对于加了香料的水和没加香料的水是有选择性的，而且效果还随浓度的改变发生很大变化，但是香气对嗜好性的影响没有饲料的形态、颜色、表面状态等对嗜好性的影响大。鸡用饲料可以分为产蛋鸡用和食肉鸡用两种。在鸡的饲料香精中，大蒜等辛香料很有实用价值。大蒜中所含的大蒜素可增进鸡的食欲，杀死肠内细菌，防止下痢，从而降低鸡的死亡率和防止产蛋率下降。辛香料对鸡的肉、蛋品质无任何不良影响。

鸡饲料香精

大蒜素	30	甜橙油	20	乙基麦芽酚	6
大茴香油	20	丁酸乙酯	24		

五、鱼用饲料香味剂

鱼用饲料香味剂中主要有鱼粉、酵母、植物蛋白以及鱼类喜好的各种香料。使用鱼用饲料香味剂时，要考虑鱼的种类对嗅觉的要求以及鱼的味觉等对饲料的要求。一般来讲，肉食性鱼类喜欢腥味和肉味的香料，而草食性鱼类喜欢具有草香、酒香型等有植物芳香的香味。此外，大蒜素、甜菜碱、酸味、苦味、甜味和咸味都对味觉迟钝的鱼类有反应。现在许多厂家利用天然香料、特有鱼油以及各种甲壳类提取物为原料，将鱼类香味剂的市场不断翻新。

鱼虾类水族一般都喜欢鱼腥香味的饵料，其香味的主体大致是 δ-氨基戊醛、δ-氨基戊酸等。曾经用鳗鱼、鲤鱼、鳟鱼、鲫鱼、虾等对鱼用饲料香料进行对照试验。在这些鱼的饲料中主要原料是鱼粉，出于经济目的也可用植物蛋白质代替，在其中添加壬二烯醇、δ-氨基戊醛、δ-氨基戊酸、甜菜碱、海鲜香味料等。植物蛋白质在咬食、嗜好性、消化性等方面还存在一些问题。在上述各种鱼类中幼鳗鱼的饲料主要使用蛤仔香精、虾香精、海扇香精等。

南方常见鱼种适用的添加剂如下。

鲫鱼——蛋奶、草莓精、香草、花生粉、地瓜粉、杏仁精、寒梅粉、香虎、氨基酸、南极虾粉、蚕蛹粉等；

鲢鱼——凤梨精、寒梅粉、蛋奶、香草、杏仁精、香蕉精、花生粉、地瓜粉、黑粉、蒜头精、香虎、玉米淀粉等；

草鱼——凤梨精、香蕉精、杏仁精、花生粉、香虎、蛋奶、草莓精、地瓜粉、氨基酸、蒜头精等；

福寿鱼——南极虾粉、鸡肝粉、鳗鱼粉、蛋奶、黑粉、香虎、氨基酸、玉米淀粉等；

鲮鱼——香草、杏仁精、花生粉、香虎、蛋奶、草莓精、虾粉、玉米淀粉等；

鲤鱼——花生粉、地瓜粉、蛋奶、草莓精、香虎等；

乌头鱼——蛋奶、花生粉、寒梅粉、香虎等；

武昌鱼——香虎、香草等。

不同季节、不同水域环境、不同厂商香精品牌型号不同，香精扩散力和渗透力会有差异；同时，不同水域鱼的嗜好不同，香料、香精对鱼的诱食性也会有不同程度的差异，如何用好香料、香精还是要多实践，多摸索。

鱼饵香精：钓鱼调饵的参考用量如下。

① 油质香精一般用量为 0.1%～0.15%。

② 水质香精一般用量为0.35%～0.75%。

③ 水油两用香精一般用量为0.25%左右。

④ 乳化香精一般用量0.1%左右（0.08%～0.12%）。

⑤ 粉末香精适用于膨化饵，用量为0.2%～0.5%。

⑥ 调味料香精一般用量为1%左右。

⑦ 饲料用香精一般用量为0.5%左右。

总的原则是：必须根据季节、水温、水质的变化，对饵料“香、酸、甜”进行调整。例如：当水温较高、水底有较厚的淤泥时，所配制的饵料为“六分酸四分香”，初闻是酸味，再仔细闻是香味，即“酸里透香”。为什么水温高时，要“六分酸四分香”呢？因为水底的食物容易变馊发酸，鱼儿对此已经习惯。假如光香不带酸味，反而不灵，然而季节渐渐变凉后，水温也随之下降，应以“六分香四分酸”为宜，即“香里透酸”，实践证明，只要随季节变化而调整饵料的味道，就可以收到较为满意的效果。

夏季还可以考虑使用臭味饵，一般臭味饵用臭豆腐或者韭菜大葱发酵水。

鱼饲料香精

δ-氨基戊醛	1	甜菜碱	2	乙基麦芽酚	2
δ-氨基戊酸	2	壬二烯醇	1	鱿鱼浸膏	10
大蒜素	2	香兰素	2	味精	78

将上述原料拌匀即为鱼用香味素，既可用于饲养鱼虾，也可用作鱼饵添加剂。

六、宠物饲料香味剂

随着人们生活水平的提高，宠物的饲养在城市中流行，在欧美诸国，宠物饲料工业已很发达。近年来我国宠物市场发展很快，宠物饲料生产已具有一定规模，宠物用加香饲料极具开发潜力。

一般宠物用香味剂有牛肉味、乳酪味、鸡肉味、牛奶味、黄油味和鱼味等，可以分为狗饲料、猫饲料、（观赏）鱼饲料、鸟饲料四大类。如果按照饲料水分含量分类，可以分为干型（粒状、饼干状，水分含量在12%以下）、湿型（罐头、香肠，水分含量在70%～75%）、半湿型（水分含量在20%～40%）。在这些制品中，狗饲料占大部分，从嗜好性来看湿型比干型好。狗和猫饲料中使用的香料有牛肉味香料、乳酪味香料、鸡肉味香料、牛奶味香料、黄油味香料、鱼味香料等。

宠物饲料香精（巧克力味）

苯乙酸异戊酯	10	丁酰乳酸丁酯	10	乙基麦芽酚	6
三甲基吡嗪	2	丙位癸内酯	5	香荚兰豆酊	40
苯乙酸	3	丁位癸内酯	10		
乳酸乙酯	6	乙基香兰素	8		

七、其他动物用饲料香精

人类饲养的动物品种越来越多，数也数不清。现在的饲料香精已经包括诸如蚕、蚊、蝇、蛇、甲鱼、鸟食（撒用）中使用的香精。如果把昆虫引诱剂也包括在内，气味对于动物的利用范围实在太大了。这些饲料中香料的开发研究今后还需作很大努力，有些已经初见成效，例如幼蚕的人工饲料方面现在已经取得相当进展。下面是一个例子。

桑蚕饲料香精

叶醇	20	香兰素	5	甜橙油	10
芳樟醇	60	乙基麦芽酚	5		

第五节　饲料香味剂配伍

饲料香味剂由香基、抗氧化剂以及溶剂或载体组成。好的饲料香味剂要求香气纯正，头香、体香强烈，能迅速吸引动物。饲料香基在常温下一般是液状的，由各种食用香料配制而成，可以长时间掩盖饲料及周围的不良气味。一般要求香气“头尾”一致、协调，留香时间长，流动性好，保质期长（一般一年至一年半不变质）。液体香精一般使用乙醇、丙二醇做溶剂，固体香精要选择合适载体。载体中一般有玉米淀粉、米糠、麦皮、糊精、环糊精、石灰石粉、膨润土等，还可以加入固定剂、抗结块剂或疏松剂，如磷酸氢钙、硫酸钙、磷酸氢钾等，它们的加入可以加大饲料香味剂的流动性。饲料中有些物质如铜、钾、氯化胆碱、鱼粉、抗生素类药物和抗氧化剂等均能降低饲料香味剂的功效，影响香气；而有些物质如脂肪、盐、葡萄糖、核苷酸等对饲料香味有增效作用，可以使加香后的饲料香味更加稳定。

第六节　饲料加香的实验方法

一、并列实验法

把两种要做实验的香精以相同的浓度分别加入水中或相同的饲料中，并排放置。每日或隔日把加香饲料（或加香水）的位置调换一次。根据实验动物光顾不同加香饲料的平均次数，可以容易地对供试香精作出评价。这种方法适合于评价动物对两种香精的嗜好性差别。

二、反转实验法

把实验动物分为两群，并准备 A、B 两种饲料（同一种配方的饲料分别加入不同的香精）。把饲料 A 在一群动物中投放一定时间后，再投放一定时间的饲料 B。将这种操作反复进行数次后求出平均值作为结果。这种方法的优点是对于大家畜（牛、猪等）比较方便，缺点是得出实验结果所需要的时间较长。

三、单一投放实验法

把实验动物按品种、日龄、性别、体重等均匀地分为 A、B 两群，在 A 群投放一定期间饲料Ⅰ，B 群投放一定期间饲料Ⅱ，求出结果。

除了上述方法之外，研究适用于各种动物的新实验方法是重要的，有必要在反复进行实验的基础上研制出有重现性的香精。现在国外已经有用电脑观察、记录、分析动物采食状况的设备，国内也有大型饲料生产厂家引进使用了。

第七节　饲料香精中香料的研究方法

这个实验对于香精生产厂来说是非常重要的，通过实验能够了解动物对各种香料的嗜好性。具体实验方法有两种：其一是把不同的香料稀释后涂在布上悬挂在作为实验对象的动物前面，同时用喷水的布作空白进行对照，观察动物嗅吸时的表情和反应并进行记录；其二是把香料放在送风机前让动物嗅吸散发出来的香气并观察其反应。这两种实验方法对于确定动物对香料的选择性都很方便，困难是必须根据动物的反应和行动作出判断，而动物对香刺激的反应会受到其他诸多因素的干扰。

第八节　饲料香精的研究概况

饲料香精在多数情况下以动物的实际嗜好性实验为基础，由香精厂和饲料厂共同研究制成。饲料香精的形态因使用目的而异，可以分为油溶性液体香精和粉末香精两大类。油溶性液体香精用喷雾法喷洒在颗粒状饲料中时，香气得以很好地散发出来，用于加强饲料的芳香感，但重要的是必须设法防止饲料在储存过程中香气的挥发、散失。粉末状香精有吸附型和喷雾干燥型。所谓吸附型就是把液态香精吸附在阿拉伯树胶、桃胶、糊精、环糊精、纤维素等基质上，然后制成粉末。喷雾干燥型是把香精加胶体物质制成乳液后用喷雾干燥机制成粉末。前一种香精主要用于粥状饲料中，后一种香精因为有胶层包裹，所以易保存、挥发性小，可用于伴有加热过程的颗粒状饲料中。从 20 世纪 40 年代开始，以美国各大学为中心对家畜、家禽的嗅觉进行了许多有意义的研究，同时还以鸡、猪、牛等经济动物为主进行了有关嗜好性的研究。

1946 年建立的美国香料公司（FCA）以这些研究成果为基础制出了最早的饲料香精，接着在美国成立了专门经营饲料香精的“饲料香精公司”和“化学工业公司”，后来美国香精公司也加入到这一行业中来。在宠物香精方面，美国的一些大食品公司分别对狗、猫等动物的嗜好性进行了研究，并且制出了加有香精的饲料供应市场。日本从 1965 年开始利用饲料香精喂养家畜、家禽等动物。最初是使用美国香精公司生产的饲料香精，后来一些香料厂和饲料厂以仔猪的嗜好香料为中心进行研究，并逐渐由研究阶段进入实用阶段。研究范围也由仔猪扩大到仔牛、兔、狗、猫等。

第九节　饲料香精配方

液体饲料香精可以先加入饲料配方所用的油中溶解均匀，然后喷入饲料中，也可以用专门的喷雾装置把香精直接喷在造粒、冷却后的颗粒饲料表面上，但大多数厂家乐于使用粉状的“饲料香味素”，把液体香精、甜味剂和鲜味剂与适当的载体（如玉米芯粉、米糠、轻质碳酸钙等）混合均匀就成为“饲料香味素”了。混合工作可在饲料厂里进行，也可在香精厂里进行。

饲料厂购进液体香精自配“饲料香味素”是有利的，因为使用的载体、甜味剂和鲜味剂本来就是饲料厂的基本原料，简单的搅拌机械饲料厂多的是，随便利用一个小车间配制就可以了。

我国生产的饲料目前是猪饲料最多，鸡饲料其次，其他动物（牛、兔、鸭、水产动物、特种动物、宠物等）饲料较少。猪饲料虽有许多香型，但饲料厂乐于使用奶香与果香、鱼腥香香型香精。鸡饲料用鱼腥香、辛香（如茴香、大蒜）等香型香精。

奶香、果香、茴香、酒香、巧克力香等香味素配制配方如下。

香精	10%	糖精	10%	载体	80%

奶　香

乳酸乙酯	50	丙位癸内酯	5	丁二酮	1
香兰素	10	丁酰乳酸丁酯	18	丁位癸内酯	5
乙基麦芽酚	1	乙基香兰素	10		

白 脱 香

丁酰乳酸丁酯	22	丁位癸内酯	5	乙基香兰素	5
丁酸乙酯	15	丁酸	30	椰子醛	3
香兰素	5	丁酸异戊酯	15		

奶 油 香

丁酸	30	丁酸丁酯	5	乙基香兰素	5
丁酸异戊酯	15	椰子醛	5	洋茉莉醛	2
香兰素	5	丁酸乙酯	17	丙位癸内酯	5
乙基麦芽酚	1	丁二酮	5	丁位癸内酯	5

乳 猪 香

丁二酮	1	洋茉莉醛	3	丁酸	5
丁酰乳酸丁酯	10	丁位癸内酯	5	丁酸异戊酯	5
香兰素	5	乳酸乙酯	42	丙位癸内酯	4
对甲氧基苯乙酮	5	乙基麦芽酚	2	椰子醛	3
丁酸乙酯	5	乙基香兰素	5		

强 乳 香

丁位癸内酯	15	乙基麦芽酚	2	对甲氧基苯乙酮	5
椰子醛	5	癸酸	12	乙基香兰素	5
丁二酮	1	丙位癸内酯	5	丁酰乳酸丁酯	20
香兰素	15	桃醛	5	辛酸	10

茴　香

大茴香油	85	香兰素	10
乙基麦芽酚	2	乙基香兰素	3

香荚兰香

香兰素	12.8	丁香酚	0.2	洋茉莉醛	1
乙基麦芽酚	1	乙基香兰素	15	乙醇	70

椰子香

椰子醛	47	苯甲醛	1	乙基麦芽酚	1
丁香油	2	苯甲醇	10	己酸	3
乙基香兰素	5	苯乙酸丁酯	2	乙酸乙酯	1
庚酸乙酯	3	香兰素	5	苯甲酸苄酯	20

巧克力香

苯乙酸异戊酯	70	丁位癸内酯	5	乙基麦芽酚	2
乙基香兰素	10	香兰素	10	椰子醛	3

鱼腥香

33%三甲胺醇溶液	20	邻氨基苯甲酸甲酯	3	吲哚	0.2
三甲基吡嗪	1	异戊酸	19.8	墨鱼浸膏	56

酒香

己酸乙酯	40	乙酸异戊酯	3	乙基麦芽酚	2
壬酸乙酯	6	乳酸乙酯	21	异戊酸异戊酯	10
香兰素	8	庚酸乙酯	10		

橙香

甜橙油	90	香兰素	5
乙基香兰素	3	乙基麦芽酚	2

苹果香

戊酸戊酯	51	丁香油	1	柠檬醛	1
丁酸戊酯	20	乙酸戊酯	5	乙基麦芽酚	2
乙酸乙酯	5	戊酸乙酯	10		
香兰素	4	苯甲醛	1		

桃子香

桃醛	15	乙酸戊酯	10	丁酸戊酯	17
香兰素	5	丙位癸内酯	9	乙酸乙酯	12
庚酸乙酯	1	苯甲醛	1	戊酸戊酯	20
丁酸乙酯	7	丁香油	1	乙基麦芽酚	2

草莓香

草莓醛	10	丁二酮	1	丁酸乙酯	20
草莓酸	2	乳酸乙酯	14	乙酸异戊酯	4
乙基麦芽酚	5	肉桂酸乙酯	10	丙位癸内酯	5
己酸乙酯	10	草莓酸乙酯	1	桃醛	3
乙酸乙酯	10	香兰素	5		

香 蕉 香

乙酸异戊酯	55	香兰素	3	甜橙油	8
丁酸异戊酯	5	乙酸丁酯	14	乙基麦芽酚	5
乙酸苄酯	2	丁酸乙酯	5		
桂叶油	1	丙酸苄酯	2		

菠 萝 香

苯乙酸	3	香兰素	5	己酸烯丙酯	15
己酸乙酯	8	丁酸异戊酯	5	乙基麦芽酚	5
庚酸烯丙酯	15	乙酸糠酯	24	丁酸乙酯	5
庚酸乙酯	5	乙酸乙酯	8	乙酸异戊酯	2

第十节 饲料香精的防腐、抗氧化作用

全价配合饲料和浓缩料、油脂含量较多的饲料原料在储运期间都容易氧化产生难闻的气味，这就是人们常说的油脂腐败。油脂腐败的原因是饲料中不饱和的脂肪酸及其酯在空气、水、金属盐、光线、热、微生物等作用下氧化产生低碳醛、酮和酸，这些低碳化合物组成人们厌恶的“油脂气味”，而且在食用时刺激喉咙，即所谓的“哈喇味”。腐败的油脂还能破坏饲料中的维生素 A、维生素 D、维生素 E 及部分 B 族维生素，降低赖氨酸和蛋白质的利用率，从而降低了饲料的生物学价值和能量价值。

目前国内外的饲料厂都在全价饲料和浓缩饲料中加入合成的抗氧化剂如乙氧喹、BHT、丁羟甲醚等，但这些合成化合物在允许添加的浓度范围内抗氧化作用有限，而且最近一再遭到非议，人们怀疑有致癌性，对肝、肺有影响，安全性不可靠。

香料，特别是天然香料中的许多品种具有优异的防腐抑菌和抗氧化作用，国内外早已对其作用进行了研究，并应用于食品的生产实践中，而饲料生产中的应用则鲜见。

为此，本书作者从 1995 年开始着手研究，筛选出多种具有防腐抑菌、抗氧化的香料单体，然后用它们调配成人和饲养动物都喜爱的饲料香精，发给各地饲料厂试用，反映良好。国内某著名饲料集团从 1996 年开始在其大量生产的一种猪用浓缩料中添加这种专用香精，浓缩料在正常储存 3 个月后仍然同刚出厂时的气味一样，闻不出油“哈喇味”。该集团生产的这种浓缩料很快在当地成为名牌产品，购买者只要闻其是否有“哈喇味”就可断定是不是“正品”。

香料防止油脂腐败的机理是相当复杂的，不能用简单的一两个化学作用解释。根据目前国内外对于香料在食品中能起到防腐抑菌、抗氧化作用的机理，整理归纳如下。

(1) 酚羟基的抑菌、抗氧化作用，类似于 BHT 和丁羟甲醚。例如丁香含有 15%的丁香酚，其抗氧活性就可与 14%的 BHT 相等，具有 90%的 BHT 抗氧化性。常用香料中有酚羟基的有丁香酚、麝香草酚、香荆芥酚、异龙脑、香兰素、乙基香兰素、水杨醛、水杨酸及其酯类、愈创木酚、麦芽酚、乙基麦芽酚等。

(2) 烯、醛等借助于还原反应，降低饲料内部及其周围的氧含量，这些香料本身较易被氧化，与氧竞争性结合，使空气中的氧首先与其反应，从而保护了饲料，此类香料有萜烯（柑橘、橙、柠檬油中的主要成分）、蒎烯、香茅醛、柠檬醛、苯甲醛、C_8～C_{12}醛等。

(3) 酸、硫醇、杂环化合物与饲料中重金属离子结合或络合，减少了金属离子对氧化的催化促进作用，此类香料有柠檬酸、乳酸、C_1～C_{14}酸、草莓酸、3-巯基丙醇、烯丙硫醇、糠基硫醇、呋喃类、噻唑类、吡咯类、吡啶类化合物等。

(4) 醇、醛、胺与不饱和油脂氧化产生的低碳醛、酮、酸起缩醛缩酮、半缩醛、酯化、席夫反应等减轻了这些低碳醛、酮、酸的不良气味，这类香料有C_1～C_{12}醇、各种萜醇、苯甲醛、桂醛、氨基苯甲酸酯类等。

(5) 香料的香气掩盖了不饱和油脂氧化腐败的不良气味，氧化产生的低碳醛、酮、酸在一定的浓度范围内与香料组成比较宜人的气味。

当然，并不是所有香料都有防止油脂腐败的效果，有少数香料加进饲料中反而会促使饲料更快腐败变质，有的饲料香精不但不能掩盖饲料腐败气味，反而使腐败气味更显。

从以上的分析可以看出，全价饲料和浓缩料添加适量的，合适香精可以大大降低它们在储存、运输和销售期间腐败的可能性，但由于国内饲料香精起步晚，基础研究薄弱，至今不少饲料香精和香味素制造厂家生产时“知其然而不知其所以然”，只凭一知半解，简单地试配方就开始生产，殊不知有些香精加入全价饲料和浓缩料后不但不能防止和减轻油脂腐败，反而加速其变质，这就是为什么近年来有些文章指出某些不良的“饲料香味素”给饲料工业带来的危害性不容忽视的原因。这个问题应引起香料工业界和饲料工业界科研人员的重视，加强对饲料香精和香味素的基础研究，弄清楚香料在饲料中所起的各种作用及机理以指导生产。

下面是一个防油脂腐败的猪饲料香精配方例子。

防腐败饲料香精

丁酸乙酯	4	丁酸戊酯	5	乙基麦芽酚	10
乳酸乙酯	10	戊酸戊酯	5	对甲氧基苯乙酮	6
丁酰乳酸丁酯	6	丙位壬内酯	5	洋茉莉醛	2
乙酸戊酯	4	丙位十一内酯	5	丁香油	10
邻氨基苯甲酸甲酯	12	香兰素	6	牛至油	10

第十章　烟用香精及其应用

全世界生产烟草的国家有一百三十几个，从产量看，以亚洲为最多，约占世界总产量的一半，主产国是中国、印度、土耳其、印度尼西亚、日本、菲律宾、巴基斯坦、泰国和韩国等；北美洲次之，约占世界总产量的1/4，主产国是美国、加拿大、古巴；总产量居第3位的是欧洲，约占世界总产量的1/5，主产国是俄罗斯、意大利、希腊、保加利亚等；在南美洲有巴西、智利、阿根廷等国家；在非洲有津巴布韦和赞比亚等国家。

烟草植物随着生态环境自然变异，以及栽培技术和处理方法的不同，形成了烤烟、白肋烟、马里兰烟、香料烟、半香料烟［如苏联的索霍米（Sukhumi）烟］、晒烟和不同用途的雪茄烟等的烟草栽培类型。

烟草采收后需要经过一系列的处理，如干燥、发酵、复烤、陈化等。烟草在处理过程中烟叶所含的化学成分会不断发生变化，并降低叶片中的含水量。处理的方法，主要有烤、晾、晒三种。烤制是将烟叶放在烤房中进行，经变黄、定色和干筋3个阶段，再经复烤、储存、自然发酵、醇化。晾制是将烟叶放在阴凉通风的室内或晾棚中晾干。晒制是利用日光的热量暴晒，蒸发烟叶中的水分，使之干燥。也有晾晒结合或用明火烘烤的。

烤烟主要在中国、美国、巴西、加拿大、日本、印度、津巴布韦、韩国、阿根廷等国家种植。我国烤烟产量约占世界烤烟总产量的50%，美国烤烟产量约占世界烤烟总产量的10%。白肋烟主要在美国、日本、韩国、巴西、墨西哥、西班牙、保加利亚等国家种植。美国白肋烟产量约占世界白肋烟总产量38%，居首位。香料烟主要在土耳其、俄罗斯、希腊、保加利亚等国家。土耳其的香料烟产量约占世界香料烟总产量的25%。雪茄用烟叶主要在美国、古巴、菲律宾、印度尼西亚等国种植。

就不同类型烟草的产量来说，全世界以烤烟为最多，深色晾烟和晒烟占第2位，香料烟第3位，白肋烟居第4位，其他为淡色烟、雪茄烟等。在烟叶的贸易方面，英国、德国和法国本国产烟很少，以进口为主；土耳其、希腊、津巴布韦、巴西等国产烟较多，以出口为主；美国的进出口量都比较大。

我国现在是世界上产量占第1位的产烟国，烟草制品有：卷烟、雪茄、斗烟、嚼烟、鼻烟和我国的水烟等品种。

（1）卷烟（Cigarette）　卷烟是目前烟草制品中最主要的品种。

（2）雪茄烟（Cigar）　在烟草制品中也是个较为重要的品种，其用烟叶量约占烟草总产量的9%～10%左右。基本是以晾晒烟叶为主，经醇化和重复发酵，使其自然产生的香味物质。国际上目前仍以古巴的“哈瓦那雪茄”代表优质高级品；菲律宾的“马尼拉雪茄”为高中级雪茄烟的代表。

（3）斗烟（Pipe Tobacco）　因其成品往往呈板块、片状或条块，故习惯上又称“板烟”。

（4）鼻烟（Snuff）　鼻烟是古老的烟草制品之一。清代赵之谦说：中国最先传入的烟草制品是鼻烟，明万历九年（1581年）由利玛窦带入。让·尼古送给法国皇太后的烟就是鼻烟，曾是法国上层社会的时髦嗜好。鼻烟的制造可分为干法与湿法两种。

（5）嚼烟（Chewing Tobacco）　以晾晒烟或烤烟并加香料、树胶制成条块或索状的成品，供爱好者放在口中咬嚼，现在国外的产量很少，国内也少有人嗜嚼烟的习惯。

（6）水烟　我国烟草制品的传统品种。早在1785～1845年间已有生产，它是要用特制的烟具——水烟筒燃吸的。烟气通过筒内的清水，经过滤洗涤作用，使烟气内一部分烟碱和焦油溶于水中后再进入口腔。

虽然全球“戒烟”的口号铺天盖地，但我们仍然可以预见今后世界烟草的产量还会继续增长——发达国家烟产品的消费确已开始下降，但是人口更多的发展中国家烟草市场却在快速增长之中。

第一节　吸烟与健康

烟草作为一种特殊的经济作物，原产于亚热带地区，起源于南美洲。而由烟草制成的特殊商品——卷烟，一直与人们的生活有着密切的联系，随之而来的吸烟与健康问题就一直受到人们的关注。自16世纪初烟草由美洲传入欧洲继而传遍世界后，人们对“吸烟与健康”的问题就有着截然不同的看法。

早期的说法是：吸烟能防瘟疫——1665年伦敦大瘟疫时就以吸烟为防瘟疫措施。汉堡的一次霍乱流行中，该市烟厂的工人无一得病。在《鲁滨逊漂流记》中也曾经提到过主人公在孤岛上得了痢疾，生命垂危，是烟草治好了他的病，救他一命。我国明代张景岳所著的《本草纲目拾遗》一书中提到烟草流行过程时说：“征滇之役，师旅深入瘴地，无不染病，独一营安然无恙，问其故，则众皆服烟”。但是，反对吸烟的呼声也日益高涨。早在1604年英国国王詹姆士一世就发布过《对烟草的强烈抗议》的文告，认为吸烟是一种“视之可恶，嗅之可恨，伤脑损肺的坏习惯”。1639年我国明朝崇祯皇帝也曾一度明令禁烟，违者处以劓型。

近代关于吸烟与健康的争论始于1900年。一些流行病学者的调查研究发现，肺癌患者的逐步增加与吸烟人数的增加呈正相关性。流行病学统计分析还进一步表明，吸烟不仅与肺癌有关，而且也会造成其他器官的疾病，诸如心血管病、呼吸系统器官的疾病等。1954年英国皇家医学会、1964年美国医政总署都正式发表了“吸烟与健康”的报告，综述流行病学研究、吸烟对试验物的影响、吸烟对人和动物的病变机理等多方面的资料，明确提出吸烟对人体是有害的。各国行政管理部门则着手制定各种与吸烟有关的法令和政策，一方面增加税收，另一方面积极宣传吸烟对健康的影响。

可以肯定的是，吸烟对人体健康有一定的影响。但人们需要烟草，而且从多少年来吸烟与反吸烟争论的历史来看，要在短期内从世界上消灭烟草还是不现实的。因此在烟草行业中，尽量减少烟草的危害性是当前的奋斗目标。

烟叶及烟气中所含物质的种类是随分离鉴定手段的进步而逐步为人们所认识的。在点燃卷烟的过程中，当温度上升到300℃时，烟中的挥发性成分开始挥发而形成烟气；上升至450℃时，烟丝开始焦化；温度上升到600℃时，烟支就被点燃而开始燃烧。卷烟的燃烧存在两种方式：一种是抽吸的燃烧，另一种是抽吸间隙的阴燃。在烟支燃烧时，燃烧的一端是锥形体状，锥体周围的温度最高。抽吸时大部分气流从锥体与卷烟纸相接处的周围进入，这个区域称为旁通区，而锥体的中部却形成一个致密的不透气的炭化体，气流不大容易通过。锥体周围的含氧量很低，以致使燃烧受到限制，也就是说锥形体周围进行的燃烧是不完全的。这个区域的烟丝就处于一种缺氧干馏状态，处于还原状态。新生烟气中约含有6.4%～8.2%的氢气、10.6%～12.6%的一氧化碳、1.3%～1.8%的甲烷，另外还有许多其他的物质。

据1982年的统计资料报道，烟叶和烟气中已鉴定的成分达5289种，其中烟气中有3875种，烟叶中有2549种，烟叶与烟气中所共有的为1135种。烟气气相物中的主要有害物质有一氧化碳、挥发性芳香烃、氢氰酸、挥发性亚硝胺等。烟气粒相物质中的主要有害物质有稠环芳烃、酚类、烟碱、亚硝胺和某些杂环化合物。有一点应指出，并非所有的稠密环芳烃都有较强的致癌性，如苯并芘、烟碱在人体的代谢过程很快，在短时间内即可排出体外，基本不会造成累积性的危害。

一般认为对健康有影响的主要是烟气中的焦油，而真正有害物质只占焦油量的很少一部分。通过研究，烟气焦油中有99.4%是无毒的，只有0.6%是有害的，其中0.2%是致癌的诱发物质，0.4%的促癌物质。因此应在保证质量的前提下，尽量降低卷烟的焦油量（在各类卷烟中混合型卷烟的焦油量是较低的），或者想办法让这极少量的致癌和促癌物质消除掉或化为无毒。

自1954年以来，虽然各国政府和卫生部门在吸烟与健康问题的研究方面耗资巨大，但得出的结论仍停留在流行学的统计和一些推理性假说上，尚无直接的实验证据加以证明（有毒或无毒）。这里有多方面的原因，一是医学界对许多疾病的病因不十分清楚，如癌症的病因就是一个典型的例子；二是烟草化学成分与发病的关系不是急性的毒害，且涉及遗传、环境和生活习惯等各种因素，还未能做到通过实验确定吸烟就是肺癌的病因。在这种情况下，研究烟草的危害时，不能忽视其他致病原因。

对于吸烟会导致癌变的主要依据是烟气中含有公认的致癌物苯并芘，有人收集过一些资料，全世界每年向大气释放出来的苯并芘的重量为5000t。其实苯并芘到处皆有，避也避不了，如日常的食物、取暖、室内装修的建筑材料、呼吸的空气都有苯并芘的存在。在大城市中，人们一天呼吸空气中的苯并芘的量就相当于吸50～60支烟的量，就是清洁的城市也相当于吸入5～6支卷烟。所以既不能完全肯定吸烟致癌的说法，但也不能忽视吸烟对健康的影响。

用卷烟焦油做小白鼠的涂肤实验，往往被人认为是吸烟致癌最强有力的证据。但是，有的科学家同时对小白鼠和大白鼠做涂肤试验时，小白鼠长出了肿瘤，而大白鼠却没有。其他的一些动物包括猴子的涂肤试验，结果也是阴性。这里暂且不说小白鼠的血液与人体血液的性质相距有多远，小白鼠的皮肤与人体的呼吸道的结构功能更是大不相同，仅仅在试验时在单位面积上施加的焦油剂量就大大高于正常吸烟时烟气焦油作用于呼吸道的剂量。因此，依据涂肤试验就得出人体的肺部生癌的结论说服力不强。

从国际烟草业来看，发达国家早在20世纪50年代即已投入大量的人力物力进行降低卷烟焦油技术及低焦油卷烟的研究，并取得了较大的成就。在降焦技术措施方面，从物理、化学、配方、加料加香、工艺技术等方面都作了大量的卓有成效的工作。从国内情况看，近年来国家烟草专卖局及国家有关部门也开始重视卷烟的焦油量问题。随着我国卷烟工业技术的不断进步和产品结构的不断调整，全国卷烟焦油量已大幅度下降，但与发达国家相比仍有较大差距，主要表现在卷烟焦油量仍普遍偏高且变化幅度较大。随着反吸烟运动的不断高涨和吸烟者健康意识的提高，发展低焦油卷烟，降低现有卷烟、尤其是名优卷烟产品的焦油量已成为烟草行业求得生存和发展的必由之路。因此，稳定、降低卷烟焦油量，消除焦油里的诱癌、致癌物质或使这些有毒成分化为无毒，对于国内卷烟企业来说，既是机遇又是挑战，更是企业自身参与市场竞争的需要，也是一个企业产品科技含量的体现。

第二节 影响卷烟焦油产生量的因素

卷烟焦油量受烟丝组分、烟支燃烧物质数量、燃烧条件及过滤、稀释等因素作用，涉及到从烟叶生产、产品设计到卷烟生产的各个环节。目前，我国烟草行业在大力开展降低卷烟焦油量的工作方面有几个因素值得研究。

① 卷烟产品类型的影响　我国长期以来已形成以烤烟型卷烟为主体的消费习惯，而且短时间内难以改变这一事实。由于该类卷烟的配方本身就具有高焦油和烟气浓度较淡的特性，因此，降焦难度较大。

② 烟叶质量的影响　我国烟叶长期以来实行计划调拨，烟厂对计划内调拨的烟叶没有选择余地。由于生产技术、气候条件以及小地区的差异而无法控制烟叶的化学成分，这本身就造成了卷烟焦油产生量的不稳定性。

③ 辅料质量的影响　国外卷烟企业所需的辅料能够得到最大限度的质量保证，所设计的低焦油卷烟产品能够保持其焦油量的稳定性。这一点，我国的企业还做不到。

④ 科研机构及经费的影响　在一些发达国家的卷烟制品公司设有专门的产品科研发展部，有大量专职的科研人员，并配备有各种理化实验设备和仪器，设有实验工厂，科研经费完全能够满足需要，产品从设计、研制到投入市场所需的各项费用，这对于我国烟草企业来说暂时是难以想象的。

随着卷烟焦油量的大幅度降低，将导致烟味偏淡且香气不足，使消费者难以接受，因而在降低卷烟焦油量后，如何保持卷烟的香味，是降焦工作中的重中之重。为达到降焦保香之目的，应注意下面几点。

(1) 烟叶的选择　烟叶是卷烟焦油产生的物质基础，烟叶的物理和化学特性直接影响着卷烟的特性和焦油量。烟叶和配方的多变性是导致卷烟焦油量不稳定的主要原因之一。因此，就降焦而言，叶组配方的设计需满足三方面的要求：一是降低卷烟焦油量；二是控制焦油波动幅度；三是满足卷烟降焦后的感官要求。

配方中烟叶的选择应着重于满足降焦后的感官要求，尤其是要保证各种降焦技术应用后的烟味浓度和口感。试图通过在配方中选用一些燃烧后焦油产生量较低的烟叶来达到降焦目的，在实际应用中很难实现。一是相对其他措施而言，降焦效果不甚明显，二是这类烟叶大多香味不足、香气质较差，难以满足感官质量要求。因此，我们应将烟叶生产目标调整为提高烟叶的香气质量，为卷烟工业采用各种降焦措施提供物质基础。同时要努力提高烟叶的醇化程度，这样一方面可减低烟叶的含糖量，有利于从根本上减少焦油的产生源，有利于改善烟叶的燃烧，另一方面，醇化好的烟叶香气质改善，香气量增多，对低焦油卷烟的香味有提高作用。

根据我国的情况，应将降低焦油量的重点放在烤烟型卷烟上，而不是单纯靠改变卷烟类型来达到降低焦油的目的，因为85%以上的产品和消费市场是烤烟型卷烟。

(2)“两丝一片”的使用　“两丝一片”是指在卷烟中加入膨胀烟丝、膨胀梗丝和烟草薄片。“两丝一片”的加入一方面可以减少烟支含丝量，另一方面由于其组织结构疏松、燃烧性较好，对降低卷烟焦油效果较为明显。

但对“两丝一片”的使用也要慎重，掺入不当会对卷烟香味产生负面影响。烟丝经膨胀后，由于燃烧速率加快，刺激性也随之增大，香味受到损失，特别是采用干冰膨胀的烟丝，由于液态 CO_2 将烟叶中的香味物质液化并随高温挥发掉，因此，较大比例的掺兑会降低卷烟的吃味。梗丝和烟丝相比，本身的内含物就差了很多，木质气较重，就更显得烟味差，较大比例的掺兑亦会破坏卷烟的香味。烟草薄片在重组过程中由于一些添加剂的影响，也会产生不良的气息。

鉴于以上原因，应对“两丝一片”作适当的处理，烟丝和梗丝在膨胀前应先进行加料处理，目的在于增加它们的香味，可用一些较耐高温的加料物质。烟草薄片则可作为一些与烟香协调、有增香作用、对遮盖杂气有较明显效果的香味添加剂的载体，使“两丝一片”在利于降焦降耗的前提下为全配方提供一定的香味。

(3) 发展加香料技术、开发应用新型香料　改变在加料时加入糖和酸的传统做法。因为这两类物质都会降低卷烟的 pH 值使卷烟烟气偏酸性而使烟气过于平淡，同时糖本身就是卷烟燃烧时增加焦油产生量的一个因素，并使烟丝的填充值下降，从而增加卷烟烟丝填充密度，造成焦油量增加。可考虑在加料时加入一些反应类物质及一些与烟香协调且挥发性小的天然浸膏类及增香效果明显的单体香料。在改变传统的加料物质后，烟叶的物理性能（如韧性）可能会受影响，这可以通过调整工艺加工指标予以解决。即使是加料时要加糖，也应严格控制料液中的糖和含糖物质的用量，用量要控制在既使烟草中的含氮化合物全部或大部分参与烟叶工艺处理过程中的棕化反应，又不至于过量。

加香也宜采用一些挥发性小的香料及烟草的天然提取物成分等，使卷烟在燃烧时能产生足够的香味，以克服低焦油卷烟比一般卷烟加香加料较多而容易产生不协调的缺点。加入的香精尽量选用烟叶或烟气中已鉴定出的特征香味物质如异戊酸、β-甲基戊酸、吡咯类、吡嗪类、紫罗兰酮、突厥酮、二氢突厥酮、氧化异佛尔酮、氧化石竹烯和巨豆三烯酮以及烟草提取物、烟草精油和烟花精油等。

另外，采用滤嘴加香，与烟丝加香相比，滤嘴加香可以避免卷烟燃吸期间香料的变化，同时亦可避免卷烟静燃期间香料的损失。据报道有些中草药如芦荟、芳樟、茶叶等的提取物加在滤嘴里可以进一步减少烟气和焦油中有害物质对人的伤害，值得卷烟制造厂家和科研机构多做实验，深入研究取得数据，总结推广。

第三节　烟草加香

在烟草加工工业中，卷烟加香在产品设计中占有重要地位。烟草为什么要进行加香加料处理呢？因为卷烟的烟叶组配方是由几种至数十种烟叶组合而成的，经组合的烟叶配方其化学成分并不能完全达到平衡，抽吸时会表现出不同侧面和不同程度的缺陷，这就必须进行加香及加料。即使一个完美的烟叶组配方，若不进行加香或加料处理，产品就不会有特征的风味，也就难使有不同爱好和习惯的吸烟者得到满足。随着低焦油卷烟的发展，卷烟制品香气经过滤和稀释，香气显得明显不足，因此，卷烟加香越来越重要。对烟草企业而言，没有良好香气与吸味的卷烟产品，企业的经济效益会就受到直接影响。

烟用香料——配制烟草香精所用的原料称为烟用香料，这类物质既可调合使用也可以单独使用，其作用主要是增强烟草制品的香气和改善烟气吸味。所有的食用香料都可以作为烟用香料。

烟用香精——一类烟草制品添加剂。由两种或两种以上的烟用香料，按一定的配比并加入适当的辅料（溶剂、色素、增味剂等）组成，专供各种烟草制品加香矫味使用，使之在燃吸时产生优美的香气和舒适的“吃”味。

烟用香精有其专指性，只能用于卷烟（或其他类型烟草制品）中，而不能用于其他非烟草制品中。如果没有卷烟或其他烟制品的生产，烟用香精也就无法存在。

卷烟所用的烟叶，经过调制、陈化（或发酵处理）以及合理的配方，使各种烟叶的香味协调起来，形成不同类型风味的卷烟叶组。由于烟叶某些品质缺点在叶组中不可能完全得到改善，卷烟叶组尚存在例如杂气、刺激、余味等方面问题，尤其在上等烟叶原料短缺时表现更为突出，加香及加料的主要目的就是针对这些方面问题而进行的具体工作，以期达到使卷烟香气和吸味品质最佳的结果。加香以及加料可表现以下几个方面的作用：

(1) 消除不同等级烟叶之间的差异　卷烟通过料香和表香的辅助和衬托作用，可以有效地达到补充香气，掩盖杂气，改进吸味的目的，原来叶组中各烟叶之间的香气通过加香协调起来，从而减少或消除不同等级烟叶之间的差异；

(2) 有目的地增加或增强其他香味，使烟味丰满　叶组配方之后，尤其在加入其他变体原料之后，经常出现香气欠丰满和单调的问题，这就要根据设计产品风格的总体要求增加或增强香味，使烟味丰满；

(3) 降低干燥感，消除粗糙感，增加甜润度，改善吸味　烟气干燥和粗糙是配方人员经常遇到的问题，除合理配方以外，加香加料可以起到应有的作用，通过合理加香加料能达到增加甜润度，改善吸味的效果；

(4) 加香赋予卷烟特征香，增加对消费者的吸引力　卷烟作为嗜好品，其特征香是否明显是产品设计成败的重要内容。卷烟的特征香应有独特风格，一是嗅香和开包香风格不同，另外抽吸风格更应有自己的特点，风格特征比较强的卷烟牌号例如"万宝路"、"中华"等；

(5) 加香合适，在一定程度上能提高烟叶等级，由相对低等级烟叶组成的叶组配方产生级别较高的卷烟产品。

烟用香精的研制和调香，具有特定的要求和目的性，从应用技术方面来看，它与其他用途香精的调配既有共性又有其个性的专门的要求。

可以单独或调配后添加于烟草制品的香料，称为"烟用香料"，"烟用香料"同时也是调配烟用香精的原料，可能是一种"单体香料"，也可能是一种混合物（如天然香料、香基等）。

烟用香精归列在食用香精大类中，被作为其中一个分类，因为它与作为食品用的香精有着不同的概念。虽然它和食品饮料等一样，也是讲究香和味的，但是加香的烟草制品（除嚼烟、鼻烟直接进入口鼻外）并非像其他食品饮料等成品全部从口腔进入胃肠消化吸收，而是在燃点抽吸时，烟丝要经受950℃以下不同温度所产生的烟气——主流烟气、支流烟气，形成烟香烟味等气相和微颗粒物质，被吸入人体，通过口腔、鼻腔黏膜和呼吸道传入神经中枢，起到刺激、兴奋、愉快和满足的效应，而不是利用烟草中营养性的成分作为单纯的食品。

烟用香精一部分是为满足成品的嗅官需要（嗅香），大部分则要通过烟气发挥其作用，与食品饮料的加香目的不完全相同。

烟草是否归属于食品的问题，在国际间认识上也未完全一致。荷兰拿登国际香料中心的食品法律专家鲍脱马斯在文章中指出：美国不认为烟草是食品。美国联邦食品药物和化妆品法规说明（1968年修订）："食品"这个名称的意思是对人或其他动物用作食品或饮料以及口香糖的物品和用作这些物品的成分。美国食品与药物管理局（FDA）的督察员在回答询问关于制订烟草赋香剂是否可类似制订食品赋香剂的规定的可行性时说："烟草不是食品"，故可不受食品添加剂法规的约束。

德国的烟草制品被解释为"由烟草制成或利用烟草作为吸用、嚼用或嗅用的均属烟草制品"。按照德国的规定，一般食品法除了明确许可做食用的以外，其他附加剂（或添加剂）均禁止作为食品原料使用。但对于天然及天然等同的赋香剂和芳香物，均不认为是附加剂，仍可使用。在烟草中除了明文禁止使用的品种外，对烟草制品中所用的保湿剂、黏合剂、增稠剂、燃烧改进剂、防腐剂、滤咀组分、滤咀外包皮融合剂、包皮增韧剂和染色剂等都另作了规定，与食品脱离了关系。

在英国，有关烟草制品的规定在食品与药剂法规上未能找到。20世纪70年代中期政府才批准新吸用材料及附加剂指导方针的所谓亨特勋爵（Lord Hunter）报告，指导方针也应用于一切进口的烟草制品。

在瑞士，有关烟草附加剂最重要的规定为：烟草及烟草制品不能含有“为了达到滥用目的而加入的其他成分”。

以上法规的举例可以说明人们是把烟草和食品分开的。

国外著名的香料香精公司，在烟用香料与香精的研究、测试和调制以及产品的介绍和宣传等等，都分列专业部门，自成系统，都是与食品用香精分开的。

烟用香精可以使用哪些香料？总的来说，认为只要符合安全卫生法规的、对烟香烟味有帮助而不会引起相反作用的香料，都可应用。

国外早年常用的天然香料，大致有：小茴香、大茴香、芫荽子、肉豆蔻、肉豆蔻衣、罗望子（Louwandsi）、稻子豆（Carob 或 St John's Bread）、荜澄茄、丁香、肉桂、玉桂叶、玉桂皮、薄荷、香荚兰豆、黑香豆、胡芦巴、欧白芷、圆叶当归、鸢尾、香苦木皮、可可豆、咖啡（烤过的）、菊苣、防风根、甘草、橙桔、柠檬、香柠檬、玫瑰花、橙花、薰衣草、洋甘菊、接骨木花、茉莉花、苏合香、安息香、吐鲁香、秘鲁香、枫槭、醋栗、桃杏、李、葡萄干、无花果、苹果蜜、檀香、红茶、烟草等的提取物（如精油、浸膏、香树脂、酊剂）以及朗姆、白兰地、葡萄、拉塔基亚、杜松子等酒类。

近年来国外有很多新的烟用合成香料被发掘出来，大都系从分析烟叶和烟气香味成分中鉴定出来后并进行化学合成的。

对香烟评吸人员的基本功要求中，不仅要求对烟气质量做出准确判断，而且要求评吸人员能够运用专业术语正确描述。因此，熟悉专业术语并理解其含义是很重要的。目前，国标规定的评吸术语大体有 24 个，分述如下。

（1）油润　烟丝光泽鲜明，有油性而发亮。

（2）香味　对卷烟香气和“吃”味的综合感受。

（3）味清雅　香味飘溢，幽雅而愉快，远扬而留暂，清香型烤烟属此香味。

（4）香味浓馥　香味沉溢半浓，芬芳优美，厚而留长，浓香型烤烟属此香味。

（5）香味丰满　香味丰富而饱满。

（6）协调　香味和谐一致，感觉不出其中某一成分的特性。

（7）充实　香味满而富有，实而不虚，能实实在在的感受出来。但比半满差一些，即富而不丰，满而不饱。

（8）纯净　香味纯正，洁净不杂。

（9）清新　香味新颖，有一种优美而新鲜的感受

（10）干净　吸食后口腔内各部位干干净净，无残留物。

（11）舌腭不净　吸食后在口腔、舌头、喉部等部位感受有残留物。

（12）醇厚　香味醇正浓厚，浑圆一团，给人一种圆滑满足的感受。

（13）浑厚　香味浑然一体，似在口腔内形成一实体，并有满足感。

（14）单薄　香味欠满欠实。

（15）细腻　烟气粒子细微湿润，感受如一下子滑过喉部，产生愉快舒适感。

（16）浓郁　香味多而富，芳香四溢，口腔内变有饱满感。

（17）短少　香味少而欠长，感觉到了，但不明显。

（18）充足　香味多而不欠，但却不优美丰满。

（19）淡薄　香味淡而少、轻而虚，感觉不出主要东西。

（20）粗糙　感受烟气似颗粒状，毛毛的，产生不舒适感。

（21）低劣　香味粗俗少差，虽有烟味但不产生诱人的感受。

（22）杂气　不具有卷烟本质气味，而有明显的不良气息。如青草气、枯焦气、土腥气、

松质气、花粉气等。

(23) 刺激性　烟气对感官造成的轻微和明显的不适感觉。如对鼻腔的冲刺，对口腔的撞击和喉咙的毛辣火燎等。

(24) 余味　烟气从口鼻呼出后，口腔内留下的味觉感受。

单体香料对香烟香味的作用和影响有如下几方面。

(1) 脂族烷烃类和烯烃类的气息一般较弱，多存在于柑橘精油中，占主要成分的是萜烯（苎烯），对香味并没有多大作用，相反在储藏中氧化而产生败坏气味。但某些二烯烃类在烟草制品中，对改善烟气香味却颇有效，如新植二烯等。

(2) 醇类则几乎存在于一切香味物质之中，但是除了某些烯醇类外，一般对香味不起决定性的作用。烤烟中含有的香叶醇、芳樟醇、茄尼醇、苯乙醇等有很好的甜香、青香和花香韵。薄荷脑有凉味，植醇是清香带微弱胡椒香，它们都是很好的调香原料。

(3) 醚类只存在于少数食品香味中，缩醛类香气较温和而且较稳定，往往会在香精的储藏过程中产生，如酒类和陈化烟叶中都有发现。

(4) 含硫化合物虽在香味中含量极微，但对香气能起相当大的作用，在烟草香味中逐渐显露头角。

(5) 挥发性胺类虽在食品香味中很少发现，但其气息很强，许多胺类共存时能给香味物质以典型风格。烤烟中含有的2-甲基马来酰亚胺、2-乙基-3-甲基马来酰亚胺、2-甲基琥珀酰亚胺、2-丙基马来酰亚胺、琥珀酰亚胺等具有甜香、坚果香和烤烟香气。腈类化合物在烟草香味中已有发现，作为烟草制品甜味剂和添加剂的胡椒腈已有专利报道。

(6) 醛类几乎存在于一切有香味的物质中，由于其强烈的气味能左右烟草的特征。如苯甲醛的樱桃风味，4-羟基-3-甲氧基苯甲醛（香兰素）的甜清带粉气的浓郁豆香香气。此外烟草中还含有带烤烟香且能增加烟气丰满度的5-羟甲基呋喃醛、强烈樱桃香的3-甲基苯甲醛、甜香的5-甲基呋喃醛、甜的增加丰满度的β-环化柠檬醛、甜的肉桂样辛香的肉桂醛等。

(7) 酮类也较普遍地分布在有香味的各类物质中，白肋烟叶中含有对白肋烟香气特征影响很大的酮类香气成分，如有圆和酮香的茄呢酮、降茄呢二酮（氧化茄呢酮）、2-乙酰基-3-异丙基-6-甲基四氢呋喃、5-异丙琴基-3-壬烯-2,8-二酮；甜的花香带木香的α-紫罗兰酮、β-紫罗兰酮、3-羟基-β-紫罗兰酮、4-氧-β-紫罗兰酮；具有白肋烟样香气的异佛尔酮、4-氧代异佛尔酮、β-大马酮、β-二氢大马酮、4-(2-亚丁烯)-3,5,5-三甲基环已-2-烯-1酮、2-甲基四氢呋喃-3-酮、2-异丙烯基异佛尔酮；增加烤烟丰满度甜的4-羟基-α-紫罗兰醇，巧克力样香气的4-苯基-3-丁烯-2-酮等。

(8) 羧酸类存在于绝大多数的食品香味中，有时可起主宰香气的作用。在烟草中，异戊酸和β-甲基戊酸则是香料烟的特征香组分。那些被认为与烟叶和烟气成分有较好的亲和性尤其经抽吸分解出C_3～C_6有机酸的化合物，是改进烟香味的有效原料。脂肪酸能显著地赋予烟气以香气和味道，大多数高碳脂肪酸增加烟气的蜡味、脂肪味和醇和的气味。低碳脂肪酸对烟气的香味也明显有利。如香料烟中β-甲基戊酸含量高，它赋予甜味、像奶酪味和水果味。烟草中常见的酸如苯甲酸能圆和烟气，苯乙酸有蜜甜香气，亚油酸、硬脂酸（十八烷酸）、油酸、亚油烯酸等能赋予烟草脂肪和脂腊样香气，2-甲基丁酸有圆和的奶油坚果香，3-甲基丁酸有甜的水果和干酪香，对-羟基苯甲酸、对-羟基苯乙酸能促进高档卷烟的风味。

(9) 酯类以极大的比例存在于香味物质中，并往往与醇类、醛类配合对香味起着决定性的作用。烟草香味中的花果香、酒香等韵味主要来自酯类为基础的香味物质的组合。烤烟中含有许多具有甜果香味的酯，如异戊酸甲酯、乙酸丙酯、丁酸苄酯、异戊酸苄酯、乙酸乙酯、异戊酸乙酯、苯乙酸乙酯、癸酸乙酯等。辛酸乙酯、9-十七碳烯酸乙酯具有脂蜡样烤烟香气并能增加香气丰满度。

（10）内酯类与酯类一样，对香味起着重要作用，在烟草制品中对改善烟气香味有明显效果。香料烟香味组分中比较突出的具有清香的龙涎内酯、脱氢龙涎内酯，柏木香的降龙涎内酯（即香紫苏内酯）、脱降龙涎内酯、微凉香气的二氢猕猴桃内酯等是很好的香料，还有略带白肋类烟香气的4-羟基丁酸内酯、淡烤烟香气的5-羟基-3-甲基戊酸-δ-内酯，以及带弱的水果香薄荷香味的4-羟基-4-甲基-5-乙酸内酯，呈甜的焦糖香并增加丰满度的4-羟基-3-甲基戊酸内酯，椰子香的4-羟基壬酸内酯，呈豆香的香豆素（邻羟基桂酸内酯）、γ-己内酯（可作为香豆素的代用品）等。

（11）杂环类化合物在烟草中虽然含量极微，但常常能给烟草的香味起至关重要的、积极的作用，其中含有烷基、烷氧基取代的吡嗪，其香气强度一般比醛类、酯类香料高出几万倍以上。吡嗪类化合物是白肋烟的重要香味成分之一，例如，2-乙酰基吡嗪和6-甲基-2-乙酰基吡嗪有强烈的奶油爆米花香气。从烤烟叶中分离出来的四甲基吡嗪、三甲基吡嗪、5-异丙基-2-甲基吡嗪也具有白肋烟的典型香气；吡咯类与呋喃类杂环化合物如2-乙酸吡咯具有芳香醛（如苯甲醛）类似的香气；吡啶和3-(1-丙烯基）吡啶具有烤烟体香，吲哚稀释时具有茉莉花香，能圆和烟气增加白肋烟特征香气；呋喃衍生物常在热加工食品中发现；噻吩、吡咯和吡啶衍生物也偶然在食品中发现，N-甲基吡咯和吡啶，可由胡芦巴碱（Trigonelline）生成几种具有取代基的吡嗪衍生物，是不可忽视的重要化合物，它广泛地存在于自然界；烷基烷氧基取代的吡嗪，在烟草中虽然含量极微，却常常能给香味起着重要和积极的作用。

（12）芳香族化合物　芳香族化合物类存在于许多食品的香味中，如芳香醇的苄醇和苯乙醇，可在不少香味物质中发现；酚类存在于烟草的烟气中，酚类如愈创木酚、丁香酚及其相似的化合物也能影响烟气的香味；芳香族醛类中的苯甲醛，在香味中分布特别普遍，香兰素是大家都熟悉的重要香料之一；芳香族酮类如苯乙酮及其衍生物也时常在某些食品香味中出现。内酯类如香豆素及其衍生物存在于悬钩子和柑橘类果实中。酸类如苯甲酸及其酯类是许多浆果的香味组成部分。值得重视的γ-吡喃酮衍生物如麦芽酚、乙基麦芽酚等具有增香增效或防腐作用，能改良和提高烟叶原有的风味，增加甜香味，克服苦涩的后味。

（13）美拉德反应（Maillard reaction）生成物及其反应过程中的阿玛多利（Amadori）重排产物和勒特雷克（Strecker）降解产物，为烟草制品的加料加香、改进吸味、抑制刺激性、增补香味等方面都起着极其重要的作用。

部分烟用香料简介

一、花香型香料

花香型香料多数具有典型的鲜花香气，与烟草香气不能很好地协调，因而用于烟草加香的香料品种较少，常用的有以下几种。

（1）薰衣草油　清秀带甜的花香，有清爽之感，整个香气尚持久。对低等级烟和晒烟型卷烟有作用，不宜多用。

（2）洋甘菊油　清香，香气强烈，蜜香香韵，与烟香协调。

（3）玫瑰油　清香甜韵，香甜如蜜口，圆和烟气。

（4）白兰花油　鲜韵，清新鲜幽花香，少量使用，有改善杂气的作用。

（5）树兰花油　清香鲜韵，头香有木香，后转为秘鲁浸膏样膏香。与烟香尚协调，少量有改善杂气的作用。

（6）纯种芳樟叶油　清纯叶香，与烟香非常协调，有改善杂气的作用。

二、非花香型香料

此类香料为烟草加香加料的主要品种，共有12种香韵。其中，清香、蜜甜香、膏香、果香、豆香、酒香、辛香等香气的香料，大多能与烟香很好的协调，起着增香、矫味和掩盖杂气的功用。

(1) 清滋香

① 芳樟叶浸膏　清香带甜，香气柔和，香气尚持久，与烟香协调，能改善烟草的香气，增加清青香韵。

② 树苔浸膏　清香、苔青、香气平和而浓郁多韵、留长，可作为定香剂。能改进烟草香气并增加清秀，稍有青气。

③ 留兰香油　有清凉的绿薄荷香气，香质优美，有甜味感。对改进烟质较明显，但不宜多用。

④ 蚕豆花酊　清香，能改进烟草香气，多用于雪茄型和混合型卷烟。

⑤ 大茴香醛　茴青香气，似山楂花香，还有药草、辛香甜味。与烟香协调，可改进吃味，烟味增浓。

⑥ 芳樟醇　浓清香带甜的木香气息，香气柔和但不甚持久。与烟香协调，可改善香气，增加清香。

⑦ 薄荷脑　具有凉的、清鲜的、愉快的薄荷凉味。适量可去除辛辣杂味，多用于薄荷香味卷烟中。

⑧ 苯乙醛　鲜清甜的头香，有杏仁玫瑰底韵，似风信子香。微量使用，可增强苯甲醛香味，并有定香作用。

⑨ 苯乙醇　清甜的玫瑰气息，香气柔和而不甚持久。不纯品往往带有泥土气和辣气以及风信子、紫丁香样的头香，口味是甜蜜的玫瑰样，与烟香协调，可增进香气，改进吃味。天然的苯乙醇则只有清纯的玫瑰花香。

⑩ 正丁酸苯乙酯　甜清的玫瑰气息，香气浓。与烟香协调，可增加清香。

⑪ 丙酸苯乙酯　清甜香，带果香、辛香、膏香气息，有玫瑰香气。与烟香协调，也是常用烟用香料。

⑫ 异戊酸苯乙酯　甜清带涩，颇似菊花气息，略带果香和玫瑰香气，是配制烟用香精的重要香料。

⑬ 正戊酸苯乙酯　比异戊酸苯乙酯具有较多的药草-烟草气息。与烟香协调，少量使用对烟味有改进，用量大则产生杂味。

⑭ 乙酸苄酯　有清甜的茉莉花香，留香长，适量可改善和调合烟味。

⑮ 乙酸芳樟酯　有强烈的香柠檬水果清香。能增加香气，醇和吃味。

⑯ 乙位突厥酮　具有清香、玫瑰花香和白肋烟的香韵。存在于白肋烟精油、香料烟精油和红茶的香味成分中，能增进混合型卷烟的香味，是烟用香精的重要香料之一。

⑰ 乙位突厥烯酮　具有令人惬意的强的甜香，似玫瑰花香，带些微凉气。在烟草中能使烟叶甜醇、改变粗气，提增天然烟味。是烟草香味的增效剂，通常与乙位环高柠檬醛混合使用，发挥两者各自所不能发挥的作用而起相乘效果，有显著的提香增效作用。

(2) 草香

① 缬草油　药草香带温甜木香，有烟香风味，质量好的还带膏香，留香长久。是烟用香精中的主要香料品种，能与烟香协调，矫正和增补其辛香。

② 烟草浸膏　可用任何类型的烟草制取，供不同用途的需要。

烟草浸膏或酊剂可分为以下几个大类。

a. 清香型 以云南栽培的红花大金元（Mammoth gold）或其他优质云烟的烟草碎片为原料。

b. 浓香型 以许昌烟或凤阳的佛光（Virgynia Bright Leat）烤烟叶碎屑为原料。

c. 中间型 选定一种质量较优的青州、沂水或贵州的中间香型烤烟碎片为原料。

d. 晒烟型 选择香气好的晒烟叶废料，或香好而不宜供卷烟使用的晒烟叶（可分产地和品种）为原料。

e. 白肋烟型 以白肋烟梗和废料为原料。

f. 香料烟型 以香料烟碎屑为原料。

烟草浸膏用作烟草制品香味添加剂，在传统上被认为是比较理想的调制烟用香精的原料。但有可能增加烟气中焦油生成量而不利于安全烟的生产。可将浸膏通过蒸汽蒸馏取得精油使用；浸膏也可用冷冻法浓缩后再蒸馏。

几种烟草浸膏或酊剂的特征如下。

a. 烟草绿叶中提取的香料 利用杂种烟草绿色叶片或普通烟草的绿叶和打顶抹杈下来的材料，先除去叶片表面的类脂物，然后通过溶剂萃取再单离其有效香味组分和其香味前体物制取衍生物。例如：西柏烯、西柏烯双萜、新植二烯、巨豆三烯酮、茄酮及其衍生物等，都是改进和提高烟草香味品质的重要化合物。这些烟草原有的香味物质及其母体，在当前尚未找到适合工业化的合成工艺路线之前，采用这种方式提取是可行的。

b. 烟草花浸膏和净油 贵州、云南、福建等地的有关单位利用普通烟草花的丰富资源，成功地研制出来的新香料。其香气为柔和的烟草花清甜香、并带些脂腊和木质香韵。其味开始似甜奶味，爽口，而后味微苦。可供清香型优质烤烟的赋香，调和烟香，改进品质，并能矫正吸味，烟气有津甜的回味。烟花净油系浅金黄色的黏稠液体，应用起来更加方便，但香气与烟草花浸膏有所差别。

③ 甘草浸膏 具有膏香、药草香，味甜、微苦。甘草膏作矫味剂大量应用于美国混合型卷烟生产中，我国烟用香精中也有使用。但原膏有较重的药草气味，且在乙醇溶液中有大量沉淀析出，故已用其甘草酸钠盐。甘草甜味属回味型，即入口内不是立即感到甜味而是经过一段时间才能缓慢地释放出来，还带有不太愉快的苦辣口味。近年发展的甜叶菊，已制成苷产物，它的呈味作用入口即能感觉。因此两者可结合使用。甘草对低级烟的吃味有改进，多用于混合型卷烟，用量大时有明显的药味。

④ 独活酊 焦甜带巧克力样风味，药香。能改善烟气品质，矫正吸味，增强烟香，尤其在混合型卷烟的加料中使用，有使烟香味变浓郁的效果，能减轻青杂气。

⑤ 白芷酊 有坚果仁酸甜辛香，味甘甜，香味强而持久。能与烟香和谐，抑制烟草的辛辣刺激，提调烟香风味。可供调配坚果、豆香、仁香和辛香香精的修饰用。

⑥ 葫芦巴浸膏和酊剂 令人愉快的焦糖烤香，焦甜微苦味。能抑制烟叶的辛辣刺激性和掩盖杂气，矫正吸味，增添烟香。常用以配可可、咖啡、坚果、枫槭糖浆和焦糖香味，供烟草的加料加香。浸膏一般是将子实碾碎直接或经水解后用乙醇萃取和浓缩，前者香气柔和但淡弱，后者浓浊有似蛋白水解物的香气。我国常采用的是经烘烤后萃取的制品。其香气品质比前两种处理方法有明显的优点。

（3）木香

① 广藿香油 木香，有些甘甜药草香和辛香。与烟香协调，常用作定香剂。

② 香苦木皮油 又名长藜油。有枯木之香，兼有多种辛香，香气浓。烟用高档香料，增香效果好。

③ 桦焦油　焦枯木香，有烟熏气，底韵有些甘甜香。与烟香协调，增进烟味，似能起醇和烟气的作用。

④ 岩兰草油　又名香根油，香气为甘甜木香，兼有壤香，香气平和持久。含醇量高的香气好。从鲜根、嫩须根提取的精油，常常有青气。岩兰草油具有特征性香韵，与烟香协调，常用作定香剂。

⑤ 檀香油　与烟香协调，对低次烟作用大，多用于雪茄型。

⑥ 乙酸柏木酯　甜的木香，常用作定香剂。

（4）蜜甜香

① 鸢尾油　甜的花香，香气平和，留长。是蜜甜香中隽品。一般使用酊剂，与烟香协调，取其甜香及留香作用。

② 香叶油　蜜甜，微清，香气稳定持久。与烟香协调，以改善吸味。

③ 苯甲醇　极微弱的淡甜香，久储后有苦杏仁味，不雅。只是一种和合剂，微量使用。

④ 苯乙酸乙酯　酸甜带浊、不甚新鲜的蜜香、玫瑰香。调和烟气，减少原烟杂味。有鲜甜感觉，更适合用于雪茄型卷烟。

⑤ 苯乙酸苯乙酯　浓重的甜香，有似玫瑰花香、膏香，香气持久。与烟香协调，与香豆素、桃醛同用有提香和定香的作用。

⑥ 玫瑰醇　玫瑰样的甜香，花香气，可改进吃味。

⑦ 香叶醇　玫瑰甜香，可增进烟香。

⑧ 香茅醇　轻的甜清玫瑰花香，比香叶醇增清，增甜，可改进烟香。

⑨ 正戊酸香叶酯　沉重甜香，有一种特殊的玫瑰、烟草、药草香底韵，与烟香协调，改进烟香。

⑩ 乙酸香叶酯　浓郁的玫瑰香气，少量使用可调和烟味。

⑪ 丁酸香叶酯　有强烈的玫瑰香气，用量适宜可起到调和烟味作用.

⑫ 乙位紫罗兰酮　甜的花香兼木香，并带有膏香和果香，宜少量使用。

⑬ 乙基麦芽酚　具有焦糖甜香与温和果香，稀释后的溶液具有凤梨、草莓、果酱样香气。在丙二醇溶液中多偏草莓香。在苯乙醇溶液中呈更多的膏香并带果香底韵。香气尚持久。与香兰素、洋茉莉醛和其他甜香香料同用时，更具浓厚香味，可协调烟气，改善吸味，多用于烤烟型甲、乙级卷烟。

⑭ 洋茉莉醛　具有淡弱的清香，适用于女式烟中。

⑮ 苯乙酸　甜带酸气，有酸败的蜂蜜气息。对原烟起调和作用，去除杂气，宜用于低等级卷烟。

⑯ 乙酰基吡嗪　具有近似爆玉米花的风味，存在于烟草中。

（5）脂蜡香

① 山获油　类似玫瑰花香的浓而甘甜而带有醛香、蜡香和花香，香气浓烈而持久。能与烟香味协调，增添清新、脂香蜜甜的烟草自然风味。

② 丁二酮　香气强烈飘逸，稀释时似奶油香气，极易挥发，与烟香协调，增香明显，多用于混合型烟用香精。

（6）膏香

① 秘鲁浸膏　具有甜的膏香，带有香兰素味，与烟香协调，可增进烟香。

② 吐鲁浸膏　甜鲜的膏香、淡花香，与烟气很协调，可增香增味。

③ 枫槭浸膏　甜润的奶油味，易与烟气协调，对吃味有利。

④ 菊苣浸膏　焦糖样烤香，味苦似咖啡，可用于烟草的加料加香，能缓和其刺激辛辣气

味，燃吸时并可产生许多香味物质，提高吸味，增加劲头。用于混合型卷烟能发挥更佳效果。

⑤ 苯甲酸　带极弱的膏香，作为定香剂。

⑥ 桂酸乙酯　甜的琥珀膏香，可少量用于烟草加香。

(7) 龙涎琥珀香

① 香紫苏油　以琥珀-龙涎香气息为主要特征的香味物质，带有甜而柔和的药草香、果香香气。香气强烈而留长。能掩盖辛辣的刺激性，改进吃味，提高烟香味。

② 岩蔷薇浸膏　即赖百当浸膏，香气为温暖醇厚的琥珀-龙涎样膏香，略带花香香韵，透发而浓郁，可供烟草加香加料使用。加有岩蔷薇浸膏成分的卷烟，燃吸时散发浓郁香气，能抑制刺激性，增补烟支闻香，更适合于混合型卷烟使用，有时可用以修饰烟气香型。

③ 香紫苏浸膏　龙涎琥珀香、果香，头香带有狐臭样气息。具有清甜柔和的草香，鲜果酯香和干木的底香，其头香有似烟草香味风格的韵味，能在香精中缓和成香料的化学品气息、促使香精圆熟自然，起到和谐作用。

(8) 动物香

① 龙涎香　清灵而温雅的动物香，其酊剂可用于烟草加香。

② 海狸香　强烈到动物香，并带有桦焦油样焦熏气。

③ 麝香　清灵而温存的动物样香气，用量极微。

④ 环十五内酯　细致麝香样的动物香气，少量用于烟用香精。

⑤ 吲哚　极度稀释后有茉莉花样香气，可微量用于混合型香精中。

烟用香精按卷烟的类型分类如下。

(1) 烤烟型烟用香精　卷烟是由烤烟或由大部分烤烟叶掺入少量的近似烤烟香气的晾晒烟叶配制而成的烟制品。烟叶除通过特殊的发酵陈化等措施来改进烟叶的品质和自然产生的烟香气味外，一般还有加入香精来修饰、增补并突出其优质烟特征的烟香风味，以达到显示某一种牌号卷烟独特香型的目的。

我国目前的烤烟用香精可分为：甲级烤烟用香精、乙级烤烟用香精和通用烤烟用香精。

此外，还有各种各样名牌卷烟的专用香精。低档卷烟一般是使用通用香精加香。有些厂家往往将几种不同牌号的香精以适当的比例混合使用，或再加几种单体香料，配出具有自己风格的香精使用。

(2) 混合型烟用香精　混合型卷烟与烤烟型卷烟在配方上的区别在于使用烟叶种类不同。混合型是纵向利用烟株上的烟叶，烤烟型是横向选用烟叶。

由于各国具体情况的差异，混合型卷烟形成3大类：美国式混合型、以德国为代表的西欧式混合型、中国式混合型。此外，还可分为一类特色混合型。因此，混合型烟用香精分为：

① 美式混合型烟用香精　适合于接近这一传统配方的混合型卷烟制品，以突出其特征香味，要有烤烟和晾晒烟结合的烟香风味。

② 西欧式混合型烟用香精　是具有香味浓郁、风格多样、有一定典型性的添加剂香气。我国目前所产的混合型卷烟用香精，可归入此类。

③ 特色混合型烟用香精　主要是模仿国际上流行的混合型名牌烟香风格的香精和独创的香型。

(3) 外香型烟用香精　外香型烟用香精具有非烟草原有香味或与烟草香味根本无关的突出气息，如风行一时的“可可奶油”香型（凤凰烟型）、薄荷型、疗效烟的药草香型等烟用香精品种。

(4) 雪茄型烟用香精　这种香精突出雪茄烟类似檀木香的优美香气，清凉、浓郁、飘逸。

(5) 香料型烟用香精　纯粹用香料烟烟叶调制的东方型卷烟，是利用烟草本身具有的自然烟香，一般不添加香料或很少加香修饰。

香料型烟用香精指的是仿制各种名优香料烟特征香味的烟用香精，如土耳其型、埃及型、拉搭基亚型、伊兹密尔型、巴斯马型等烟用香精。

按使用功效可分为以下几类。

① 烟草特征烟用香精　如具有白肋烟、香料烟、优质弗吉尼亚烟特征香味的烟用香精。

② 代用品烟用香精　如配制的枫槭香精、甘草香精和秘鲁香膏、吐鲁香膏、香豆素代用品等品种。

③ 香味型烟用香精　如巧克力香、奶香、果香、坚果香、木香、花香、辛香、蜜香、膏香、豆香、面包香、焦糖香、酚香、烟熏香、酒香等。这种香精的特点是突出某一种香韵，根据自己的配方风格要求决定选用。

④ 烟用增效香精　为能加强各种低次烟叶的香味浓度和增进香精的烟香吸味，或能强化烟草中某种香味特征的香精。

⑤ 烟草矫味剂烟草矫味剂能增添甜味、抑制辛辣苦味和令人厌恶的杂味等。

上述几种香精可视作香基，作为调制各种烟用香精的配料，也可供卷烟厂根据调节烟香味的需要选择使用，或者与选定的烟用香精配合，按自己的设想，添加其中某些品种，制成自己特色的烟香风味，后两种香精香气很淡弱甚至是无香的常作为加料香精。

烟用香精是不是应当属于食品香精范畴，至今仍有争议。这主要是涉及到配制烟用香精使用的香料是不是都得用食用香料的问题。一个明显的例子就是香豆素，由于怀疑这个香料有潜在的致癌性可能，食品香精中不能用，但在烟用香精的配制时却常常使用，含多量香豆素的“黑香豆酊”也常用于烟用香精中，而且历史悠久，并未受到质疑。下面的配方中如有香豆素或黑香豆酊可以把它们改换成二氢香豆素，当然，用量多少还得实验一下。

配制烟用香精要用到大量的其他香精不用的天然香料，特别是各种浸膏、酊剂等，因此香精厂都把烟用香精专列一类，或在专门的车间中配制，使用专用仓库，以免窜味。

美国食品及药品管理局规定，从 2009 年 9 月 22 日起，卷烟或它们的组成成分中不能包含除薄荷和烟草以外的任何人造或天然香料或任何香草或香料，使其产品或烟雾包含这些特有味道，包括草莓、葡萄、橘子、丁香、肉桂、菠萝、香草、椰子、欧亚甘草、可可豆、巧克力、樱桃或咖啡，并禁止加香卷烟的生产、运输和销售。该禁令的目的是降低吸烟率，烟草每年导致 40 万人死亡，是首要可预防的死亡因素。该禁令尤其是针对年轻人，因为大约 90%的成年烟民从青少年开始吸烟，卫生官员把芳香的烟草产品看做是年轻人通向尼古丁上瘾的门户。美国食品和药品管理局的调查发现，17 岁的吸烟者吸食风味卷烟的概率为 25 岁以上吸烟者的 3 倍。中国一些学者与中国疾控中心的联合调查也发现，烟民转吸中草药香烟最主要的两个理由即味道更好与有益健康。

加拿大参议院于 2009 年 10 月 6 日通过了一项名为“打击针对青年人的烟草市场营销法案”，禁止加香的烟草产品进入加拿大。在 10 月 8 日，这项法案获得了最后批准。根据此法案，加拿大禁止了大多数加香卷烟如樱桃味、奶油味、巧克力味的产品和小雪茄的制造、进口和销售。不过，没有禁止薄荷味的卷烟。

2010 年 11 月底召开的世界卫生组织《烟草控制框架公约》第 4 次缔约方会议上，171 个缔约方一致通过一项决议：烟草制品中旨在增强吸引力的香料成分应当被管制。这些被“禁止”或“限制”的成分包括：葡萄糖、蜂蜜、香兰素、薄荷、草药等提高香烟可口性的成分；维生素、矿物质、水果、蔬菜、氨基酸等可让人感到有健康效益的成分；咖啡因、牛磺酸等与能量和活力有关的成分。《烟草控制框架公约》的实施准则草案中称：“从公共卫生角度说，没有理由允许使用调味剂等成分，以使烟草制品具有吸引力。”

“香烟”不能加香，这个新动向值得烟用调香师们高度关注。

第四节　烟用香精配方示例

我国生产的香烟以烤烟型为主，烟草总产量中烤烟的比重为80%～90%，混合型较少，其他就更少了。因此，本节列举的香精主要也是用于烤烟型卷烟，一般也可用于混合型卷烟。

烤烟型卷烟有浓香、淡香和中间香3种，可分为甲、乙、丙、丁、戊五级，前3者又分为一级和二级（甲一、甲二、乙一、乙二、丙一、丙二），因此，烤烟用香精又可分为甲、乙、通用三大等级（丙、丁、戊级卷烟使用通用烤烟香精加香）。

烟用香精如按添加方式分类还可分为加料香精、表香香精、滤嘴用香精和外加香精（喷涂在铝箔内壁或盘纸上用的）4类，这4类香精有所差异，香精配制厂可根据卷烟厂提出的要求在原有的烟用香精配方上修改，以适应不同的加香要求。

烟草是农作物，由于品种、种植地、气候、管理、加工等等因素经常性的变化，不能保证每一批烟草香气都一模一样，有时候卷烟厂因为各种原因不得不使用原来未曾使用过的新来源的烟草，因此，调香师得随时改变香精配方，以适应卷烟厂经常性的变化，使得一种牌号的香烟能保持一种固定的香型，至少不能让消费者明显地感到香气有变化。

烟用香精在某些方面与熏香香精相似，吸烟时人们嗅闻得到的也是各种香料和非香料经过熏燃后散发出的气味，因此，调香难度要比调一般的食用香精、日用香精难一些，调香师不但要嗅闻调出后香精的气味，还要凭想象（主要是经验）预测该香精熏燃后散发的气味。可用于调配烟用香精的香料品种也比配制食用香精时所用的要多，例如各种植物材料的酊剂、浸膏在配制烟用香精时就很有优势了。调香师还可以到自然界里继续寻找更多的植物材料来制成各种酊剂、浸膏以供使用。

下列香精配方基本反映了目前常见的各种名牌香烟的香型，读者可以参考它们灵活使用，千万不要生搬硬套。

苹果香

浓缩苹果汁	79	甘草酊	5	香兰素	5
桃醛	1	异戊酸异戊酯	5	香荚兰豆酊	5

枣香

枣酊	60	香豆素	2	乙基香兰素	2
香兰素	3	山楂酊	13	云烟浸膏	20

可可香

可可壳酊	73	苯乙酸异戊酯	10	香豆素	2
乙基香兰素	2	香兰素	3	烟花浸膏	10

阿诗玛香型

香兰素	5	浓缩苹果汁	32	独活酊	5

浓缩葡萄汁	10	乙基香兰素	5	香紫苏浸膏	2
黑香豆酊	5	枣酊	10	甘草流浸膏	3
云烟浸膏	10	香荚兰豆酊	10	烟花浸膏	3

万宝路香型

可可壳酊	62	灵香草浸膏	2	浓缩苹果汁	10
香兰素	2	香紫苏浸膏	2	烟花浸膏	3
香豆素	1	苯乙酸异戊酯	5	排草浸膏	2
云烟浸膏	5	乙基香兰素	1	甘草流浸膏	5

丁　香

丁香油	87	云烟浸膏	5	香豆素	1
乙基香兰素	2	香兰素	2	烟花浸膏	3

薄荷香型

薄荷脑	40	薄荷素油	52
香兰素	3	烟花浸膏	5

蜜　香　型

苯乙酸	5	浓缩苹果汁	53	香荚兰豆酊	10
香兰素	5	苯乙酸乙酯	10	云烟浸膏	5
甘草流浸膏	10	乙基香兰素	2		

骆驼牌香型

肉桂油	40	桃醛	2	香兰素	18
小豆蔻油	3	薰衣草油	18	烟花浸膏	14
苯乙酸乙酯	2	芹菜籽油	3		

果　花　香

香豆素	2.5	玫瑰醇	1	安息香膏	0.2
乙酸乙酯	1	黑香豆酊	5	肉桂皮油	0.2
乙酸异戊酯	0.2	甘草流浸膏	3	肉豆蔻油	0.4
苯乙酸乙酯	0.1	甘油	5	大茴香醛	0.2
吐鲁香膏	0.3	香兰素	0.5	可可粉酊	15
桃醛	0.05	丁酸乙酯	0.4	枣酊	5
丁香油	0.3	丁酸异戊酯	0.3	浓缩葡萄干汁	5
葛蒌子油	0.05	郎姆醚	0.5	乙醇	53.8

玫　瑰　香

香叶油	8	丁酸戊酯	1	苦香木油	0.6
甜橙油	2	香荚兰豆酊	50	香豆素	1.4
香柠檬油	0.8	玫瑰油	0.4	鸢尾酊	20
丁香油	0.2	薰衣草油	1.6	黑香豆酊	14

鸢尾香

鸢尾酊	50	戊酸苯乙酯	2	甜橙油	2
香豆素	5	黑香豆酊	3	柠檬油	3
香柠檬油	3	香荚兰豆酊	20	肉桂油	0.5
香叶油	5	丁香油	1.5	云烟浸膏	5

花果香

黑香豆酊	58.7	甲基紫罗兰酮	1.3	肉桂油	0.4
香柠檬油	3	香荚兰豆酊	20	香兰酸乙酯	1.3
甜橙油	2	香叶油	4	异戊酸乙酯	0.1
丁香油	1.2	柠檬油	3	烟花浸膏	5

玫瑰果香

香叶油	8	苦香木油	0.6	黑香豆酊	77.5
香柠檬油	1.2	香兰素	0.6	玫瑰油	0.4
异戊酸乙酯	0.1	甜橙油	2	香豆素	1.4
薰衣草油	2	甲基紫罗兰酮	1.2	云烟浸膏	5

肉豆蔻香

肉豆蔻油	3.2	香兰素	0.8	玫瑰油	1.2
柠檬油	6	苦香木油	2	洋茉莉醛	0.8
丁香油	1.2	肉桂油	0.8	黑香豆酊	82
香豆素	2				

三炮台香型

生姜油	2.7	黑香豆酊	14.4	香兰素	4.4
小豆蔻油	0.1	丁香油	1.2	云烟浸膏	5
异丁香酚	1.8	肉桂油	0.2	香荚兰豆酊	70
丁酸丁酯	0.2				

选手香型

黑香豆酊	60	肉桂油	5.8	小豆蔻油	0.5
丁酸乙酯	0.1	香荚兰豆酊	24	香柠檬油	6
葛篓子油	0.1	丁香油	3.5		

可可豆香

可可粉酊	20	紫罗兰酮	0.1	乙基香兰素	0.4
胡芦巴酊	4	茅香浸膏	0.2	乙基麦芽酚	0.2
白芷酊	0.5	灵香草浸膏	1.5	香豆素	0.2
香兰素	1	苯甲醛	0.2	3-甲基戊酸	0.2
甲基环戊烯醇酮	0.8	欧莳萝酊	2	洋茉莉醛	0.2
2-乙酰基噻唑	0.1	可可壳酊	48.1	香紫苏油	0.1
大茴香醛	0.1	红茶酊	3	十四酸乙酯	0.1

菊苣浸膏	2	郎姆醚	5	香荚兰豆酊	10

炒豆香

黑香豆酊	50	香豆素	1.4	没药油	0.1
咖啡酊	10	鸢尾浸膏	0.6	香兰素	0.4
杂酚油	3	香荚兰豆酊	29.3	秘鲁香膏	1
苯甲酸苄酯	2.7	桦焦油	0.1	玫瑰醇	0.6
赖百当浸膏	0.4	杂醇油	0.4		

豆果香

黑香豆酊	50	苯甲醛	0.3	安息香膏	0.1
枣酊	10	香兰素	0.1	香苦木油	1.4
独活酊	0.4	欧莳萝油	0.1	郎姆醚	4
小茴香酊	0.2	香荚兰豆酊	30.7	香豆素	0.2
鸢尾浸膏	0.1	丁香花蕾酊	0.8	洋茉莉醛	0.1
柠檬油	0.4	肉豆蔻酊	1	壬酸乙酯	0.1

花豆香

黑香豆酊	38.9	秘鲁香膏	0.2	薄荷素油	0.2
咖啡酊	10	赖百当浸膏	0.2	苯甲醛	0.5
桦焦油	0.1	乙酸	3	洋茉莉醛	0.3
桃醛	0.1	香荚兰豆酊	30	香豆素	0.5
乙酸乙酯	3	香叶油	1.5	杂酚油	0.1
肉豆蔻油	0.4	甜橙油	0.5	苯甲酸戊酯	0.1
肉桂醛	0.2	草莓醛	0.1	云烟酊	10
香兰素	0.1				

花桂香

黑香豆酊	30	香苦木油	0.1	香紫苏浸膏	0.5
独活酊	2	鸢尾浸膏	0.1	桂叶油	0.2
肉豆蔻酊	2	香荚兰豆酊	55.6	吐鲁香膏	0.4
香叶油	0.1	忽布酊	4	烟花浸膏	5

甜豆香

黑香豆酊	40	苯乙醇	0.4	桂叶油	0.4
欧莳萝酊	2	乙酸乙酯	0.4	洋茉莉醛	0.2
肉豆蔻油	0.1	乙酸芳樟酯	0.2	郎姆醚	4
柠檬醛	0.1	香荚兰豆酊	24.8	云烟浸膏	5
甲位戊基桂醛	0.1	枣酊	20	吐鲁香膏	0.2
茅香浸膏	1.2	甜橙油	0.4	香豆素	0.1
大茴香油	0.2	生姜油	0.2		

青花香

黑香豆酊	59.1	独活酊	2	肉豆蔻酊	2

苦香木油	0.1	香荚兰豆酊	30	桂叶油	0.1
香叶油	0.1	忽布酊	5	香紫苏浸膏	1
吐鲁香膏	0.4	紫罗兰叶油	0.1	鸢尾浸膏	0.1

清　香　型

枣酊	20	肉豆蔻酊	2	壬酸乙酯	0.1
黑香豆酊	30	丁香油	0.2	香豆素	0.2
苯甲醛	0.1	柠檬油	2	洋茉莉醛	0.1
安息香膏	0.1	香荚兰豆酊	38.3	独活酊	1
郎姆醚	4	欧莳萝酊	1	苦香木油	0.2
香兰素	0.1	鸢尾浸膏	0.1	小茴香酊	0.5

红　茶　香

红茶酊	49.5	枣酊	10	香兰素	0.3
香荚兰豆酊	20	乙位突厥酮	0.1	云烟浸膏	10
香豆素	0.1	黑香豆酊	10		

高级花香

鸢尾酊	70	晚香玉油	0.3	玫瑰油	0.5
黑香豆酊	10	薰衣草油	0.3	玳玳花油	0.5
广藿香油	0.2	香荚兰豆酊	16.9	茉莉油	0.2
香叶油	0.9	苯乙酸乙酯	0.1	金合欢油	0.1

中华烟香精

橡苔浸膏	0.7	洋茉莉醛	0.2	二氢香豆素	0.3
甲位异甲基紫罗兰酮	0.3	乙基香兰素	0.4	香叶醇	2.0
氧化异佛尔酮	0.1	乙基麦芽酚	0.2	纯种芳樟叶油	1.0
乙位突厥酮	0.1	二氢猕猴桃内酯	0.2	木瓜酊	94.3
茶醇	0.2				

双喜烟香精

橡苔浸膏	2.5	茶醇	0.3	黄葵内酯	0.5
花青醛	0.2	兔耳草醛	0.2	乙基香兰素	0.5
覆盆子酮	0.2	苯乙醇	12.0	乙基胡芦巴内酯	0.5
二氢猕猴桃内酯	0.3	二氢香豆素	2.0	茶香酮	1.0
合成橡苔	0.6	丁香油	5.0	木瓜酊	50.0
乙酸乙酯	0.2	异戊酸	5.0	纯种芳樟叶酊	12.0
二氢茉莉酮酸甲酯	2.0	二甲基丁酸	5.0		

樟　　香

芳樟叶浸膏	12.2	香紫苏浸膏	1.1	马樱丹浸膏	0.4
香荚兰豆浸膏	1.3	甘草流浸膏	1.0	可可壳酊	1.5
烟花浸膏	2.1	排草浸膏	1.3	枣酊	18.7
云烟浸膏	3.8	灵香草浸膏	0.6	木瓜酊	20.0

红茶酊	10.0	忽布酊	8.0	山楂酊	6.0
独活酊	10.0	茴香酊	2.0		

云烟香型香精

云烟浸膏	20.0	肉豆蔻油	2.0	香丹参油	1.0
春黄菊花油	5.0	纯种芳樟叶酊	20.0	降龙涎香醚	0.1
树莓油	8.0	二氢乙位紫罗兰酮	0.2	丁位突厥酮	0.1
葡萄浓缩汁	33.0	香叶基丙酮	0.1	苯乙醇	2.0
杏提取物	7.9	二氢猕猴桃内酯	0.5	茶醇	0.1

第十一章　经济调香术

调香师工作时应“把算盘挂在脖子上”。

同样一个香精，香气差不多，香气强度、留香值也不相上下，人家卖100元/kg，你120元/kg怎么卖？因此，调香师必须关心每一种香料价格的变化情况，有时某些香料的价格突然上涨——如近几年来香根油、广藿香油、薄荷脑等都曾在短时期里涨价几倍——调香师将不得不考虑在使用时少用或不用它们；反过来，某个香料价格降低，例如椰子醛从每千克三百多元降到一百多元，当然在配方中就可以考虑多用了。

每个调香师都希望香料制造厂多开发一些像二氢月桂烯醇这种香比强值大而价格不高的新型香料出来供选用，它们使许多廉价香料如乙酸苄酯、甜橙油、苯乙醇、松油醇、乙酸异龙脑酯等有了新的用武之地。换句话说，全用廉价香料调制出来的香精显得“苍白无力”，适当加入一些香比强值高的新型香料即起到画龙点睛的作用，调出的香精立即有了新意，而成本又比较低。

有的调香师迷信“高档香料”，对廉价香料不屑一顾，这其实暴露了他的缺点。优秀的调香师应当善于用最廉价的香料调配出最好的、市场竞争力最大的香精。

本章内容充满“铜臭”，是几乎所有香料、香精和有关调香的书籍所“不齿”的，但这些内容恰恰是每一个调香工作者最关心的、影响企业兴衰的大事，须知不算经济账的调香师在这个地球上并不存在。

第一节　天然香料与合成香料

早期的调香师只能用天然香料调香。合成香料问世后，大多数调香师都热情地接受它，并尽可能多地在自己的调香作品中应用。比起天然香料，合成香料还是有许多优点的：制造成本较低，供应较稳定，纯度较高，色泽较浅，香气较纯。当然合成香料也有它共同的缺点：早期的合成香料有的香气带有从起始原料和合成过程中带进的杂质的异味；由于应用时间较短，对其安全性经常存在疑问；近年来环保呼声很大，合成香料制造过程中如有“三废”就受到谴责……对于调香师来说，只要是法律允许使用的香料就行，最关心的是它们的香气如何，香比强值和留香值大不大，色泽、稳定性、配伍性兼顾一下，其他就不那么重视了。

就香料单体来说，香兰素、苯甲醛、肉桂醛、叶醇及其酯类、丁酸酯类、杂环化合物、含硫化合物等天然品都比合成品贵得多，有的价格贵到相差上百倍，但香气其实没有太大差别。合成品的安全性也不用怀疑，除非客户（特别是美国商人）有特殊要求不得不使用，否则在配方里用了这么昂贵的“天然品”白白增加成本，徒劳无功。至于客户认为“天然品”有宣传上的好处，可以向他们解释：没有一个化学家能指出合成品与天然品（这里指的是同分同构化合物，以香兰素为例）分子结构有什么不同；至于“安全性”问题，指明各国对于香料安全使用的有关法规就够了。

香荚兰豆的酊剂、浸膏、油树脂等虽然以香兰素的香气为主，但不等于香兰素，它们都是复杂的混合物，整体香气各有特色，因此在配制食品香精、烟用香精等还是有其价值的。肉桂皮油、肉桂叶油、斯里兰卡肉桂油也是这样，不能将它们同单纯的肉桂醛并论。

小花和大花茉莉浸膏、墨红浸膏、桂花浸膏、树兰浸膏、白兰浸膏等及它们的净油价格都非常昂贵，除非配制香水和高档化妆品香精不得不用一点，中低档香精实在用不起。试想，加1%，每千克成本就多出几十元到上百元，能对香气和留香力产生多大影响呢？

天然香料也有比合成香料便宜得多的，甜橙油就经常低到每千克不到一美元的价格，而香气又非常优美，应当在能用得上的地方大用特用。柠檬油、香柠檬油、白柠檬油、圆柚油、柑橘油、佛手油都应当用甜橙油或从甜橙油提取出的柠檬烯（苧烯）配制，成本可大大下降，而供应又能较为稳定。各种花香、果香、古龙香、素心兰香、田园香等香精都是它大显身手的好地方。不过要记住两点：①甜橙油的主要香气成分留香不长；②柠檬烯（甜橙油的主成分）的化学结构不够稳定，暴露在空气中易氧化变质。

香茅油在供应正常的时候价格也比较低廉，可以直接配制成一些低档的洗衣皂、洗衣粉、气雾剂、熏香用的香精等。由于香茅油含有30%～40%香茅醛，香茅醛成分香气粗冲，把它去掉（国外大量购买香茅油有的就只是拿去提取香茅醛）或还原成香茅醇后整体香气就好多了。去掉（或还原掉）香茅醛的香茅油可以直接用来配制玫瑰花香精。由于日化香精绝大多数或多或少都带有玫瑰花香气，可以想象它的用途是很广的。

柠檬桉油的香茅醛含量高达85%以上，可以把它直接配制成香茅香精用于洗衣皂、洗衣粉、气雾剂、蜡烛、熏香制品等。把香茅醛还原成为香茅醇（仍高达85%以上）也可直接用于调香。

芳樟醇是目前合成香料里面最大宗的品种，世界年产量达3万多吨，其中近1万吨用于调香。天然的白兰叶油和玫瑰木油都含有大量的左旋芳樟醇，而俄罗斯盛产的芫荽子油含大量右旋芳樟醇，但它们产量都不大，价格也较高。台湾、福建、江西等省原来出产的芳油（Ho oil）和芳樟叶油（Ho leaf oil）含芳樟醇50%～80%，再精馏可以达到90%或95%，但其中樟脑难以全部去掉，通常还含有0.5%，这0.5%的樟脑就能让芳樟醇气味“粗硬”，甚至有的调香师至今还不知道天然纯粹的左旋芳樟醇有着极其优美的花香香气。

樟科樟属的几个品种树叶含油量高且油中芳樟醇含量达97%以上，桉叶素和樟脑、龙脑等带辛凉气息的成分含量极少甚至不含有。福建已开始用组织培养法育苗大量种植这种芳樟，几年后天然纯种芳樟叶油（含芳樟醇95%以上、樟脑含量0.2%以下）就可大量上市，合成芳樟醇面临巨大的挑战，因为即使是高一倍的价格，调香师还是乐于使用天然芳樟醇的。更不用说届时天然芳樟醇价格更低，香气更好了。

丁香罗勒油和丁香油都含大量的丁香酚，但丁香罗勒油的香气成分比较复杂，所以一般还是从中提取丁香酚再应用于调香。在环境用香精和日化香精中也经常看到丁香罗勒油直接加入的情况。丁香油的香气比提纯的丁香酚要好，所以调香师更乐于直接使用它，而成本也低得多。

山苍子油价格通常也较低，它含有大量的柠檬醛（橙花醛和香叶醛），按一定比例与甜橙油混合起来就是“配制柠檬油”了。“配制柠檬油”的用途很广，不必赘述。

柏木油和血柏木油也是常被直接使用的天然香料。国产的柏木油早先用直接火干馏制取，因此带有焦味，用碱可以洗去焦味化合物（酚）。配制“皮革香”香精时，可以直接使用带“焦香”的柏木油。血柏木油香气很好，在配制低档香精时常用作檀香油的代用品，但它的颜色鲜红，只能用在对色泽要求不高的场合。

第二节　国产香料与进口香料

香料市场是世界性的，没有一个国家生产所有的香料，每一个国家都必须进口一部分香料。对调香师来说，拿到的香料香气可以、价格正常就行，既不要“崇洋媚外”，妄自菲薄，也不能排斥“舶来品”。当然，只要质量、香气能行，价格也差不多，还是应该多采用国产香料，毕竟国产香料供应较为稳定。

巴西和美国盛产甜橙，甜橙加工时副产大量的甜橙油，价格有时低到与我国的脂松节油差不多，即便如此，它的质量仍然稳定可靠，因而被世界各国大量采用。我国南方各省种植大量柑橘类水果，如芦柑、红橘、蜜橘、广柑等，甜橙数量也不少，各地已做了许多回收利用的工作，但无法同巴西、美国相比。蒸馏（所谓“热法”）橘子皮油香气较差，而冷法柑橘油香气、质量、色泽波动太大，影响了国内调香师使用的积极性。如有较大规模的工厂生产出质量、规格如一的产品长期供应，柑橘油还是有一定市场的。

法国和巴拉圭的苦橙花油与苦橙叶油历来受调香师的喜爱，但产量低，价格不菲。我国福建、浙江所产玳玳花油、玳玳叶油可以代用，也可以用玳玳花油、玳玳叶油配制成苦橙花油、苦橙叶油使用，现在苦橙花油、苦橙叶油已基本不需进口。

东印度檀香油是香气极其优美的天然香料之一，自从20世纪70年代末大幅度涨价后我国已很少进口使用，国内虽然没有天然的代用品，但合成檀香（803、208、210、檀香醚等）在许多场合已成功地取代了天然檀香油。

由于原料来源、工艺技术、生产规模不同，国外的香料价格与国内的香料价格有时相差甚大。在国际市场上，芳樟醇、苯乙醇、乙酸苄酯、二苯醚、合成麝香等与我国价格差距较大，乙酸苄酯、苯乙醇、香兰素、洋茉莉醛、硝基麝香等为我国大宗出口的香料，当然是因为我国的价格较低，在香精配方中可以多多使用。硝基麝香国外已趋淘汰，如配制的香精是用于生产出口化妆品的，使用硝基麝香将受到一定的限制。卫生香、蚊香、气雾杀虫剂等用的香精可以大量使用硝基麝香，特别是二甲苯麝香，取其价格低廉、留香时间长、有一定的定香作用。

脂肪醛类是调香师对国产合成香料意见最大的一类，至今质量低劣，香气混杂，可能原因是总需求量少，没有人愿意在这方面投入精力研究，但这一类香料的重要性（国外的日用香精每一个配方里多多少少都有它们的存在）又是尽人皆知的，只好靠进口。幸亏用量不大，但也正因为用量不大，经常断档，调香师们还是希望国内的香料厂至少有一家重视它，生产出高质量的产品出来。

内酯类化合物原来也是我国合成香料方面比较薄弱的环节，最近几年有了较大的提高，主要是采用了一些新的工艺，有的香料厂规模也做大了，成本大幅度下降，现已能同国外产品抗衡。内酯类香料（特别是桃醛、椰子醛、丙位癸内酯、丁位癸内酯等）留香都较持久，香气能从头到尾均匀散发，价格现在也不高了，可以在食用香精、饲料香精、日化香精里加大用量。

杂环类化合物、含硫化合物等主要用于配制食品香精，原来主要靠进口，近年来我国几家香料厂加大科研力度，国外常用的品种基本上都已能“国产化”，价格当然也低廉多了。但有些品种香气还是差一些，有待改进。关键是“原始配方”（初次调配并经评香确定用于生产配制的配方），如果用的是进口原料，那就很难改过来。因此，初次调配食品的香精还是多用国产香料为佳。

经常听说国外常用香料有5000～6000种，而国内常用香料才500～600种，此话有误导性。国外可供选用的香料品种确实比较多，并且一些大公司（如IFF、奇华顿、德威龙、高砂等）常自制一些香料不对外公开而用于自己配制的香精或香基中，这些品种其实不是很多，且受到各种法规的限制最终还是要公开出来。香料经常有一物多名现象，如合成檀香的一个品种，我国叫做803，而国外有许多名称，如Sandenol、санталилол、Bornyl methoxy cyclohexanol等，诚然，它们之间还是有些不同的，因为这个香料本身就是一个混合物，主香成分才20%～30%，其他70%～80%成分有的有香气，有的没有香气，由于生产原料、工艺不一样，最终产品又没有统一的"提纯"步骤，所以香气不一，甚至外观（色泽、黏稠度等）都不一样，说它们是同一个香料也行，说不是同一个香料也无不可。食品中常用的杂环化合物名称更多、更乱，甚至用"日内瓦命名法"都不能取得一致。实际上，国外常用的香料也就一千多种，最常使用的也是五六百种，就这一点来说，我们实在没有必要"妄自菲薄"，裹足不前。

第三节　香料下脚料的利用

每一个香料的生产过程中，都有许多下脚料产生，这些下脚料如没有好好利用，则成为"三废"，污染环境。常温下是液体的香料不管是天然香料，还是合成香料，最后一步几乎都是"精馏"提纯，或者叫做"切头""切尾"，留下一段馏程作为主产品，这些"头""尾"都夹带不少的主馏分其他成分大部分也是香料，只是组成复杂，香气不甚美好，许多工厂没有把它们利用起来；常温下是固体的香料有许多是利用结晶、再结晶的办法提纯，分离出结晶后的"母液"尚含有大量的主产品成分，但仍是香气复杂，成分不一。这些香料下脚料如能利用起来，确是一笔不小的财富。

天然香料的前馏分，即俗称的"头油"，如山苍子头油、蓝桉油头油、香茅油头油等，外观清澈透明，比较容易利用——可以直接用于调香。有经验的调香师甚至在有些香精中大量使用它们（作为"头香"成分）。香料的后馏分，即俗称的"底油"，还有固体香料结晶后留下的"母液"通常都被叫做某某香料"脚子"，如山苍子底油、蓝桉油底油、香茅油底油、柏木油脚子、甲基柏木酮脚子、羟基香茅醛底油、紫罗兰酮底油、二甲苯麝香脚子、酮麝香脚子等。这些下脚料颜色深，加入香精里面会造成色泽不佳，有时候还会浑浊不清，因此只能用在调配熏香香精和一些低档的皂用香精上。

二甲苯麝香脚子和酮麝香脚子在常温下都是固体，后者色泽较浅，在各种香料和溶剂中的溶解性较好（溶解度较高），但前者香气较浓郁。二者可以单独、也可以共同用于调配洗衣皂香精，用量可达30%左右。如果简单地把它们看作是"填充料"或者是为了降低成本而加入的无用物质就大错特错了——它们都是很好的定香剂，并且可以起到圆和香气、让整体香气更丰满美好的作用。肥皂厂自古以来就用天然香茅油加香，现在则倾向于向香精厂购买"皂用香茅香精"使用。"皂用香茅香精"可以用香茅油、柠檬桉油、麝香脚子和其他香料脚子配制，其香气、留香力都比直接使用天然香茅油好得多，成本也低了许多。

熏香香精是对颜色最不讲究的商品，甚至有的用香厂家还认为色泽越深、留香力会越好（这也并非全无道理），所以配制熏香香精可以大量使用各种香料的下脚料，有经验的调香师可以全部用下脚料调配出相当好的熏香香精出来。配制熏香香精的调香师更要有高超的调香本领——要把香气复杂的、本来就不好闻的香料下脚料调成让人闻起来舒适的、并且在点燃以后仍然好闻的香精实在不是一件简单的事。

关于香料下脚料在熏香香精中的应用，我们已在“熏香香精”一节中详细介绍，这里不再赘述。

第四节 溶剂的选用

香精的配制中使用了大量的溶剂，其总量甚至比香料还多，特别是食品香精，溶剂量经常达到90%以上，因此，溶剂的选用也是“调香成本”经常要考虑的事。

水质食用香精使用了大量的乙醇（酒精），取其价廉易得、对各种香料的溶解性好并可“引导”这些香料溶解于水中的优越性能，但乙醇也有缺点：首先是沸点低，容易挥发逃逸，有时造成香精由于失去一部分乙醇而产生浑浊、沉淀、变色、胶化等现象；其次是有些饮料、食品不允许加入乙醇；还有一点是“消费税”的问题——许多国家和地区（包括我国）都对乙醇课以重税——造成大量使用乙醇的成本问题。因此，近年来食品香精的乙醇用量一直下降，取而代之的几种醇类溶剂既保留了乙醇的优越性能，又克服了其不利的方面，其中最“出色”的是丙二醇。

丙二醇价格也较低，虽然制造成本比乙醇高，但没有“消费税”问题，使得它的价格有时与上税后的乙醇差不多。丙二醇不易挥发，无毒无臭，理化性能都比较理想，但有许多香料在丙二醇中的溶解性不佳，特别是配制食品香精常用的香兰素、乙基香兰素、苎烯（甜橙油的主要成分）等，此时可用部分乙醇代替丙二醇，常常能“起死回生”，使香精再度恢复澄清透明的均匀体。

邻苯二甲酸二乙酯是日化香精最常用的溶剂，无色无气味，不黏稠，对大部分香料都有较好的溶解度。如果香精配方中用了多量的固体香料如香兰素、香豆素、洋茉莉醛、各种合成麝香等，可以加邻苯二甲酸二乙酯助溶，并使之在气温较低时不出现冻结、结晶或浑浊。一些不法商人也经常用大量邻苯二甲酸二乙酯稀释香精，购买者往往一时看不出、也闻不出被掺兑，等到使用时才发现香气强度不够。气相色谱法是检测香精是否被大量溶剂（尤其是邻苯二甲酸二乙酯）掺兑的最佳手段，操作者很容易认出它的特征峰。有人认为邻苯二甲酸二乙酯虽然无香味，但可能有定香作用，因为它的沸点较高。实践证明，邻苯二甲酸二乙酯并没有定香作用，用闻香纸沾上加了邻苯二甲酸二乙酯的香精，低沸点的香料照常挥发逃逸，到了后期，邻苯二甲酸二乙酯开始挥发时没有香味，这一点与苯甲酸苄酯等定香剂完全不同。

一般香精都不能加水，但有些“水质”食用香精特别是早期的配方里却含有一定的水分，许多低碳酸低碳醇组成的酯类和乙基麦芽酚、香兰素、分子量较低的醇、醛、酮、酸等在水里均有一定的溶解度，更重要的是它们可以溶解在含10%～90%的乙醇里。水质食用香精里加入适量的水可以降低乙醇的挥发度，降低配制成本，并能使香精在使用时较快溶解于水，但久储的水质香精有时由于包装不够严密，乙醇部分挥发造成浑浊、沉淀，冬季也常出现“水质香精”浑浊、底部有结晶等状况，所以在这些配方中加入水分的量一定要经过周密的计算、实验、观察才能确定。现今调香师倾向于不使用水，也不喜欢分什么水质、油质香精了。

所谓油质食用香精，则是用大量的茶子油、花生油、大豆油、色拉油、棕榈油稀释香精，通常这些油类价格不高，对香精来说又有一定的定香作用，因此，油质食用香精可以用在制作糖果、饼干、糕点、面包等所谓“热作食品”上，但这些油脂的定香作用有限，许多固体香料不易溶解在油脂里，加上食用油脂大多容易酸败而必须加抗氧化剂才能较长期地保存，化学合成的抗氧化剂的安全性现在也经常受到质疑，天然抗氧化剂的成本又太高，所以当今市场上油质食用香精也呈下降之势。国外的食用香精多是使用大量的丙二醇作为溶剂的所谓水质、油质双用香精，或者叫通用型食品香精。

第五节　巧用香气强度大的香料

对调香师来说，调个一般的香精并不难，调出一个物美价廉的香精才是真功夫。早期的调香师手头香料极其有限，能够用寥寥可数的几个香料仿调大自然存在的和不存在的香气已经很不容易了。如今香料科技发展迅猛，花香、果香、木香、动物香、草香等香气的香料都有上百个到几百个。调一个香型，可供选择的香料众多，在满足用户需要的前提下，可以尽量把成本降低。

乙酸苄酯、松油醇、苯乙醇、柏木油、甜橙油、素凝香、苯甲醇、苯甲酸苄酯与许多香料的下脚料价格都比较低，但它们大多香气强度不大，全用这些香料配出来的香精香气显得苍白无力，此时如果加上一个或几个香比强值大的香料，就能克服香气微弱的缺点。乙酸三环癸烯酯、丙酸三环癸烯酯、乙酸异龙脑酯、乙酸对叔丁基环己酯、乙酸邻叔丁基环己酯、二苯醚、二甲苯麝香、香茅油、山苍子油、丁香罗勒油、枫香树脂（“芸香浸膏”）、低级醇类的甲酸酯、低级醇类的乙酸酯、低级醇类的丙酸酯、低级醇类的丁酸酯类价格也较低，但香气强度大，多数香气不甚美好，显得粗糙、生硬，巧手使用有时也能配出香气很好的香精出来，而成本又极低，但毕竟配出的香型有限。

二氢月桂烯醇的出现一下子把调香师的注意力都吸引过去了，这个香料确实不错，香气强度大，细辨之隐约有古龙的果花香气，又有芳樟醇的青花香，还可以“幻想”出许多香味出来。于是各地的调香师纷纷用它跟其他香料配伍，又发现它与一些香比强值大的香料如柠檬腈、女贞醛、佳乐麝香等能结合成前所未有的各种幻想型香味香基，这些香基香气强度也都是强大的，直接作为香精显得太强硬、不圆和，需要加入大量的香比强值低的香料来修饰，或者说把它们显得尖刺的香气削掉一些，让人闻起来舒适、圆和。至今以二氢月桂烯醇为主体香气的“国际香型”香精在日化、环境用香里还是“深得民心”的。

反过来设想，原来大量使用廉价香料而配出的低档香精加点二氢月桂烯醇如何呢？举个廉价的茉莉花香精为例来看看，该香精的配方如下：

乙酸苄酯	50	二甲苯麝香	5	甜橙油	3
甲位戊基桂醛	10	苄醇	10	水杨酸异戊酯	2
松油醇	10	苯甲酸苄酯	10	总量	100

其香比强值为（25×50＋250×10＋50×10＋250×5＋2×10＋1×10＋50×3＋175×2）÷100＝60.30，香气是比较弱的，如果加上二氢月桂烯醇6份的话，其香比强值为（6030＋6×500）÷106＝85.2，香味不错，香气强度提高了许多，而成本仅增加一点点。

除了二氢月桂烯醇以外，其他香比强值大的香料也常用来提高香精的香气强度，如乙酸苏合香酯、乙酸对甲酚酯、乙酸叶醇酯、阿弗曼酯、丙酸苏合香酯、格蓬酯、辛炔羧酸甲酯、苯甲酸甲酯、苯甲酸乙酯、叶醇、乙基麦芽酚、突厥（烯）酮类、榄青酮、呋喃酮类、高碳脂肪醛（C_8～C_{14}）、草莓醛、椰子醛、桃醛、丁二酮、对甲基苯乙酮、甲基环戊烯醇酮、苯乙醛、大茴香醛、兔耳草醛、女贞醛、柑青醛、莳萝醛、二丁基硫醚、香豆素、橙花素、茉莉素、甜瓜醛、草莓酸乙酯、檀香208、广藿香油、香根油、肉桂油、吲哚、甲基吲哚、芹菜子油、柠檬腈、香茅腈、茴香腈以及众多的上面未提及的含硫含氮化合物、杂环化合物等。这些香料中有的本身香气较好，如香豆素、桃醛、兔耳草醛、柑青醛、橙花素等，可以在香精中多用，有的则香气尖锐，在香精中加入1%～2%就很难调圆和了，此时应考虑几个香比强值大的香料一起使用，或者先把它们配成一个香气较好的香基使用，一如上面提到的二氢月桂烯醇与柠檬腈、女贞醛等同时使用的例子。

第六节　自制一部分香料和溶剂

国外大型的香精厂（公司）都与香料厂合并组成香料香精公司，既生产香精，也生产香料，常常香料、香精产值各占一半，如IFF、奇华顿、德威龙、高砂等公司莫不如此。国内像广州百花香料有限公司、杭州香料厂等也走这条香料、香精一起生产经营的道路。这是为什么呢？业内人士都知道，香料厂的经济效益往往较差，担当风险又较大，固定资产投资占大头，对市场行情的把握较差；而香精厂普遍经济效益较好，投资较省，厂房设备不需要投入太多的资金，对市场跟得又比较紧（基本上“以销定产”），因而担当的风险相对较小些。香料厂自己配香精不容易，因为厂里的工程技术人员大部分是“吃化工饭”的，不具备调香能力，而且香精市场一贯竞争激烈，不容易挤进去。香精厂就不同了，现代的调香师大多已精通化工、分析化学、有机化学等，对各种香料的制作过程都有一定的了解，一些简单的合成、分离过程如果没有涉及高温高压、专用设备的话，香精厂是可以考虑自己制备的。

低碳醇的甲、乙、丙、丁、戊（异戊）、己、庚、辛酸酯类合成工艺比较简单，工艺流程也相似，它们又是配制食品香精用量最大的部分，所以这些酯类在许多香精厂尤其是以生产食品香精为主的工厂里都或多或少地被合成制造。上海日用香精厂（“孔雀”牌食用香精制造者）就是一个众所周知的例子。

乙酸酯类在所有合成香料中数量是最多的，而乙酸酐又价廉易得，用乙酸酐在常温常压下几乎能合成全部乙酸酯类化合物。各种低碳醇与等摩尔量的乙酸酐混合，加点浓硫酸就立即自发反应（往往“发高烧”而必须用冷水冷却），反应完毕后水洗就可得到纯度甚高的乙酸酯。乙酸苄酯可以直接用苄醇和乙酸酐加点硫酸作催化剂合成，也可用氯苄与乙酸钠反应制取。乙酸苯乙酯也是用苯乙醇和乙酸酐加少量硫酸合成的。本书作者曾经用98%(纯度）的工业苯乙醇按此法合成乙酸苯乙酯，反应后只用水洗就得到98%(纯度）乙酸苯乙酯，惟颜色略显浅黄而已（见图11-1，表11-1)。

表11-1　分析结果

峰名	保留时间/min	含量/%	峰类型	峰面积	峰名	保留时间/min	含量/%	峰类型	峰面积
苯乙醇	2.06	0.0719		182	乙酸苯乙酯	4.94	0.0091	T	23
	2.81	0.0084		21		5.14	0.0589	T	149
	3.12	0.0218		55		6.41	98.1477		248809
	3.64	0.0091		23		7.26	0.0233	T	59
	3.88	0.0112	V	28		8.83	0.0124	V	31
	4.38	1.5997		4055	总计		99.9999		253505
	4.79	0.0261	T	66					

香茅醇、香叶醇、玫瑰醇（主要成分为香茅醇、香叶醇和橙花醇）、松油醇、芳樟醇也可用乙酸酐直接酯化，但催化剂宜用醋磷催化剂（乙酸酐加磷酸10：1混合置48h即得），反应

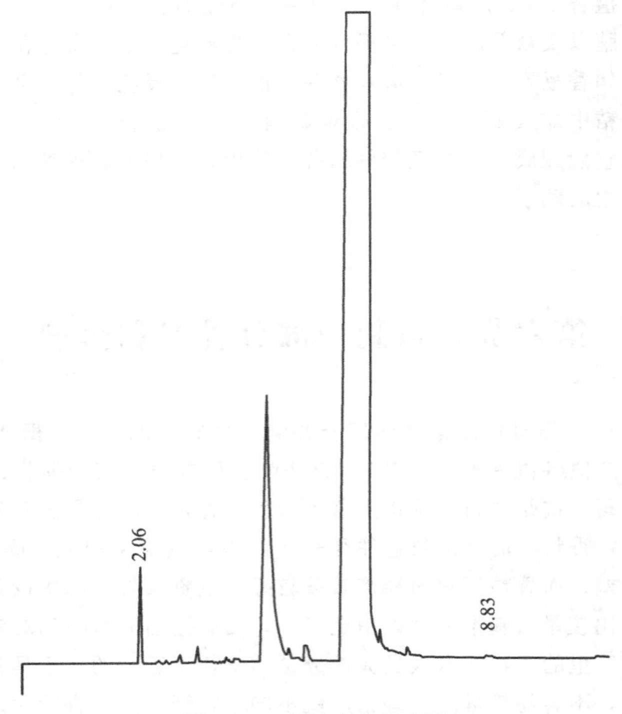

图 11-1　自制乙酸苯乙酯

时注意温度，不要让其“发高烧”，特别是制备乙酸芳樟酯时更要控制温度不能超过40℃，否则将生成一大堆香气杂乱的混合物出来。少量制造可以用铝桶作反应器，外用冷水冷却，夏天可加冰冷却；大量制造则当用铝制的“蛇管”放置反应器内，反应时铝管中通冷水冷却才能奏效。

其他醇类的乙酸酯均可参照上述方法自己合成。国外常见将一些含醇量高的天然精油制成乙酰化物作为另一类商品出售，如乙酰化玫瑰木油、乙酰化香根油、乙酰化柏木油、乙酰化檀香油等，香精厂自制这些乙酰化物也不难，一般只需把这些精油加乙酸酐（催化剂用硫酸或醋磷催化剂，视醇类对酸、热的敏感度如何而定）反应水洗即得。

苄醇的酯均可用氯苄同各种酸的钠盐制得，一如乙酸苄酯的例子。苯甲酸苄酯、苯乙酸苄酯、桂酸苄酯、水杨酸苄酯、丙酸苄酯、丁酸苄酯、异丁酸苄酯、异戊酸苄酯等都是常用而且使用量大的香料，用此法制造非常方便。

苯乙酸也可用氯苄制备，方法是把氯苄与氰化钠制成苯乙腈，苯乙腈加稀硫酸水解则得苯乙酸。这个方法虽然简单，但氰化物有剧毒，HCN气体更是危险，所以操作时要小心防毒，最终产品单以水洗是不够的，要用减压蒸馏才能使用，所以此法在香精厂不易做到。苯乙酸甲酯和苯乙酸乙酯也都可以用苯乙腈加硫酸、甲醇或乙醇加热至沸而得到，但同样要防止氰化物中毒。

邻苯二甲酸二乙酯是香精厂大量使用的溶剂，它的价格直接影响许多香精的成本。用邻苯二甲酸酐同乙醇在硫酸存在下于90～120℃反应，蒸出乙醇和杂质，中和、洗涤就是粗品，可以在一些要求不太高的场合下使用。有条件的香精厂可把它加以真空蒸馏就能得到纯品。

丁香油、丁香罗勒油都含大量的丁香酚，可以用碱（氢氧化钠）的水溶液从这些油中提取出酚来（先形成酚钠盐，再用酸或酸式盐中和析出酚）。异丁香酚则是用丁香酚同碱在一起加热到130～140℃异构化而制得的，制取后同样得加酸或酸式盐中和析酚。

柠檬桉油、香茅油、山苍子油含大量的香茅醛和柠檬醛，把它们还原成醇就可应用于许许多多需要玫瑰花香气的场合。高压加氢不是每个香精厂都能做到的，原先有的香精厂用“醇铝”法还原醛，由于反应条件苛刻，一般香精厂还是不易做到。现在已有更新、更好的常温常压氢化剂（还原剂）——硼氢化钾（或硼氢化钠）大量供应，用它们还原醛和一部分甲基酮是非常简便的，条件也不苛刻。以目前硼氢化钾和硼氢化钠的价格来算，成本还是稍微高些，今后这两种硼氢化物如还能降价的话，预计将成为香精厂（当然也包括香料厂）自制香茅醇、香叶醇、玫瑰醇、桂醇、甲位戊基桂醇、紫罗兰醇、铃兰醇、羟基香茅醇等醇类香料的重要原料。

松油醇虽然价廉易得，但在低档香精中用量巨大，生产工艺并不复杂，香精厂用量大时可以考虑自己制造。我国大量生产的脂松节油纯度高，含大量甲位蒎烯，是生产脂松香的副产品，有时价格低得可怜。甲位蒎烯（直接用松节油就可）在某些酸类的催化作用下，可以同水结合一步到位变成松油醇，但副产物多，成品香气杂乱，不易提纯。先将松节油加稀硫酸合成水合萜二醇结晶，再将洗涤干净的水合萜二醇晶体加稀硫酸“煮”沸蒸出较纯的松油醇是目前香料厂常用的“标准方法”，香精厂也可做到。将松节油加醋酸（甲酸）、硫酸反应一步制成乙酸（甲酸）松油酯也是可行的，但成品纯度较低，提纯不易，香气也较杂，只能用于配制低档香精（配制洗衣皂香精和熏香香精时可以大量使用）。

从香茅油、山苍子油中提取香茅醛、柠檬醛可以用“酸式亚硫酸钠加成法”，即先配制亚硫酸钠和碳酸氢钠的混合（水）溶液，在低温下（5～10℃，夏天用冰溶解上述二盐即可达到此低温）加入香茅油或山苍子油剧烈搅拌，使得醛溶入水溶液中，取分层后的澄清水溶液加强碱（氢氧化钠）析出香茅醛或柠檬醛。

配制食品香精和饲料香精时，常用到一些美拉德反应制备的香基，如巧克力香基、咖啡香基、牛肉香基等。这些美拉德反应产物（香基）通常就在香精厂里自己制备，设备并不复杂，投资不大。下面举几个常见的例子（均以质量份计）。

巧克力香基：葡萄糖 5，缬氨酸 3，亮氨酸 3.2，水 100，混合后投入密闭容器中，通入氮气，压力控制在 10MPa，于 115℃温度下搅拌 3h，冷却后即为香基。

咖啡香基：麦芽糖 9.6，葡萄糖 2.4，精氨酸 3.5，赖氨酸 0.5，天冬氨酸 1，甘油 100，水 50，此配料投入密闭容器中通入二氧化碳加压至 1.2MPa，并加热到 120℃搅拌 5h，冷却后就是咖啡香基了。

牛肉香基：巯基乙酸 4，核糖 10，木糖 6，大麦蛋白水解产物（含水 20%）115，再加水 105，调 pH 值到 6.5，加人造奶油 72，在 100℃温度下搅拌 2h，冷却后将上层的人造奶油除去就是烧牛肉香基了。

肉汤香基：脯氨酸 1.5，半胱氨酸 1.25，蛋氨酸 0.3，核糖 0.8，白脱风味料 0.2，甘油 20，配料混合后在 120℃下搅拌 1h，即得具强烈肉味的肉汤香基。

用类似的方法可以制得啤酒香基（甘氨酸、甲位丙氨酸与葡萄糖）、面包香基（缬氨酸与葡萄糖）、烧土豆香基（蛋氨酸与二羟基丙酮或葡萄糖）、火鸡香基（胱氨酸与葡萄糖）、爆玉米奶油糖果香基（精氨酸与葡萄糖）、甜焦糖香基（苯丙氨酸与麦芽糖）等。

配制烟用香精要使用大量的酊剂，如甘草酊、可可酊、白芷酊、山楂酊、枣子酊、咖啡酊、香荚兰豆酊、乌梅酊、独活酊、红茶酊、桂圆酊、啤酒花酊、胡芦巴酊等，这些酊如自己制备，不但可降低成本，质量也更能得到保证。酊剂在香精厂是极容易制造的，基本上不必再增添什么设备。自己制备酊剂主要是注意采购进来的香料质量要稳定可靠，最好建立稳定的供应渠道，储运期间注意不能潮湿、霉变、氧化变质，如有变质原料，提前要剔除干净，以免影响酊剂品质进而影响配制香精的香气指标。制备酊剂所用的酒精（乙醇）要纯净无杂味，最好用来酒制的酒精。浸渍时间、温度要订标准，否则制得的酊剂质量难以稳定。

第七节　电脑帮你算细账

“电脑调香”是讲给外行人听的，因为完全用电脑目前还调不出令人满意的香精出来，但是电脑可以极大地提高调香师的调香速率，让调香师在设计配方时减少许多脑力劳动则是事实。

调香师利用电脑可以相当快地算出所拟配方的配制成本、香比强值（香气强度）、留香值等，找到适当的较廉的代用香料和溶剂，也可以通过电脑使用历史素材运用模拟数学方法初步估计所拟配方将会被评香小组认可（或打分）的程度，又可以直观地用各种图表分析和评价所拟配方的“价值”，影响配制成本、香比强值、留香值的各种因素。新设计的“电脑调香装置”还可以迅速按调香师所拟的配方调配出小样让调香师自己鉴定是不是达到预定的目标。假如你善于利用电脑中的各种程序，或者有能力再编制一些程序，本章中各节提到的降低配制成本的方法都可以进入“电脑调香”的范畴。

目前国内的调香师大多数还不了解电脑能帮他们做什么，没有使用过电脑的人甚至以为电脑技术神秘莫测，高不可攀；有的人则强调调香的艺术性，认为电脑是高科技产品，在调香工作中派不上用途，这些都是错误的认识。须知调香技术实际上是一门配方技术，而配方技术重在数据处理。电脑的优势恰恰是在数据处理方面，甚至电脑的发明正是为了数据处理而产生的。调香师每天面对数百成千个香料，每一种香料的单价、香比强值、留香值、沸点、蒸气压、阈值等数据调香师不可能全记住，而有些数据特别是单价又时常在变化着，此时电脑作为调香师优秀的助手当之无愧。如果程序设计得好，它甚至可以随时提醒你修改原来的配方以适应市场的需要，也可以帮你在不影响香气、质量的前提下不断地将成本降下来。上“因特网”了解世界各地香料行情的变化和国内局部的、属于个案的“削价处理积压原料”也常常能帮你买到质优价廉的香料、溶剂而降低配制成本，使自己的公司在激烈的市场竞争中立于不败之地。

虽然没有一家香精制造厂会把自己现在畅销的香精配方直接告诉你，但香料制造厂为了推广自己新开发的香料，则会通过因特网在自己的网站和其他可供宣传的地方把他们的实验配方公布出来，有的除了介绍使用这些香料后香气如何如何以外，经常还会提及配制成本怎样，这些资料对于调香师来说都是非常宝贵的。

科学技术的进步、世界距离的拉近、市场的迅速变化迫使所有的调香师不敢再学他们的师傅们那样悠闲自得地将调香工作当成“修身养性的活动”（外人看起来如此）而被赶上电脑“冲浪”了。

第八节　关注香料行情

随着信息时代的来临，“地球村”已成为现实，世界变得越来越小，香料、香精这种自古以来就是国际化的交易品受到的影响和冲击更加巨大。一千多年前阿拉伯人到“远东”——中国和日本等地做香料生意，可获大利，赚的是远距离的差价。现今交通运输发达，运费（对于香料、香精来说）低廉，即便是西半球每千克有时不足一美元的美国和巴西甜橙油运到东半球的中国和日本，照样将当地的柑橘油压得喘不过气来。世界各地地理、气候、风俗习惯及各种其他因素不同，物产各异，同样一种香料植物，在甲地生长不好，在乙地却能丰收。因此，各国、各地区自然形成了一种“接近合理的分工”——各种香料植物最终都集中种植于该植物最适宜发展的地区，其他地方慢慢被淘汰。WTO的发展，各国关税壁垒一个个被攻破更加速了这种集中化生产的进程。合成香料也有这种现象，虽然它不像天然香料那样受到地理、气候、人文环境等的强烈影响，一个成熟的化工工艺可以在不同的地方完全一样地进行，但化学工艺的规模化效益却是不能忽视的。特别是对于合成香料工业来说，一种常用的香料，生产量越大，制造成本越低，质量也越有保证。英国本土人口不多，但BBA公司一个厂年产合成芳樟醇（一部分转化成香叶醇等）6000t，足可供应全世界；日本的叶醇制造成本也较低。我国虽然资源丰富，香叶醇、叶醇等还是发展不起来。

因此，调香工作者不但要经常“将算盘挂在脖子上”，还要“分分钟钟”睁大眼睛看世界香料行情的变化。对于调香师来说，每个配方都是可变的，从来没有一成不变的配方。美国、巴西的甜橙油涨价，可以考虑用国产的柑橘油代替，或者用NB05F烯调配代用；东印度檀香油贵到离谱，除了高档香水以外，几乎都可以考虑用各种合成檀香香料代替；国外调香常用的苦橙花油、苦橙叶油完全可以用国产丰富的玳玳花油、玳玳叶油加上合成香料配制代用；有一年我国的山苍子油被人为炒作到每千克200元（人民币），这使国外加快用合成柠檬醛代替使用山苍子油的步伐，反过来低价的柠檬醛又把我国的山苍子油压到每千克二十几元（人民币）的低价，造成农民毁掉山上的山苍子树……类似的例子举不胜举，每年都有。调香师如果只凭仓库库存的香料单价计算成本，有时是会吃亏的。当然这也许“是财务和经理的事”，但如果同样调一个香型的香精，别人能以比你低得多的成本调出来，你的香精还卖得出去吗？

有的香料，特别是一些天然香料，像广藿香油、香紫苏油、芹菜子油、椒样薄荷油、留兰香油、肉豆蔻油、白柠檬油、赖百当浸膏等至今还难以取代使用或用合成香料调配代用，如果你调的那一个香精中大量采用它们中的一个或几个，当价格突然上扬的时候，你的这一个香精可能将失去竞争力。长期关注着香料行情的调香师会根据自己的预测提请采购员作适度储备；反过来，当预计一个香料可能会大幅度跌价时，当然应减少库存。一个企业能否在激烈的竞争中生存和发展，不但要善于“卖”还要善于“买”，生意界有句名言“会卖不如会买”是有一定道理的。香精制造厂是个特殊的行业，调香师参与企业的经营管理超过其他行业工程技术人员的参与程度。因此，一个好的调香师就不得不多花些时间和精力来关注香料行情。

第九节　大胆使用新型香料

一百多年以前的调香师手头香料极其有限，因为都是天然香料，调制成香精的成本都是很高的。合成香料问世后，调香师手头“宽裕”了，既可以随心所欲地调配各种香型香精，又可以把配制成本控制在一定的范围内，这使得一般轻工产品的加香成为可能。香料香精工作者采用各种新的工艺从动植物体和微生物发酵产物得到香味物质，从而不断发现新的香料单体，然后与有机化学家一道在实验室中把它们合成出来；另一方面，化学家们在合成各种有机化合物时，也经常发现一些新的有香物质，他们热情地推荐给香料工作者以筛选出有价值的香料；在这些基础上，香料工作者与化学家一道根据目前虽然还很粗糙的“化学气味学”理论有意识地合成一些新的香料化合物，经过大量的毒理、病理、动物和人体实验等确认安全可用后推荐给调香师使用。调香师应抱着“感恩”的心情接受馈赠，热烈地欢迎、接受它们，并大胆地在调香实践中应用它们。

每一个调香师都利用一切渠道、千方百计多弄到一些新的香料，事先花些精力掌握它们的应用特点，如理化数据和各种感官数据等，还有它们的配伍性、在各种溶剂中的溶解性、稳定性等，以便日后应用时能得心应手，但更重要的是通过试配各种香型香精，逐步掌握它们各自的香气特征，与其他香料在一起时“表现”如何，是否可组成新的有用的香型。只要闻到“怪异”的、前所未有的香气都不应错过机会，这其中包括所谓“臭”的、起初闻起来不舒服的气味。有些烯醛类、杂环类和含硫、氮的化合物等在浓度高的时候气味不好，把它们稀释成10%、1%甚至0.1%时再细细“品尝”，也许会有新的发现，这是捕捉灵感的最好时机。有的新香料单位价格很高，每千克几千元甚至几万元，但它们的香比强值也高，有时高达10000以上，少量使用在以往调过的香精配方里不但可以改变香型、多创造一些香气出来，有时在保持原有香气的基础上甚至可以降低成本。例如二丁基硫醚在高度稀释的情况下有紫罗兰叶的青香香气，在紫罗兰类香精中少量用之，可以节约紫罗兰叶净油和辛炔羧酸甲酯等青香香料的使用量，大大降低配制成本；2-乙氧基-6-甲基吡嗪单价虽然非常高，但它以极微量加入菠萝香精中不但改善了菠萝香气（更加自然鲜美浓甜），得到同样的香比强值时配制成本反而大大降低。类似的例子举不胜举，调香师如果不会或不敢大胆使用它们，就会在剧烈的竞争中败下阵来。

新开发出来的香料也不一定都是贵的，从廉价的蒎烯、苎烯、月桂烯、柏木烯等通过一步化学反应合成的新型香料最近十几年来不断冒出，有的是早期也曾经开发出来但没有被重视直到现在又“拿”出来的香料，如异长叶烷酮、罗勒烯、松油烯等，在花香、木香、青香等香型香精中大胆使用它们，有时会得到意想不到的结果。它们的“综合评价分数”都大大超过现行单价，可以断言，在当今“回归大自然”思潮的形势下，多多使用它们，不但迎合消费者的需求，还可以大幅度降低成本。

第十节 “两高一低”与“两低一高”香料

对香精制造厂来说，如何采用相对廉价的香料调出三值都高的香精，始终是调香师考虑的问题。三值都低的香料几乎没有使用价值，三值都高的香料价格一定不菲，只有“一高两低”或“两高一低”的香料才可能有廉价的。

在常用的香料里，香比强值高、香品值高、留香值低的香料有：甜橙油，辛醛，辛炔羧酸甲酯，叶醇，乙酸戊酯，乙酸辛酯，乙酸叶酯，乙酸异戊酯，乙酰乙酸乙酯等。

香比强值高、香品值低、留香值高的香料有：柏木酮，苯己醇，苯甲酸戊酯，苯甲酸异丁酯，苯甲酸异戊酯，苯乙酸，苯乙酸苯乙酯，苯乙酸乙酯，苯乙酸异丙酯，丙酸三环癸烯酯，丙酸松油酯，丙酸苏合香酯，丙位壬内酯，丙位十一内酯，草莓醛，橙叶醛，二苯醚，二苄醚，二丁基硫醚，芳樟叶浸膏，甘松油，柑青醛，广藿香油，癸醛，桂醛，甲基柏木酮，甲基环戊烯醇酮，甲基壬基乙醛，赖伯当浸膏和净油，邻氨基苯甲酸甲酯，铃兰醛，玫瑰己酰胺，茉莉素，茉莉酯，柠檬腈，女贞醛，杉木油，麝香T，十二醛，桃醛，十一醛，水杨酸丁酯，水杨酸戊酯，甜橙醛，香豆素，香茅腈，香紫苏浸膏，橡苔浸膏，乙基麦芽酚，乙基香兰素，乙酸对甲酚酯，乙酸对叔丁基环己酯，乙酸邻叔丁基环己酯，乙酸三环癸烯酯，乙酸异壬酯，乙位萘甲醚，乙位萘乙醚，异丁酸对甲酚酯，异丁酸叶酯，异丁香酚，异甲基紫罗兰酮，吲哚，紫罗兰酮等。

香比强值低、香品值高、留香值高的香料有：苯甲酸苄酯，佳乐麝香，龙涎酮，莎莉麝香，合成檀香 803 等。

香比强值高、香品值低、留香值低的香料有：桉叶油，桉叶油素，白樟油，百里香酚，苯甲醛，苯乙醛，苯乙醛二甲缩醛，菠萝醇，菠萝甲酯，菠萝乙酯，对甲基苯乙酮，苹果酯，松节油，松油醇，松油烯，香茅醛，香茅油，香叶腈，乙酸苄酯，乙酸松油酯，乙酸苏合香酯，乙酸异龙脑酯等。

香比强值低、香品值高、留香值低的香料几乎没有。

香比强值低、香品值低、留香值高的香料有：柏木脑，柏木烯，柏木香膏，柏木油，苯甲酸，苯乙酸苄酯，长叶烯，二甲苯麝香，甲位己基桂醛，甲位戊基桂醛，结晶玫瑰，联苯，素凝香，酮麝香，香兰素，异长叶烯，芸香浸膏等。

可以看出，香比强值高、香品值低、留香值高的香料非常多，香比强值高、香品值低、留香值低的香料和香比强值低、香品值低、留香值高的香料也不少，这些香料价格都不高，善于使用的话都可以做到“物超所值”。它们的共同“缺点”是香品值低，这正是调香师们表现自己能力的大好机会，对这一组香料的应用最有潜力可挖，因为调香师的工作就是“极大地提高香料的香品值”。

举个例子：广藿香油是高明的调香师特别喜欢的天然香料，巧手使用往往能起到“画龙点睛”的作用，之所以被划入“两高一低”香料的原因是它的香品值不高（才定为10），这其实有点“冤枉”它了——它是一种药香香料，站在“药香”的角度看，它的香品值是很高的，但调香师们却都把它作为“木香”香料使用。广藿香油虽有木香，但具有浓厚的药草气息，影响它的“得分”——聪明的调香师正可以利用这一点，在配方里广藿香油加到能增加木香却又恰好不露出药草气息为止。

事实上，香奈儿五号正是利用“两高一低”的几个醛香香料创造出划时代的“珍品”，全世界每年评选出的“十大名牌香水”经常可以找到这样的例子。

甜橙油的香味备受国人的赞赏，价格及其低廉，属于“两高一低”香料，善于应用的话有时能够“点石成金”，在一个“计算留香值”偏高的香精里，这个香料的香气能让本来显得“沉闷”的气息活泼起来，变得令人喜爱甚至“垂涎欲滴”。

其他“一高两低”和“两高一低”香料的正确使用也是如此。

香比强值低、香品值高、留香值高的香料其实就是那些常用的“人造”定香剂，调香师把它们加到香精里时往往有“随意”的成分，甚至有时候加入的原因竟然是把香精配方凑成 100 份。其实这一组香料也都各有特色，尤其是在“基香”阶段发挥它们各自的作用。掌握“香气共振理论”可以让调香师对定香剂的使用不会盲目。

调香师通过调香艺术多多使用“一高两低”和“两高一低”的香料“互补”来克服它们各自的“缺陷”，使得调配出来的香精三值都达到一定的程度，而配制成本又不会太高。

第十二章　日用品加香实验与评香

第一节　日用品制造厂的加香实验室

日用品加香最重要的是加香实验，可惜国内直到现在绝大多数生产日用品的厂家和香精厂都还没能给予重视，香精厂随便给日用品生产厂几个香精是很普遍的事。须知每一种日用品都有它的特性，不是随便一种香精加进去都能达到加香的目的。“乱加香精”有时不但造成极大的浪费，整个生产厂因此倒闭的事也时有发生。要使自己的产品带上最让消费者喜欢的香气，只有重视、勤做加香实验。因此，生产日用品的厂家和香精厂建立加香实验室都是很有必要的。

对于日用品生产厂来说，理想的加香实验室应由 4 个部分组成：香精室，加香室，评香室，架试室。香精室把平时收集到的、各香精厂家送来的香精样品分门别类置于各种架子上，做加香实验的人员要经常来嗅闻这里的每一个香精的香气并记住它们，以便需要时把它们找出来。加香室的面积一般比较大，里面安装着各种小型的加香实验机械，如香皂制造厂的加香室应有拌料机、研磨机、挤压机、成型机等，这些机械虽小，但都要尽量做到与车间里操作的“工艺条件”（如温度、压力等）接近；评香室就像是一个小型的会议室，一般可容纳十几个人围坐讨论，有条件的可以用能升降的隔板把它分割成十几个或几十个小室，每个小室配备一台电脑和一个洗手盆、没有香味的洗涤剂或无香肥皂（洗手用），进空气和排气系统能保证室内在评香时没有干扰的气息存在；架试室就同小型图书馆一样，放着许多架子，层层叠叠，以便多放样品，架试室也要有排气装置，保持室内“负压”以免“串味”影响评香结果。

一个产品的加香实验全过程是这样的。

(1) 通知各香精厂送香精样，要把开发这个新产品的目的、意义、计划生产量、准备工作让香精厂知道，并尽量详细地向香精厂介绍该产品的理化性能，以便香精厂能有的放矢地调配适合的香精样品送来实验。有的香精厂也做加香实验，你可以把未加香的样品寄给香精厂让他们先做实验，这样香精厂送来的样品会更接近你的需要。

(2) 初选香精　把各香精厂送来的和原来“库存”的香精反复比较挑选，找出适合做实验的香精样品。

(3) 按照香精厂的“建议加香比例”把香精和未加香的样品拌均匀，固体、半固体产品还要经过“挤压”、“成型”或者加热、冷冻等步骤才能把香精加进去，加工工艺尽量与大量生产时的实际操作接近。

(4) 做出的样品包装或不包装置于架试室的样品架上，一般在自然通风条件下放置，有的样品根据需要放在冷或热的恒温箱里，有的要放在紫外灯下照射一定的时间。

(5) 架试室里的样品每天（或每周、每月，根据需要而定）都要观察，记录每一个样品外观有没有变化、香气是否变淡了或者消失了，做完实验，不用再观察的样品要及时清理掉。

(6) 评香　做完“架试”(规定的时间) 后的样品就可做评香测试了。“评香组”可以临时组合，但其中要有几位相对固定的人员。每次评香至少10人以上，评香时主持人要详细给每一位参加评香的人员讲解本次评香的目的、要求、注意事项、如何按统一的规格把各人的感受输入电脑或写在统一发放的设计、印制好的表格纸上等，参加评香的人员全都理解了才开始嗅闻香气，此时有隔板装置的要“上隔板”把评香人员各个隔开，根据每个人的感觉给样品“排序”或“打分”，具体看下一节“感官分析”。

(7) 评香结论　评香主持人根据电脑（由专门设计的评香统计软件计算结果）显示或收集评香人员填写的评香结果，进行简单的计算得出数据、排序表做评香结论。保存好每一次评香的结论，即使出现“意外”的评香结论也不能轻易丢弃。

第二节　香精厂的加香实验室

香精厂的加香实验室在工厂整体设计的时候就应当充分重视了——它必须选择在工厂里“风水”最佳的地方！首先它必须是一个通风条件好、光照强度适中、视线清晰、环境幽雅美观的实验室（给评香人员好的心情才能得出正确的评香结论），车间、仓库和调香室的气味尽量不飘往这个实验室。面积可根据厂家实地面积而定，大致需 $100m^2$ 以上，并且有两个以上的隔离房。因其设备器械较多，保险丝容量必须达到60A以上，以保证同时开启几种器械所能承受的电压。整个实验室需有一个单独的安全开关，保证防火功能。

同日用品制造厂的加香实验室一样，香精厂的加香实验室也分为四大区，但名称不一样，它们分别被叫做样品区、加香区、洗涤区、留样区。其中样品区与留样区应与加香区完全隔离开。

首先介绍样品区，这里所谓的样品区是指未加过香的各种样品存放的区域。如未加香的护肤护发品、洗衣粉、洗发香波、洗洁精、蚊香坯、小环香坯、塑料制品、橡胶制品、石油制品、纸制品、鞋子、干花、人造花，还有各种规格的“塑料米”、橡胶粒或片、皂粒、石蜡、果冻蜡、气雾剂罐等。因为品种不同，各种保存方式不大相同。所以对温度、湿度有一定的要求，室温最好保持在21～25℃、相对湿度控制在60%左右。如蚊香与小环香久置，若室内湿度太大，会长霉，影响加香效果。所以样品区内通常是设计成一个柜子，依墙而立。柜子类似中药房药柜的造型，由许多小柜组合而成，采用拉式抽屉，并且底部是用小滚珠拖动，方便取样。紧贴地面的那一柜应做成左右打开式柜门，并且高度在80～100cm之间，宽度为50cm，深度为100cm，这是为了专门存放一些较重的样品而设计的，如皂粒、洗衣粉、“塑料米”、橡胶片、石蜡、果冻蜡等。上面的柜子都采用拉式，各小柜高度为50cm，宽度为50cm，深度100cm，整柜体积为300cm×100cm×300cm，各个柜应有标签标明，以备用之。平常应把样品区门关闭，以免有香气进入，并保持地面干燥。再者，公司一般不喜欢置放太多的未加香的样品，而采取现用现买和随时向用香厂家索取的办法，因为香精厂内免不了会有一些香气笼罩，这些未加香的样品自然而然地会略带些香气，不利于实际加香效果。

有了样品，就要进行加香实验了，一般的加香实验在加香区里进行，加香区里有操作台，操作台设计应具人性化。以人体高度和操作时的舒适度为宜，一般高为80～100cm，宽为50～100cm，长为400～500cm，操作台以下部分做成柜子，以存放物品。操作台以上应做成壁式柜子，且需以瓷砖或玻璃板为表面，减少腐蚀。实验室应具备以下器械和仪器：最小感量为

0.01g、最大感量为300g的电子秤一台，药物天平500g、1000g各一台，分析天平，恒温水浴锅，封口机，电炉，研磨机，压模机，气雾罐装机，冰箱，电热恒温干燥箱，紫外灯照明箱，空调，排气扇，空气净化器等。各种器械、仪器的用途将在以下章节中详细介绍。要注意的是在进行气雾剂加香实验特别是灌装时，千万不能使用电炉，并且避免使用烘箱，以免引起火灾。

加香完后，把样品放入留样区，留样区的室内设计与样品区的设计是有区别的，采取的是书柜的造型，一个大柜的尺寸为300cm×50cm×300cm，各小柜为70cm×50cm×40cm。因各种加过香的样品香气都不同，如何保证让它们不串味是个较难解决的问题，所以各种样品都必须密封包装，有次序地摆列于柜内，并作记录。室温保持在21～25℃，相对湿度为60%左右，排气扇也要定时打开，室内处于正常的通风状态。留样室的门也不宜经常开启。

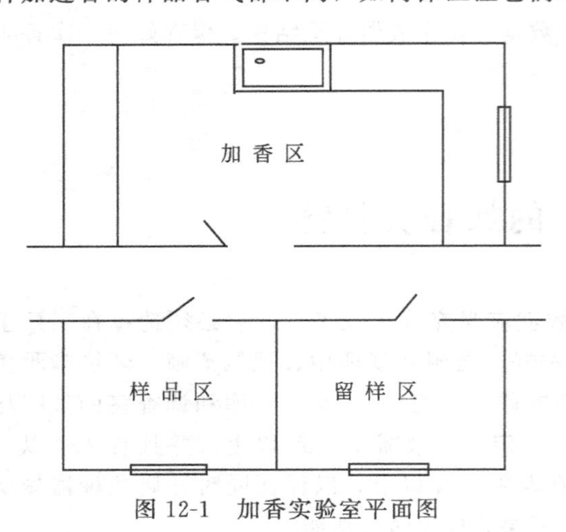

图12-1　加香实验室平面图

加香实验做完以后或者样品从留样区取出来后，就得把用于加香实验或做容器用的玻璃器皿、工具等放置清洗槽里清洗。清洗槽置于专门的洗涤区内。洗后烘干放在相应的位置，以免杂乱无章。

安全防火是加香实验特别要重视的事，加香实验室至少得具备三个以上不同性质的灭火器，以确保安全。

图12-1是加香实验室平面图（洗涤区可以根据操作方便而定，一般也可以在加香区里），供参考。

随着人们生活水平的提高，越来越讲究生活的质量。应运而生的加香产品也会越来越多，香精厂的加香实验室内容也会日趋增多，里面的实验器械也得“与时俱进”，逐渐完善。

第三节　感官分析

感官分析一般可分为两大类型：分析型感官分析和偏爱型感官分析。加香产品的评香属于偏爱型感官分析，这种分析依赖人们心理和生理上的综合感觉，分析的结果受到生活环境、生活习惯、审美观点等多方面的因素影响，其结果往往因人、因时、因地而异。

常用的感官分析方法可分为3类。

(1) 差别检验　有两点检验法、两、三点检验法、三点检验法、“A”-“非A”检验法、五中取二检验法、选择检验法、配偶检验法等。

(2) 使用标度和类别的检验　有排序检验法、分类检验法、评分检验法、成对比较检验法、评估检验法等。

(3) 分析或描述性检验　有简单描述检验法、定量描述和感官剖面检验法等。

本节主要介绍产品评香最常用的排序检验法，具体做法如下。

首先把准备评香的样品（要求事先做成外观尽量一致、用同样的容器盛装）贴上代号标签，代号可用英文字母、天干地支或随便一个没有任何暗示性的“中性”文字，唯不能用数字，评价主持人要对每一个参加评香的人员说明如何排序，是按照自己的喜好排序呢，还是按照某一种香气（比如天然茉莉花香或者一个外来样品的香气）的“相似度”排序，从左到右还是从右到左排序，由主持人或通过电脑记录下每一个评香者的排序结果。

表 12-1 是 A、B、C、D、E 五个样品请七个人评香的结果，主持人要求每个评香员把五个样品按自己认为香气最好的排在最左边，次者排在第二……自己认为香气最不好的排在最右边，如表 12-1 中的 1 号评香员认为 B 的香气最好，A 次之，C、D 更次，认为 E 的香气最不好。

表 12-1　A、B、C、D、E 五个样品七个人评香的结果

项　目	1	2	3	4	5
1 号评香员	B	A	C	D	E
2 号评香员	B	E	C	A	D
3 号评香员	B	A	D	C	E
4 号评香员	A	C	B	D	E
5 号评香员	C	A	B	E	D
6 号评香员	B	A	D	C	E
7 号评香员	A	C	B	E	D

如果我们把排在第一位算 1 分，第二位算 2 分……第五位算 5 分（分数越低香气越好）的话，五个样品的得分如下。

A：2＋4＋2＋1＋2＋2＋1＝14

B：1＋1＋1＋3＋3＋1＋3＝13

C：3＋3＋4＋2＋1＋4＋2＝19

D：4＋5＋3＋4＋5＋3＋5＝29

E：5＋2＋5＋5＋4＋5＋4＝30

7 个评香员评香总结按香气好到不好的排列次序是 B、A、C、D、E。

再多几个人来参与评香的话，这个次序可能会改变，也许 A 排在 B 前面或者 E 排在 D 前面，一般认为参与评香的人数越多，其“可信度”会越高。10 个人评香比 7 个人评香“可信度”提高多少呢？这要用到统计学和模糊数学知识，这里不再详述。

香料香精行业里有一套“40 分”评分检验法：对一个香料或者香精进行香气评定，“满分”为 40 分，“纯正”为 39.1～40 分，“较纯正”为 36.0～39.0 分，“可以”为 32.0～35.9 分，“尚可”为 28.0～31.9 分，“及格”为 24.0～27.9 分，“不及格”为 24.0 分以下。对评香组成员的要求很高，由公认的“好鼻子”、德高望重的调香师或评香师担任。重大的检验和有关香气的仲裁由“全国评香小组”执行。企业可以参考这种评分检验法自己组织调香师和评香师对香料、香精与加香产品进行评价，但实际意义并不大。

第四节　人的嗅觉

前一节提到偏爱型感官分析因人、因时、因地而异，这是因为人的嗅觉有差别，爱好也不一样，即使同一个人在不同时间嗅闻一个样品，也不一定得出同样的结论。这些因素都直接影响到评香结果。因此，本节简要地叙述人的嗅觉理论，以便读者对评香结果和“结论”有更清楚的认识。

嗅觉属于化学感觉，是辨别各种气味的感觉。嗅觉感受器位于鼻腔最上端的嗅上皮内，其中嗅细胞是嗅觉刺激的感受器，接受有气味的分子。引起刺激的香气分子必须具备下列基本条件才能引起嗅神经冲动：有挥发性、水溶性和脂溶性；有发香原子或发香基团；有一定的分子轮廓；相对分子质量为17～340；红外吸收光谱为7500～1400nm；拉曼吸收光谱为1400～3500nm；折射率为1.5左右。

人的嗅脑（大脑嗅中枢）是比较小的，通常只有小指尖那么小的一点点，鼻腔顶部的嗅区面积也很小，大约为5cm^2（猫为21cm^2，狗为169cm^2），加上人类一级嗅神经比其他任何哺乳动物都少（来自嗅感器的信号经嗅球中转后，一级神经远不能满足后继信号传递的需求），因此，人的嗅觉远不如其他哺乳动物那么灵敏。人类的嗅感能力一般可以分辨出1000～4000种不同的气息，经过特殊训练的鼻子可以分辨高达10000种不同的气味。

嗅细胞容易产生疲劳，这是因为嗅觉冲动信号是一峰接着一峰进行的，由第一峰到达第二峰时，神经需要1ms或更长的恢复时间，如第二个刺激的间隔时间大于神经所需的恢复时间，则表现为兴奋效应；如间隔时间过短，神经还处于疲劳状态，这样反而促使绝对不应期的延长，任何强度的刺激都不引起反应，就表现为抑制性效应。这就是“入芝兰之室，久而不闻其香；入鲍鱼之肆，久而不闻其臭”的道理。因此，一般人嗅闻有气味的物品时，闻了3个样品之后就要休息一下再闻，否则会得出不正常的结果，影响评判。

嗅觉的个体差异也是很大的，有的人嗅觉敏锐，有的人嗅觉迟钝。人的身体状况也会影响嗅觉，感冒、身体疲倦或营养不良都会引起嗅觉功能降低，女性在月经期、妊娠期和更年期都会发生嗅觉缺失或过敏的现象。

通过训练可以提高人的嗅觉功能。“好鼻子”应该是嗅觉灵敏度高，同时对各种气味的分辨力也要高。嗅觉灵敏度是“先天性”的，有的人“天生”就对各种气味灵敏，同时每一个人随着年龄的增长嗅觉灵敏度也会下降；但人对各种气味的“分辨力”却可以通过训练得到极大的提高，大部分调香师和评香师的嗅觉灵敏度只能算一般，但对各种气味的“分辨力”则是一般人望尘莫及的，这都是长期训练的结果。

第五节　现代评香组织

产品的加香无非就是为了让消费者对其气味产生欢愉而激起购买欲，所以对香气的品质评价，人的嗅觉是最主要的依据。至今在香气的评定检测中，仍没有任何仪器分析和理化分析能够完全替代感官分析。如何科学地提高感官分析结果的代表性和准确性便是评香组织的工作目的。本节将从嗅觉的基本规律、评香的类型、评香员的选择和培训、实验环境条件、感官分析常用方法等方面详细探讨。

较早期的评香组织是由一些具有敏锐嗅觉和长年经验积累的专家组成的。一般情况下，他们的评香结果具有绝对的权威性。当几位专家的意见不统一时，往往采用少数服从多数的简单方法决定最终的评香结果。这是原始的评香分析，这样的做法存在很多弊端：第一，评香组织由专家组成，人数太少，而且不易召集；第二，各人对不同香气敏感性和评价标准不同，几位专家对同一香气评价各有不同，结果分歧较大；第三，人体自身的状态和外部环境对评香工作影响很大；第四，人具有的感情倾向和利益冲突会使评香结果出现片面性，甚至做假；第五，专家对物品的评价标准与消费者的感觉有差异，不能代表消费者的看法。由于认识到原始评香的种种不足，在嗅觉分析实验中逐渐地融入了生理学、心理学和统计学方面的研究成果，从而发展成为现代评香组织。现代评香组织对于评香组织的各项工作要求将不再依靠权威和经验，而是依靠科学。

一、嗅觉的基本规律

嗅觉在评香组织的工作中占主要地位，嗅觉的误差对于评香分析结果将造成极大的影响。因此，我们必须了解会造成嗅觉误差的嗅觉生理特点及嗅觉的基本规律，以便在评香员的选择、实验环境的布置、实验方案的设定、结果的处理等方面尽量将嗅觉的误差减小到最低程度。

嗅觉是辨别各种气味的感觉。嗅觉的感受器位于鼻腔最上端的嗅上皮内，其中嗅细胞是嗅觉刺激的感受器，接受有气味的分子。嗅觉的适宜刺激物必须具有挥发性和可溶性的特点，否则不易刺激鼻黏膜，无法引起嗅觉。

“入芝兰之室，久而不闻其香”是典型的嗅觉适应。嗅细胞容易产生疲劳，而且当嗅球等中枢系统由于气味的刺激陷入负反馈状态时，感觉受到抑制，气味感消失，这便是对气味产生了适应性。因此，在进行评香工作时，数量和时间应尽可能缩短。

二、评香的类型

在评香分析中，根据评香目的的不同而分为两大类型，即分析型评香和偏爱型评香。

分析型评香是把人的嗅觉作为一种测量的分析仪器，来测定物品的香气与鉴别物品之间的差异。如质量的检查、产品评优等。为提高分析型评香测定结果的准确性，可以从以下几个方面做起。

首先，评香基准的标准化：选择并配制出标准样品作为基准，让评香员有统一、标准化的对照品，以防他们采用各自的基准，使结果难以统一和比较；其次，实验条件的规范化，在此类型评香实验中，分析结果很容易受环境的影响；最后，评香员的选定，参加此类型评香实验的评香员在经过恰当的选择和训练后，应维持在一定的水平。

分析型评香是评香员对物品的客观评价，其分析结果不受人的主观意志干扰。

偏爱型评香与分析型评香正好相反。它是以物品作为工具，来测定人的嗅觉特性。如新产品开发时对香气的市场评价。偏爱型评香不需要统一的评香标准和条件，而是依赖人的生理和心理上的综合感觉。即人的嗅觉程度和主观判断起决定性作用，分析结果受到生活环境、生活习惯、审美观点等方面因素影响，其结果往往是因人、因时、因地而异。

在各种评香实验中，必须根据不同的要求和目的，选用不同类型的评香分析。

三、评香员的选择与培训

建立一支完善的评香组织，首要任务就是组成评香队伍，评香员的选择和培训是不可或缺的。如前所述，评香分析按其评香目的不同而分为分析型和偏爱型评香。因此，评香队伍也应分两组，即分析型评香组和偏爱型评香组。分析型评香组的成员有无嗅觉分析的经验或接受培训的程度，会对分析结果产生很大影响。偏爱型评香组织仅是个人的喜好表现，属于感情的领域，是人的主观评价。这种评香人员不需要专门培训。分析型评香组成员根据其评香能力可分为一般评香员和优选评香员。

由于评香目的性质的不同，偏爱型评香所需的评香员稳定性不要求太严，但人员覆盖面应广泛些。如不同祖籍、文化程度、年龄、性别、职业等，有时要根据评香目的而选择。而分析型评香组人员要求相对稳定些，这里要介绍的评香员的选择和培训大部分是针对此类型评香员而言的。当然，两种类型评香组成人员并非分类非常清楚，评香员也可同时是偏爱型评香员和分析型评香员。

1. 候选评香员的条件

一般的用香企业和香料香精企业均是从公司内部职员或相关单位召集志愿者做为候选评香

员。候选者应具备以下条件：

（1）兴趣是选择评香员的前提条件；

（2）候选者必须能保证至少80%的出席率；

（3）候选者必须有良好的健康状况，不允许有疾病、过敏症，无明显个人气味如狐臭等，身体不适时不能参加评香工作，如感冒、怀孕等；

（4）有一定的表达能力。

2. 评香组人员的选定

并非所有候选评香者都可入选为评香组成员，我们还可从嗅觉灵敏度和嗅觉分辨率来考核测试，从中淘汰部分不适合的候选员，并从中分出分析型评香组的一般评香员和优选评香员。

（1）基础测试　挑选3、4个不同香型的香精（如柠檬、苹果、茉莉、玫瑰），用无色的溶剂配稀成1%浓度。让每个候选评香员得到四个样品，其中有两个相同、一个不同，外加一个稀释用的溶剂，评香员最好有100%选择正确率。如经过几次重复还不能觉察出差别，此候选员直接淘汰。

（2）等级测试　挑选10个不同香型的香精（其中有2、3个较接近、易混淆的香型），分别用棉花蘸取同样多的香精，然后分别放入棕色玻璃瓶中，同时准备两份样品，一份写明香精名称，一份不写名称而写编号，让评香候选员对20瓶样品进行分辨评香，将写编号的样品与其对应香气的写了名称的样品“对号入座”。本测试中签对一个香型得10分，总分为100分，候选员分数在30分以下的直接淘汰，30～70分者为一般评香员，70～100分者为优选评香员。

3. 评香组成人员的培训

评香组成人员的培训主要是让每个成员熟悉实验程序，提高他们觉察和描述香气刺激的能力，提高他们的嗅觉灵敏度和记忆力，使他们能够提供准确、一致、可重现的香气评定值。

（1）评香员工作规则　评香员应了解所评价带香物质的基本知识（如评价香精时，了解此香精的主要特性、用途等，而评价加香产品时，应了解未加香载体的基本知识）。

评香员应了解实验的重要性，以负责、认真的态度对待实验。

进行分析型评香时，评香员应客观地评价，不应掺杂个人情绪。

评香过程应专心、独立、避免不必要的讨论。

在试验前30min，评香员应避免受到强味刺激，如吸烟、嚼口香糖、喝咖啡、吃食物等。

评香员在实验前应避免使用有气味的化妆品和洗涤剂，避免浓妆。实验前不能用有气味的肥皂或洗涤剂洗手。

（2）理论知识培训　首先应该让评香员适当地了解嗅觉器官的功能原理、基本规律等，让他们知道可能造成嗅觉误差的因素，使其在进行评香实验时尽量地配合以避免不必要的误差。

香气的评价大体上也就是香料、香精的直接评价或加香物品的香气评价。因此，评香员还应在不断的学习中，了解香料、香精的基本知识，所有加香物品的生产过程、加香过程。

（3）嗅觉的培训　在筛选评香员时，已对嗅觉进行了测试，选定合格的评香员就无需再进一步训练。应该让评香员进入实际的评香工作中，不断锻炼和积累，以提高其评香能力。

（4）设计和使用描述性语言的培训　设计并统一香气描述性的文字，如香型、香韵、香气强度、香气象真度、香型的分类、香韵的分类等。反复让评香员实验不同类型香气并要求详细描述，这样可以进一步提高评香结果的统一性和准确性。

另外，可用数字来表示香气强度或两种香气的相近度等，例如，香气强度表示：

0＝不存在，1＝刚好可嗅到，2＝弱，3＝中等，4＝强，5＝很强。

四、评香实验环境

评香实验环境要求的原则是尽量远离一切有杂味的物品。因此，评香实验的场所最好远离香精香料生产车间、加香车间、加香实验室、调香室、香料香精仓库及洗手间等。评香组织的场所应包括办公室、制样、分配室、单独评香室和集体评香室及其他附属部门（图 12-2）。

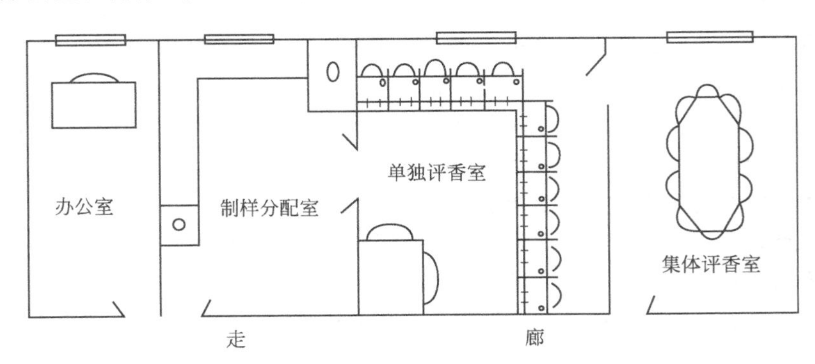

图 12-2 评香组织的场所

1. 办公室

评香表的设计、分类，评香结果的收集、处理以及整理成报告文件的场所，常用设备有办公椅、文件柜、电脑、书架、电话等。

2. 制样分配室

这里的制样分配室并非加香实验室，而是从加香实验室取来加香样品或预备进行评香的物品进行制样，如香精统一用棉花蘸取一样的量分别置于瓶子中，盖上瓶盖，标上记号，再分配给每个评香员进行评香实验。

制样分配室与评香室相邻隔壁，要求之间的隔墙要尽量密闭，制样分配室在制样过程会产生香气散发问题，要求分配室必须有换气设备，有些香气太浓烈的物品应在通风橱内操作，香气太强烈的物品需在分配室内放置较久时，应放置在有通风设备的样品柜中。

3. 评香室

分为单独评香室和集体评香室。单独评香室分为几个单独评香间，每个评香间用隔板分开，各自具备有提供样品间、问答表等的窗口，群体评香室可供数个评香员边交换意见，边评价香气品质，也可用于评香员与组织者一起讨论问题、评香员培训以及评香实验前的讲解。

评香室的装修应尽量营造一个舒适、轻松的环境，让评香员在没有压力的情况下进行评香实验，从噪声、恒温恒湿、采光照明等方面考虑。这里要特别提出的是换气。评香室的环境必须无气味，一般用气体交换器和活性炭过滤器排除异味。如经常会有香精香料的直接评香，为了驱逐室内的香味物质，必须有相当能力的换气设备。以 1min 内可换室内容积 2 倍量空气的换气能力为最好。评香室的建筑材料必须无气味、易打扫，内部各种设施都应无气味，如外界空气污染较严重，必须设置外界空气的净化装置。

4. 附属部分

如有条件的话，应另设更衣室、洗涤室等附属部分。有些特殊的加香物质评香实验可根据需要附加其他部分。如卫生香、蚊香等加香产品需要点燃后才进行香气评定实验，可准备几间与一般房间空间大小相当的空房。评香实验时，在每个空房中分别同时点燃几分钟后，让评香员进入空房进行评香。

五、评香分析常用方法

评香分析的常用方法一般有以下 3 大类：差别评香、使用标度和类别的评香、分析或描述性评香。

1. 差别评香

差别评香常用方法有：两点评香法、两三点评香法、三点评香法。“A”-“非 A”评香法、五中取二评香法、选择评香法、配偶评香法等。

(1) 两点评香法　以随机的顺序同时出示两个样品给评香员，要求评香员对这两个样品进行比较，判定整个样品或某些特征顺序的评香方法。如两个样品让评香员选择哪个更有甜味或更有玫瑰花香？以及两个样品中哪个闻了最舒适？

(2) 两三点评香法　先提供给评香员一个对照样品，接着提供两个样品，其中一个与对照样品相同。要求评香员挑选出与对照样品相同的样品。

(3) 三点评香法　同时提供三个编号样品，其中有两个是相同的，要求评香员挑选出其中单个样品。

(4)“A”-“非 A”评香法　先让评香员对样品“A”进行嗅闻记忆以后，再将一系列样品提供给评香员。样品中有“A”和“非 A”。要求评香员指出哪些是“A”，哪些是“非 A”。

(5) 五中取二评香法　同时提供给评香员五个以随机顺序排列的样品，其中两个是一种类型，另外三个是一种类型。要求评香员将这些样品按类型分成两组。

(6) 选择评香法　从 3 个以上的样品中，选择出一个最喜欢或最不喜欢的样品。

(7) 配偶评香法　把数个样品分成 2 群，逐个取出各群的样品，进行两两归类的方法。如评香员选择中嗅觉的等级测试。

2. 使用标度和类别的评香

(1) 排序评香法　比较数个样品，按指定特性的强度或程度排定一系列样品的方法，如几个香精中，请评香员按香气强度强弱顺序排序。

(2) 分类评香法　评香员对样品进行评香后，按组织者预先定义的类别划分出样品，如预先定义某个样品香气中若含有 20%的果香为 1 级，含 10%的果香为 2 级，含 5%果香为 3 级，不含果香为 4 级。请评香员将 4 个样品分级。

(3) 评分评香法　要求评香员把样品的品质特性以数字标度形式来评香的方法。

(4) 成对比较评香法　把数个样品中的任何 2 个分别组成一组，要求评香员对其中任意一组的 2 个样品进行评香，最后把所有组的结果综合分析，从而得出数个样品的相对评香结果。

(5) 评估评香法　由评香员在一个或多个指标基础上，对一个或多个样品进行分类、排序的方法。

3. 分析或描述性评香

(1) 简单的描述评香法　要求评香员对构成样品特征的各个指标进行定性描述，尽量完整地描述出样品品质的方法。

(2) 定量描述评香法　要求评香员尽量完整地对形成样品感官特征的各个指标强度进行评价的方法。

以上数种评香方法，可根据评香实验目的和要求不同而选择。可能在评定一个物品时会使用数种评香方法，那样可以更全面地了解此物品的香气品质和特征。本书在此仅列简单方法介绍，详细介绍和评香结果的统计在此就不赘述。

六、电子鼻评香

前几节讲到人鼻子的许多缺点会影响评香结果，近年来随着化学传感器和电子技术的快速发展，有人开始提出能否用“电子鼻”代替人的鼻子评香，期望评香结果能更“公正”、“客观”一些，也更“轻松”一些。本节简单介绍一下这方面近期的进展。

电子鼻是模拟动物嗅觉器官开发出的一种仪器，虽然现在科学家还没有全部搞清楚动物的嗅觉原理。但是随着科技的发展，目前世界上一些较为权威的大学和企业已经开发出具有广泛应用的电子鼻，成为一种新颖的分析、识别和检测复杂成分的重要手段。

1953 年，Brattain 和 Bardeen 发现气体在半导体表面的吸附会引起半导体电阻的明显变化。1964 年，Wilkens 和 Hatman 利用气体在电极上的氧化-还原反应对嗅觉过程进行了电子模拟，这是关于电子鼻的最早报道。1965 年，Buck 等利用金属和半导体电导的变化对气体进行了测量，Dravieks 等则利用接触电势的变化实现了气体的测量。

然而，作为气体分类用的智能化学传感器阵列的概念直到 1982 年才由英国 Warwick 大学的 Persuad 等人提出，他们的电子鼻系统包括气敏传感器阵列和模式识别系统两部分。其中传感器阵列部分由 3 个半导体气敏传感器组成。这一简单的系统可以分辨桉叶油素、玫瑰醇、丁香酚等挥发性化学物质的气味。随后的 5 年，电子鼻研究并没有引起国际上学术界的广泛重视。

1987 年，在英国 Warwick 大学召开的第八届欧洲化学传感研究组织年会是电子鼻研究的转机。在本次会议上，以 Gardner 为首的 Warwick 大学气敏传感研究小组发表了传感器在气体测量方面应用的论文，重点提出了模式识别的概念，引起了学术界广泛的兴趣。1989 年，北大西洋公约研究组织专门召开了化学传感器信息处理高级专题讨论会，致力于人工嗅觉及其系统设计这两个专题。1991 年 8 月，北大西洋公约研究组织在冰岛召开了第一次电子鼻专题会议，电子鼻研究从此得到快速发展。

1993 年，Pearce 等人首次把传感器应用在啤酒检测上，实验室制造的由 12 个有机导电聚合物传感器组成的系统检测了 3 种近似的商品酒，有两种是酿造后再贮存的啤酒，还有 1 种是淡色啤酒，结果表明：这 3 种啤酒很容易被鉴别，而且还很快地鉴别出一种人为感染的啤酒和未被感染的酒。

1994 年，Gardne：发表了关于电子鼻的综述性文章，正式提出了“电子鼻”的概念，标志着电子鼻技术进入到成熟、发展阶段。

现在的“通用型”电子鼻由气味取样操作器、气体传感器阵列和信号处理系统 3 种功能器件组成。它识别气味的主要机理是在阵列中的每个传感器对被测气体都有不同的灵敏度，例如，一号气体可在某个传感器上产生高响应，而对其他传感器则是低响应，同样，二号气体产生高响应的传感器对一号气体则不敏感，归根结底，整个传感器阵列对不同气体的响应图案是不同的，正是这种区别，才使系统能根据传感器的响应图案来识别气味。电子鼻的工作过程如图 12-3 所示。

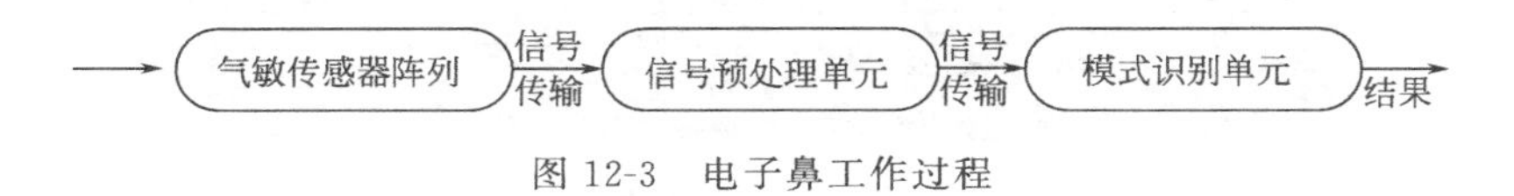

图 12-3 电子鼻工作过程

可以看出，它的工作方式与人的鼻子是相似的，其中人类嗅觉示意图见图 12-4。

电子鼻的核心器件是气体传感器。气体传感器根据原理的不同，可以分为金属氧化物型、电化学型、导电聚合物型、质量型、光离子化型等很多类型。目前应用最广泛的是金属氧化

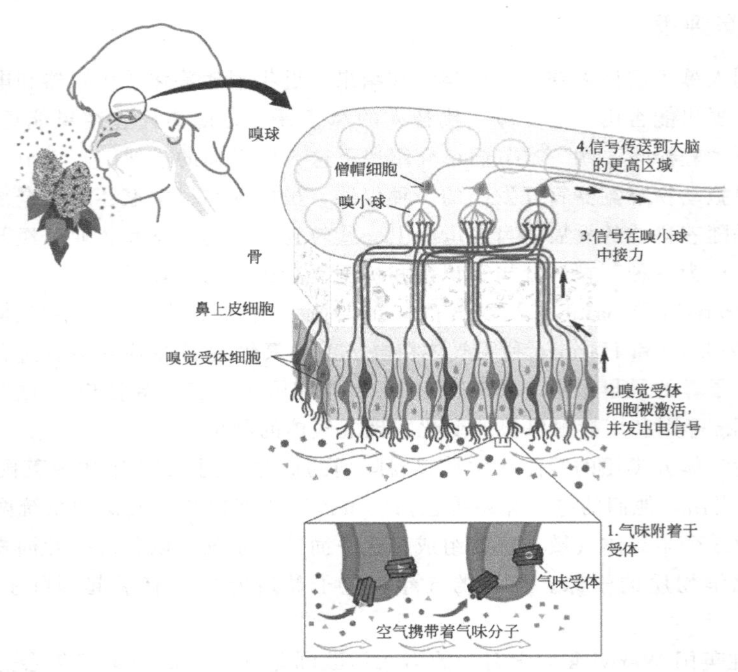

图 12-4　人类嗅觉示意图

物型。

电子鼻（图 12-5）的工作可简单归纳为：传感器阵列-信号预处理-神经网络和各种算法-计算机识别（气体定性定量分析）。从功能上讲，气体传感器阵列相当于生物嗅觉系统中的大量嗅感受器细胞，神经网络和计算机识别相当于生物的大脑，其余部分则相当于嗅神经信号传递系统。

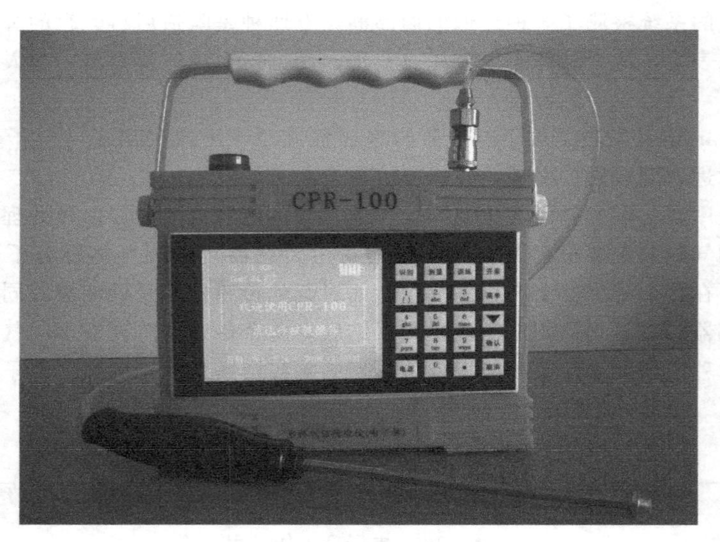

图 12-5　电子鼻

某种气味呈现在一种活性材料的传感器面前，传感器将化学输入转换成电信号，由多个传感器对一种气味的响应便构成了传感器阵列对该气味的响应谱。显然，气味中的各种化学成分均会与敏感材料发生作用，所以这种响应谱为该气味的广谱响应谱。为实现对气味的定性或定量分析，必须将传感器的信号进行适当的预处理（消除噪声、特征提取、信号放大等）后采用合适的模式识别分析方法对其进行处理。理论上，每种气味都会有它的特征响应谱，根据其特征响应谱可区分小同的气味。同时还可利用气敏传感器构成阵列对多种气体的交叉敏感性进行测量，通过适当的分析方法，实现混合气体分析。

电子鼻正是利用各个气敏器件对复杂成分气体都有响应却又互不相同这一特点，借助数据处理方法对多种气味进行识别，从而对气味质量进行分析与评定。

目前对于电子鼻的研究主要集中在传感器及电子鼻硬件的设计、模式识别及其理论、电子鼻在食品、农业、医药、生物领域的应用、电子鼻与生物系统的关系等方面。其中传感器及电子鼻硬件的设计和电子鼻在食品及农业领域的应用是电子鼻研究中的热点。图 12-6 为袖珍电子鼻。

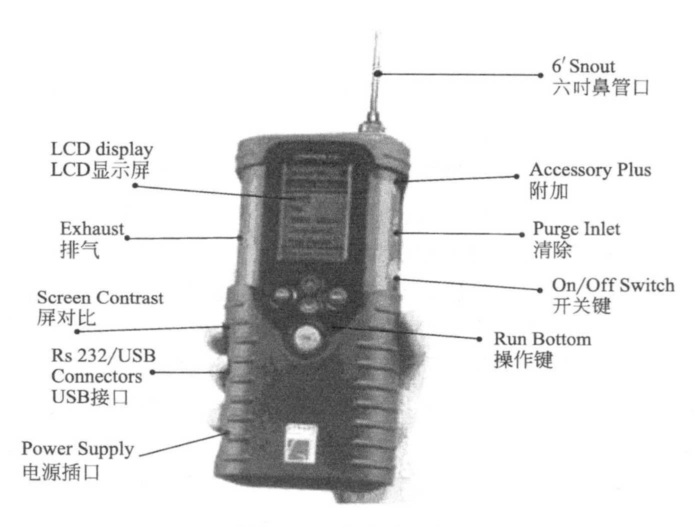

图 12-6　袖珍电子鼻

英国柴郡克鲁城镇的欧斯米泰克公司成功地开发出了一种电子鼻，试验表明，它能“嗅”出侵蚀病人皮肤伤口的细菌，提醒医生及时采取相应措施。

他研究的电子鼻是由 32 个不同的有机高分子感应器组成的矩阵，对各种挥发性化合物散发的气味十分敏感，化合物不同，则反应不同。通常，细菌生长时会发出化学气味，电子鼻接触气味后，每个感应器的电阻会各自发生变化。由于每个感应器对应一种不同的化学物质，因此 32 种各不相同的电阻变化组成的“格式”便分别代表了不同气味的“指纹”。

试验表明，电子鼻只需要数小时便可发现是否有细菌存在。而过去采用实验室化验的方法，通常 1～3 天才能得到结果。

研究人员相信电子鼻将可能对寻找伤口 MRSA 和其他细菌的方式带来革命性变化。MRSA 是指这样一类细菌，它们对日益普及的抗生素疗法具有抵抗能力。此外，电子鼻技术还可以用于检查其他部位的感染，帮助病人早发现，早治疗。

意大利 Rome Tor Vergata 大学研制的电子鼻已经应用于区分鱼的新鲜度和西红柿的质量等食品分析中。他们用这种电子鼻和 7 名经过训练后的品尝者来确定西红柿浆的总体质量，结果表明，电子鼻和品尝者在定性识别方面具有类似性，但电子鼻给出了更加好的分类结果。

最近的报道证实，电子鼻已经发展为能分类和识别大量不同的食品，例如咖啡、肉类、鱼类、干酪、酒类等。有一种电子鼻采用了大量的附有改进后的金属功能卟啉和相关化合物的石英微平衡器（QMB），传感器对具体应用中所感兴趣的种类具有较宽范围的可选择性。电子鼻在真实的不用特殊调整的环境中进行检测，所有测量方法都是在室温和40%的相对湿度、标准大气压下进行。它的性能已经通过几种食品分析中所感兴趣的物资成分的灵敏度进行了检验，这些化合物是很有代表性的，例如有机酸、乙醇、胺、硫化物、金属羰基化合物等。对鳕鱼和牛肉的分类和识别存储天数、对西红柿浆产生的醋酸浓度、对红葡萄酒暴露在空气中的香味等检测工作中，电子鼻得出的结果优于经过训练的人鼻。

电子鼻的应用场合包括环境监测、产品质量检测（如食品、烟草、发酵产品、香料香精等)、医学诊断、爆炸物检测等。

从以上介绍的国内外情况来看，电子鼻作为评香工具已具雏形。当然，不管是电子鼻或是“人工鼻”用来作为评香的工具，都只能是机械地模仿一个或一群人的工作，永远不可能全部代替人的鼻子，“电脑调香”也是如此。

七、其他加香产品的评香

日用品之外的加香产品评香方法可参考上述内容，根据实际需要增删一部分，如食品的加香实验应加上利用味觉评香的内容，饲料的加香实验则应加上用各种饲养动物“参与”评香的内容与具体做法，熏香香精的评香要把香精加入“素香”里熏燃嗅闻散发的香气，卷烟的加香则要有“吸评”实验，由于篇幅所限，这些评香工作的具体内容本书不再详细讲解。

现在，食品、饲料和香烟的评香工作已经可以使用“电子舌”了——电子舌是一种使用类似于生物系统的材料作传感器的敏感膜，当类脂薄膜的一侧与味觉物质接触时，膜电势发生变化，从而产生响应，检测出各类物质之间的相互关系。这种味觉传感器具有高灵敏度、可靠性、重复性，它可以对样品进行量化，同时可以对一些成分含量进行测量。

电子舌是用类脂膜作为味觉物质换能器的味觉传感器，它能够以类似人的味觉感受方式检测出味觉物质。目前，从不同的机理看，味觉传感器大致有以下几种：多通道类脂膜传感器，基于表面等离子体共振，表面光伏电压技术等。模式识别主要有最初的神经网络模式识别，最新发展的是混沌识别，混沌是一种遵循一定非线性规律的随机运动，它对初始条件敏感，混沌识别具有很高的灵敏度，因此也越来越多的得到应用。

同电子鼻一样，电子舌也是根据传感器来感应各种味道，并将结果通过颜色或其他方式显示出来，这种电子舌外观小巧，而且可以浸在食物样本中，测出食物的味道。已经出现在市场上的一种电子舌用阵列的色泽指示器来识别葡萄酒的年龄和品种，还可以检测有毒物质和人类的血糖水平。更“先进”的电子舌已经能部分取代品酒师或品味专家的职能，精确、可靠地测定饮料、食物、烟草和饲料的味道，品定它们的质量。

一般的电子舌上装有4个化学传感器，分别对酸、甜、苦、咸作出反应，与电子鼻相似，但相对来说要简单一些。电子舌接触待检测的溶液时，传感器薄膜能吸收溶解在水中的物质，使电极的电容量发生改变。4个传感器的状态组合，就是这种溶液的“味道”，它可以在包含酸甜苦咸等标尺的图谱上占据一个特定的点。不同的饮料和食物有不同的味道特征点，一些味道只有微弱差别的饮料如蒸馏水和矿泉水，其特征点在图谱中的位置有明显差异。电子舌头通过确定味道特征点，就能够区分不同的品味，例如区别两个不同厂家在同一年酿造的同一种葡萄酒，或同一厂家在不同年份酿造的同一种酒。由于非常精密，它能够发现水中极少量的杂质，在某些方面比人类品味专家更为灵敏。

有的电子舌由6个、11个或22个化学传感器组成，当把它们放人液态或经过粉碎的固态食物中后，各个传感器将分别对食物的某一方面情况进行探测。敏感的传感器随后将有价值的信息汇总，传给分析程序，将各种信息与分析程序中存有的与食品质量、成分相关的各种标准一一进行对照，可以较准确地对食品进行挑别。这种电子舌能辨别啤酒、咖啡、果汁、矿泉水的优劣，找出冒牌货，指示食用油和果冻的原料组成，区分淡水鱼和海水鱼、鲜肉和冷冻肉，确定动物肝脏中是否有药物沉积、沉积量有多少等。

味觉传感器已经能够很容易地区分几种饮料，有人研究电子舌在茶叶滋味分析中的运用，他们首先研究用电子舌区分常见饮料的能力，经过对立顿红茶、韩国产的绿茶和咖啡的研究表明，电子舌可以很好地区分红茶、绿茶和咖啡，并且也能很好地区分不同品种的绿茶。他们还研究了采用 PCR 和 PLS 分析方法的电子舌技术在定量分析代表绿茶滋味的主要成分含量上的分析能力，先用不同样品的茶汤培训电子舌，再用经过培训的电子舌来预测未知绿茶样品的主要成分含量。结果表明，电子舌可以很好地预测咖啡碱（代表苦味）、单宁酸（代表苦味和涩味）、蔗糖和葡萄糖（代表甜味）、*L*-精氨酸和茶氨酸（代表由酸到甜的变化范围）的含量和儿茶素的总含量。应用研究表明电子舌可以定性和定量分析茶叶的品质，它在“味道”的评价中将是一项具有广阔前景的技术。

电子舌在一些酒类上也有应用——米酒品质好坏评价主要基于口感、香气和颜色 3 个因素，而对于口感的评价是三者中最难做到的。有人利用味觉传感器和葡萄糖传感器对日本米酒的品质进行了检测，该味觉传感器阵列由 8 个类脂膜电极组成，利用主成分分析法进行模式识别和降维功能，最后显示出两维的信号图，分别代表滴定酸度和糖度含量。从模式识别分析上看，电子舌的通道输出值与滴定酸度、糖度之间具有很大的相关性。

按目前的技术水平，把这一类电子舌应用于食物、烟草和饲料等加香产品的评香工作是可能的，而且非常适宜——人类舌头上的味蕾在连续工作一段时间后会“疲倦”，导致分辨能力降低，电子舌则不会出现这种情况。例如对烟草品质的评价，长期以来人们主要依赖于感官评吸，由于评吸人员个体、性别及经验等生理和心理的差异，对味觉客观、真实感受的表达缺乏足够的可靠性，受外界环境因素的干扰大，而且大量评吸卷烟对评吸人员的身心健康不利。上海应用技术学院、上海香料研究所、红塔烟草（集团）有限公司香精香料技术中心等探讨了用电子舌协助评香的实验，为考察电子舌对不同卷烟烟气味觉的识别效果，利用电子舌系统检测了 6 个烤烟型和 3 个混合型卷烟样品主流烟气水处理液的味觉特征，并对其传感器响应信号进行了主成分分析（PCA）和判别因子分析（DFA）。结果表明：PCA 对卷烟品种的味觉识别贡献率达 84.82%，DFA 对卷烟品种的味觉识别贡献率达 95.42%。结论是：电子舌能区分不同香型卷烟味觉特征，有望成为一种辅助的卷烟感官质量评价方法。

第十三章　仿香与创香

调香师在用各种香料、香基进行调配的过程中不断地积累经验和体会，掌握“辨香”（评香）、“仿香”和“创香”3方面的基本功，这3方面又是互相联系的，也是学习调香技术过程中必不可少的阶段，既可循序渐进，也可适当的交叉进行，使之相辅相成而不断深入。

所谓“辨香”，就是能够区分辨别出各类或各种香气或香味，能评定它的“好”“坏”以及鉴定其品质等级，辨别一种香料混合物（香精）或加香产品时，还要求能够指出其中的香气大概来自哪些香料，能辨别出其中“不受欢迎”的香气来自何处。

要熟悉目前国内外使用的数千种单体香料、数百种天然香料、数百种常见的“香基”和市场上几千种成功的香精的性能、其香气特征、香韵分类、各香料间香气的异同和如何代用等知识，那是调香师一辈子的事，初学者只要在调香师的指导下用几十种最常见的香料和几十个最基本的香基、香精训练（主要是训练鼻子）一段时间，掌握“辨香”的基本功就可以开始学习调香了。我国老一辈调香师创立的“花香八香环渡理论”和“非花香十二香环渡理论”是学习辨香技巧的入门课。

调香作业无非是：仿香，创香。创香是建立在大量的仿香基础上的，所以调香师每天面对着的主要是仿香作业。

所谓“仿香”，是运用辨香的知识，将多种香料按适宜的配比调配成所需要模仿的香味。有两种香味是调香师一辈子要仿的：一是天然物的香味，二是国内外成功的加香产品和香精的香味。调香师模仿大自然，试图调配出与某种天然物惟妙惟肖的香味也有两个原因：一是人类长期生活在大自然中，对所有“自然”的物品熟悉而且喜爱，大自然中有无穷无尽的“奇怪吸引子”吸引着众多的调香师日复一日地想在实验室里把它们一个个重现出来；二是因为某些天然香料（精油、净油与浸膏等）价格昂贵或来源不足，调香师可以运用其他的香料特别是来源较丰富的合成香料、当然也可以用一些稍微廉价的天然香料仿配出与被仿配对象相同或相近似香味的香精来替代这些天然产品。

对于模仿天然品，可以参考一些成分分析的文献“走捷径”，而模仿一个加香产品、香精的香味则复杂和困难得多，这要有足够的辨香基本功和掌握仪器分析技术。

早期的调香师只能完全靠鼻子嗅闻仿香，通常要达到较高的“像真度”就需要调香师经过很长时间、数百次的反复实验才可能做到，对调香师的水平要求也很高。随着色谱技术（气质联用、双柱定性分析、顶空分析、液相色谱、手性分析等）在香料香精领域里应用的推广，现在的仿香工作比原来快多了，“像真度”也提高了。结合一定程度的鼻子训练，即使是年轻的调香师也有可能仿造出“惟妙惟肖”的香精来。

所谓“创香”，是运用科学与技术方法，在辨香和仿香的实践基础上，靠“艺术”的力量，设计创拟出一种新颖、和谐的香味来满足某一特定产品的加香需要。要经济、合理地运用各种香料，而且要使创拟出的香精能达到与加香产品的特点相适应的要求。掌握好各种香料的应用范围，才能选用合适的品种来调配各种香精。在调配时要参考、分析资料，运用香精的香气特点，按照香韵格调掌握好配方格局，传神地表现出香气的艺术传感力。这需要多次的重复、修改，不断地积累经验，才能成功。要达到不仅专家，就连一般的外行人也能感到香气优雅、自然、和谐的程度，因为购买加香产品的消费者是“外行”的。

香精是调香师主要靠嗅觉的方法调配出的、难以准确进行分析的、带有浓厚艺术风格的产品，经过调合后各种香料的香气已和谐地融合在一起，一个调香师调配出的香精，其他调香师不可能轻易、传神地模仿出来。这不但增加了香精的保密性，而且突出了香精的神秘性和趣味性。

第一节 气相色谱条件

气相色谱法无疑是香料分析中最有力的武器，因为香料都是可挥发的，常压下的沸点在常温到400℃，腐蚀性不大，这些条件都满足气相色谱法的要求，可以说绝大多数香料理化性能都在气相色谱法分析的“最佳适用范围”内。可是时至今日，国内还有许多香料香精制造厂竟然连一台气相色谱仪也没有，或者虽有气相色谱仪而没有发挥其重要作用。许多调香师不会使用或不善于使用气相色谱法，在有关调香的书籍中很少提到气相色谱法，这不只是“遗憾”，根本就不能适应现代化的进程！资料的严重缺乏，特别是有关香料在各种条件下的保留指数等数据不易查到是影响气相色谱法在调香实践中应用的主要原因。为此，本章比较详细地介绍气相色谱法如何应用于调香实际，有关理论尽量少讲，以便初学者容易接受。

气相色谱法的诞生让调香师多长了一只眼睛。可以说，不能善于应用气相色谱法的调香师只能算是“早期的调香师”了。可偏偏我国的调香工作者至今大部分仍然把气相色谱法当作检验香料“纯度”的手段而已，以为自己的鼻子就是一个“高级气相色谱仪”，还要那个“硬家伙”干啥?

我们假设一个调香师靠鼻子嗅闻一个有香样品（香精或加香产品），一段一段仔细辨别，大概能猜出混合香气中70%的香气成分出来；而一台性能良好、各种常用香料保留指数或保留时间数据足够、在最佳的操作条件下工作的气相色谱仪加上现代的数据处理机或色谱工作站的配合下，可以“猜”出混合物中80%以上的单体出来，二者结合的话就可以达到90%左右，有时候甚至高达95%。“定性”和“定量”两个方面都是如此。

讲到“定性”，几乎所有关于气相色谱法的书籍、资料都显示只靠保留时间单柱检测来定性是不够的，一般认为采用“双柱定性法”、“气质（质谱）联合定性”、“气红（红外光谱）联合定性”、“气核（核磁共振）联合定性”等办法比较可靠。在香料香精的分析上，一般情况下其实“单柱定性”就够了，因为调香师的鼻子本身就是极佳的“检测器”。当使用非破坏性检测器（热导检测器等）时，调香师可以嗅闻色谱柱流出的成分，记录下每一个峰的气味；而当使用破坏性检测器（氢火焰检测器）时，可在气相色谱仪上安装与检测器平行的嗅探口，调香师仍能直接嗅闻气味而“猜”出是什么香料单体。实践证明，这种“气鼻联合定性”法的准确度是相当高的，这是香料工业应用气相色谱法“得天独厚”之处。

居于以上分析，本章中只介绍“单柱定性法”（实际上应为“气鼻联合定性”法），读者如认为必要，在有条件时采用“双柱定性”当然会更好，方法也大同小异，只要再花几个月时间把常用香料及中间体在另一个条件下（固定液的极性相差越大越好，如本章中介绍使用的固定液是“非极性的”SE30，建议另一根柱子使用极性较大的固定液Carbowax 20M或OV225）的保留时间测出来就可以了。

有了气相色谱仪，还必须找到最适条件，才能让仪器发挥最佳效果。笔者根据调香工作的特殊要求，经过多年摸索和实践，制定了一组使用国产气相色谱仪于调香的比较理想的“条件”——既让常用和常见的香料单体在通常情况下都能分开清楚，在色谱图上显示出一个个单独的、尖锐的峰，又尽量缩短分析时间。为便于叙述，本书中引用的色谱图和有关色谱分析的数据全部是采用这组“条件”测定的结果。读者如有可能完全按这组条件实验，当能得出相近的结果，即可使用本书大量的数据；如有些“条件”改变，根据目前国内外有关专家们的“色谱理论”（例如“双柱换算公式”、“同系物的碳数规律”等）作些运算也可得到许多有用的结果，但须牢记：气相色谱分析目前仍是“实践第一”，“色谱理论”推导出的公式和数据都只能是近似值，有时甚至与实验数据相去甚远。即使是同一个仪器、同组条件、相同样品、同一个人操作，仍会得出不同的数据出来。因此，不得不再次提醒读者：本书中气相色谱分析的数据都只是“近似值”（绝大多数为作者长期测验数据的平均值），仅供参考。

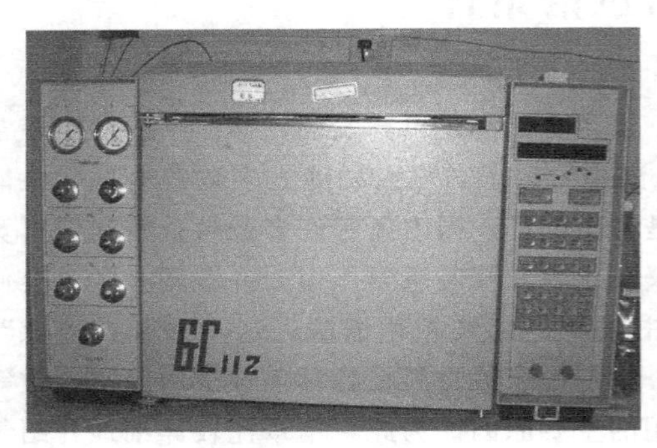

图 13-1　GC112

现将这组分析“条件”列下。

色谱仪：上海分析仪器厂 GC112(图 13-1)。

色谱柱：毛细管 30mm×0.25mm，固定液 SE30(CP 值为 5 的固定液如 Apiejon J、Apiejon N、DC 200、DC 330、E 301、OV 1、OV 101、SE 31、SE 33、SF 96、SP 2100、UC W982、UC L 46 等的性质与 SE 30 接近，也可代用，但实测的数据有时还有偏差）。

检测器：氢火焰 FID，H_2 压力旋至 4.50 圈。单检测器测定（一般认为程序升温应使用双检测器，但根据我们长期使用的经验，用单检测器测定并没有出现严重的基线漂移现象），检测器温度 250℃。空气（air）压力旋至 6.40 圈。载气 N_2 柱前压力旋至 4.00～4.80 圈，用手工控制压力稳定在 0.060MPa。汽化室温度 250℃。

程序升温：100℃1min，升温（10℃/min）至 230℃，保持 230℃60min。

进样量：0.1～0.5μL。

灵敏度：7～9。

衰减：3～5。

分流：1/50～1/200。

峰宽：2～8。

斜率：50～100（根据需要可调整）。

内标物：无水乙醇（规定微量注射器每次注射后均用无水乙醇吸洗 8 次，抽取样品时“抽挤”8 次样品，无水乙醇残存量 0.2%～1.0%可作内标物）。

本书中气相色谱保留时间的数据（除了另加注明者）都是按上面的色谱条件测出来的（如要测定旋光异构体的含量，可以采用手性柱子，例如测定左旋和右旋芳樟醇可以用 25m 熔融硅石毛细管柱，涂敷 6-*O*-甲基-2,3-二-*O*-正戊基-*γ*-环糊精，在柱温 75℃恒温或程序升温测定）。

在上述条件下测定乙醇的保留时间为 1.97min，绝大多数在第一峰出现，如为 1.95min、1.96min 或 1.98min、1.99min 都视为正常，低于 1.96min 和高于 1.98min 时应旋转柱前 N_2（CARRY GAS）压力令其保持在 0.060MPa。

测定香水和食用（“水质”）香精时，由于乙醇含量极高，且乙醇浓度并非 100%（通常含水，FID 对水没有反应，但水与乙醇组成共沸物，出峰时间提前），因此第一峰常出现远低于 1.97min(1.92～1.95min）的情况，这也是正常的，只要柱前压力为 0.060MPa 就没有差错。

现将上述条件下常用香料和中间体的保留时间列于光盘附录三（光盘附录三中数字为各香料含量在 3%～5%时的保留时间，超出这个范围数字会加大。如邻苯二甲酸二乙酯在 3%～5%时保留时间为 10.60min，在 50%时为 10.80min），其中有的香料或中间体的保留时间不止一个，这是由于这些数据来源于不同的资料造成的，读者最好自己动手实测，光盘附录三中的数据仅供参考。

第二节　气相色谱分析取样方法和初步仿香

用气相色谱法仿香，由于“进样”绝对不允许含有不挥发成分，所以除了香精、香水（包括花露水、古龙水）、气雾型空气清新剂、加香燃油等可以直接进样以外，其他产品第一步都先要把加香产品的香气成分提取出来，提取方法有点像从天然香料里提取精油一样，可以用蒸馏法，也可以用有机溶剂萃取法，下面分别叙述之。

（1）水剂　如洗发香波、护发素、沐浴液、洗洁精、餐具洗涤剂、洗手液、液体皂、各种护肤膏、霜、乳液等，这些产品都可以用蒸馏法（操作时再加适量水稀释）蒸出香精，应当注意的是蒸馏时间，有的样品要蒸馏 24h。有的香气成分加热时会有变化，当馏出液的香气与原样有明显差别时，就要考虑用别的方法了。

（2）油剂　如发油、按摩油、香蜡烛、润滑油脂、食用油、油墨、油漆等，这些产品如直接进样（做气相色谱分析），高沸点的油分几个小时也“出”不来（温度太高，油会裂解），这类样品最好也是加水蒸馏，有的可以加入水、乙醇和苯混合后蒸馏，馏出液再用乙醚萃取出香精进行分析。

（3）固体和半固体样品　种类很多，性质也不一样。先用不溶解该种固体或半固体的有机溶剂（乙醇、乙醚、苯等）浸泡溶解其中的香料成分，如溶出物含有不挥发物的话，则还要再加水蒸馏，取馏出液分析。

（4）气溶胶　即气雾剂产品。注意罐子里是有压力的。先要把气雾剂容器在冰柜中冷却几个小时，按下阀门确定已无压力时用适当的工具（事先冷却）打开盖子，把内容物倾入烧杯中，让喷雾剂挥发几个小时后，再按上述的方法取得香气成分进行分析。

用高效液相色谱法分析则简单多了：不管什么样品，通通把它加入 10 倍左右的乙醇在室温下浸泡过夜，第二天摇匀后过滤（如能全部溶解成透明澄清的“真溶液”就不必过滤），取滤液直接进样分析。

气相色谱分析取样具体操作方法如下。

（1）香水、古龙水、花露水、液体香精　可以直接进样分析，但最好采用下法：取 50mL 样品装入分液漏斗中，加 200mL 水稀释，每次用 75mL 乙醚萃取 3 次。合并乙醚萃取液，并用 50mL 水洗 3 次，用无水硫酸钠干燥萃取液 30min。将溶液转移到 400mL 烧杯中，在水浴上蒸发乙醚到大约 10mL，把溶液转移到 50mL 锥形离心管中，并使乙醚全部挥发，塞住离心管，供分析。

（2）洗发香波和其他含有表面活性剂、水、稳定剂的液体制剂　取 100mL 样品于 1L 的分液漏斗中，加入 200mL 水、600mL 乙醇。用 100mL 乙醚萃取两次，将每次萃取液收集到一个 400mL 的烧杯中，要确保萃取液有水相被带出。挥发萃取液至大约 40mL 然后转移至蒸汽蒸馏瓶中。控制蒸汽蒸馏的速度，使整个蒸馏过程中馏出液的温度保持室温。当馏出液收集到 300～400mL 时停止蒸馏，用 75mL 乙醚萃取两次，按照（1）操作从乙醚萃取液中获得香精油。

（3）化妆品　雪花膏、洗剂、防晒制剂、口红、整发剂以及其他乳状的或者含有相当量能溶于乙醚成分的化妆品。取 100g 样品进行蒸汽蒸馏，收集 500mL 蒸馏液，然后像（1）那样从蒸馏液中分离芳香油。

(4) 牙膏制品　牙膏及其他含有难溶的研磨剂、水、水溶性化合物和表面活性剂的制剂用搅拌器将100g样品和200mL甲醇混合搅拌4～5min直至均匀。如需要，补加甲醇直至得到稀薄的液浆。将液浆通过布氏漏斗抽滤，用200mL乙醚洗涤滤饼，在蒸汽浴上蒸发滤液到50mL，按（2）方法分离芳香油。

(5) 肥皂和固体洗涤剂　将100g样品碎成小块或薄片，在搅拌器中与400mL甲醇混合，搅拌4～5min直至得到匀滑的液浆。将它通过布氏漏斗抽滤、用200mL乙醚洗涤滤饼，在蒸汽浴上蒸发，使提取液减少到50mL左右。将此醇溶液转移到蒸汽馏瓶中进行蒸汽蒸馏，收集蒸馏液300mL，按（2）方法从蒸馏液中分离香精油。

(6) 气雾剂制品　将气雾剂容器在干冰柜中冷却2h或在干冰、酒精浴槽中冷却30min。冷却后，按下阀门以确信容器内已无压力，用冷的凿子和锤子打开冷却后的容器盖子。将样品倾至一个已称重的烧杯中，让喷雾剂挥发2～3h，称烧杯和样品的总重量，然后按差值求出样品的重量，按照前述方法从样品中分离香精油。

(7) 食用香味素和饲料香味素　取香味素10g，加无水乙醇90g，密闭浸渍24h（必要时可延长至数天），期间多次剧烈振荡以加速浸出。将浸液用定性滤纸过滤，滤液可直接用于分析。分析时色谱仪的"灵敏度"加大1～2，"最小面积"降至1～10。

色谱分析测定按本章第一节"条件"进行，数据机打出各个峰的保留时间和按面积归一法计算的百分含量。

注意：气相色谱法用于定量分析有个"校正系数"问题，但由于香精里面组分的复杂性，致使各个香料的"校正系数"变动极大，一个香料在某种香精中"校正系数"是0.8，在另一个香精中却可能是1.2。各个香料的"校正系数"只能在组分极其相似的混合物中使用。因此，仿香时先用"面积归一法"计算的百分含量试配，试配样也在同等条件下做一次色谱分析，由此得到的"校正系数"比较准确。

分析谱图，注意观察有没有重叠峰被合并成一个峰统计的情形，如有的话，调节"峰宽"和"斜率"把它分开。

参照本章第一节各种香料的"保留时间"和被仿香精样品的香气，猜测数据表中每个重要峰指的是哪一个香料单体。全部猜完后就可以动手仿配该香精了。

仿配香精应把重点放在香比强值（香气强度）大和面积（百分比）大的香料上，它们构成了香气的主体。有时候这几个主要香料配好后香气已同被仿物很接近，这时只要凭经验略加修饰、圆和香气就行了。

对于色谱图中的"杂碎峰"，先注意有没有香比强值大的香料，如脂肪醛、吲哚、含硫含氮化合物、喹啉类、杂环化合物、叶醇及其酯类、水杨酸甲酯、桉叶素、莳萝醛、辛（或庚、癸）炔羧酸甲酯、乙酸苏合香酯、内酯类、草莓醛、檀香酮、格蓬酯、突厥酮类、玫瑰醚、二氢茉莉酮、乙酸邻叔丁基环己酯、檀香208、麝香105等，如有的话，先把它们试加在香精里，没有的话，就不理这些杂碎峰，因为它们可能只是"大宗"香料带进的杂质。

大量的杂碎峰集中在一处有可能表示被仿香精加入了天然香料或香料下脚料，请看下面第三节"天然香料色谱图"和第六节"非单体香料和香料下脚料色谱图"。

第三节　天然香料色谱图

气相色谱法令调香师的秘密暴露无遗，尤其那些只是由几个香料单体组成的香精更是如此。

调香师有意无意地在香精配方中使用天然香料，由于一个天然香料的加入可以让色谱图上增加几十个甚至几百个峰，使得“问题”复杂起来，但分析者仍能从其中的“蛛丝马迹”找到其源头，从而了解调香师加入的是什么天然香料，加入多少。

甜橙油、柠檬油、白柠檬油、香柠檬油、柑橘油、圆柚油、苦橙油是调香师最喜欢而又常常大量加入的天然头香香料，它们的共同特征是含有大量的右旋苎烯，因此，只要在色谱图上出现右旋苎烯的峰，就可猜测该香精中含有上述精油中的一种或几种。究竟是哪一种油带进右旋苎烯成分呢？需要进一步查阅谱图。甜橙油含有特征性很强的甜橙醛，柠檬油含有较多的柠檬醛，香柠檬油含有大量的乙酸芳樟酯且有特征性的二氢莳萝醇和香柠檬脑（香柠檬脑对人体皮肤有光敏作用，所以有时已被去除），橘油含 *N*-甲基邻氨基苯甲酸甲酯，红橘油含较多量的癸醛，圆柚油含特征化合物圆柚酮，这些都容易从谱图上看出并能断定加入的是何种油品。蒸馏的柠檬油有对异丙基甲苯的特征香气而苦橙油的香气有干苦感并带些像吲哚样气息，如果加入量较多，则能闻出来。

山苍子油、柠檬草油、防臭木油等也会有一定量的右旋苎烯，但它们含有大量的柠檬醛，如果从色谱图上看出柠檬醛（橙花醛与香叶醛两个峰加起来计算）含量超过右旋苎烯含量，则可认为加入的是山苍子油、柠檬草油或防臭木油而非柑橘类油。

薰衣草油、杂薰衣草油、香柠檬薄荷油、玳玳叶油、苦橙叶油、香紫苏油等含大量乙酸芳樟酯和芳樟醇，薰衣草油和杂薰衣草油都含有特征性的乙酸薰衣草酯和薰衣草醇，玳玳叶油和苦橙叶油含有松油醇，香紫苏油含有香紫苏醇（也含松油醇），因而容易从色谱图上看出来。有经验的调香师甚至可从这些特征峰的大小估计上述天然精油在配方中的含量。

芳樟油、芳樟叶油、玫瑰木油、白兰叶油、白兰花油、依兰依兰油、卡南加油、芫荽子油等含大量的芳樟醇，芳樟油、芳樟叶油和玫瑰木油均含有一定量的桉叶素和樟脑，白兰叶油含有丁香酚甲醚、橙花叔醇，依兰依兰油与卡南加油都含有对甲酚甲醚。

蓝桉油、白樟油、迷迭香油、小豆蔻油、月桂叶油等含有大量桉叶素，并且都伴有樟脑成分，但月桂叶油含乙酰基丁香酚、芳樟醇、香叶醇、松油醇等，小豆蔻油含乙酸松油酯、苎烯等，迷迭香油含龙脑、乙酸龙脑酯等。

松针油、迷迭香油、缬草油含大量乙酸龙脑酯，缬草油含异戊酸龙脑酯，迷迭香油含桉叶素和樟脑，松针油含十二醛和癸醛、防风根烯等。

丁香油、丁香罗勒油、香石竹净油、香苦木皮油、斯里兰卡桂叶油、桃金娘月桂叶油等都含有大量的丁香酚，香石竹油还含大量苯甲酸苄酯，香苦木皮油含香兰素、卡莉素等，丁香叶油含较多的石竹烯，而丁香花蕾油含有较多的乙酸丁香酚酯，丁香罗勒油含多量的罗勒烯与芳樟醇，斯里兰卡桂叶油含有桂醛、乙酸桂酯等，桃金娘月桂叶油含大量黑椒酚。

大花茉莉净油以顺式茉莉酮（4%左右）、小花茉莉净油以苯甲酸叶酯（12%左右）、玫瑰花油以香叶酸、白兰花油以2-甲基丁酸甲酯、苦橙花油和苦橙叶油以橙花叔醇（6%左右）、晚香玉净油以反式异丁香酚甲醚（20%左右）、紫丁香净油以紫丁香醇和紫丁香醛、桂花净油以二氢乙位紫罗兰酮和茶螺烷、金合欢净油以金合欢醇和莳萝醛、紫罗兰叶油以壬二烯-2,6-醛和壬二烯-2,6-醇、橡苔净油以煤地衣酸甲酯及乙酯、薄荷油以薄荷脑、留兰香油以左旋葛缕酮、杜松子油以杜松醇、冬青油以水杨酸甲酯、菖蒲油以菖蒲醚和菖蒲醇、百里香油以麝香草酚和香荆芥酚、甘松油以甘松醇、苍术油以苍术醇和苍术酮、广藿香油以广藿香醇、柏木油以柏木脑和柏木烯、檀香油以檀香醇、香附子油以香附烯和香附醇、香根油以香根醇及其酯、愈创木油以愈创木醇、鸢尾油以鸢尾酮和十四酸、香紫苏油以香紫苏醇、麝葵子油以麝葵内酯、赖百当油以岩蔷薇醇、龙涎香以龙涎香叔醇、海狸香以海狸香素、灵猫香以灵猫酮、麝香以左旋麝香酮、芹菜子油以旱芹子烯和旱芹子内酯、页蒿油以页蒿酮（香芹酮）、姜油以姜醇和姜酮、大茴香油以反式大茴香脑和大茴香醛、甜罗勒油以对烯丙基苯甲醚、肉桂油以肉桂醛、黄樟油以黄樟素、肉豆蔻油以肉豆蔻酚醚为特征峰，有的特征峰就是主成分。

第四节 固相微萃取与顶空分析法

顶空进样技术是气相色谱法中一种方便快捷的样品前处理方法，其原理是将待测样品置入一密闭的容器中，通过加热升温使挥发性组分从样品基体中挥发出来，在气液（或气固）两相中达到平衡，直接抽取顶部气体进行色谱分析，从而检验样品中挥发性组分的成分和含量。使用顶空进样技术可以免除冗长繁琐的样品前处理过程，避免有机溶剂对分析造成的干扰、减少对包谱柱及进样口的污染。该仪器可以和国内外各种型号的气相色谱仪相连接。

顶空分析法分静态顶空分析技术与动态顶空分析技术两种。

(1) 静态顶空进样-气相色谱分析技术　静态顶空分析技术（简称顶空进样技术）是顶空分析法发展中所出现的最早形态而得到广泛的推广和应用，主要用于测量那些在 200℃下可挥发的被分析物以及比较难于进行前处理的样品。静态顶空分析法在仪器模式上可分为 3 类：

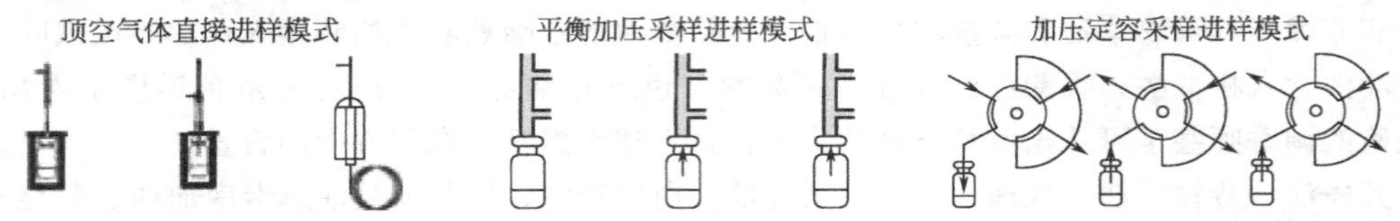

① 顶空气体直接进样模式　由气密进样针取样，一般在气体取样针的外部套有温度控制装置。这种静态顶空分析法模式具有适用性广和易于清洗的特点，适合于香精香料和烟草等挥发性含量较大的样品。加热条件下顶空气的压力太大时，会在注射器拔出顶空瓶的瞬间造成挥发性成分的损失，因此在定量分析上存在一定的不足。为了减少挥发性物质在注射器中的冷凝，应该将注射器加热到合适的温度，并且在每次进样前用气体清洗进样器，以便尽可能地消除系统的记忆效应。

② 平衡加压采样模式　由压力控制阀和气体进样针组成，待样品中的挥发性物质达到分配平衡时对顶空瓶内施加一定的气压将顶空气体直接压入到载气流中。这种采样模式靠时间程序来控制分析过程，所以很难计算出具体的进样量。但平衡加压采样模式的系统死体积小，具有很好的重现性。同样为了减少挥发性物质在管壁和注射器中的冷凝，应该对管壁和注射器加热到适当的温度，而且在每次进样前用气体清洗进样针。

③ 加压定容采样进样模式　由气体定量环、压力控制阀和气体传输管路组成，该系统靠对顶空瓶内施加一定的气压将顶空气压入到六通阀的定量环中，然后用载气将六通阀的定量环中的顶空成分进到色谱柱中。这种方法的优点是重现性很好，很适合进行顶空的定量分析。但由于系统管路较长挥发性物质易在管壁上吸附，因此一般将管路和注射器加热到较高的温度。

静态顶空分析法的主要缺点是有时必须进行大体积的气体进样，样品的蒸汽体积过大，这样挥发性物质的色谱峰的初始展宽较大会影响色谱的分离效能；特别对于组成复杂的样品，这种进样方式限制了高效毛细管色谱柱的使用，蒸汽中大量水分也往往还有损于色谱柱的寿命。如果样品中待分析组分的含量不是很低时，较少的气体进样量就可以满足分析的需要时，而水分又不是很高时，静态顶空分析法仍是一种非常简便而有效的分析方法。

(2) 动态顶空分析技术　动态顶空分析法源于采用多孔高聚物对顶部空气中的挥发性物质

进行捕集和分析。连续用惰性气体不断通过液态待测样品将挥发性组分从液态基质中“吹扫”出来，挥发性组分随气流进入捕集器，捕集器中的吸附剂或低温冷肼捕集挥发性组分，最后将抽提物进行解吸分析。

该方法是一种将样品基质中所有挥发性组分都进行完全的“气体提取”的方法，适合复杂基质中挥发性较高的组分和浓度较低的组分分析，较顶空和顶空-固相微萃取方法有更高的灵敏度。动态顶空分析根据捕集模式分为吸附剂捕集和冷肼捕集两种。

吸附剂捕集常用的吸附剂有苯乙烯和二乙烯基苯类聚体的多孔微球、各种高聚物多孔微球和 Tenax-TA（2,6-二苯呋喃多孔聚合物），目前应用较广泛的是 Tenax-TA。在冷肼捕集分析中水是对测定最大的影响因素，因为水在低温时易形成冰堵塞捕集器。

固相微萃取（solid-phase microextraction，SPME）技术是 20 世纪 90 年代兴起的一项新颖的样品前处理与富集技术，它最先由加拿大 Waterloo 大学的 Pawliszyn 教授的研究小组于 1989 年首次进行开发研究，属于非溶剂型选择性萃取法。将纤维头浸入样品溶液中或顶空气体中一段时间，同时搅拌溶液以加速两相间达到平衡的速率，待平衡后将纤维头取出插入气相色谱汽化室，热解吸涂层上吸附的物质。被萃取物在汽化室内解吸后，靠流动相将其导入色谱柱，完成提取、分离、浓缩的全过程。

美国的 Supelco 公司在 1993 年实现商品化，其装置类似于一支气相色谱的微量进样器，萃取头是在一根石英纤维上涂上固相微萃取涂层，外套细不锈钢管以保护石英纤维不被折断，纤维头可在钢管内伸缩。将纤维头浸入样品溶液中或顶空气体中一段时间，同时搅拌溶液以加速两相间达到平衡的速率，待平衡后将纤维头取出插入气相色谱汽化室，热解吸涂层上吸附的物质。被萃取物在汽化室内解吸后，靠流动相将其导入色谱柱，完成提取、分离、浓缩的全过程。固相微萃取技术几乎可以用于气体、液体、生物、固体等样品中各类挥发性或半挥发性物质的分析。发展至今短短的 10 年时间，已在环境、生物、工业、食品、临床医学等领域的各个方面得到广泛的应用。在发展过程中，主要涉及到探针的固相涂层材料及涂渍技术、萃取方法、联用技术的发展、理论的进一步完善和应用等几个方面。

SPME 有 3 种基本的萃取模式：直接萃取（Direct Ectraction SPME）、顶空萃取（Headspace SPME）和膜保护萃取（membrane-protected SPME）。

直接萃取方法中，涂有萃取固定相的石英纤维被直接插入到样品基质中，目标组分直接从样品基质中转移到萃取固定相中。在实验室操作过程中，常用搅拌方法来加速分析组分从样品基质中扩散到萃取固定相的边缘。对于气体样品而言，气体的自然对流已经足以加速分析组分在两相之间的平衡。但是对于水样品来说，组分在水中的扩散速率要比气体中低 3～4 个数量级，因此须要有效的混匀技术来实现样品中组分的快速扩散。比较常用的混匀技术有：加快样品流速、晃动萃取纤维头或样品容器、转子搅拌及超声。

这些混匀技术一方面加速组分在大体积样品基质中的扩散速率，另一方面减小了萃取固定相外壁形成的一层液膜保护鞘而导致的所谓“损耗区域”效应。

在顶空萃取模式中，萃取过程可以分为两个步骤：

① 被分析组分从液相中先扩散穿透到气相中；

② 被分析组分从气相转移到萃取固定相中。

这种改型可以避免萃取固定相受到某些样品基质（比如人体分泌物或尿液）中高分子物质和不挥发性物质的污染。在该萃取过程中，步骤②的萃取速率总体上远远大于步骤①的扩散速率，所以步骤①成为萃取的控制步骤。因此挥发性组分比半挥发性组分有着快得多的萃取速率。实际上对于挥发性组分而言，在相同的样品混匀条件下，顶空萃取的平衡时间远远小于直接萃取平衡时间。

膜保护 SPME 的主要目的是为了在分析很脏的样品时保护萃取固定相避免受到损伤，与顶空萃取 SPME 相比，该方法对难挥发性物质组分的萃取富集更为有利。另外，由特殊材料制成的保护膜对萃取过程提供了一定的选择性。

目前，顶空固相微萃取分析已广泛应用于气体、液体、生物、固体等样品中各类挥发性或半挥发性物质的分析。

顶空固相微萃取与气质联机结合分析有香物质的香气成分弥补了直接抽样与气质联机结合分析的不足，但两者分析的结果大相径庭。为此，著者配制了两个香精样品进行顶空固相微萃取与直接抽样气质联机的分析比较，先看其中之一"茉莉香精"的配方、顶空分析和直接抽样分析结果。

表 13-1 茉莉香精的配方、顶空分析和直接抽样分析结果

物质名称	配方	顶空分析	直接抽样分析
茉莉素	0.2		
叶醇	0.2		
邻氨基苯甲酸甲酯	0.3		
吲哚	0.3		
甲基柏木酮	5.0		
苯乙醇	4.0		1.84
二甲苯麝香	4.0		3.81
甲位己基桂醛	4.0		11.17
甜橙油	4.0		
D-柠檬烯		16.92	5.13
异松油烯			0.08
异松油烯			0.09
苯甲酸苄酯	5.0		6.53
乙酸松油酯	5.0	6.41	4.56
乙酸松油酯		0.45	0.25
甲位戊基桂醛	8.0	2.75	9.79
			0.28
苯甲醇	10.0	5.52	4.91
苯甲醇		0.87	2.96
松油醇	10.0	18.90	11.46
乙酸苄酯	40.0	49.04	35.76

表 13-1 中"配方"为重量百分比，"顶空分析"和"直接抽样分析"用"百分归一法"得到的数据。

顶空固相微萃取与气质联机（手性柱）分析方法如下：

（1）仪器与试剂

① GC4000A/MS3100 型气相色谱-质谱联用仪，北京东西电子公司；75μmCAR/PDMS 固相微萃取装置，美国 SUPELCO 公司。

② 固相微萃取法提取挥发油　取1.00g样品于顶空瓶中，用聚四氟乙烯隔垫密封，于60℃下平衡5min，用75μm CAR/PDMS萃取纤维头顶空取样1h。

(2) 气相色谱-质谱测定条件

① 气相色谱条件、手性柱　HP-5弹性石英毛细管（30m×0.25mm×0.25μm）；

柱温（10℃/min）：60～250℃；

汽化室温度：250℃；

载气：He；

载气流量：1mL/min；

分流比：60∶1。

② 质谱条件、离子源　EI离子源；

离子源温度：150℃；

接口温度220℃；

四级杆温度为150℃；

电子能量：70eV；

电子倍增器电压：1988 V；

质量范围：40～350m/z。

(3) 测定方法　由固相微萃取法提取的挥发油以顶空方式进样后，用气相色谱-质谱联用仪进行分析鉴定．通过MS3000RT工作站数据处理系统，检索Nist谱图库，并分别与标准谱图进行对照，复合，再结合有关文献进行人工谱图解析，确认其挥发油的各个化学成分，再通过MS3000RT工作站数据处理系统，按面积归一化法进行定量分析，分别求得各化学成分在挥发油中的相对百分含量。

从表13-2中可以看出，茉莉素、叶醇、邻氨基苯甲酸甲酯、吲哚、甲基柏木酮等5个香料用顶空分析法和直接进样分析法都测不出来；苯甲酸苄酯、苯乙醇、二甲苯麝香、甲位己基桂醛用顶空分析法测不出；其他成分测定后用百分归一法计算出的数据与配方对照有高有低；沸点较低、蒸气压较高的香料单体如柠檬烯、乙酸松油酯、松油醇、乙酸苄酯等用顶空分析法测定的结果含量都较高；沸点较高、蒸气压较低的香料单体如甲位戊基桂醛、苯甲醇等用顶空分析法测定的结果含量都较低。

再来看一个“百花香精”的配方与检测结果（方法同上）：

表13-2　“百花香精”的配方与检测结果

香料名称	配方	顶空分析法	直接进样法
癸醛	0.5		
甲基壬基乙醛	0.5		
风信子素	1.5		
对甲氧基苯乙酮	1.5		
二甲基对苯二酚	1.5		
水杨酸戊酯	1.5		
异长叶烷酮	7.0		
二氢月桂烯醇	0.5		0.39
乙酸苏合香酯	1.0		1.06
香茅醇	7.0		5.24
香叶醇	3.0		2.29

续表

香料名称	配方	顶空分析法	直接进样法
洋茉莉醛	2.0		0.59
洋茉莉醛			1.72
紫罗兰酮	3.0		2.57
佳乐麝香	3.5		2.25
甲位己基桂醛	3.0		3.04
乙酸苯乙酯	1.5	3.09	
芳樟醇	10.0	14.52	14.03
丙酸三环癸烯酯	1.0	0.72	1.02
铃兰醛	5.0	1.23	9.28
松油醇	9.0	8.57	12.68
香豆素	2.0	2.15	0.18
乙酸苄酯	14.5	24.04	15.88
乙酸对叔丁基环己酯	4.0	2.63	1.70
乙酸对叔丁基环己酯		12.58	
乙酸芳樟酯	6.5	24.42	6.65
异丁香酚	2.0	0.40	0.16
玳玳叶油	2.0		
格蓬浸膏	0.5		
广藿香油	1.0		
柏木油	4.0		
侧柏烯		2.04	
大根香叶烯 D		1.54	
金合欢烯			0.44
羽毛伯烯			0.62
榄香烯		1.34	

从表 13-2 中可以看出，癸醛、甲基壬基乙醛、风信子素、对甲氧基苯乙酮、二甲基对苯二酚、水杨酸戊酯、异长叶烷酮 5 个香料用顶空分析法和直接进样分析法都测不出来；二氢月桂烯醇、乙酸苏合香酯、香茅醇、香叶醇、洋茉莉醛、洋茉莉醛、紫罗兰酮、佳乐麝香、甲位己基桂醛用顶空分析法测不出；乙酸苯乙酯用直接进样分析法测不出来；其他成分测定后用百分归一法计算出的数据与配方对照也都有高有低；沸点较低、蒸气压较高的香料单体如乙酸苯乙酯、芳樟醇、乙酸苄酯、乙酸芳樟醇等用顶空分析法测定的结果含量都较高；沸点较高、蒸气压较低的香料单体如丙酸三环癸烯酯、铃兰醛、异丁香酚等用顶空分析法测定的结果含量都较低。经常分析的人可以从中找出一些规律性的东西，或者总结出一套“校正系数”以作测定时参考。

电脑对每一个色谱峰都为我们“匹配”了几个到几十个单体香料供选择，一般情况下，“匹配度”越高的就越有可能是正确的，但也常有例外，这是考验检测人员、调香师技术水平的关键时刻。调香师根据以往经验常常可以立即指出“匹配”不对的香料单体，尤其是“保留时间”不对的例子很快就会被发现剔除或改正，如同样在 SE30 柱子上打色谱，乙酸芳樟酯是不可能比芳樟醇早“出峰”的，倍半萜烯也不可能在单萜烯前“出峰”，所以，调香师和气质联机操作人员熟悉、掌握各种香料在某种特定条件下的保留时间是很有必要的。

第五节　天然香料和外来香精的剖析

“上帝”是最出色的调香师。自从世界上有“调香”这个职业开始，模仿大自然各种香气便是这支职业队伍每个人一辈子也做不完的工作。不管目前全世界正在流行什么香型，自然界的香味总是少不了的。无论什么产品，香气都是越“自然”越好。虽然每一个调香师对每一种常用的自然香味都早已了如指掌、“手到擒来”，把它们调配得更“自然”些仍然是每日的必修课。由于大自然的各种芳香并不是随时随地都可以闻到，甚至有的自然香味调香师一辈子也没有闻过，有的调香师错误地把各种精油、浸膏、萃取物的香气看作“原香”进行模仿，这是远远不够的。调香师要创造条件经常闻到各种天然物的香味，并强迫自己牢牢记住，才能在实验室里再现它们。

利用仪器分析可以弥补鼻子的不足——一台性能良好的气相色谱仪再加上足够的“数据库”(各种常用香料在一定条件下的保留指数或保留时间）几十分钟便能告诉你一瓶精油里百分之八十几的成分，结合现代的“顶空分析”技术模仿大自然的各种芳香已经越来越方便了。下面举一个例子（图 13-2 与表 13-3）来说明模仿自然香气的过程。

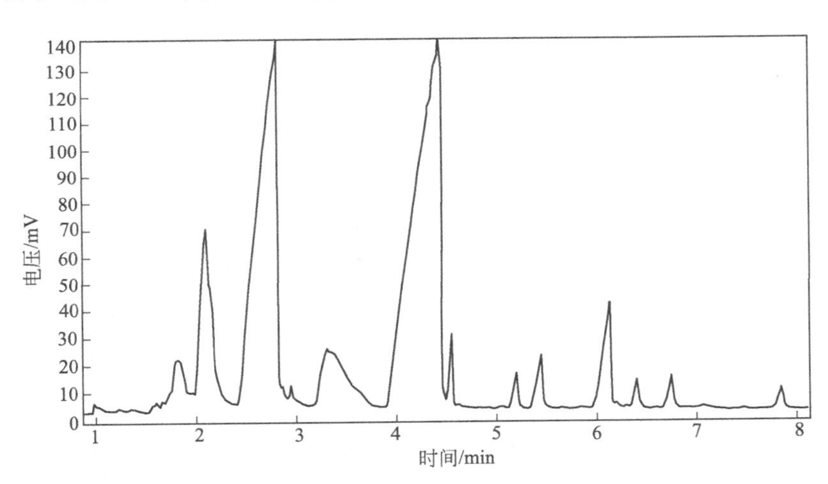

图 13-2　薰衣草油色谱

使用仪器类型　气相色谱：型号 GC112；柱类型　SE30；柱规格 30m×0.25cm；载气类型 N_2；载气流量 2.00mL/min；进样量 0.1μL

检测器　FID；灵敏度 8；衰减 5；氢气 4.50mL/min；空气 6.40mL/min；温度 250℃

进样器　分流；分流比 2.0；尾吹 5.0mL/min；温度 250℃

柱温　程序升温；第 1 阶初始温度 100℃；初温保持时间 1min；升温速率 10℃/min；终止温度 230℃；终温保持时间 30min

实验内容简介　柱前压力　分流比 1.80，100℃时 0.100MPa(230℃，0.130MPa)；进样 0.1μL

表 13-3　分析结果

峰号	峰　名	保留时间/min	峰　高	峰面积	含量/%
1		1.003	3597.773	8435.640	0.1303
2		1.053	2044.545	7713.460	0.1191
3		1.233	640.412	1119.200	0.0173

续表

峰号	峰　名	保留时间/min	峰　高	峰面积	含量/%
4		1.378	934.231	4835.550	0.0747
5		1.618	3290.134	13186.398	0.2037
6		1.683	4119.231	10067.170	0.1555
7	月桂烯,乙位罗勒烯	1.813	19475.424	164318.953	2.5381
8	1,8-桉叶油素	1.948	7226.625	23278.725	0.3596
9	顺罗勒烯	2.088	68267.836	548866.188	8.4779
10	芳樟醇	2.778	142028.859	1833540.875	28.3212
11	樟脑	2.923	9643.077	59606.254	0.9207
12	甲位松油醇	3.293	23362.629	182976.781	2.8263
13	松油烯-4-醇	3.358	21635.725	264664.188	4.0881
14	乙酸芳樟酯	4.418	143855.297	2609275.500	40.3034
15	乙酸龙脑酯	4.543	28260.490	74629.469	1.1527
16		4.623	2131.609	16446.232	0.2540
17		4.828	1079.914	4305.488	0.0665
18		4.923	1125.056	5883.427	0.0909
19		5.068	1578.271	9313.471	0.1439
20		5.218	13511.495	51360.340	0.7933
21	乙酸香叶酯	5.458	20117.852	97087.258	1.4996
22		5.658	1138.150	7287.962	0.1126
23		5.878	816.478	5631.464	0.0870
24	石竹烯	6.148	39905.879	250565.422	3.8703
25		6.398	10907.252	46389.004	0.7165
26		6.588	735.535	3512.848	0.0543
27		6.748	12609.773	48985.102	0.7566
28		6.878	848.967	2977.592	0.0460
29		6.988	782.131	4250.405	0.0657
30		7.058	1776.235	12196.547	0.1884
31		7.448	898.816	6051.875	0.0935
32		7.588	338.024	1497.815	0.0231
33		7.678	425.158	1764.687	0.0273
34		7.828	8125.381	33283.641	0.5141
35		8.068	472.739	3284.450	0.0507
36		8.188	311.918	1865.057	0.0288
37		8.298	152.081	704.233	0.0109
38		8.468	1306.334	5712.132	0.0882
39		8.568	382.483	3398.925	0.0525
40		8.758	249.766	1416.507	0.0219
41		8.898	333.975	3478.477	0.0537
42		9.178	281.392	2343.289	0.0362
43		9.278	365.541	3369.572	0.0520
44		9.508	274.883	1241.799	0.0192
45		9.628	690.062	4373.124	0.0675
46		9.998	24.613	316.407	0.0049
47		10.438	43.740	337.336	0.0052
48		10.698	427.920	2170.284	0.0335
49		10.998	88.820	524.000	0.0081
50		11.198	140.420	507.216	0.0078
51		11.378	21.219	147.575	0.0023
52		11.538	411.178	2746.849	0.0424
53		11.818	341.356	1241.519	0.0192

续表

峰号	峰　名	保留时间/min	峰　高	峰面积	含量/%
54		11.978	1242.315	5179.540	0.0800
55		12.218	158.753	1102.529	0.0170
56		12.398	135.082	618.644	0.0096
57		12.558	47.041	248.848	0.0038
58		13.118	49.474	678.021	0.0105
59		13.358	17.158	128.279	0.0020
60		13.698	604.359	6726.385	0.1039
61		14.098	149.283	2745.864	0.0424
62		14.518	60.604	744.810	0.0115
63		14.758	31.358	266.132	0.0041
64		15.038	38.906	589.351	0.0091
65		15.318	38.453	470.274	0.0073
66		15.538	21.811	106.441	0.0016
总计			606149.300	6474088.800	100.0000

参照如图 13-2 所示的薰衣草油色谱，初步拟出一个“配制薰衣草油配方”如下。

月桂烯	3.0	樟脑	1.0	乙酸香叶酯	2.0
桉叶油	0.5	松油醇	7.0	石竹烯	4.0
罗勒烯	8.5	乙酸芳樟酯	40.0	楠叶油	2.0
芳樟醇	30.0	乙酸异龙脑酯	2.0		

按此配方配出香精后，香气已经与天然薰衣草油比较接近，再适当调节配方或增减几个香料即可配出“惟妙惟肖”的“配制薰衣草油”了。

对于外来香精的模仿，首先用鼻子嗅闻，打开瓶盖直接嗅闻只能笼统地得到该香精整体的香气印象，初步辨别该香精应属于哪一种类型、有没有特别的地方，如果它与自己曾经调过的某一种香精香气相似，仿香工作就简单多了，有时候只要增减某一些香料就可以了，这种情况常发生在经验丰富的“老调香师”身上，因为他调过的香精多了，常用的香型对他来说“如数家珍”，一闻便能想到一个香气极为接近的香精配方，但往往拿来一对照，还是可以闻出它们之间的差别。此时应把二者都沾在闻香纸上，分段嗅闻之，找出每一段香气的差别，再拟出初步配方开始仿香。

大部分被仿的香精，调香师用闻香纸沾上后分段嗅闻就能写下该香精 80%以上的组成成分，再经过多次反复的试调、修改配方就能调出令人满意的仿香作品来。最难模仿的是那些用了“特殊”香料（国外超大型香料公司经常把自己开发的某一种新型香料保密起来不对外公开、只供内部使用或把它配制成“香基”出售以获取更大的利润）的香精，有经验的调香师会想尽办法用其他香料仿配，但有时只能怨叹“巧妇难为无米之炊”。

“现代派”的调香师则不管哪里来的香精通通先做气相色谱分析，一面看着色谱图一面闻香精猜香料，这样很快就可以写下第一个实验配方，把它配制出来混合均匀后“打色谱”（做气相色谱分析），出来的谱图与被仿香精谱图比较，分析差别在哪里，再拟出第二个实验配方，配好后再打色谱……直到自己觉得满意为止。同样地，如果被仿香精用了某种“特殊”香料是调香师手头没有的，调香师仍然是“巧妇难为无米之炊”。

下面举一个仿香实例。

某公司寄来一个香精样品（编号 826107）要求仿香，调香师打开瓶盖直接嗅闻就判定它为“三花”（茉莉、玫瑰、铃兰）香型，再用闻香纸沾上香精后分段闻香，同时“打色谱”，结果如图 13-3 与表 13-4 所示。

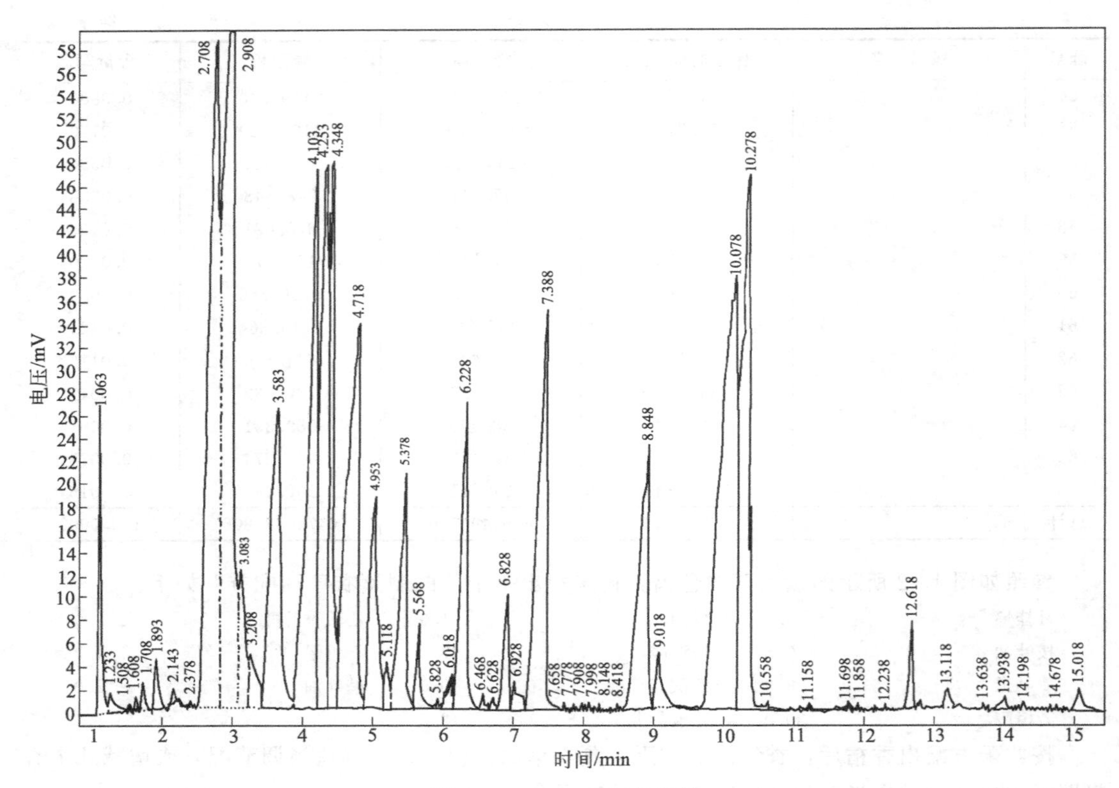

图 13-3　826107 三花香精

使用仪器类型　气相色谱；型号 GC112；柱类型 SE30；柱规格 30m×0.25cm；载气类型 N_2；载气流量 2.00mL/min；进样量 0.1μL

检测器　FID；灵敏度 8；衰减 5；氢气 4.50mL/min；空气 6.40mL/min；温度 250℃

进样器　分流；分流比 2.0；尾吹 5.0mL/min；温度 250℃

柱温　程序升温；第 1 阶初始温度 100℃；初温保持时间 1min；升温速率 10℃/min；终止温度 230℃；终温保持时间 30min

实验内容简介　柱前压力　分流比 1.75，100℃时 0.100MPa(230℃，0.152MPa)；进样 0.1μL

表 13-4　分析结果

峰号	峰　　名	保留时间/min	峰　高	峰面积	含量/%
1		1.063	26086.668	75718.703	1.4252
2		1.233	1387.742	11300.346	0.2127
3		1.508	223.920	883.234	0.0166
4		1.608	850.258	2398.273	0.0451
5		1.708	1963.595	6246.708	0.1176
6		1.893	4014.733	17514.000	0.3296
7		2.143	748.000	2099.050	0.0395
8		2.378	169.056	660.670	0.0124
9	芳樟醇	2.708	57860.016	576612.000	10.8529
10	苯乙醇	2.908	61184.051	698873.313	13.1541
11	乙位松油醇	3.083	11575.330	74989.195	1.4114
12		3.208	4383.102	37732.387	0.7102
13	甲位松油醇	3.583	25727.418	258572.500	4.8668
14	香茅醇	4.103	46436.109	395986.656	7.4532
15	乙酸芳樟酯	4.253	46984.637	340932.500	6.4170
16	香叶醇	4.348	47371.504	214245.406	4.0325
17	羟基香茅醛	4.718	33216.668	388637.375	7.3149

续表

峰号	峰　名	保留时间/min	峰　高	峰面积	含量/%
18	桂醇	4.953	18027.760	142253.313	2.6775
19		5.118	3513.739	16844.041	0.3170
20	丁香酚	5.378	19672.584	132385.016	2.4917
21		5.568	7106.318	29761.957	0.5602
22		5.828	399.163	2072.175	0.0390
23		6.018	2690.897	14009.098	0.2637
24	甲位紫罗兰酮	6.228	26057.234	169651.766	3.1932
25		6.468	874.476	4678.975	0.0881
26		6.628	564.304	2996.391	0.0564
27		6.828	9919.340	50927.430	0.9586
28	乙位紫罗兰酮	6.928	2101.357	18836.996	0.3545
29	铃兰醛	7.388	33985.238	300044.188	5.6474
30		7.658	217.386	1126.149	0.0212
31		7.778	88.007	373.732	0.0070
32		7.908	205.930	1306.766	0.0246
33		7.998	226.645	1115.391	0.0210
34		8.148	132.172	736.384	0.0139
35		8.418	78.700	448.875	0.0084
36	二氢茉莉酮酸甲酯	8.848	22544.211	214714.813	4.0413
37		9.018	4439.900	28078.910	0.5285
38	苯甲酸苄酯	10.078	36769.570	623734.375	11.7399
39	甲位己基桂醛	10.278	44583.176	375595.031	7.0694
40		10.558	303.022	4415.215	0.0831
41		11.158	89.835	631.650	0.0119
42		11.698	354.148	2187.500	0.0412
43		11.858	131.296	1038.400	0.0195
44		12.238	95.286	1198.400	0.0225
45		12.618	6958.667	25890.000	0.4873
46		13.118	1333.750	9135.700	0.1720
47		13.638	68.157	411.648	0.0077
48		13.938	693.494	6832.891	0.1286
49		14.198	322.787	4297.047	0.0809
50		14.678	70.326	711.080	0.0134
51		15.018	1499.708	16154.831	0.3041
52		15.738	96.517	855.133	0.0161
53		15.898	78.697	960.274	0.0181
54		16.378	61.236	908.263	0.0171
55		16.738	42.640	552.368	0.0104
56		17.358	15.618	148.694	0.0028
57		17.738	43.574	539.218	0.0101
58		18.198	45.941	992.944	0.0187
总计			616685.612	5312952.343	100.0000

参照色谱图，初步拟出一个“826108三花香精配方”如下：

芳樟醇	11	香叶醇	6	铃兰醛	6
苯乙醇	15	羟基香茅醛	8	二氢茉莉酮酸甲酯	4
松油醇	6	桂醇	3	苯甲酸苄酯	12
香茅醇	8	丁香酚	3	甲位己基桂醛	7
乙酸芳樟酯	7	紫罗兰酮	4		

按此配方配出香精后嗅闻之，与被仿样差距还是比较大的，经反复嗅闻，同时“打色谱”，

结果如图 13-4 与表 13-5 所示。

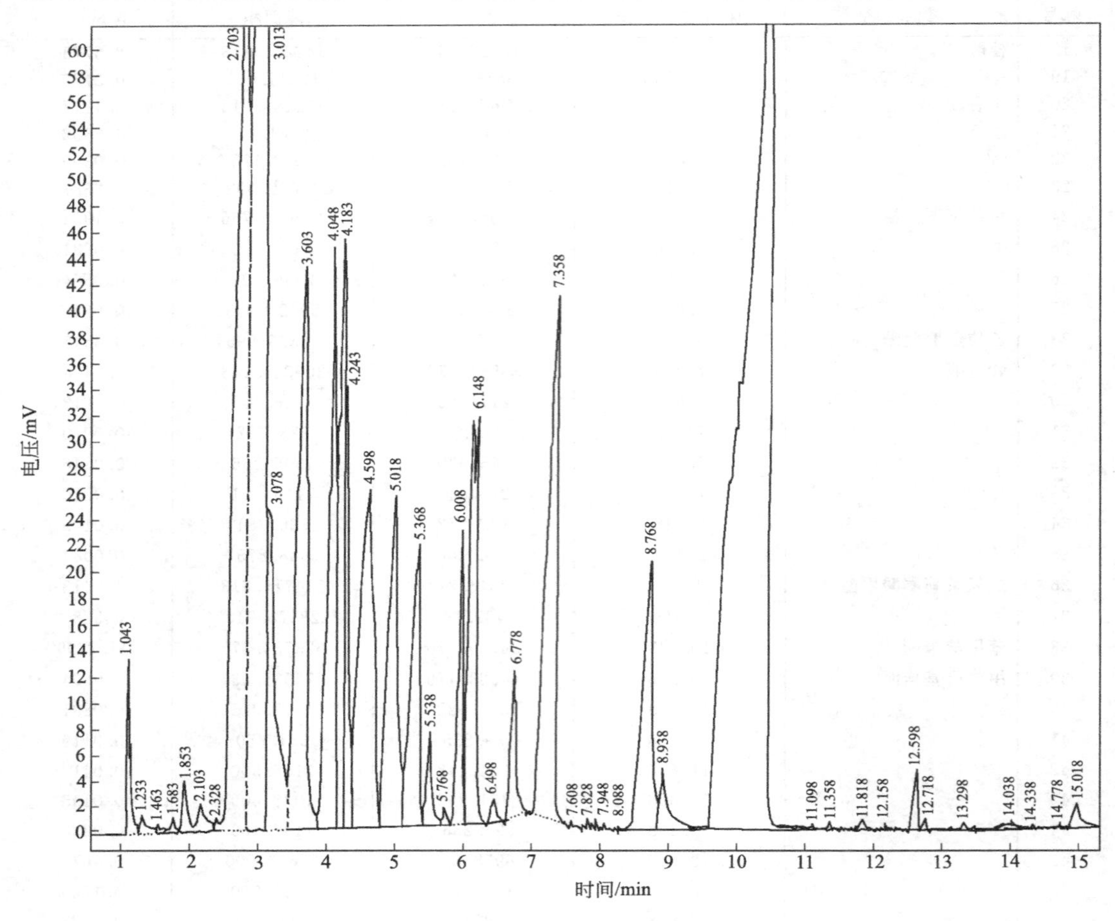

图 13-4　826108 三花（二）香精

使用仪器类型　气相色谱；型号 GC112；柱类型 SE30；柱规格 30m×0.25cm；载气类型 N_2；载气流量 2.00 mL/min；进样量 0.1μL

检测器　FID；灵敏度 8；衰减 5；氢气 4.50mL/min；空气 6.40mL/min；温度 250℃

进样器　分流；分流比 2.0；尾吹 5.0mL/min；温度 250℃

柱温　程序升温；第 1 阶初始温度 100℃；初温保持时间 1min；升温速率 10℃/min；终止温度 230℃；终温保持时间 30min

实验内容简介　柱前压力　分流比 1.78，100℃时 0.100MPa(230℃，0.130MPa)；进样 0.1μL

表 13-5　分析结果

峰号	峰　名	保留时间/min	峰　高	峰面积	含量/%
1		1.043	13115.905	42586.004	0.5876
2		1.233	1036.939	9098.486	0.1255
3		1.463	339.242	1815.639	0.0251
4		1.683	820.228	5272.828	0.0728
5		1.853	3701.627	20926.240	0.2887
6		2.103	1848.565	17448.902	0.2408
7		3.328	685.710	3300.187	0.0455
8		2.703	71060.617	853209.688	11.7722
9		3.013	81525.461	1085200.625	14.9731
10		3.078	24227.527	211320.531	2.9157
11		3.603	42664.199	434605.906	5.9965

续表

峰号	峰　　名	保留时间/min	峰　高	峰面积	含量/%
12		4.048	44029.328	332784.906	4.5916
13		4.183	44528.617	291383.875	4.0204
14		4.243	33468.520	115220.398	1.5898
15		4.598	25810.793	402308.219	5.5509
16		5.018	24889.131	271189.563	3.7417
17		5.368	21035.246	196090.563	2.7056
18		5.538	6767.644	36376.555	0.5019
19		5.768	926.947	4874.811	0.0673
20		6.008	22032.568	104977.563	1.4484
21		6.148	30678.014	244661.859	3.3757
22		6.498	1548.607	10164.300	0.1402
23		6.778	10910.517	64959.500	0.8963
24		7.358	39959.191	359292.094	4.9573
25		7.608	71.316	46.500	0.0006
26		7.828	259.868	1631.291	0.0225
27		7.948	389.642	1519.283	0.0210
28		8.088	140.377	1034.126	0.0143
29		8.768	21406.158	212620.344	2.9336
30		8.938	4480.965	42429.250	0.5854
31		10.438	68390.961	1817049.750	25.0708
32		11.098	105.682	838.430	0.0116
33		11.358	247.268	1206.412	0.0166
34		11.818	413.920	4061.099	0.0560
35		12.158	174.381	1967.400	0.0271
36		12.598	4222.375	16931.838	0.2336
37		12.718	509.750	1979.463	0.0273
38		13.298	304.667	1348.500	0.0186
39		14.038	363.737	6923.484	0.0955
40		14.338	140.842	1539.816	0.0212
41		14.778	89.783	750.539	0.0104
42		15.018	1495.826	14735.761	0.2033
总计			650818.662	7247682.527	100.0000

与上面色谱图比较，再次调整配方如下。

乙酸芳樟酯	8	香叶醇	10	丁香酚	2
芳樟醇	10	香茅醇	7	苯乙醇	10
乙酸苄酯	7	桂醇	2	苯甲酸苄酯	6
甲位己基桂醛	8	羟基香茅醛	10	松油醇	5
二氢茉莉酮酸甲酯	5	铃兰醛	6	紫罗兰酮	4

配好香精后与被仿样比较，香气已非常接近了。

由于这个被仿香精没有用“特殊”香料，因而比较容易被模仿。

中医看病时用“望、闻、问、切”，仿香的准备工作也可以相似地采用“望、闻、问、测”，上面已经讲了“闻”与“测”，我们再来讲讲“望”和“问”。

“望”——看外来香精的色泽，有时已能初步猜测用了哪些有色或容易变色的香料，如清亮的黄色有可能用了甜橙油、甲位戊基桂醛、甲位己基桂醛、橙花素、茉莉素等；绿色可能用了橡苔浸膏；鲜红色可能有血柏木油；红褐色比较复杂，可能是吲哚变色引起，也可能是用了其他带红褐色的香料；棕色可能由带棕色的香料带入，也有可能由香兰素、丁香酚、异丁香酚、邻氨基苯甲酸甲酯、硝基麝香等变色引起，还有可能由深颜色的香料下脚料引起；暗棕色至黑色则通常是由大量的香料下脚料造成，特别是柏木油及其各种衍生物的“底油”……

“问”——询问带来仿香样的客户（有时是通过业务员询问）该香精的特点，通常客户正是由于该香精存在某些缺点需要改进才来要求仿香的，此时客户会滔滔不绝地诉说该香精的优缺点，倾听客户的诉说对仿香工作有极大的帮助。有时“言者无意，听者有心”，可以捕捉到重要的信息。例如本书著者有一次听一个客户反映他带来的卫生香香精“比较特别”——会把手和竹枝（生产卫生香和拜佛用“神香”的骨材）染上黄色，不易洗净。香料里面有这个“特殊性能”的唯有邻位香兰素，仿香时用了比较多的这个香料，果然很快就仿配出来了。

仿香前的准备工作主要还是靠“闻”和“测”，“望”和“问”都仅仅作为辅助手段而已。

第六节 气相色谱双柱定性法仿香

如有两台气相色谱仪、使用两条极性相差较大的色谱柱，或者把一台气相色谱仪改装成一次进样、分流后同时进两条极性相差较大的色谱柱、用两个检测器、一台工作站同时打出两个谱图，就可以做到“双柱定性查香料”。本书作者把一台国产气相色谱仪中的“分流系统”改造成“一次进样，两路进柱”，即一个样品进样、分流后分别进入两根毛细管，其中一根毛细管的固定液是“SE30”，另一根毛细管的固定液是“C20M”，两种固定液的极性相差很大，每一个单体香料在同样的色谱“条件”下保留时间差得很远，实现了“双柱定性法”的基本要求。这种“双柱定性法”“猜测”香精的单体香料组成有时比“气质联机”还要好——包括“定性”和“定量”两方面。例如图13-5在用“SE30”柱子上打出的色谱图里有一个“峰”的保留时间是5.62min（见表13-6），猜测可能是苯乙醇，用“百分归一法”计算出它的含量为9.6%；而用“C20M”柱子上打出的色谱图（图13-6）里有一个“峰”的保留时间是12.46min（表13-7），也可能是苯乙醇，用“百分归一法”计算出它的含量是10.8%，这样我们就有九成把握认为这个“峰”代表的是苯乙醇，而且它的含量约为10.2%[(9.6%+10.8%)/2=10.2%]，也同实际含量（10.0%）更接近了。

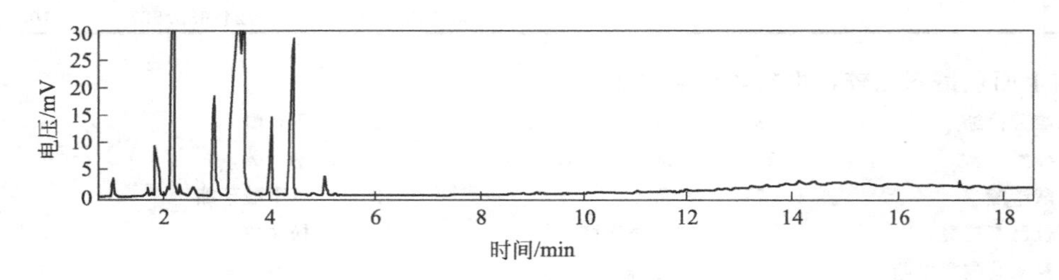

图13-5 斧标祛风油（SE30）

使用仪器类型 气相色谱；型号GC112；柱类型SE30；柱规格30m×0.25cm；载气类型N_2；载气流量2.00mL/min；进样量0.1μL

检测器 FID；灵敏度8；衰减5；氢气4.50mL/min；空气6.40mL/min；温度250℃

进样器 分流；分流比2.0；尾吹5.0mL/min；温度250℃

柱温 程序升温；第1阶初始温度100℃；初温保持时间1min；升温速率10℃/min；终止温度230℃；终温保持时间30min

实验内容简介 柱前压力 分流比1.26，100℃时0.100MPa(230℃，0.168MPa)；进样0.04μL

下面两个气相色谱图及保留时间、峰面积数据表分别就是同一个样品（新加坡斧标祛风油）用SE30与C20M两条色谱柱子“打”出的（程序升温、载气压力、分流等“条件”都一样）。

表 13-6　分析结果

峰号	峰　　名	保留时间/min	峰　高	峰面积	含量/%
1		1.058	3423.773	5903.700	0.4249
2		1.668	359.791	731.356	0.0526
3		1.713	1837.686	3606.858	0.2596
4		1.778	885.202	1975.149	0.1421
5	乙酸己酯	1.863	9341.337	18765.598	1.3505
6	乙位蒎烯	1.898	6608.922	14966.813	1.0771
7		2.013	217.988	483.734	0.0348
8		2.098	1741.124	5783.721	0.4162
9	1,8-桉叶油素	2.203	79958.883	214363.750	15.4266
10		2.328	2150.256	4685.175	0.3372
11		2.383	374.461	1084.379	0.0780
12		2.578	1650.008	9375.146	0.6747
13		2.728	53.659	362.616	0.0261
14	樟脑	2.968	18558.379	84257.664	6.0636
15	薄荷脑	3.453	45506.047	369779.469	26.6110
16	水杨酸甲酯	3.543	36215.039	142824.469	10.2783
17		3.858	229.505	543.115	0.0391
18	香叶醇	4.058	14170.441	40782.898	2.9349
19		4.238	130.412	297.900	0.0214
20	乙酸异龙脑酯	4.458	28526.125	110099.125	7.9232
21		4.678	122.956	285.563	0.0206
22		4.758	41.168	84.285	0.0061
23		4.823	550.277	1398.318	0.1006
24		4.868	376.584	773.607	0.0557
25	乙酸薄荷酯	5.068	3505.057	12447.113	0.8957
26		5.268	399.849	1157.168	0.0833
27		5.358	207.906	618.219	0.0445
28		5.548	15.364	43.600	0.0031
29		5.838	51.571	217.600	0.0157
30		5.988	25.213	62.062	0.0045
31		6.188	15.255	169.560	0.0122
32		6.308	15.681	77.515	0.0056
33		6.518	24.462	75.423	0.0054
34		6.648	37.462	248.877	0.0179
35		6.928	49.222	201.100	0.0145
36		7.138	12.909	38.900	0.0028
37		7.258	10.862	32.611	0.0023
38		7.468	48.877	219.262	0.0158
39		7.588	136.600	848.946	0.0611
40		7.798	8.615	24.643	0.0018
41		8.038	105.783	503.291	0.0362
42		8.168	20.739	126.278	0.0091
43		8.288	6.391	14.457	0.0010
44		8.598	223.566	1157.939	0.0833
45		8.678	109.549	307.763	0.0221
46		8.818	134.270	1887.859	0.1359
47		9.108	197.836	823.334	0.0593
48		9.198	184.943	795.955	0.0573
49		9.468	19.262	141.649	0.0102
50		9.668	84.333	448.000	0.0322

续表

峰号	峰名	保留时间/min	峰高	峰面积	含量/%
51		10.138	253.145	1145.990	0.0825
52		10.258	299.575	1256.967	0.0905
53		10.698	141.484	2198.900	0.1582
54		11.098	373.584	3719.001	0.2676
55		11.518	187.588	1967.475	0.1416
56		11.698	306.733	3372.094	0.2427
57		12.038	538.118	6101.094	0.4391
58		12.258	286.072	1903.221	0.1370
59		12.438	429.217	4269.047	0.3072
60		12.638	593.267	5933.543	0.4270
61		12.778	595.602	3809.533	0.2742
62		12.958	751.747	11191.173	0.8054
63		13.298	1098.131	15427.917	1.1103
64		13.578	1253.801	21290.031	1.5321
65		13.938	1350.090	17220.139	1.2392
66		14.178	2004.950	29656.615	2.1342
67		14.478	1726.525	23639.922	1.7012
68		14.878	1526.624	29493.645	2.1225
69		15.098	1673.579	27780.830	1.9992
70		15.478	1320.774	20493.572	1.4748
71		15.858	1170.968	26844.563	1.9319
72		16.178	1187.448	22065.748	1.5879
73		16.558	739.643	5170.910	0.3721
74		16.678	810.072	9804.606	0.7056
75		17.038	701.362	17194.734	1.2374
76		17.478	576.271	9227.358	0.6640
77		17.858	384.466	6807.576	0.4899
78		18.118	213.231	2702.346	0.1945
79		18.538	127.235	1982.443	0.1427
总计			281302.901	1389574.526	100.0000

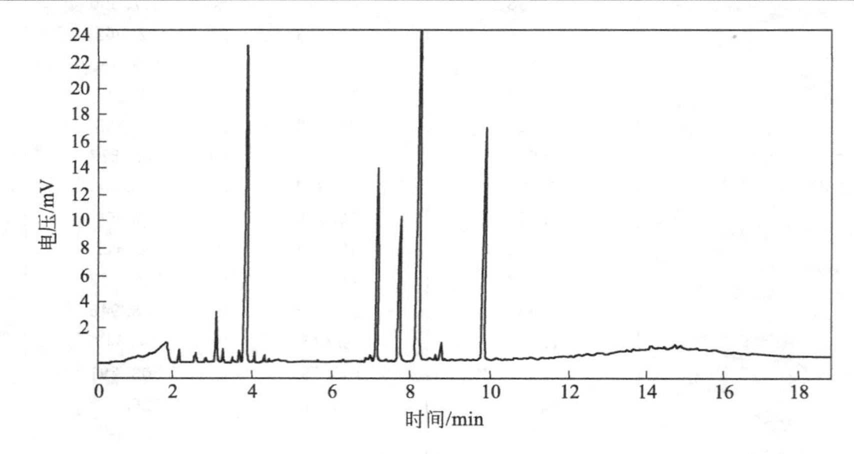

图 13-6　斧标祛风油（C20M）

使用仪器类型　气相色谱；型号 GC112；柱类型 C20M；柱规格 30m×0.25cm；载气类型 N_2；载气流量 2.00mL/min；进样量 0.1μL

检测器　FID；灵敏度 8；衰减 5；氢气 4.50mL/min；空气 6.40mL/min；温度 250℃

进样器　分流；分流比 2.0；尾吹 5.0mL/min；温度 250℃

柱温　程序升温；第 1 阶初始温度 100℃；初温保持时间 1min；升温速率 10℃/min；终止温度 230℃；终温保持时间 30min

实验内容简介　柱前压力　分流比 2.54，0.100MPa(230℃，0.252MPa)；进样 0.1μL

表 13-7　分析结果

峰号	峰　名	保留时间/min	峰　高	峰面积	含量/%
1		1.065	445.407	9548.946	1.7211
2		1.365	650.046	7850.758	1.4151
3		1.773	1494.361	26672.895	4.8076
4		2.115	921.000	1086.900	0.1959
5		2.532	655.800	1304.900	0.2352
6		2.782	304.300	693.500	0.1250
7	乙位蒎烯	3.065	3654.047	8373.064	1.5092
8		3.215	955.116	2018.586	0.3638
9		3.373	65.000	141.400	0.0255
10		3.482	409.400	908.650	0.1638
11		3.632	872.800	2036.150	0.3670
12	1,8-桉叶油素	3.807	22724.240	65756.453	11.8522
13		4.007	704.789	1295.400	0.2335
14		4.123	30.222	53.500	0.0096
15		4.265	552.842	1080.450	0.1947
16		4.365	234.727	442.200	0.0797
17		4.615	136.429	1163.450	0.2097
18		5.248	63.317	589.263	0.1062
19		5.615	149.878	359.568	0.0648
20		6.248	228.429	855.700	0.1542
21		6.615	99.286	864.152	0.1558
22		6.732	55.119	248.890	0.0449
23		6.948	554.381	2429.757	0.4380
24	樟脑	7.115	13112.311	38840.820	7.0008
25		7.365	187.086	777.843	0.1402
26		7.482	93.448	285.019	0.0514
27	乙酸异龙脑酯	7.715	10345.173	34875.184	6.2861
28		7.932	40.845	140.533	0.0253
29	薄荷脑	8.198	23119.949	112855.203	20.3415
30		8.465	188.250	740.600	0.1335
31		8.632	471.857	1121.200	0.2021
32	香叶醇	8.765	1191.000	4026.900	0.7258
33		9.065	77.200	723.700	0.1304
34		9.282	78.400	358.900	0.0647
35		9.448	124.400	484.700	0.0874
36		9.598	60.000	362.000	0.0652
37	水杨酸甲酯	9.832	14968.600	57385.699	10.3435
38		10.165	173.600	1709.800	0.3082
39		10.632	171.800	2504.600	0.4514
40		11.032	173.400	2951.900	0.5321
41		11.332	223.600	2595.100	0.4678
42		11.832	261.600	6604.400	1.1904
43		12.465	447.800	13844.200	2.4953
44		12.832	503.600	8115.600	1.4628
45		13.598	774.000	31845.000	5.7399
46		14.065	968.200	32722.000	5.8980
47		14.698	1003.400	26665.000	4.8062
48		15.732	620.200	12174.800	2.1944
49		16.265	440.000	9807.500	1.7677
50		16.732	295.200	9483.500	1.7093
51		17.498	144.600	5025.900	0.9059
总计			106229.455	554802.136	100.0000

读者可以把要模仿的香精用这两条柱子打出色谱图和按“归一法”得出各成分的百分比例，先看第一条柱子打出的谱图，使用第一个“保留时间表”“猜”出是哪一些香料，再看第二条柱子打出的谱图，使用第二个“保留时间表”对照有哪一些香料吻合，哪一些不吻合，吻合的基本上就可以断定（使用该香料）了；不吻合的再“猜”、再对照，直至所有的成分都被“猜”出来为止。接下来的工作与“单柱定性法”一样，也是先按“猜”出的香料试配一个香精，再打色谱，再对照，直至与被仿样谱图和香气都非常相似的程度。此法效果相当不错，即使是刚学调香不久的新手，耐心多做几次也能取得比较满意的结果。像上面举的例子，可以“猜”出配方如下。

斧标祛风油配方

桉叶油	15	水杨酸甲酯	15	白矿油	33
樟脑	6	香叶醇	3		
薄荷脑	20	乙酸异龙脑酯	8		

按这个配方配出的香精就与原样非常接近了。

“双柱定性法”仿香的缺点是：被仿配的香精或香水里面所含的单体香料必须都是调香师“数据库”里已有的，一个香精或者香水里面只要含有调香师“数据库”里没有的单体香料成分，尤其是加了较多天然香料的香精或香水，调香师便很难用“双柱定性法”准确“猜”出里面的成分出来，也就难以仿配出“惟妙惟肖”的香精了。这种仿香难度较大的香精最好采用“气质联机”法“解剖”它的每一种成分然后仿香，详看下面章节内容。

第七节　气质联机仿香

质谱是按照带电粒子（即离子）的质量对电荷的比值（m/z）大小依次排列形成的图谱。物质在质谱仪中进行电子轰击，可获得该物质化学成分的 EI-MS 图，成分不同，所得质谱图所显示的分子离子基峰及进一步的裂解碎片峰也不一致，可资鉴别。质谱法具有分析速度快、分析范围广、灵敏度高、精密度好、信息直观等优点，尤其是与气相色谱结合的气质联机分析法在香料香精的分析中目前已占有非常重要的位置。

目前香料香精分析所用的“气质联机”都是以氦气为载气，对可挥发性有机化合物（即香料与香精）在气相色谱中进行高效分离。气相色谱柱的末端连接质谱仪，质谱仪配有 EI 与 CI 源，质谱检测范围 0～1000MU，已包括了香料和香精中所有可挥发的成分。由于样品中各组分在气相色谱中已经得到高效的分离，各个谱带进入质谱被检测，得出每一扫描时间内的质谱图以及总离子流强度色谱图，计算机自动谱库检索（NIST 库）定性，还可以根据总离子流色谱图的峰高或峰面积定量。

事实上，我们可以把质谱仪看作是气相色谱仪的检测器，这个“检测器”让我们得到了比 FID（氢火焰检测器）更多的信息，但是千万记住一点：气质联机在“定性”方面仍旧是“猜”，例如色谱图上的一个“峰”有可能是“二氢茉莉酮酸甲酯”，也可能是“氧化石竹烯”，还有可能是另外一个香料，不要以为按照气质联机得出的“成分表”依样画葫芦就可以仿配出一个“惟妙惟肖”的香精来。真正的仿香非调香师下一番苦功不可，调香师的鼻子在任何时候都比仪器重要得多。常看到一些小型的香精厂吹嘘自己拥有一台“可以解剖世界上任何一个香精”的仪器也就是气质联机，“什么样的香精都可以仿配出来”，被人当作笑柄。

诚然，调香师拥有一台气质联机，仿香的速度要快多了。下面是一个用气质联机仿香的例子。

色谱、质谱实验条件如下。

仪器：北京东西分析仪器有限公司，GC4000A-MS-3000；

色谱柱：SE30 石英毛细管柱（0.25mm×50m，0.25μm）；

进样口：240℃；

程序升温：60℃1min，升温 10℃/min，终温 240℃，保持 20min；

氦气流速：50mL/min；

柱前压：0.1MPa；

进样量：0.2μL，不分流；

接口温度：200℃；

EI 源电子能量：70eV；

电子倍增器电压：1400V；

质量扫描范围：30～400amu；

离子源温度：150℃；

四极杆温度：30℃；

检索：NIST02 谱库等。

分析：色谱分离后，根据每个色谱峰质谱碎片图查阅 NIST02 谱库等数据库，确定其化学组成，并用面积归一法定其各种成分的含量百分比。

按照以上分析条件测定，某“果香玫瑰香精”谱图如图 13-7 所示，其分析结果见表 13-8。

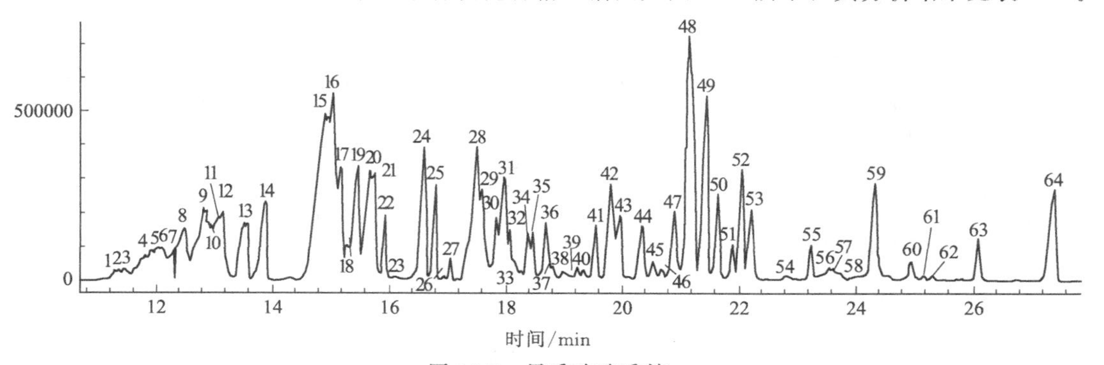

图 13-7　果香玫瑰香精

TIC；扫描次数：3488；时间（min）：0.00～50.00［30.00～>350.00u］；峰数量＝640

表 13-8　分析结果

峰号	峰　名	保留时间/min	峰　高	峰面积	含量/%	峰类型
1	苯乙醛	11.28	29721	261807	0.291	BV
2		11.34	30687	134340	0.14932	VV
3	苧烯	11.42	34960	329901	0.36669	VV
4	二缩丙二醇	11.91	87475	1605856	1.78494	VV
5		12.01	95971	806609	0.89656	VV
6		12.07	94562	882577	0.981	VV
7		12.28	89348	553473	0.61519	VV
8		12.45	151227	1979297	2.20002	VV
9	苯乙醇	12.80	207583	2702988	3.00442	VV
10		12.93	157995	906284	1.00735	VV
11		13.04	183711	1532385	1.70327	VV
12		13.13	196464	1429389	1.58879	VB

续表

峰号	峰　名	保留时间/min	峰　高	峰面积	含量/%	峰类型
13	乙酸苄酯	13.54	166830	1856402	2.06342	BB
14	2-甲基丙烯酸壬酯	13.86	230962	2043461	2.27134	BB
15	香茅醇	14.90	478676	8308502	9.23504	BV
16		15.00	548983	4684137	5.2065	VV
17	桃金娘烯醇	15.15	325594	2533580	2.81612	VV
18	香叶醇	15.25	100641	541152	0.6015	VV
19		15.43	332998	3021091	3.35799	VV
20	羟基香茅醛	15.65	315590	3000464	3.33507	VV
21		15.72	309668	1573380	1.74884	VV
22	十一醛	15.89	187198	862293	0.95845	VB
23	苯乙酸异戊酯	16.07	4974	14576	0.0162	BB
24	乙酸香茅酯	16.57	391176	2824754	3.13976	BV
25	丁香酚	16.75	279166	1230358	1.36756	VB
26	乙酸香叶酯	16.91	7730	28166	0.03131	BB
27	鸢尾酯	17.01	64564	219169	0.24361	BB
28	香兰素	17.46	389304	4295603	4.77464	VV
29	异香兰素	17.56	262550	1760088	1.95637	VV
30	异长叶烯	17.80	179973	1070115	1.18945	VV
31	紫罗兰酮	17.94	286979	2568382	2.8548	VV
32	间羟基肉桂醛	18.03	142346	938612	1.04328	VV
33	羽毛柏醇	18.23	16149	73935	0.08218	VV
34	侧柏烯	18.34	140492	644720	0.71662	VV
35	水杨酸丁酯	18.43	133463	618053	0.68698	VB
36	紫罗兰酮	18.66	160041	885399	0.98414	BV
37	乙酸桂酯	18.77	30846	165874	0.18437	VB
38	喇叭烯	18.96	17805	130278	0.14481	BB
39	花侧柏烯	19.20	31608	115153	0.12799	BV
40	榄香烯	19.30	21240	84625	0.09406	VB
41	结晶玫瑰	19.50	154217	778038	0.8648	BB
42	丙位十一内酯	19.76	272912	2497113	2.77558	BV
43	邻苯二甲酸二乙酯	19.93	184265	1353232	1.50414	VB
44	喇叭茶醇	20.32	152737	1167731	1.29795	BV
45	反式长叶松香芹醇	20.52	47686	293324	0.32603	VV
46	9-柏木烷酮	20.65	23629	96444	0.1072	VV
47	氧化新丁香烯	20.88	189867	1311473	1.45772	VV
48		21.11	710433	7110512	7.90345	VV
49	长叶烯	21.41	525309	4027676	4.47683	VB
50	雪松烯	21.61	240460	1217851	1.35366	BB
51	桉醇	21.87	102810	482395	0.53619	BV
52		22.01	322035	1947548	2.16473	VV
53		22.18	205250	1374082	1.52732	VB
54	酸桧酯	22.80	12234	129460	0.1439	BB
55		23.20	93886	406285	0.45159	BB
56		23.59	10451	112323	0.12485	BB
57		23.65	755	23510	0.02613	BB
58		24.00	6143	49523	0.05505	BV
59	万山麝香	24.29	277873	2451232	2.72459	VB
60	苯甲酸苄酯	24.92	54721	365516	0.40628	BB
61	万山麝香	25.14	12130	42470	0.04721	BB
62	佳乐麝香	25.29	11341	52551	0.05841	BB
63	丙酸香茅酯	26.07	125023	740503	0.82308	BB
64	麝香 T	27.39	270086	2425734	2.69624	BB

分析这个谱图，有些原料（如2-甲基丙烯酸壬酯、桃金娘烯醇、喇叭茶醇等）调香师手头还没有，而万山麝香已经禁用，必须用其他香料代替，二缩丙二醇和邻苯二甲酸二乙酯都只是溶剂，暂时不考虑，所以参照谱图初步拟出一张配方单如下。

果香玫瑰香精 A（一）

苯乙醛	0.3	乙酸香茅酯	3.4	丙位十一内酯	2.8
柠檬萜	0.4	丁香酚	1.4	长叶烯	5.0
苯乙醇	5.7	鸢尾酯	0.2	吐纳麝香	3.0
乙酸苄酯	1.6	香兰素	6.7	丙酸香茅酯	0.8
香茅醇	14.4	异长叶烯	1.2	麝香 T	2.7
香叶醇	4.0	紫罗兰酮	4.0	柏木油	5.0
羟基香茅醛	5.0	水杨酸丁酯	0.7	合计	70.3
十一醛	1.0	结晶玫瑰	1.0		

按这个配方配出的香精，香气与被仿样有较大的差距，根据香气的差距调整配方如下。

果香玫瑰香精 A（二）

苯乙醛	0.4	乙酸香茅酯	4.1	丙位十一内酯	3.0
柠檬萜	0.5	丁香油	2.1	长叶烯	5.0
苯乙醇	20.0	鸢尾酯	1.2	吐纳麝香	3.0
乙酸苄酯	2.0	香兰素	7.0	丙酸香茅酯	0.8
香茅醇	10.0	异长叶烷酮	1.2	麝香 T	2.7
香叶醇	20.0	紫罗兰酮	4.0	柏木油	5.0
羟基香茅醛	5.0	水杨酸丁酯	1.0		
十一醛	1.0	结晶玫瑰	1.0		

按这个配方配出的香精，香气与被仿样非常接近，整体香气和谐，闻之令人愉快，留香时间也与被仿样差不多，评香组的意见是“基本可以”，仿香告一段落。

气质联机分析在“定量”方面比一般的气相色谱分析要差一些，有可能的话，用气质联机“定性”，再用气相色谱双柱法“定量”，可以得到更好的结果。

为了让给读者更直观地看到气质联机分析法的优点与不足，本书作者专门配制了一个香精，配方如下。

丙酸乙酯	0.98	苯乙醛二甲缩醛	1.47	异丁香酚	1.47
异戊酸乙酯	1.47	吲哚	0.49	兔耳草醛	4.90
芳樟醇	14.7	“粗玫瑰醇”	8.35	二氢茉莉酮酸甲酯	4.90
苯乙醇	50.00	洋茉莉醛	1.96		
乙酸苄酯	4.41	邻氨基苯甲酸甲酯	4.90		

配方中的“粗玫瑰醇”从上海某公司购进，香气较杂，其成分未知。这个香精用“气质联机”法分析，得到的谱图和“数据”如图 13-8 与表 13-9 所示。

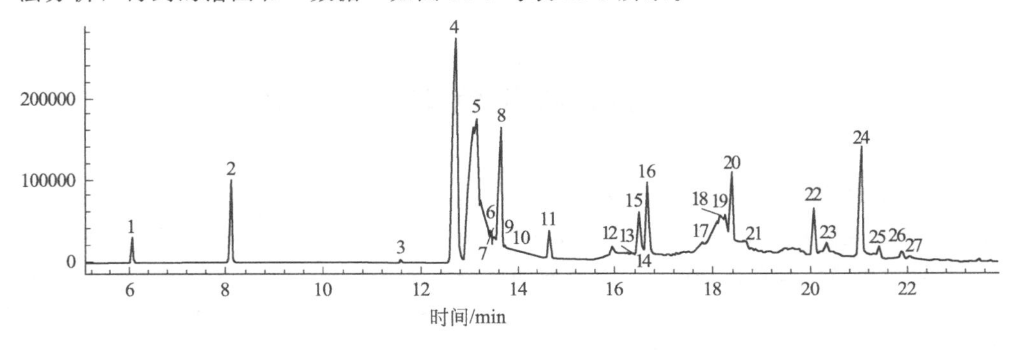

图 13-8　香精

TIC；扫描次数：3331；时间（min）：2.25—50.00［30.00u—>350.00u］；峰数量＝270

表 13-9 分析结果

峰号	峰名	保留时间/min	峰高	峰面积	含量/%	峰类型
1	丙酸乙酯	6.05	31343	93104	0.943	BB
2	异戊酸乙酯	8.11	101502	276608	2.80161	BB
3	苎烯	11.58	4450	11810	0.11962	BB
4	芳樟醇	12.70	273556	2127910	21.55239	BB
5	苯乙醇	13.14	171139	2744614	27.79863	BV
6		13.42	33858	167858	1.70014	VV
7		13.50	25152	107431	1.08811	VV
8	乙酸苄酯	13.64	156902	893615	9.05092	VV
9	苯乙醇	13.78	7481	15733	0.15935	VV
10		13.89	6368	61784	0.62578	VB
11	苯乙二甲缩醛	14.63	33659	120852	1.22404	BB
12	吲哚	15.93	11633	25788	0.26119	BB
13	香茅醇	16.16	1174	2910	0.02947	BB
14		16.25	1470	3307	0.03349	BB
15	洋茉莉醛	16.49	51323	240857	2.4395	BV
16	邻氨基苯甲酸甲酯	16.67	87787	431723	4.37268	VB
17	乙酸香叶酯	17.79	10820	86378	0.87487	BV
18		18.16	35881	626050	6.3409	VV
19	异丁香酚	18.26	36050	226565	2.29475	VV
20	兔耳草醛	18.39	87022	389498	3.945	VV
21	植醇	18.77	2152	8204	0.08309	BB
22	邻苯二甲酸二乙酯	20.07	57406	262535	2.65907	BV
23	十九烷	20.31	13955	89313	0.9046	VB
24	二氢茉莉酮酸甲酯	21.03	133863	747234	7.56831	BB
25		21.41	13037	69228	0.70117	BB
26	二十六烷	21.87	8547	38017	0.38505	VB
27		22.04	1865	4272	0.04327	BB

可以看出，配方中的所有香料单体都被分析出来了，多出的几个化合物［苎烯、香茅醇、乙酸香叶酯、植醇、邻苯二甲酸二乙酯、十九烷、二十六烷和一个未知物（第 18 个峰）］可能是从“粗玫瑰醇”带进来的。说明“气质联机”分析法在“定性”方面确实不错，但在“定量”方面就不行了——大多数与实际相去甚远，如“苯乙醇”用“百分归一法”得出的数据是 31.37%，同实际上的 50%差太多了，可以想象，仿香时如果完全采用“气质联机”法分析而后用“百分归一法”得到的数据调配香精的话，配制出来的香精与被仿样的差距就太大了。

要克服气质联机分析法的不足，最好的办法是仿香样品再用气质联机法分析一次，对照被仿样的图谱和数据，再拟出第二次仿香的配方，再配制，再“打样”分析，直到与被仿样的香气接近为止。

第八节　高效液相色谱法协助仿香

现代的气相色谱法可以用极少量的样品（0.1μL 甚至更少）就能够把里面的成分分析出来，这个量与沾在闻香纸需要的量差不多，也可以说现在的气相色谱法分析和调香师的鼻子“灵敏度”旗鼓相当。事实也是这样，有经验的调香师通过嗅闻可以“猜”出 80%左右的香料出来，而一台中等灵敏的气相色谱仪加上足够的“数据库”（各种常用香料在一定“条件”下的保留指数或保留时间数据）通常也可以“猜”出 80%左右的单体香料出来——这对于初学者是最有吸引力的。初学调香的人往往幻想只靠气相色谱分析就能把一个香精里面的香料成分全部“打”出来，然后“依样画葫芦”就能配出一模一样的香精，完成仿香“作业”。前面已经说过，这是不可能的，即使动用“气-质联机”（气相色谱与质谱联合）、“气-红联机”（气相色谱与红外光谱联合）和“双柱定性”分析也是如此，因为气相色谱分析是在高温下做的，有些“热敏香料”在高温时分解，也有一些香料在温度较高时互相反应产生新的化合物出来；还有一点是有许多香料成分尤其是天然香料里所含的一些成分现在还买不到，将来也不可能一个都不缺。不管用气相色谱或者鼻子分析，仿香工作主要还是靠“猜”——一步步地猜出每一种香气和每一个成分的来源。

既然是“猜”，多一种类似气相色谱的分析方法（也类似用鼻子分段嗅闻）便多一些“猜对”的可能。高效液相色谱法（图 13-9）发展到今日，刚好可以协助气相色谱法和鼻子嗅闻法一起仿香，并且还可以弥补气相色谱法由于高温造成部分香料分解而影响分析结果的缺点，有条件的调香师不妨一试。

图 13-9　高效液相色谱法

同气相色谱法一样，在香料香精的分析中应用高效液相色谱法，仍要求先找到一个比较理想的分析“条件”，让绝大多数常用的香料单体在这个“条件”下都有“出峰”，我们参考了大量的国内外色谱技术资料，结合多年来的工作实践，找到了一个切实可行的分析“条件”如下。

色谱柱：Fuji-C18 柱（5μm，10nm，200mm×4.6mm）；

流动相：溶剂 A 为水，溶剂 B 为乙腈，0%～100%B（30min）；

流速：1.0～2.0mL/min；

检测器：蒸发激光散射检测器；

每次进样：1～10μL；

测试温度：室温。

在上述“条件”下，各种常用的香料单体保留时间记入自制的“一定条件下常用香料液相色谱保留时间表”。

一切都同气相色谱法的操作一样，被仿样品（通常要用乙醇稀释到一定的浓度）在上述条件下“打”出色谱图后，参照“保留时间表”，“猜”出每一个“峰”是什么香料，如果同一个样品的气相色谱分析也“猜”到同一个香料时，那把握性就更大了，这相当于同一种色谱分析时的“双柱定性”，准确度是很高的。

如果怀疑测试样品中含有极其微量甚至“痕迹量”的某个香料单体而这个化合物又可查到它的最大紫外吸收波长时，使用高效液相色谱分析也是非常方便的。如某香精样品可能含有微量樟脑，查资料知樟脑在 274nm 和 289nm 处有“最大吸收”，我们可以先在一个固定的分析“条件”下（检测器改为紫外检测器，检测波长为 274nm 或 289nm 处）作一条测定樟脑含量一定范围内的“工作曲线”，待测的样品“打色谱”后查“工作曲线”，再经过简单的计算即可知其中樟脑的含量了。

对于含有不挥发物质的液体样品（如“芦荟花露水”就含有不挥发的芦荟素），用液相色谱法分析可以一次完成，无疑比气相色谱法方便多了（详见林翔云编著《日用品加香》，化学工业出版社 2003 年出版，第459～461 页）。

用紫外检测器检测的优点是灵敏度高，大多数香料在 210nm 下都有一定的吸收；缺点是有的香料在此条件下吸收系数太小，有可能该香料含有的“杂质”在此条件下吸收系数大而干扰测定。用示差检测器检测时灵敏度太低，效果不佳。目前认为最好是采用蒸发激光散射检测器（ELSD）检测，它有可能像气相色谱使用的 FID 检测器那样对各种香料均有响应、响应因子基本一致、检测不依赖于样品分子中的官能团，而且还可用于梯度洗脱。

第九节　在仿香基础上创香

仿香的目的是为了创香！其实每一个调香师在仿香的同时也是念念不忘创香的，当嗅闻到一个与众不同的新的香味时，当“解剖”一个香精的过程中发现使用了新的香料或者自己原先在配制这种香型时没有用到的香料时，当“仿配”到某一个程度闻到一股“全新”的香气时，当“看出”被仿的香精存在的某种缺点时，调香师会有强烈的创香欲望，甚至把仿香工作暂时丢在一旁，先来一段创香活动吧！

“创香”是一种高超的创作性艺术活动，同其他艺术创作活动——如写作、画画、谱曲等——一样，需要捕捉“灵感”，而这“灵感”常常在仿香实践过程中产生。例如调香师第一次闻到“香奈尔 5 号”香水时，除了佩服创作者使用醛类香料的大胆，马上也会冒出“我也来一个”的想法。

既然是“创”，当然得先有一个“构思”，就像要盖一栋大楼一样，头脑里要有一个轮廓，要用哪些材料，而且应该有一个目的，即配出的香精用于何处？（这涉及用哪一个档次和哪一种规格的香料）——因为有时候仿配一个香水香精时会想到这个香型其实用作香皂也很适合——如果要“创”的香精用途与“仿”的不一样，那么看色谱（不管是气相色谱还是液相色谱）资料就要做一番分析，比如被仿样是香水香精，其中大量用到价格昂贵的天然香料，而你想要“创”的香精准备用于香皂，这些天然香料尽量少用或不用，用哪一些合成香料代替呢，还是用原来配好的“香基”代替？

仿香的纸上操作往往是：在写配方计划时各种香料的排列次序是同色谱图表一致的，即按沸点、分子量或是“极性”从小到大或从大到小排列，以便与被仿样对照、修改配方。而“创香”的纸上操作却不能这样，要“直奔主题”——先写下主香材料名称，并试配之，直到“主体香气”出现，再写下辅香材料名称，然后一个个试加入修饰之。在创香的整个过程中，闻到前所未有的香气时又会产生创造另一个香型的欲望。

许多初学调香的人往往想走“捷径”——没有经过大量的仿香训练就要“创香”了！须知这好像小孩子学画画，涂鸦、“乱画”当然可以，但要画出一定的水平可不那么简单！“仿香”既是学习调香的“基础课”又是调香人员一辈子的“补习课”，在仿香时一有想法就“创香”一番是对的，但真能创出一个好作品则非得下苦功不可！

仿香有一个“框框”——每一种香料加入之前都要想一想：加进去会不会“走调”？加多少才不会“走调”？创香则没有这个“框框”，它鼓励打破常规，鼓励“破坏性”的实验，当调到一定的程度、香气虽然不错但一直没有“新意”时，加入香气强烈、有“怪味”的香料或香基让香精“变调”，再往里面加“修饰剂”调圆和，这时好好地回忆一下：原来仿香时用到这个香料或者香基时又用了哪一些香料“修饰”调圆和？用量是多少？例如我们在仿香时经常看到只要用到女贞醛几乎必用柑青醛，而且后者用量往往是前者用量的数倍，这样当我们调一个香精想让它有点“青气”而加入女贞醛时，就知道再加入数倍于女贞醛量的柑青醛比较容易再调得圆和，一试就灵，省得走多少“冤枉路”！

下面是一个在仿香过程中创香的例子。

有一个“外来的”“白玫瑰”香精，用“气质联机”打出的色谱图如图 13-10 所示，其分析结果见表 13-10。

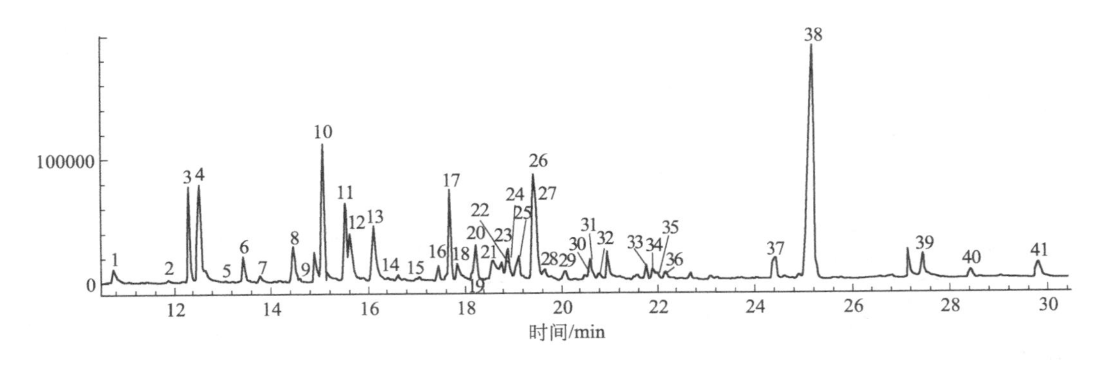

图 13-10 “白玫瑰”香精的色谱

TIC；扫描次数：3488；扫描时间：0.00—50.00[30.00u⇒350.00u]；峰数量=410

表 13-10 分析结果

峰号	峰 名	保留时间/min	峰 高	峰面积	含量/%	峰类型
1	苯甲醇	10.75	9689	46179	0.79246	BB
2	顺式氧化芳樟醇	11.90	2122	6405	0.10991	BB
3	芳樟醇	12.34	76554	255494	4.38442	BB
4	苯乙醇	12.57	77789	518935	8.90521	BB
5	玫瑰醚	13.08	1380	4467	0.07666	BB
6	乙酸苄酯	13.47	20942	89490	1.5357	BB
7	甲酸苯乙酯	13.80	5383	27011	0.46352	BB
8	松油醇	14.50	22188	88075	1.51142	BB
9		14.63	1006	1808	0.03103	BB
10	香茅醇	15.12	110184	593911	10.19184	VB
11	甲酸苯乙酯	15.56	62147	293866	5.0429	BV
12	橙花醇	15.65	37676	229589	3.93987	VB
13	羟基香茅醛	16.15	43785	302253	5.18683	BB
14	甲酸香叶酯	16.45	2019	5927	0.10171	BB
15	异辛醇	17.07	2804	7832	0.1344	BB
16	丙酸芳樟酯	17.47	12170	48959	0.84016	BB
17	乙酸香芋酯	17.71	73497	300702	5.16021	BB
18	乙酸松油酯	17.87	11911	66320	1.13809	BB
19	*p*-烯丙基愈创木酚	18.04	157	1055	0.0181	BB
20	乙酸香叶酯	18.24	28692	126536	2.17143	VB
21	粗香兰素	18.60	4387	26248	0.45043	BB
22	丁香烯	18.77	8315	26782	0.45959	BB
23	二苯醚	18.90	20835	81216	1.39371	BB

续表

峰号	峰　名	保留时间/min	峰　高	峰面积	含量/%	峰类型
24	石竹烯	19.08	1759	1480	0.0254	BB
25	榄香烯	19.13	3792	4787	0.08215	BB
26	异长叶烯	19.45	19195	45678	0.78386	BB
27	紫罗兰酮	19.49	3022	7182	0.12325	BB
28	甲基紫罗兰酮	19.68	2143	6276	0.1077	BB
29	乙酸金合欢酯	20.08	4093	15961	0.2739	BB
30	愈创木烯	20.49	2176	4735	0.08126	BB
31	紫罗兰酮	20.61	15514	77744	1.33413	BB
32	广藿香烯	20.78	1680	5001	0.08582	BB
33	结晶玫瑰	21.77	7997	23026	0.39514	BB
34	丙位十一内酯	21.91	2766	8686	0.14906	BB
35	榄香醇	22.01	2243	4976	0.08539	BB
36	邻苯二甲酸二乙酯	22.18	2597	5439	0.09334	BB
37	广藿香醇	24.45	16783	125309	2.15037	BB
38	素凝香	25.19	188715	1663748	28.55083	BB
39	二甲苯麝香	27.46	19802	131456	2.25586	VB
40	苯乙酸苯乙酯	28.46	6896	32493	0.5576	BB
41	苯甲酸香茅酯	29.84	12234	70608	1.21167	BB

仿配这个香精时，先按照谱图上的顺序和“面积百分比”四舍五入得到的数据试配，当第20个香料（乙酸香叶酯）加入摇匀时，闻到一股宜人的、以前好像没有闻过的香气，产生“创香”的欲望，暂时停止仿香，创造一个新的香型吧。

分析上面的色谱图，觉得里面有几个香气“粗糙”的香料用量很大，如素凝香、二甲苯麝香、甲酸苯乙酯、二苯醚、广藿香油等，嗅闻该香精，也觉得香气不够雅致，有刺鼻感，把这几个香料换成与玫瑰香气比较“协调”的香料如洋茉莉醛、吐纳麝香、乙酸芳樟酯、玫瑰花醇、龙涎酮等，反复试配几次，得到一个香气宜人、前所未有的香精。新“创造”的白玫瑰香精配方如下。

新“创造”的白玫瑰香精配方

苯甲醇	1.0	紫罗兰酮	5	乙位突厥酮	0.1
氧化芳樟醇	0.1	铃兰醛	4	乙酸苯乙酯	2.6
纯种芳樟叶油	5	二氢茉莉酮酸甲酯	5	水杨酸丁酯	2
苯乙醇	9	安息香膏	1	水杨酸苄酯	2
松油醇	1	甲位己基桂醛	4	甲基柏木醚	1
玫瑰醇	10	洋茉莉醛	2	异长叶烷酮	2
乙酸芳樟酯	5	玫瑰花醇	3	龙涎酮	2
香叶醇	16	玫瑰醚	0.1	麝香T	3
羟基香茅醛	5	乙酸苄酯	1	吐纳麝香	3
桂醇	1	兔耳草醛	1	苯乙酸苯乙酯	2
丁香油	1	茶香酮	0.1		

这个香精的香气与被仿的“白玫瑰”香精完全不同，香气柔和甜美，闻之令人舒适愉快，留香持久，而且不易变色，可用于各种化妆品的加香。

创香时可以考虑多加一些价格不太昂贵的天然香料（如上例中的纯种芳樟叶油、安息香膏和丁香油）或特殊香基，大公司还可以考虑往里面加点只有本公司才拥有的特殊香料品种，给想要模仿此香精的调香师制造一些困难。

还有一事在此顺便提一下，就是创香时如果考虑到配制成本的话（大部分工业用香精配制成本是非常重要的），每一个新加入的香料都可以先用廉价的试试看，比如有两家香料厂提供的铃兰醛，一家的单价是60元/kg，另一家是80元/kg，前者香气较差，第一次试配时应该用60元/kg的，配好以后如觉得改用80元/kg的会更好些再试配一次——但通常都不这样做，有经验的调香师宁愿用其他香料把香精调圆和。卡南加油比依兰依兰油便宜许多，创香时如有需要都是先用卡南加油试配。仿香时则只能用香气较为“纯正”的那一种。所以在一般情况下，香气非常接近、香气强度差不多、留香时间也一样的香精，仿香样品比创香样品的配制成本要高出不少。

第十节　创香和香精取名

前一节“在仿香基础上创香”已经讲到创香鼓励打破常规，鼓励“破坏性”的实验，这是创香工作一个很重要的思想，但这仅仅是“勇气”而已，创香工作单靠“勇气”是不够的，如同打仗一样，单靠勇气打不赢敌人，打赢敌人还得要有实力。而这“实力”除了“人数”、“武器”以外，重要的是长期不懈地“练兵”。

我们假设有个香水公司准备花大力气推出一个全新的香水，向全世界的香精厂征集“有创意”的香精，发动一场调香师的“世界大战”，上面的比喻就太形象了。

先看“实力”：

“人数”——不是越多越有优势，而是“世界级”的调香师有多少；

“武器”——手头的香料品种有多少，有没有“新式武器”或“尖端武器”。

上面两个条件都是超大型香料公司拥有。对于中小型企业来说，在这两个方面是不可能有什么优势的。中小型香料厂要提高自己的“实力”，只有靠“练兵”，“勤学苦练”才能“出人头地”。事实上，超大型香料公司也有缺点，由于自己公司生产不少香料，公司里的调香师“有义务”多多使用自己公司生产的香料，对这些香料“了如指掌”，而对别的公司生产的香料特别是香气类似的香料“不屑一顾”，久而久之，每个公司调出的香精都有自己的“公司味”。小型香精厂反而更加灵活，全世界生产的香料只要买得到的他都买，平时又大量地仿香、创香，手头有着更多香气特别的香基，参与这种世界性的竞争不一定都是“弱者”。

要创出一个“史无前例”的香气出来可不是一件简单的事，作曲家一生工作到死只是“给这个世界留下一片声音”，像王洛宾能留下一首“在那遥远的地方”也就够了，香奈尔一个“五号”就让世人到今天还在怀念她。对于超大型香料公司里面的调香师来说，公司刚刚开发的还没有被别人掌握的新香料尽快把它调出一个“超级”的香精是“出人头地”的一条捷径，中小型香料厂就没有这个条件，手头的香料早已被前人千百次地用过，要再“创造奇迹”难上加难，勇气和毅力成为决定的因素。

让我们仍以“香奈尔五号”为例说明创香的过程吧。

关于“香奈尔五号”的问世，传说有好几个版本，有人说是香奈尔自己调出来的，有人说不是，更有人说是可可·香奈尔从当时非常有名的调香师欧内斯特·博瓦调出的5款香水中挑出来的。无论如何，反正总要有人把它调出来，我们在这里用“香奈尔”代表这个调香师，不管他（或她）是不是香奈尔本人。

在“香奈尔五号”之前，香水几乎是花香“一统天下”，调香师们把当时所有能够得到的香料翻来覆去、反反复复地调配，还是“花香”！虽然有一些非花香如木香、豆香、膏香、动物香、草香等的香料也已调出一些其他用途的香精在使用，但不是花香的香水却几乎没有一个推销成功！醛香香料也早已有之，只是这些结构简单的“高碳醛”香气都“太差”了，在香精里只能极少量使用，稍微多用一点点香气就“不圆和”。香奈尔也是想要调配一个“前所未有”、最好不是花香为主的香精，她（或他）想到了“醛香”，希望调出一个“自始至终”都是“醛香”而又要让人们闻起来愉悦的香精出来，这样势必醛香香料要“超量使用”（老调香师们根据自己长期调香的经验，告诉后人每一种香料在常用的香精里面的“用量范围”或“最高限量”，用过头就是“超量使用”），香奈尔找到了一种可以多用一些醛香香料的方法，就是几种醛香香料一起使用，并试出了这几种醛香香料放在一起的“最佳比例”，之后又逐一地实验这其中每一种醛香香料与哪一些香料或香基配伍可以让醛香不太暴露，这些工作都完成以后，香奈尔已经有把握配制这种新型的香水香精了。当然，最终配出我们现在闻到的被世人称赞了八十几年还会再继续称赞下去的香水还是要花费很长时间的努力的，须知在那个时代，调香师手头的香料还不到我们现在常用香料的十分之一。

香水香精的“创香”比较自由，几乎可以“随心所欲”，爱怎么调就怎么调。其他日用品香精的调配可就不能这么自由了，往往要受到许多限制——配制成本、色泽、溶解性、留香时间、“公众喜爱程度”（公共场合使用的物品香气不能太“标新立异”）等，还有像肥皂香精要求耐碱、漂白剂香精要耐氧化、橡胶和塑料用的香精要耐热、熏香香精要在熏燃时散发令人愉悦的香气……日用品香精的“创香”要先了解这些“限制”，对每一个准备加入的香料都要想一想是否符合要求，以免辛辛苦苦调出来的香精被评香部门“枪毙”在加香实验前！

干花、人造花的香精通常就采用该花（草、果）的天然香味，但有些花（草、果）本来就没有香气或者香气非常淡弱，此时调香师可以想象给它一个香味，比如牡丹花给它类似铃兰花的香味、扶桑花给它类似紫丁香花的香味、杜鹃花给它类似金合欢花的香味等；有些花（草、果）是几个品种放在一起的，此时可以调配“白花”香精（假如都是白花的话）、“三花”香精、“百花”香精、“热带水果”香精、“百果”香精、“森林百花”香精等“幻想型”香精，“创作新香气”的空间还是很大的。

化妆品、香皂、蜡烛的香精一般对“色泽”有要求，希望产品加香精以后不要变色，这就限制了不少香料在配制这些香精时的应用，100年前这是一个大问题，因为当时调香师手头上可用的香料品种很少，而且主要是容易变色的天然香料。当时美国出品的“象牙”香皂能做到那么洁白可以说是创造了奇迹！要是现在就容易多了，合成香料已经是“琳琅满目”，扣去有颜色、易变色的香料，可供选择的还是多得很，调香师仍可以自由自在地“创香”。

牙膏、漱口水香精是被调香师认为最难有什么“新创意”的，因为牙膏、漱口水香精一定要“清凉”、“爽口”，调来调去都是薄荷、水果香味，或者加点“药味”什么的，你把全世界的牙膏都拿来闻一遍，就是那几个气味，难得有什么“新鲜”的。最近有人注意到“茉莉花茶”能畅销全国而且还经久不衰的奥秘，大胆推出“茉莉香”和“茶香”牙膏香精，取得成功，不但说明花香完全可以用在牙膏香精里面，也说明不管什么日用品，随着人们生活质量的提高、生活习惯的改变，“携带”的香气也是可以改变的，调香师在所有日用品香精中的“创香”活动永远不会停止。

给辛辛苦苦创造好的香精取一个好名字也是一件值得花点精力、有意义的事，就如人的姓名一样，姓名是每一个人的第一张名片，虽然只是个文字符号，但它具有信息能量及文字的全息理念。一个恰到好处的佳名、雅号在本质上应当是一种与时俱进、受时尚文化规定影响的高雅文化，应当是一幅赏心悦目的山水画，是一首语言凝练、内涵丰富的好诗。它能给人好的暗示导引、增加能量、激励上进，为事业成功助一臂之力。从这个意义上来说，好的名字总是以最简练的语言来表达最深刻的意境。一个响亮的、优雅的、有品位的名字有利于社会交往，提高亲和力，增强人际关系，有利于事业发展。一个吉祥的名字对一个人的健康、婚姻、事业有极强的灵动力和暗示力，能增进人与社会的和谐相处。好的名字有时让一个人终生受用不尽。太“俗”的人名会令人觉得他的父母可能智商不高，非“书香门第”所出。可惜目前国内众多的香精厂不重视香精的命名，千篇一律都是“玫瑰”、“檀香”、“麝香”、“东方”、“茉莉”、“百花”，好像除了这几个就再也想不出好名字来了。尤其熏香香精更有意思，几乎所有的香型都可以叫做“檀香”香精，弄得生产卫生香和蚊香的厂家都搞不清什么才是真正的檀香香味了。交谈、买卖、使用也极不方便。国内有一本“香精调配手册”，里面列出了 31 种“百花”香精；还有一本“配方手册”，单是“百花香精”就有 79 个，请看其中一个配方。

薰衣草油	100 滴	茉莉净油	2.5oz	乙醇	40.0oz
玫瑰油	1 滴	香草油	2.5oz		

本书作者没有试配过这个香精，不知道它的香气如何，凭想象它和人们对“百花”的期望值差距是太大了——既然称作“百花”，没有 100 种花的香味，十个八个花香总该有吧？只种了两三种花的院子取名“百花园”会不会令参观者失望？就如一个军人只参加过两三次战斗，能说他“百战百胜”吗？

这么多的“百花”香精只能暴露出创作者头脑里词汇的贫乏。中国人搞科技“游戏”也许不太高明，搞文字“游戏”可是天下第一。须知 1000 多年的科考制度，培养了多少咬文嚼字的能人出来，还怕没有好听的名字？老外可以把香水叫做“毒物”、“鸦片”，我们就想不出更有创意的名字吗？其实我国的调香师只要在调香室里放一本《诗经》、一本《离骚》，再加一本《唐诗 300 首》，不管你调出什么样的“旷世之作”，只要翻一番这几本书，再“难”再“雅”的名字也是信手拈来！

模仿自然界花花草草和动物的各种香气，直接用该植物品种来给香精命名是自然不过的事。一般来说，一个香精的香味闻起来“很像”自然界里某种气息，直接用该气息给这个香精命名是对的，比如“茉莉花香精”、“玫瑰花香精”、“麝香香精”等，众人一听到或看到这个名字就知道是什么香味，方便大家交流。但有的香精香气与自然物的香气差别太大，用该自然物给这个香精命名就不妥了，可能会误导人家，也可能引起争执。最好的处理方式是来点“幻想”，比如一个香精的香气有点像薰衣草香，干脆叫它“薰衣草之风”好了；香气像玫瑰花的，叫做“玫瑰花园”也不错。这样做，言者听者都心中有数，不会“千人一面”，也让“香味世界”更加丰富多彩，更有魅力。

明显带有两种自然物香味的香精，其名字一般是主香排前，次香靠后，如玫瑰檀香香精、白兰麝香香精等。自然物香气是主香，后面是“幻想香型”的有铃兰百花香精、玫瑰素心兰香精等。前后都是“幻想香型”的有粉香素心兰香精、果香馥奇香精等。自然物香气不太明显的香精可以用“幻想型”名称，几乎可以随心所欲，当然，最好给人的“想象空间”同该香精的香味要能吻合，如“海洋”、“海岸”、“海风”、“森林”、“热带雨林”、“山间流水”等。实践证明，一个好的香精带上一个好听的名称容易在商业上取得更大的成功。调香师和香精制造厂万万不可忽视。

反过来，有了一个好听的名字再围绕这个名字创香也是常有的事，前面说到香水公司向全世界征集新型香水香精时，有时候会带上一个名字，这个名字也许是老板喜欢的或者“脱口”说出来的，也可能是一组高级管理者经过深思熟虑产生的，名字的后面往往有一段文字说明，例如有人要调一个香水香精，名字叫做“圣诞节之夜”，要求它的香气以“甜的辛香、琥珀香和青膏香为主构成”。看了这段文字，你可以闭上眼睛，想一想圣诞节之夜看到了什么，听到了什么，又闻到了什么气息。围绕着“圣诞节之夜”充分发挥想象空间，调香师们创拟出许多有价值的新型香气出来，下面是一个比较成功的例子。

"圣诞节之夜"香精

甜橙油	1	紫罗兰酮	7	香兰素	2
香柠檬油	8	铃兰醛	4	香根油	1
纯种芳樟叶油	5	二氢茉莉酮酸甲酯	5	水杨酸丁酯	2
苯乙醇	4	苯甲酸苄酯	1	水杨酸苄酯	2
香紫苏油	2	甲位己基桂醛	4	赖百当净油	3
玫瑰醇	2	洋茉莉醛	2	异长叶烷酮	2
乙酸芳樟酯	5	玫瑰净油	1	龙涎酮	2
香叶醇	4	茉莉净油	1	麝香 T	3
羟基香茅醛	5	乙酸苄酯	4	吐纳麝香	3
依兰依兰油	4	兔耳草醛	1	檀香油	4
丁香油	2	桂醇	4		

用这个配方配出的香精香气优雅，各种花香穿插其间，细细品尝则有甜美的辛香和膏香，尾段是含蓄的龙涎（琥珀）香气，作为一款新型的女用香水香精是非常合适的，也与标题"圣诞节之夜"相当吻合。可以说，这个香精的创造首先应归功于有了"圣诞节之夜"这么好的名字。

第十一节　仿香与反仿香

在开发日用品新产品的时候，经常会提到仿香的问题。前面说过，一种新型香水推销成功，各种日用品便紧跟着采用这种新香型，模仿该香型的工作就落在每一个调香师的头上。食品和日用品制造者也经常拿着一个商品找调香师说：我喜欢这种香型，你把它调出来吧。

早期的调香师只能完全靠鼻子嗅闻仿香——如果被仿的是香水的话，用闻香纸沾一点香水，先闻它的"头香"，过一段时间再闻它的"体香"，再过一段时间闻它的"基香"，在每一段香气里猜它有可能含有哪几种香料，比例大概是多少，按这个想象的比例试调配。一个"好鼻子"经过多次、反复地试调配，仿香的"像真度"可以达到80%以上，有时也会达到几乎可以"乱真"（外行人分不清哪一个是原样、哪一个是模仿样）的程度，但这通常要花很长时间、数百次实验才可能做到，而且调香师的水平要相当高。

随着科学技术的快速发展，现代的仪器分析水平让老调香师们不得不另眼相看，特别是气相色谱技术在香料香精领域里的应用，香料工作者犹如多了一双眼睛。现代的仿香工作比原来快多了，也"好"（像真度提高）多了。年轻的调香师在掌握了气相色谱分析技术以后，再加上一定程度的鼻子训练，就能够与老调香师一样出色地工作，仿造出"惟妙惟肖"的香精来。

对调香师来说，仿香是为了更好地创香。通过大量的仿香工作，掌握当今世界香型的流行趋势，调香师就能够胸有成竹地进行创造性的工作了。经常与日用品制造者接触、交流、讨论，调香师可以对每一种新产品设计一种或几种最适合的香味，让这个新产品由于带着恰当的香气而身价倍增。

上一节介绍外来香精的模仿时提到在香精里加入某种"特殊"香料，就可让模仿者束手无策，这正是高明的调香师为防止别人模仿他千辛万苦、来之不易的香精惯用的手法，但这个方法只能在几个大公司里使用，对一般香精厂来说，没有别人拿不到的"特殊"香料，怎样才能有效地防止别人仿香呢？下面再介绍几种方法。

(1) 在香精里有意识地加入几种天然香料。这方法相当有效，因为天然香料成分复杂，不同来源的天然香料香气又有所不同，这将给仿香者带来许多麻烦，不管用鼻子嗅闻还是用气相色谱法都很难断定某一个香气成分是来源于哪一种天然香料或是一个合成香料，例如乙酸芳樟酯，它有可能来自天然香柠檬油、薰衣草油、橙花油、橙叶油、香柠檬薄荷油等，也有可能来自一个合成香料。天然香料的加入会给香精带来一些特征的"辅助香气"、在色谱图上表现为一大堆"杂碎峰"，仿香者最怕这种"杂碎峰"——不知有没有重要的、香气强度大的香料"躲"在里面？

(2) 一些不与人体直接接触的日用品使用的香精（如熏香香精、蜡烛香精、空气清新剂香精及低档工业用香精等）可以加入适量香料下脚料，这方法与加入天然香料是一样的。香料下脚料包括各种天然香料和合成香料精馏过程中产生的头油、底油以及某些固体香料结晶分出的母液，也包括香精厂的"洗锅水"（大型香精厂把每次配制香精前后洗涤液、配制时发生错误或原料香气有变不得不弃掉的不合格香精、各种原因的退货等混合成为一个批量的大杂烩），这些下脚料成分都非常复杂，加进香精以后确实让人难以仿配，但要注意自己的库存量，不要出现销路打开后要用的下脚料告罄的难堪局面。最好是把各种下脚料混合成为一个大批量库存起来慢慢使用。

(3) 在一个香精里面加入几个香气强度大的用量很少的香料。因为"现代派"的调香师仿香时都要先做气相色谱或"气质联机"分析，在采用"归一法"计算数据（目前最常用的方法）色谱谱图上百分含量小的通常不受重视，或混在天然香料、下脚料的"杂碎峰"里不被发觉。

(4) 巧用"反应型香料"。在一个配好的香精里面，各种香料不断地进行着化学反应，影响香气比较大的反应有：胺与醛的"席夫反应"、醇和醛的缩合反应、醇与酸的酯化反应、酯交换反应、置换反应等，有经验的调香师会有意识地在香精里面加入一点邻氨基苯甲酸甲酯、吲哚、小分子醛和酯等让配好后的香精香气、色谱谱图复杂一些，但这种"复杂化"要在自己的掌控范围内。

"道高一尺，魔高一丈"。调香师既要当"道"，又要当"魔"，既想模仿别人创造的香型，又要防止自己创造的新香型被别人识破模仿，这也是调香这门古老的艺术一个相当有趣的现象。

第十四章　电脑调香

一个小小的鼠标，一个巨大无比的“网络”，已经给我们的日常生活带来了翻天覆地的变化——放眼当今世界，人人都拥有计算机并与互联网相连，工作和生活由此发生了不可逆转的彻底变化。我们会发现，电脑和“网络”已经渗入到我们衣、食、住、行、学习和工作的各个方面，正在对我们产生广泛而深远的影响。电脑和网络时代已经到了，电脑和网络的大量使用会“改造”我们还是我们仍然要“改造”电脑和网络呢？

目前电脑虽名为“脑”，其实比人脑笨得多，并且不会主动思考，原因是现在电脑的复杂程度尚不及蚯蚓的“脑袋”。但是，著名数学家阿兰·图灵早在1950年就预测电脑有一天会达到人脑的水平。设计出和人脑一样会学习、会思考的电脑，是科学家半个多世纪以来的梦想。最初，科学家采用“从上到下”的方法来模仿人脑。这种方法是每当发现人脑的一种功能，设计师就编出一套软件，让电脑实现同样的功能。人们认为，随着程序代码逐渐积累，终有一天，电脑能够实现人脑的所有功能。但实践表明，这种从软件入手的想法行不通。大脑的本事是能够进行神经元编程，在思想和感受器之间传递电流。然而，模仿这种功能成为工程师不可逾越的高山。虽然电脑的性能日新月异，但至今人类也没有揭开“意识之眼”的秘密，没能制造出一台能够编写音乐或掌控公司运营的电脑，也就是说，电脑仍然不会思考。集成电路发明人罗伯特·诺依斯1984年建议，改用“从下到上”的方式模仿人脑，也就是先绘制出一份详细的大脑地图，把大脑内所有弯弯绕的细枝末节搞得清清楚楚，然后按照这份“大脑地图”组装电脑，这样做出来的电脑，应该能和人脑有得一拼。

2001年初，由中国科学院、新华通讯社联合组织的预测小组预测“新世纪将对人类产生重大影响的十大科技趋势”，这十大科技趋势中的第四大趋势就是认知神经科学领域——揭示人脑奥秘，探索意识、思维活动的本质。有人认为，本世纪人类将在脑科学和认知神经科学研究的几个重大问题上取得突破性进展。对人脑和神经系统分子发育和工作机制的深入研究，将逐步揭示脑和认知过程的奥秘，促进认知科学、教育学和信息科学的发展，并可能为人的智力开发和电脑科学带来新的突破，人类生命的本质也会发生变化。神经植入将扩展人类的知识和思考能力，并且开始向一种复合的人-机关系过渡，这种复合关系将会使人类逐渐停止对生物机体的需要。

调香师们做好准备了吗？

第一节　调香软件

电脑虽然成不了调香师，却能成为调香师的得力助手。设计得当、功能强大的电子计算机可以让调香师工作效率提高几十倍。自从20世纪末几位“敢为天下先”的调香师开发了一系列从简到繁的调香软件以来，短短的几年间已使得“调香”这门古老艺术焕发了青春。国外用于电脑调香的软件已有几十种样式，国内的调香师和电脑专家也不遗余力地开发了数十个版本，其中包括从国外引进“汉化”的软件。兹将厦门牡丹香化实业有限公司与厦门大学经济学院联合研制的新型“调香三值应用软件”简介于下，供读者参考。

该软件可以方便地在普通的个人电脑上运行。按通常程序打开文件后荧屏上出现两个窗口：“原材料”和“香精配方”。“原材料”中包含两千多种常用香料及中间体的沸点、分子量、蒸气压、保留指数、保留时间、挥发时间等理化数据和香比强值、阈值、留香值、香品值、综合分等感官数据及它们的FEMA编号，国内外市场价格和在水、乙醇、丙二醇、油中的溶解度，安全使用数据，本公司的库存量等；“香精配方”则由操作者自己输入各种香型的常用配方，读者也可将本书“实用香精配方示例”一个个输入以便于使用，输入配方时每个原料自动显示出它的单价、香比强值、香品值、留香值与综合分，配方输入完毕电脑立即给出各原料所占的百分比率、该香精的制造成本、计算三值与计算综合分，操作者可以非常方便地改变配方、增删原料，使得配方达到某种实际要求如单价、香比强值、留香值等。下面举例说明。

例：有用户需要一个皂用素心兰香精，希望每千克交易价200元（制造净成本100元左右），香比强值不小于160(原来使用的香精香比强值可能是160)，留香值大于40(原来使用的香精留香值可能是40)。

电脑操作：先打开一个“洗涤剂香精——素心兰”，配方显示：价格230.46元，香比强值198.80，留香值41.84，与用户要求有差距（表14-1)。

表14-1　香精配方（一）

名　　称:洗涤剂香精——素心兰　　库存量:0　　投产量:100　　价格:115.23元

香比强值:198.80　　香品值:46.40　　留香值:41.84　　综合分:385.95

原料名称	投产量（质量份）	配方用量（质量份）	所占比例/%	价格/(元/kg)	香比强值	香品值	留香值	综合分
乙酸松油酯	20.00	20.0000	20.00	30.00	125.00	50.00	5.00	31.25
乙酸芳樟酯	10.00	10.0000	10.00	110.00	175.00	60.00	10.00	105.00
橡苔浸膏	4.00	4.0000	4.00	180.00	200.00	10.00	100.00	200.00
柏木油BPC	6.00	6.0000	6.00	25.45	30.00	10.00	90.00	27.00
广藿香油	3.00	3.0000	3.00	240.00	350.00	20.00	100.00	700.00
甜橙油	10.00	10.0000	10.00	16.50	80.00	100.00	11.00	88.00
纯种芳樟叶油	13.00	13.0000	13.00	100.00	100.00	80.00	10.00	80.00
香豆素(上海)	8.00	8.0000	8.00	90.00	400.00	10.00	100.00	400.00
赖百当浸膏	10.00	10.0000	10.00	210.00	400.00	10.00	100.00	400.00
甲基紫罗兰酮	6.00	6.0000	6.00	250.00	300.00	60.00	14.00	252.00
香叶油	5.00	5.0000	5.00	460.00	400.00	50.00	24.00	480.00
二甲苯麝香	5.00	5.0000	5.00	29.00	100.00	10.00	100.00	100.00

改变几个香料的用量，得出另一个配方，香比强值174.60，留香值42.14，销售价98.56×2=117.12，基本符合客户的要求（表14-2)。

很快就拟出一个“符合要求”的配方，该配方的香气如何呢？这只有实际配制才能知道。

表 14-2 香精配方（二）

名　称：洗涤剂香精——素心兰　库存量：0　投产量：100　价格：98.56 元/kg

香比强值：174.60　香品值：46.80　留香值：42.14　综合分：344.34

原料名称	投产量（质量份）	配方用量（质量份）	所占比例/%	价格/(元/kg)	香比强值	香品值	留香值	综合分
乙酸松油酯	20.00	20.0000	20.00	30.00	125.00	50.00	5.00	31.25
乙酸芳樟酯	10.00	10.0000	10.00	110.00	175.00	60.00	10.00	105.00
橡苔浸膏	5.00	5.0000	5.00	180.00	200.00	10.00	100.00	200.00
柏木油 BPC	10.00	10.0000	10.00	25.45	30.00	10.00	90.00	27.00
广藿香油	3.00	3.0000	3.00	240.00	350.00	20.00	100.00	700.00
甜橙油	12.00	12.0000	12.00	16.50	80.00	100.00	11.00	88.00
纯种芳樟叶油	13.00	13.0000	13.00	100.00	100.00	80.00	10.00	80.00
香豆素（上海）	8.00	8.0000	8.00	90.00	400.00	10.00	100.00	400.00
赖百当浸膏	5.00	5.0000	5.00	210.00	400.00	10.00	100.00	400.00
甲基紫罗兰酮	4.00	4.0000	4.00	250.00	300.00	60.00	14.00	252.00
香叶油	4.00	4.0000	4.00	460.00	400.00	50.00	24.00	480.00
二甲苯麝香	6.00	6.0000	6.00	29.00	100.00	10.00	100.00	100.00

第二节　自动试配装置

电脑拟出配方后用手工试配香精仍然是个耗费调香师大量时间的麻烦事，因此，有必要给电脑配备一个自动试配装置，既能大大减少调香师的体力劳动，又使得实验的准确度、精密度进一步提高。

自动试配装置相当于一个小型香精配制车间，所有香料按一定的顺序排列在架子上。固体、膏状、黏稠的和香比强值大于1000的香料都应配成10%浓度的液体，溶剂统一用邻苯二甲酸二乙酯，只有少数例外。每罐香料的下面安装着一个压力泵，经过仔细校正后的压力泵能保证按电脑发出的每一条命令投料。整套装置在恒温下操作，以确保投料的精确度。

一般情况下每个配方试配10g样品，事先贴上编号的样品瓶沿着一条圆形轨道顺序停留在每一种香料下面，停下时上头香料按配方要求自动压入，之后样品瓶继续前行加料，直至完成配料，加盖，经过振荡器摇匀，置于平台上以备操作者嗅闻评香。

自动试配装置减免了调香工作者繁复的加料、称重、记录、计算工作，操作者只要输入配方，根据“报警”补充各种香料，其余的时间主要是嗅闻、比较每个样品瓶里的香精，以选优录取。

使用这种自动试配装置每天可配制数百个样品，极大地提高了调香工作者的实验效率，但每天1～100kg的实验品也是一个问题，因此国外有人提出气体调香法，意图解决这个难题。所谓气体调香就是用加热的办法让每一种香料挥发出来，用挥发气体体积代替质量进行调香，混合后的气体收集于专门的气阱中让调香师嗅闻比较。据称这种方法每次试配用量很少，而且配制极快，一天可能出几千个样品却只需耗用几克香料而已。但气体体积法与质量法是有差别的，调香师闻到一个满意的混合气体还需再用质量法重做几次实验才能确定配方。虽然如此，气体体积法的高效率还是有它的优越性的，特别是在需要配制数千种甚至上万种不同样品时。例如下节的穷举法实验时，质量法望尘莫及。

厦门大学张翩辉等人在本书作者的建议和指导下，在调研并总结调香师日常研发工作的基础上，利用现代电子信息技术和化工流体建模工具，提出了一种“全自动智能调香机”的设计方案并试制成功了原型机，验证了设计的科学性和可行性。该项设计依靠软硬件的结合，调香师只需要利用键盘和鼠标往 PC 机输入一个或一系列配方，系统软件部分根据香料数据库和现有的调香理论，计算该配方的成本和香型、香气强度等性质，并生成相应的图表报告供调香师决策；硬件部分则根据所输入配方控制各个加样器和样品转台的工作立即配制出所需的香精样品。如图 14-1 所示。

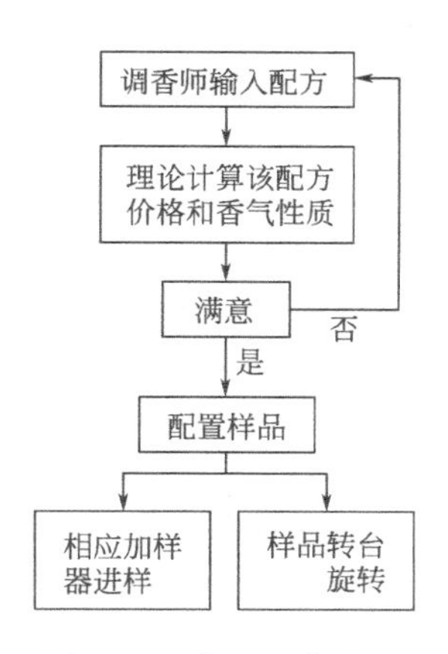

图 14-1　主要工作流程

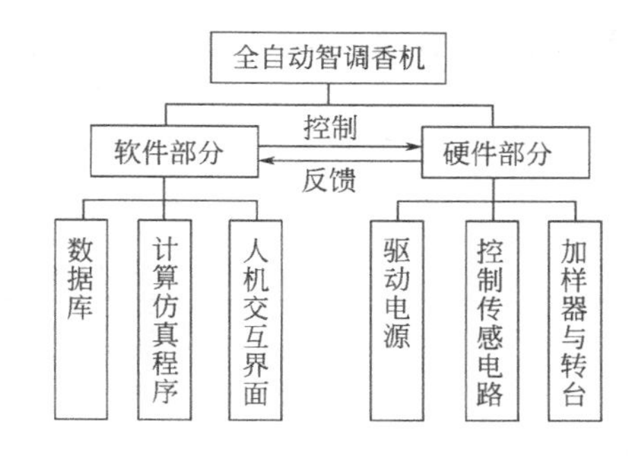

图 14-2　总体组成

该系统由软件部分和硬件部分组成，其基本结构见图 14-2。

软件部分中，数据库一方面存储各种香料的市场价格和库存量等信息，另一方面存储香料的理化性质和香气性质，如密度、香型、香气强度等，同时还包括配方的历史数据，方便调香师查询；计算仿真程序则根据调香师输入的配方，在计算其成本的同时还运用现有的各种调香理论，如叶心农的“香气环渡理论”和本书作者的“三值理论”、“香气分维理论”等，计算其香气性质并用相应的图表直观地仿真至电脑显示器上；人机交互界面的主要任务是提供系统跟调香师对话和交流的平台，如配方的输入与更改、信息的在线显示和历史资料的统计等，其设计应符合调香师的工作习惯，易于理解和使用，便于维护升级。

硬件部分如图 14-3 所示，其主体结构由下至上依次是底部支撑板、样品旋转平台、加样器（含储液瓶）、加样器安装板和顶部电机安装板。以原型机为例，样品旋转平台安装在一个步进旋转马达上，其上表面边缘放置三个互成 120°角的样品瓶，并与加样器安装板上所安装的加样器相对应，顶部的电机安装板上则装有与各加样器对应的步进直线电机，用于推动加样器中连接着活塞的推杆竖直运动，完成加样和补充液体操作。驱动电源外接接 220V 交流市电，并把交流电转成直流，一部分负责给控制传感电路提供 5V 直流电，另一部分给各个加样器电机和旋转平台电机提供 12V 直流电，

图 14-3　原型机硬件部分

每个驱动回路都是独立的且带有保护电路，即使某个回路出现短路或断路等故障也不会对其它回路造成影响。控制传感电路执行软件对硬件系统的运动控制并在线反馈硬件系统的工作状况，尤其是收集各储液瓶中的液位信息，即当某储液瓶中的液态香料消耗完毕之后系统就自动检测到这一状况并提醒调香师添加该香料。其核心是作为PC机下位机的单片机。

以原型机为例介绍系统的工作原理。原型机上设有3个加样器，每个加样器专门负责一种液态香料的加样，并配套有自身单独的储液瓶和步进直线电机。设3个加样器的标号分别为A、B、C（逆时针顺序），其储液瓶中则分别储存有a、b、c 3种液态香料，旋转平台上的3个样品瓶的标号分别为①、②、③，工作前它们分别与A、B、C 3个加样器对应。假设工作时，调香师需要调配3个香精样品，分别是a 0.1g、b 0.2g、c 0.2g，a 0.2g、b 0.3g和b 0.3g、c 0.2g，需要将它们分别加入①、②、③ 3个空的样品瓶中。那么系统第一步应控制A、B、C 3个加样器各自注出0.1g、0.3g和0.2g香料。然后旋转平台顺时针旋转120度，A、B、C 3个加样器对应的样品瓶变为②、③、①，各加样器的加样任务也相应改变。具体工作步骤见表14-3所列。当旋转平台转动一周之后便结束加样操作，系统回到原位。

表14-3　工作步骤示意

步骤序号	加样器与样品瓶对应情况			加样任务/g		
	A	B	C	A	B	C
1	①	②	③	0.1	0.3	0.2
2	②	③	①	0.2	0.3	0.2
3	③	①	②	0	0.2	0

加样器是本系统的技术核心和设计难点所在。如图14-4所示，本设计的加样器采用的是注射原理：假设某次加样任务是加入质量为m的液态香料，其密度为ρ，加样器内的注射筒为标准的圆柱体，截面积恒为S，则本次步进直线电机往下推动推杆使活塞下移并压出香料的距离是$m/\rho s$。每次执行完加样任务后，活塞立即上升回到原位。考虑到目前大多数香料都是液态有机物，通常具有黏度大、密度和表面张力小于水的共性，设计了一种嵌有储液瓶的无阀门加样器，使得每次加样完成后，储液瓶中的液态香料能够自动沿注射筒壁以膜状流动的方式补充进入注射筒供下次使用。化工流体仿真和实验证明该设计能基本符合较好的精度，并具有性能稳定、易于维护和成本低廉等优点。

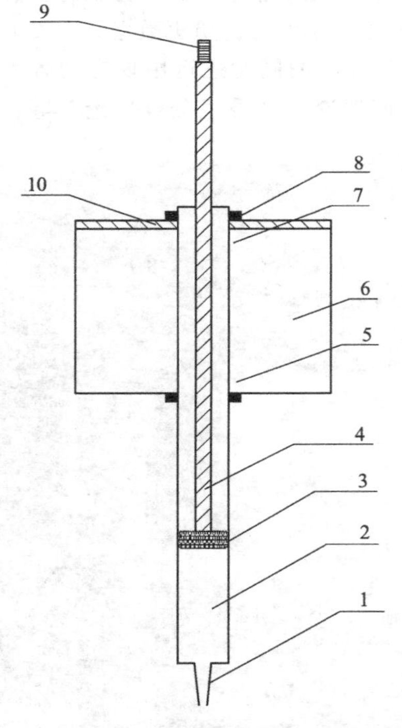

图14-4　加样器设计图

1—注射针头；2—注射筒；3—活塞；4—推杆；5—下孔；6—储液瓶；7—上孔；8—密闭橡胶圈；9—螺纹；10—瓶盖

这台原型机只能实现3种香料的加样，但只要增加加样器和样品瓶的数目，并适当提高步进旋转马达的工作精度，便可实现更多种类香料的加样。厦门牡丹香料研究所的实践经验和经济效益估算表明，调香机能容纳的香料种类达到约300种就能包括常用的绝大部分香料，其所缺少的不常用液态香料和固态香料可以仍然由人工添加。

本设计的调香机能够同时实现香精的自动调配和性质计算仿真，但是这仅仅是简单地模拟人工劳动，减少调香师的重复性工作，并不能取代调香师艺术灵感的发挥和实现。尤其是当调香师从事原创性的香精调配活动时，需要边添加香料边嗅闻以便及时调整修正配方，而这一点是本系统所无法实现的。

将本系统硬件部分适当放大之后，还可以用作香精小样的调配和精益生产（如实现5kg以下订单香精的自动生产）。通过产品的小量生产来满足市场细分后不同客户的个性需求，对弥补工业化大生产的不足、增加企业灵活应对市场的能力和提高生产效益具有重要意义。

第三节　与“电子鼻”等结合仿香

利用气相色谱分析，色谱工作站根据内存的各种香料保留指数与保留时间可以显示出试样中各种香料单体的百分比例，但每个单独的峰仍旧不能表示只是一个香料单体，在目前的技术条件下，即使用相当高效的毛细管色谱分析，每个峰仍有可能猜出几个香料单体。例如，在本书的色谱条件下，保留时间6.43min的香料单体就有5个，扩大一下找（由于免不了的实验误差）：6.43±6.43×1%＝6.37～6.49，这个范围内的香料单体有16个。调香师可用嗅闻断定去掉十几个不可能含有的单体，但电脑做不到。一个香精用气相色谱法打出的峰就有几十个甚至几百个，每个峰可能是几个香料单体中的一个，这样，由电脑来“安排”仿香的话，一个香精的实验配方将有成千上万个，实验次数也要几千几万次了。我们把这种笨拙的办法叫做穷举法，它借用数学上证明一个定理常用的一种方法名，但做法不一样，数学里穷举法留下一个不证自通，而调香的穷举法全部要通过实验。

在拥有充足的数据库（各种香料单体的保留指数、保留时间）的条件下，穷举法不失为一种仿香的好办法，但嗅闻这么多的样品需要一大组人马，这恐怕只有大公司才能做到的。所以一般情况下调香师还是根据色谱工作站显示或打印出的谱图及用“校正归一法”得出的数据，加上嗅闻得到的信息拟出实验配方，交给电脑用自动试配装置以质量法试配。

有条件的实验室把气相色谱与质谱、红外光谱等仪器联用，对气相色谱打出的每一个峰进行分析，确认它是什么物质。有人于是错误地认为这样调香师就不必“仿香”了——按各种成分比例混合不就行了?! 须知这只是初学者的一厢情愿——即使是简单的、全部用市场上可供应的香料单体配制的香精，气质联用或气红联用仍旧只能明确“告诉”仿香样中百分之九十几的成分与比例！因为香精配制后，里面的香料单体马上产生各种化学反应，其结果是产生了许许多多新的物质出来，而原来各种香料单体的含量会下降造成仪器给出的数据不很准确。其次，市场上供应的各种香料单体也不可能非常纯净，每一种原料都带进一些杂质，加上各厂家生产的香料杂质不一样，许多香料配合起来杂质就更多了，这些杂质也参与各种化学变化，使得情况更加复杂。如果香精里使用了一些天然香料、下脚料或像檀香803之类“大杂烩”原料的话，再先进的仪器也无能为力！大多数天然香料直到今日，香料工作者只测出它们中百分之八十几到九十几的成分，还有许许多多“未知物”，已测出的成分仍有相当多现在还没有合成品或单离品供应。所以，靠高级仪器分析然后“依样画葫芦”的仿香只是一个幻想。

气质联用、气红联用给出的数据对调香是极其有用的，调香师在这个基础上，根据以往经验，结合手头已有的香料，猜测被仿样品可能用了哪些，多少天然香料、下脚料或“大杂烩”香料，拟出一系列实验配方，交由电脑试配，调香师等着嗅闻香气再作分析，再拟配方就行了。

目前研制出的“电子鼻”——人工嗅觉装置［金属氧化物半导体（SnO_2）等气敏传感器］已能确定一些简单成分（有机和无机成分气体）的类别和浓度，确定鱼、肉类制品的新鲜程度，确定卷烟、酒、咖啡等的类别和产地，确定香料的香型等。虽然现在的检测和识别范围与人们的期望还有不小的距离，但是将它应用在香气评定的时机已日臻成熟。当某个香精的香气质量、香型经专家评定以后，人工嗅觉装置即可将其作为学习样品来学习，在学习并掌握了必要的知识以后，对一种香气，人工嗅觉装置就可以通过一次测量，迅速给出其香气质量得分或香型。人工嗅觉装置评香最大的优点是比较公正、客观。

传统的香精检测中采用的感官品闻的方法不仅带有很大的主观性，而且个体差异大，为此有人研制了一套能够实时、客观、准确地检测香精散发气味的电子鼻系统。该系统主要由气敏传感器阵列和数据处理软件组成，并采用氮气作为载气以减少测试环境因素的影响。为了提高信噪比，从每个传感器与气体反应曲线中提取了5个特征值，然后用主成分分析法和BP神经网络对样本特征值进行处理。识别结果表明，这种检测方法快速、客观、准确，识别正确率高达97.2%。

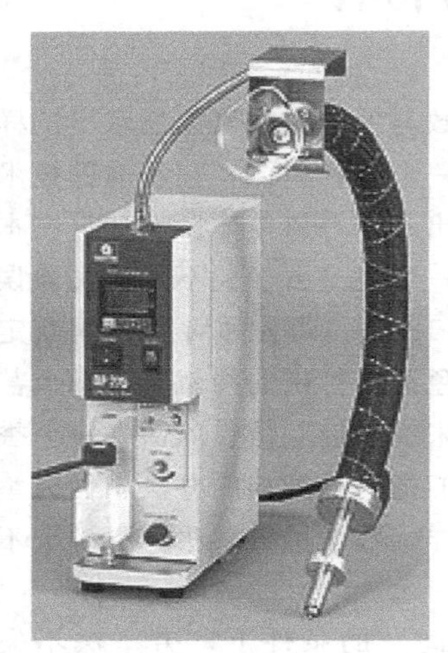

图14-5 电子鼻超速气相色谱仪

电子鼻超速气相色谱仪（zNOSE电子鼻）（图14-5）是以气相色谱为基础，能被完全校准的仪器。它以超速气相色谱分析和SAW（声表面波）检测器为基础。对一般样品分析只需1min，最快可在10s内完成。一般的气相色谱仪1天可以分析30多个样品，但是zNOSE却能分析超过400个样品。这不仅允许操作者完成更多的分析工作，而且扩大了气相色谱仪在连续运行中的应用范围，改善过程控制并提供更多综合的分析数据。

Vapor Prints电子鼻超速气相色谱仪zNOSE的嗅觉图像，称为Vapor Prints。通过采用传感器阵列和模式识别技术，zNOSE电子鼻可以得到不同气体或气味的Vapor Prints，并将待测样本的Vapor Prints和标准样本的Vapor Prints进行比较，然后给出分析结果。它既可以简单地做出最终的决策（如合格或不合格），也可以给出气体或味道可视化的Vapor Prints信息。

利用含有38个传感元件的电子鼻KAMINA系统对棉、羊毛等织物上的一些气味进行检测，结果表明KAMINA系统可检测出织物上浓度为ppb级别的气味物质，并且对气味有良好的定性和定量的分析能力；利用这种电子鼻研究了13种织物吸附难闻气味的难易程度，并用GC-MS对织物上附着的气味物质进行了鉴定，可以对纺织品在使用过程中吸附的气味如人的汗味、香烟气味等进行检测。

德国Airsense公司生产的PEN3型电子鼻带有10个金属氧化物传感器阵列，分别对芳香成分、氮氧化合物、芳香成分、氢气、烷烃和芳香烃、甲烷、硫化物、乙醇、有机硫化物、烷烃反应灵敏，从传感器信号图中可以得到传感器信号的绝对值随时间的变化趋势，而样品雷达图显示的是10个传感器信号的相对强弱。实际上每一种气味都是由于特定一类有机、无机气体物质所产生的，故10个传感器的信号相对强弱对不同气味有不同的响应，通过雷达图形状的差异可反映出来，因此雷达图可以作为每种异味的指纹图谱。用这种电子鼻可以直观地判断棉织物所挥发的异味（例如鱼腥味、煤油味等）种类，其传感器信号图及样品雷达图见图14-6与图14-7。

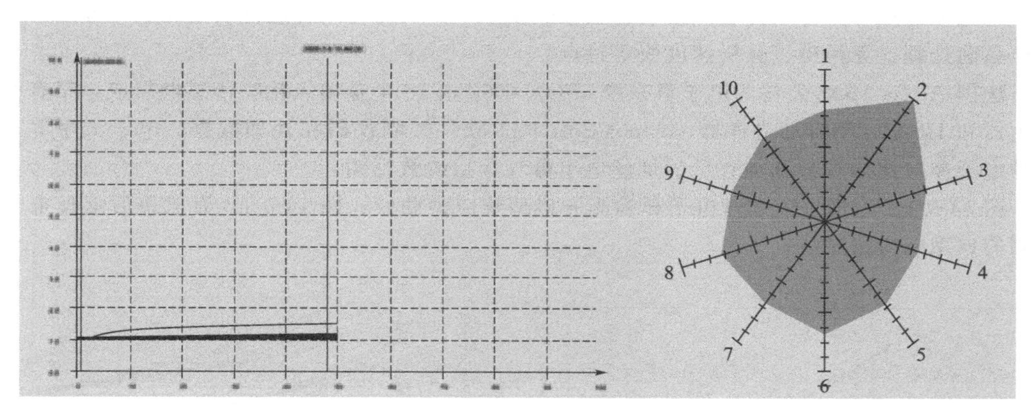

图 14-6 鱼腥味样品的传感器信号图及样品雷达图

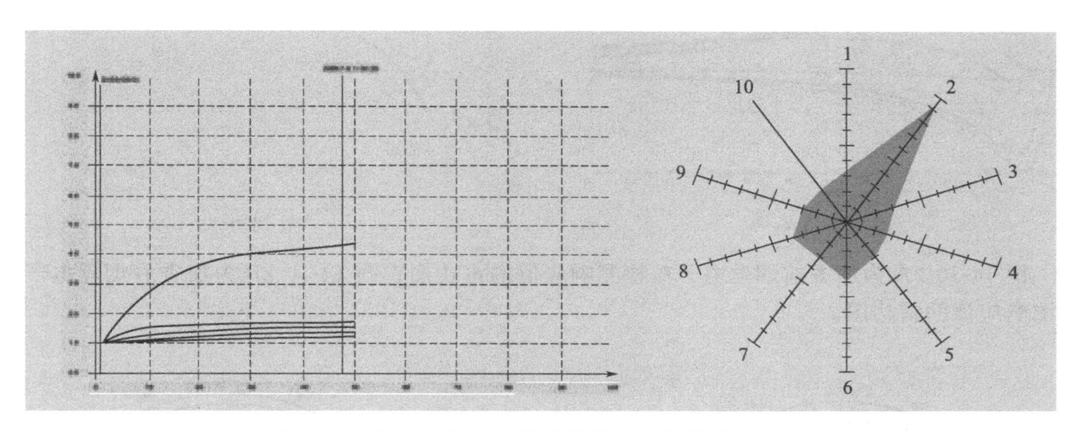

图 14-7 煤油味样品的传感器信号图及样品雷达图

没有沾染异味的棉织物其传感器信号图及样品雷达图见图 14-8。

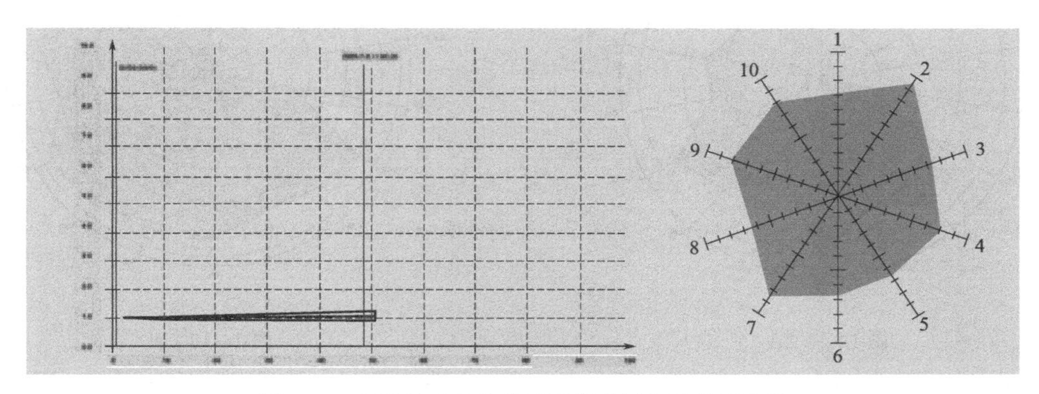

图 14-8 无异味样品的传感器信号图及样品雷达图

烟草是天然产物，烟叶原料质量受气候、土壤、田间管理、调制工艺等多种因素的影响，难以控制，然而，烟叶质量是决定卷烟质量的主要因素之一。正确、客观地评价烟叶质量可以为卷烟配方设计提供技术依据，因而对卷烟新产品的研发具有重要意义。基于电子鼻检测技术和化学计量学方法，有人研究建立了烟叶挥发性组分的人工智能评价方法，并用于一系列国内主要烟叶原料的评价。结果表明，仅就烟叶挥发性组分而言，新方法可以用来区分同一等级不同产地烤烟型烟叶，可以为烟叶原料建立数据模型库，从而对原料进行质量控制。方法具有无需样品前处理、无污染、分析速度快等特点。

法国 Alpha MOS 公司的电子鼻系统 αFOX 4000 由 18 个金属氧化物传感器组成，带有空气发生器和 HS-100 型自动进样器、Alpha Soft V11 软件控制仪器和处理数据、电子天平等，用这种电子鼻对比加香前和加香后的烟丝电子鼻气味指纹数据图：

图 14-9 1A 为加香前烟丝电子鼻检测的典型响应值曲线；图 14-9 1B 为加香后烟丝电子鼻检测的典型响应值曲线。

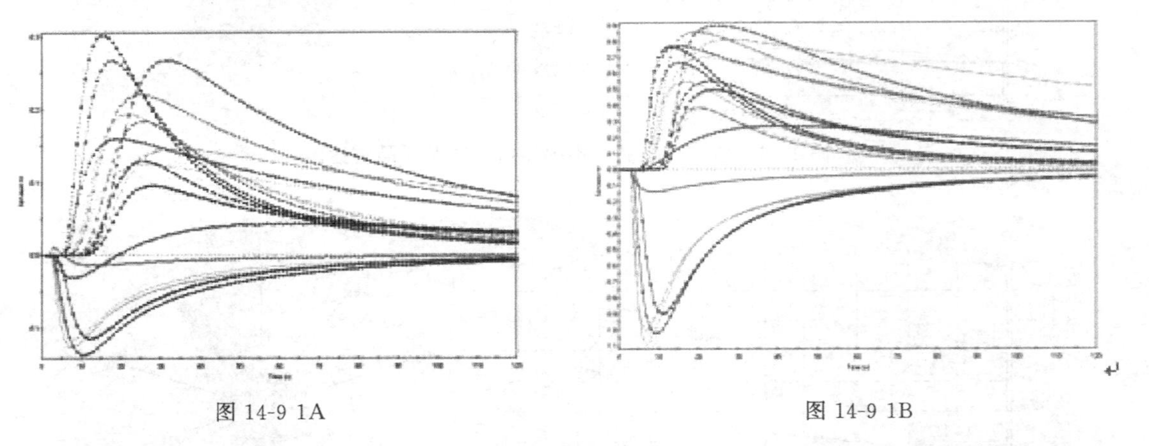

图 14-9 1A　　图 14-9 1B

图 14-10 2A 为加香前烟丝电子鼻检测响应值的雷达图；图 14-10 2B 为加香后烟丝电子鼻检测响应值的雷达图。

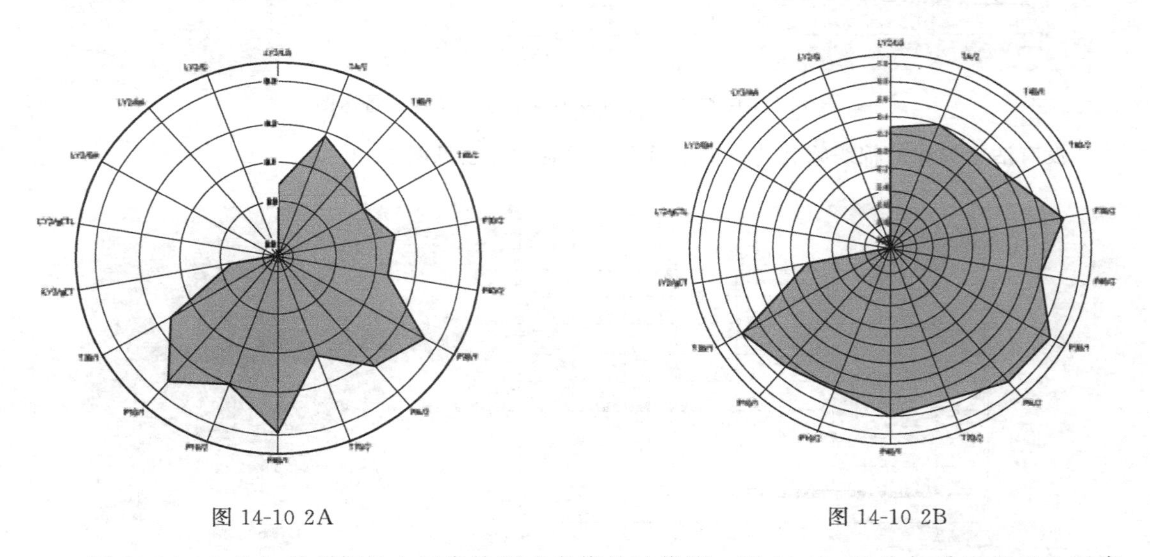

图 14-10 2A　　图 14-10 2B

图 14-11 3A 为加香前烟丝电子鼻检测响应值的映像图；图 14-11 3B 为加香后烟丝电子鼻检测响应值的映像图。

基于电子鼻检测技术和化学计量学方法，有人研究建立了加香前后烟丝挥发性组分的人工智能评价方法，并用于加香后烟丝挥发性成分的整体质量评价。在对以加香前后烟丝的分析中，运用气味指纹分析仪方法，样品不需要前处理，因而不需要担心样品不同前处理方法中可能造成的风味丧失或改变。PCA 和 SQC 分析模型提供了一个客观的分析工具，不但能够有效地区分加香前后的烟丝，而且还能够有效评价烟丝加香的均匀性，对加香后烟丝的气味品质进

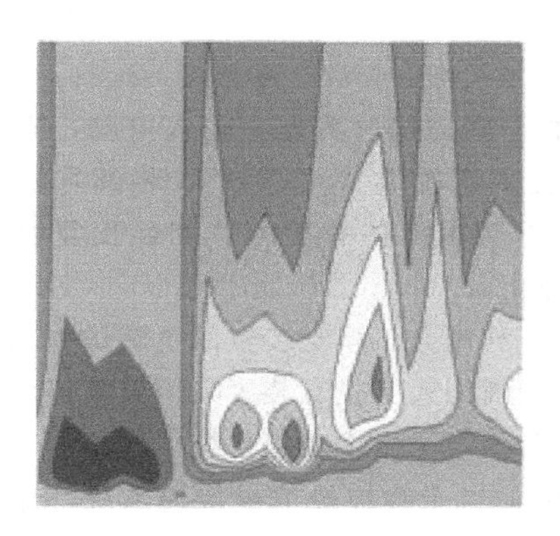
图 14-11 3A

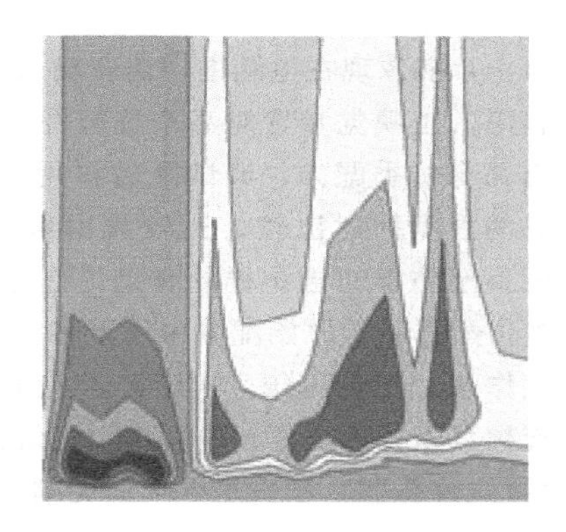
图 14-11 3B

行生产过程中的质量监控，得到的分析结果简单、明确，极高的分析速度确保了可以在不同的测试条件下进行大量的数据测试，并在第一时间作出正确的决定。

电子鼻是利用气体传感器阵列的响应图案来识别气味的电子系统，它可以在几小时、几天甚至数月的时间内连续地、实时地监测特定位置的气味状况。

1998 年，Joel 等人根据人的嗅觉机理，建立了一个新的“人工鼻”系统，该系统采用的光纤化学传感器响应特性与人的嗅觉感受神经元类似，接近实际生理系统输出随时间变化的动态信号，该信号经嗅球的计算机仿真模型处理，转化为与气体种类相对应的具有一定时空编码的信号模式，采用一个线性延迟神经网络实现最终的模式识别。这个系统比传统的由前向人工神经网络构成的电子鼻具有更高的维度。经验证，无论在识别范围还是精度上都有十分明显的优势，而且需要的“训练”数据要少得多。

华东理工大学信息学院建立了一个功能较为完善的嗅觉模拟装置（香气质量分析仪器），用它对醇类、酯类、酸类、醛类等（甲酸乙酯、乙酸乙酯、乙酸异戊酯、丙酸乙酯、丁酸乙酯、戊酸乙酯、己酸乙酯、庚酸乙酯、辛酸乙酯、乳酸乙酯、月桂酸乙酯、乙酸、丁酸、40%乙醛、丁醛、乙醇、丁醇、丙醇、己醇、丙三醇）共 20 种单体香料和一种混合液（五粮液）进行识别实验，正确率可达 95%以上；对甲醇、花露水、冷榨橘子油、蒸馏橘子油、苯甲醛、丁酸乙酯、奶油香精、小花茉莉净油、十六醛、十九醛、薄荷脑、乙酸异戊酯等 13 种简单与复杂成分呈香物质的挥发气体进行测试，通过学习，该仪器的识别正确率可达 100%。在对环境和测试箱的温湿度进行控制的前提下，也可以实现对呈香物质浓度的定量分析。实验显示用该仪器对甲苯、乙醇、乙酸乙酯、己酸乙酯、乳酸乙酯的浓度进行估计，正确率超过 95%，仪器的感知下限可以达到或低于 1.0×10^{-6}；对天然苯甲醛中是否含有微量苯进行了分析，结果“较为满意”。与色谱方法相比，这种电子鼻具有操作简便、测试速度快、对环境条件要求不高等优点，在香气强度和头香、体香、基香的连续监测中具有优势。

电子鼻技术响应时间短、检测速度快，不像其他仪器，如气相色谱传感器、高效液相色谱传感器需要复杂的预处理过程；其测定评估范围广，它可以检测各种不同种类的食品；并且能避免人为误差，重复性好；还能检测一些人鼻不能够检测的气体，如毒气或一些刺激性气体，它在许多领域尤其是食品行业发挥着越来越重要的作用。并且目前在图形认知设备的帮助下，其特异性大大地提高，传感器材料的发展也促进了其重复性的提高，并且随着生物芯片、生物技术的发展和集成化技术的提高及一些纳米材料的应用，电子鼻将会有更广阔的应用前景。

新型的“人工鼻”系统已经非常接近人的鼻子，如果我们把一种特定的香气（某名牌香水或者某种鲜花的香味）给这个系统“训练”让它“记住”，再把仿香的样品给它“嗅闻”并按人的喜恶"打分"或"排序"，"人工鼻"系统将会像初学评香的人逐渐"掌握"直到能"独立工作"为止，就像现在电脑的"语音输入"训练一样。

把利用人工嗅觉装置对某个香精香气测定给出的香型描述（数据）输入电脑，电脑通过计算拟出几个仿香配方，经试配后再用人工嗅觉装置测定香气并"打分"，将其香型描述与被仿样品的香型描述比较，比较数据再次输入电脑重新拟出仿香配方，如此反复测定、仿香、试配直至仿样与被仿样的香型描述近乎一致时为止。

当被仿配样品的原始配方中用了多种天然香料时，利用人工嗅觉装置的电脑仿香比利用气相色谱工作站、气质联合、气红联合等仿香方法优越，因为人工嗅觉装置采用模糊概念、模糊分析等模糊数学方法工作，装置中"气敏传感器系列"相当于生物嗅觉系统中大量的嗅感受器细胞，"智能解释器"相当于生物的大脑，其余部分则相当于嗅神经信号传递系统，这都更接近人和动物的嗅觉过程。通过反复学习、改进的人工嗅觉装置也像不断学习、进步的调香师一样，最终能够对错综复杂的气味进行综合分析，并在较短的时间内拟出最优的仿香配方来。

第四节　电脑创香

电脑调香是个新事物，其发展前景不可估量，上面介绍的只是短短的几年来电脑与调香技术相结合初始阶段的工作而已，没有一个人可以预料今后会发展到什么程度，就像没有人能够预料电脑以后还会发展到什么程度一样。但是，在可见的未来一段时间内，根据目前的情况和调香师、电脑工程师的研究方向，还是可以做些预测的。

同人工调香一样，电脑调香无非是仿香及创香两个内容。上一节讨论了电脑利用气相色谱法、色谱工作站、气质联合、气红联合、电子鼻等进行仿香工作，调香师从中看出并提出了一种利用电脑创香的方法。

调香师重大的创香活动或者说调香师有强烈的创香冲动几乎都是在得到一个或几个全新（主要香气与原来常用的香料有大不同）的香料后发生的。在以前，调香师根据这个（或这几个）香料的香气特点设想可能调出几种前所未有的香型，根据这些香型的需要，调香师把实验分成几组，每组使用几个主要香料与这个（或这几个）新香料试配，看看（应当是"闻闻"）香气如何，选出有希望的配伍再加入辅助香料、修饰剂、定香剂等配成一个香精。重点是第一步——几个主香香料决定整个创香工作。这工作交由电脑来做可能比人还能胜任。调香师可以把主香香料和新香料都交给电脑，让电脑把各种组合显示出来，并用穷举法试配，调香师嗅闻调配后的样品，觉得哪一个样品确有特色、有创意，把它挑出来加辅助香料、修饰剂和定香剂，使之成为一个完整的香精配方。当然，后面这几步也可以交由电脑来试配，因为辅助香料、修饰剂和定香剂照样会影响整体香气，调香师一个一个试配的话工作量还是非常大的。

在原有配方的基础上增加某些新香料也是调香师创香的常用方法，这方法交给电脑来做更好。调香师只要把他的想法命令电脑执行——让电脑调出一个原有的配方，与新香料一起拟出几个配方出来，试配，调香师坐在旁边等着嗅闻香气、判断是否达到自己预定的目标就行了。

总之，电脑及其配套的装置可以把调香师从大量的、繁复的体力劳动中解放出来，让调香师的鼻子发挥更大的作用。电脑什么事都可以胜任，就是当不了艺术家；而调香师什么事都可以不干，就专门当这个艺术家。

参 考 文 献

[1] 张承曾，汪清如．日用调香术．北京：轻工业出版社，1989.
[2] 《天然香料手册》编委会．天然香料手册．北京：轻工业出版社，1989.
[3] 宋小平，韩长日主编．香料与食品添加剂制造技术．北京：科学技术文献出版社，2000.
[4] 张力，郑中朝主编．饲料添加剂手册．北京：化学工业出版社，2000.
[5] 丁敖芳主编．香料香精工艺．北京：中国轻工业出版社，1999.
[6] 利昂·格拉斯，迈克尔·C. 麦基著．从钟摆到混沌——生命的节律．潘涛等译．上海：上海远东出版社，1996.
[7] 张志三．漫谈分形．长沙：湖南教育出版社，1996.
[8] [德] 黑格尔著．美学：第三卷上册．朱光潜译．北京：商务印书馆，1996.
[9] 林翔云．神奇的植物芦荟．福建：福建教育出版社，1991.
[10] 林翔云．闻香说味——漫谈奇妙的香味世界．上海：上海科学普及出版社，1999.
[11] 济南轻工研究所．合成食用香料手册．北京：轻工业出版社，1985.
[12] 巫建国，安志林等．香精配方集．四川日用化工研究所情报室（内部资料），1985.
[13] 钮竹安．香料手册．北京：轻工业出版社，1958.
[14] 何坚，孙宝国．香料化学与工艺学．北京：化学工业出版社，1995.
[15] 夏铮南，王文君．香料与香精．北京：中国物资出版社，1998.
[16] 许戈文，李布清主编．合成香料产品技术手册．北京：中国商业出版社，1996.
[17] 范成有．香料及其应用．北京：化学工业出版社，1990.
[18] 恽季英．香精制造大全．上海：上海商务印书馆，1925.
[19] 桑田勉原著．香料工业．黄开绳原译．强声补译修订．北京：商务印书馆，1951.
[20] 印藤元一著．基本香料学．欧静枝译．台南：夏汉出版社，1978.
[21] 藤卷正生等．香料科学．夏云译．北京：轻工业出版社，1988.
[22] N. H. 勃拉图斯著．香料化学．刘树文译．北京：轻工业出版社，1984.
[23] 王建新，王嘉兴，周耀华．实用香精配方．北京：轻工业出版社，1995.
[24] 冯兰宾，童俐俐．化妆品工艺学．北京：轻工业出版社，1987.
[25] 伊恩·斯图尔特著．上帝掷骰子吗——混沌之数学．潘涛译．上海：上海远东出版社，1996.
[26] 陈煜强，刘幼君．香料产品开发与应用．上海：上海科学技术出版社，1994.
[27] 黄致喜，金其璋，罗寿根，陈丽华译．香料化学与工艺学．北京：轻工业出版社，1991.
[28] 林进能等．天然食用香料生产与应用．北京：轻工业出版社，1991.
[29] 邵俊杰，林金云．实用香料手册．上海：上海科学文献出版社，1991.
[30] 芮和恺，王正坤．中国精油植物及其利用．昆明：云南科学技术出版社，1987.
[31] 顾良英．日用化工产品及原料制造与应用大全．北京：化学工业出版社，1997.
[32] 丁德生．美妙的香料．北京：轻工业出版社，1986.
[33] 《合成香料工艺学》编写组．合成香料工艺学：上、下册．上海：上海轻工业高等专科学校，1983.
[34] 《中国香料植物栽培与加工》编写组．中国香料植物栽培与加工．北京：轻工业出版社，1985.
[35] 丁德生，龚隽芳．实用合成香料．上海：上海科学技术出版社，1991.
[36] 顾忠惠．合成香料生产工艺．北京：轻工业出版社，1993.
[37] A. R. 品德尔著．萜类化学．刘铸晋等译．北京：科学出版社，1964.
[38] 黄致喜，王慧辰．萜类香料化学．北京：中国轻工业出版社，1999.
[39] D. P. 阿诺尼丝著．调香笔记——花香油和花香精．王建新译．北京：中国轻工业出版社，1999.
[40] 《天然香料加工手册》编写组．天然香料加工手册．北京：中国轻工业出版社，1997.
[41] G. 浮宁主编．食品香料化学——杂环香味化合物．李和等编译．北京：轻工业出版社，1992.

[42] H. 马斯，R. 贝耳兹编著．芳香物质研究手册．徐汝巽，林祖铭译．北京：轻工业出版社，1989.
[43] 南开大学化学系《仪器分析》编写组．仪器分析：下册．北京：人民教育出版社，1978.
[44] 周良模等．气相色谱新技术．北京：科学出版社，1998.
[45] 周申范，宁敬埔，王乃岩．色谱理论及应用．北京：北京理工大学出版社，1994.
[46] 卢佩章，戴朝政，张释民．色谱理论基础．北京：科学出版社，1998.
[47] 唐薰等．香料香精及其应用．长沙：湖南大学出版社，1987.
[48] 何坚，季儒英．香料概论．北京：中国石化出版社，1993.
[49] 李和等编译．食品香料化学．北京：轻工业出版社，1992.
[50] 李浩春主编．分析化学手册：第五分册——气相色谱分析．北京：化学工业出版社，1999.
[51] 傅若农编著．色谱分析概论．北京：化学工业出版社，2000.
[52] 汪正范编著．色谱定性与定量．北京：化学工业出版社，2000.
[53] 吴烈钧编著．气相色谱检测方法．北京：化学工业出版社，2000.
[54] 宋小平，韩长日主编．香料与食品添加剂制造技术．北京：科学技术文献出版社，2000.
[55] 文瑞明主编．香料香精手册．长沙：湖南科学技术出版社，2000.
[56] 王箴主编．化工辞典．第 3 版．北京：化学工业出版社，1992.
[57] 凌关庭，王亦芸，唐述潮编．食品添加剂手册．北京：化学工业出版社，1989.
[58] Engle K H，Flath R A，Buttery R G，Mon T R，Ramming D W，Teranishi R. J Agric Food Chem，1988，36：549-553.
[59] Waller G R，Feather M S. Related Commpounds in The Maillard Reaction in Foods and Nutrition. ACS Symposium Series 215. Washington：ACS，1988：185-286.
[60] Harrison S. C J Inst Brewing，1970，76：486-495.
[61] Buttery B G，Turnbaugh J G，Ling L C. J Agric Food Chem，1988，36(5)，1006-1009.
[62] Amoore J E，Forrester L J，Pelosi P. Chem Senses & Flavor，1976，2(1)：17-25.
[63] Fazzalari F A. Compilation of Odor and Taste Threshold Data. ASTM Data Series DS 48A. 1978.
[64] Amoore J E，Forrester L J，Buttery R G. Chem Ecol，1975，1：299-310.
[65] Amoore J E，Venstrom D. J Food Sci，1966，31：118-128.
[66] Boehlens M H，Van Gemert J. Perfumer & Flavorist，1987，12(5)．31-43.
[67] Van Gernert L J，Nettenbreijer A H. Compilation of Odor Threshold Values in Air and Water；RID，CIVO TNO，Zeist：The Netherlands，1977.
[68] Amoore J E. Chem Senses Flavor，1976，2(3)：267-281.
[69] Takeoka G，Buttery R G，Flath R A，et al. Volatile Constituents of Pineapple//Teranishi R，Buttery R G，Shahidi F. Flavor Chemistry：Trends and Developments. ACS Symp Series 388. Washington DC：ACS，1989：221-237.
[70] Buttery R G，Teranishi R，Flath R A，Ling L C. Fresh Tomato Volatiles//Teranishi R，Buttery R G，Shahidi F. Flavor Chemistry：Trends and Developments. ACS Symp Series 388. Washington DC：ACS，1989：211-222.
[71] Vernin G. Heterocyclic Aroma compounds in Foods：Occurrence and Organoleptic Properties//The chemistry of heterocyclic flavoring and aroma compounds. Chichester：Ellis Horwood Ltd，1982：72-150.
[72] Ammoord J E，Popplewell J R，Whissell Buechy D. J Chem Ecol，1975，1：291-297.
[73] Forss D A. Odor and Flavor Compounds from Lipids. Holmann R T. Progress in the chemistry of fats and other lipids：Vol Xlll，Part 4. Oxford：Pergamon Press，1972：117.
[74] Pickenhagen W. Enantioselectivity in Odor Perception//Buttery R G，Shaidi F. Flavor chemistry：Trends and Developments. ACS Symp Series 388. Washington DC：ACS，1989：151-157.
[75] Pyysalo T. Materials and Processing Technology. Helsinki：Tech Res Center of Finland Pub，1976.

［76］ Tressl R，Renner B，Kossa T，Koppler H. European Brew Conv Proc 16th Congress. 1977：693-707.
［77］ Evans C D，Moser H A，List C D. J Am Oil Chem Soc，1971，48：495-498.
［78］ Ohloff G. Perfumer and Flavorist，1978，1(3)：11-22.
［79］ Kobayashi A. Sotolon Identification，Formation and Effect on Flavor// Teranishi R，Buttery R G，Shahidi F. Flavor Chemistry：trends and development. ACS Symp Series 388. Washington DC：ACS，1989：49-59.
［80］ Ho C T. Washington DC：ACS，1989：258-267
［81］ Callabretta P. Perfumer and Flavorist，1978，3(3)：33-42.
［82］ Teranishi R. Odor and Molecular Structure// Ohloff G，Thomas A F. Gustation and Olfaction. 1971：65177.
［83］ Mussinan C J，Wilson R A，Katz I，Hruza A，Vock M H. Identific ation and Flavor Properties of Some 3 Oxazolines and 3 Thiazolines Isolated From Cooked Beef// Charalambous G，Katz I. Phenolic，sulfur，and nitrogen compounds in food flavor. ACS Symp Series 26. Washington DC：ACS，1976.
［84］ Cain W S，Stevens J C. Annals New York Acad Sci，1989，561：29-38
［85］ Koster E P. Perfumer and Flavorist，1990，15(2)：1-12.
［86］ Bartley J P. Chromatographia，1987，23：129.
［87］ Kimball B A，Crover R K，Johrston J J，et al. HRC，1995，18：211.
［88］ 林翔云编著．日用品加香．北京．化学工业出版社，2003.
［89］ 王德峰，王小平编著．日用香精调配手册．北京．中国轻工业出版社，2002.
［90］ 丛浦珠，苏克曼主编．分析化学手册：第九分册——质谱分析．北京：化学工业出版社，2000.
［91］ 张玉奎，张维冰，邹汉法主编．分析化学手册：第六分册——液相色谱分析．北京：化学工业出版社，2000.
［92］ 孙宝国等编著．食用调香术．北京．化学工业出版社，2003.
［93］ 舒宏福编．新合成食用香料手册．北京．化学工业出版社，2005.
［94］ 毛多斌，马宇平，梅业安编著．卷烟配方和香精香料．北京．化学工业出版社，2001.
［95］ 林翔云主编．香料香精辞典．北京．化学工业出版社，2007.
［96］ 熊四智．四智说食．成都：四川科学技术出版社，2007.
［97］ 中国香料香精化妆品工业协会编．中国香料香精发展史．北京：中国标准出版社，2001.
［98］ 俞根发，吴关良主编．日用香精调配技术．北京：中国轻工业出版社，2007.
［99］ 林翔云．香樟开发利用．北京：化学工业出版社，2010.
［100］ 林翔云．香味世界．北京：化学工业出版社，2011.
［101］ 四川省日用化学工业研究所情报资料室．香精配方集．北京：化学工业出版社，1986.
［102］ 傅京亮．中国香文化．济南：齐鲁书社，2008.
［103］ 赵铭钦．卷烟调香学．北京：科学出版社，2008.
［104］ 林旭辉．食品香精香料及加香技术．北京：中国轻工业出版社，2010.
［105］ 大西宪．香料（日）．1993，180：27.
［106］ 山田宪太郎．南海香药谱．东京：法政大学出版社，1976，15.
［107］ 蔡景峰等．《图经本草》辑复本．福州：福建科技出版社，1988.
［108］ 全国政协编．《文史资料选辑》(92 辑)．北京：中国文史出版社，1984.
［109］ 刘景华等．中国香料的栽培与加工．北京：轻工业出版社，1986.
［110］ 湖南省博物馆，中国科学院考古研究所编．长沙马王堆一号汉墓（上/下）．北京：文物出版社，1973.
［111］ 魏道智，宁书菊，林文雄，佩兰的研究进展．时珍国医国药，2007，18，(7)：1782-17831.
［112］ 梁明龙，徐汉虹，朱彩云，张竟立．香茅属植物活性成分在病虫害防治中的研究与应用．广东农业科学，2005，(6)：60-621.

[113] 李晓，姚光明，邬亚萍，李宏，王恒哲．辛夷挥发油化学组分的GCP MS分析及在卷烟加香中的应用．烟草科技/烟草工艺，2002，(4)：6-81.
[114] 熊安言，马林．高良姜精油的制备及加香试验．烟草科技/烟草工艺，2003，(12)：11 -12.
[115] 陈若芸，于德泉．藁本化学和药理研究．中医药通报，2002，1，(1)：44-48.
[116] 阎燕．"桂酒"及其他．辞书研究，2003，(4)：141-143.
[117] 陈连庆．汉晋之际输入中国的香料．史学集刊，1986，(2)：8-17.
[118] 常正．香品、香具与香文化（上、下）．法音（The Voice of Dharma)，2005，(7)：33-39.
[119] 章秀明．药枕治疗机理浅谈．中医药临床杂志，2005，17，(3)：303-304.
[120] 赵超．《香谱》与古代焚香之风．中国典籍与文化，1996，(4)：47-54.
[121] (宋) 洪刍．香谱．昆明：云南人民出版社，2004.
[122] 王志浩，郑序先，王永信．汉代青铜熏炉及其医疗保健价值的研究．内蒙古文物考古，1994，(1)：7-19.
[123] 李瑛，卢健．试论芳香药的功用．江西中医药，2001，32，(5)：50-51.
[124] 彭任辉．挥发油与中药．家庭中医药，1999，(2)：46.
[125] 林零．神秘气体造就女尸不腐．大科技（科学之谜)，2006，(1)：24 - 25.
[126] 张翩辉．香气分维公式的一个推论．香料香精化妆品 2008，(2)：14-16.
[127] 何丽洪，林翔云．香精的顶空固相微萃取与直接抽样气质联机分析比较．2012年中国香料香精学术研讨会论文集．
[128] 张翩辉，江青茵，曹志凯，师佳．一种全自动智能调香机的设计．香料香精化妆品 2008，(6)：5-7.
[129] 王昊，廖青，龚奕，王晓宁．运用电子鼻技术鉴别棉织物的异味．分析仪器，2010，(2)：21-26.
[130] 于宏晓，徐海涛，马强．电子鼻气味指纹数据对烟丝加香质量的评价．中国烟草科学 2010 (2)：63-66.
[131] W. Sturm (H. & R.) . Perf. & Flav. Int.，1 (1)，6-16，(1976) .
[132] Hayato Hosokawa，perf. & Flav.，2 (7)，29-32，(1978) .
[133] 藤卷正生ら香料の事典．东京：朝仓书店，1980.